中国国家标准汇编

2009年修订-28

中国标准出版社　编

中国标准出版社
北京

图书在版编目（CIP）数据

中国国家标准汇编：2009年修订．28/中国标准出版社编．—北京：中国标准出版社，2010

ISBN 978-7-5066-6032-7

Ⅰ．①中… Ⅱ．①中… Ⅲ．①国家标准-汇编-中国-2009 Ⅳ．①T-652.1

中国版本图书馆CIP数据核字（2010）第174284号

中国标准出版社出版发行
北京复兴门外三里河北街16号
邮政编码:100045
网址 www.spc.net.cn
电话:68523946 68517548
中国标准出版社秦皇岛印刷厂印刷
各地新华书店经销
*
开本 880×1230 1/16 印张 38.75 字数 1 160 千字
2010年10月第一版 2010年10月第一次印刷
*
定价 220.00 元

出 版 说 明

1.《中国国家标准汇编》是一部大型综合性国家标准全集。自1983年起,按国家标准顺序号以精装本、平装本两种装帧形式陆续分册汇编出版。它在一定程度上反映了我国建国以来标准化事业发展的基本情况和主要成就,是各级标准化管理机构,工矿企事业单位,农林牧副渔系统,科研、设计、教学等部门必不可少的工具书。

2.《中国国家标准汇编》收入我国每年正式发布的全部国家标准,分为"制定"卷和"修订"卷两种编辑版本。

"制定"卷收入上一年度我国发布的、新制定的国家标准,顺延前年度标准编号分成若干分册,封面和书脊上注明"20××年制定"字样及分册号,分册号一直连续。各分册中的标准是按照标准编号顺序连续排列的,如有标准顺序号缺号的,除特殊情况注明外,暂为空号。

"修订"卷收入上一年度我国发布的、修订的国家标准,视篇幅分设若干分册,但与"制定"卷分册号无关联,仅在封面和书脊上注明"20××年修订-1,-2,-3,……"字样。"修订"卷各分册中的标准,仍按标准编号顺序排列(但不连续);如有遗漏的,均在当年最后一分册中补齐。需提请读者注意的是,个别非顺延前年度标准编号的新制定的国家标准没有收入在"制定"卷中,而是收入在"修订"卷中。

读者配套购买《中国国家标准汇编》"制定"卷和"修订"卷则可收齐上一年度我国制定和修订的全部国家标准。

3. 由于读者需求的变化,自1996年起,《中国国家标准汇编》仅出版精装本。

4. 2009年我国制修订国家标准共3158项。本分册为"2009年修订-28",收入新制修订的国家标准22项。

中国标准出版社

2010年8月

目　录

ICS 35.040
A 24

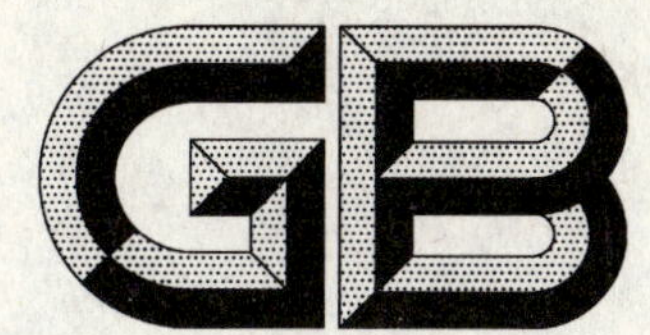

中华人民共和国国家标准

GB/T 17296—2009
代替 GB/T 17296—2000

中国土壤分类与代码

Classification and codes for Chinese soil

2009-05-06 发布　　2009-11-01 实施

中华人民共和国国家质量监督检验检疫总局
中国国家标准化管理委员会　发布

前 言

本标准代替 GB/T 17296—2000《中国土壤分类与代码》。

本标准与 GB/T 17296—2000 相比，主要修改内容如下：

——新增加 2 个亚类、64 个土属、130 个土种，并进行了编码；

——调整了 2 个土种所属土类、12 个土种所属亚类、18 个土种所属土属，并变更了代码；

——修改了 4 个土属、98 个土种土壤名称；

——删除了 7 个土属、2 个土种。

上述变化的详细内容见资料性附录 A。

本标准的附录 A、附录 B 为资料性附录。

本标准由中国标准化研究院提出。

本标准由全国信息分类编码标准化技术委员会归口。

本标准起草单位：中国农业科学院农业资源与农业区划研究所、全国农业技术推广服务中心、中国标准化研究院。

本标准主要起草人：田有国、姚艳敏、李小林、黄鸿翔、章士炎、姚祖芳、张认连、徐爱国、江洲。

本标准于 1998 年首次发布，2000 年第一次修订，本次为第二次修订。

引　言

本标准是国家信息系统的重要基础性标准之一，是以全国第二次土壤普查的研究成果为编制基础。本标准以满足实际应用为出发点，致力于方便农业及环境等领域的用户开发和利用土壤资源信息、规范土壤数据的实践应用，并为土壤资源信息的共享与交换提供坚实基础。

本标准资料截至日期为2008年9月。本标准在应用中，用户可根据不同需要按层级截取使用，或者以本标准的编码结构为基础扩展使用。

中国土壤分类与代码

1 范围

本标准规定了中国土壤分类系统中的土纲、亚纲、土类、亚类、土属和土种的土壤名称与代码。

本标准适用于土壤调查、土壤统计信息汇总、土壤信息交换与处理，以及土壤资源的利用等过程中对土壤信息的标识。

2 分类原则与方法

本标准依据科学性、完整性、系统性、实用性、可扩展性和兼容性等信息分类基本原则，采用线分类法将土壤分类系统的分类单元划分为土纲、亚纲、土类、亚类、土属、土种六个层级。

3 代码结构与编码方法

3.1 代码结构

本标准采用层次编码法对中国土壤分类系统中各层级土壤进行编码。代码结构如图1所示：

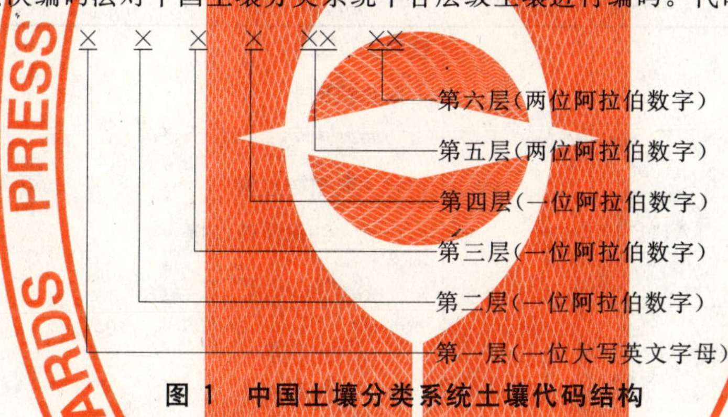

图1 中国土壤分类系统土壤代码结构

3.2 编码方法

按3.1六层八位代码结构，中国土壤代码的具体编码方法为：

a) 土纲代码用第一层一位大写英文字母表示；

b) 亚纲代码用土纲代码加第二层一位阿拉伯数字表示；

c) 土类代码用亚纲代码加第三层一位阿拉伯数字表示；

d) 亚类代码用土类代码加第四层一位阿拉伯数字表示；

e) 土属代码用亚类代码加第五层两位阿拉伯数字表示；

f) 土种代码用土属代码加第六层两位阿拉伯数字表示。

3.3 其他说明

3.3.1 代码中数字0的含义

在未作细分的分类单元中，下位类的编码表达用其上位类代码加0进行表示，且下位类名称不变。

示例1：碱土亚纲未作土类细分，在土类层级上的编码表达用碱土亚纲代码K2加一位0表示，形式为K20，并且土类名称不变，仍称“碱土”。

示例2：寒冻土土类以下的亚类和土属均未作细分，则在亚类和土属层级上的编码表达均使用寒冻土土类代码M41加0表示，形式分别为M410和M41000，并且名称不变，均称“寒冻土”。

土属、土种的两位代码结构的编码顺序从11开始（亚类以下未作细分的土属除外），并避免使用20、30、40等第二位为0的代码。

3.3.2 土种的前置地名与说明中的地名

本标准为了避免异土同名，在一些土种的名称前面增加了其典型剖面所在地地名，不表示该土种只分布于该地。在本标准的说明一栏中也标注有省(市、自治区)的名称，只表示该土种的首次鉴定地点位于该省(市、自治区)，并非分布区的限定，其他省(市、自治区)也可有该土种的分布。

3.3.3 未被明确列入代码表的土种处理

在土种层级中，凡未在本标准中被明确列入的土种，可以按以下两种方式进行处理：

a) 收容在其所在土属下以 99 作为尾数的代码中。

示例：代码 L1111199 表示潮泥田土属中各种未在本标准中明确列入的“其他潮泥田”土种。

b) 在本标准已给出的土种代码之后续接新的代码。

示例：可以在代码 L1111144 之后续接 L1111145、L1111146……等等，但其使用范围仅限于自身系统内部使用。

4 分类代码表

中国土壤分类代码表见表 1。中国土壤分类代码索引表参见附录 B。

表 1 中国土壤分类代码表

代码						名称	说明
土纲	亚纲	土类	亚类	土属	土种		
A						铁铝土	
	A1					湿热铁铝土	
		A11				砖红壤	
			A111			典型砖红壤	
				A11111		红泥质砖红壤	红泥质指发育于第四纪红色粘土母质的土壤，下同
					A1111111	景洪砖红土	云南
					A1111199	其他红泥质砖红壤	
				A11112		涂砂质砖红壤	涂砂质指发育于砂质浅海沉积物母质的土壤，下同
					A1111211	砂砖红土	广东
					A1111212	砂砖土	海南
					A1111299	其他涂砂质砖红壤	
				A11113		暗泥质砖红壤	暗泥质指发育于玄武岩等中、

表 1（续）

代码						名称	说明
土纲	亚纲	土类	亚类	土属	土种		
							基性岩残坡积物母质的土壤，下同
					A1111311	粘砖土	海南
					A1111312	淡粘砖土	海南
					A1111313	淡砖泥土	海南
					A1111399	其他暗泥质砖红壤	
				A11114		麻砂质砖红壤	麻砂质指发育于花岗岩等酸性岩残坡积物母质的土壤，下同
					A1111411	麻砖土	海南
					A1111412	淡麻砖土	海南
					A1111413	泥砖土	海南
					A1111414	杂砂砖红土	广西
					A1111415	麻胶园土	云南
					A1111499	其他麻砂质砖红壤	
				A11115		砂泥质砖红壤	砂泥质指发育于砂页岩残坡积物母质的土壤，下同
					A1111511	湛江泥砂砖土	广东
					A1111512	泥砂砖土	海南
					A1111513	澄迈泥砂砖土	海南
					A1111514	淡泥砂砖土	海南
					A1111599	其他砂泥质砖红壤	
				A11116		泥质砖红壤	泥质指发育于片岩、板岩、千枚岩等泥质岩残坡积物母质的土壤，下同
					A1111611	景洪砖红泥	云南

表 1（续）

代码						名称	说明
土纲	亚纲	土类	亚类	土属	土种		
					A1111699	其他泥质砖红壤	
			A112			黄色砖红壤	
				A11211		涂砂质黄色砖红壤	
					A1121111	黄砂泥	广东
					A1121112	砂黄砖土	海南
					A1121199	其他涂砂质黄色砖红壤	
				A11212		暗泥质黄色砖红壤	
					A1121211	徐闻黄砖土	广东
					A1121212	泥黄砖土	海南
					A1121213	淡粘黄砖土	海南
					A1121299	其他暗泥质黄色砖红壤	
				A11213		麻砂质黄色砖红壤	
					A1121311	麻黄砖土	海南
					A1121312	盈江麻砖土	云南
					A1121399	其他麻砂质黄色砖红壤	
				A11214		砂泥质黄色砖红壤	
					A1121411	泥砂黄砖土	海南
					A1121499	其他砂泥质黄色砖红壤	
				A11215		泥质黄色砖红壤	
					A1121511	砖黄泥胶园土	云南
					A1121599	其他泥质黄色砖红壤	
			A113			砖红壤性土	
				A11311		暗泥质砖红壤性土	
					A1131111	澄迈暗泥质含砾红砖土	海南
					A1131199	其他暗泥质砖红壤性土	
				A11312		麻砂质砖红壤性土	
					A1131211	澄迈麻砂质含砾红砖土	海南
					A1131299	其他麻砂质砖红壤性土	
				A11313		砂泥质砖红壤性土	
					A1131311	澄迈砂泥质含砾红砖土	海南
					A1131399	其他砂泥质砖红壤性土	
		A12				赤红壤	
			A121			典型赤红壤	
				A12111		红泥质赤红壤	
					A1211111	赤泥土	广西
					A1211112	红泥赤土	广西
					A1211113	翁源红泥赤土	广东
					A1211114	赤砂泥土	广西
					A1211115	赤厚红土	云南
					A1211199	其他红泥质赤红壤	

表 1（续）

代码						名称	说明
土纲	亚纲	土类	亚类	土属	土种		
				A12112		暗泥质赤红壤	
					A1211211	赤末香土	云南
					A1211299	其他暗泥质赤红壤	
				A12113		麻砂质赤红壤	
					A1211311	赤土	福建
					A1211312	金岗山赤土	福建
					A1211313	黄赤土	福建
					A1211314	赤粘土	福建
					A1211315	霞潭赤粘土	福建
					A1211316	九峰赤粘土	福建
					A1211317	厚麻赤土	广东
					A1211318	麻赤砂泥	广东
					A1211319	邕宁麻赤土	广西
					A1211321	杂沙赤红土	广西
					A1211322	澜沧麻赤红土	云南
					A1211323	红河赤砂泥土	云南
					A1211399	其他麻砂质赤红壤	
				A12114		硅质赤红壤	硅质指发育于砂岩、石英岩等硅质岩残坡积物母质的土壤，下同
					A1211411	瑞丽赤砂泥土	云南
					A1211412	墨江赤砂泥土	云南
					A1211499	其他硅质赤红壤	
				A12115		砂泥质赤红壤	
					A1211511	泥赤土	福建
					A1211512	泥砂赤土	广东
					A1211513	翁源赤土	广东
					A1211514	罗定赤土	广东
					A1211515	龙州泥砂赤土	广西
					A1211599	其他砂泥质赤红壤	
				A12116		泥质赤红壤	
					A1211611	厚泥赤土	广东
					A1211612	厚泥沙泥赤红土	广西
					A1211613	红末香土	云南
					A1211614	墨江赤粘土	云南
					A1211615	澜沧赤红泥	云南

表 1（续）

代码						名称	说明
土纲	亚纲	土类	亚类	土属	土种		
					A1211699	其他泥质赤红壤	
				A12117		紫土质赤红壤	
					A1211711	赤紫末香土	云南
					A1211712	江城赤紫红土	云南
					A1211799	其他紫土质赤红壤	
				A12118		灰泥质赤红壤	
					A1211811	澜沧赤红胶土	云南
					A1211899	其他灰泥质赤红壤	
			A122			黄色赤红壤	
				A12211		麻砂质黄色赤红壤	
					A1221111	麻黄赤土	海南
					A1221112	元阳赤黄砂泥土	云南
					A1221199	其他麻砂质黄色赤红壤	
				A12212		砂泥质黄色赤红壤	
					A1221211	泥砂黄赤土	海南
					A1221299	其他砂泥质黄色赤红壤	
				A12213		泥质黄色赤红壤	
					A1221311	黄末香土	云南
					A1221312	赤黄泥土	云南
					A1221399	其他泥质黄色赤红壤	
				A12214		硅质黄色赤红壤	
					A1221411	墨江赤黄砂泥土	云南
					A1221499	硅质黄色赤红壤	
			A123			赤红壤性土	
				A12311		麻砂质赤红壤性土	
					A1231111	云浮片蚀麻赤土	广东
					A1231112	云浮崩岗麻赤土	广东
					A1231199	其他麻砂质赤红壤性土	
				A12312		砂泥质赤红壤性土	
					A1231211	云浮片蚀页赤土	广东
					A1231212	云浮沟蚀页赤土	广东
					A1231213	云浮崩岗页赤土	广东
					A1231299	其他砂泥质赤红壤性土	
				A12313		泥砂质赤红壤性土	
					A1231311	德庆泥砂质赤土	广东
					A1231399	其他泥砂质赤红壤性土	
		A13				红壤	
			A131			典型红壤	
				A13111		红泥质红壤	
					A1311111	褐斑黄筋泥	浙江

表 1（续）

代码						名称	说明
土纲	亚纲	土类	亚类	土属	土种		
					A1311112	网纹粘红土	安徽
					A1311113	邵武红泥土	福建
					A1311114	灰黄泥	江西
					A1311115	厚灰黄泥	江西
					A1311116	红黄泥	江西
					A1311117	粘底红黄泥	江西
					A1311118	死红土	湖北
					A1311119	熟红土	湖南
					A1311121	厚红土	湖南
					A1311122	浅红土	湖南
					A1311123	三阁司红泥土	湖南
					A1311124	红泥粘土	广西
					A1311125	从江红粘泥	贵州
					A1311126	润红土	云南
					A1311199	其他红泥质红壤	
				A13112		暗泥质红壤	
					A1311211	红粘泥	浙江
					A1311212	盖洋红泥土	福建
					A1311213	靖外红土	云南
					A1311214	油红大土	云南
					A1311299	其他暗泥质红壤	
				A13113		麻砂质红壤	
					A1311311	泥红土	浙江
					A1311312	砂红泥	浙江
					A1311313	红松泥	浙江
					A1311314	砂粘红泥	浙江
					A1311315	建瓯红泥土	福建
					A1311316	崇安红泥土	福建
					A1311317	赤水黄红泥土	福建
					A1311318	麻砂红泥	江西
					A1311319	厚麻砂红泥	江西
					A1311321	厚乌麻砂红泥	江西
					A1311322	厚灰麻砂红泥	江西
					A1311323	乌麻砂红泥	江西
					A1311324	红麻砂土	湖北
					A1311325	邵东麻砂土	湖南
					A1311326	厚麻红土	湖南
					A1311327	九峰麻红泥	广东
					A1311328	杂砂红土	广西
					A1311329	西昌红泥土	四川

表 1（续）

代码						名称	说明
土纲	亚纲	土类	亚类	土属	土种		
					A1311331	夹砂山红土	云南
					A1311332	红香面土	云南
					A1311399	其他麻砂质红壤	
				A13114		硅质红壤	
					A1311411	安福黄砂泥	江西
					A1311412	厚灰黄砂泥	江西
					A1311413	灰黄砂泥	江西
					A1311414	厚黄砂泥	江西
					A1311415	燎原黄砂泥	湖南
					A1311416	厚砂红土	湖南
					A1311417	山砂红土	云南
					A1311418	小红土	云南
					A1311499	其他硅质红壤	
				A13115		砂泥质红壤	
					A1311511	黄红泥土	福建
					A1311512	红粘泥土	广东
					A1311513	砂泥红土	广西
					A1311514	兴义红砂泥	贵州
					A1311599	其他砂泥质红壤	
				A13116		泥质红壤	
					A1311611	鳝泥	江西
					A1311612	灰鳝泥	江西
					A1311613	乌鳝泥	江西
					A1311614	水红土	湖南
					A1311615	薄片红土	湖南
					A1311616	黄扁渣土	湖南
					A1311617	肖家黄粘泥	湖南
					A1311618	红砂泥土	广东
					A1311619	罗甸红泥	贵州
					A1311699	其他泥质红壤	
				A13117		灰泥质红壤	灰泥质指发育于石灰岩、白云岩等碳酸岩类残坡积物母质的土壤，下同
					A1311711	灰红土	湖南
					A1311712	灰红砂土	湖南

表 1（续）

代码						名称	说明
土纲	亚纲	土类	亚类	土属	土种		
					A1311713	灰粘红土	湖南
					A1311714	英德灰红土	广东
					A1311715	石灰泥	江西
					A1311716	山棕油红土	云南
					A1311717	山棕红土	云南
					A1311799	其他灰泥质红壤	
				A13118		红砂质红壤	红砂质指发育于第三纪红砂岩残坡积物母质的土壤，下同
					A1311811	红砂泥	江西
					A1311812	灰红砂泥	江西
					A1311813	薄红砂泥	江西
					A1311814	厚红砂泥	江西
					A1311815	泗里河红砂泥	湖南
					A1311816	砾红砂泥	广东
					A1311899	其他红砂质红壤	
				A13119		紫土质红壤	
					A1311911	紫红香面土	云南
					A1311999	其他紫土质红壤	
			A132			黄红壤	
				A13211		红泥质黄红壤	
					A1321111	潮红土	浙江
					A1321112	舟枕黄筋泥	浙江
					A1321199	其他红泥质黄红壤	
				A13212		泥砂质黄红壤	泥砂质指发育于洪冲积物母质的土壤，下同
					A1321211	墨脱黄红土	西藏
					A1321299	其他泥砂质黄红壤	
				A13213		暗泥质黄红壤	
					A1321311	黄粘泥	浙江
					A1321312	西昌黄红泥土	四川
					A1321399	其他暗泥质黄红壤	
				A13214		麻砂质黄红壤	
					A1321411	砂粘黄泥	浙江

表 1（续）

代码						名称	说明
土纲	亚纲	土类	亚类	土属	土种		
					A1321412	壤黄泥	浙江
					A1321413	四合红土	安徽
					A1321414	桐木关黄红泥土	福建
					A1321415	麻砂黄泥	江西
					A1321416	乌麻砂黄泥	江西
					A1321417	黄白砂土	湖北
					A1321418	黄红麻砂土	湖南
					A1321419	麻黄红土	湖南
					A1321421	杂砂黄红土	广西
					A1321422	黄红砂泥土	云南
					A1321499	其他麻砂质黄红壤	
				A13215		硅质黄红壤	
					A1321511	黄红泥	江西
					A1321512	薄黄红泥	江西
					A1321513	砂黄红土	湖南
					A1321514	黄红砂泥	湖南
					A1321515	三都黄红砂	贵州
					A1321516	小黄红土	云南
					A1321517	小红砂土	云南
					A1321599	其他硅质黄红壤	
				A13216		砂泥质黄红壤	
					A1321611	黄泥砂土	浙江
					A1321612	黄红砂土	福建
					A1321613	砂泥黄红土	广西
					A1321614	砂质黄红泥土	广西
					A1321699	其他砂泥质黄红壤	
				A13217		泥质黄红壤	
					A1321711	于潜黄红泥土	浙江
					A1321712	橙泥土	安徽
					A1321713	夹砾橙泥土	安徽
					A1321714	罗田橙泥土	安徽
					A1321715	祁山橙泥土	安徽
					A1321716	乌黄鳝泥	江西
					A1321717	黄鳝泥	江西
					A1321718	黄红土	湖南
					A1321719	厚黄红土	湖南
					A1321721	丘北黄红泥	云南
					A1321799	其他泥质黄红壤	
			A133			棕红壤	
				A13311		红泥质棕红壤	

表 1（续）

代码						名称	说明
土纲	亚纲	土类	亚类	土属	土种		
					A1331111	棕黄筋泥	浙江
					A1331112	高禹亚棕黄筋泥	浙江
					A1331113	宣州棕红土	安徽
					A1331114	敬亭棕红土	安徽
					A1331115	网纹棕红土	安徽
					A1331116	焦斑棕红土	安徽
					A1331117	棕黄泥	江西
					A1331118	薄棕黄泥	江西
					A1331119	棕砂黄泥	江西
					A1331121	乘风棕红泥	湖南
					A1331122	棕糯红土	湖南
					A1331199	其他红泥质棕红壤	
				A13312		麻砂质棕红壤	
					A1331211	修水棕麻砂土	江西
					A1331212	灰棕麻砂土	江西
					A1331213	厚棕麻砂土	江西
					A1331299	其他麻砂质棕红壤	
				A13313		硅质棕红壤	
					A1331311	红硅砂泥土	湖北
					A1331399	其他硅质棕红壤	
			A134			山原红壤	
				A13411		红泥质山原红壤	
					A1341111	越州红泥	云南
					A1341112	华宁红土	云南
					A1341113	厚涩红土	云南
					A1341199	其他红泥质山原红壤	
				A13412		暗泥质山原红壤	
					A1341211	大红土	云南
					A1341299	其他暗泥质山原红壤	
				A13413		砂泥质山原红壤	
					A1341311	攀枝花山红泥	四川
					A1341399	其他砂泥质山原红壤	
				A13414		泥质山原红壤	
					A1341411	宜良红泥土	云南
					A1341412	瘦红泥	云南
					A1341499	其他泥质山原红壤	
				A13415		磷灰质山原红壤	磷灰质指发育于磷灰岩残坡积物母质

表 1（续）

代码						名称	说明
土纲	亚纲	土类	亚类	土属	土种		
							的土壤，下同
					A1341511	磷砂土	云南
					A1341599	其他磷灰质山原红壤	
			A135			红壤性土	
				A13511		红泥质红壤性土	
					A1351111	黄泥红土	江西
					A1351112	红骨泥	湖南
					A1351199	其他红泥质红壤性土	
				A13512		暗泥质红壤性土	
					A1351211	砾石红大土	云南
					A1351299	其他暗泥质红壤性土	
				A13513		麻砂质红壤性土	
					A1351311	砾质红土	安徽
					A1351312	薄红麻砂土	湖北
					A1351399	其他麻砂质红壤性土	
				A13514		砂泥质红壤性土	
					A1351411	砂质红泥土	安徽
					A1351412	扁砂砾红土	湖南
					A1351413	金龙砾红土	湖南
					A1351414	鳑皮土	湖北
					A1351415	水城红砾泥	贵州
					A1351499	其他砂泥质红壤性土	
	A2					湿暖铁铝土	
		A21				黄壤	
			A211			典型黄壤	
				A21111		红泥质黄壤	
					A2111111	面黄泥土	四川
					A2111112	湄潭黄粘泥	贵州
					A2111113	平坝黄粘泥土	贵州
					A2111114	昭通黄泥	云南
					A2111199	其他红泥质黄壤	
				A21112		暗泥质黄壤	
					A2111211	山黄粘泥	浙江
					A2111212	水城桔黄泥	贵州
					A2111213	桔灰泡泥	贵州
					A2111214	黄大土	云南
					A2111299	其他暗泥质黄壤	
				A21113		麻砂质黄壤	
					A2111311	黄山暗黄土	安徽

表 1（续）

代码						名称	说明
土纲	亚纲	土类	亚类	土属	土种		
					A2111312	天台暗黄棕土	安徽
					A2111313	乌山黄泥	福建
					A2111314	山麻砂泥	江西
					A2111315	灰山麻砂泥	江西
					A2111316	乌山麻砂泥	江西
					A2111317	暗麻砂泥	江西
					A2111318	厚暗麻砂泥	江西
					A2111319	山砂黄土	湖南
					A2111321	麻黄泥	广东
					A2111322	信宜麻黄泥	广东
					A2111323	杂砂黄壤土	广东
					A2111324	琼麻黄泥	海南
					A2111399	其他麻砂质黄壤	
				A21114		硅质黄壤	
					A2111411	南平黄泥砂土	福建
					A2111412	山黄砂泥	江西
					A2111413	暗黄砂泥	江西
					A2111414	薄砂黄土	湖南
					A2111415	厚砂黄土	湖南
					A2111416	遵义黄砂土	贵州
					A2111417	灰泡砂	贵州
					A2111499	其他硅质黄壤	
				A21115		砂泥质黄壤	
					A2111511	山黄泥砂土	浙江
					A2111512	砂泥黄壤土	广西
					A2111513	琼黄泥砂土	海南
					A2111514	大足黄泥土	四川、重庆
					A2111515	仪陇黄砂土	四川、重庆
					A2111516	黔江黄泥土	四川、重庆
					A2111517	遵义黄砂泥	贵州
					A2111518	贵阳黄砂泥	贵州
					A2111519	乌当黄砂泥土	贵州
					A2111599	其他砂泥质黄壤	
				A21116		泥质黄壤	
					A2111611	山黄泥土	浙江
					A2111612	山香灰土	浙江
					A2111613	暗黄泥土	安徽
					A2111614	暗黄棕土	安徽
					A2111615	山黄泥	福建
					A2111616	雪山黄泥	福建

表 1（续）

代码						名称	说明
土纲	亚纲	土类	亚类	土属	土种		
					A2111617	山鳝泥	江西
					A2111618	乌山鳝泥	江西
					A2111619	暗鳝泥	江西
					A2111621	乌泥黄土	湖南
					A2111622	仁怀黄泥	贵州
					A2111623	遵义黄泥	贵州
					A2111624	六枝黄胶泥土	贵州
					A2111625	灰泡泥	贵州
					A2111626	水富黄泥	云南
					A2111699	其他泥质黄壤	
				A21117		灰泥质黄壤	
					A2111711	岩泥土	湖北
					A2111712	石柱黄泥土	四川、重庆
					A2111713	北碚黄泥土	四川、重庆
					A2111714	火石大黄泥土	贵州
					A2111715	丹寨大黄泥	贵州
					A2111716	镇雄棕黄泥土	云南
					A2111717	彝良小黄泥土	云南
					A2111799	其他灰泥质黄壤	
				A21118		紫土质黄壤	紫土质指发育于紫色砂页岩残坡积物母质的土壤，下同
					A2111811	紫黄砂泥土	贵州
					A2111899	其他紫土质黄壤	
			A212			漂洗黄壤	
				A21211		硅质漂洗黄壤	
					A2121111	白散泥	贵州
					A2121199	其他硅质漂洗黄壤	
				A21212		泥质漂洗黄壤	
					A2121211	名山白鳝泥土	四川、重庆
					A2121212	窑泥土	云南
					A2121299	其他泥质漂洗黄壤	
				A21213		灰泥质漂洗黄壤	
					A2121311	遵义白泥	贵州
					A2121399	其他灰泥质漂洗黄壤	
			A213			表潜黄壤	
				A21311		砂泥质表潜黄壤	

表 1（续）

土纲	亚纲	土类	亚类	土属	土种	名称	说明
					A2131111	大明山表潜黄壤	广西
					A2131199	其他砂泥质表潜黄壤	
			A214			黄壤性土	
				A21411		麻砂质黄壤性土	
					A2141111	砾质暗黄土	安徽
					A2141112	墨脱麻黄砂土	西藏
					A2141113	鱼眼砂黄泥土	四川
					A2141199	其他麻砂质黄壤性土	
				A21412		硅质黄壤性土	
					A2141211	火镰渣土	湖北
					A2141212	花溪黄砂土	贵州
					A2141299	其他硅质黄壤性土	
				A21413		砂泥质黄壤性土	
					A2141311	薄细砂土	湖北
					A2141312	幼泥砂山黄土	广东
					A2141313	扁砂黄泥土	四川、重庆
					A2141314	正安黄砂泥	贵州
					A2141399	其他砂泥质黄壤性土	
				A21414		泥质黄壤性土	
					A2141411	砾质暗黄泥土	安徽
					A2141412	会同砾质暗黄土	湖南
					A2141413	扁石黄砂土	四川、重庆
					A2141414	道真黄泥土	贵州
					A2141499	其他泥质黄壤性土	
				A21415		红砂质黄壤性土	
					A2141511	薄黄砂土	湖北
					A2141599	其他红砂质黄壤性土	
B						淋溶土	
	B1					湿暖淋溶土	
		B11				黄棕壤	
			B111			典型黄棕壤	
				B11111		黄土质黄棕壤	黄土质指发育于黄土及黄土状堆积物母质的土壤，下同
					B1111111	黄岗土	甘肃
					B1111199	其他黄土质黄棕壤	
				B11112		麻砂质黄棕壤	

表 1（续）

代码						名称	说明
土纲	亚纲	土类	亚类	土属	土种		
					B1111211	岭黄土	安徽
					B1111212	暗岭黄土	安徽
					B1111213	鸡公山麻黄棕土	河南
					B1111214	麻砂黄棕土	西藏
					B1111215	麻砂黄棕泥	西藏
					B1111299	其他麻砂质黄棕壤	
				B11113		砂泥质黄棕壤	
					B1111311	严桥黄砂土	安徽
					B1111312	黄硅砂泥土	湖北
					B1111313	万源泡土	四川、重庆
					B1111314	天全泡土	四川、重庆
					B1111399	其他砂泥质黄棕壤	
				B11114		泥质黄棕壤	
					B1111411	当涂黄棕泥	安徽
					B1111412	独山黄棕泥	安徽
					B1111413	应城黄土	湖北
					B1111414	勉县灰黄泥	陕西
					B1111415	黄泡土	陕西
					B1111416	武都黄棕土	甘肃
					B1111499	其他泥质黄棕壤	
				B11115		泥砂质黄棕壤	
					B1111511	巫山黄棕泥土	重庆
					B1111512	泸定黄棕砂泥土	四川
					B1111513	黄棕砂泥土	西藏
					B1111514	黄棕泥土	西藏
					B1111599	其他泥砂质黄棕壤	
			B112			暗黄棕壤	
				B11211		暗泥质暗黄棕壤	
					B1121111	灰泡大泥	云南
					B1121112	灰泡大土	云南
					B1121113	棕红大土	云南
					B1121199	其他暗泥质暗黄棕壤	
				B11212		麻砂质暗黄棕壤	
					B1121211	杂沙暗黄棕土	广西
					B1121212	暗马肝灰泡土	贵州
					B1121213	马肝灰泡土	贵州
					B1121214	麻灰泡泥	云南
					B1121299	其他麻砂质暗黄棕壤	
				B11213		砂泥质暗黄棕壤	
					B1121311	砂泥暗黄棕土	广西

表 1（续）

代码						名称	说明
土纲	亚纲	土类	亚类	土属	土种		
					B1121312	华坪灰泡砂土	云南
					B1121313	砂灰泡土	云南
					B1121399	其他砂泥质暗黄棕壤	
				B11214		泥质暗黄棕壤	
					B1121411	暗细渣土	湖北
					B1121412	泥黄棕土	湖南
					B1121413	灰泡泥土	贵州
					B1121499	其他泥质暗黄棕壤	
				B11215		灰泥质暗黄棕壤	
					B1121511	厚大灰泡泥	贵州
					B1121512	棕灰泡泥	云南
					B1121513	棕灰泡土	云南
					B1121599	其他灰泥质暗黄棕壤	
				B11216		紫土质暗黄棕壤	
					B1121611	紫灰泡土	云南
					B1121699	其他紫土质暗黄棕壤	
			B113			黄棕壤性土	
				B11311		硅质黄棕壤性土	
					B1131111	砾黄泥砂土	安徽
					B1131112	暗黄筋砾土	湖北
					B1131113	薄黄硅渣土	湖北
					B1131199	其他硅质黄棕壤性土	
				B11312		泥质黄棕壤性土	
					B1131211	黄砾泥土	安徽
					B1131299	其他泥质黄棕壤性土	
		B12				黄褐土	
			B121			典型黄褐土	
				B12111		黄土质黄褐土	
					B1211111	西平僵黄土	河南
					B1211112	南阳僵黄土	河南
					B1211113	面黄土	湖北
					B1211114	洛南黄泥土	陕西
					B1211115	黄泥巴土	甘肃
					B1211199	其他黄土质黄褐土	
				B12112		泥砂质黄褐土	
					B1211211	壤黄土	河南
					B1211299	其他泥砂质黄褐土	
			B122			粘盘黄褐土	
				B12211		黄土质粘盘黄褐土	
					B1221111	肝土	安徽

表 1（续）

代码						名称	说明
土纲	亚纲	土类	亚类	土属	土种		
					B1221112	潮肝土	安徽
					B1221113	后楼潮肝土	安徽
					B1221114	代安潮肝土	安徽
					B1221115	双庙潮肝土	安徽
					B1221116	粘马肝土	安徽
					B1221119	灰黄粘土	江西
					B1221121	厚黄粘土	江西
					B1221122	厚灰黄粘土	江西
					B1221123	黄胶土	河南
					B1221124	料姜岗黄土	湖北
					B1221125	襄阳岗黄土	湖北
					B1221199	其他黄土质粘盘黄褐土	
			B123			白浆化黄褐土	
				B12311		黄土质白浆化黄褐土	
					B1231111	泗洪岗白土	江苏
					B1231112	高淳白刚土	江苏
					B1231113	舒城白黄土	安徽
					B1231114	夏岗白黄土	安徽
					B1231115	汝南白浆粘黄土	河南
					B1231116	白岗黄土	湖北
					B1231199	其他黄土质白浆化黄褐土	
			B124			黄褐土性土	
				B12411		黄土质黄褐土性土	
					B1241111	姜石黄砂泥土	四川
					B1241112	姜石黄泥土	四川
					B1241199	其他黄土质黄褐土性土	
	B2					湿暖温淋溶土	
		B21				棕壤	
			B211			典型棕壤	
				B21111		黄土质棕壤	
					B2111111	沁源棕黄土	山西
					B2111112	赤峰棕黄土	内蒙古
					B2111113	老黄土	辽宁
					B2111114	板棕黄土	辽宁
					B2111115	粘棕黄土	辽宁
					B2111116	灰棕黄土	辽宁
					B2111117	乌棕黄土	辽宁
					B2111118	黄蒜瓣土	辽宁
					B2111119	黄粘土	吉林
					B2111121	文县棕黄土	甘肃

表 1（续）

代码						名称	说明
土纲	亚纲	土类	亚类	土属	土种		
					B2111122	黄僵泥土	甘肃
					B2111199	其他黄土质棕壤	
				B21112		泥砂质棕壤	
					B2111211	面砂棕土	河北
					B2111212	棕砾黄土	辽宁
					B2111213	乌棕砾黄土	辽宁
					B2111214	棕砂黄土	辽宁
					B2111215	棕粘黄土	辽宁
					B2111216	坡棕黄土	辽宁
					B2111217	僵心棕黄土	山东
					B2111299	其他泥砂质棕壤	
				B21113		暗泥质棕壤	
					B2111311	新宾暗黄土	辽宁
					B2111312	暗灰黄土	辽宁
					B2111313	僵心暗堰土	山东
					B2111314	暗灰汤土	云南
					B2111399	其他暗泥质棕壤	
				B21114		麻砂质棕壤	
					B2111411	酸麻渣土	河北
					B2111412	宁武棕麻砂土	山西
					B2111413	喀喇沁棕麻土	内蒙古
					B2111414	山麻黄土	辽宁
					B2111415	山麻砂黄土	辽宁
					B2111416	山灰黄土	辽宁
					B2111417	山酸黄土	辽宁
					B2111418	乌酸黄土	辽宁
					B2111419	马牙黄粘土	吉林
					B2111421	棕堰土	山东
					B2111422	砂棕堰土	山东
					B2111423	板棕堰土	山东
					B2111424	僵心棕堰土	山东
					B2111425	僵底棕堰土	山东
					B2111426	僵心板棕堰土	山东
					B2111427	黄羊暗棕土	安徽
					B2111428	黄石菴棕麻砂土	河南
					B2111429	灰泥砂泡土	陕西
					B2111431	棕石碴土	甘肃
					B2111432	亚东棕麻砂土	西藏
					B2111433	隆子棕麻砂土	西藏
					B2111499	其他麻砂质棕壤	

表 1（续）

代码						名称	说明
土纲	亚纲	土类	亚类	土属	土种		
				B21115		硅质棕壤	
					B2111511	砾黄土	辽宁
					B2111512	棕黄砂土	甘肃
					B2111513	砂灰汤泥	云南
					B2111514	砂灰汤土	云南
					B2111599	其他硅质棕壤	
				B21116		砂泥质棕壤	
					B2111611	棕砂泥土	山西
					B2111612	板硅泥堰土	山东
					B2111699	其他砂泥质棕壤	
				B21117		泥质棕壤	
					B2111711	片黄土	辽宁
					B2111799	其他泥质棕壤	
				B21118		灰泥质棕壤	
					B2111811	棕灰土	北京
					B2111812	宁武棕泥土	山西
					B2111813	棕黑泡土	陕西
					B2111814	棕灰汤土	云南
					B2111899	其他灰泥质棕壤	
				B21119		紫土质棕壤	
					B2111911	紫灰汤土	云南
					B2111999	其他紫土质棕壤	
				B21121		红泥质棕壤	
					B2112111	厚灰汤土	云南
					B2112199	其他红泥质棕壤	
			B212			白浆化棕壤	
				B21211		黄土质白浆化棕壤	
					B2121111	白馅棕黄土	辽宁
					B2121112	粘白馅棕黄土	辽宁
					B2121113	粉白馅棕黄土	辽宁
					B2121114	深位淌白土	辽宁
					B2121115	中位淌白土	辽宁
					B2121199	其他黄土质白浆化棕壤	
				B21212		麻砂质白浆化棕壤	
					B2121211	铁子白淌土	山东
					B2121299	其他麻砂质白浆化棕壤	
				B21213		泥质白浆化棕壤	
					B2121311	扁白泡土	陕西
					B2121399	其他泥质白浆化棕壤	
			B213			潮棕壤	

表 1（续）

代码						名称	说明
土纲	亚纲	土类	亚类	土属	土种		
				B21311		黄土质潮棕壤	
					B2131111	潮棕黄土	辽宁
					B2131112	油潮棕黄土	辽宁
					B2131113	油棕黄土	辽宁
					B2131114	粘潮棕黄土	辽宁
					B2131115	板潮棕黄土	辽宁
					B2131116	灰板潮棕黄土	辽宁
					B2131117	粘山根土	辽宁
					B2131199	其他黄土质潮棕壤	
				B21312		泥砂质潮棕壤	
					B2131211	喀喇沁棕泥土	内蒙古
					B2131212	山根土	辽宁
					B2131213	灰山根土	辽宁
					B2131214	潮山根土	辽宁
					B2131215	砂山根土	辽宁
					B2131216	腰砂山根土	辽宁
					B2131217	砾山根土	辽宁
					B2131218	底黑山根土	辽宁
					B2131219	僵心棕泊土	山东
					B2131299	其他泥砂质潮棕壤	
			B214			棕壤性土	
				B21411		泥砂质棕壤性土	
					B2141111	幼棕砾泥土	西藏
					B2141199	其他泥砂质棕壤性土	
				B21412		麻砂质棕壤性土	
					B2141211	棕山砂土	辽宁
					B2141212	乌棕山砂土	辽宁
					B2141213	灰棕山砂土	辽宁
					B2141214	狮子坪棕麻砂土	河南
					B2141299	其他麻砂质棕壤性土	
				B21413		硅质棕壤性土	
					B2141311	棕砾砂土	辽宁
					B2141312	棕黄碴土	甘肃
					B2141399	其他硅质棕壤性土	
				B21414		泥质棕壤性土	
					B2141411	棕片砂土	辽宁
					B2141412	乌棕片砂土	辽宁
					B2141413	栾川棕泥土	河南
					B2141499	其他泥质棕壤性土	
				B21415		砂泥质棕壤性土	

表 1（续）

代码						名称	说明
土纲	亚纲	土类	亚类	土属	土种		
					B2141511	硅泥坡堰土	山东
					B2141599	其他砂泥质棕壤性土	
				B21416		暗泥质棕壤性土	
					B2141611	暗坡堰土	山东
					B2141699	其他暗泥质棕壤性土	
				B21417		灰泥质棕壤性土	
					B2141711	涞源薄灰石渣土	河北
					B2141799	其他灰质棕壤性土	
	B3					湿温淋溶土	
		B31				暗棕壤	
			B311			典型暗棕壤	
				B31111		黄土质暗棕壤	
					B3111111	索伦暗黄土	内蒙古
					B3111199	其他黄土质暗棕壤	
				B31112		暗泥质暗棕壤	
					B3111211	山泥土	吉林
					B3111212	暗山泥土	吉林
					B3111213	厚腐山泥土	吉林
					B3111214	黑石山泥土	吉林
					B3111215	双河山泥土	黑龙江
					B3111216	呼玛暗山泥土	黑龙江
					B3111217	黑汤大土	云南
					B3111299	其他暗泥质暗棕壤	
				B31113		麻砂质暗棕壤	
					B3111311	暗麻土	内蒙古
					B3111312	岗山暗麻砂土	辽宁
					B3111313	麻砂土	吉林
					B3111314	厚麻砂土	吉林
					B3111315	讷河暗麻砂土	黑龙江
					B3111316	克东暗麻砂土	黑龙江
					B3111317	粗麻砂土	黑龙江
					B3111318	细麻砂土	黑龙江
					B3111319	暗棕土	甘肃
					B3111321	壤性暗麻砂土	西藏
					B3111322	米林暗麻砂土	西藏
					B3111323	砾质暗麻砂土	西藏
					B3111399	其他麻砂质暗棕壤	
				B31114		硅质暗棕壤	
					B3111411	暗山砂土	黑龙江
					B3111412	棕硅泥土	湖北

表 1（续）

代码						名称	说明
土纲	亚纲	土类	亚类	土属	土种		
					B3111499	其他硅质暗棕壤	
				B31115		砂泥质暗棕壤	
					B3111511	暗棕细泥土	湖北
					B3111512	暗棕砂	西藏
					B3111513	砾质暗棕泥	西藏
					B3111599	其他砂泥质暗棕壤	
				B31116		泥质暗棕壤	
					B3111611	白辛暗泥土	内蒙古
					B3111612	红暗山泥土	黑龙江
					B3111613	棕细泥土	湖北
					B3111614	黑汤泥	云南
					B3111699	其他泥质暗棕壤	
				B31117		灰泥质暗棕壤	
					B3111711	棕岩泥土	湖北
					B3111712	棕黑汤土	云南
					B3111713	棕黑汤泥	云南
					B3111799	其他灰泥质暗棕壤	
				B31118		紫土质暗棕壤	
					B3111811	石子紫汤土	云南
					B3111812	紫黑汤土	云南
					B3111899	其他紫土质暗棕壤	
			B312			白浆化暗棕壤	
				B31211		暗泥质白浆化暗棕壤	
					B3121111	白馅暗山泥土	吉林
					B3121112	白馅山泥土	黑龙江
					B3121113	白馅厚山泥上	黑龙江
					B3121199	其他暗泥质白浆化暗棕壤	
				B31212		麻砂质白浆化暗棕壤	
					B3121211	白馅麻砂土	吉林
					B3121212	白馅暗麻砂土	黑龙江
					B3121213	白馅暗麻粘土	黑龙江
					B3121299	其他麻砂质白浆化暗棕壤	
				B31213		硅质白浆化暗棕壤	
					B3121311	白馅山砂土	吉林
					B3121312	白馅山泥砂土	吉林
					B3121313	白馅砂石土	黑龙江
					B3121399	其他硅质白浆化暗棕壤	
			B313			草甸暗棕壤	
				B31311		黄土质草甸暗棕壤	
					B3131111	锈棕黑土	甘肃

表 1（续）

代码						名称	说明
土纲	亚纲	土类	亚类	土属	土种		
					B3131199	其他黄土质草甸暗棕壤	
				B31312		泥砂质草甸暗棕壤	
					B3131211	锈暗泥砂土	内蒙古
					B3131212	锈暗山砂土	黑龙江
					B3131299	其他泥砂质草甸暗棕壤	
				B31313		暗泥质草甸暗棕壤	
					B3131311	锈黑石泥土	吉林
					B3131312	锈暗山泥土	黑龙江
					B3131313	粉锈暗山泥土	黑龙江
					B3131399	其他暗泥质草甸暗棕壤	
				B31314		麻砂质草甸暗棕壤	
					B3131411	锈暗麻土	内蒙古
					B3131412	锈暗麻砂土	黑龙江
					B3131413	粘锈暗麻砂土	黑龙江
					B3131499	其他麻砂质草甸暗棕壤	
				B31315		砂泥质草甸暗棕壤	
					B3131511	锈暗山粘土	湖北
					B3131599	其他砂泥质草甸暗棕壤	
			B314			潜育暗棕壤	
				B31411		暗泥质潜育暗棕壤	
					B3141111	湿粘泥土	黑龙江
					B3141199	其他暗泥质潜育暗棕壤	
			B315			灰化暗棕壤	
				B31511		泥砂质灰化暗棕壤	
					B3151111	灰馅砾石土	吉林
					B3151199	其他泥砂质灰化暗棕壤	
				B31512		暗泥质灰化暗棕壤	
					B3151211	灰馅粗山泥土	吉林
					B3151299	其他暗泥质灰化暗棕壤	
				B31513		麻砂质灰化暗棕壤	
					B3151311	灰馅暗麻砂土	吉林
					B3151312	灰馅麻砂土	黑龙江
					B3151313	灰暗麻砂土	西藏
					B3151399	其他麻砂质灰化暗棕壤	
				B31514		泥质灰化暗棕壤	
					B3151411	灰馅片石土	吉林
					B3151499	其他泥质灰化暗棕壤	
				B31515		灰泥质灰化暗棕壤	
					B3151511	灰馅灰泥土	吉林
					B3151599	其他灰泥质灰化暗棕壤	

表 1（续）

代码						名称	说明
土纲	亚纲	土类	亚类	土属	土种		
			B316			暗棕壤性土	
				B31611		暗泥质暗棕壤性土	
					B3161111	黑石砂土	吉林
					B3161112	灰石砂土	吉林
					B3161199	其他暗泥质暗棕壤性土	
				B31612		麻砂质暗棕壤性土	
					B3161211	马牙砂土	吉林
					B3161212	暗砾砂土	黑龙江
					B3161213	石子黑汤土	云南
					B3161299	其他麻砂质暗棕壤性土	
		B32				白浆土	
			B321			典型白浆土	
				B32111		黄土质白浆土	
					B3211111	白焰土	吉林
					B3211112	片石白焰土	吉林
					B3211113	灰石白焰土	吉林
					B3211114	黑石白焰土	吉林
					B3211115	黑石底白焰土	吉林
					B3211116	油白焰土	吉林
					B3211117	破皮白焰土	吉林
					B3211118	露黄白焰土	吉林
					B3211119	浅位白焰土	黑龙江
					B3211121	中位白焰土	黑龙江
					B3211122	暗白焰土	黑龙江
					B3211123	粘白焰土	黑龙江
					B3211199	其他典型白浆土	
			B322			草甸白浆土	
				B32211		黄土质草甸白浆土	
					B3221111	东丰锈白焰土	吉林
					B3221112	破皮锈白焰土	吉林
					B3221199	其他黄土质草甸白浆土	
				B32212		泥砂质草甸白浆土	
					B3221211	太平锈白焰土	黑龙江
					B3221299	其他泥砂质草甸白浆土	
			B323			潜育白浆土	
				B32311		黄土质潜育白浆土	
					B3231111	永吉潜白焰土	吉林
					B3231112	油潜白焰土	吉林
					B3231113	破皮潜白焰土	吉林
					B3231114	深潜白焰土	黑龙江

表 1（续）

代码						名称	说明
土纲	亚纲	土类	亚类	土属	土种		
					B3231199	其他黄土质潜育白浆土	
				B32312		泥砂质潜育白浆土	
					B3231211	尚志潜白馅土	黑龙江
					B3231299	其他泥砂质潜育白浆土	
	B4					湿寒温淋溶土	
		B41				棕色针叶林土	
			B411			典型棕色针叶林土	
				B41111		麻砂质棕色针叶林土	
					B4111111	厚寒棕土	黑龙江
					B4111112	寒棕土	新疆
					B4111113	麻黑灰土	云南
					B4111199	其他麻砂质棕色针叶林土	
				B41112		砂泥质棕色针叶林土	
					B4111211	理县灰包土	四川
					B4111299	其他砂泥质棕色针叶林土	
				B41113		泥质棕色针叶林土	
					B4111311	德钦黑灰土	云南
					B4111399	其他泥质棕色针叶林土	
			B412			灰化棕色针叶林土	
				B41211		麻砂质灰化棕色针叶林土	
					B4121111	灰馅寒棕土	黑龙江
					B4121112	冕宁酸白砂土	四川
					B4121199	其他麻砂质灰化棕色针叶林土	
				B41212		紫土质灰化棕色针叶林土	
					B4121211	紫黑灰泥	云南
					B4121299	其他紫土质灰化棕色针叶林土	
			B413			表潜棕色针叶林土	
				B41311		麻砂质表潜棕色针叶林土	
					B4131111	湿寒棕土	黑龙江
					B4131112	青寒棕土	新疆
					B4131199	其他麻砂质表潜棕色针叶林土	
		B42				灰化土	
			B420			灰化土	
				B42011		麻砂质灰化土	
					B4201111	麻砂灰土	西藏
					B4201199	其他麻砂质灰化土	
C						半淋溶土	
	C1					半湿热半淋溶土	
		C11				燥红土	
			C111			典型燥红土	

表 1（续）

代码						名　称	说　明
土纲	亚纲	土类	亚类	土属	土种		
				C11111		涂砂质燥红土	
					C1111111	乐东砂燥土	海南
					C1111112	罗带砂燥土	海南
					C1111199	其他涂砂质燥红土	
				C11112		暗泥质燥红土	
					C1111211	泥燥土	海南
					C1111299	其他暗泥质燥红土	
				C11113		麻砂质燥红土	
					C1111311	麻褐燥土	海南
					C1111312	淡麻褐燥土	海南
					C1111399	其他麻砂质燥红土	
				C11114		砂泥质燥红土	
					C1111411	泥砂褐燥土	海南
					C1111412	淡泥砂褐燥土	海南
					C1111413	新街泥砂褐燥土	海南
					C1111499	其他砂泥质燥红土	
			C112			褐红土	
				C11211		泥砂质褐红土	
					C1121111	燥红泥砂土	四川
					C1121112	厚层燥红泥土	四川
					C1121113	厚燥土	云南
					C1121114	厚褐红土	云南
					C1121199	其他泥砂质褐红土	
				C11212		暗泥质褐红土	
					C1121211	砾质褐红大土	云南
					C1121299	其他暗泥质褐红土	
				C11213		麻砂质褐红土	
					C1121311	麻燥土	云南
					C1121399	其他麻砂质褐红土	
				C11214		硅质褐红土	
					C1121411	新平砂燥土	云南
					C1121499	其他硅质褐红土	
	C2					半湿暖温半淋溶土	
		C21				褐土	
			C211			典型褐土	
				C21111		黄土质褐土	
					C2111111	易县立黄土	河北
					C2111112	屯留绵垆土	山西
					C2111113	垣绵垆土	山西
					C2111114	浅粘绵垆土	山西

表 1（续）

代码						名称	说明
土纲	亚纲	土类	亚类	土属	土种		
					C2111115	敖汉破皮黄土	内蒙古
					C2111116	北票褐黄土	辽宁
					C2111117	薄坡褐黄土	辽宁
					C2111118	临淄立黄土	山东
					C2111119	灵宝立黄土	河南
					C2111121	嵩县卧黄土	河南
					C2111122	陇县马肝土	陕西
					C2111123	凤县灰马肝土	陕西
					C2111124	武山褐黄土	甘肃
					C2111125	黄僵土	甘肃
					C2111199	其他黄土质褐土	
				C21112		泥砂质褐土	
					C2111211	杏黄土	北京
					C2111212	粘垆土	河南
					C2111213	昌都褐泥砂土	西藏
					C2111299	其他泥砂质褐土	
				C21113		灰泥质褐土	
					C2111311	灰黄土	辽宁
					C2111312	薄灰黄土	辽宁
					C2111313	粘心黄钙土	山东
					C2111314	灰青石马肝土	陕西
					C2111399	其他灰泥质褐土	
				C21114		红土质褐土	红土质指发育于第三纪红色粘土母质的土壤，下同
					C2111411	褐红土	甘肃
					C2111499	其他红土质褐土	
				C21115		复钙褐土	
					C2111511	丰宁砂黄土	河北
					C2111512	平泉黄钙土	河北
					C2111513	滦平灰胶泥土	河北
					C2111599	其他复钙褐土	
			C212			石灰性褐土	
				C21211		黄土质石灰性褐土	
					C2121111	白黄土	北京
					C2121112	火黄垆土	山西
					C2121113	长子黄垆土	山西

表 1（续）

代码						名称	说明
土纲	亚纲	土类	亚类	土属	土种		
					C2121114	红黄垆土	山西
					C2121115	垣黄垆土	山西
					C2121116	万荣坦黄垆土	山西
					C2121117	赤峰褐黄土	内蒙古
					C2121118	固阳褐黄土	内蒙古
					C2121119	北票黄白土	辽宁
					C2121121	老黄白土	辽宁
					C2121122	薄黄白土	辽宁
					C2121123	砂黄白土	辽宁
					C2121124	坡黄白土	辽宁
					C2121125	老坡黄白土	辽宁
					C2121126	薄坡黄白土	辽宁
					C2121127	淡黄土	山东
					C2121128	白面土	河南
					C2121129	料姜白面土	河南
					C2121131	灰卧黄土	河南
					C2121132	料姜卧黄土	河南
					C2121133	姜石卧黄土	河南
					C2121134	灰黄肝土	陕西
					C2121135	羊脑髓土	甘肃
					C2121136	麻褐黄土	甘肃
					C2121137	炉霍二黄土	四川
					C2121199	其他黄土质石灰性褐土	
				C21212		泥砂质石灰性褐土	
					C2121211	二黄土	河北
					C2121212	面砂黄土	河北
					C2121213	垆土	河南
					C2121214	白垆土	河南
					C2121215	江达火褐泥砂土	西藏
					C2121299	其他泥砂质石灰性褐土	
				C21213		硅质石灰性褐土	
					C2121311	固阳褐砂土	内蒙古
					C2121312	灰砂砾肝土	陕西
					C2121399	其他硅质石灰性褐土	
				C21214		砂泥质石灰性褐土	
					C2121411	夹石褐砂土	四川
					C2121499	其他砂泥质石灰性褐土	
				C21215		泥质石灰性褐土	
					C2121511	火褐砾泥土	西藏
					C2121599	其他泥质石灰性褐土	

表 1（续）

代码						名称	说明
土纲	亚纲	土类	亚类	土属	土种		
				C21216		灰泥质石灰性褐土	
					C2121611	灰白黄土	北京
					C2121699	其他灰泥质石灰性褐土	
				C21217		红土质石灰性褐土	
					C2121711	麻褐红土	甘肃
					C2121712	红鸡粪土	甘肃
					C2121799	其他红土质石灰性褐土	
			C213			淋溶褐土	
				C21311		黄土质淋溶褐土	
					C2131111	陵川黄泥土	山西
					C2131112	老褐黄土	内蒙古
					C2131113	凌源老褐黄土	辽宁
					C2131114	薄老褐黄土	辽宁
					C2131115	砾坡黄土	辽宁
					C2131116	薄砾坡黄土	辽宁
					C2131117	老粘黄土	辽宁
					C2131118	岗褐土	江苏
					C2131119	马肝泥	陕西
					C2131121	暗马肝土	陕西
					C2131122	褐泡土	甘肃
					C2131122	西和褐黄土	甘肃
					C2131199	其他黄土质淋溶褐土	
				C21312		泥砂质淋溶褐土	
					C2131211	栾川黄泥土	河南
					C2131212	洛隆老褐泥砂土	西藏
					C2131299	其他泥砂质淋溶褐土	
				C21313		暗泥质淋溶褐土	
					C2131311	昌乐暗泥土	山东
					C2131312	蓬砂土	江苏
					C2131399	其他暗泥质淋溶褐土	
				C21314		硅质淋溶褐土	
					C2131411	白石渣土	河北
					C2131412	砂黑泡土	甘肃
					C2131499	其他硅质淋溶褐土	
				C21315		灰泥质淋溶褐土	
					C2131511	灰山黄土	北京
					C2131512	砂金黄土	山东
					C2131513	粘底金黄土	山东
					C2131514	粘心金黄土	山东
					C2131515	粘金黄土	山东

表 1（续）

代码						名称	说明
土纲	亚纲	土类	亚类	土属	土种		
					C2131516	老山黄土	江苏
					C2131517	金黄土	江苏
					C2131518	山淤土	江苏
					C2131519	栾川灰黄泥土	河南
					C2131599	其他灰泥质淋溶褐土	
				C21316		砂泥质淋溶褐土	
					C2131611	硅砂泥土	山东
					C2131612	硅泥土	山东
					C2131699	其他砂泥质淋溶褐土	
			C214			潮褐土	
				C21411		黄土质潮褐土	
					C2141111	潮褐黄土	辽宁
					C2141112	油潮褐黄土	辽宁
					C2141113	老潮黄土	辽宁
					C2141199	其他黄土质潮褐土	
				C21412		泥砂质潮褐土	
					C2141211	通县灰黄土	北京
					C2141212	丰台灰黄土	北京
					C2141213	潮黄土	河北
					C2141214	黑潮黄土	河北
					C2141215	粘潮黄土	河北
					C2141216	漏砂潮黄土	河北
					C2141217	两合潮黄土	河北
					C2141218	蒙金潮黄土	河北
					C2141219	坡淤土	辽宁
					C2141221	砂黄泥土	山东
					C2141222	粘黄泥土	山东
					C2141223	伊川潮粘土	河南
					C2141224	伊川潮壤土	河南
					C2141299	其他泥砂质潮褐土	
			C215			塿土	
				C21511		油塿土	
					C2151111	黑紫塿土	陕西
					C2151112	红油塿土	陕西
					C2151113	杜曲黑油塿土	陕西
					C2151114	红紫塿土	陕西
					C2151199	其他油塿土	
				C21512		垆塿土	
					C2151211	灰塿土	陕西
					C2151299	其他垆塿土	

表 1（续）

代码						名称	说明
土纲	亚纲	土类	亚类	土属	土种		
				C21513		立茬塿土	
					C2151311	红立茬土	陕西
					C2151312	黑立茬土	陕西
					C2151399	其他立茬塿土	
				C21514		斑斑土	
					C2151411	斑斑黑油土	陕西
					C2151412	鸡粪土	陕西
					C2151499	其他斑斑土	
				C21515		塿墡土	
					C2151511	三原塿墡土	陕西
					C2151512	灰土	陕西
					C2151599	其他塿墡土	
			C216			燥褐土	
				C21611		硅质燥褐土	
					C2161111	厚层燥褐砂土	四川
					C2161112	石渣灰褐泥土	四川
					C2161113	理县灰褐泥土	四川
					C2161199	其他硅质燥褐土	
				C21612		泥砂质燥褐土	
					C2161211	得荣燥黄土	四川
					C2161212	丹巴燥砂土	四川
					C2161213	得荣灰砂土	四川
					C2161299	其他泥砂质燥褐土	
			C217			褐土性土	
				C21711		黄土质褐土性土	
					C2171111	红立黄土	山西
					C2171112	汾西立黄土	山西
					C2171113	坡褐黄土	辽宁
					C2171114	卧黄土	河南
					C2171115	姜卧黄土	河南
					C2171116	多姜卧黄土	河南
					C2171117	灰肝黄土	陕西
					C2171199	其他黄土质褐土性土	
				C21712		泥砂质褐土性土	
					C2171211	幼褐土	河南
					C2171212	昌都幼褐泥砂土	西藏
					C2171299	其他泥砂质褐土性土	
				C21713		暗泥质褐土性土	
					C2171311	糟石土	辽宁
					C2171312	厚糟石土	辽宁

表 1（续）

代码						名称	说明
土纲	亚纲	土类	亚类	土属	土种		
					C2171313	薄槽石土	辽宁
					C2171399	其他暗泥质褐土性土	
				C21714		硅质褐土性土	
					C2171411	肝砂砾土	陕西
					C2171412	青石碴土	甘肃
					C2171499	其他硅质褐土性土	
				C21715		灰泥质褐土性土	
					C2171511	薄钙石土	辽宁
					C2171512	中钙石土	辽宁
					C2171599	其他灰泥质褐土性土	
				C21716		砂泥质褐土性土	
					C2171611	硅泥坡黄土	山东
					C2171699	其他砂泥质褐土性土	
				C21717		堆垫褐土性土	
					C2171711	褐垫土	河南
					C2171799	其他堆垫褐土性土	
	C3					半湿温半淋溶土	
		C31				灰褐土	
			C311			典型灰褐土	
				C31111		黄土质灰褐土	
					C3111111	温泉灰褐黄土	新疆
					C3111199	其他黄土质灰褐土	
				C31112		泥砂质灰褐土	
					C3111211	灰褐砾泥砂土	西藏
					C3111299	其他泥砂质灰褐土	
				C31113		硅质灰褐土	
					C3111311	乌苏灰褐泥土	新疆
					C3111312	温泉灰褐泥土	新疆
					C3111399	其他硅质灰褐土	
				C31114		泥质灰褐土	
					C3111411	灰褐砾泥土	西藏
					C3111499	其他泥质灰褐土	
			C312			暗灰褐土	
				C31211		泥质暗灰褐土	
					C3121111	灰暗麻土	宁夏
					C3121112	厚暗麻土	宁夏
					C3121199	其他泥质暗灰褐土	
			C313			淋溶灰褐土	
				C31311		黄土质淋溶灰褐土	
					C3131111	淡灰褐黄土	青海

表 1（续）

代码						名称	说明
土纲	亚纲	土类	亚类	土属	土种		
					C3131112	昭苏淡灰褐黄土	新疆
					C3131113	新源淡灰褐黄土	新疆
					C3131199	其他黄土质淋溶灰褐土	
				C31312		砂泥质淋溶灰褐土	
					C3131211	老灰褐砾泥土	西藏
					C3131212	老灰褐泥土	西藏
					C3131299	其他砂泥质淋溶灰褐土	
			C314			石灰性灰褐土	
				C31411		黄土质石灰性灰褐土	
					C3141111	墡灰黑土	甘肃
					C3141112	玉树火黑土	青海
					C3141199	其他黄土质石灰性灰褐土	
				C31412		泥质石灰性灰褐土	
					C3141211	麻灰黑土	甘肃
					C3141299	其他泥质石灰性灰褐土	
				C31413		灰泥质石灰性灰褐土	
					C3141311	砾灰黑土	甘肃
					C3141399	其他灰泥质石灰性灰褐土	
			C315			灰褐土性土	
				C31511		泥砂质灰褐土性土	
					C3151111	边坝砾泥砂土	西藏
					C3151199	其他泥砂质灰褐土性土	
				C31512		砂泥质灰褐土性土	
					C3151211	江达砾泥土	西藏
					C3151299	其他砂泥质灰褐土性土	
		C32				黑土	
			C321			典型黑土	
				C32111		黄土质黑土	
					C3211111	大杨树黄黑土	内蒙古
					C3211112	黄黑土	辽宁
					C3211113	暗黄黑土	辽宁
					C3211114	肥黑土	吉林
					C3211115	油黑土	吉林
					C3211116	长春破皮黄土	吉林
					C3211117	大黑土	吉林
					C3211118	长春二黄土	吉林
					C3211119	油黄黑土	黑龙江
					C3211122	油黄土	黑龙江
					C3211123	讷河破皮黄土	黑龙江
					C3211124	宕昌大黑土	甘肃

表 1（续）

代码						名称	说明
土纲	亚纲	土类	亚类	土属	土种		
					C3211125	岷县大黑土	甘肃
					C3211126	破皮大黑土	甘肃
					C3211199	其他黄土质黑土	
				C32112		泥砂质黑土	
					C3211211	粘砾黑土	吉林
					C3211212	泥砂土	黑龙江
					C3211213	棕泥砂土	黑龙江
					C3211214	砾黑土	黑龙江
					C3211215	棕砾黑土	黑龙江
					C3211299	其他泥砂质黑土	
				C32113		暗泥质黑土	
					C3211311	红松洼暗黑土	河北
					C3211399	其他暗泥质黑土	
			C322			草甸黑土	
				C32211		黄土质草甸黑土	
					C3221111	黄甸黑土	内蒙古
					C3221112	宜里黄甸黑土	内蒙古
					C3221113	二洼黑土	吉林
					C3221114	平西二洼黑土	吉林
					C3221115	二洼瘦黑土	吉林
					C3221116	二洼油黑土	吉林
					C3221117	锈黄黑土	黑龙江
					C3221118	粘锈黄黑土	黑龙江
					C3221119	双城油黑土	黑龙江
					C3221121	锈黑土	甘肃
					C3221199	其他黄土质草甸黑土	
				C32212		泥砂质草甸黑土	
					C3221211	甸黑土	内蒙古
					C3221212	泥砂甸黑土	内蒙古
					C3221213	黑油砂土	黑龙江
					C3221299	其他泥砂质草甸黑土	
			C323			白浆化黑土	
				C32311		黄土质白浆化黑土	
					C3231111	白馅黄黑土	吉林
					C3231112	油白馅黄黑土	黑龙江
					C3231113	粘白馅黄黑土	黑龙江
					C3231199	其他黄土质白浆化黑土	
			C324			表潜黑土	
				C32411		黄土质表潜黑土	
					C3241111	水岗黑土	黑龙江

表 1（续）

代码						名称	说明
土纲	亚纲	土类	亚类	土属	土种		
					C3241199	其他黄土质表潜黑土	
		C33				灰色森林土	
			C331			典型灰色森林土	
				C33111		暗泥质灰色森林土	
					C3311111	黑灰砂土	河北
					C3311199	其他暗泥质灰色森林土	
				C33112		麻砂质灰色森林土	
					C3311211	赤峰麻灰土	内蒙古
					C3311212	富蕴麻灰土	新疆
					C3311213	青河麻灰土	新疆
					C3311214	淡灰土	新疆
					C3311299	其他麻砂质灰色森林土	
				C33113		硅质灰色森林土	
					C3311311	小井砂灰土	内蒙古
					C3311399	其他硅质灰色森林土	
				C33114		风砂质灰色森林土	风砂质指发育于风积砂母质的土壤，下同
					C3311411	御道口灰砂土	河北
					C3311499	其他风砂质灰色森林土	
			C332			暗灰色森林土	
				C33211		麻砂质暗灰色森林土	
					C3321111	暗灰土	新疆
					C3321199	其他麻砂质暗灰色森林土	
D						钙层土	
	D1					半湿温钙层土	
		D11				黑钙土	
			D111			典型黑钙土	
				D11111		黄土质黑钙土	
					D1111111	黑黄土	内蒙古
					D1111112	厚黑黄土	内蒙古
					D1111113	薄黑黄土	内蒙古
					D1111114	瘦黑黄土	吉林
					D1111115	农安暗黑黄土	吉林
					D1111116	扶余黑黄土	吉林
					D1111117	油黑黄土	吉林
					D1111118	破皮黑黄土	吉林
					D1111119	富裕黑黄土	黑龙江

表 1（续）

代码						名称	说明
土纲	亚纲	土类	亚类	土属	土种		
					D1111121	暗黑黄土	黑龙江
					D1111122	坪台黑油土	甘肃
					D1111123	破皮黑油土	甘肃
					D1111124	黑油土	甘肃
					D1111125	昭苏黑黄土	新疆
					D1111126	黑壤土	新疆
					D1111127	黑绵土	新疆
					D1111199	其他黄土质黑钙土	
				D11112		泥砂质黑钙土	
					D1111211	富裕黑泥砂土	黑龙江
					D1111212	暗黑泥砂土	黑龙江
					D1111213	油黑泥砂土	黑龙江
					D1111214	棕黑泥砂土	黑龙江
					D1111215	筛漏土	吉林
					D1111216	暗筛漏土	吉林
					D1111299	其他泥砂质黑钙土	
				D11113		泥质黑钙土	
					D1111311	厚黑泥土	内蒙古
					D1111399	其他泥质黑钙土	
				D11114		灰泥质黑钙土	
					D1111411	薄黑灰土	内蒙古
					D1111499	其他灰泥质黑钙土	
			D112			淋溶黑钙土	
				D11211		黄土质淋溶黑钙土	
					D1121111	老黑黄土	黑龙江
					D1121112	酥黑土	新疆
					D1121199	其他黄土质淋溶黑钙土	
				D11212		麻砂质淋溶黑钙土	
					D1121211	厚老黑麻土	内蒙古
					D1121299	其他麻砂质淋溶黑钙土	
			D113			石灰性黑钙土	
				D11311		黄土质石灰性黑钙土	
					D1131111	火黑黄土	内蒙古
					D1131112	薄火黑黄土	内蒙古
					D1131113	火性油黑黄土	吉林
					D1131114	瘦火性黑黄土	吉林
					D1131115	暗火性黑黄土	吉林
					D1131116	薄火性黑黄土	吉林
					D1131117	厚火性黑黄土	吉林
					D1131118	砂底火黑土	吉林

表 1（续）

代码						名称	说明
土纲	亚纲	土类	亚类	土属	土种		
					D1131119	红底火黑土	吉林
					D1131121	火性红底黑土	吉林
					D1131122	火性黑黄土	黑龙江
					D1131123	油火性黑黄土	黑龙江
					D1131124	天祝黑土	甘肃
					D1131125	天祝破皮黑土	甘肃
					D1131126	川台油黑土	甘肃
					D1131127	化隆黄黑土	青海
					D1131128	酥灰土	新疆
					D1131199	其他黄土质石灰性黑钙土	
				D11312		红土质石灰性黑钙土	
					D1131211	红黑土	青海
					D1131299	其他红土质石灰性黑钙土	
				D11313		泥砂质石灰性黑钙土	
					D1131311	油火性黑泥土	吉林
					D1131312	暗火性黑泥土	吉林
					D1131313	瘦火性黑泥土	吉林
					D1131314	火性黑泥土	黑龙江
					D1131315	火性油砂土	黑龙江
					D1131316	刚察黄黑土	青海
					D1131399	其他泥砂质石灰性黑钙土	
				D11314		麻砂质石灰性黑钙土	
					D1131411	薄火黑麻土	内蒙古
					D1131499	其他麻砂质石灰性黑钙土	
				D11315		硅质石灰性黑钙土	
					D1131511	砂质红黑土	青海
					D1131599	其他硅质石灰性黑钙土	
			D114			淡黑钙土	
				D11411		黄土质淡黑钙十	
					D1141111	淡黑黄土	吉林
					D1141112	瘦淡黑黄土	吉林
					D1141113	复砂淡黑黄土	吉林
					D1141114	破皮淡黑黄土	吉林
					D1141199	其他黄土质淡黑钙土	
				D11412		暗泥质淡黑钙土	
					D1141211	淡黑土	内蒙古
					D1141299	其他暗泥质淡黑钙土	
			D115			草甸黑钙土	
				D11511		黄土质草甸黑钙土	
					D1151111	中锈黑黄土	内蒙古

表 1（续）

代码						名称	说明
土纲	亚纲	土类	亚类	土属	土种		
					D1151112	淡锈黑黄土	吉林
					D1151113	粘锈黑黄土	吉林
					D1151114	瘦锈黑黄土	吉林
					D1151115	新华锈黑黄土	吉林
					D1151116	厚锈黑黄土	吉林
					D1151117	富裕锈黑黄土	黑龙江
					D1151118	棕锈黑黄土	黑龙江
					D1151119	暗锈黑黄土	黑龙江
					D1151121	油锈黑黄土	黑龙江
					D1151199	其他黄土质草甸黑钙土	
				D11512		泥砂质草甸黑钙土	
					D1151211	壤底锈黑泥砂土	内蒙古
					D1151299	其他泥砂质草甸黑钙土	
			D116			盐化黑钙土	
				D11611		苏打盐化黑钙土	
					D1161111	中度苏打盐化黑黄土	吉林
					D1161199	其他苏打盐化黑钙土	
			D117			碱化黑钙土	
				D11700		碱化黑钙土	
					D1170011	中度碱化黑黄土	吉林
					D1170099	其他碱化黑钙土	
	D2					半干温钙层土	
		D21				栗钙土	
			D211			典型栗钙土	
				D21111		黄土质栗钙土	
					D2111111	黄垆土	河北
					D2111112	厚栗黄土	内蒙古
					D2111113	永登栗土	甘肃
					D2111114	破皮栗土	甘肃
					D2111115	南裕栗土	甘肃
					D2111116	白栗黄土	青海
					D2111117	栗麻土	青海
					D2111118	寺台黄鸡粪土	青海
					D2111199	其他黄土质栗钙土	
				D21112		泥砂质栗钙土	
					D2111211	白干土	河北
					D2111212	栗麻砂土	青海
					D2111299	其他泥砂质栗钙土	
				D21113		麻砂质栗钙土	
					D2111311	厚栗麻土	内蒙古

表 1（续）

代码						名称	说明
土纲	亚纲	土类	亚类	土属	土种		
					D2111399	其他麻砂质栗钙土	
				D21114		硅质栗钙土	
					D2111411	栗砂土	内蒙古
					D2111412	薄栗砂土	内蒙古
					D2111413	砂红胶土	青海
					D2111499	其他硅质栗钙土	
				D21115		泥质栗钙土	
					D2111511	栗泥土	内蒙古
					D2111512	薄干子泥	内蒙古
					D2111513	焦红土	青海
					D2111599	其他泥质栗钙土	
				D21116		白干栗钙土	白干指剖面中存在白干层的土壤，下同
					D2111611	深白干土	内蒙古
					D2111612	浅白干土	内蒙古
					D2111699	其他白干栗钙土	
				D21117		砂田栗钙土	砂田指在砂田利用条件下发育的土壤，下同
					D2111711	砂田栗黄土	甘肃
					D2111799	其他砂田栗钙土	
				D21118		暗泥质栗钙土	
					D2111811	黑渣垆土	河北
					D2111812	厚黑渣垆土	河北
					D2111899	其他暗泥质栗钙土	
				D21119		灰泥质栗钙土	
					D2111911	灰渣垆土	河北
					D2111999	其他灰泥质栗钙土	
			D212			暗栗钙土	
				D21211		黄土质暗栗钙土	
					D2121111	暗栗黄土	内蒙古
					D2121112	厚暗栗黄土	内蒙古
					D2121113	薄暗栗黄土	内蒙古
					D2121114	覆砂暗栗黄土	内蒙古
					D2121115	破皮暗栗土	甘肃
					D2121116	天祝暗栗土	甘肃

表 1（续）

代码						名称	说明
土纲	亚纲	土类	亚类	土属	土种		
					D2121117	巴燕黑黄土	青海
					D2121118	刚察暗黄土	青海
					D2121119	暗栗壤土	新疆
					D2121199	其他黄土质暗栗钙土	
				D21212		泥砂质暗栗钙土	
					D2121211	暗栗泥砂土	内蒙古
					D2121212	薄暗栗泥砂土	内蒙古
					D2121213	细砂黑土	河北
					D2121214	黑麻砂土	青海
					D2121215	暗栗黄泥砂土	青海
					D2121216	甘河黑麻土	青海
					D2121299	其他泥砂质暗栗钙土	
				D21213		麻砂质暗栗钙土	
					D2121311	厚暗栗麻土	内蒙古
					D2121312	薄暗栗麻土	内蒙古
					D2121399	其他麻砂质暗栗钙土	
				D21214		泥质暗栗钙土	
					D2121411	厚暗栗泥土	内蒙古
					D2121412	黑红土	青海
					D2121413	黑红麻土	青海
					D2121499	其他泥质暗栗钙土	
				D21215		白干暗栗钙土	
					D2121511	暗白干土	吉林
					D2121599	其他白干暗栗钙土	
				D21216		砂田暗栗钙土	
					D2121611	砂田暗栗土	
					D2121699	其他砂田暗栗钙土	
				D21217		暗泥质暗栗钙土	
					D2121711	黑渣土	河北
					D2121712	厚黑渣土	河北
					D2121799	其他暗泥质暗栗钙土	
			D213			淡栗钙土	
				D21311		黄土质淡栗钙土	
					D2131111	浅钙积栗土	山西
					D2131112	栗土	陕西
					D2131113	淡栗土	甘肃
					D2131114	民乐淡栗土	甘肃
					D2131115	砂田淡栗土	甘肃
					D2131116	白麻土	青海
					D2131117	湟中淡黄土	青海

表 1（续）

代码						名称	说明
土纲	亚纲	土类	亚类	土属	土种		
					D2131118	大白土	青海
					D2131199	其他黄土质淡栗钙土	
				D21312		泥砂质淡栗钙土	
					D2131211	栗灰土	新疆
					D2131299	其他泥砂质淡栗钙土	
				D21313		麻砂质淡栗钙土	
					D2131311	淡栗麻土	内蒙古
					D2131399	其他麻砂质淡栗钙土	
				D21314		硅质淡栗钙土	
					D2131411	坡砂石土	内蒙古
					D2131412	薄沙硬砂土	内蒙古
					D2131413	中沙硬砂土	内蒙古
					D2131499	其他硅质淡栗钙土	
				D21315		泥质淡栗钙土	
					D2131511	砾干子泥	内蒙古
					D2131599	其他泥质淡栗钙土	
				D21316		白干淡栗钙土	
					D2131611	夹白干栗土	山西
					D2131699	其他白干淡栗钙土	
			D214			草甸栗钙土	
				D21411		黄土质草甸栗钙土	
					D2141111	锈栗土	甘肃
					D2141199	其他黄土质草甸栗钙土	
				D21412		泥砂质草甸栗钙土	
					D2141211	细垆二阴土	河北
					D2141212	白干二阴土	河北
					D2141213	底石粘二阴土	河北
					D2141214	砾潮栗土	内蒙古
					D2141215	壤潮栗土	内蒙古
					D2141216	壤身砂潮栗土	内蒙古
					D2141299	其他泥砂质草甸栗钙土	
				D21413		白干草甸栗钙土	
					D2141311	深位锈白干土	吉林
					D2141312	浅位锈白干土	吉林
					D2141399	其他白干草甸栗钙土	
			D215			盐化栗钙土	
				D21511		氯化物栗钙土	
					D2151111	白干卤土	河北
					D2151199	其他氯化物栗钙土	
				D21512		硫酸盐栗钙土	

表1（续）

代码						名称	说明
土纲	亚纲	土类	亚类	土属	土种		
					D2151211	白干中硝土	河北
					D2151299	其他硫酸盐栗钙土	
				D21513		苏打栗钙土	
					D2151311	苏打白干土	河北
					D2151399	其他苏打栗钙土	
			D216			碱化栗钙土	
				D21600		碱化栗钙土	
					D2160011	尚义轻马尿碱土	河北
					D2160012	沽源白干重碱土	河北
					D2160099	其他碱化栗钙土	
			D217			栗钙土性土	
				D21711		麻砂质栗钙土性土	
					D2171111	麻渣薄黑土	河北
					D2171199	其他麻砂质栗钙土性土	
				D21712		暗泥质栗钙土性土	
					D2171211	薄黑渣土	河北
					D2171299	其他暗泥质栗钙土性土	
				D21713		泥质栗钙土性土	
					D2171311	片石黑土	河北
					D2171399	其他泥质栗钙土性土	
				D21714		硅质栗钙土性土	
					D2171411	白渣黑土	河北
					D2171499	其他硅质栗钙土性土	
				D21715		灰泥质栗钙土性土	
					D2171511	灰渣黑土	河北
					D2171599	其他灰泥质栗钙土性土	
	D3					半干暖温钙层土	
		D31				栗褐土	
			D311			典型栗褐土	
				D31111		黄土质栗褐土	
					D3111111	二合淡黄土	河北
					D3111112	绵栗黄土	山西
					D3111113	二合栗黄土	山西
					D3111114	二合红栗黄土	山西
					D3111115	二合卧栗黄土	山西
					D3111116	少姜红栗黄土	山西
					D3111199	其他黄土质栗褐土	
				D31112		泥砂质栗褐土	
					D3111211	二合黄土	河北
					D3111212	粘性黄淤土	河北

表 1（续）

代码						名称	说明
土纲	亚纲	土类	亚类	土属	土种		
					D3111299	其他泥砂质栗褐土	
				D31113		麻砂质栗褐土	
					D3111311	花渣灰黄土	河北
					D3111312	厚花渣灰黄土	河北
					D3111399	其他麻砂质栗褐土	
				D31114		暗泥质栗褐土	
					D3111411	黑渣灰黄土	河北
					D3111412	厚黑渣灰黄土	河北
					D3111499	其他暗泥质栗褐土	
				D31115		泥质栗褐土	
					D3111511	片石灰黄土	河北
					D3111599	其他泥质栗褐土	
				D31116		硅质栗褐土	
					D3111611	白石渣灰黄土	河北
					D3111699	其他硅质栗褐土	
				D31117		灰泥质栗褐土	
					D3111711	灰渣灰黄土	河北
					D3111712	厚灰渣灰黄土	河北
					D3111799	其他灰泥质栗褐土	
			D312			淡栗褐土	
				D31211		黄土质淡栗褐土	
					D3121111	淡栗黄土	山西
					D3121112	薄绵黄土	内蒙古
					D3121113	中绵黄土	内蒙古
					D3121199	其他黄土质淡栗褐土	
			D313			潮栗褐土	
				D31311		泥砂质潮栗褐土	
					D3131111	河黄土	内蒙古
					D3131112	砂河黄土	内蒙古
					D3131113	砂底河黄土	内蒙古
					D3131114	粘底河黄土	内蒙古
					D3131115	粘河黄土	内蒙古
					D3131199	其他泥砂质潮栗褐土	
		D32				黑垆土	
			D321			典型黑垆土	
				D32100		黑垆土	
					D3210011	壤黑垆	陕西
					D3210012	延川壤黑垆	陕西
					D3210013	绵垆土	甘肃
					D3210014	西峰黑垆土	甘肃

表 1（续）

代码						名称	说明
土纲	亚纲	土类	亚类	土属	土种		
					D3210015	暗黑垆土	宁夏
					D3210016	孟塬黑垆土	宁夏
					D3210099	其他典型黑垆土	
			D322			粘化黑垆土	
				D32200		粘化黑垆土	
					D3220011	洛川粘黑垆	陕西
					D3220012	灰粘黑垆	陕西
					D3220013	韩家粘黑垆	陕西
					D3220014	红垆土	陕西
					D3220015	粘黑垆土	甘肃
					D3220016	永和粘黑垆土	甘肃
					D3220099	其他粘化黑垆土	
			D323			潮黑垆土	
				D32300		潮黑垆土	
					D3230011	底锈黑垆土	宁夏
					D3230099	其他潮黑垆土	
			D324			黑麻土	
				D32400		黑麻土	
					D3240011	剥皮麻土	甘肃
					D3240012	通渭黑麻土	甘肃
					D3240013	秦团黑麻土	甘肃
					D3240014	山地麻土	甘肃
					D3240015	旱川台麻土	甘肃
					D3240016	黄麻土	甘肃
					D3240099	其他黑麻土	
E						干旱土	
	E1					干温干旱土	
		E11				棕钙土	
			E111			典型棕钙土	
				E11111		黄土质棕钙土	
					E1111112	茶卡棕黄土	青海
					E1111113	阿西尔棕黄土	新疆
					E1111199	其他黄土质棕钙土	
				E11112		泥砂质棕钙土	
					E1111211	黄平土	青海
					E1111212	黄平砂土	青海
					E1111299	其他泥砂质棕钙土	
				E11113		暗泥质棕钙土	
					E1111311	砂棕钙暗土	内蒙古
					E1111399	其他暗泥质棕钙土	

表 1（续）

代码						名称	说明
土纲	亚纲	土类	亚类	土属	土种		
				E11114		硅质棕钙土	
					E1111411	薄沙棕砂土	内蒙古
					E1111499	其他硅质棕钙土	
			E112			淡棕钙土	
				E11211		泥砂质淡棕钙土	
					E1121111	淡棕灰土	新疆
					E1121199	其他泥砂质淡棕钙土	
			E113			草甸棕钙土	
				E11311		泥砂质草甸棕钙土	
					E1131111	壤河棕土	内蒙古
					E1131112	砂河棕土	内蒙古
					E1131113	底锈棕黄土	新疆
					E1131199	其他泥砂质草甸棕钙土	
			E114			盐化棕钙土	
				E11411		氯化物棕钙土	
					E1141111	咸棕土	青海
					E1141199	其他氯化物棕钙土	
				E11412		硫酸盐棕钙土	
					E1141211	咸黄土	青海
					E1141212	阿勒泰棕黄土	新疆
					E1141213	其他硫酸盐棕钙土	
			E115			碱化棕钙土	
				E11500		碱化棕钙土	
					E1150011	托里弱碱化棕黄土	新疆
					E1150099	其他碱化棕钙土	
			E116			棕钙土性土	
				E11611		黄土质棕钙土性土	
					E1161111	沟里棕黄土	青海
					E1161199	其他黄土质棕钙土性土	
	E2					干暖温干旱土	
		E21				灰钙土	
			E211			典型灰钙土	
				E21111		黄土质灰钙土	
					E2111111	灰白土	甘肃
					E2111112	忠和灰白土	甘肃
					E2111113	榆中灰白土	甘肃
					E2111114	海源黄白土	宁夏
					E2111115	尖扎灰黄土	青海
					E2111116	结皮灰黄土	青海
					E2111117	巩留灰黄土	新疆

表 1（续）

代码						名称	说明
土纲	亚纲	土类	亚类	土属	土种		
					E2111118	底砾灰黄土	新疆
					E2111119	霍城灰黄土	新疆
					E2111121	淡灰黄土	新疆
					E2111199	其他黄土质灰钙土	
				E21112		泥砂质灰钙土	
					E2111211	黄白泥土	宁夏
					E2111212	灰黑砂土	青海
					E2111299	其他泥砂质灰钙土	
				E21113		砂田灰钙土	
					E2111311	石田灰白土	甘肃
					E2111399	其他砂田灰钙土	
			E212			淡灰钙土	
				E21211		黄土质淡灰钙土	
					E2121111	薄淡灰钙黄土	内蒙古
					E2121112	中淡灰钙黄土	内蒙古
					E2121113	同心白脑土	宁夏
					E2121114	化隆灰白土	青海
					E2121199	其他黄土质淡灰钙土	
				E21212		泥砂质淡灰钙土	
					E2121211	绵白土	甘肃
					E2121212	白脑砂土	宁夏
					E2121213	白脑泥土	宁夏
					E2121214	白脑砾土	宁夏
					E2121215	淡灰红土	青海
					E2121299	其他泥砂质淡灰钙土	
				E21213		砂田淡灰钙土	
					E2121311	石洞绵白土	甘肃
					E2121312	寺滩绵白土	甘肃
					E2121399	其他砂田淡灰钙土	
			E213			草甸灰钙土	
				E21311		泥砂质草甸灰钙土	
					E2131111	白脑锈土	宁夏
					E2131199	其他泥砂质草甸灰钙土	
			E214			盐化灰钙土	
				E21411		氯化物灰钙土	
					E2141111	咸红粘土	宁夏
					E2141112	咸红砂土	宁夏
					E2141113	咸性土	宁夏
					E2141114	白脑土	宁夏
					E2141199	其他氯化物灰钙土	

表 1（续）

代码						名称	说明
土纲	亚纲	土类	亚类	土属	土种		
				E21412		硫酸盐灰钙土	
					E2141211	破皮灰白土	甘肃
					E2141212	咸石土	宁夏
					E2141213	盐灰黄土	新疆
					E2141299	其他硫酸盐灰钙土	
				E21413		砂田苏打灰钙土	
					E2141311	砂田碱灰土	甘肃
					E2141399	其他砂田苏打灰钙土	
F						漠土	
	F1					干温漠土	
		F11				灰漠土	
			F111			典型灰漠土	
				F11111		黄土质灰漠土	
					F1111111	灰板土	甘肃
					F1111112	灰漠黄土	新疆
					F1111199	其他黄土质灰漠土	
			F112			钙质灰漠土	
				F11211		泥砂质钙质灰漠土	
					F1121111	石嘴山钙漠土	宁夏
					F1121199	其他泥砂质钙质灰漠土	
			F113			草甸灰漠土	
				F11300		草甸灰漠土	
					F1130011	底锈灰漠黄土	新疆
					F1130012	杭锦底锈灰漠土	内蒙古
					F1130099	其他草甸灰漠土	
			F114			盐化灰漠土	
				F11411		氯化物灰漠土	
					F1141111	氯盐锈黄土	新疆
					F1141199	其他氯化物灰漠土	
				F11412		硫酸盐灰漠土	
					F1141211	中盐漠钙土	甘肃
					F1141212	盐漠钙土	新疆
					F1141299	其他硫酸盐灰漠土	
			F115			碱化灰漠土	
				F11500		碱化灰漠土	
					F1150011	碱漠钙土	新疆
					F1150012	强碱漠钙土	新疆
					F1150013	轻碱漠钙土	新疆
					F1150099	其他碱化灰漠土	
			F116			灌耕灰漠土	

表 1（续）

土纲	亚纲	土类	亚类	土属	土种	名称	说明
				F11611		泥质灌耕灰漠土	
					F1161111	灌灰红土	新疆
					F1161199	其他泥质灌耕灰漠土	
				F11612		泥砂质灌耕灰漠土	
					F1161211	浊棕土	甘肃
					F1161212	黄灰土	新疆
					F1161213	盖砂黄灰土	新疆
					F1161299	其他泥砂质灌耕灰漠土	
		F12				灰棕漠土	
			F121			典型灰棕漠土	
				F12111		泥砂质灰棕漠土	
					F1211111	漠板土	甘肃
					F1211112	砾质面包土	青海
					F1211113	砾质漠灰土	新疆
					F1211199	其他泥砂质灰棕漠土	
			F122			石膏灰棕漠土	
				F12211		泥砂质石膏灰棕漠土	
					F1221111	石膏砾幂土	甘肃
					F1221112	石膏面包土	青海
					F1221113	石膏漠灰土	新疆
					F1221199	其他泥砂质石膏灰棕漠土	
			F123			石膏盐盘灰棕漠土	
				F12311		泥砂质石膏盐盘灰棕漠土	
					F1231111	膏盘面包土	青海
					F1231199	其他泥砂质石膏盐盘灰棕漠土	
			F124			灌耕灰棕漠土	
				F12411		泥砂质灌耕灰棕漠土	
					F1241111	厚板土	甘肃
					F1241112	厚实浆土	青海
					F1241113	厚砂板浆土	青海
					F1241199	其他泥砂质灌耕灰棕漠土	
	F2					干暖温漠土	
		F21				棕漠土	
			F211			典型棕漠土	
				F21111		泥砂质棕漠土	
					F2111111	漠砾砂土	甘肃
					F2111199	其他泥砂质棕漠土	
			F212			盐化棕漠土	
				F21211		硫酸盐棕漠土	
					F2121111	盐漠泥砂土	新疆

表 1（续）

代码						名称	说明
土纲	亚纲	土类	亚类	土属	土种		
					F2121199	其他硫酸盐棕漠土	
			F213			石膏棕漠土	
				F21311		泥砂质石膏棕漠土	
					F2131111	安西漠膏土	甘肃
					F2131112	漠膏土	新疆
					F2131199	其他泥砂质石膏棕漠土	
			F214			石膏盐盘棕漠土	
				F21411		泥砂质石膏盐盘棕漠土	
					F2141111	安西膏盘土	甘肃
					F2141112	膏盘土	新疆
					F2141199	其他泥砂质石膏盐盘棕漠土	
			F215			灌耕棕漠土	甘肃
				F21511		泥砂质灌耕棕漠土	
					F2151111	灌棕土	甘肃
					F2151112	灌灰土	新疆
					F2151199	其他泥砂质灌耕棕漠土	
G						初育土	
	G1					土质初育土	
		G11				黄绵土	
			G110			黄绵土	
				G11011		绵土	
					G1101111	绵黄土	山西
					G1101112	软绵黄土	山西
					G1101113	塬绵土	陕西
					G1101114	川台绵土	陕西
					G1101115	崇信坡绵土	甘肃
					G1101116	灰粗绵土	甘肃
					G1101117	梯绵黄土	甘肃
					G1101118	灌绵土	甘肃
					G1101119	灵台灰绵土	甘肃
					G1101121	傻白土	甘肃
					G1101122	傻绵白土	甘肃
					G1101123	淤绵土	宁夏
					G1101124	老牙村淤绵土	宁夏
					G1101125	盐绵土	宁夏
					G1101126	缃黄土	宁夏
					G1101199	其他绵土	
				G11012		绵砂土	
					G1101211	淡灰绵砂土	陕西
					G1101212	墹绵砂土	陕西

表 1（续）

代码						名称	说明
土纲	亚纲	土类	亚类	土属	土种		
					G1101213	塬绵砂土	陕西
					G1101214	梯绵砂土	陕西
					G1101215	川台绵砂土	陕西
					G1101216	淡灰绵土	陕西
					G1101217	梯绵土	陕西
					G1101218	坡绵土	陕西
					G1101219	坡绵砂土	陕西
					G1101221	黑壮土	陕西
					G1101299	其他绵砂土	陕西
				G11013		绵墡土	
					G1101311	暗绵墡土	陕西
					G1101312	坡绵墡土	陕西
					G1101313	油墡绵土	陕西
					G1101314	灰黄墡土	陕西
					G1101315	川台绵墡土	陕西
					G1101399	其他绵墡土	
				G11014		黄墡土	
					G1101411	硬绵土	陕西
					G1101412	料姜绵土	陕西
					G1101413	坡黄墡土	甘肃
					G1101414	梯黄墡土	甘肃
					G1101415	灰墡土	甘肃
					G1101416	夹胶黄墡土	宁夏
					G1101499	其他黄墡土	
		G12				红粘土	
			G121			典型红粘土	
				G12100		典型红粘土	
					G1210011	老红粘土	河北
					G1210012	大瓣红土	山西
					G1210013	活大瓣红土	山西
					G1210014	大连红土	辽宁
					G1210015	粘红土	辽宁
					G1210016	薄红土	辽宁
					G1210017	板红土	山东
					G1210018	姜红瓣土	河南
					G1210019	红僵瓣土	河南
					G1210021	活红僵瓣土	河南
					G1210099	其他典型红粘土	
			G122			积钙红粘土	
				G12200		积钙红粘土	

表 1（续）

代码						名称	说明
土纲	亚纲	土类	亚类	土属	土种		
					G1220011	中红结土	内蒙古
					G1220012	粘钙红土	辽宁
					G1220013	灰红胶土	陕西
					G1220014	浅灰红胶土	陕西
					G1220015	界头庙红胶土	陕西
					G1220016	西华红粘土	甘肃
					G1220017	东乡红粘土	甘肃
					G1220018	固原红粘土	宁夏
					G1220019	灰棕土	青海
					G1220099	其他积钙红粘土	
			G123			复盐基红粘土	
				G12311		麻砂质复盐基红粘土	
					G1231111	棕黄泥砂土	浙江
					G1231112	棕红泥砂土	浙江
					G1231199	其他麻砂质复盐基红粘土	
				G12312		红泥质复盐基红粘土	
					G1231211	普陀棕红泥	浙江
					G1231212	嵊泗棕黄泥	浙江
					G1231299	其他红泥质复盐基红粘土	
		G13				新积土	
			G131			典型新积土	
				G13111		山洪土	
					G1311111	洪淤砂泥	贵州
					G1311112	洪积砂泥	云南
					G1311113	油砂土	云南
					G1311199	其他山洪土	
				G13112		石灰性山洪土	
					G1311211	罗家营山洪土	内蒙古
					G1311212	山洪砂土	内蒙古
					G1311213	清泉砾泥土	陕西
					G1311214	富平洪泥土	陕西
					G1311215	砂砾淤淀土	甘肃
					G1311216	洪淤薄砂土	宁夏
					G1311217	洪淤砾土	宁夏
					G1311218	厚洪淤土	宁夏
					G1311219	厚阴黑土	宁夏
					G1311221	夹粘阴黑土	宁夏
					G1311222	洪淤土	青海
					G1311223	砂砾山洪土	西藏
					G1311299	其他石灰性山洪土	

表 1(续)

代码						名称	说明
土纲	亚纲	土类	亚类	土属	土种		
				G13113		堆垫土	
					G1311311	厚堆垫土	青海
					G1311312	泥肉基	广东
					G1311313	泥骨基	广东
					G1311314	泥质基	广东
					G1311315	砂质基	广东
					G1311316	砂泥基	广东
					G1311399	其他堆垫土	
				G13114		坝淤土	
					G1311411	坝淤绵砂土	
					G1311499	其他坝淤土	
				G13115		漫淤土	
					G1311511	大荔漫淤土	陕西
					G1311599	其他漫淤土	
			G132			冲积土	
				G13211		冲积砾砂土	砾砂指土壤质地为多砾质砂土或砂壤土,下同
					G1321111	砾砂土	西藏
					G1321199	其他冲积砾砂土	
				G13212		冲积砾泥土	砾泥指土壤质地为多砾质壤土、粘壤土或粘土,下同
					G1321211	河浮泥	云南
					G1321299	其他冲积砾泥土	
				G13213		冲积砂土	砂指土壤质地为砂土或砂壤土,下同
					G1321311	砂滩土	辽宁
					G1321312	河滩土	黑龙江
					G1321313	灰砂丘土	江西
					G1321314	稻城黑砂土	四川
					G1321315	冲积砂壤土	西藏
					G1321399	其他冲积砂土	

表 1（续）

代码						名称	说明
土纲	亚纲	土类	亚类	土属	土种		
				G13214		冲积壤土	壤指土壤质地为壤土或粘壤土，下同
					G1321411	丹巴棕砂土	四川
					G1321412	冕宁黄红砂土	四川
					G1321413	浮泥	云南
					G1321499	其他冲积壤土	
				G13215		石灰性冲积砂土	
					G1321511	安平滩砂土	河北
					G1321512	河漫土	山西
					G1321513	滩砂土	内蒙古
					G1321514	火性砂滩土	辽宁
					G1321515	河淤砂土	黑龙江
					G1321516	垦利滩砂土	山东
					G1321517	表泥淤砂土	陕西
					G1321518	表砾淤砂土	陕西
					G1321519	合阳淤砂土	陕西
					G1321521	腰砾淤砂土	陕西
					G1321522	彭山灰棕砂土	四川、重庆
					G1321523	白眼砂土	四川、重庆
					G1321524	新津紫砂土	四川、重庆
					G1321525	乡城褐砂土	四川
					G1321526	新都灰砂土	四川
					G1321527	灰冲积砂壤土	西藏
					G1321599	其他石灰性冲积砂土	
				G13216		石灰性冲积壤土	
					G1321611	宝鸡淤泥土	陕西
					G1321612	淀淤黄土	甘肃
					G1321613	灰冲积壤土	西藏
					G1321614	冲积湿灰壤土	西藏
					G1321699	其他石灰性冲积壤土	
				G13217		石灰性冲积粘土	粘指土壤质地为粘土，下同
					G1321711	淤滩土	内蒙古
					G1321712	冲积灰粘土	西藏
					G1321799	其他石灰性冲积粘土	
			G133			珊瑚砂土	
				G13300		珊瑚砂土	

表 1（续）

代码						名称	说明
土纲	亚纲	土类	亚类	土属	土种		
					G1330011	西沙珊瑚砂	海南
					G1330099	其他珊瑚砂土	
		G14				龟裂土	
			G140			龟裂土	
				G14011		盐龟裂土	
					G1401111	盐裂土	新疆
					G1401199	其他盐龟裂土	
				G14012		碱龟裂土	
					G1401211	粘裂土	新疆
					G1401299	其他碱龟裂土	
		G15				风沙土	
			G151			荒漠风沙土	
				G15111		荒漠固定风沙土	
					G1511111	柴湾漠沙土	甘肃
					G1511112	石河子漠沙土	新疆
					G1511113	湿漠沙土	新疆
					G1511199	其他荒漠固定风沙土	
				G15112		荒漠半固定风沙土	
					G1511211	半固漠沙土	青海
					G1511212	黄漠沙土	新疆
					G1511299	其他荒漠半固定风沙土	
				G15113		荒漠流动风沙土	
					G1511311	荒漠沙土	甘肃
					G1511312	松漠沙土	青海
					G1511313	漠沙土	新疆
					G1511399	其他荒漠流动风沙土	
			G152			草原风沙土	
				G15211		草原固定风沙土	
					G1521111	漫沙土	山西
					G1521112	丘沙土	辽宁
					G1521113	荒丘沙土	辽宁
					G1521114	灰丘沙土	辽宁
					G1521115	府谷紧沙土	陕西
					G1521116	靖边紧沙土	陕西
					G1521117	定边紧沙土	陕西
					G1521118	盐池定沙土	宁夏
					G1521119	乃东固沙土	西藏
					G1521199	其他草原固定风沙土	
				G15212		草原半固定风沙土	
					G1521211	灰沙土	河北

表 1（续）

代码						名称	说明
土纲	亚纲	土类	亚类	土属	土种		
					G1521212	包沙土	辽宁
					G1521213	沙坨土	陕西
					G1521214	定边松沙土	陕西
					G1521215	浮沙土	宁夏
					G1521216	哈巴湖浮沙土	宁夏
					G1521217	双湖半固沙土	西藏
					G1521299	其他草原半固定风沙土	
				G15213		草原流动风沙土	
					G1521311	神木流沙土	陕西
					G1521312	青海湖流沙土	青海
					G1521313	朗赛岭流沙土	西藏
					G1521399	其他草原流动风沙土	
			G153			草甸风沙土	
				G15311		草甸固定风沙土	
					G1531111	生草黄沙土	河北
					G1531112	灰留沙土	辽宁
					G1531113	泥底留沙土	辽宁
					G1531114	厚留沙土	辽宁
					G1531115	火性留沙土	黑龙江
					G1531116	固沙土	河南
					G1531117	霍尔巴固沙土	西藏
					G1531199	其他草甸固定风沙土	
				G15312		草甸半固定风沙土	
					G1531211	黄沙土	河北
					G1531212	半溜沙土	辽宁
					G1531213	火性半溜沙土	黑龙江
					G1531214	灰半溜沙土	黑龙江
					G1531215	红原半溜沙土	四川
					G1531299	其他草甸半固定风沙土	
				G15313		草甸流动风沙土	
					G1531311	飞沙土	河北
					G1531399	其他草甸流动风沙土	
			G154			滨海风沙土	
				G15411		滨海固定风沙土	
					G1541111	潮阳固沙土	广东
					G1541199	其他滨海固定风沙土	
				G15412		滨海半固定风沙土	
					G1541211	半固定海沙土	广东
					G1541299	其他滨海半固定风沙土	
				G15413		滨海流动风沙土	

表 1（续）

代码						名称	说明
土纲	亚纲	土类	亚类	土属	土种		
					G1541311	儋州流动海沙土	海南
					G1541399	其他滨海流动风沙土	
	G2					石质初育土	
		G21				石灰(岩)土	
			G211			红色石灰土	
				G21100		红色石灰土	
					G2110011	大冶红灰泥土	湖北
					G2110012	山红灰土	湖北
					G2110013	红灰土	湖北
					G2110014	红火泥	广东
					G2110015	阳山红灰泥	广东
					G2110016	红灰泥土	海南
					G2110017	桂林红灰泥土	广西
					G2110018	石灰红泥土	四川、重庆
					G2110019	红大泥土	贵州
					G2110021	红泡土	云南
					G2110099	其他红色石灰土	
			G212			黑色石灰土	
				G21200		黑色石灰土	
					G2120011	黑油泥	浙江
					G2120012	饭石土	湖南
					G2120013	黄荆黑油土	湖南
					G2120014	石窿土	广东
					G2120015	石坳灰黑土	广东
					G2120016	黑灰泥土	广西
					G2120017	黑岩泥	贵州
					G2120018	薄黑岩泥	贵州
					G2120019	黄平岩泥土	贵州
					G2120021	黑泡土	云南
					G2120099	其他黑色石灰土	
			G213			棕色石灰土	
				G21300		棕色石灰土	
					G2130011	粘棕土	江苏
					G2130012	上坊粘棕土	江苏
					G2130013	油黄泥	浙江
					G2130014	油红泥	浙江
					G2130015	油红黄泥	浙江
					G2130016	鸡肝土	安徽
					G2130017	七里鸡肝土	安徽
					G2130018	山门鸡肝土	安徽

表 1（续）

代码						名称	说明
土纲	亚纲	土类	亚类	土属	土种		
					G2130019	萍乡棕灰泥	江西
					G2130021	乌棕灰泥	江西
					G2130022	鸡窝土	湖北
					G2130023	雨山棕灰泥	湖南
					G2130024	双峰棕灰泥	湖南
					G2130025	砾棕灰泥	广西
					G2130026	下坳棕灰泥	广西
					G2130027	润棕土	陕西
					G2130028	石灰棕泥土	四川
					G2130029	薄棕大泥	贵州
					G2130031	棕大泥土	贵州
					G2130099	其他棕色石灰土	
			G214			黄色石灰土	
				G21400		黄色石灰土	
					G2140011	石灰黄泥土	四川、重庆
					G2140012	油大泥土	贵州
					G2140013	大泥土	贵州
					G2140014	薄大泥	贵州
					G2140015	大胶泥土	贵州
					G2140016	大砂泥土	贵州
					G2140017	油大砂泥土	贵州
					G2140018	厚大泥	贵州
					G2140019	石灰黄泡土	云南
					G2140021	石子黄泥土	四川
					G2140099	其他黄色石灰土	
		G22				火山灰土	
			G221			典型火山灰土	
				G22100		典型火山灰土	
					G2210011	焦泥土	云南
					G2210012	焦砾土	黑龙江
					G2210013	湖光岩焦灰土	广东
					G2210099	其他典型火山灰土	
			G222			暗火山灰土	
				G22200		暗火山灰土	
					G2220011	暗焦砾土	辽宁
					G2220099	其他暗火山灰土	
			G223			基性岩火山灰土	
				G22311		基性岩火山砾泥土	
					G2231111	砾质鸡粪土	安徽
					G2231112	厚灰紫褐泥土	江西

表 1（续）

代码						名称	说明
土纲	亚纲	土类	亚类	土属	土种		
					G2231113	琼山焦灰土	海南
					G2231199	其他基性岩火山砾泥土	
				G22312		基性岩火山泥土	泥指土壤质地为壤土、粘壤土或粘土，下同
					G2231211	石龙土	黑龙江
					G2231212	暗栗土	江苏
					G2231213	嘉山鸡粪土	安徽
					G2231214	前亭黑赤土	福建
					G2231215	石山焦灰土	海南
					G2231299	其他基性岩火山泥土	
		G23				紫色土	
			G231			酸性紫色土	
				G23111		酸紫砾泥土	
					G2311111	奉化酸紫砾土	浙江
					G2311112	安地酸紫砾土	浙江
					G2311113	砾血泥土	贵州
					G2311199	其他酸紫砾泥土	
				G23112		酸紫砂土	
					G2311211	酸紫泥	安徽
					G2311212	和平酸紫砂	湖南
					G2311213	酸紫砂	广东
					G2311214	厚酸紫砂土	广西
					G2311215	红胜紫砂土	四川
					G2311216	达县酸紫砂土	四川、重庆
					G2311217	血砂土	贵州
					G2311299	其他酸紫砂土	
				G23113		酸紫壤土	
					G2311311	红紫砂土	浙江
					G2311312	远安酸紫砂	湖北
					G2311313	甲满酸紫砂土	湖南
					G2311314	星子紫棕泥	广东
					G2311315	紫棕泥土	海南
					G2311316	红紫砂泥土	四川
					G2311317	血砂泥	贵州
					G2311318	厚血砂泥	贵州
					G2311319	黄紫泥	云南
					G2311321	大姚红紫泥	云南

表 1（续）

代码						名称	说明
土纲	亚纲	土类	亚类	土属	土种		
					G2311322	宣威红紫砂土	云南
					G2311399	其他酸紫壤土	
				G23114		酸紫粘土	
					G2311411	红紫泥	浙江
					G2311412	罗阳酸紫泥	浙江
					G2311413	新桥紫泥土	福建
					G2311414	金峰酸紫红土	湖南
					G2311415	邕宁酸紫泥土	广西
					G2311416	藤县酸紫粘土	广西
					G2311417	厚酸紫粘土	广西
					G2311418	酸紫黄泥土	四川、重庆
					G2311419	血泥土	贵州
					G2311421	红羊肝土	云南
					G2311422	黄羊肝土	云南
					G2311499	其他酸紫粘土	
			G232			中性紫色土	
				G23211		紫砾泥土	
					G2321111	淅川紫砂土	河南
					G2321112	暗紫石骨土	四川、重庆
					G2321113	禄丰紫砂上	云南
					G2321114	牟定羊肝土	云南
					G2321199	其他紫砾泥土	
				G23212		紫砂土	
					G2321211	红紫土	江苏
					G2321212	厚紫砂泥	江西
					G2321299	其他紫砂土	
				G23213		紫壤土	
					G2321311	西山紫砂土	安徽
					G2321312	新宁紫砂泥	湖南
					G2321313	兰村紫砂泥	湖南
					G2321314	暗紫砂泥土	四川、重庆
					G2321315	灰棕紫砂泥土	四川、重庆
					G2321316	桐梓紫砂泥土	贵州
					G2321317	紫砂泥	贵州
					G2321318	元谋紫泥土	云南
					G2321399	其他紫壤土	
				G23214		紫泥土	
					G2321411	下阜血泥	安徽
					G2321412	厚紫泥土	河南
					G2321413	兴山紫泥土	湖北

表 1（续）

代码						名称	说明
土纲	亚纲	土类	亚类	土属	土种		
					G2321414	贺县紫泥土	广西
					G2321415	灰棕黄紫泥土	四川、重庆
					G2321416	剑阁紫泥土	四川、重庆
					G2321417	暗紫黄泥土	四川
					G2321418	紫胶泥土	贵州
					G2321419	凤冈紫泥土	贵州
					G2321421	习水紫泥	贵州
					G2321499	其他紫泥土	
			G233			石灰性紫色土	
				G23311		灰紫砾泥土	
					G2331111	厚紫灰砂土	河南
					G2331112	钙紫石骨土	四川、重庆
					G2331113	红棕石骨土	四川、重庆
					G2331114	棕紫石骨土	四川、重庆
					G2331115	黄红石骨土	四川
					G2331116	砖红紫石骨土	四川
					G2331117	砾紫泥土	贵州
					G2331199	其他灰紫砾泥土	
				G23312		灰紫砂土	
					G2331211	槐园猪血砂	安徽
					G2331212	牛肝砂泥土	广东
					G2331213	棕紫砂土	四川、重庆
					G2331214	黄红紫砂土	四川
					G2331299	其他灰紫砂土	
				G23313		灰紫壤土	
					G2331311	灰钙紫泥	江西
					G2331312	志木山灰紫土	湖南
					G2331313	吕家坪灰紫砂泥土	湖南
					G2331314	灰牛肝土	广东
					G2331315	棕紫砂泥土	四川、重庆
					G2331316	红棕紫砂泥土	四川、重庆
					G2331317	黄红紫砂泥土	四川
					G2331318	紫砂泥大土	贵州
					G2331399	其他灰紫壤土	
				G23314		灰紫泥土	
					G2331411	灰紫土	浙江
					G2331412	缺树坞猪血泥	安徽
					G2331413	厚钙紫泥	江西
					G2331414	钙紫泥	江西
					G2331415	灰赤紫泥土	湖北

表 1（续）

代码						名称	说明
土纲	亚纲	土类	亚类	土属	土种		
					G2331416	厚灰紫泥土	广西
					G2331417	藤县灰紫泥土	广西
					G2331418	钙紫大泥土	四川、重庆
					G2331419	棕紫泥土	四川、重庆
					G2331421	红棕紫泥土	四川、重庆
					G2331422	黄红紫泥土	四川
					G2331423	黄红紫黄泥土	四川
					G2331424	薄大紫泥	贵州
					G2331425	路南钙紫泥	云南
					G2331499	其他灰紫泥土	
		G24				磷质石灰土	
			G241			典型磷质石灰土	
				G24111		磷质珊瑚砂土	海南
					G2411111	磷珊瑚土	
					G2411199	其他磷质珊瑚砂土	
			G242			硬盘磷质石灰土	
				G24211		硬盘珊瑚砂土	
					G2421111	硬磷珊瑚土	海南
					G2421199	其他硬盘珊瑚砂土	
			G243			盐渍磷质石灰土	
				G24311		盐渍磷质珊瑚砂土	
					G2431111	盐磷珊瑚土	
					G2431199	其他盐渍磷质珊瑚砂土	
		G25				粗骨土	
			G251			酸性粗骨土	
				G25111		麻砂质酸性粗骨土	
					G2511111	麻石渣土	山东
					G2511112	石砾麻砂土	山东
					G2511113	白岩砂土	浙江
					G2511114	麻箍砂土	浙江
					G2511115	砂砾土	安徽
					G2511116	麻骨土	江西
					G2511117	粗麻骨土	湖北
					G2511118	黄麻骨土	湖北
					G2511119	粗黄砂土	湖北
					G2511121	粗红砂土	湖北
					G2511199	其他麻砂质酸性粗骨土	
				G25112		硅质酸性粗骨土	
					G2511211	黄石土	江苏
					G2511212	石砂土	浙江

表1(续)

代码						名称	说明
土纲	亚纲	土类	亚类	土属	土种		
					G2511213	乌石砂土	浙江
					G2511214	红砾泥土	浙江
					G2511215	岗集砂砾土	安徽
					G2511216	黄桑坪砂砾土	湖南
					G2511299	其他硅质酸性粗骨土	
				G25113		泥质酸性粗骨土	
					G2511311	片石砂土	浙江
					G2511312	灰片石砂土	浙江
					G2511313	西阳砂砾土	安徽
					G2511314	炭骨土	江西
					G2511315	扁骨土	湖南
					G2511316	砾石黄泥	贵州
					G2511317	砾石黄泥土	贵州
					G2511318	砾石红泥	贵州
					G2511399	其他泥质酸性粗骨土	
				G25114		红砂质酸性粗骨土	
					G2511411	红橙砂土	浙江
					G2511412	红砂骨土	江西
					G2511413	薄黄赤渣土	湖北
					G2511499	其他红砂质酸性粗骨土	
			G252			中性粗骨土	
				G25211		暗泥质中性粗骨土	
					G2521111	暗石碴土	山东
					G2521112	砾黄泥土	浙江
					G2521113	棕泥土	浙江
					G2521114	暗砾土	安徽
					G2521199	其他暗泥质中性粗骨土	
				G25212		麻砂质中性粗骨土	
					G2521211	粗石土	辽宁
					G2521212	薄麻骨石土	河南
					G2521299	其他麻砂质中性粗骨土	
				G25213		硅质中性粗骨土	
					G2521311	砂石碴土	河南
					G2521399	其他硅质中性粗骨土	
				G25214		泥质中性粗骨土	
					G2521411	片石土	辽宁
					G2521412	薄泥碴土	河南
					G2521413	灰扁石碴土	陕西
					G2521414	扁砂砾泥土	四川
					G2521499	其他泥质中性粗骨土	

表1（续）

代码						名称	说明
土纲	亚纲	土类	亚类	土属	土种		
				G25215		砂泥质中性粗骨土	
					G2521511	岭砂土	山东
					G2521512	石砾岭砂土	山东
					G2521599	其他砂泥质中性粗骨土	
			G253			钙质粗骨土	
				G25311		灰泥质钙质粗骨土	
					G2531111	灰砾土	辽宁
					G2531112	灰碴土	河南
					G2531113	薄灰碴土	河南
					G2531114	沟坡粗骨土	青海
					G2531115	冷湖漠碴土	青海
					G2531116	白云砂土	贵州
					G2531199	其他灰泥质钙质粗骨土	
				G25312		暗泥质钙质粗骨土	
					G2531211	厚黑碴土	河北
					G2531299	其他暗泥质钙质粗骨土	
				G25313		硅质钙质粗骨土	
					G2531311	紫石渣土	陕西
					G2531399	其他硅质钙质粗骨土	
				G25314		砂泥质钙质粗骨土	
					G2531411	麻页土	山东
					G2531412	石砾麻页土	山东
					G2531499	其他砂泥质钙质粗骨土	
			G254			硅质岩粗骨土	
				G25411		白粉土	
					G2541111	都安白粉土	广西
					G2541112	白粉泥土	广西
					G2541199	其他白粉土	
		G26				石质土	
			G261			酸性石质土	
				G26111		麻砂质酸性石质土	
					G2611111	平山麻石土	河北
					G2611112	宝清麻石土	黑龙江
					G2611113	胶南马牙砂土	山东
					G2611114	陕县麻石土	河南
					G2611199	其他麻砂质酸性石质土	
				G26112		灰泥质酸性石质土	
					G2611211	石渣子泥	贵州
					G2611299	其他灰泥质酸性石质土	
				G26113		红砂质酸性石质土	

表 1（续）

土纲	亚纲	土类	亚类	土属	土种	名称	说明
					G2611311	红石砂土	江西
					G2611312	其他红砂质酸性石质土	
			G262			中性石质土	
				G26211		麻砂质中性石质土	
					G2621111	石砬土	辽宁
					G2621199	其他麻砂质中性石质土	
				G26212		硅质中性石质土	
					G2621211	砾石土	辽宁
					G2621212	砂石土	河南
					G2621299	其他硅质中性石质土	
				G26213		泥质中性石质土	
					G2621311	泥石土	河南
					G2621399	其他泥质中性石质土	
				G26214		砂泥质中性石质土	
					G2621411	石皮土	山东
					G2621499	其他砂泥质中性石质土	
			G263			钙质石质土	
				G26311		灰泥质钙质石质土	
					G2631111	怀来灰石土	河北
					G2631112	灰石砾土	山西
					G2631113	北票灰石土	辽宁
					G2631114	灰石碴土	山东
					G2631115	镇平灰石土	河南
					G2631199	其他灰泥质钙质石质土	
				G26312		砂泥质钙质石质土	
					G2631211	灰性石皮土	山东
					G2631299	其他砂页岩钙质石质土	
			G264			含盐石质土	
				G26400		含盐石质土	
					G2640000	含盐石质土	
H						半水成土	
	H1					暗半水成土	
		H11				草甸土	
			H111			典型草甸土	
				H11111		草甸砂土	
					H1111111	砂黑甸土	内蒙古
					H1111112	甸砂土	辽宁
					H1111113	底泥甸砂土	辽宁
					H1111114	腰泥甸砂土	辽宁
					H1111115	荒甸砂土	辽宁

表 1（续）

代码						名称	说明
土纲	亚纲	土类	亚类	土属	土种		
					H1111116	油砂甸土	辽宁
					H1111117	薄甸泥砂土	黑龙江
					H1111118	甸砂砾土	西藏
					H1111199	其他草甸砂土	
				H11112		草甸壤土	
					H1111211	赤峰黑甸土	内蒙古
					H1111212	漏甸淤土	辽宁
					H1111213	黑甸淤土	辽宁
					H1111214	油黑甸淤土	辽宁
					H1111215	泥甸淤土	辽宁
					H1111216	油粘甸淤土	辽宁
					H1111217	油甸土	辽宁
					H1111218	腰砂甸淤土	辽宁
					H1111221	底砾甸泥砂土	黑龙江
					H1111222	底砂紫泥土	湖南
					H1111223	草锈土	青海
					H1111224	厚层甸壤土	四川
					H1111225	泥甸土	西藏
					H1111226	工布江达泥甸土	西藏
					H1111299	其他草甸壤土	
				H11113		草甸粘土	
					H1111311	粘黑甸土	内蒙古
					H1111312	粘甸淤土	辽宁
					H1111313	暗粘甸淤土	辽宁
					H1111314	油粘甸土	辽宁
					H1111315	绥芬河甸泥土	黑龙江
					H1111316	黑甸泥土	黑龙江
					H1111317	油甸泥土	黑龙江
					H1111318	粉甸泥土	黑龙江
					H1111319	甸黄土	黑龙江
					H1111321	油甸黄土	黑龙江
					H1111322	糗甸黄土	黑龙江
					H1111323	绥棱甸泥土	黑龙江
					H1111399	其他草甸粘土	
			H112			石灰性草甸土	
				H11211		石灰性草甸砂土	
					H1121111	黑砂甸土	河北
					H1121112	通辽火甸砂土	内蒙古
					H1121113	粘心火甸土	内蒙古
					H1121114	砾质草灌土	青海

表 1（续）

代码						名称	说明
土纲	亚纲	土类	亚类	土属	土种		
					H1121115	砾砂灰甸泥土	西藏
					H1121199	其他石灰性草甸砂土	
				H11212		石灰性草甸壤土	
					H1121211	砂底黑五花土	内蒙古
					H1121212	火性甸淤土	辽宁
					H1121213	火性漏甸淤土	辽宁
					H1121214	火性腰砂甸淤土	辽宁
					H1121215	火性油甸土	辽宁
					H1121216	火性甸泥砂土	黑龙江
					H1121217	灰黄底锈土	新疆
					H1121218	锈灰灌甸土	新疆
					H1121219	灰甸泥砂土	西藏
					H1121299	其他石灰性草甸壤土	
				H11213		石灰性草甸粘土	
					H1121311	火性黑粘淤土	辽宁
					H1121312	火性暗粘淤土	辽宁
					H1121313	火性粘甸淤土	辽宁
					H1121314	火性甸黄土	黑龙江
					H1121315	火性黑糗土	黑龙江
					H1121316	火性甸粘土	黑龙江
					H1121317	火性河淤土	黑龙江
					H1121318	黑粘锈土	新疆
					H1121319	壤体灰甸粘土	西藏
					H1121321	灰甸粘土	西藏
					H1121322	浪卡子灰甸粘土	西藏
					H1121399	其他石灰性草甸粘土	
			H113			白浆化草甸土	
				H11311		白浆化草甸壤土	
					H1131111	白馅甸黄土	黑龙江
					H1131112	白馅甸黑黄土	黑龙江
					H1131113	白馅甸灰黄土	黑龙江
					H1131199	其他白浆化草甸壤土	
			H114			潜育草甸土	
				H11411		潜育草甸砂土	
					H1141111	潜甸泥砂土	黑龙江
					H1141112	厚毡甸泥砂土	西藏
					H1141199	其他潜育草甸砂土	
				H11412		潜育草甸壤土	
					H1141211	暗潜甸泥砂土	黑龙江
					H1141299	其他潜育草甸壤土	

表 1（续）

代码						名称	说明
土纲	亚纲	土类	亚类	土属	土种		
				H11413		潜育草甸粘土	
					H1141311	潜甸黄土	黑龙江
					H1141312	黑潜甸黄土	黑龙江
					H1141399	其他潜育草甸粘土	
				H11414		石灰性潜育草甸砂土	
					H1141411	日喀则灰甸泥砂土	西藏
					H1141412	厚毡灰甸砂土	西藏
					H1141499	其他石灰性潜育草甸砂土	
				H11415		石灰性潜育草甸壤土	
					H1141511	火性湿泥土	黑龙江
					H1141599	其他石灰性潜育草甸壤土	
				H11416		石灰性潜育草甸粘土	
					H1141611	火性湿粘土	黑龙江
					H1141612	火性冷浆土	黑龙江
					H1141699	其他石灰性潜育草甸粘土	
				H11417		白浆化潜育草甸粘土	
					H1141711	白馅潜甸黄土	黑龙江
					H1141799	其他白浆化潜育草甸粘土	
			H115			盐化草甸土	
				H11511		氯化物草甸土	
					H1151111	中盐甸土	辽宁
					H1151112	轻盐甸土	辽宁
					H1151113	重盐甸土	辽宁
					H1151114	底盐草锈土	青海
					H1151115	灰盐甸土	西藏
					H1151199	其他氯化物草甸土	
				H11512		硫酸盐草甸土	
					H1151211	轻卤甸土	辽宁
					H1151299	其他硫酸盐草甸土	
				H11513		苏打草甸土	
					H1151311	重马尿咸甸土	内蒙古
					H1151312	轻卤甸黄土	黑龙江
					H1151313	中卤甸黄土	黑龙江
					H1151314	盐碱锈灰土	新疆
					H1151399	其他苏打草甸土	
			H116			碱化草甸土	
				H11600		碱化草甸土	
					H1160011	重苏打碱甸土	内蒙古
					H1160012	轻苏打碱甸土	内蒙古
					H1160013	碱甸黄土	黑龙江

表 1（续）

代码						名称	说明
土纲	亚纲	土类	亚类	土属	土种		
					H1160014	灰碱甸土	西藏
					H1160099	其他碱化草甸土	
	H2					淡半水成土	
		H21				潮土	
			H211			典型潮土	
				H21111		潮砂土	
					H2111111	漏砂土	江苏
					H2111112	棕砂土	江苏
					H2111113	淡丘砂土	山东
					H2111114	淡丘泥砂土	山东
					H2111115	砂体淡丘泥砂土	山东
					H2111116	砾质潮砂土	陕西
					H2111199	其他潮砂土	
				H21112		潮壤土	
					H2111211	漏砂泥土	河北
					H2111212	绵潮夹砂土	陕西
					H2111213	淡丘泥土	山东
					H2111214	粘底淡丘泥土	山东
					H2111215	面砂淡丘泥土	山东
					H2111216	砂质淡丘泥土	山东
					H2111299	其他潮壤土	
				H21113		潮粘土	
					H2111311	粘泥土	河北
					H2111312	底黑老黄土	江苏
					H2111399	其他潮粘土	
				H21114		石灰性潮砂土	
					H2111411	隆尧蒙金土	河北
					H2111412	兴城潮砂土	辽宁
					H2111413	底泥潮砂土	辽宁
					H2111414	砂土	江苏
					H2111415	泡砂土	江苏
					H2111416	飞砂土	江苏、安徽
					H2111417	面砂土	山东
					H2111418	砂冲淤土	山东
					H2111419	蒙银砂轻白土	山东
					H2111421	蒙金砂轻白土	山东
					H2111422	蒙淤砂轻白土	山东
					H2111423	炉渣菜园土	山东
					H2111424	杞县潮砂土	河南
					H2111425	底粘砂土	河南

表 1（续）

代码						名称	说明
土纲	亚纲	土类	亚类	土属	土种		
					H2111426	底粘青砂土	河南
					H2111427	青砂土	河南
					H2111428	小蒙金土	河南
					H2111429	绵潮砂土	陕西
					H2111431	潮黄砂土	青海
					H2111432	潮黑砂土	青海
					H2111433	潮白砂土	青海
					H2111434	阿勒泰潮灰砂土	新疆
					H2111499	其他石灰性潮砂土	
				H21115		石灰性潮壤土	
					H2111511	粘身两合土	北京
					H2111512	交河底粘两合土	河北
					H2111513	倒蒙金土	河北
					H2111514	闻喜两合土	山西
					H2111515	砂底黄沫土	内蒙古
					H2111516	大古城砂底黄沫土	内蒙古
					H2111517	粘心黄沫土	内蒙古
					H2111518	建平潮淤土	辽宁
					H2111519	油潮淤土	辽宁
					H2111521	底砂潮淤土	辽宁
					H2111522	夹砂淤土	辽宁
					H2111523	底砂淤土	辽宁
					H2111524	腰砂潮淤土	辽宁
					H2111525	丘泥土	山东
					H2111526	砂质丘泥土	山东
					H2111527	轻白土	山东
					H2111528	蒙淤轻白土	山东
					H2111529	睢宁两合土	江苏
					H2111531	粘底两合土	江苏
					H2111532	粘心两合土	江苏
					H2111533	砂底两合土	江苏
					H2111534	砂心两合土	江苏
					H2111535	苏王砂心两合土	安徽
					H2111536	砂身两合土	安徽
					H2111537	淤身两合土	安徽
					H2111538	良犁两合土	安徽
					H2111539	开封两合土	河南
					H2111541	腰砂两合土	河南
					H2111542	腰砂小两合土	河南
					H2111543	底砂两合土	河南

表 1（续）

代码						名称	说明
土纲	亚纲	土类	亚类	土属	土种		
					H2111544	底粘两合土	河南
					H2111545	底粘小两合土	河南
					H2111546	大蒙金土	河南
					H2111547	蒙金土	河南
					H2111548	绵潮泥土	陕西
					H2111549	腰砂潮泥土	陕西
					H2111551	潮壤黄土	青海
					H2111552	潮白土	青海
					H2111553	潮乌土	青海
					H2111554	下潮黄土	新疆
					H2111555	石河子潮灰粘土	新疆
					H2111556	粘底二潮黄土	新疆
					H2111599	其他石灰性潮壤土	
				H21116		石灰性潮粘土	
					H2111611	通州潮淤土	北京
					H2111612	兴城潮粘土	辽宁
					H2111613	涟水淤土	江苏
					H2111614	砂底淤土	江苏
					H2111615	砂心淤土	江苏
					H2111616	龙北砂心淤土	安徽
					H2111617	砂身淤土	安徽
					H2111618	黑身淤土	安徽
					H2111619	古饶淤土	安徽
					H2111621	鹿邑淤土	河南
					H2111622	火砂淤土	河南
					H2111623	黑底淤土	河南
					H2111624	腰砂淤土	河南
					H2111625	底壤淤土	河南
					H2111626	潮淤粘土	河南
					H2111627	底砂潮粘土	陕西
					H2111699	其他石灰性潮沾土	
			H212			灰潮土	
				H21211		石灰性灰潮砂土	
					H2121111	小粉土	上海
					H2121112	板而砂	江苏
					H2121113	壤心高砂土	江苏
					H2121114	江砂土	安徽
					H2121115	灰砂土	河南
					H2121116	仙桃灰潮砂土	湖北
					H2121117	底砂土	湖北

表 1（续）

代码						名称	说明
土纲	亚纲	土类	亚类	土属	土种		
					H2121118	金称河砂土	湖南
					H2121199	其他石灰性灰潮砂土	
				H21212		石灰性灰潮壤土	
					H2121211	夹砂土	上海
					H2121212	沟干土	上海
					H2121213	泥心夹砂土	江苏
					H2121214	砂码土	江苏
					H2121215	流砂板土	浙江
					H2121216	底咸砂	浙江
					H2121217	百华壤砂土	江西
					H2121218	夹粘砂泥土	湖北
					H2121219	紫湖砂泥土	湖南
					H2121221	厚灰潮泥土	广西
					H2121222	灰棕潮砂泥土	四川、重庆
					H2121223	紫潮砂泥土	四川、重庆
					H2121224	黄潮砂泥土	四川、重庆
					H2121225	余庆潮砂泥土	贵州
					H2121299	其他石灰性灰潮壤土	
				H21213		石灰性灰潮粘土	
					H2121311	南汇黄泥土	上海
					H2121312	垛田土	江苏
					H2121313	淤泥土	江苏
					H2121314	黄泥翘	浙江
					H2121315	淡涂粘	浙江
					H2121316	江涂泥	浙江
					H2121317	江泥土	安徽
					H2121318	江泥砂土	安徽
					H2121321	灰棕潮泥土	四川、重庆
					H2121322	紫潮泥土	四川、重庆
					H2121399	其他石灰性灰潮粘土	
				H21214		灰潮砂土	
					H2121411	培泥砂土	浙江
					H2121412	潮麻砂土	安徽
					H2121413	平川砂土	江西
					H2121414	乌砂土	江西
					H2121415	灰青砂土	河南
					H2121416	泥底灰砂土	河南
					H2121417	孝感潮砂土	湖北
					H2121418	淡砂土	广东
					H2121419	汕头潮砂土	广东

表 1 (续)

代码						名称	说明
土纲	亚纲	土类	亚类	土属	土种		
					H2121421	潮州淡砂土	广东
					H2121422	灌阳潮砂土	广西
					H2121499	其他灰潮砂土	
				H21215		灰潮壤土	
					H2121511	砂泥土	安徽
					H2121512	珠珊砂泥土	江西
					H2121513	灰两合土	河南
					H2121514	夹砂灰两合土	河南
					H2121515	底砂灰两合土	河南
					H2121516	卧龙底砂灰两合土	河南
					H2121517	潮泥土	湖北
					H2121518	益阳潮泥土	湖南
					H2121522	浔江潮泥土	广西
					H2121599	其他灰潮壤土	
				H21216		灰潮粘土	
					H2121611	灰淤土	河南
					H2121699	其他灰潮粘土	
			H213			脱潮土	
				H21311		脱潮砂土	
					H2131111	岗面砂土	河北
					H2131112	岗沫土	内蒙
					H2131113	岗砂土	山东
					H2131114	岗青砂土	河南
					H2131115	民勤脱潮壤土	甘肃
					H2131199	其他脱潮砂土	
				H21312		脱潮壤土	
					H2131211	漏砂岗两合土	河北
					H2131212	干两合	山西
					H2131213	粘体岗两合土	山东
					H2131214	岗两合土	山东
					H2131215	粘底岗两合土	山东
					H2131216	鄢陵脱潮两合土	河南
					H2131217	底砂脱潮两合土	河南
					H2131218	底粘脱潮两合土	河南
					H2131219	脱潮底粘小两合土	河南
					H2131221	浅厚粘脱潮两合土	河南
					H2131222	长安潮泥土	陕西
					H2131299	其他脱潮壤土	
				H21313		脱潮粘土	
					H2131311	通州岗淤土	北京

表 1（续）

代码						名称	说明
土纲	亚纲	土类	亚类	土属	土种		
					H2131312	脱潮淤土	河南
					H2131399	其他脱潮粘土	
			H214			湿潮土	
				H21411		湿潮砂土	
					H2141111	湿面砂土	河北
					H2141112	开封湿潮砂土	河南
					H2141113	榆林湿潮砂土	陕西
					H2141199	其他湿潮砂土	
				H21412		湿潮壤土	
					H2141211	湿黑泥土	河北
					H2141212	涝黑泥土	河北
					H2141213	湿潮泥	陕西
					H2141299	其他湿潮壤土	
				H21413		湿潮粘土	
					H2141311	湿粘土	河北
					H2141312	汝州湿潮粘土	河南
					H2141313	郑郭湿潮粘土	河南
					H2141314	湿泥土	湖北
					H2141399	其他湿潮粘土	
			H215			盐化潮土	
				H21511		氯化物潮土	
					H2151111	卤潮粘土	
					H2151112	轻卤二合土	河北
					H2151113	中卤二合土	河北
					H2151114	黑咸潮泥土	河北
					H2151115	盐潮淤土	内蒙古
					H2151116	轻咸两合土	辽宁
					H2151117	粘身咸白土	山东
					H2151118	中咸泥	山东
					H2151119	中盐面砂土	浙江
					H2151121	轻盐面砂土	安徽
					H2151122	湿轻盐土	安徽
					H2151123	湿中盐土	河南
					H2151124	湿重盐土	河南
					H2151125	白盐潮砂土	河南
					H2151126	松白盐潮泥土	陕西
					H2151127	灌淤盐粘土	陕西
					H2151199	其他氯化物潮土	宁夏
				H21512		硫酸盐潮土	
					H2151211	中硝二合土	河北

表 1（续）

代码						名称	说明
土纲	亚纲	土类	亚类	土属	土种		
					H2151212	轻咸潮泥土	山西
					H2151213	白咸潮泥土	内蒙古
					H2151214	青盐潮淤土	辽宁
					H2151215	轻咸白土	山东
					H2151216	松盐潮砂泥土	陕西
					H2151217	重松盐潮泥土	陕西
					H2151218	塔桥盐锈土	宁夏
					H2151219	体泥盐砂土	宁夏
					H2151221	平安盐锈土	青海
					H2151222	盐锈土	新疆
					H2151223	轻盐锈土	新疆
					H2151299	其他硫酸盐潮土	
				H21513		苏打潮土	
					H2151311	苏打潮砂泥土	山西
					H2151312	马尿潮砂泥土	内蒙古
					H2151399	其他苏打潮土	
				H21514		镁盐潮土	
					H2151411	镁盐锈土	新疆
					H2151499	其他镁盐潮土	
			H216			碱化潮土	
				H21611		碱化砂土	
					H2161111	重碱面砂土	安徽
					H2161112	碱白土	山东
					H2161199	其他碱潮砂土	
				H21612		碱潮壤土	
					H2161211	硝碱潮土	河北
					H2161212	轻碱潮土	辽宁
					H2161213	重碱潮土	辽宁
					H2161214	湿碱潮泥土	河南
					H2161215	商丘湿碱潮泥土	河南
					H2161216	臭碱潮泥土	河南
					H2161217	瓦碱潮泥土	河南
					H2161218	重瓦碱潮泥土	河南
					H2161299	其他碱潮壤土	
				H21613		碱潮粘土	
					H2161311	中碱淤土	安徽
					H2161399	其他碱潮粘土	
			H217			灌淤潮土	
				H21711		淤潮砂土	
					H2171111	淤沫土	内蒙古

表 1（续）

代码						名称	说明
土纲	亚纲	土类	亚类	土属	土种		
					H2171199	其他淤潮砂土	
				H21712		淤潮壤土	
					H2171211	淤潮泥土	河南
					H2171212	厚淤潮泥土	河南
					H2171299	其他淤潮壤土	
				H21713		淤潮粘土	
					H2171311	淤红泥	内蒙古
					H2171312	厚淤潮粘土	河南
					H2171313	薄淤潮粘土	河南
					H2171399	其他淤潮粘土	
				H21714		表锈淤潮砂土	表锈指在水田利用条件下发育的土壤
					H2171411	表锈砂土	宁夏
					H2171499	其他表锈淤潮砂土	
		H22				砂姜黑土	
			H221			典型砂姜黑土	
				H22111		黑姜土	
					H2211111	丰润黑姜土	河北
					H2211112	涡阳黑姜土	安徽
					H2211113	姜底黑姜土	河南
					H2211114	少姜底黑姜土	河南
					H2211115	枣阳姜黑土	湖北
					H2211199	其他黑姜土	
				H22112		黄姜土	
					H2211211	宁阳鸭屎土	山东
					H2211212	姜底鸭屎土	山东
					H2211213	蒙城黄姜土	安徽
					H2211214	白姜土	安徽
					H2211299	其他黄姜土	
				H22113		覆泥黑姜土	
					H2211311	粘鸭屎土	山东
					H2211312	砂盖鸭屎土	山东
					H2211313	山淤黑姜土	安徽
					H2211399	其他覆泥黑姜土	
			H222			石灰性砂姜黑土	
				H22211		灰黑姜土	
					H2221111	姜底灰姜土	河北
					H2221112	姜底粘灰姜土	河北

表 1（续）

代码						名称	说明
土纲	亚纲	土类	亚类	土属	土种		
					H2221113	粘灰鸭屎土	山东
					H2221114	姜底粘灰鸭屎土	山东
					H2221115	姜底灰鸭屎土	山东
					H2221116	少姜底灰黑姜土	河南
					H2221117	姜盘底灰黑姜土	河南
					H2221199	其他灰黑姜土	
				H22212		覆淤黑姜土	
					H2221211	粘盖灰鸭屎土	山东
					H2221212	黄盖灰鸭屎土	山东
					H2221299	其他覆淤黑姜土	
			H223			盐化砂姜黑土	
				H22311		氯化物盐化砂姜黑土	
					H2231111	盐黑土	江苏
					H2231199	其他氯化物盐化砂姜黑土	
			H224			碱化砂姜黑土	
				H22411		碱黑姜土	
					H2241111	轻碱黑姜土	安徽
					H2241199	其他碱黑姜土	
			H225			黑粘土	
				H22511		黑泥土	
					H2251111	钙黑粘泥	广西
					H2251199	其他黑泥土	
		H23				林灌草甸土	
			H231			典型林灌草甸土	
				H23111		林甸土	
					H2311111	荒漠林甸土	新疆
					H2311199	其他林甸土	
				H23112		耕灌林甸土	耕灌指在耕灌利用条件下发育的土壤
					H2311211	灌林甸土	新疆
					H2311299	其他耕灌林甸土	
			H232			盐化林灌草甸土	
				H23211		硫酸盐盐化林灌草甸土	
					H2321111	轻度硫酸盐林甸土	新疆
					H2321199	其他硫酸盐盐化林灌草甸土	
				H23212		氯化物盐化林灌草甸土	
					H2321211	轻度氯化物林甸土	新疆
					H2321299	其他氯化物盐化林灌草甸土	

表 1（续）

代码						名称	说明
土纲	亚纲	土类	亚类	土属	土种		
				H23213		苏打盐化林灌草甸土	
					H2321311	重度苏打林甸土	新疆
					H2321399	其他苏打盐化林灌草甸土	
			H233			碱化林灌草甸土	
				H23300		碱化林灌草甸土	
					H2330000	碱化林灌草甸土	
		H24				山地草甸土	
			H241			典型山地草甸土	
				H24111		山地草甸壤土	
					H2411111	海坨山甸麻土	北京
					H2411112	宁武山甸麻土	山西
					H2411113	山甸黄土	山西
					H2411114	山甸红黄土	山西
					H2411115	亮兵台山黑土	河北
					H2411199	其他山地草甸壤土	
			H242			山地草原草甸土	
				H24200		山地草原草甸土	
					H2420000	山地草原草甸土	
			H243			山地灌丛草甸土	
				H24311		山地灌丛草甸砂土	
					H2431111	南山山甸土	湖南
					H2431112	草甸砂土	贵州
					H2431113	薄草甸砂土	贵州
					H2431199	其他山地灌丛草甸砂土	
				H24312		山地灌丛草甸壤土	
					H2431211	灌山甸土	辽宁
					H2431212	二浪河山甸土	黑龙江
					H2431213	山草甸土	浙江
					H2431214	清凉峰草甸土	安徽
					H2431215	大老岭山甸土	湖北
					H2431216	厚层山甸土	四川
					H2431217	螺子草甸土	贵州
					H2431299	其他山地灌丛草甸壤土	
				H24313		山地灌丛草甸粘土	
					H2431311	黄岗山草甸土	福建
					H2431312	粘灰锈土	陕西
					H2431313	薄草甸泥土	贵州
					H2431399	其他山地灌丛草甸粘土	
J						水成土	
	J1					矿质水成土	

表1(续)

代码						名称	说明
土纲	亚纲	土类	亚类	土属	土种		
		J11				沼泽土	
			J111			典型沼泽土	
				J11100		典型沼泽土	
					J1110011	粘沼泥土	河北
					J1110012	洼泥土	辽宁
					J1110013	洪湖洼粘土	湖北
					J1110014	薄层积炭土	青海
					J1110099	其他典型沼泽土	
			J112			腐泥沼泽土	
				J11200		腐泥沼泽土	
					J1120011	火性洼泥土	辽宁
					J1120012	东南腐泥土	陕西
					J1120013	德令哈腐泥土	青海
					J1120014	黑湿土	新疆
					J1120015	雅安泛酸土	四川
					J1120099	其他腐泥沼泽土	
			J113			泥炭沼泽土	
				J11300		泥炭沼泽土	
					J1130011	清原洼炭土	辽宁
					J1130012	黑河洼炭土	黑龙江
					J1130013	塔头洼炭土	黑龙江
					J1130014	新合洼炭土	黑龙江
					J1130015	漂筏洼炭土	黑龙江
					J1130016	冷洼炭土	湖北
					J1130017	厚层积炭土	青海
					J1130018	厚层洼炭土	四川
					J1130019	低位海子土	贵州
					J1130021	海子泥	贵州
					J1130022	海漂土	云南
					J1130023	厚毡洼炭土	西藏
					J1130024	红原厚洼炭土	四川
					J1130099	其他泥炭沼泽土	
			J114			草甸沼泽土	
				J11400		草甸沼泽土	
					J1140011	黑草泥土	河北
					J1140012	呼和浩特洼甸土	内蒙古
					J1140013	薄洼甸土	内蒙古
					J1140014	岫岩洼甸土	辽宁
					J1140015	密山洼甸土	黑龙江
					J1140016	暗洼甸土	黑龙江

表 1（续）

代码						名称	说明
土纲	亚纲	土类	亚类	土属	土种		
					J1140017	锈缁泥土	陕西
					J1140018	青泥土	青海
					J1140019	草地青泥土	青海
					J1140021	青灰土	新疆
					J1140022	厚毡洼甸土	西藏
					J1140023	薄毡洼甸土	西藏
					J1140024	红原厚洼甸土	四川
					J1140099	其他草甸沼泽土	
			J115			盐化沼泽土	
				J11500		盐化沼泽土	
					J1150011	卤洼土	辽宁
					J1150012	轻卤洼土	辽宁
					J1150013	重卤洼土	辽宁
					J1150014	盐青泥土	青海
					J1150099	其他盐化沼泽土	
			J116			碱化沼泽土	
				J11600		碱化沼泽土	
					J1160000	碱化沼泽土	
	J2					有机水成土	
		J21				泥炭土	
			J211			低位泥炭土	
				J21111		埋藏草炭土	
					J2111111	埋炭土	辽宁
					J2111112	炭涝洼土	黑龙江
					J2111199	其他埋藏草炭土	
				J21112		草炭土	
					J2111211	新金草炭土	辽宁
					J2111212	牡丹江草炭土	黑龙江
					J2111213	厚草炭土	黑龙江
					J2111214	薄草炭土	黑龙江
					J2111215	刚察草炭土	青海
					J2111216	厚层草炭土	四川
					J2111299	其他草炭土	
			J212			中位泥炭土	
				J21200		中位泥炭土	
					J2120011	汤洪岭林炭土	黑龙江
					J2120099	其他中位泥炭土	
			J213			高位泥炭土	
				J21300		高位泥炭土	
					J2130000	高位泥炭土	

表 1（续）

代码						名称	说明
土纲	亚纲	土类	亚类	土属	土种		
K						盐碱土	
	K1					盐土	
		K11				草甸盐土	
			K111			典型草甸盐土	
				K11111		氯化物草甸盐土	
					K1111111	灰咸土	内蒙古
					K1111112	黑咸土	内蒙古
					K1111113	甸盐土	辽宁
					K1111114	油卤土	山东
					K1111115	茌平灰咸土	山东
					K1111116	榆林白盐砂	陕西
					K1111117	松白盐砂	陕西
					K1111118	定边白盐砂	陕西
					K1111119	白甸盐砂	宁夏
					K1111121	灰甸盐砂	新疆
					K1111199	其他氯化物草甸盐土	
				K11112		硫酸盐草甸盐土	
					K1111211	张庆白咸土	山西
					K1111212	白霜咸土	内蒙古
					K1111213	硝碱土	吉林
					K1111214	巨野白咸土	山东
					K1111215	青咸土	山东
					K1111216	松盐泥	陕西
					K1111217	体粘松盐泥	宁夏
					K1111218	底粘甸盐砂	青海
					K1111299	其他硫酸盐草甸盐土	
				K11113		苏打草甸盐土	
					K1111311	黑马尿咸土	内蒙古
					K1111312	砂质马尿土	宁夏
					K1111399	其他苏打草甸盐土	
				K11114		镁质草甸盐土	
					K1111411	镁质甸盐砂	宁夏
					K1111499	其他镁质草甸盐土	
			K112			结壳盐土	
				K11211		氯化物结壳盐土	
					K1121111	斑核灰盐砂	新疆
					K1121199	其他氯化物结壳盐土	
			K113			沼泽盐土	
				K11311		氯化物沼泽盐土	
					K1131111	洼盐泥	青海

表 1（续）

代码						名称	说明
土纲	亚纲	土类	亚类	土属	土种		
					K1131199	其他氯化物沼泽盐土	
				K11312		硫酸盐沼泽盐土	
					K1131211	粘性洼盐泥	宁夏
					K1131299	其他硫酸盐沼泽盐土	
			K114			碱化盐土	
				K11411		氯化物碱化盐土	
					K1141111	湿碱卤土	河南
					K1141112	碱盐砂	青海
					K1141199	其他氯化物碱化盐土	
				K11412		苏打碱化盐土	
					K1141211	砂碱咸土	内蒙古
					K1141212	马尿碱盐土	山东
					K1141299	其他苏打碱化盐土	
				K11413		镁质碱化盐土	
					K1141311	镁质碱盐泥	甘肃
					K1141399	其他镁质碱化盐土	
		K12				滨海盐土	
			K121			典型滨海盐土	
				K12111		滨海砂盐土	
					K1211111	海滩面砂土	河北
					K1211112	砂卤土	山东
					K1211113	临高盐砂土	海南
					K1211199	其他滨海砂盐土	
				K12112		滨海泥盐土	
					K1211211	海滩土	辽宁
					K1211212	盐塘土	上海
					K1211213	黄泥盐土	上海
					K1211214	黄泥轻盐土	上海
					K1211215	卤盐土	山东
					K1211216	粘卤盐土	山东
					K1211299	其他滨海泥盐土	
			K122			滨海沼泽盐土	
				K12200		滨海沼泽盐土	
					K1220011	海涝洼土	辽宁
					K1220012	湛江海洼泥	广东
					K1220013	宝安海洼泥	广东
					K1220014	琼海洼泥	海南
					K1220099	其他滨海沼泽盐土	
			K123			滨海潮滩盐土	
				K12311		涂砂盐土	

表 1(续)

代码						名称	说明
土纲	亚纲	土类	亚类	土属	土种		
					K1231111	面砂潮滩土	河北
					K1231112	寒亭潮滩土	山东
					K1231113	钦州涂砂土	广西
					K1231199	其他涂砂盐土	
				K12312		涂泥盐土	
					K1231211	粘潮滩土	河北
					K1231212	龟裂潮滩土	河北
					K1231213	锦县潮滩土	辽宁
					K1231214	粉泥盐土	上海
					K1231215	粉泥中盐土	上海
					K1231216	泥涂	浙江
					K1231217	粘涂	浙江
					K1231218	防城滩涂泥	广西
					K1231299	其他涂泥盐土	
		K13				酸性硫酸盐土	
			K131			典型酸性硫酸盐土	
				K13100		典型酸性硫酸盐土	
					K1310011	云霄磺酸盐土	福建
					K1310012	三江酸盐土	海南
					K1310099	其他典型酸性硫酸盐土	
			K132			含盐酸性硫酸盐土	
				K13200		含盐酸性硫酸盐土	
					K1320011	咸酸土	广东
					K1320012	磺酸盐土	广西
					K1320099	其他含盐酸性硫酸盐土	
		K14				漠境盐土	
			K141			典型漠境盐土	
				K14111		氯化物漠境盐土	
					K1411111	伽师洪积盐土	新疆
					K1411199	其他氯化物漠境盐土	
			K142			干旱盐土	
				K14211		氯化物干旱盐土	
					K1421111	莎音呼都格旱盐土	内蒙古
					K1421199	其他氯化物干旱盐土	
				K14212		硫酸盐干旱盐土	
					K1421211	苏图海旱盐土	内蒙古
					K1421299	其他硫酸盐干旱盐土	
			K143			残余盐土	
				K14311		氯化物残余盐土	
					K1431111	残余松白盐砂	陕西

表 1（续）

代码						名称	说明
土纲	亚纲	土类	亚类	土属	土种		
					K1431112	同心干盐泥	宁夏
					K1431113	结盘盐砂	青海
					K1431114	干灰盐泥	新疆
					K1431199	其他氯化物残余盐土	
				K14312		硫酸盐残余盐土	
					K1431211	干白盐泥	新疆
					K1431299	其他硫酸盐残余盐土	
				K14313		苏打残余盐土	
					K1431311	白蚀干盐泥	新疆
					K1431399	其他苏打残余盐土	
		K15				寒原盐土	
			K151			典型寒原盐土	
				K15111		氯化物寒原盐土	
					K1511111	泥砾寒盐土	西藏
					K1511199	其他氯化物寒原盐土	
			K152			寒原草甸盐土	
				K15211		硫酸盐寒原草甸盐土	
					K1521111	粘寒甸盐土	西藏
					K1521112	砂寒甸盐土	西藏
					K1521199	其他硫酸盐寒原草甸盐土	
			K153			寒原硼酸盐土	
				K15300		寒原硼酸盐土	
					K1530000	寒原硼酸盐土	
			K154			寒原碱化盐土	
				K15411		碳酸盐寒碱盐土	
					K1541111	寒盐土	西藏
					K1541199	其他碳酸盐寒碱盐土	
	K2					碱土	
		K20				碱土	
			K201			草甸碱土	
				K20100		草甸碱土	
					K2010011	砂白僵土	内蒙古
					K2010012	彰武甸碱土	辽宁
					K2010013	岗碱土	吉林
					K2010014	碱格子土	吉林
					K2010015	破皮碱格子土	吉林
					K2010016	浅位碱土	黑龙江
					K2010017	深位碱土	黑龙江
					K2010018	瓦碱土	山东
					K2010019	李集瓦碱土	河南

表 1（续）

代码						名称	说明
土纲	亚纲	土类	亚类	土属	土种		
					K2010099	其他草甸碱土	
			K202			草原碱土	
				K20200		草原碱土	
					K2020011	锡林浩特栗碱土	内蒙古
					K2020012	苏尼特右旗棕碱土	内蒙古
					K2020099	其他草原碱土	
			K203			龟裂碱土	
				K20300		龟裂碱土	
					K2030011	轻碱砂土	宁夏
					K2030099	其他龟裂碱土	
			K204			盐化碱土	
				K20411		氯化物盐化碱土	
					K2041111	湿碱土	河南
					K2041199	其他氯化物盐化碱土	
				K20412		硫酸盐盐化碱土	
					K2041211	底砂碱淤	新疆
					K2041299	其他硫酸盐盐化碱土	
				K20413		苏打盐化碱土	
					K2041311	白卤碱土	辽宁
					K2041312	白盖碱土	吉林
					K2041313	齐齐哈尔苏打盐化碱土	黑龙江
					K2041314	苏打碱土	黑龙江
					K2041315	结皮碱土	黑龙江
					K2041399	其他苏打盐化碱土	
			K205			荒漠碱土	
				K20500		荒漠碱土	
					K2050011	板碱砂	新疆
					K2050012	体粘黑碱砂	新疆
					K2050099	其他荒漠碱土	
L						人为土	
	L1					人为水成土	
		L11				水稻土	
			L111			潴育水稻土	
				L11111		潮泥田	潮泥指发育于河流冲积物母质的水稻土，下同
					L1111111	黄松土田	江苏
					L1111112	红砂土田	江苏

表 1（续）

代码						名称	说明
土纲	亚纲	土类	亚类	土属	土种		
					L1111113	黄乌土田	江苏
					L1111114	河淤土田	江苏
					L1111115	泥质田	浙江
					L1111116	黄斑田	浙江
					L1111117	青塥黄斑田	浙江
					L1111118	望江泥骨田	安徽
					L1111119	潮泥骨田	安徽
					L1111121	潮砂泥田	安徽
					L1111122	闽侯灰泥田	福建
					L1111123	青底灰泥田	福建
					L1111124	仙阳灰泥田	福建
					L1111125	南屿乌泥田	福建
					L1111126	吉安砂泥田	江西
					L1111127	新建潮砂泥田	江西
					L1111128	红底河砂泥田	湖南
					L1111129	金山河砂泥田	湖南
					L1111131	河潮泥田	湖南
					L1111132	河砂泥田	广东
					L1111133	百色潮砂泥田	广西
					L1111134	田阳潮泥田	广西
					L1111135	潮泥肉田	广西
					L1111136	北流潮砂田	广西
					L1111137	锈墡土田	陕西
					L1111138	假白鳝紫泥田	四川
					L1111139	黄底潮田	四川
					L1111141	假白鳝泥田	四川
					L1111142	汉昌潮砂泥田	四川
					L1111143	油潮砂泥田	贵州
					L1111144	牟定泥田	云南
					L1111199	其他潮泥田	
				L11112		潮泥砂田	潮泥砂指发育于洪积物母质的水稻土，下同
					L1111211	泥砂田	浙江
					L1111212	翁源泥砂田	广东
					L1111213	砾质砂泥田	广西
					L1111214	砾质泥砂田	广西
					L1111299	其他潮砂泥田	

表 1（续）

代码						名称	说明
土纲	亚纲	土类	亚类	土属	土种		
				L11113		湖泥田	湖泥指发育于湖相沉积物母质的水稻土，下同
					L1111311	湖黄土田	上海
					L1111312	湖黄泥田	上海
					L1111313	缠脚土田	江苏
					L1111314	郎溪湖泥田	安徽
					L1111315	鸡粪土田	云南
					L1111316	宜良胶泥田	云南
					L1111399	其他湖泥田	
				L11114		涂泥田	涂泥指发育于海相沉积物母质的水稻土，下同
					L1111411	粉泥田	浙江
					L1111412	黄砂墒田	浙江
					L1111413	老淡涂粘田	浙江
					L1111414	灰埭田	福建
					L1111499	其他涂泥田	
				L11115		淡涂泥田	淡涂泥发育于河口相沉积物母质的水稻土，下同
					L1111511	嘉定潮泥田	上海
					L1111512	沟干潮泥田	上海
					L1111513	沟干泥田	上海
					L1111514	南海泥肉田	广东
					L1111599	其他淡涂泥田	
				L11116		潮白土田	潮白土指发育于滨湖相沉积物母质的水稻土，下同
					L1111611	淀煞白土田	浙江

表 1(续)

代码						名称	说明
土纲	亚纲	土类	亚类	土属	土种		
					L1111699	其他潮白土田	
				L11117		麻砂泥田	麻砂泥指发育于花岗岩等酸性岩残坡积物母质的水稻土，下同
					L1111711	铜鼓麻砂泥田	江西
					L1111712	浠水麻砂泥田	湖北
					L1111713	旌德砂泥田	安徽
					L1111714	乌麻砂泥田	江西
					L1111715	青塥麻砂泥田	湖南
					L1111716	青市麻砂泥田	湖南
					L1111799	其他麻砂泥田	
				L11118		砂泥田	砂泥指发育于砂页岩残坡积物母质的水稻土，下同
					L1111811	黄砂泥田	江西
					L1111812	乌黄砂泥田	江西
					L1111813	灰黄砂泥田	江西
					L1111814	灰山港黄砂泥田	湖南
					L1111815	油砂田	广西
					L1111899	其他砂泥田	
				L11119		鳝泥田	鳝泥指发育于泥岩、页岩、千枚岩等泥质岩残坡积物母质的水稻土，下同
					L1111911	乌鳝泥田	江西
					L1111912	灰鳝泥田	江西
					L1111913	沥口泥质田	安徽
					L1111914	黄扁砂泥田	湖南
					L1111999	其他鳝泥田	

表 1（续）

代码						名称	说明
土纲	亚纲	土类	亚类	土属	土种		
				L11121		灰泥田	灰泥指发育于石灰岩、大理岩等碳酸岩类残坡积物母质的水稻土，下同
					L1112111	岩泥田	湖北
					L1112112	滩头灰泥田	湖南
					L1112113	胶大泥田	贵州
					L1112114	大眼泥田	贵州
					L1112199	其他灰泥田	
				L11122		紫泥田	紫泥指发育于紫色砂页岩残坡积物母质的水稻土，下同
					L1112211	紫大泥田	浙江
					L1112212	潜山紫泥田	安徽
					L1112213	紫砂泥田	安徽
					L1112214	水南紫泥田	江西
					L1112215	乌紫泥田	江西
					L1112216	灰紫泥田	江西
					L1112217	灰紫砂泥田	湖北
					L1112218	酸紫泥田	湖南
					L1112219	碧塘红紫泥田	湖南
					L1112221	邕宁紫砂泥	广西
					L1112222	邕宁紫泥田	广西
					L1112223	紫泥肉田	广西
					L1112224	达县紫泥田	重庆、四川
					L1112225	血胶泥田	贵州
					L1112226	瓮安灰紫泥田	贵州
					L1112227	暗紫鸡粪土田	云南
					L1112228	暗紫泥田	云南
					L1112299	其他紫泥田	
				L11123		红砂泥田	红砂泥指

表 1（续）

代码						名称	说明
土纲	亚纲	土类	亚类	土属	土种		
							发育于第三纪红砂岩残坡积物母质的水稻土，下同
					L1112311	红泥砂田	浙江
					L1112312	弋阳红砂泥田	江西
					L1112313	灰红砂泥田	江西
					L1112314	乌红杪泥田	江西
					L1112315	赤砂泥田	湖北
					L1112399	其他红砂泥田	
				L11124		红泥田	红泥指发育于第四纪红色粘土母质的水稻土，下同
					L1112411	老黄筋泥田	浙江
					L1112412	黄粉泥田	浙江
					L1112413	焦砾塥黄泥砂田	浙江
					L1112414	黄泥砂田	浙江
					L1112415	黄大泥田	浙江
					L1112416	棕红泥田	安徽
					L1112417	乌黄泥田	江西
					L1112418	灰黄泥田	江西
					L1112419	粘黄泥田	江西
					L1112421	灰砂黄泥田	江西
					L1112422	黄底灰泥田	福建
					L1112423	咸宁红泥田	湖北
					L1112424	复石灰红黄泥田	湖南
					L1112425	青塥红黄泥田	湖南
					L1112426	熟红黄泥田	湖南
					L1112427	黄夹泥田	湖南
					L1112428	太平黄泥田	湖南
					L1112429	暗红泥田	云南
					L1112431	暗红鸡粪土田	云南
					L1112432	暗红砂泥田	云南
					L1112433	暗红胶泥田	云南
					L1112499	其他红泥田	

表 1（续）

代码						名称	说明
土纲	亚纲	土类	亚类	土属	土种		
				L11125		黄泥田	黄泥指发育于山丘坡麓与高阶地古老洪冲积物母质的水稻土，下同
					L1112511	山黄泥砂田	浙江
					L1112512	夹白鳝黄泥田	四川
					L1112513	乌当黄泥田	贵州
					L1112514	斑黄泥田	贵州
					L1112515	油黄砂泥田	贵州
					L1112516	小黄泥田	贵州
					L1112517	斑黄砂泥田	贵州
					L1112518	斑黄胶泥田	贵州
					L1112599	其他黄泥田	
				L11126		马肝泥田	马肝泥发育于第四纪上更新世黄土母质的水稻土，下同
					L1112611	黄泥土田	江苏
					L1112612	乌黄泥土田	江苏
					L1112613	铁质黄泥土田	江苏
					L1112614	镇江马肝土田	江苏
					L1112615	江宁灰马肝土田	江苏
					L1112616	六合黄马肝土田	江苏
					L1112617	黄粘田	江苏
					L1112618	六安马肝田	安徽
					L1112619	黄白土田	安徽
					L1112621	灰马肝泥田	江西
					L1112622	九江马肝泥田	江西
					L1112623	罗山黄胶泥田	河南
					L1112624	镇平黄泥田	河南
					L1112625	应城马肝泥田	湖北
					L1112626	岗黄土田	湖北
					L1112627	白散泥田	湖北
					L1112628	青塥黄泥田	湖北
					L1112629	大土黄泥田	四川

表 1（续）

代码						名称	说明
土纲	亚纲	土类	亚类	土属	土种		
					L1112631	小土黄泥田	四川、重庆
					L1112699	其他马肝泥田	
			L112			淹育水稻土	
				L11211		浅潮泥田	
					L1121111	湿黑泥田	河北
					L1121112	鱼台浅潮粘田	山东
					L1121113	白泥田	浙江
					L1121114	湖东砂田	浙江
					L1121115	黄潮沙泥田	江西
					L1121116	确山残潮泥田	河南
					L1121117	陆川浅潮砂田	广西
					L1121118	砂砾田	陕西
					L1121119	都江堰灰砂田	四川
					L1121121	宜良黄砂田	云南
					L1121122	黑淤田	辽宁
					L1121123	粘淤田	辽宁
					L1121124	河淤田	辽宁
					L1121125	草甸田	黑龙江
					L1121126	河淤草甸田	黑龙江
					L1121127	洼泥草甸田	黑龙江
					L1121128	白浆田	黑龙江
					L1121199	其他浅潮泥田	
				L11212		浅潮泥砂田	
					L1121211	浅洪泥	广东
					L1121212	浅石子田	广西
					L1121213	暗泥田	黑龙江
					L1121299	其他浅潮砂泥田	
				L11213		浅湖泥田	
					L1121311	微山浅潮粘田	山东
					L1121312	胶泥田	陕西
					L1121313	黄浮泥田	云南
					L1121314	浅黄胶泥田	云南
					L1121399	其他浅湖泥田	
				L11214		浅涂泥田	
					L1121411	岗砂田	浙江
					L1121412	涂砂田	浙江
					L1121413	涂粘田	浙江
					L1121414	宁波涂泥田	浙江
					L1121416	浅脚黑泥田	广东
					L1121417	砂漏田	海南

表 1（续）

代码						名称	说明
土纲	亚纲	土类	亚类	土属	土种		
					L1121418	燥砂漏田	海南
					L1121419	琼砂土田	海南
					L1121421	浅砂砖土田	海南
					L1121499	其他浅涂泥田	
				L11215		浅淡涂泥田	
					L1121511	江粉泥田	浙江
					L1121512	江涂泥田	浙江
					L1121513	江涂砂田	浙江
					L1121599	其他浅淡涂泥田	
				L11216		浅潮白土田	
					L1121611	湖松田	浙江
					L1121699	其他浅潮白土田	
				L11217		浅暗泥田	暗泥指发育于玄武岩等中、基性岩残坡积物母质的水稻土，下同
					L1121711	红粘田	浙江
					L1121712	棕泥田	浙江
					L1121713	灰紫褐泥田	江西
					L1121714	乌紫褐泥田	江西
					L1121715	浅脚赤土田	广东
					L1121716	浅砖土田	海南
					L1121799	其他浅暗泥田	
				L11218		浅麻砂泥田	
					L1121811	白砂田	浙江
					L1121812	灰麻砂泥田	江西
					L1121813	黄麻砂泥田	江西
					L1121814	浅麻砂田	湖北
					L1121815	资兴浅麻砂泥田	湖南
					L1121816	麻红砂质田	广东
					L1121817	麻红泥砂田	广东
					L1121818	麻红泥底田	广东
					L1121819	浅杂砂泥田	广西
					L1121821	山黄泥田	浙江
					L1121899	其他浅麻砂泥田	
				L11219		浅砂泥田	
					L1121911	青塘黄砂泥田	江西

表 1（续）

代码						名称	说明
土纲	亚纲	土类	亚类	土属	土种		
					L1121912	丹江口浅砂泥田	湖北
					L1121913	会同浅岩渣田	湖南
					L1121914	古丈浅岩渣田	湖南
					L1121915	永兴浅泥田	湖南
					L1121916	浅黄砂泥田	湖南
					L1121917	红砂质田	广东
					L1121918	化州浅砂泥田	广东
					L1121919	黄泥骨田	广东
					L1121921	浅砂泥土田	海南
					L1121922	德昌灰红泥田	四川
					L1121923	独山白砂田	贵州
					L1121999	其他浅砂泥田	
				L11221		浅鳝泥田	
					L1122111	红松泥田	浙江
					L1122112	祁门泥质田	安徽
					L1122113	黄鳝泥田	江西
					L1122114	丹口泥田	湖南
					L1122115	黄扁砂田	贵州
					L1122116	遵义浅黄泥田	贵州
					L1122117	白胶泥田	贵州
					L1122199	其他浅鳝泥田	
				L11222		浅灰泥田	
					L1122211	黄油泥田	浙江
					L1122212	浅石灰泥田	安徽
					L1122213	黄灰石灰泥田	江西
					L1122214	大冶浅灰泥田	湖北
					L1122215	宁远浅灰泥田	湖南
					L1122216	零陵浅灰泥田	湖南
					L1122217	红灰土田	广东
					L1122218	靖西浅棕泥田	广西
					L1122219	胶大土泥田	贵州
					L1122221	大土砾泥田	贵州
					L1122299	其他浅灰泥田	
				L11223		浅紫泥田	
					L1122311	钙质紫砂田	浙江
					L1122312	钙质紫泥田	浙江
					L1122313	酸性紫泥田	浙江
					L1122314	红紫泥田	浙江
					L1122315	红紫砂田	浙江
					L1122316	黄紫泥田	江西

表 1（续）

代码						名称	说明
土纲	亚纲	土类	亚类	土属	土种		
					L1122317	浅灰紫泥田	湖南
					L1122318	浅酸紫泥田	湖南
					L1122319	邕宁浅紫泥田	广西
					L1122321	藤县浅紫粘田	广西
					L1122322	儋县浅紫泥田	海南
					L1122323	铜梁大泥田	重庆、四川
					L1122324	夹黄紫泥田	四川、重庆
					L1122325	石骨子夹泥田	四川、重庆
					L1122326	石骨子田	四川、重庆
					L1122327	凤冈羊肝泥田	贵州
					L1122328	南华紫泥田	云南
					L1122329	巍山紫砂泥田	云南
					L1122331	新平紫胶泥田	云南
					L1122399	其他浅紫泥田	
				L11224		浅红砂泥田	
					L1122411	红砂田	浙江
					L1122412	圭峰红砂泥田	江西
					L1122413	黄红砂泥田	江西
					L1122414	浅赤砂泥田	湖北
					L1122415	祁阳浅红砂泥田	湖南
					L1122499	其他浅红砂泥田	
				L11225		浅白粉泥田	白粉泥指发育于硅质砂页岩残坡积物母质的水稻土，下同
					L1122511	都安浅白粉泥田	广西
					L1122512	浅粉结田	广西
					L1122599	其他浅白粉泥田	
				L11226		浅红泥田	
					L1122611	红泥田	浙江
					L1122612	黄筋泥田	浙江
					L1122613	砂性黄泥田	浙江
					L1122614	建德黄泥田	浙江
					L1122615	刘羊棕红泥田	安徽
					L1122616	巴邱黄泥田	江西
					L1122617	前坊黄泥田	江西
					L1122618	戴云黄泥田	福建
					L1122619	浅灰黄泥田	湖南

表 1（续）

代码						名称	说明
土纲	亚纲	土类	亚类	土属	土种		
					L1122621	南托浅黄泥田	湖南
					L1122622	红泥底田	广东
					L1122623	半砂泥田	广东
					L1122624	浅铁子底田	广西
					L1122625	浅铁子田	广西
					L1122626	贺县浅红泥田	广西
					L1122627	黎平浅红泥田	贵州
					L1122628	大理红泥田	云南
					L1122629	祥云红胶泥田	云南
					L1122631	楚雄红砂泥田	云南
					L1122632	澄江白泥田	云南
					L1122699	其他浅红泥田	
				L11227		浅黄泥田	
					L1122712	铁杆子黄泥田	四川
					L1122713	蓬安死黄泥田	重庆、四川
					L1122799	其他浅黄泥田	
				L11228		浅马肝泥田	
					L1122811	晓星马肝田	安徽
					L1122812	桐柏浅马肝泥田	河南
					L1122813	龙山黄胶泥田	河南
					L1122814	姜石黄泥田	四川
					L1122899	其他浅马肝泥田	
				L11229		浅黄土田	发育于黄土状母质的水稻土
					L1122911	黑土田	黑龙江
					L1122912	甸黑土田	黑龙江
					L1122913	油黑土田	黑龙江
					L1122914	黄土田	辽宁
					L1122999	其他浅黄土田	
			L113			渗育水稻土	
				L11311		渗潮泥田	
					L1131111	唐海潮泥田	河北
					L1131112	潮粘田	河北
					L1131113	油泥土田	江苏
					L1131114	河沙土田	江苏
					L1131115	乌松土田	江苏
					L1131116	水南泥砂田	浙江
					L1131117	培泥砂田	浙江
					L1131118	砂身潮砂泥田	安徽

表 1（续）

代码						名称	说明
土纲	亚纲	土类	亚类	土属	土种		
					L1131119	环城泥田	海南
					L1131121	海南潮土田	海南
					L1131122	浅潮泥田	广西
					L1131123	锈胶泥田	陕西
					L1131124	淤黄泥田	新疆
					L1131125	蒲江黄泥田	四川、重庆
					L1131126	内家紫砂泥田	四川、重庆
					L1131127	温江油砂田	四川
					L1131128	新都大泥田	四川
					L1131129	大土油砂田	四川
					L1131131	沙沱潮砂泥田	贵州
					L1131132	陇川润砂田	云南
					L1131133	河口河砂泥田	湖南
					L1131134	小粉土田	上海
					L1131199	其他渗潮泥田	
				L11312		渗潮泥砂田	
					L1131211	洪砂田	广东
					L1131212	洪砂泥田	广东
					L1131213	洪泥田	广东
					L1131214	洪黄泥田	广东
					L1131215	墨脱渗泥砂田	西藏
					L1131299	其他渗潮砂泥田	
				L11313		渗湖泥田	
					L1131311	湖砂土田	江苏
					L1131312	湖白土田	江苏
					L1131313	黑粘土田	安徽
					L1131399	其他渗湖泥田	
				L11314		渗涂泥田	
					L1131411	淡涂泥田	浙江
					L1131412	黄赤砂田	广东
					L1131413	黑泥砂田	海南
					L1131414	砂燥土田	海南
					L1131415	砂砖土田	海南
					L1131499	其他渗涂泥田	
				L11315		渗淡涂泥田	
					L1131511	黄潮泥田	上海
					L1131512	黄夹砂田	上海
					L1131514	黄松田	浙江
					L1131515	并松泥田	浙江
					L1131516	小粉田	浙江

表 1（续）

代码						名称	说明
土纲	亚纲	土类	亚类	土属	土种		
					L1131517	小粉泥田	浙江
					L1131518	淡涂粘田	浙江
					L1131519	黄赤粘土田	广东
					L1131599	其他渗淡涂泥田	
				L11316		渗潮白土田	
					L1131611	白土田	浙江
					L1131699	其他渗潮白土田	
				L11317		渗暗泥田	
					L1131711	砖泥田	海南
					L1131799	其他渗暗泥田	
				L11318		渗麻砂泥田	
					L1131811	庙首砂泥田	安徽
					L1131812	灰黄泥砂田	福建
					L1131813	螺城灰黄泥砂田	福建
					L1131814	汨罗麻泥田	湖南
					L1131815	仁化麻泥田	广东
					L1131816	麻顽泥田	广东
					L1131817	褐麻土田	海南
					L1131818	麻泥田	海南
					L1131819	麻泥土田	海南
					L1131899	其他渗麻砂泥田	
				L11319		渗砂泥田	
					L1131911	泥砂砖田	海南
					L1131912	四排砂泥田	广西
					L1131913	道真黄砂泥田	贵州
					L1131914	都匀渗砂泥田	贵州
					L1131999	其他渗砂泥田	
				L11321		渗鳝泥田	
					L1132111	柳溪泥质田	安徽
					L1132112	高州渗鳝泥田	广东
					L1132113	片红泥田	广东
					L1132114	南海泥田	广东
					L1132115	页结粉田	广东
					L1132116	砂黄泥田	四川
					L1132117	熟白鳝泥田	贵州
					L1132118	从江红砂泥田	贵州
					L1132119	绥阳扁泥田	贵州
					L1132121	煤泥田	贵州
					L1132199	其他渗鳝泥田	
				L11322		渗灰泥田	

表 1（续）

代码						名称	说明
土纲	亚纲	土类	亚类	土属	土种		
					L1132211	新化灰泥田	湖南
					L1132212	石灰泥田	广东
					L1132213	荔波大泥田	贵州
					L1132214	砂大泥田	贵州
					L1132299	其他渗灰泥田	
				L11323		渗紫泥田	
					L1132311	金峰紫泥田	湖南
					L1132312	新宁紫砂泥田	湖南
					L1132313	牛肝土田	广东
					L1132314	海南紫泥田	海南
					L1132315	富川紫砂田	广西
					L1132316	古蔺酸紫泥田	四川
					L1132317	棕紫夹砂泥田	四川、重庆
					L1132318	仁寿棕紫泥田	四川、重庆
					L1132319	肝泥田	贵州
					L1132321	血泥田	贵州
					L1132399	其他渗紫泥田	
				L11324		渗红砂泥田	
					L1132411	檀山红砂泥田	湖南
					L1132499	其他渗红砂泥田	
				L11325		渗红泥田	
					L1132511	棕黄筋泥田	浙江
					L1132512	棕粉泥田	浙江
					L1132513	高桥棕红泥田	安徽
					L1132514	长沙红黄泥田	湖南
					L1132599	其他渗红泥田	
				L11326		渗马肝泥田	
					L1132611	板浆白土田	江苏
					L1132612	渗黄白土田	江苏
					L1132613	江夏马肝田	安徽
					L1132614	石泉砂泥田	陕西
					L1132615	黄胶泥田	陕西
					L1132616	勉县黄泥田	陕西
					L1132699	其他渗马肝泥田	
				L11328		渗黄土田	
					L1132811	锈肝泥田	陕西
					L1132899	其他渗黄土田	
				L11329		渗煤锈田	
					L1132911	锌汞污染田	广东
					L1132912	煤锈田	贵州

表 1（续）

代码						名称	说明
土纲	亚纲	土类	亚类	土属	土种		
					L1132999	其他渗煤锈田	
			L114			潜育水稻土	
				L11411		青潮泥田	
					L1141111	粘烂泥田	河北
					L1141112	面砂烂泥田	河北
					L1141113	洼甸田	辽宁
					L1141114	密山洼甸田	黑龙江
					L1141115	青浦青泥田	上海
					L1141116	沙底青泥土	江苏
					L1141117	乌底青泥土田	江苏
					L1141118	烘泥土田	江苏
					L1141119	烂青泥田	浙江
					L1141121	烂青紫泥田	浙江
					L1141122	八都烂泥田	浙江
					L1141123	烂青紫塥粘田	浙江
					L1141124	青丝泥田	安徽
					L1141125	青泥骨田	安徽
					L1141126	岳西青潮砂田	安徽
					L1141127	青潮砂泥田	江西
					L1141128	仙阳青泥田	福建
					L1141129	鱼台青潮粘田	山东
					L1141131	汝州青潮粘田	河南
					L1141132	信阳青泥田	河南
					L1141133	冷湖泥田	湖北
					L1141134	低油格田	广东
					L1141135	乌泥底田	广东
					L1141136	冷底田	广东
					L1141137	海南渍水田	海南
					L1141138	青黑砂田	海南
					L1141139	浅埋黑泥田	广西
					L1141141	冷墡土田	陕西
					L1141142	青泥墡土田	陕西
					L1141143	青灰泥田	新疆
					L1141144	下湿潮田	四川
					L1141145	锦屏青潮泥田	贵州
					L1141146	青灰胶泥田	云南
					L1141147	祥云青泥田	云南
					L1141148	盈江青砂泥田	云南
					L1141199	其他青潮泥田	
				L11412		青暗泥田	

表 1（续）

代码						名称	说明
土纲	亚纲	土类	亚类	土属	土种		
					L1141211	青泥格田	海南
					L1141299	其他青暗泥田	
				L11413		青麻砂泥田	
					L1141311	黎川青麻砂泥田	江西
					L1141312	青砂泥田	安徽
					L1141313	青乌麻砂泥田	江西
					L1141314	青灰麻砂泥田	江西
					L1141315	资兴青麻砂泥田	湖南
					L1141399	其他青麻砂泥田	
				L11414		青砂泥田	
					L1141411	青黄砂泥田	江西
					L1141412	下湿黄泥田	四川、重庆
					L1141499	其他青砂泥田	
				L11415		青鳝泥田	
					L1141511	德兴青鳝泥田	江西
					L1141512	甲路青泥田	安徽
					L1141513	会同青粘田	湖南
					L1141599	其他青鳝泥田	
				L11416		青灰泥田	
					L1141611	青石灰泥田	安徽
					L1141612	萍乡青石灰泥田	江西
					L1141613	灰青泥田	湖北
					L1141614	青鸭屎泥田	湖南
					L1141615	鸭屎泥田	贵州
					L1141699	其他青灰泥田	
				L11417		青紫泥田	
					L1141711	泾县青紫泥田	安徽
					L1141712	万坊青紫泥田	江西
					L1141713	萍乡青紫砂田	江西
					L1141714	银河青紫粘田	湖南
					L1141715	下湿紫泥田	四川、重庆
					L1141716	习水青紫土田	贵州
					L1141717	楚雄灰紫砂泥田	云南
					L1141799	其他青紫泥田	
				L11418		青红砂泥田	
					L1141811	青头红砂泥田	江西
					L1141899	其他青红砂泥田	
				L11419		青红泥田	
					L1141911	青棕红泥田	安徽
					L1141912	青黄泥田	江西

表 1（续）

代码						名称	说明
土纲	亚纲	土类	亚类	土属	土种		
					L1141913	咸宁青泥田	湖北
					L1141914	潜底田	广西
					L1141915	灰红泥田	云南
					L1141999	其他青红泥田	
				L11421		青马肝泥田	
					L1142111	青泥条田	江苏
					L1142112	青马肝田	安徽
					L1142113	鸭屎黄泥田	四川、重庆
					L1142199	其他青马肝泥田	
				L11422		烂泥田	
					L1142211	烂灰田	浙江
					L1142212	烂浸田	浙江
					L1142213	烂滃田	浙江
					L1142214	枞阳烂泥田	安徽
					L1142215	益阳烂泥田	湖南
					L1142216	八字哨烂湖田	湖南
					L1142217	烂湿田	广东
					L1142218	海南烂湴田	海南
					L1142219	冷浸田	广西
					L1142221	北陀烂底田	广西
					L1142222	宁强烂泥田	陕西
					L1142223	桐梓冷浸田	贵州
					L1142224	浅脚烂泥田	贵州
					L1142225	青灰冷浸田	云南
					L1142299	其他烂泥田	
				L11423		锈水田	
					L1142311	英山锈水田	湖北
					L1142312	羊午岭冷泥田	湖南
					L1142314	铁锈水田	广东
					L1142315	烂锈田	贵州
					L1142399	其他锈水田	
				L11424		表潜黄泥田	
					L1142411	冷青泥田	陕西
					L1142499	其他表潜黄泥田	
				L11425		泥炭土田	
					L1142511	泥炭土田	广东
					L1142512	泥炭底田	广东
					L1142513	低泥炭格田	广东
					L1142599	其他泥炭土田	
			L115			脱潜水稻土	

表 1（续）

代码						名称	说明
土纲	亚纲	土类	亚类	土属	土种		
				L11511		黄斑粘田	
					L1151111	青紫泥田	上海
					L1151112	黄斑青紫泥田	上海、浙江
					L1151113	勤粘土田	江苏
					L1151114	勤泥土田	江苏
					L1151115	芦粟勤粘土田	江苏
					L1151116	乌栅土田	江苏
					L1151117	乌土田	江苏
					L1151118	灰芦土田	江苏
					L1151119	乌泥土田	江苏
					L1151121	高邮乌沙土田	江苏
					L1151122	桐罗青紫泥田	江苏
					L1151123	灰杂土田	江苏
					L1151124	青紫塥粘田	浙江
					L1151125	黄斑青紫塥粘田	浙江
					L1151126	黄斑青粉泥田	浙江
					L1151128	黄心青紫泥田	浙江
					L1151129	吴山青紫泥田	浙江
					L1151131	灰丝泥田	安徽
					L1151132	灰潮砂泥田	安徽
					L1151133	黄斑青泥田	海南
					L1151134	干鸭屎泥田	贵州
					L1151135	干青潮泥田	贵州
					L1151199	其他黄斑粘田	
				L11512		黄斑泥田	
					L1151211	邢台黄斑泥田	河北
					L1151212	青紫土田	上海
					L1151213	黄斑青紫土田	上海
					L1151214	青紫头田	上海
					L1151215	青粉泥田	浙江
					L1151216	泥砂头青紫泥田	浙江
					L1151217	沙头潮砂泥田	湖南
					L1151218	紫潮砂泥田	湖南
					L1151219	洲泥田	广东
					L1151221	信宜潮砂泥田	广东
					L1151222	宁强砂泥田	陕西
					L1151223	汉中搐土田	陕西
					L1151224	温江灰潮田	四川
					L1151299	其他黄斑泥田	
			L116			漂洗水稻土	

表 1（续）

代码						名称	说明
土纲	亚纲	土类	亚类	土属	土种		
				L11611		漂黄泥田	
					L1161111	名山白鳝泥田	四川、重庆
					L1161112	黄潮白鳝泥田	四川
					L1161113	中白鳝泥田	贵州
					L1161199	其他漂黄泥田	
				L11612		漂红泥田	
					L1161211	淀板田	安徽
					L1161212	龙津白鳝泥田	福建
					L1161213	河市白底田	福建
					L1161214	白隔黄泥田	湖北
					L1161215	铁子白散泥田	湖南
					L1161216	西中白散泥田	湖南
					L1161299	其他漂红泥田	
				L11613		漂鳝泥田	
					L1161311	香灰土田	安徽
					L1161312	白石塘白鳝泥田	湖南
					L1161313	青塥白散泥田	湖南
					L1161314	白鳝泥田	广东
					L1161399	其他漂鳝泥田	
				L11614		漂马肝田	
					L1161411	白土心	江苏
					L1161412	白土头	江苏
					L1161413	黄泥白土	江苏
					L1161414	白土心田	安徽
					L1161415	高庄白土田	安徽
					L1161416	澄白土田	安徽
					L1161417	浅白散泥田	湖北
					L1161418	西乡白散泥田	陕西
					L1161499	其他漂马肝田	
				L11615		漂涂泥田	
					L1161511	徐闻砂质白鳝泥底田	广东
					L1161599	其他漂涂泥田	
			L117			盐渍水稻土	
				L11711		氯化物涂砂田	
					L1171111	白马井轻咸田	海南
					L1171199	其他氯化物涂砂田	
				L11712		氯化物涂泥田	
					L1171211	盐粘田	河北
					L1171212	水碱粘田	辽宁
					L1171213	轻水碱粘田	辽宁

表 1（续）

代码						名称	说明
土纲	亚纲	土类	亚类	土属	土种		
					L1171214	轻水碱田	辽宁
					L1171215	湛江咸田	广东
					L1171299	其他氯化物涂泥田	
				L11713		硫酸盐泥砂田	
					L1171311	青碱粘田	辽宁
					L1171312	青碱田	辽宁
					L1171399	其他硫酸盐泥砂田	
			L118			咸酸水稻土	
				L11811		咸酸田	
					L1181111	汕头咸酸田	广东
					L1181112	反酸田	广东
					L1181113	轻咸酸田	广东
					L1181114	轻反酸田	广东
					L1181115	重咸酸田	广东
					L1181116	重反酸田	广东
					L1181199	其他咸酸田	
	L2					灌耕土	
		L21				灌淤土	
			L211			典型灌淤土	
				L21111		灌淤砂土	
					L2111111	砂质淡黄土	新疆
					L2111112	扎达淤砂土	西藏
					L2111199	其他灌淤砂土	
				L21112		灌淤壤土	
					L2111211	灌泥土	河北
					L2111212	淀红土	甘肃
					L2111213	淀黄土	甘肃
					L2111214	底砂厚淤土	甘肃
					L2111215	薄吃劲土	甘肃
					L2111216	厚黄淤土	青海
					L2111217	厚黑淤土	青海
					L2111218	黄淤土	新疆
					L2111219	红淤土	新疆
					L2111221	红淤泥土	新疆
					L2111222	库车灰淤土	新疆
					L2111299	其他灌淤壤土	
				L21113		灌淤粘土	
					L2111311	淤粘土	河北
					L2111312	厚吃劲土	甘肃
					L2111313	黑粘淤土	青海

表 1（续）

代码						名称	说明
土纲	亚纲	土类	亚类	土属	土种		
					L2111314	厚黑粘淤土	青海
					L2111315	薄黄粘淤土	青海
					L2111399	其他灌淤粘土	
			L212			潮灌淤土	
				L21211		潮灌淤壤土	
					L2121111	粘心两黄土	内蒙古
					L2121112	厚潮淤土	甘肃
					L2121113	灌潮淤土	甘肃
					L2121114	高庄老户土	宁夏
					L2121115	粘层新户土	宁夏
					L2121116	锈厚黄淤土	青海
					L2121199	其他潮灌淤壤土	
			L213			表锈灌淤土	
				L21311		表锈灌淤壤土	
					L2131111	薄卧土	宁夏
					L2131199	其他表锈灌淤壤土	
			L214			盐化灌淤土	
				L21400		盐化灌淤土	
					L2140000	盐化灌淤土	
		L22				灌漠土	
			L221			典型灌漠土	
				L22111		灌漠壤土	
					L2211111	厚暗平土	甘肃
					L2211112	厚暗立土	甘肃
					L2211113	薄暗立土	甘肃
					L2211114	乌灌土	新疆
					L2211115	乌油土	新疆
					L2211116	酥油土	新疆
					L2211117	粘底酥油土	新疆
					L2211199	其他灌漠壤土	
			L222			灰灌漠土	
				L22211		灰灌漠砂土	
					L2221111	棕灰灌土	新疆
					L2221199	其他灰灌漠砂土	
				L22212		灰灌漠壤土	
					L2221211	薄灰平土	甘肃
					L2221212	厚灰平土	甘肃
					L2221213	薄灰立土	甘肃
					L2221214	厚灰立土	甘肃
					L2221215	薄漏灰灌土	甘肃

表 1（续）

代码						名称	说明
土纲	亚纲	土类	亚类	土属	土种		
					L2221216	灰灌土	新疆
					L2221217	灌绵黄土	新疆
					L2221299	其他灰灌漠壤土	
				L22213		灰灌漠粘土	
					L2221311	灰灌粘土	新疆
					L2221312	粘灰灌土	新疆
					L2221399	其他灰灌漠粘土	
			L223			潮灌漠土	
				L22311		潮灌漠壤土	
					L2231111	厚潮立土	甘肃
					L2231199	其他潮灌漠壤土	
			L224			盐化灌漠土	
				L22411		硫酸盐灌漠土	
					L2241111	硫盐淋淀土	甘肃
					L2241112	盐灌土	新疆
					L2241199	其他硫酸盐灌漠土	
M						高山土	
	M1					湿寒高山土	
		M11				草毡土	
			M111			典型草毡土	
				M11111		草毡砾砂土	
					M1111111	草毡砾泥土	西藏
					M1111112	草毡砂土	西藏
					M1111113	那曲草毡麻砂土	西藏
					M1111199	其他草毡砾砂土	
				M11112		草毡砂土	
					M1111211	小金草毡砂土	四川
					M1111212	拉萨草毡麻砂土	西藏
					M1111213	草毡泥土	西藏
					M1111214	嘉黎草毡泥土	西藏
					M1111299	其他草毡砂土	
				M11113		草毡壤土	
					M1111311	壤质冷甸土	青海
					M1111312	青河冷甸土	新疆
					M1111313	措美草毡麻砂土	西藏
					M1111314	曲水草毡麻砂土	西藏
					M1111399	其他草毡壤土	
			M112			薄草毡土	
				M11211		薄草毡砂土	
					M1121111	砂质冷薄甸土	青海

表 1（续）

代码						名称	说明
土纲	亚纲	土类	亚类	土属	土种		
					M1121112	壤质冷薄甸土	青海
					M1121113	钙质冷甸土	新疆
					M1121114	薄草毡砾泥土	西藏
					M1121199	其他薄草毡砂土	
			M113			棕草毡土	
				M11311		棕草毡砾砂土	
					M1131111	江孜棕草毡泥土	西藏
					M1131199	其他棕草毡砾砂土	
				M11312		棕草毡壤土	
					M1131211	粘质冷棕甸土	青海
					M1131212	棕草毡泥土	西藏
					M1131299	其他棕草毡壤土	
			M114			湿草毡土	
				M11411		湿草毡砂土	
					M1141111	砂质冷锈甸土	青海
					M1141112	湿草毡泥土	西藏
					M1141199	其他湿草毡砂土	
				M11412		湿草毡壤土	
					M1141211	湿草毡砾泥土	西藏
					M1141299	其他湿草毡壤土	
		M12				黑毡土	
			M121			典型黑毡土	
				M12111		黑毡砾砂土	
					M1211111	琼结黑毡砾泥土	西藏
					M1211112	江达黑毡泥土	西藏
					M1211199	其他黑毡砾砂土	
				M12112		黑毡砾泥土	
					M1211211	洛隆黑毡砾泥土	西藏
					M1211299	其他黑毡砾泥土	
				M12113		黑毡砂土	
					M1211311	冷潮毡土	山西
					M1211312	黑毡麻砂土	西藏
					M1211399	其他黑毡砂土	
				M12114		黑毡壤土	
					M1211411	壤质黑甸土	青海
					M1211412	底钙黑甸土	新疆
					M1211413	马尔康黑毡泥土	四川
					M1211414	理塘黑毡泥土	四川
					M1211415	洛隆黑毡泥土	西藏
					M1211416	类乌齐黑毡泥土	西藏

表 1（续）

代码						名称	说明
土纲	亚纲	土类	亚类	土属	土种		
					M1211417	黑毡紫泥土	西藏
					M1211499	其他黑毡壤土	
			M122			薄黑毡土	
				M12211		薄黑毡砂土	
					M1221111	松毡土	青海
					M1221112	砂质黑薄甸土	青海
					M1221113	薄黑毡麻砂土	西藏
					M1221199	其他薄黑毡砂土	
				M12212		薄黑毡粘土	
					M1221211	粘质黑甸土	宁夏
					M1221212	软绵土	青海
					M1221299	其他薄黑毡粘土	
			M123			棕黑毡土	
				M12311		棕黑毡砾泥土	
					M1231111	康定棕黑毡砂土	四川
					M1231112	棕黑毡麻砂土	西藏
					M1231199	其他棕黑毡砾泥土	
				M12312		棕黑毡砂土	
					M1231211	棕黑毡泥土	西藏
					M1231299	其他棕黑毡砂土	
				M12313		棕黑毡壤土	
					M1231311	壤质黑棕甸土	青海
					M1231312	棕黑毡紫泥土	西藏
					M1231399	其他棕黑毡壤土	
			M124			湿黑毡土	
				M12411		湿黑毡砂土	
					M1241111	湿黑毡麻砂土	西藏
					M1241199	其他湿黑毡砂土	
	M2					半湿寒高山土	
		M21				寒钙土	
			M211			典型寒钙土	
				M21111		寒钙砂土	
					M2111111	那曲寒钙麻砂土	西藏
					M2111112	寒钙灰泥土	西藏
					M2111199	其他寒钙砂土	
				M21112		寒钙壤土	
					M2111211	寒钙紫泥土	西藏
					M2111212	班戈寒钙麻砂土	西藏
					M2111213	江孜寒钙麻砂土	西藏
					M2111299	其他寒钙壤土	

表 1（续）

代码						名称	说明
土纲	亚纲	土类	亚类	土属	土种		
			M212			暗寒钙土	
				M21211		暗寒钙壤土	
					M2121111	壤质冷甸淡土	青海
					M2121112	暗寒钙紫泥土	西藏
					M2121199	其他暗寒钙壤土	
			M213			淡寒钙土	
				M21311		淡寒钙砾砂土	
					M2131111	淡寒钙砾泥土	西藏
					M2131199	其他淡寒钙砾砂土	
				M21312		淡寒钙砂土	
					M2131211	砂质冷漠淡土	青海
					M2131299	其他淡寒钙砂土	
			M214			盐化寒钙土	
				M21400		盐化寒钙土	
					M2140000	盐化寒钙土	
		M22				冷钙土	
			M221			典型冷钙土	
				M22111		冷钙砾砂土	
					M2211111	冷钙砾泥土	西藏
					M2211112	冷钙泥土	西藏
					M2211199	其他冷钙砾砂土	
				M22112		冷钙砂土	
					M2211211	南木林冷钙潮砂土	西藏
					M2211212	日喀则冷钙潮砂土	西藏
					M2211213	错那冷钙泥土	西藏
					M2211214	暗冷钙泥土	西藏
					M2211215	浪卡子冷钙砾泥土	西藏
					M2211216	冷钙风沙土	西藏
					M2211299	其他冷钙砂土	
				M22113		冷钙壤土	
					M2211311	冷钙潮泥土	西藏
					M2211312	日喀则冷钙砾泥土	西藏
					M2211313	曲松冷钙泥土	西藏
					M2211399	其他冷钙壤土	
			M222			暗冷钙土	
				M22211		暗冷钙壤土	
					M2221111	天山甸淡土	新疆
					M2221199	其他暗冷钙壤土	
			M223			淡冷钙土	
				M22311		淡冷钙砾砂土	

表 1（续）

代码						名称	说明
土纲	亚纲	土类	亚类	土属	土种		
					M2231111	淡冷钙砾泥土	西藏
					M2231199	其他淡冷钙砾砂土	
			M224			盐化冷钙土	
				M22411		盐化冷钙土	
					M2241111	盐化冷钙潮泥土	西藏
					M2241199	其他盐化冷钙土	
		M23				冷棕钙土	
			M231			典型冷棕钙土	
				M23111		冷棕钙砾砂土	
					M2311111	冷棕钙砾质土	西藏
					M2311199	其他冷棕钙砾砂土	
				M23112		冷棕钙砂土	西藏
					M2311211	冷棕钙砂泥土	西藏
					M2311212	冷棕钙砾泥土	西藏
					M2311213	南木林冷棕钙砾泥土	西藏
					M2311299	其他冷棕钙砂土	
				M23113		冷棕钙壤土	
					M2311311	隆子冷棕钙砾泥土	西藏
					M2311312	工卡冷棕钙砾泥土	西藏
					M2311313	江孜冷棕钙砾泥土	西藏
					M2311314	白朗冷棕钙泥土	西藏
					M2311399	其他冷棕钙壤土	
				M23114		冷棕钙粘土	
					M2311411	白朗冷棕钙粘土	西藏
					M2311412	贡嘎冷棕钙砾泥土	西藏
					M2311499	其他冷棕钙粘土	
			M232			淋淀冷棕钙土	
				M23211		淋淀冷棕钙砾砂土	
					M2321111	老冷棕钙砾泥土	西藏
					M2321112	琼结老冷棕钙砾砂土	西藏
					M2321199	其他淋淀冷棕钙砾砂土	
				M23212		淋淀冷棕钙砂土	
					M2321211	乃东老冷棕钙砂土	西藏
					M2321212	老冷棕钙泥砂土	西藏
					M2321299	其他淋淀冷棕钙砂土	
				M23213		淋淀冷棕钙壤土	
					M2321311	老冷棕钙泥土	西藏
					M2321399	其他淋淀冷棕钙壤土	
	M3					干寒高山土	
		M31				寒漠土	

表 1（续）

代码						名称	说明
土纲	亚纲	土类	亚类	土属	土种		
			M310			寒漠土	
				M31011		寒漠砾砂土	
					M3101111	寒漠潮砂土	西藏
					M3101199	其他寒漠砾砂土	
				M31012		寒漠砂土	
					M3101211	砂质冷白土	青海
					M3101299	其他寒漠砂土	
				M31013		寒漠粘土	
					M3101311	寒漠潮粘土	西藏
					M3101399	其他寒漠粘土	
		M32				冷漠土	
			M320			冷漠土	
				M32011		冷漠砾砂土	
					M3201111	冷漠砾泥土	西藏
					M3201199	其他冷漠砾砂土	
				M32012		冷漠砂土	
					M3201211	冷漠潮砂土	西藏
					M3201299	其他冷漠砂土	
	M4					寒冻高山土	
		M41				寒冻土	
			M410			寒冻土	
				M41000		寒冻土	
					M4100011	冷雪土	四川
					M4100012	棕石质冻土	云南
					M4100013	寒漠麻砂土	西藏
					M4100014	朗县寒漠麻砂土	西藏
					M4100015	寒漠泥土	西藏
					M4100016	泥质冻土	云南
					M4100099	其他寒冻土	

附 录 A
（资料性附录）
土壤名称与代码变更对照

A.1 增减情况

A.1.1 新增土壤亚类 2 个，见表 A.1。

表 A.1 新增土壤亚类表

序号	亚类代码	名 称
1	A113	砖红壤性土
2	B315	灰化暗棕壤

A.1.2 新增土壤土属 64 个，见表 A.2。

表 A.2 新增土壤土属表

序号	土属代码	名 称
1	A11215	泥质黄色砖红壤
2	A11311	暗泥质砖红壤性土
3	A11312	麻砂质砖红壤性土
4	A11313	砂泥质砖红壤性土
5	A12117	紫土质赤红壤
6	A12118	灰泥质赤红壤
7	A12214	硅质黄色赤红壤
8	A12311	麻砂质赤红壤性土
9	A12312	砂泥质赤红壤性土
10	A12313	泥砂质赤红壤性土
11	A13119	紫土质红壤
12	A21311	砂泥质表潜黄壤
13	B11115	泥砂质黄棕壤
14	B12311	黄土质白浆化黄褐土
15	B21121	红泥质棕壤
16	B21415	砂泥质棕壤性土
17	B21416	暗泥质棕壤性土
18	B21417	灰泥质棕壤性土
19	B32111	黄土质白浆土
20	B32211	黄土质草甸白浆土
21	B32212	泥砂质草甸白浆土
22	B32311	黄土质潜育白浆土
23	B32312	泥砂质潜育白浆土
24	B41113	泥质棕色针叶林土
25	C21115	复钙褐土
26	C21316	砂泥质淋溶褐土
27	C21612	泥砂质燥褐土
28	C21716	砂泥质褐土性土
29	C21717	堆垫褐土性土

表 A.2(续)

序号	土属代码	名　称
30	C32411	黄土质表潜黑土
31	D11611	苏打盐化黑钙土
32	D21118	暗泥质栗钙土
33	D21119	灰泥质栗钙土
34	D21217	暗泥质暗栗钙土
35	D21711	麻砂质栗钙土性土
36	D21712	暗泥质栗钙土性土
37	D21713	泥质栗钙土性土
38	D21714	硅质栗钙土性土
39	D21715	灰泥质栗钙土性土
40	D31113	麻砂质栗褐土
41	D31114	暗泥质栗褐土
42	D31115	泥质栗褐土
43	D31116	硅质栗褐土
44	D31117	灰泥质栗褐土
45	E11611	黄土质棕钙土性土
46	F11211	泥砂质钙质灰漠土
47	G15413	滨海流动风沙土
48	G24311	盐渍磷质珊瑚砂土
49	G25215	砂泥质中性粗骨土
50	G25314	砂泥质钙质粗骨土
51	G26214	砂泥质中性石质土
52	G26312	砂泥质钙质石质土
53	H21216	灰潮粘土
54	H22311	氯化物盐化砂姜黑土
55	H23211	硫酸盐盐化林灌草甸土
56	H23212	氯化物盐化林灌草甸土
57	H23213	苏打盐化林灌草甸土
58	K14111	氯化物漠境盐土
59	K14211	氯化物干旱盐土
60	K14212	硫酸盐干旱盐土
61	L11229	浅黄土田
62	L11328	渗黄土田
63	L11425	泥炭土田
64	L11615	漂涂泥田

A.1.3　新增土壤土种 130 个,见表 A.3。

表 A.3　新增土壤土种表

序号	土种代码	名　称	说明
1	A1111415	麻胶园土	云南
2	A1121511	砖黄泥胶园土	云南
3	A1131111	澄迈暗泥质含砾红砖土	海南
4	A1131211	澄迈麻砂质含砾红砖土	海南

表 A.3（续）

序号	土种代码	名称	说明
5	A1131311	澄迈砂泥质含砾红砖土	海南
6	A1211115	赤厚红土	云南
7	A1211323	红河赤砂泥土	云南
8	A1211412	墨江赤砂泥土	云南
9	A1211711	赤紫末香土	云南
10	A1211712	江城赤紫红土	云南
11	A1211811	澜沧赤红胶土	云南
12	A1221112	元阳赤黄砂泥土	云南
13	A1221312	赤黄泥土	云南
14	A1221411	墨江赤黄砂泥土	云南
15	A1231111	云浮片蚀麻赤土	广东
16	A1231112	云浮崩岗麻赤土	广东
17	A1231211	云浮片蚀页赤土	广东
18	A1231212	云浮沟蚀页赤土	广东
19	A1231213	云浮崩岗页赤土	广东
20	A1231311	德庆泥砂质赤土	广东
21	A1311331	夹砂山红土	云南
22	A1311332	红香面土	云南
23	A1311417	山砂红土	云南
24	A1311418	小红土	云南
25	A1311716	山棕油红土	云南
26	A1311717	山棕红土	云南
27	A1311816	砾红砂泥	广东
28	A1311911	紫红香面土	云南
29	A1321422	黄红砂泥土	云南
30	A1321516	小黄红土	云南
31	A1321517	小红砂土	云南
32	A2111716	镇雄棕黄泥土	云南
33	A2111717	彝良小黄泥土	云南
34	A2131111	大明山表潜黄壤	广西
35	A2141113	鱼眼砂黄泥土	四川
36	B1111511	巫山黄棕泥土	重庆
37	B1111512	泸定黄棕砂泥土	四川
38	B1111513	黄棕砂泥土	西藏
39	B1111514	黄棕泥土	西藏
40	B1231111	泗洪岗白土	江苏
41	B1231112	高淳白刚土	江苏
42	B1231115	汝南白浆粘黄土	河南
43	B2111314	暗灰汤土	云南
44	B2112111	厚灰汤土	云南
45	B2141511	硅泥坡堰土	山东
46	B2141611	暗坡堰土	山东
47	B2141711	涞源薄灰石渣土	河北

表 A.3（续）

序号	土种代码	名　　称	说明
48	B3161213	石子黑汤土	云南
49	B4111311	德钦黑灰土	云南
50	C2111511	丰宁砂黄土	河北
51	C2111512	平泉黄钙土	河北
52	C2111513	栾平灰胶泥土	河北
53	C2131611	硅砂泥土	山东
54	C2131612	硅泥土	山东
55	C2161112	石渣灰褐泥土	四川
56	C2161113	理县灰褐泥土	四川
57	C2161211	得荣燥黄土	四川
58	C2161212	丹巴燥砂土	四川
59	C2161213	得荣灰砂土	四川
60	C2171611	硅泥坡黄土	山东
61	C2171711	褐垫土	河南
62	D1161111	中度苏打盐化黑黄土	吉林
63	D2111811	黑渣垆土	河北
64	D2111812	厚黑渣垆土	河北
65	D2111911	灰渣垆土	河北
66	D2121711	黑渣土	河北
67	D2121712	厚黑渣土	河北
68	D2160011	尚义轻马尿碱土	河北
69	D2160012	沽源白干重碱土	河北
70	D2171111	麻渣薄黑土	河北
71	D2171211	薄黑渣土	河北
72	D2171311	片石黑土	河北
73	D2171411	白渣黑土	河北
74	D2171511	灰渣黑土	河北
75	D3111311	花渣灰黄土	河北
76	D3111312	厚花渣灰黄土	河北
77	D3111411	黑渣灰黄土	河北
78	D3111412	厚黑渣灰黄土	河北
79	D3111511	片石灰黄土	河北
80	D3111611	白石渣灰黄土	河北
81	D3111711	灰渣灰黄土	河北
82	D3111712	厚灰渣灰黄土	河北
83	D3230011	底锈黑垆土	宁夏
84	F1111112	灰漠黄土	新疆
85	F1121111	石嘴山钙漠土	宁夏
86	F1130011	底锈灰漠黄土	新疆
87	F1130012	杭锦底锈灰漠土	内蒙古
88	G1311313	泥骨基	广东
89	G1311314	泥质基	广东

表 A.3（续）

序号	土种代码	名　　称	说明
90	G1311315	砂质基	广东
91	G1541311	儋州流动海沙土	海南
92	G2140021	石子黄泥土	四川
93	G2311322	宣威红紫砂土	云南
94	G2321114	牟定羊肝土	云南
95	G2431111	盐磷珊瑚土	
96	G2521511	岭砂土	山东
97	G2521512	石砾岭砂土	山东
98	G2531411	麻页土	山东
99	G2531412	石砾麻页土	山东
100	G2541112	白粉泥土	广西
101	G2621411	石皮土	山东
102	G2631211	灰性石皮土	山东
103	H2231111	盐黑土	江苏
104	H2321111	轻度硫酸盐林甸土	新疆
105	H2321211	轻度氯化物林甸土	新疆
106	H2321311	重度苏打林甸土	新疆
107	H2411115	亮兵台山黑土	河北
108	J1120015	雅安泛酸土	四川
109	J1130024	红原厚洼炭土	四川
110	J1140024	红原厚洼甸土	四川
111	J2120011	汤洪岭林炭土	黑龙江
112	K1141212	马尿碱盐土	山东
113	K1211215	卤盐土	山东
114	K1211216	粘卤盐土	山东
115	K1411111	伽师洪积盐土	新疆
116	K1421111	莎音呼都格旱盐土	内蒙古
117	K1421211	苏图海旱盐土	内蒙古
118	K2020011	锡林浩特栗碱土	内蒙古
119	K2020012	苏尼特右旗棕碱土	内蒙古
120	L1112228	暗紫泥田	云南
121	L1112432	暗红砂泥田	云南
122	L1112433	暗红胶泥田	云南
123	L1121513	江涂砂田	浙江
124	L1141148	盈江青砂泥田	云南
125	L1142511	泥炭土田	广东
126	L1142512	泥炭底田	广东
127	L1161511	徐闻砂质白鳝泥底田	广东
128	L1181115	重咸酸田	广东
129	L1181116	重反酸田	广东
130	M4100016	泥质冻土	云南

A.1.4 删除土壤土属7个,见表A.4。

表 A.4 删除土壤土属表

序号	土属代码	土属名称
1	L11229	浅黑泥田
2	L11231	浅棕泥田
3	L11232	浅暗棕泥田
4	L11233	浅甸泥田
5	L11234	浅白浆田
6	L11327	渗姜黑土田
7	L11328	渗褐泥田

A.1.5 删除土壤土种2个,见表A.5。

表 A.5 删除土壤土种表

序号	土种代码	土种名称	备　　注
1	H1111219	底潜甸泥砂土	与H1141111重复
2	L1151127	黄斑青紫泥田	与L1151112重复

A.1.6 因土壤分类系统细化而取消土属代码13个、土种代码18个,见表A.6、表A.7。

表 A.6 取消的土壤土属代码表

序号	土属代码	土属名称
1	A12300	赤红壤性土
2	A21300	表潜黄壤
3	B12300	白浆化黄褐土
4	C32400	表潜黑土
5	D11600	盐化黑钙土
6	D21700	栗钙土性土
7	E11600	棕钙土性土
8	F11200	钙质灰漠土
9	G24300	盐渍磷质石灰土
10	H22300	盐化砂姜黑土
11	H23200	盐化林灌草甸土
12	K14100	典型漠境盐土
13	K14200	干旱盐土

表 A.7 取消的土壤土种代码表

序号	土种代码	土种名称
1	A1230000	赤红壤性土
2	A2130000	表潜黄壤
3	B1230000	白浆化黄褐土
4	C3240000	表潜黑土
5	D1160000	盐化黑钙土
6	D2160000	碱化栗钙土
7	D2170000	栗钙土性土
8	D3230000	潮黑垆土
9	E1160000	棕钙土性土
10	F1120000	钙质灰漠土

表 A.7（续）

序号	土种代码	土种名称
11	F1130000	草甸灰漠土
12	G2430000	盐渍磷质石灰土
13	H2230000	盐化砂姜黑土
14	H2320000	盐化林灌草甸土
15	K1410000	典型漠境盐土
16	K1420000	干旱盐土
17	K2020000	草原碱土
18	J2120000	中位泥炭土

A.2 调整情况

A.2.1 所属土类调整，土种代码变更 2 个，见表 A.8。

表 A.8 土种所属土类调整代码变更对照表

序号	层级	GB/T 17296—2000		GB/T 17296—2009	
		代码	名称	代码	名称
	土类	H21	潮土	G13	新积土
	亚类	H212	灰潮土	G131	典型新积土
	土属	H21215	灰潮壤土	G13113	堆垫土
1	土种	H2121519	砂泥基	G1311316	砂泥基
2		H2121521	泥肉基	G1311312	泥肉基

A.2.2 所属亚类调整，土种代码变更 12 个，见表 A.9。

表 A.9 土种所属亚类调整代码变更对照表

序号	层级	GB/T 17296—2000		GB/T 17296—2009	
		代码	名称	代码	名称
	亚类	B122	粘盘黄褐土	B123	白浆化黄褐土
	土属	B12211	黄土质粘盘黄褐土	B12311	黄土质白浆化黄褐土
1	土种	B1221117	舒城白黄土	B1231113	舒城白黄土
2		B1221118	夏岗白黄土	B1231114	夏岗白黄土
3	土种	B1221126	白岗黄土	B1231116	白岗黄土
	亚类	B311	典型暗棕壤	B315	灰化暗棕壤
	土属	B31119	泥砂质灰化暗棕壤	B31511	泥砂质灰化暗棕壤
4	土种	B3111911	灰馅砾石土	B3151111	灰馅砾石土
	土属	B31121	暗泥质灰化暗棕壤	B31512	暗泥质灰化暗棕壤
5	土种	B3112111	灰馅粗山泥土	B3151211	灰馅粗山泥土
	土属	B31122	麻砂质灰化暗棕壤	B31513	麻砂质灰化暗棕壤
6	土种	B3112211	灰馅暗麻砂土	B3151311	灰馅暗麻砂土
7		B3112212	灰馅麻砂土	B3151312	灰馅麻砂土
8		B3112213	灰暗麻砂土	B3151313	灰暗麻砂土
	土属	B31123	泥质灰化暗棕壤	B31514	泥质灰化暗棕壤
9	土种	B3112311	灰馅片石土	B3151411	灰馅片石土
	土属	B31124	灰泥质灰化暗棕壤	B31515	灰泥质灰化暗棕壤
10	土种	B3112411	灰馅灰泥土	B3151511	灰馅灰泥土

表 A.9（续）

序号	层级	GB/T 17296—2000		GB/T 17296—2009	
		代码	名称	代码	名称
	亚类	C321	典型黑土	C324	表潜黑土
	土属	C32111	黄土质黑土	C32411	黄土质表潜黑土
11	土种	C3211121	水岗黑土	C3241111	水岗黑土
	亚类	E111	典型棕钙土	E116	棕钙土性土
	土属	E11111	黄土质棕钙土	E11611	黄土质棕钙土性土
12	土种	E1111111	沟里棕黄土	E1161111	沟里棕黄土

A.2.3 所属土属调整，土种代码变更 18 个，见表 A.10。

表 A.10 土种所属土属调整代码变更对照表

序号	层级	GB/T 17296—2000		GB/T 17296—2009	
		土种代码	名称	土种代码	名称
	土属	B32200	草甸白浆土	B32212	泥砂质草甸白浆土
1	土种	B3220013	太平锈白馅土	B3221211	太平锈白馅土
	土属	B32300	潜育白浆土	B32312	泥砂质潜育白浆土
2	土种	B3230015	尚志潜白馅土	B3231211	尚志潜白馅土
	土属	H11112	草甸壤土	H11113	草甸粘土
3	土种	H1111219	潜甸泥砂土	H1111323	绥棱甸泥土
	土属	H21213	石灰性灰潮粘土	H21216	灰潮粘土
4	土种	H2121319	灰淤土	H2121611	灰淤土
	土属	L11233	浅甸泥田	L11211	浅潮泥田
5	土种	L1123311	黑淤田	L1121122	黑淤田
6		L1123312	粘淤田	L1121123	粘淤田
7		L1123313	河淤田	L1121124	河淤田
8		L1123314	草甸田	L1121125	草甸田
9		L1123315	河淤草甸田	L1121126	河淤草甸田
10	土种	L1123316	洼泥草甸田	L1121127	洼泥草甸田
	土属	L11234	浅白浆田	L11211	浅潮泥田
11	土种	L1123411	白浆田	L1121128	白浆田
	土属	L11232	浅暗棕泥田	L11212	浅潮泥砂田
12	土种	L1123211	暗泥田	L1121213	暗泥田
	土属	L11214	浅涂泥田	L11215	浅淡涂泥田
13	土种	L1121415	江涂泥田	L1121512	江涂泥田
	土属	L11227	浅黄泥田	L11218	浅麻砂泥田
14	土种	L1122711	山黄泥田	L1121821	山黄泥田
	土属	L11231	浅棕泥田	L11229	浅黄土田
15	土种	L1123111	黄土田	L1122914	黄土田
	土属	L11315	渗淡涂泥田	L11311	渗潮泥田
16	土种	L1131513	粉夹砂	L1131134	小粉土田
	土属	L11327	渗姜黑土田	L11313	渗湖泥田
17	土种	L1132711	黑粘土田	L1131313	黑粘土田
	土属	L11423	锈水田	L11425	泥炭土田
18	土种	L1142313	低泥炭格田	L1142513	低泥炭格田

A.3 名称变更

A.3.1 土属名称变更4个,见表A.11。

表 A.11 土属名称变更对照表

土属代码	GB/T 17296—2009 中的名称	GB/T 17296—2000 中的名称
C21611	硅质燥褐土	燥褐泥土
L11112	潮泥砂田	潮砂泥田
L11212	浅潮泥砂田	浅潮砂泥田
L11312	渗潮泥砂田	渗潮砂泥田

A.3.2 土种名称变更98个,见表A.12。

表 A.12 土种名称变更对照表

土种代码	GB/T 17296—2009 中的名称	GB/T 17296—2000 中的名称
A1121211	徐闻黄砖土	黄砖土
A1311411	安福黄砂泥	黄砂泥
A1341411	宜良红泥土	红泥
B1111414	勉县灰黄泥	灰黄泥
B2111813	棕黑泡土	黑泡土
B3211123	粘白馅土	粉白馅土
C2111112	屯留绵垆土	屯留垆土
C2111213	昌都褐泥砂土	吕都褐泥砂土
C2141211	通县灰黄土	灰黄土
C2141218	蒙金潮黄土	蒙金黄
C2151111	黑紫塿土	黑紫土
C2151112	红油塿土	红油土
C2151113	杜曲黑油塿土	杜曲黑油土
C2151114	红紫塿土	红紫土
C3211116	长春破皮黄土	破皮黑土
D1170011	中度碱化黑黄土	碱黑黄土
D2121215	暗栗黄泥砂土	刚察栗黄土
D3111112	绵栗黄土	褐栗黄土
E1150011	托里弱碱化棕黄土	托里棕黄土
G1101212	墹绵砂土	土间绵砂土
G1511112	石河子漠沙土	定漠沙土
G2120019	黄平岩泥土	黑岩泥土
G2140019	石灰黄泡土	灰黄泡土
G2231213	嘉山鸡粪土	鸡粪土
G2311416	藤县酸紫粘土	藤县酸紫泥土
G2511111	麻石渣土	酸石渣土
G2611113	胶南马牙砂土	马牙砂土
H1111315	绥芬河甸泥土	甸泥砂土
H1111316	黑甸泥土	黑甸泥砂土
H1111317	油甸泥土	油甸泥砂土
H1111318	粉甸泥土	粉甸泥砂土
H1151111	中盐甸土	盐化甸土

表 A.12（续）

土种代码	GB/T 17296—2009 中的名称	GB/T 17296—2000 中的名称
H2111554	下潮黄土	潮黄土
H2121225	余庆潮砂泥土	淡潮砂泥土
H2131216	鄢陵脱潮两合土	鄢陵脱潮泥
J1140012	呼和浩特洼甸土	密山洼甸土
J1140015	密山洼甸土	兴凯洼甸土
J2111211	新金草炭土	西泡子草炭土
K1231113	钦州涂砂土	钦州滩涂砂
K2041311	白卤碱土	白卤碱
L1111111	黄松土田	黄松土
L1111112	红砂土田	红砂土
L1111113	黄乌土田	黄乌土
L1111114	河淤土田	河淤土
L1111144	牟定泥田	暗灰泥田
L1111311	湖黄土田	青黄土
L1111312	湖黄泥田	青黄泥
L1111313	缠脚土田	缠脚土
L1111511	嘉定潮泥田	潮泥
L1111512	沟干潮泥田	沟干潮泥
L1111513	沟干泥田	沟干泥
L1111514	南海泥肉田	泥肉田
L1112217	灰紫砂泥田	粉紫砂泥田
L1112611	黄泥土田	黄泥土
L1112612	乌黄泥土田	乌黄泥土
L1112613	铁质黄泥土田	铁质黄泥土
L1112614	镇江马肝土田	镇江马肝土
L1112615	江宁灰马肝土田	江宁灰马肝土
L1112616	六合黄马肝土田	六合黄马肝土
L1121117	陆川浅潮砂田	陆川浅潮泥田
L1121916	浅黄砂泥田	双牌黄砂泥田
L1121918	化州浅砂泥田	板砂泥田
L1122321	藤县浅紫粘田	浅紫泥田
L1131113	油泥土田	油泥土
L1131114	河沙土田	河沙土
L1131115	乌松土田	乌松土
L1131311	湖砂土田	湖砂土
L1131312	湖白土田	湖白土
L1131511	黄潮泥田	黄潮泥
L1131512	黄夹砂田	黄夹砂
L1132315	富川紫砂田	富四川紫砂田
L1132316	古蔺酸紫泥田	古蔺酸紫泥
L1132611	板浆白土田	板浆白土
L1132612	渗黄白土田	黄白土
L1141117	乌底青泥土田	乌底青泥土

表 A.12（续）

土种代码	GB/T 17296—2009 中的名称	GB/T 17296—2000 中的名称
L1141118	烘泥土田	烘泥土
L1141126	岳西青潮砂田	岳西青潮砂
L1141717	楚雄灰紫砂泥田	粉紫砂泥田
L1142111	青泥条田	青泥条
L1151111	青紫泥田	青紫泥
L1151112	黄斑青紫泥田	黄斑青紫泥
L1151113	勤粘土田	勤粘土
L1151114	勤泥土田	勤泥土
L1151115	芦粟勤粘土田	芦粟勤粘土
L1151116	乌栅土田	乌栅土
L1151117	乌土田	乌土
L1151118	灰芦土田	灰芦土
L1151119	乌泥土田	乌泥土
L1151121	高邮乌沙土田	高邮乌沙土
L1151122	桐罗青紫泥田	桐罗青紫泥
L1151123	灰杂土田	灰杂土
L1151212	青紫土田	青紫土
L1151213	黄斑青紫土田	黄斑青紫土
L1151214	青紫头田	青紫头
L1161111	名山白鳝泥田	名山白鳝泥
L1161418	西乡白散泥田	西乡白泥田
L2111222	库车灰淤土	灰淤泥
M1211211	洛隆黑毡砾泥土	洛隆黑毡泥土

附 录 B
（资料性附录）
中国土壤分类代码索引表

B.1 土类索引表

土类索引表见表 B.1。

表 B.1 土类索引表(按土类名称音序排列)

B.2 土种索引表

土种索引表见表 B.2。

表 B.2　土种索引表(按土种名称音序排列)

表 B.2（续）

土种名称	代码	页	土种名称	代码	页
白马井轻咸田	L1171111	104	百华壤砂土	H2121217	72
白面土	C2121128	29	百色潮砂泥田	L1111133	86
白脑砾土	E2121214	47	班戈寒钙麻砂土	M2111212	109
白脑泥土	E2121213	47	斑斑黑油土	C2151411	32
白脑砂土	E2121212	47	斑核灰盐砂	K1121111	81
白脑土	E2141114	47	斑黄胶泥田	L1112518	91
白脑锈土	E2131111	47	斑黄泥田	L1112514	91
白泥田	L1121113	92	斑黄砂泥田	L1112517	91
白散泥	A2121111	14	板潮棕黄土	B2131115	21
白散泥田	L1112627	91	板而砂	H2121112	71
白砂田	L1121811	93	板硅泥堰土	B2111612	20
白鳝泥田	L1161314	104	板红土	G1210017	51
白石塘白鳝泥田	L1161312	104	板碱砂	K2050011	85
白石渣灰黄土	D3111611	44	板浆白土田	L1132611	99
白石渣土	C2131411	30	板棕黄土	B2111114	18
白蚀干盐泥	K1431311	84	板棕堰土	B2111423	19
白霜咸土	K1111212	81	半固定海沙土	G1541211	56
白土田	L1131611	98	半固漠沙土	G1511211	55
白土头	L1161412	104	半溜沙土	G1531212	56
白土心	L1161411	104	半砂泥田	L1122623	96
白土心田	L1161414	104	包沙土	G1521212	56
白咸潮泥土	H2151213	75	宝安海洼泥	K1220013	82
白馅暗麻砂土	B3121212	23	宝鸡淤泥土	G1321611	54
白馅暗麻粘土	B3121213	23	宝清麻石土	G2611112	64
白馅暗山泥土	B3121111	23	北碚黄泥土	A2111713	14
白馅甸黑黄土	H1131112	67	北流潮砂田	L1111136	86
白馅甸黄土	H1131111	67	北票褐黄土	C2111116	28
白馅甸灰黄土	H1131113	67	北票黄白土	C2121119	29
白馅厚山泥上	B3121113	23	北票灰石土	G2631113	65
白馅黄黑土	C3231111	35	北陀烂底田	L1142221	102
白馅麻砂土	B3121211	23	碧塘红紫泥田	L1112219	89
白馅潜甸黄土	H1141711	68	边坝砾泥砂土	C3151111	34
白馅砂石土	B3131313	24	扁白泡土	B2121311	20
白馅山泥砂土	B3131312	24	扁骨土	G2511315	63
白馅山泥土	B3121112	23	扁砂黄泥土	A2141313	15
白馅山砂土	B3121311	23	扁砂砾红土	A1351412	12
白馅土	B3211111	25	扁砂砾泥土	G2521414	63
白馅棕黄土	B2121111	20	扁石黄砂土	A2141413	15
白辛暗泥土	B3111611	23	表砾淤砂土	G1321518	54
白岩砂土	G2511113	62	表泥淤砂土	G1321517	54
白盐潮砂土	H2151125	74	表锈砂土	H2171411	76
白眼砂土	G1321523	54	并松泥田	L1131515	97
白云砂土	G2531116	64	剥皮麻土	D3240011	45
白渣黑土	D2171411	43	薄暗立土	L2211113	106

表 B.2（续）

土种名称	代码	页	土种名称	代码	页
薄暗栗黄土	D2121113	40	薄坡褐黄土	C2111117	28
薄暗栗麻土	D2121312	41	薄坡黄白土	C2121126	29
薄暗栗泥砂土	D2121212	41	薄沙硬砂土	D2131412	42
薄草甸泥土	H2431313	78	薄沙棕砂土	E1111411	46
薄草甸砂土	H2431113	78	薄砂黄土	A2111414	13
薄草炭土	J2111214	80	薄洼甸土	J1140013	79
薄草毡砾泥土	M1121114	108	薄卧土	L2131111	106
薄层积炭土	J1110014	79	薄细砂土	A2141311	15
薄吃劲土	L2111215	105	薄淤潮粘土	H2171313	76
薄大泥	G2140014	58	薄糟石土	C2171313	33
薄大紫泥	G2331424	62	薄毡洼甸土	J1140023	80
薄淡灰钙黄土	E2121111	47	薄棕大泥	G2130029	58
薄甸泥砂土	H1111117	66	薄棕黄泥	A1331118	11
薄钙石土	C2171511	33	残余松白盐砂	K1431111	83
薄干子泥	D2111512	40	草地青泥土	J1140019	80
薄黑黄土	D1111113	36	草甸砂土	H2431112	78
薄黑灰土	D1111411	37	草甸田	L1121125	92
薄黑岩泥	G2120018	57	草锈土	H1111223	66
薄黑渣土	D2171211	43	草毡砾泥土	M1111111	107
薄黑毡麻砂土	M1221113	109	草毡泥土	M1111213	107
薄红麻砂土	A1351312	12	草毡砂土	M1111112	107
薄红砂泥	A1311813	9	茶卡棕黄土	E1111112	45
薄红土	G1210016	51	柴湾漠沙土	G1511111	55
薄黄白土	C2121122	29	缠脚土田	L1111313	87
薄黄赤渣土	G2511413	63	昌都褐泥砂土	C2111213	28
薄黄硅渣土	B1131113	17	昌都幼褐泥砂土	C2171212	32
薄黄红泥	A1321512	10	昌乐暗泥土	C2131311	30
薄黄砂土	A2141511	15	长安潮泥土	H2131222	73
薄黄粘淤土	L2111315	106	长春二黄土	C3211118	34
薄灰碴土	G2531113	64	长春破皮黄土	C3211116	34
薄灰黄土	C2111312	28	长沙红黄泥田	L1132514	99
薄灰立土	L2221213	106	长子黄垆土	C2121113	28
薄灰平土	L2221211	106	潮白砂土	H2111433	70
薄火黑黄土	D1131112	37	潮白土	H2111552	71
薄火黑麻土	D1131411	38	潮肝土	B1221112	18
薄火性黑黄土	D1131116	37	潮褐黄土	C2141111	31
薄老褐黄土	C2131114	30	潮黑砂土	H2111432	70
薄栗砂土	D2111412	40	潮红土	A1321111	9
薄砾坡黄土	C2131116	30	潮黄砂土	H2111431	70
薄漏灰灌土	L2221215	106	潮黄土	C2141213	31
薄麻骨石土	G2521212	63	潮麻砂土	H2121412	72
薄绵黄土	D3121112	44	潮泥骨田	L1111119	86
薄泥碴土	G2521412	63	潮泥肉田	L1111135	86
薄片红土	A1311615	8	潮泥土	H2121517	73

表 B.2（续）

土种名称	代码	页	土种名称	代码	页
潮壤黄土	H2111551	71	从江红粘泥	A1311125	7
潮砂泥田	L1111121	86	枞阳烂泥田	L1142214	102
潮山根土	B2131214	21	粗红砂土	G2511121	62
潮乌土	H2111553	71	粗黄砂土	G2511119	62
潮阳固沙土	G1541111	56	粗麻骨土	G2511117	62
潮淤粘土	H2111626	71	粗麻砂土	B3111317	22
潮粘田	L1131112	96	粗石土	G2521211	63
潮州淡砂土	H2121421	73	措美草毡麻砂土	M1111313	107
潮棕黄土	B2131111	21	错那冷钙泥土	M2211213	110
乘风棕红泥	A1331121	11	达县酸紫砂土	G2311216	59
澄白土田	L1161416	104	达县紫泥田	L1112224	89
澄江白泥田	L1122632	96	大白土	D2131118	42
澄迈暗泥质含砾红砖土	A1131111	4	大瓣红土	G1210012	51
澄迈麻砂质含砾红砖土	A1131211	4	大古城砂底黄沫土	H2111516	70
澄迈泥砂砖土	A1111513	3	大黑土	C3211117	34
澄迈砂泥质含砾红砖土	A1131311	4	大红土	A1341211	11
橙泥土	A1321712	10	大胶泥土	G2140015	58
赤峰褐黄土	C2121117	29	大老岭山甸土	H2431215	78
赤峰黑甸土	H1111211	66	大理红泥田	L1122628	96
赤峰麻灰土	C3311211	36	大荔漫淤土	G1311511	53
赤峰棕黄土	B2111112	18	大连红土	G1210014	51
赤厚红土	A1211115	4	大蒙金土	H2111546	71
赤黄泥土	A1221312	6	大明山表潜黄壤	A2131111	15
赤末香土	A1211211	5	大泥土	G2140013	58
赤泥土	A1211111	4	大砂泥土	G2140016	58
赤砂泥田	L112315	90	大土黄泥田	L1112629	91
赤砂泥土	A1211114	4	大土砾泥田	L1122221	94
赤水黄红泥土	A1311317	7	大土油砂田	L1131129	97
赤土	A1211311	5	大眼泥田	L1112114	89
赤粘土	A1211314	5	大杨树黄黑土	C3211111	34
赤紫末香土	A1211711	6	大姚红紫泥	G2311321	59
冲积灰粘土	G1321712	54	大冶红灰泥土	G2110011	57
冲积砂壤土	G1321315	53	大冶浅灰泥田	L1122214	94
冲积湿灰壤土	G1321614	54	大足黄泥土	A2111514	13
崇安红泥土	A1311316	7	代安潮肝土	B1221114	18
崇信坡绵土	G1101115	50	戴云黄泥田	L1122618	95
臭碱潮泥土	H2161216	75	丹巴燥砂土	C2161212	32
楚雄红砂泥田	L1122631	96	丹巴棕砂土	G1321411	54
楚雄灰紫砂泥田	L1141717	101	丹江口浅砂泥田	L1121912	94
川台绵砂土	G1101215	51	丹口泥田	L1122114	94
川台绵墡土	G1101315	51	丹寨大黄泥	A2111715	14
川台绵土	G1101114	50	儋县浅紫泥田	L1122322	95
川台油黑土	D1131126	38	儋州流动海沙土	G1541311	57
从江红砂泥田	L1132118	98	淡寒钙砾泥土	M2131111	110

表 B.2（续）

土种名称	代码	页	土种名称	代码	页
淡黑黄土	D1141111	38	低油格田	L1141134	100
淡黑土	D1141211	38	底钙黑甸土	M1211412	108
淡黄土	C2121127	29	底黑老黄土	H2111312	69
淡灰褐黄土	C3131111	33	底黑山根土	B2131218	21
淡灰红土	E2121215	47	底砾甸泥砂土	H1111221	66
淡灰黄土	E2111121	47	底砾灰黄土	E2111118	47
淡灰绵砂土	G1101211	50	底泥潮砂土	H2111413	69
淡灰绵土	G1101216	51	底泥甸砂土	H1111113	65
淡灰土	C3311214	36	底壤淤土	H2111625	71
淡冷钙砾泥土	M2231111	111	底砂潮淤土	H2111521	70
淡栗黄土	D3121111	44	底砂潮粘土	H2111627	71
淡栗麻土	D2131311	42	底砂厚淤土	L2111214	105
淡栗土	D2131113	41	底砂灰两合土	H2121515	73
淡麻褐燥土	C1111312	27	底砂碱淤	K2041211	85
淡麻砖土	A1111412	3	底砂两合土	H2111543	70
淡泥砂褐燥土	C1111412	27	底砂土	H2121117	71
淡泥砂砖土	A1111514	3	底砂脱潮两合土	H2131217	73
淡丘泥砂土	H2111114	69	底砂淤土	H2111523	70
淡丘泥土	H2111213	69	底砂紫泥土	H1111222	66
淡丘砂土	H2111113	69	底石粘二阴土	D2141213	42
淡砂土	H2121418	72	底咸砂	H2121216	72
淡涂泥田	L1131411	97	底锈黑垆土	D3230011	45
淡涂粘	H2121315	72	底锈灰漠黄土	F1130011	48
淡涂粘田	L1131518	98	底锈棕黄土	E1131113	46
淡锈黑黄土	D1151112	39	底盐草锈土	H1151114	68
淡粘黄砖土	A1121213	4	底粘甸盐砂	K1111218	81
淡粘砖土	A1111312	3	底粘两合土	H2111544	71
淡砖泥土	A1111313	3	底粘青砂土	H2111426	70
淡棕灰土	E1121111	46	底粘砂土	H2111425	69
当涂黄棕泥	B1111411	16	底粘脱潮两合土	H2131218	73
宕昌大黑土	C3211124	34	底粘小两合土	H2111545	71
倒蒙金土	H2111513	70	甸黑土	C3221211	35
道真黄泥土	A2141414	15	甸黑土田	L1122912	96
道真黄砂泥田	L1131913	98	甸黄土	H1111319	66
稻城黑砂土	G1321314	53	甸砂砾土	H1111118	66
得荣灰砂土	C2161213	32	甸砂土	H1111112	65
得荣燥黄土	C2161211	32	甸盐土	K1111113	81
德昌灰红泥田	L1121922	94	淀板田	L1161211	104
德令哈腐泥土	J1120013	79	淀红土	L2111212	105
德钦黑灰土	B4111311	26	淀黄土	L2111213	105
德庆泥砂质赤土	A1231311	6	淀煞白土田	L1111611	87
德兴青鳝泥田	L1141511	101	淀淤黄土	G1321612	54
低泥炭格田	L1142513	102	定边白盐砂	K1111118	81
低位海子土	J1130019	79	定边紧沙土	G1521117	55

表 B.2（续）

土种名称	代码	页	土种名称	代码	页
定边松沙土	G1521214	56	浮泥	G1321413	54
东丰锈白馅土	B3221111	25	浮沙土	G1521215	56
东南腐泥土	J1120012	79	府谷紧沙土	G1521115	55
东乡红粘土	G1220017	52	复砂淡黑黄土	D1141113	38
都安白粉土	G2541111	64	复石灰红黄泥田	L1112424	90
都安浅白粉泥田	L1122511	95	富川紫砂田	L1132315	99
都江堰灰砂田	L1121119	92	富平洪泥土	G1311214	52
都匀渗砂泥田	L1131914	98	富裕黑黄土	D1111119	36
独山白砂田	L1121923	94	富裕黑泥砂土	D1111211	37
独山黄棕泥	B1111412	16	富裕锈黑黄土	D1151117	39
杜曲黑油塿土	C2151113	31	富蕴麻灰土	C3311212	36
多姜卧黄土	C2171116	32	覆砂暗栗黄土	D2121114	40
垛田土	H2121312	72	伽师洪积盐土	K1411111	83
二合淡黄土	D3111111	43	钙黑粘泥	H2251111	77
二合红栗黄土	D3111114	43	钙质冷甸土	M1121113	108
二合黄土	D3111211	43	钙质紫泥田	L1122312	94
二合栗黄土	D3111113	43	钙质紫砂田	L1122311	94
二合卧栗黄土	D3111115	43	钙紫大泥土	G2331418	62
二黄土	C2121211	29	钙紫泥	G2331414	61
二浪河山甸土	H2431212	78	钙紫石骨土	G2331112	61
二洼黑土	C3221113	35	盖砂黄灰土	F1161213	49
二洼瘦黑土	C3221115	35	盖洋红泥土	A1311212	7
二洼油黑土	C3221116	35	干白盐泥	K1431211	84
反酸田	L1181112	105	干灰盐泥	K1431114	84
饭石土	G2120012	57	干两合	H2131212	73
防城滩涂泥	K1231218	83	干青潮泥田	L1151135	103
飞沙土	G1531311	56	干鸭屎泥田	L1151134	103
飞砂土	H2111416	69	甘河黑麻土	D2121216	41
肥黑土	C3211114	34	肝泥田	L1132319	99
汾西立黄土	C2171112	32	肝砂砾土	C2171411	33
粉白馅棕黄土	B2121113	20	肝土	B1221111	17
粉甸泥土	H1111318	66	刚察暗黄土	D2121118	41
粉泥田	L1111411	87	刚察草炭土	J2111215	80
粉泥盐土	K1231214	83	刚察黄黑土	D1131316	38
粉泥中盐土	K1231215	83	岗褐土	C2131118	30
粉锈暗山泥土	B3131313	24	岗黄土田	L1112626	91
丰宁砂黄土	C2111511	28	岗集砂砾土	G2511215	63
丰润黑姜土	H2211111	76	岗碱土	K2010013	84
丰台灰黄土	C2141212	31	岗两合土	H2131214	73
凤冈羊肝泥田	L1122327	95	岗面砂土	H2131111	73
凤冈紫泥土	G2321419	61	岗沫土	H2131112	73
凤县灰马肝土	C2111123	28	岗青砂土	H2131114	73
奉化酸紫砾土	G2311111	59	岗砂田	L1121411	92
扶余黑黄土	D1111116	36	岗砂土	H2131113	73

表 B.2（续）

表 B.2（续）

土种名称	代码	页	土种名称	代码	页
河淤草甸田	L1121126	92	黑油砂土	C3221213	35
河淤砂土	G1321515	54	黑油土	D1111124	37
河淤田	L1121124	92	黑淤田	L1121122	92
河淤土田	L1111114	86	黑渣灰黄土	D3111411	44
贺县浅红泥田	L1122626	96	黑渣垆土	D2111811	40
贺县紫泥土	G2321414	61	黑渣土	D2121711	41
褐斑黄筋泥	A1311111	6	黑毡麻砂土	M1211312	108
褐垫土	C2171711	33	黑毡紫泥土	M1211417	109
褐红土	C2111411	28	黑粘土田	L1131313	97
褐麻土田	L1131817	98	黑粘锈土	H1121318	67
褐泡土	C2131122	30	黑粘淤土	L2111313	105
黑草泥土	J1140011	79	黑壮土	G1101221	51
黑潮黄土	C2141214	31	黑紫塿土	C2151111	31
黑底淤土	H2111623	71	烘泥土田	L1141118	100
黑甸泥土	H1111316	66	红暗山泥土	B3111612	23
黑甸淤土	H1111213	66	红橙砂土	G2511411	63
黑河洼炭土	J1130012	79	红大泥土	G2110019	57
黑红麻土	D2121413	41	红底河砂泥田	L1111128	86
黑红土	D2121412	41	红底火黑土	D1131119	38
黑黄土	D1111111	36	红骨泥	A1351112	12
黑灰泥土	G2120016	57	红硅砂泥土	A1331311	11
黑灰砂土	C3311111	36	红河赤砂泥土	A1211323	5
黑立茬土	C2151312	32	红黑土	D1131211	38
黑麻砂土	D2121214	41	红黄垆土	C2121114	29
黑马尿咸土	K1111311	81	红黄泥	A1311116	7
黑绵土	D1111127	37	红灰泥土	G2110016	57
黑泥砂田	L1131413	97	红灰土	G2110013	57
黑泡土	G2120021	57	红灰土田	L1122217	94
黑潜甸黄土	H1141312	68	红火泥	G2110014	57
黑壤土	D1111126	37	红鸡粪土	C2121712	30
黑砂甸土	H1121111	66	红僵瓣土	G1210019	51
黑身淤土	H2111618	71	红立茬十	C2151311	32
黑湿土	J1120014	79	红立黄土	C2171111	32
黑石白馅土	B3211114	25	红砾泥土	G2511214	63
黑石底白馅土	B3211115	25	红垆土	D3220014	45
黑石砂土	B3161111	25	红麻砂土	A1311324	7
黑石山泥土	B3111214	22	红末香土	A1211613	5
黑汤大土	B3111217	22	红泥赤土	A1211112	4
黑汤泥	B3111614	23	红泥底田	L1122622	96
黑土田	L1122911	96	红泥砂田	L1112311	90
黑咸潮泥土	H2151114	74	红泥田	L1122611	95
黑咸土	K1111112	81	红泥粘土	A1311124	7
黑岩泥	G2120017	57	红泡土	G2110021	57
黑油泥	G2120011	57	红砂骨土	G2511412	63

表 B.2（续）

土种名称	代码	页	土种名称	代码	页
红砂泥	A1311811	9	厚暗栗麻土	D2121311	41
红砂泥土	A1311618	8	厚暗栗泥土	D2121411	41
红砂田	L1122411	95	厚暗麻砂泥	A2111318	13
红砂土田	L1111112	85	厚暗麻土	C3121112	33
红砂质田	L1121917	94	厚暗平土	L2211111	106
红胜紫砂土	G2311215	59	厚板土	F1241111	49
红石砂土	G2611311	65	厚草炭土	J2111213	80
红松泥	A1311313	7	厚层草炭土	J2111216	80
红松泥田	L1122111	94	厚层甸壤土	H1111224	66
红松洼暗黑土	C3211311	35	厚层积炭土	J1130017	79
红香面土	A1311332	8	厚层山甸土	H2431216	78
红羊肝土	G2311421	60	厚层洼炭土	J1130018	79
红油塿土	C2151112	31	厚层燥褐砂土	C2161111	32
红淤泥土	L2111221	105	厚层燥红泥土	C1121112	27
红淤土	L2111219	105	厚潮立土	L2231111	107
红原半溜沙土	G1531215	56	厚潮淤土	L2121112	106
红原厚洼甸土	J1140024	80	厚吃劲土	L2111312	105
红原厚洼炭土	J1130024	79	厚大灰泡泥	B1121511	17
红粘泥	A1311211	7	厚大泥	G2140018	58
红粘泥土	A1311512	8	厚堆垫土	G1311311	53
红粘田	L1121711	93	厚腐山泥土	B3111213	22
红紫塿土	C2151114	31	厚钙紫泥	G2331413	61
红紫泥	G2311411	60	厚寒棕土	B4111111	26
红紫泥田	L1122314	94	厚褐红土	C1121114	27
红紫砂泥土	G2311316	59	厚黑碴土	G2531211	64
红紫砂田	L1122315	94	厚黑黄土	D1111112	36
红紫砂土	G2311311	59	厚黑泥土	D1111311	37
红紫土	G2321211	60	厚黑淤土	L2111217	105
红棕石骨土	G2331113	61	厚黑渣灰黄土	D3111412	44
红棕紫泥土	G2331421	62	厚黑渣垆土	D2111812	40
红棕紫砂泥土	G2331316	61	厚黑渣土	D2121712	41
洪湖洼粘土	J1110013	79	厚黑粘淤土	L2111314	106
洪黄泥田	L1131214	97	厚红砂泥	A1311814	9
洪积砂泥	G1311112	52	厚红土	A1311121	7
洪泥田	L1131213	97	厚洪淤土	G1311218	52
洪砂泥田	L1131212	97	厚花渣灰黄土	D3111312	44
洪砂田	L1131211	97	厚黄红土	A1321719	10
洪淤薄砂土	G1311216	52	厚黄砂泥	A1311414	8
洪淤砾土	G1311217	52	厚黄淤土	L2111216	105
洪淤砂泥	G1311111	52	厚黄粘土	B1221121	18
洪淤土	G1311222	52	厚灰潮泥土	H2121221	72
后楼潮肝土	B1221113	18	厚灰黄泥	A1311115	7
厚暗立土	L2211112	106	厚灰黄砂泥	A1311412	8
厚暗栗黄土	D2121112	40	厚灰黄粘土	B1221122	18

表 B.2(续)

土种名称	代码	页	土种名称	代码	页
厚灰立土	L2221214	106	湖东砂田	L1121114	92
厚灰麻砂红泥	A1311322	7	湖光岩焦灰土	G2210013	58
厚灰平土	L2221212	106	湖黄泥田	L1111312	87
厚灰汤土	B2112111	20	湖黄土田	L1111311	87
厚灰渣灰黄土	D3111712	44	湖砂土田	L1131311	97
厚灰紫褐泥土	G2231112	58	湖松田	L1121611	93
厚灰紫泥土	G2331416	62	花溪黄砂土	A2141212	15
厚火性黑黄土	D1131117	37	花渣灰黄土	D3111311	44
厚老黑麻土	D1121211	37	华宁红土	A1341112	11
厚栗黄土	D2111112	39	华坪灰泡砂土	B1121312	17
厚栗麻土	D2111311	39	化隆黄黑土	D1131127	38
厚留沙土	G1531114	56	化隆灰白土	E2121114	47
厚麻赤土	A1211317	5	化州浅砂泥田	L1121918	94
厚麻红土	A1311326	7	怀来灰石土	G2631111	65
厚麻砂红泥	A1311319	7	槐园猪血砂	G2331211	61
厚麻砂土	B3111314	22	环城泥田	L1131119	97
厚泥赤土	A1211611	5	荒甸砂土	H1111115	65
厚泥沙泥赤红土	A1211612	5	荒漠林甸土	H2311111	77
厚涩红土	A1341113	11	荒漠沙土	G1511311	55
厚砂板浆土	F1241113	49	荒丘沙土	G1521113	55
厚砂红土	A1311416	8	黄白泥土	E2111211	47
厚砂黄土	A2111415	13	黄白砂土	A1321417	10
厚实浆土	F1241112	49	黄白土田	L1112619	91
厚酸紫砂土	G2311214	59	黄斑青粉泥田	L1151126	103
厚酸紫粘土	G2311417	60	黄斑青泥田	L1151133	103
厚乌麻砂红泥	A1311321	7	黄斑青紫塥粘田	L1151125	103
厚锈黑黄土	D1151116	39	黄斑青紫泥田	L1151112	103
厚血砂泥	G2311318	59	黄斑青紫土田	L1151213	103
厚阴黑土	G1311219	52	黄斑田	L1111116	86
厚淤潮泥土	H2171212	76	黄扁砂泥田	L1111914	88
厚淤潮粘土	H2171312	76	黄扁砂田	L1122115	94
厚糟石土	C2171312	32	黄扁渣土	A1311616	8
厚燥土	C1121113	27	黄潮白鳝泥田	L1161112	104
厚毡甸泥砂土	H1141112	67	黄潮泥田	L1131511	97
厚毡灰甸砂土	H1141412	68	黄潮沙泥田	L1121115	92
厚毡洼甸土	J1140022	80	黄潮砂泥土	H2121224	72
厚毡洼炭土	J1130023	79	黄赤砂田	L1131412	97
厚紫灰砂土	G2331111	61	黄赤土	A1211313	5
厚紫泥土	G2321412	60	黄赤粘土田	L1131519	98
厚紫砂泥	G2321212	60	黄大泥田	L1112415	90
厚棕麻砂土	A1331213	11	黄大土	A2111214	12
呼和浩特洼甸土	J1140012	79	黄底潮田	L1111139	86
呼玛暗山泥土	B3111216	22	黄底灰泥田	L1112422	90
湖白土田	L1131312	97	黄甸黑土	C3221111	35

表 B.2（续）

土种名称	代码	页	土种名称	代码	页
黄粉泥田	L1112412	90	黄泥砂土	A1321611	10
黄浮泥田	L1121313	92	黄泥土田	L1112611	91
黄盖灰鸭屎土	H2221212	77	黄泥盐土	K1211213	82
黄岗山草甸土	H2431311	78	黄泡土	B1111415	16
黄岗土	B1111111	15	黄平砂土	E1111212	45
黄硅砂泥土	B1111312	16	黄平土	E1111211	45
黄黑土	C3211112	34	黄平岩泥土	G2120019	57
黄红麻砂土	A1321418	10	黄桑坪砂砾土	G2511216	63
黄红泥	A1321511	10	黄沙土	G1531211	56
黄红泥土	A1311511	8	黄砂泥	A1121111	4
黄红砂泥	A1321514	10	黄砂泥田	L1111811	88
黄红砂泥田	L1122413	95	黄砂墒田	L1111412	87
黄红砂泥土	A1321422	10	黄山暗黄土	A2111311	12
黄红砂土	A1321612	10	黄鳝泥	A1321717	10
黄红石骨土	G2331115	61	黄鳝泥田	L1122113	94
黄红土	A1321718	10	黄石菴棕麻砂土	B2111428	19
黄红紫黄泥土	G2331423	62	黄石土	G2511211	62
黄红紫泥土	G2331422	62	黄松田	L1131514	97
黄红紫砂泥土	G2331317	61	黄松土田	L1111111	85
黄红紫砂土	G2331214	61	黄蒜瓣土	B2111118	18
黄灰石灰泥田	L1122213	94	黄土田	L1122914	96
黄灰土	F1161212	49	黄乌土田	L1111113	86
黄夹泥田	L1112427	90	黄心青紫泥田	L1151128	103
黄夹砂田	L1131512	97	黄羊暗棕土	B2111427	19
黄僵泥土	B2111122	19	黄羊肝土	G2311422	60
黄僵土	C2111125	28	黄油泥田	L1122211	94
黄胶泥田	L1132615	99	黄淤土	L2111218	105
黄胶土	B1221123	18	黄粘泥	A1321311	9
黄筋泥田	L1122612	95	黄粘田	L1112617	91
黄荆黑油土	G2120013	57	黄粘土	B2111119	18
黄砾泥土	B1131211	17	黄紫泥	G2311319	59
黄垆土	D2111111	39	黄紫泥田	L1122316	94
黄麻骨土	G2511118	62	黄棕泥土	B1111514	16
黄麻砂泥田	L1121813	93	黄棕砂泥土	B1111513	16
黄麻土	D3240016	45	湟中淡黄土	D2131117	41
黄末香土	A1221311	6	磺酸盐土	K1320012	83
黄漠沙土	G1511212	55	灰暗麻砂土	B3151313	24
黄泥巴土	B1211115	17	灰暗麻土	C3121111	33
黄泥白土	L1161413	104	灰白黄土	C2121611	30
黄泥翘	H2121314	72	灰白土	E2111111	46
黄泥骨田	L1121919	94	灰板潮棕黄土	B2131116	21
黄泥红土	A1351111	12	灰板土	F1111111	48
黄泥轻盐土	K1211214	82	灰半溜沙土	G1531214	56
黄泥砂田	L1112414	90	灰扁石碴土	G2521413	63

表 B.2（续）

土种名称	代码	页	土种名称	代码	页
灰碴土	G2531112	64	灰泡大泥	B1121111	16
灰潮砂泥田	L1151132	103	灰泡大土	B1121112	16
灰赤紫泥土	G2331415	61	灰泡泥	A2111625	14
灰冲积壤土	G1321613	54	灰泡泥土	B1121413	17
灰冲积砂壤土	G1321527	54	灰泡砂	A2111417	13
灰粗绵土	G1101116	50	灰片石砂土	G2511312	63
灰埭田	L1111414	87	灰青泥田	L1141613	101
灰甸泥砂土	H1121219	67	灰青砂土	H2121415	72
灰甸盐砂	K1111121	81	灰青石马肝土	C2111314	28
灰甸粘土	H1121321	67	灰丘沙土	G1521114	55
灰钙紫泥	G2331311	61	灰沙土	G1521211	55
灰肝黄土	C2171117	32	灰砂黄泥田	L1112421	90
灰灌土	L2221216	107	灰砂砾肝土	C2121312	29
灰灌粘土	L2221311	107	灰砂丘土	G1321313	53
灰褐砾泥砂土	C3111211	33	灰砂土	H2121115	71
灰褐砾泥土	C3111411	33	灰山港黄砂泥田	L1111814	88
灰黑砂土	E2111212	47	灰山根土	B2131213	21
灰红胶土	G1220013	52	灰山黄土	C2131511	30
灰红泥田	L1141915	102	灰山麻砂泥	A2111315	13
灰红砂泥	A1311812	9	灰墡土	G1101415	51
灰红砂泥田	L1112313	90	灰鳝泥	A1311612	8
灰红砂土	A1311712	8	灰鳝泥田	L1111912	88
灰红土	A1311711	8	灰石白馅土	B3211113	25
灰黄底锈土	H1121217	67	灰石碴土	G2631114	65
灰黄肝土	C2121134	29	灰石砾土	G2631112	65
灰黄泥	A1311114	7	灰石砂土	B3161112	25
灰黄泥砂田	L1131812	98	灰丝泥田	L1151131	103
灰黄泥田	L1112418	90	灰土	C2151512	32
灰黄砂泥	A1311413	8	灰卧黄土	C2121131	29
灰黄砂泥田	L1111813	88	灰咸土	K1111111	81
灰黄墡土	G1101314	51	灰馅暗麻砂土	B3151311	24
灰黄土	C2111311	28	灰馅粗山泥土	B3151211	24
灰黄粘土	B1221119	18	灰馅寒棕土	B4121111	26
灰碱甸土	H1160014	69	灰馅灰泥土	B3151511	24
灰砾土	G2531111	64	灰馅砾石土	B3151111	24
灰两合土	H2121513	73	灰馅麻砂土	B3151312	24
灰留沙土	G1531112	56	灰馅片石土	B3151411	24
灰塿土	C2151211	31	灰性石皮土	G2631211	65
灰芦土田	L1151118	103	灰盐甸土	H1151115	68
灰麻砂泥田	L1121812	93	灰淤土	H2121611	73
灰马肝泥田	L1112621	91	灰杂土田	L1151123	103
灰漠黄土	F1111112	48	灰渣黑土	D2171511	43
灰泥砂泡土	B2111429	19	灰渣灰黄土	D3111711	44
灰牛肝土	G2331314	61	灰渣垆土	D2111911	40

表 B.2（续）

土种名称	代码	页	土种名称	代码	页
灰粘黑垆	D3220012	45	火性腰砂甸淤土	H1121214	67
灰粘红土	A1311713	9	火性油甸土	H1121215	67
灰紫褐泥田	L1121713	93	火性油黑黄土	D1131113	37
灰紫泥田	L1112216	89	火性油砂土	D1131315	38
灰紫砂泥田	L1112217	89	火性粘甸淤土	H1121313	67
灰紫土	G2331411	61	霍城灰黄土	E2111119	47
灰棕潮泥土	H2121321	72	霍尔巴固沙土	G1531117	56
灰棕潮砂泥土	H2121222	72	鸡粪土	C2151412	32
灰棕黄土	B2111116	18	鸡粪土田	L1111315	87
灰棕黄紫泥土	G2321415	61	鸡肝土	G2130016	57
灰棕麻砂土	A1331212	11	鸡公山麻黄棕土	B1111213	16
灰棕山砂土	B2141213	21	鸡窝土	G2130022	58
灰棕土	G1220019	52	吉安砂泥田	L1111126	86
灰棕紫砂泥土	G2321315	60	夹白干栗土	D2131611	42
会同砾质暗黄土	A2141412	15	夹白鳝黄泥田	L1112512	91
会同浅岩渣田	L1121913	94	夹黄紫泥田	L1122324	95
会同青粘田	L1141513	101	夹胶黄墡土	G1101416	51
活大瓣红土	G1210013	51	夹砾橙泥土	A1321713	10
活红僵瓣土	G1210021	51	夹砂灰两合土	H2121514	73
火褐砾泥土	C2121511	29	夹砂山红土	A1311331	8
火黑黄土	D1131111	37	夹砂土	H2121211	72
火黄垆土	C2121112	28	夹砂淤土	H2111522	70
火镰渣土	A2141211	15	夹石褐砂土	C2121411	29
火砂淤土	H2111622	71	夹粘砂泥土	H2121218	72
火石大黄泥土	A2111714	14	夹粘阴黑土	G1311221	52
火性暗粘淤土	H1121312	67	嘉定潮泥田	L1111511	87
火性半溜沙土	G1531213	56	嘉黎草毡泥土	M1111214	107
火性甸黄土	H1121314	67	嘉山鸡粪土	G2231213	59
火性甸泥砂土	H1121216	67	甲路青泥田	L1141512	101
火性甸淤土	H1121212	67	甲满酸紫砂土	G2311313	59
火性甸粘土	H1121316	67	假白鳝泥田	L1111141	86
火性河淤土	H1121317	67	假白鳝紫泥田	L1111138	86
火性黑黄土	D1131122	38	尖扎灰黄土	E2111115	46
火性黑泥土	D1131314	38	碱白土	H2161112	75
火性黑粮土	H1121315	67	碱甸黄土	H1160013	68
火性黑粘淤土	H1121311	67	碱格子土	K2010014	84
火性红底黑土	D1131121	38	碱化林灌草甸土	H2330000	78
火性冷浆土	H1141612	68	碱化沼泽土	J1160000	80
火性留沙土	G1531115	56	碱漠钙土	F1150011	48
火性漏甸淤土	H1121213	67	碱盐砂	K1141112	82
火性砂滩土	G1321514	54	建德黄泥田	L1122614	95
火性湿泥土	H1141511	68	建瓯红泥土	A1311315	7
火性湿粘土	H1141611	68	建平潮淤土	H2111518	70
火性洼泥土	J1120011	79	剑阁紫泥土	G2321416	61

表 B.2（续）

土种名称	代码	页	土种名称	代码	页
堈绵砂土	G1101212	50	焦砾土	G2210012	58
江城赤紫红土	A1211712	6	焦泥土	G2210011	58
江达黑毡泥土	M1211112	108	结盘盐砂	K1431113	84
江达火褐泥砂土	C2121215	29	结皮灰黄土	E2111116	46
江达砾泥土	C3151211	34	结皮碱土	K2041315	85
江粉泥田	L1121511	93	界头庙红胶土	G1220015	52
江泥砂土	H2121318	72	金称河砂土	H2121118	72
江泥土	H2121317	72	金峰酸紫红土	G2311414	60
江宁灰马肝土田	L1112615	91	金峰紫泥田	L1132311	99
江砂土	H2121114	71	金岗山赤土	A1211312	5
江涂泥	H2121316	72	金黄土	C2131517	31
江涂泥田	L1121512	93	金龙砾红土	A1351413	12
江涂砂田	L1121513	93	金山河砂泥田	L1111129	86
江夏马肝田	L1132613	99	锦屏青潮泥田	L1141145	100
江孜寒钙麻砂土	M2111213	109	锦县潮滩土	K1231213	83
江孜冷棕钙砾泥土	M2311313	111	泾县青紫泥田	L1141711	101
江孜棕草毡泥土	M1131111	108	旌德砂泥田	L1111713	88
姜底黑姜土	H2211113	76	景洪砖红泥	A1111611	3
姜底灰姜土	H2221111	76	景洪砖红土	A1111111	2
姜底灰鸭屎土	H2221115	77	敬亭棕红土	A1331114	11
姜底鸭屎土	H2211212	76	靖边紧沙土	G1521116	55
姜底粘灰姜土	H2221112	76	靖外红土	A1311213	7
姜底粘灰鸭屎土	H2221114	77	靖西浅棕泥田	L1122218	94
姜红瓣土	G1210018	51	九峰赤粘土	A1211316	5
姜盘底灰黑姜土	H2221117	77	九峰麻红泥	A1311327	7
姜石黄泥田	L1122814	96	九江马肝泥田	L1112622	91
姜石黄泥土	B1241112	18	睢宁两合土	H2111529	70
姜石黄砂泥土	B1241111	18	桔灰泡泥	A2111213	12
姜石卧黄土	C2121133	29	巨野白咸土	K111214	81
姜卧黄土	C2171115	32	喀喇沁棕麻土	B2111413	19
僵底棕堰土	B2111425	19	喀喇沁棕泥土	B2131211	21
僵心暗堰土	B2111313	19	开封两合土	H2111539	70
僵心板棕堰土	B2111426	19	开封湿潮砂土	H2141112	74
僵心棕泊土	B2131219	21	康定棕黑毡砂土	M1231111	109
僵心棕黄土	B2111217	19	克东暗麻砂土	B3111316	22
僵心棕堰土	B2111424	19	垦利滩砂土	G1321516	54
交河底粘两合土	H2111512	70	库车灰淤土	L2111222	105
胶大泥田	L1112113	89	拉萨草毡麻砂土	M1111212	107
胶大土泥田	L1122219	94	涞源薄灰石渣土	B2141711	22
胶南马牙砂土	G2611113	64	兰村紫砂泥	G2321313	60
胶泥田	L1121312	92	澜沧赤红胶土	A1211811	6
焦斑棕红土	A1331116	11	澜沧赤红泥	A1211615	5
焦红土	D2111513	40	澜沧麻赤红土	A1211322	5
焦砾塥黄泥砂田	L1112413	90	烂灰田	L1142211	102

表 B.2(续)

土种名称	代码	页	土种名称	代码	页
烂浸田	L1142212	102	冷墡土田	L1141141	100
烂青泥田	L1141119	100	冷洼炭土	J1130016	79
烂青紫塥粘田	L1141123	100	冷雪土	M4100011	112
烂青紫泥田	L1141121	100	冷棕钙砾泥土	M2311212	111
烂湿田	L1142217	102	冷棕钙砾质土	M2311111	111
烂滃田	L1142213	102	冷棕钙砂泥土	M2311211	111
烂锈田	L1142315	102	黎川青麻砂泥田	L1141311	101
郎溪湖泥田	L1111314	87	黎平浅红泥田	L1122627	96
朗赛岭流沙土	G1521313	56	李集瓦碱土	K2010019	84
朗县寒漠麻砂土	M4100014	112	理塘黑毡泥土	M1211414	108
浪卡子灰甸粘土	H1121322	67	理县灰包土	B4111211	26
浪卡子冷钙砾泥土	M2211215	110	理县灰褐泥土	C2161113	32
老潮黄土	C2141113	31	沥口泥质田	L1111913	88
老淡涂粘田	L1111413	87	荔波大泥田	L1132213	99
老褐黄土	C2131112	30	栗灰土	D2131211	42
老黑黄土	D1121111	37	栗麻砂土	D2111212	39
老红粘土	G1210011	51	栗麻土	D2111117	39
老黄白土	C2121121	29	栗泥土	D2111511	40
老黄筋泥田	L1112411	90	栗砂土	D2111411	40
老黄土	B2111113	18	栗土	D2131112	41
老灰褐砾泥土	C3131211	34	砾潮栗土	D2141214	42
老灰褐泥土	C3131212	34	砾干子泥	D2131511	42
老冷棕钙砾泥土	M2321111	111	砾黑土	C3211214	35
老冷棕钙泥砂土	M2321212	111	砾红砂泥	A1311816	9
老冷棕钙泥土	M2321311	111	砾黄泥砂土	B1131111	17
老坡黄白土	C2121125	29	砾黄泥土	G2521112	63
老山黄土	C2131516	31	砾黄土	B2111511	20
老牙村淤绵土	G1101124	50	砾灰黑土	C3141311	34
老粘黄土	C2131117	30	砾坡黄土	C2131115	30
涝黑泥土	H2141212	74	砾砂灰甸泥土	H1121115	67
乐东砂燥土	C1111111	27	砾砂土	G1321111	53
类乌齐黑毡泥土	M1211416	108	砾山根土	B2131217	21
冷潮毡土	M1211311	108	砾石红大土	A1351211	12
冷底田	L1141136	100	砾石红泥	G2511318	63
冷钙潮泥土	M2211311	110	砾石黄泥	G2511316	63
冷钙风沙土	M2211216	110	砾石黄泥土	G2511317	63
冷钙砾泥土	M2211111	110	砾石土	G2621211	65
冷钙泥土	M2211112	110	砾血泥土	G2311113	59
冷湖漠碴土	G2531115	64	砾质暗黄泥土	A2141411	15
冷湖泥田	L1141133	100	砾质暗黄土	A2141111	15
冷浸田	L1142219	102	砾质暗麻砂土	B3111323	22
冷漠潮砂土	M3201211	112	砾质暗棕泥	B3111513	23
冷漠砾泥土	M3201111	112	砾质草灌土	H1121114	66
冷青泥田	L1142411	102	砾质潮砂土	H2111116	69

表 B.2（续）

土种名称	代码	页	土种名称	代码	页
砾质褐红大土	C1121211	27	陇县马肝土	C2111122	28
砾质红土	A1351311	12	漏甸淤土	H1111212	66
砾质鸡粪土	G2231111	58	漏砂潮黄土	C2141216	31
砾质面包土	F1211112	49	漏砂岗两合土	H2131211	73
砾质漠灰土	F1211113	49	漏砂泥土	H2111211	69
砾质泥砂田	L1111214	86	漏砂土	H2111111	69
砾质砂泥田	L1111213	86	露黄白馅土	B3211118	25
砾紫泥土	G2331117	61	芦粟勤粘土田	L1151115	103
砾棕灰泥	G2130025	58	垆土	C2121213	29
涟水淤土	H2111613	71	泸定黄棕砂泥土	B1111512	16
良犁两合土	H2111538	70	炉霍二黄土	C2121137	29
两合潮黄土	C2141217	31	炉渣菜园土	H2111423	69
亮兵台山黑土	H2411115	78	卤潮粘土	H2151111	74
燎原黄砂泥	A1311415	8	卤洼土	J1150011	80
料姜白面土	C2121129	29	卤盐土	K1211215	82
料姜岗黄土	B1221124	18	陆川浅潮砂田	L1121117	92
料姜绵土	G1101412	51	鹿邑淤土	H2111621	71
料姜卧黄土	C2121132	29	禄丰紫砂上	G2321113	60
临高盐砂土	K1211113	82	路南钙紫泥	G2331425	62
临淄立黄土	C2111118	28	吕家坪灰紫砂泥土	G2331313	61
磷砂土	A1341511	12	氯盐锈黄土	F1141111	48
磷珊瑚土	G2411111	62	栾川黄泥土	C2131211	30
灵宝立黄土	C2111119	28	栾川灰黄泥土	C2131519	31
灵台灰绵土	G1101119	50	栾川棕泥土	B2141413	21
岭黄土	B1111211	16	栾平灰胶泥土	C2111513	28
岭砂土	G2521511	64	罗带砂燥土	C1111112	27
凌源老褐黄土	C2131113	30	罗甸红泥	A1311619	8
陵川黄泥土	C2131111	30	罗定赤土	A1211514	5
零陵浅灰泥田	L1122216	94	罗家营山洪土	G1311211	52
刘羊棕红泥田	L1122615	95	罗山黄胶泥田	L1112623	91
流砂板土	H2121215	72	罗田橙泥土	A1321714	10
硫盐淋淀土	L2241111	107	罗阳酸紫泥	G2311412	60
柳溪泥质田	L1132111	98	螺城灰黄泥砂田	L1131813	98
六安马肝田	L1112618	91	螺子草甸土	H2431217	78
六合黄马肝土田	L1112616	91	洛川粘黑垆	D3220011	45
六枝黄胶泥土	A2111624	14	洛隆黑毡砾泥土	M1211211	108
龙北砂心淤土	H2111616	71	洛隆黑毡泥土	M1211415	108
龙津白鳝泥田	L1161212	104	洛隆老褐泥砂土	C2131212	30
龙山黄胶泥田	L1122813	96	洛南黄泥土	B1211114	17
龙州泥砂赤土	A1211515	5	麻赤砂泥	A1211318	5
隆尧蒙金土	H2111411	69	麻箍砂土	G2511114	62
隆子冷棕钙砾泥土	M2311311	111	麻骨土	G2511116	62
隆子棕麻砂土	B2111433	19	麻褐红土	C2121711	30
陇川润砂田	L1131132	97	麻褐黄土	C2121136	29

表 B.2（续）

土种名称	代码	页	土种名称	代码	页
麻褐燥土	C1111311	27	蒙金土	H2111547	71
麻黑灰土	B4111113	26	蒙银砂轻白土	H2111419	69
麻红泥底田	L1121818	93	蒙淤轻白土	H2111528	70
麻红泥砂田	L1121817	93	蒙淤砂轻白土	H2111422	69
麻红砂质田	L1121816	93	孟塬黑垆土	D3210016	45
麻黄赤土	A1221111	6	米林暗麻砂土	B3111322	22
麻黄红土	A1321419	10	密山洼甸田	L1141114	100
麻黄泥	A2111321	13	密山洼甸土	J1140015	79
麻黄砖土	A1121311	4	绵白土	E2121211	47
麻灰黑土	C3141211	34	绵潮夹砂土	H2111212	69
麻灰泡泥	B1121214	16	绵潮泥土	H2111548	71
麻胶园土	A1111415	3	绵潮砂土	H2111429	70
麻泥田	L1131818	98	绵黄土	G1101111	50
麻泥土田	L1131819	98	绵栗黄土	D3111112	43
麻砂红泥	A1311318	7	绵垆土	D3210013	44
麻砂黄泥	A1321415	10	勉县黄泥田	L1132616	99
麻砂黄棕泥	B1111215	16	勉县灰黄泥	B1111414	16
麻砂黄棕土	B1111214	16	冕宁黄红砂土	G1321412	54
麻砂灰土	B4201111	26	冕宁酸白砂土	B4121112	26
麻砂土	B3111313	22	面黄泥土	A2111111	12
麻石渣土	G2511111	62	面黄土	B1211113	17
麻颈泥田	L1131816	98	面砂潮滩土	K1231111	83
麻页土	G2531411	64	面砂淡丘泥土	H2111215	69
麻燥土	C1121311	27	面砂黄土	C2121212	29
麻渣薄黑土	D2171111	43	面砂烂泥田	L1141112	100
麻砖土	A1111411	3	面砂土	H2111417	69
马尔康黑毡泥土	M1211413	108	面砂棕土	B2111211	19
马肝灰泡土	B1121213	16	庙首砂泥田	L1131811	98
马肝泥	C2131119	30	民乐淡栗土	D2131114	41
马尿潮砂泥土	H2151312	75	民勤脱潮壤土	H2131115	73
马尿碱盐土	K1141212	82	岷县大黑土	C3211125	35
马牙黄粘土	B2111419	19	闽侯灰泥田	L1111122	86
马牙砂土	B3161211	25	名山白鳝泥田	L1161111	104
埋炭土	J2111111	80	名山白鳝泥土	A2121211	14
漫沙土	G1521111	55	漠板土	F1211111	49
湄潭黄粘泥	A2111112	12	漠膏土	F2131112	50
煤泥田	L1132121	98	漠砾砂土	F2111111	49
煤锈田	L1132912	99	漠沙土	G1511313	55
镁盐锈土	H2151411	75	墨江赤黄砂泥土	A1221411	6
镁质甸盐砂	K1111411	81	墨江赤砂泥土	A1211412	5
镁质碱盐泥	K1141311	82	墨江赤粘土	A1211614	5
蒙城黄姜土	H2211213	76	墨脱黄红土	A1321211	9
蒙金潮黄土	C2141218	31	墨脱麻黄砂土	A2141112	15
蒙金砂轻白土	H2111421	69	墨脱渗泥砂田	L1131215	97

表 B.2（续）

土种名称	代码	页	土种名称	代码	页
牟定泥田	L1111144	86	泥炭底田	L1142512	102
牟定羊肝土	G2321114	60	泥炭土田	L1142511	102
牡丹江草炭土	J2111212	80	泥涂	K1231216	83
内家紫砂泥田	L1131126	97	泥心夹砂土	H2121213	72
那曲草毡麻砂土	M1111113	107	泥燥土	C1111211	27
那曲寒钙麻砂土	M2111111	109	泥质冻土	M4100016	112
乃东固沙土	G1521119	55	泥质基	G1311314	53
乃东老冷棕钙砂土	M2321211	111	泥质田	L1111115	86
南海泥肉田	L1111514	87	泥砖土	A1111413	3
南海泥田	L1132114	98	宁波涂泥田	L1121414	92
南华紫泥田	L1122328	95	宁强烂泥田	L1142222	102
南汇黄泥土	H2121311	72	宁强砂泥田	L1151222	103
南木林冷钙潮砂土	M2211211	110	宁武山甸麻土	H2411112	78
南木林冷棕钙砾泥土	M2311213	111	宁武棕麻砂土	B2111412	19
南平黄泥砂土	A2111411	13	宁武棕泥土	B2111812	20
南山山甸土	H2431111	78	宁阳鸭屎土	H2211211	76
南托浅黄泥田	L1122621	96	宁远浅灰泥田	L1122215	94
南阳僵黄土	B1211112	17	牛肝砂泥土	G2331212	61
南屿乌泥田	L1111125	86	牛肝土田	L1132313	99
南裕栗土	D2111115	39	农安暗黑黄土	D1111115	36
讷河暗麻砂土	B3111315	22	攀枝花山红泥	A1341311	11
讷河破皮黄土	C3211123	34	鳑皮土	A1351414	12
泥赤土	A1211511	5	泡砂土	H2111415	69
泥底灰砂土	H2121416	72	培泥砂田	L1131117	96
泥底留沙土	G1531113	56	培泥砂土	H2121411	72
泥甸土	H1111225	66	彭山灰棕砂土	G1321522	54
泥甸淤土	H1111215	66	蓬安死黄泥田	L1122713	96
泥骨基	G1311313	53	蓬砂土	C2131312	30
泥红土	A1311311	7	片红泥田	L1132113	98
泥黄砖土	A1121212	4	片黄土	B2111711	20
泥黄棕土	B1121412	17	片石白馅土	B3211112	25
泥砾寒盐土	K1511111	84	片石黑土	D2171311	43
泥肉基	G1311312	53	片石灰黄土	D3111511	44
泥砂赤土	A1211512	5	片石砂土	G2511311	63
泥砂甸黑土	C3221212	35	片石土	G2521411	63
泥砂褐燥土	C1111411	27	漂筏洼炭土	J1130015	79
泥砂黄赤土	A1221211	6	平安盐锈土	H2151221	75
泥砂黄砖土	A1121411	4	平坝黄粘泥土	A2111113	12
泥砂田	L1111211	86	平川砂土	H2121413	72
泥砂头青紫泥田	L1151216	103	平泉黄钙土	C2111512	28
泥砂土	C3211212	35	平山麻石土	G2611111	64
泥砂砖田	L1131911	98	平西二洼黑土	C3221114	35
泥砂砖土	A1111512	3	坪台黑油土	D1111122	37
泥石土	G2621311	65	萍乡青石灰泥田	L1141612	101

表 B.2（续）

土种名称	代码	页	土种名称	代码	页
萍乡青紫砂田	L1141713	101	浅洪泥	L1121211	92
萍乡棕灰泥	G2130019	58	浅厚粘脱潮两合土	H2131221	73
坡褐黄土	C2171113	32	浅黄胶泥田	L1121314	92
坡黄白土	C2121124	29	浅黄砂泥田	L1121916	94
坡黄墡土	G1101413	51	浅灰红胶土	G1220014	52
坡绵砂土	G1101219	51	浅灰黄泥田	L1122619	95
坡绵墡土	G1101312	51	浅灰紫泥田	L1122317	95
坡绵土	G1101218	51	浅脚赤土田	L1121715	93
坡砂石土	D2131411	42	浅脚黑泥田	L1121416	92
坡淤土	C2141219	31	浅脚烂泥田	L1142224	102
坡棕黄土	B2111216	19	浅麻砂田	L1121814	93
破皮暗栗土	D2121115	40	浅埋黑泥田	L1141139	100
破皮白馅土	B3211117	25	浅砂泥土田	L1121921	94
破皮大黑土	C3211126	35	浅砂砖土田	L1121421	93
破皮淡黑黄土	D1141114	38	浅石灰泥田	L1122212	94
破皮黑黄土	D1111118	36	浅石子田	L1121212	92
破皮黑油土	D1111123	37	浅酸紫泥田	L1122318	95
破皮灰白土	E2141211	48	浅铁子底田	L1122624	96
破皮碱格子土	K2010015	84	浅铁子田	L1122625	96
破皮栗土	D2111114	39	浅位白馅土	B3211119	25
破皮潜白馅土	B3231113	25	浅位碱土	K2010016	84
破皮锈白馅土	B3221112	25	浅位锈白干土	D2141312	42
蒲江黄泥田	L1131125	97	浅杂砂泥田	L1121819	93
普陀棕红泥	G1231211	52	浅粘绵垆土	C2111114	27
七里鸡肝土	G2130017	57	浅砖土田	L1121716	93
祁门泥质田	L1122112	94	强碱漠钙土	F1150012	48
祁山橙泥土	A1321715	10	钦州涂砂土	K1231113	83
祁阳浅红砂泥田	L1122415	95	秦团黑麻土	D3240013	45
齐齐哈尔苏打盐化碱土	K2041313	85	勤泥土田	L1151114	103
杞县潮砂土	H2111424	69	勤粘土田	L1151113	103
前坊黄泥田	L1122617	95	沁源棕黄土	B2111111	18
前亭黑赤土	G2231214	59	青潮砂泥田	L1141127	100
潜底田	L1141914	102	青底灰泥田	L1111123	86
潜甸黄土	H1141311	68	青粉泥田	L1151215	103
潜甸泥砂土	H1141111	67	青塥白散泥田	L1161313	104
潜山紫泥田	L1112212	89	青塥红黄泥田	L1112425	90
黔江黄泥土	A2111516	13	青塥黄斑田	L1111117	86
浅白干土	D2111612	40	青塥黄泥田	L1112628	91
浅白散泥田	L1161417	104	青塥麻砂泥田	L1111715	88
浅潮泥田	L1131122	97	青海湖流沙土	G1521312	56
浅赤砂泥田	L1122414	95	青寒棕土	B4131112	26
浅粉结田	L1122512	95	青河冷甸土	M1111312	107
浅钙积栗土	D2131111	41	青河麻灰土	C3311213	36
浅红土	A1311122	7	青黑砂田	L1141138	100

表 B.2（续）

土种名称	代码	页	土种名称	代码	页
青黄泥田	L1141912	101	轻卤洼土	J1150012	80
青黄砂泥田	L1141411	101	轻水碱田	L1171214	105
青灰胶泥田	L1141146	100	轻水碱粘田	L1171213	104
青灰冷浸田	L1142225	102	轻苏打碱甸土	H1160012	68
青灰麻砂泥田	L1141314	101	轻咸白土	H2151215	75
青灰泥田	L1141143	100	轻咸潮泥土	H2151212	75
青灰土	J1140021	80	轻咸两合土	H2151116	74
青碱田	L1171312	105	轻咸酸田	L1181113	105
青碱粘田	L1171311	105	轻盐甸土	H1151112	68
青马肝田	L1142112	102	轻盐面砂土	H2151121	74
青泥格田	L1141211	101	轻盐锈土	H2151223	75
青泥骨田	L1141125	100	清凉峰草甸土	H2431214	78
青泥墡土田	L1141142	100	清泉砾泥土	G1311213	52
青泥条田	L1142111	102	清原洼炭土	J1130011	79
青泥土	J1140018	80	琼海洼泥	K1220014	82
青浦青泥田	L1141115	100	琼黄泥砂土	A2111513	13
青砂泥田	L1141312	101	琼结黑毡砾泥土	M1211111	108
青砂土	H2111427	70	琼结老冷棕钙砾砂土	M2321112	111
青石碴土	C2171412	33	琼麻黄泥	A2111324	13
青石灰泥田	L1141611	101	琼砂土田	L1121419	93
青市麻砂泥田	L1111716	88	琼山焦灰土	G2231113	59
青丝泥田	L1141124	100	丘北黄红泥	A1321721	10
青塘黄砂泥田	L1121911	93	丘泥土	H2111525	70
青头红砂泥田	L1141811	101	丘沙土	G1521112	55
青乌麻砂泥田	L1141313	101	糗甸黄土	H1111322	66
青咸土	K1111215	81	曲水草毡麻砂土	M1111314	107
青鸭屎泥田	L1141614	101	曲松冷钙泥土	M2211313	110
青盐潮淤土	H2151214	75	缺树坞猪血泥	G2331412	61
青紫塥粘田	L1151124	103	确山残潮泥田	L1121116	92
青紫泥田	L1151111	103	壤潮栗土	D2141215	42
青紫头田	L1151214	103	壤底锈黑泥砂土	D1151211	39
青紫土田	L1151212	103	壤河棕土	E1131111	46
青棕红泥田	L1141911	101	壤黑垆	D3210011	44
轻白土	H2111527	70	壤黄泥	A1321412	10
轻度硫酸盐林甸土	H2321111	77	壤黄土	B1211211	17
轻度氯化物林甸土	H2321211	77	壤身砂潮栗土	D2141216	42
轻反酸田	L1181114	105	壤体灰甸粘土	H1121319	67
轻碱潮土	H2161212	75	壤心高砂土	H2121113	71
轻碱黑姜土	H2241111	77	壤性暗麻砂土	B3111321	22
轻碱漠钙土	F1150013	48	壤质黑甸土	M1211411	108
轻碱砂土	K2030011	85	壤质黑棕甸土	M1231311	109
轻卤甸黄土	H1151312	68	壤质冷薄甸土	M1121112	108
轻卤甸土	H1151211	68	壤质冷甸淡土	M2121111	110
轻卤二合土	H2151112	74	壤质冷甸土	M1111311	107

表 B.2（续）

土种名称	代码	页	土种名称	代码	页
仁化麻泥田	L1131815	98	砂黄砖土	A1121112	4
仁怀黄泥	A2111622	14	砂灰泡土	B1121313	17
仁寿棕紫泥田	L1132318	99	砂灰汤泥	B2111513	20
茌平灰咸土	K1111115	81	砂灰汤土	B2111514	20
日喀则灰甸泥砂土	H1141411	68	砂碱咸土	K1141211	82
日喀则冷钙潮砂土	M2211212	110	砂金黄土	C2131512	30
日喀则冷钙砾泥土	M2211312	110	砂砾山洪土	G1311223	52
汝南白浆粘黄土	B1231115	18	砂砾田	L1121118	92
汝州青潮粘田	L1141131	100	砂砾土	G2511115	62
汝州湿潮粘土	H2141312	74	砂砾淤淀土	G1311215	52
软绵黄土	G1101112	50	砂漏田	L1121417	92
软绵土	M1221212	109	砂卤土	K1211112	82
瑞丽赤砂泥土	A1211411	5	砂码土	H2121214	72
润红土	A1311126	7	砂泥暗黄棕土	B1121311	16
润棕土	G2130027	58	砂泥红土	A1311513	8
三都黄红砂	A1321515	10	砂泥黄红土	A1321613	10
三阁司红泥土	A1311123	7	砂泥黄壤土	A2111512	13
三江酸盐土	K1310012	83	砂泥基	G1311316	53
三原塿墡土	C2151511	32	砂泥土	H2121511	73
沙底青泥土	L1141116	100	砂泥质砖红壤性土	A1131399	4
沙头潮砂泥田	L1151217	103	砂山根土	B2131215	21
沙坨土	G1521213	56	砂身潮砂泥田	L1131118	96
沙沱潮砂泥田	L1131131	97	砂身两合土	H2111536	70
砂白僵土	K2010011	84	砂身淤土	H2111617	71
砂冲淤土	H2111418	69	砂石碴土	G2521311	63
砂大泥田	L1132214	99	砂石土	G2621212	65
砂底河黄土	D3131113	44	砂滩土	G1321311	53
砂底黑五花土	H1121211	67	砂体淡丘泥砂土	H2111115	69
砂底黄沫土	H2111515	70	砂田暗栗土	D2121611	41
砂底火黑土	D1131118	37	砂田淡栗土	D2131115	41
砂底两合土	H2111533	70	砂田碱灰土	E2141311	48
砂底淤土	H2111614	71	砂田栗黄土	D2111711	40
砂盖鸭屎土	H2211312	76	砂土	H2111414	69
砂寒甸盐土	K1521112	84	砂心两合土	H2111534	70
砂河黄土	D3131112	44	砂心淤土	H2111615	71
砂河棕土	E1131112	46	砂性黄泥田	L1122613	95
砂黑甸土	H1111111	65	砂燥土田	L1131414	97
砂黑泡土	C2131412	30	砂粘红泥	A1311314	7
砂红胶土	D2111413	40	砂粘黄泥	A1321411	9
砂红泥	A1311312	7	砂质淡黄土	L2111111	105
砂黄白土	C2121123	29	砂质淡丘泥土	H2111216	69
砂黄红土	A1321513	10	砂质黑薄甸土	M1221112	109
砂黄泥田	L1132116	98	砂质红黑土	D1131511	38
砂黄泥土	C2141221	31	砂质红泥土	A1351411	12

表 B.2（续）

土种名称	代码	页	土种名称	代码	页
砂质黄红泥土	A1321614	10	山淤土	C2131518	31
砂质基	G1311315	53	山棕红土	A1311717	9
砂质冷白土	M3101211	112	山棕油红土	A1311716	9
砂质冷薄甸土	M1121111	107	陕县麻石土	G2611114	64
砂质冷漠淡土	M2131211	110	汕头潮砂土	H2121419	72
砂质冷锈甸土	M1141111	108	汕头咸酸田	L1181111	105
砂质马尿土	K1111312	81	墒灰黑土	C3141111	34
砂质丘泥土	H2111526	70	鳝泥	A1311611	8
砂砖红土	A1111211	2	商丘湿碱潮泥土	H2161215	75
砂砖土	A1111212	2	上坊粘棕土	G2130012	57
砂砖土田	L1131415	97	尚义轻马尿碱土	D2160011	43
砂棕钙暗土	E1111311	45	尚志潜白馅土	B3231211	26
砂棕堰土	B2111422	19	少姜底黑姜土	H2211114	76
莎音呼都格旱盐土	K1421111	83	少姜底灰黑姜土	H2221116	77
傻白土	G1101121	50	少姜红栗黄土	D3111116	43
傻绵白土	G1101122	50	邵东麻砂土	A1311325	7
筛漏土	D1111215	37	邵武红泥土	A1311113	7
山草甸土	H2431213	78	深白干土	D2111611	40
山地草原草甸土	H2420000	78	深潜白馅土	B3231114	25
山地麻土	D3240014	45	深位碱土	K2010017	84
山甸红黄土	H2411114	78	深位淌白土	B2121114	20
山甸黄土	H2411113	78	深位锈白干土	D2141311	42
山根土	B2131212	21	神木流沙土	G1521311	56
山红灰土	G2110012	57	渗黄白土田	L1132612	99
山洪砂土	G1311212	52	生草黄沙土	G1531111	56
山黄泥	A2111615	13	嵊泗棕黄泥	G1231212	52
山黄泥砂田	L1112511	91	狮子坪棕麻砂土	B2141214	21
山黄泥砂土	A2111511	13	湿草毡砾泥土	M1141211	108
山黄泥田	L1121821	93	湿草毡泥土	M1141112	108
山黄泥土	A2111611	13	湿潮泥	H2141213	74
山黄砂泥	A2111412	13	湿寒棕土	B4131111	26
山黄粘泥	A2111211	12	湿黑泥田	L1121111	92
山灰黄土	B2111416	19	湿黑泥土	H2141211	74
山麻黄土	B2111414	19	湿黑毡麻砂土	M1241111	109
山麻砂黄土	B2111415	19	湿碱潮泥土	H2161214	75
山麻砂泥	A2111314	13	湿碱卤土	K1141111	82
山门鸡肝土	G2130018	57	湿碱土	K2041111	85
山泥土	B3111211	22	湿面砂土	H2141111	74
山砂红土	A1311417	8	湿漠沙土	G1511113	55
山砂黄土	A2111319	13	湿泥土	H2141314	74
山鳝泥	A2111617	14	湿轻盐土	H2151122	74
山酸黄土	B2111417	19	湿粘泥土	B3141111	24
山香灰土	A2111612	13	湿粘土	H2141311	74
山淤黑姜土	H2211313	76	湿中盐土	H2151123	74

表 B.2（续）

土种名称	代码	页	土种名称	代码	页
湿重盐土	H2151124	74	双城油黑土	C3221119	35
石坳灰黑土	G2120015	57	双峰棕灰泥	G2130024	58
石洞绵白土	E2121311	47	双河山泥土	B3111215	22
石膏砾幂土	F1221111	49	双湖半固沙土	G1521217	56
石膏面包土	F1221112	49	双庙潮肝土	B1221115	18
石膏漠灰土	F1221113	49	水城红砾泥	A1351415	12
石骨子夹泥田	L1122325	95	水城枯黄泥	A2111212	12
石骨子田	L1122326	95	水富黄泥	A2111626	14
石河子潮灰粘土	H2111555	71	水岗黑土	C3241111	35
石河子漠沙土	G1511112	55	水红土	A1311614	8
石灰红泥土	G2110018	57	水碱粘田	L1171212	104
石灰黄泥土	G2140011	58	水南泥砂田	L1131116	96
石灰黄泡土	G2140019	58	水南紫泥田	L1112214	89
石灰泥	A1311715	9	死红土	A1311118	7
石灰泥田	L1132212	99	四合红土	A1321413	10
石灰棕泥土	G2130028	58	四排砂泥田	L1131912	98
石砬土	G2621111	65	寺台黄鸡粪土	D2111118	39
石砾岭砂土	G2521512	64	寺滩绵白土	E2121312	47
石砾麻砂土	G2511112	62	泗洪岗白土	B1231111	18
石砾麻页土	G2531412	64	泗里河红砂泥	A1311815	9
石龙土	G2231211	59	松白盐潮泥土	H2151126	74
石窿土	G2120014	57	松白盐砂	K1111117	81
石皮土	G2621411	65	松漠沙土	G1511312	55
石泉砂泥田	L1132614	99	松盐潮砂泥土	H2151216	75
石砂土	G2511212	62	松盐泥	K1111216	81
石山焦灰土	G2231215	59	松毡土	M1221111	109
石田灰白土	E2111311	47	嵩县卧黄土	C2111121	28
石渣灰褐泥土	C2161112	32	苏打白干土	D2151311	43
石渣子泥	G2611211	64	苏打潮砂泥土	H2151311	75
石柱黄泥土	A2111712	14	苏打碱土	K2041314	85
石子黑汤土	B3161213	25	苏尼特右旗棕碱土	K2020012	85
石子黄泥土	G2140021	58	苏图海旱盐土	K1421211	83
石子紫汤土	B3111811	23	苏王砂心两合土	H2111535	70
石嘴山钙漠土	F1121111	48	酥黑土	D1121112	37
瘦淡黑黄土	D1141112	38	酥灰土	D1131128	38
瘦黑黄土	D1111114	36	酥油土	L2211116	106
瘦红泥	A1341412	11	酸麻渣土	B2111411	19
瘦火性黑黄土	D1131114	37	酸性紫泥田	L1122313	94
瘦火性黑泥土	D1131313	38	酸紫黄泥土	G2311418	60
瘦锈黑黄土	D1151114	39	酸紫泥	G2311211	59
舒城白黄土	B1231113	18	酸紫泥田	L1112218	89
熟白鳝泥田	L1132117	98	酸紫砂	G2311213	59
熟红黄泥田	L1112426	90	绥芬河甸泥土	H1111315	66
熟红土	A1311119	7	绥棱甸泥土	H1111323	66

表 B.2（续）

土种名称	代码	页	土种名称	代码	页
绥阳扁泥田	L1132119	98	桐木关黄红泥土	A1321414	10
索伦暗黄土	B3111111	22	桐梓冷浸田	L1142223	102
塔桥盐锈土	H2151218	75	桐梓紫砂泥土	G2321316	60
塔头洼炭土	J1130013	79	铜鼓麻砂泥田	L1111711	88
太平黄泥田	L1112428	90	铜梁大泥田	L1122323	95
太平锈白馅土	B3221211	25	涂砂田	L1121412	92
滩砂土	G1321513	54	涂粘田	L1121413	92
滩头灰泥田	L1112112	89	屯留绵垆土	C2111112	27
檀山红砂泥田	L1132411	99	托里弱碱化棕黄土	E1150011	46
炭骨土	G2511314	63	脱潮底粘小两合土	H2131219	73
炭涝洼土	J2111112	80	脱潮淤土	H2131312	74
汤洪岭林炭土	J2120011	80	洼甸田	L1141113	100
唐海潮泥田	L1131111	96	洼泥草甸田	L1121127	92
藤县灰紫泥土	G2331417	62	洼泥土	J1110012	79
藤县浅紫粘田	L1122321	95	洼盐泥	K1131111	81
藤县酸紫粘土	G2311416	60	瓦碱潮泥土	H2161217	75
梯黄墡土	G1101414	51	瓦碱土	K2010018	84
梯绵黄土	G1101117	50	万坊青紫泥田	L1141712	101
梯绵砂土	G1101214	51	万荣坦黄垆土	C2121116	29
梯绵土	G1101217	51	万源泡土	B1111313	16
体泥盐砂土	H2151219	75	网纹粘红土	A1311112	7
体粘黑碱砂	K2050012	85	网纹棕红土	A1331115	11
体粘松盐泥	K1111217	81	望江泥骨田	L1111118	86
天全泡土	B1111314	16	微山浅潮粘田	L1121311	92
天山甸淡土	M2221111	110	巍山紫砂泥田	L1122329	95
天台暗黄棕土	A2111312	13	温江灰潮田	L1151224	103
天祝暗栗土	D2121116	40	温江油砂田	L1131127	97
天祝黑土	D1131124	38	温泉灰褐黄土	C3111111	33
天祝破皮黑土	D1131125	38	温泉灰褐泥土	C3111312	33
田阳潮泥田	L1111134	86	文县棕黄土	B2111121	18
铁杆子黄泥田	L1122712	96	闻喜两合土	H2111514	70
铁锈水田	L1142314	102	翁源赤十	A1211513	5
铁质黄泥土田	L1112613	91	翁源红泥赤土	A1211113	4
铁子白散泥田	L1161215	104	翁源泥砂田	L1111212	86
铁子白淌土	B2121211	20	瓮安灰紫泥田	L1112226	89
通辽火甸砂土	H1121112	66	涡阳黑姜土	H2211112	76
通渭黑麻土	D3240012	45	卧黄土	C2171114	32
通县灰黄土	C2141211	31	卧龙底砂灰两合土	H2121516	73
通州潮淤土	H2111611	71	乌当黄泥田	L1112513	91
通州岗淤土	H2131311	73	乌当黄砂泥土	A2111519	13
同心白脑土	E2121113	47	乌底青泥土田	L1141117	100
同心干盐泥	K1431112	84	乌灌土	L2211114	106
桐柏浅马肝泥田	L1122812	96	乌红杪泥田	L1112314	90
桐罗青紫泥田	L1151122	103	乌黄泥田	L1112417	90

表 B.2（续）

土种名称	代码	页	土种名称	代码	页
乌黄泥土田	L1112612	91	浠水麻砂泥田	L1111712	88
乌黄砂泥田	L1111812	88	淅川紫砂土	G2321111	60
乌黄鳝泥	A1321716	10	锡林浩特栗碱土	K2020011	85
乌麻砂红泥	A1311323	7	习水青紫土田	L1141716	101
乌麻砂黄泥	A1321416	10	习水紫泥	G2321421	61
乌麻砂泥田	L1111714	88	细垆二阴土	D2141211	42
乌泥底田	L1141135	100	细麻砂土	B3111318	22
乌泥黄土	A2111621	14	细砂黑土	D2121213	41
乌泥土田	L1151119	103	霞潭赤粘土	A1211315	5
乌砂土	H2121414	72	下坳棕灰泥	G2130026	58
乌山黄泥	A2111313	13	下潮黄土	H2111554	71
乌山麻砂泥	A2111316	13	下阜血泥	G2321411	60
乌山鳝泥	A2111618	14	下湿潮田	L1141144	100
乌鳝泥	A1311613	8	下湿黄泥田	L1141412	101
乌鳝泥田	L1111911	88	下湿紫泥田	L1141715	101
乌石砂土	G2511213	63	夏岗白黄土	B1231114	18
乌松土田	L1131115	96	仙桃灰潮砂土	H2121116	71
乌苏灰褐泥土	C3111311	33	仙阳灰泥田	L1111124	86
乌酸黄土	B2111418	19	仙阳青泥田	L1141128	100
乌土田	L1151117	103	咸红砂土	E2141112	47
乌油土	L2211115	106	咸红粘土	E2141111	47
乌栅土田	L1151116	103	咸黄土	E1141211	46
乌紫褐泥田	L1121714	93	咸宁红泥田	L1112423	90
乌紫泥田	L1112215	89	咸宁青泥田	L1141913	102
乌棕黄土	B2111117	18	咸石土	E2141212	48
乌棕灰泥	G2130021	58	咸酸土	K1320011	83
乌棕砾黄土	B2111213	19	咸性土	E2141113	47
乌棕片砂土	B2141412	21	咸棕土	E1141111	46
乌棕山砂土	B2141212	21	乡城褐砂土	G1321525	54
巫山黄棕泥土	B1111511	16	香灰土田	L1161311	104
吴山青紫泥田	L1151129	103	缃黄土	G1101126	50
武都黄棕土	B1111416	16	襄阳岗黄土	B1221125	18
武山褐黄土	C2111124	28	祥云红胶泥田	L1122629	96
西昌红泥土	A1311329	7	祥云青泥田	L1141147	100
西昌黄红泥土	A1321312	9	硝碱潮土	H2161211	75
西峰黑垆土	D3210014	44	硝碱土	K1111213	81
西和褐黄土	C2131122	30	小粉泥田	L1131517	98
西华红粘土	G1220016	52	小粉田	L1131516	97
西平僵黄土	B1211111	17	小粉土	H2121111	71
西沙珊瑚砂	G1330011	55	小粉土田	L1131134	97
西山紫砂土	G2321311	60	小红砂土	A1321517	10
西乡白散泥田	L1161418	104	小红土	A1311418	8
西阳砂砾土	G2511313	63	小黄红土	A1321516	10
西中白散泥田	L1161216	104	小黄泥田	L1112516	91

表 B.2（续）

土种名称	代码	页	土种名称	代码	页
小金草毡砂土	M1111211	107	锈黑土	C3221121	35
小井砂灰土	C3311311	36	锈厚黄淤土	L2121116	106
小蒙金土	H2111428	70	锈黄黑土	C3221117	35
小土黄泥田	L1112631	92	锈灰灌甸土	H1121218	67
晓星马肝田	L1122811	96	锈胶泥田	L1131123	97
孝感潮砂土	H2121417	72	锈栗土	D2141111	42
肖家黄粘泥	A1311617	8	锈墡土田	L1111137	86
锌汞污染田	L1132911	99	锈缁泥土	J1140017	80
新宾暗黄土	B2111311	19	锈棕黑土	B3131111	23
新都大泥田	L1131128	97	徐闻黄砖土	A1121211	4
新都灰砂土	G1321526	54	徐闻砂质白鳝泥底田	L1161511	104
新合洼炭土	J1130014	79	宣威红紫砂土	G2311322	60
新华锈黑黄土	D1151115	39	宣州棕红土	A1331113	11
新化灰泥田	L1132211	99	雪山黄泥	A2111616	13
新建潮砂泥田	L1111127	86	血胶泥田	L1112225	89
新街泥砂褐燥土	C1111413	27	血泥田	L1132321	99
新金草炭土	J2111211	80	血泥土	G2311419	60
新津紫砂土	G1321524	54	血砂泥	G2311317	59
新宁紫砂泥	G2321312	60	血砂土	G2311217	59
新宁紫砂泥田	L1132312	99	浔江潮泥土	H2121522	73
新平砂燥土	C1121411	27	鸭屎黄泥田	L1142113	102
新平紫胶泥田	L1122331	95	鸭屎泥田	L1141615	101
新桥紫泥土	G2311413	60	雅安泛酸土	J1120015	79
新源淡灰褐黄土	C3131113	34	亚东棕麻砂土	B2111432	19
信阳青泥田	L1141132	100	鄢陵脱潮两合土	H2131216	73
信宜潮砂泥田	L1151221	103	延川壤黑垆	D3210012	44
信宜麻黄泥	A2111322	13	严桥黄砂土	B1111311	16
兴城潮砂土	H2111412	69	岩泥田	L1112111	89
兴城潮粘土	H2111612	71	岩泥土	A2111711	14
兴山紫泥土	G2321413	60	盐潮淤土	H2151115	74
兴义红砂泥	A1311514	8	盐池定沙土	G1521118	55
星子紫棕泥	G2311314	59	盐灌土	L2241112	107
邢台黄斑泥田	L1151211	103	盐黑土	H2231111	77
杏黄土	C2111211	28	盐化灌淤土	L2140000	106
修水棕麻砂土	A1331211	11	盐化寒钙土	M2140000	110
岫岩洼甸土	J1140014	79	盐化冷钙潮泥土	M2241111	111
锈暗麻砂土	B3131412	24	盐灰黄土	E2141213	48
锈暗麻土	B3131411	24	盐碱锈灰土	H1151314	68
锈暗泥砂土	B3131211	24	盐裂土	G1401111	55
锈暗山泥土	B3131312	24	盐磷珊瑚土	G2431111	62
锈暗山砂土	B3131212	24	盐绵土	G1101125	50
锈暗山粘土	B3131511	24	盐漠钙土	F1141212	48
锈肝泥田	L1132811	99	盐漠泥砂土	F2121111	49
锈黑石泥土	B3131311	24	盐青泥土	J1150014	80

表 B.2（续）

土种名称	代码	页	土种名称	代码	页
盐塘土	K1211212	82	永和粘黑垆土	D3220016	45
盐锈土	H2151222	75	永吉潜白馅土	B3231111	25
盐粘田	L1171211	104	永兴浅泥田	L1121915	94
羊脑髓土	C2121135	29	油白馅黄黑土	C3231112	35
羊午岭冷泥田	L1142312	102	油白馅土	B3211116	25
阳山红灰泥	G2110015	57	油潮褐黄土	C2141112	31
腰砾淤砂土	G1321521	54	油潮砂泥田	L1111143	86
腰泥甸砂土	H1111114	65	油潮淤土	H2111519	70
腰砂潮泥土	H2111549	71	油潮棕黄土	B2131112	21
腰砂潮淤土	H2111524	70	油大泥土	G2140012	58
腰砂甸淤土	H1111218	66	油大砂泥土	G2140017	58
腰砂两合土	H2111541	70	油甸黄土	H1111321	66
腰砂山根土	B2131216	21	油甸泥土	H1111317	66
腰砂小两合土	H2111542	70	油甸土	H1111217	66
腰砂淤土	H2111624	71	油黑甸淤土	H1111214	66
窑泥土	A2121212	14	油黑黄土	D1111117	36
页结粉田	L1132115	98	油黑泥砂土	D1111213	37
伊川潮壤土	C2141224	31	油黑土	C3211115	34
伊川潮粘土	C2141223	31	油黑土田	L1122913	96
仪陇黄砂土	A2111515	13	油红大土	A1311214	7
宜里黄甸黑土	C3221112	35	油红黄泥	G2130015	57
宜良红泥土	A1341411	11	油红泥	G2130014	57
宜良黄砂田	L1121121	92	油黄黑土	C3211119	34
宜良胶泥田	L1111316	87	油黄泥	G2130013	57
彝良小黄泥土	A2111717	14	油黄砂泥田	L1112515	91
弋阳红砂泥田	L1112312	90	油黄土	C3211122	34
易县立黄土	C2111111	27	油火性黑黄土	D1131123	38
益阳潮泥土	H2121518	73	油火性黑泥土	D1131311	38
益阳烂泥田	L1142215	102	油卤土	K1111114	81
银河青紫粘田	L1141714	101	油泥土田	L1131113	96
应城黄土	B1111413	16	油潜白馅土	B3231112	25
应城马肝泥田	L1112625	91	油砂甸土	H1111116	66
英德灰红土	A1311714	9	油砂田	L1111815	88
英山锈水田	L1142311	102	油砂土	G1311113	52
盈江麻砖土	A1121312	4	油墡绵土	G1101313	51
盈江青砂泥田	L1141148	100	油锈黑黄土	D1151121	39
硬磷珊瑚土	G2421111	62	油粘甸土	H1111314	66
硬绵土	G1101411	51	油粘甸淤土	H1111216	66
邕宁麻赤土	A1211319	5	油棕黄土	B2131113	21
邕宁浅紫泥田	L1122319	95	幼褐土	C2171211	32
邕宁酸紫泥土	G2311415	60	幼泥砂山黄土	A2141312	15
邕宁紫泥田	L1112222	89	幼棕砾泥土	B2141111	21
邕宁紫砂泥	L1112221	89	淤潮泥土	H2171211	76
永登栗土	D2111113	39	淤红泥	H2171311	76

表 B.2（续）

土种名称	代码	页	土种名称	代码	页
淤黄泥田	L1131124	97	粘白馅黄黑土	C3231113	35
淤绵土	G1101123	50	粘白馅土	B3211123	25
淤沫土	H2171111	75	粘白馅棕黄土	B2121112	20
淤泥土	H2121313	72	粘层新户土	L2121115	106
淤身两合土	H2111537	70	粘潮黄土	C2141215	31
淤滩土	G1321711	54	粘潮滩土	K1231211	83
淤粘土	L2111311	105	粘潮棕黄土	B2131114	21
于潜黄红泥土	A1321711	10	粘底淡丘泥土	H2111214	69
余庆潮砂泥土	H2121225	72	粘底二潮黄土	H2111556	71
鱼台浅潮粘田	L1121112	92	粘底岗两合土	H2131215	73
鱼台青潮粘田	L1141129	100	粘底河黄土	D3131114	44
鱼眼砂黄泥土	A2141113	15	粘底红黄泥	A1311117	7
榆林白盐砂	K1111116	81	粘底金黄土	C2131513	30
榆林湿潮砂土	H2141113	74	粘底两合土	H2111531	70
榆中灰白土	E2111113	46	粘底酥油土	L2211117	106
雨山棕灰泥	G2130023	58	粘甸淤土	H1111312	66
玉树火黑土	C3141112	34	粘钙红土	G1220012	52
御道口灰砂土	C3311411	36	粘盖灰鸭屎土	H2221211	77
元谋紫泥土	G2321318	60	粘寒甸盐土	K1521111	84
元阳赤黄砂泥土	A1221112	6	粘河黄土	D3131115	44
垣黄垆土	C2121115	29	粘黑甸土	H1111311	66
垣绵垆土	C2111113	27	粘黑垆土	D3220015	45
塬绵砂土	G1101213	51	粘红土	G1210015	51
塬绵土	G1101113	50	粘黄泥田	L1112419	90
远安酸紫砂	G2311312	59	粘黄泥土	C2141222	31
岳西青潮砂田	L1141126	100	粘灰灌土	L2221312	107
越州红泥	A1341111	11	粘灰锈土	H2431312	78
云浮崩岗麻赤土	A1231112	6	粘灰鸭屎土	H2221113	77
云浮崩岗页赤土	A1231213	6	粘金黄土	C2131515	30
云浮沟蚀页赤土	A1231212	6	粘烂泥田	L1141111	100
云浮片蚀麻赤土	A1231111	6	粘砾黑土	C3211211	35
云浮片蚀页赤土	A1231211	6	粘裂土	G1401211	55
云霄磺酸盐土	K1310011	83	粘垆土	C2111212	28
杂沙暗黄棕土	B1121211	16	粘卤盐土	K1211216	82
杂沙赤红土	A1211321	5	粘马肝土	B1221116	18
杂砂红土	A1311328	7	粘泥土	H2111311	69
杂砂黄红土	A1321421	10	粘山根土	B2131117	21
杂砂黄壤土	A2111323	13	粘身两合土	H2111511	70
杂砂砖红土	A1111414	3	粘身咸白土	H2151117	74
糟石土	C2171311	32	粘体岗两合土	H2131213	73
枣阳姜黑土	H2211115	76	粘涂	K1231217	83
燥红泥砂土	C1121111	27	粘心黄钙土	C2111313	28
燥砂漏田	L1121418	93	粘心黄沫土	H2111517	70
扎达淤砂土	L2111112	105	粘心火甸土	H1121113	66

表 B.2（续）

土种名称	代码	页	土种名称	代码	页
粘心金黄土	C2131514	30	中咸泥	H2151118	74
粘心两合土	H2111532	70	中硝二合土	H2151211	74
粘心两黄土	L2121111	106	中锈黑黄土	D1151111	38
粘性黄淤土	D3111212	43	中盐甸土	H1151111	68
粘性洼盐泥	K1131211	82	中盐面砂土	H2151119	74
粘锈暗麻砂土	B3131413	24	中盐漠钙土	F1141211	48
粘锈黑黄土	D1151113	39	忠和灰白土	E2111112	46
粘锈黄黑土	C3221118	35	重度苏打林甸土	H2321311	78
粘鸭屎土	H2211311	76	重反酸田	L1181116	107
粘淤田	L1121123	92	重碱潮土	H2161213	75
粘沼泥土	J1110011	79	重碱面砂土	H2161111	75
粘质黑甸土	M1221211	109	重卤洼土	J1150013	80
粘质冷棕甸土	M1131211	108	重马尿咸甸土	H1151311	68
粘砖土	A1111311	3	重松盐潮泥土	H2151217	75
粘棕黄土	B2111115	18	重苏打碱甸土	H1160011	68
粘棕土	G2130011	57	重瓦碱潮泥土	H2161218	75
湛江海洼泥	K1220012	82	重咸酸田	L1181115	105
湛江泥砂砖土	A1111511	3	重盐甸土	H1151113	68
湛江咸田	L1171215	105	舟枕黄筋泥	A1321112	9
张庆白咸土	K1111211	81	洲泥田	L1151219	103
彰武甸碱土	K2010012	84	珠珊砂泥土	H2121512	73
昭苏淡灰褐黄土	C3131112	34	砖红紫石骨土	G2331116	61
昭苏黑黄土	D1111125	37	砖黄泥胶园土	A1121511	4
昭通黄泥	A2111114	12	砖泥田	L1131711	98
镇江马肝土田	L1112614	91	浊棕土	F1161211	49
镇平黄泥田	L1112624	91	资兴浅麻砂泥田	L1121815	93
镇平灰石土	G2631115	65	资兴青麻砂泥田	L1141315	101
镇雄棕黄泥土	A2111716	14	紫潮泥土	H2121322	72
正安黄砂泥	A2141314	15	紫潮砂泥田	L1151218	103
郑郭湿潮粘土	H2141313	74	紫潮砂泥土	H2121223	72
志木山灰紫土	G2331312	61	紫大泥田	L1112211	89
中白鳝泥田	L1161113	104	紫黑灰泥	B4121211	26
中淡灰钙黄土	E2121112	47	紫黑汤土	B3111812	23
中度碱化黑黄土	D1170011	39	紫红香面土	A1311911	9
中度苏打盐化黑黄土	D1161111	39	紫湖砂泥土	H2121219	72
中钙石土	C2171512	33	紫黄砂泥土	A2111811	14
中红结土	G1220011	52	紫灰泡土	B1121611	17
中碱淤土	H2161311	75	紫灰汤土	B2111911	20
中卤甸黄土	H1151313	68	紫胶泥土	G2321418	61
中卤二合土	H2151113	74	紫泥肉田	L1112223	89
中绵黄土	D3121113	44	紫砂泥	G2321317	60
中沙硬砂土	D2131413	42	紫砂泥大土	G2331318	61
中位白馅土	B3211121	25	紫砂泥田	L1112213	89
中位淌白土	B2121115	20	紫石渣土	G2531311	64

表 B.2（续）

土种名称	代码	页	土种名称	代码	页
紫棕泥土	G2311315	59	棕砾砂土	B2141311	21
棕草毡泥土	M1131212	108	棕泥砂土	C3211213	35
棕大泥土	G2130031	58	棕泥田	L1121712	93
棕粉泥田	L1132512	99	棕泥土	G2521113	63
棕硅泥土	B3111412	22	棕糯红土	A1331122	11
棕黑泥砂土	D1111214	37	棕片砂土	B2141411	21
棕黑泡土	B2111813	20	棕砂黄泥	A1331119	11
棕黑汤泥	B3111713	23	棕砂黄土	B2111214	19
棕黑汤土	B3111712	23	棕砂泥土	B2111611	20
棕黑毡麻砂土	M1231112	109	棕砂土	H2111112	69
棕黑毡泥土	M1231211	109	棕山砂土	B2141211	21
棕黑毡紫泥土	M1231312	109	棕石碴土	B2111431	19
棕红大土	B1121113	16	棕石质冻土	M4100012	112
棕红泥砂土	G1231112	52	棕细泥土	B3111613	23
棕红泥田	L1112416	90	棕锈黑黄土	D1151118	39
棕黄碴土	B2141312	21	棕岩泥土	B3111711	23
棕黄筋泥	A1331111	11	棕堰土	B2111421	19
棕黄筋泥田	L1132511	99	棕粘黄土	B2111215	19
棕黄泥	A1331117	11	棕紫夹砂泥田	L1132317	99
棕黄泥砂土	G1231111	52	棕紫泥土	G2331419	62
棕黄砂土	B2111512	20	棕紫砂泥土	G2331315	61
棕灰灌土	L2221111	106	棕紫砂土	G2331213	61
棕灰泡泥	B1121512	17	棕紫石骨土	G2331114	61
棕灰泡土	B1121513	17	遵义白泥	A2121311	14
棕灰汤土	B2111814	20	遵义黄泥	A2111623	14
棕灰土	B2111811	20	遵义黄砂泥	A2111517	13
棕砾黑土	C3211215	35	遵义黄砂土	A2111416	13
棕砾黄土	B2111212	19	遵义浅黄泥田	L1122116	94

ICS 01.140.30
A 13

中华人民共和国国家标准

GB/T 17298—2009
代替 GB/T 17298—1998

国际贸易单证格式标准编制规则

Drafting rules of the standards for international trade document form

2009-11-15 发布　　2010-02-01 实施

中华人民共和国国家质量监督检验检疫总局
中国国家标准化管理委员会　发布

前　言

本标准代替 GB/T 17298—1998《单证标准编制规则》。

本标准与 GB/T 17298—1998 相比主要变化为：

——将原标准的名称《单证标准编制规则》修改为《国际贸易单证格式标准编制规则》；
——修改了标准的前言；
——增加了标准的引言；
——增加了规范性引用文件；
——修改了术语和定义；
——修改了“编制原则”；
——增加了第 5 章“基本要求”；
——修改了“单证标准组成基本要求”；
——取消了原标准中的附录 A“图文划分示意图”；
——修改了附录中“单证格式示例”的内容。

本标准的附录 A 为资料性附录。

本标准由全国电子业务标准化技术委员会提出并归口。

本标准由中国标准化研究院负责起草。

本标准主要起草人：胡涵景、孟朱明、王凌云、刘颖、张荫芬、熊虹艳、陈兵。

本标准于 1998 年 10 月首次发布，本次为第一次修订。

引　言

国际贸易是当今世界最大的经济活动。国际贸易单证是国际贸易中的重要组成部分。根据联合国贸发会的统计，国际贸易单证费用占国际贸易总额的8%。国际贸易单证标准化主要是指单证格式和所记录数据的标准化。1982年联合国贸易简化委员会正式向联合国各成员国推荐使用“联合国贸易单证样式”。1985年ISO将它采纳为国际标准，即ISO 6422《贸易单证样式》。联合国贸易简化委员会在随后几年又相继推出了若干项有关国际贸易单证的国际标准，这些标准均以ISO 6422《贸易单证样式》为基准。

为了与国际惯例接轨，我国在1998年制定了GB/T 17298—1998《单证标准编制规则》国家标准。该标准自发布以来，对规范我国国际贸易单证格式，促进和规范国际贸易起到了非常重要的作用。但是，随着近年来我国国际贸易的发展，我国对国际贸易单证格式的相应标准做了修改，因此相应的国际贸易单证格式标准的编制规则也需要做相应的修改。本次修订主要考虑国际贸易惯例和我国国际贸易的实际情况，并依据GB/T 14392—2009《国际贸易单证样式》、GB/T 14393—2008《贸易单证中代码的位置》、GB/T 16832—1997《格式设计　基本样式》、GB/T 15191—1997《贸易数据元目录　标准数据元》，以及GB/T 1.1—2000的编写要求制定。

本标准为用户起草和制定国际贸易单证格式标准提供了准则和指南。

国际贸易单证格式标准编制规则

1 范围

本标准规定了国际贸易单证格式标准的编制原则和基本要求。

本标准适用于国际贸易单证格式标准的编制。

2 规范性引用文件

下列文件中的条款通过本标准的引用而成为本标准的条款。凡是注日期的引用文件，其随后所有的修改单(不包括勘误的内容)或修订版均不适用于本标准，然而，鼓励根据本标准达成协议的各方研究是否可使用这些文件的最新版本。凡是不注日期的引用文件，其最新版本适用于本标准。

GB/T 1.1 标准化工作导则 第1部分：标准的结构和编写规则

GB/T 3910 办公机器和数据处理设备 行间距和字符间距

GB/T 14392 国际贸易单证样式(GB/T 14392—2009,ISO 6422:1985,MOD)

GB/T 14393 贸易单证中代码的位置(GB/T 14393—2008,ISO 8440:1986,IDT)

GB/T 15191 贸易数据元目录 标准数据元(GB/T 15191—1997,idt ISO 7372:1993)

GB/T 16832 格式设计 基本样式(GB/T 16832—1997,idt ISO 8439:1990)

ISO 216 书写纸张和印刷品等级 实际大小A系列和B系列

ISO 3535 表格设计和样式图

3 术语和定义

下列术语和定义适用于本标准。

3.1

A型纸张规格 A-sizes

在ISO 216中规定的一系列实际纸张的规格。

注：实际纸张的长边和短边之间的比例关系为1.414：1.000。

[GB/T 14392—2009,定义3.1]

3.2

地址栏 address field

为姓名和/或地址保留的一个格式或信封区域。

[GB/T 14392—2009,定义3.2]

3.3

字符 character

供组织、控制或表示数据的元素集合中的一个元素。

[GB/T 14392—2009,定义3.3]

3.4

字符间距 character spacing

同行相邻字符对应垂直中心线之间的距离。

注：办公计算机一格的宽度。

[GB/T 14392—2009,定义3.4]

3.5

代码框　code box

数据栏中为代码型数据项指定的区域。

[GB/T 14393—2008,定义 2.1]

3.6

代码型数据项　coded data entry

用代码表示的一条数据。

[GB/T 14393—2008,定义 2.2]

3.7

列　column

以竖直序列表示数据记录的区域。

[GB/T 14392—2009,定义 3.7]

3.8

数据　data

信息的可重复解释的形式化表示,以适用于通信、解释或处理。

[GB/T 14392—2009,定义 3.8]

3.9

数据载体　data carrier

为存储和/或传输数据指定的数据媒介。

[GB/T 14393—2008,定义 2.3]

3.10

数据项　data entry

数据载体中所输入的数据。

[GB/T 14393—2008,定义 2.4]

3.11

数据栏　data field

为特定数据项指定的区域。

[GB/T 14393—2008,定义 2.5]

3.12

描述性数据项　descriptive data entry

用普通语言以完整或缩略形式表示的数据项。

[GB/T 14393—2008,定义 2.6]

3.13

单证　document

一种数据载体及其所记录的数据,通常具有永久性并可为人或机器读取。

[GB/T 14393—2008,定义 2.7]

3.14

单证代码　document code

以代码形式表示的单证标识符。

[GB/T 14393—2008,定义 2.8]

3.15

单证标识符　document identifier

规定了单证功能的文本或代码。

[GB/T 14393—2008,定义 2.9]

3.16

单证名称　document name

以普通语言形式描述的单证标题。

[GB/T 14393—2008,定义 2.10]

3.17

栏目代码　field code

以代码形式表示的栏目标识符。

[GB/T 14393—2008,定义 2.11]

3.18

栏目标题　field heading

用普通语言以完整或缩略形式表示的栏目标识符。

[GB/T 14393—2008,定义 2.12]

3.19

栏目标识符　field identifier

在数据栏中规定了该数据属性的文本或代码。

[GB/T 14393—2008,定义 2.13]

3.20

格式　form

为传送数据项的可视化记录而指定的一种数据载体。

[GB/T 14393—2008,定义 2.14]

3.21

格式设计单　forms design sheet

样式表的一种应用,在含有边缘指示符和指出印刷规则位置网线的格式设计中该样式表准备用来帮助取代这些规则和预印刷。

[GB/T 14392—2009,定义 3.21]

3.22

纸夹空白区　gripper margin

印刷机或复印机为纸夹留出的与格式的一边平行的空白区。

[GB/T 14392—2009,定义 3.22]

3.23

图文区　image area

一个预先确定的区域,在该区域内能够进行信息的复制、储存或传输。

[GB/T 14392—2009,定义 3.23]

3.24

ISO 的纸张规格　ISO-sizes

在 ISO 216 规定的纸张规格。

[GB/T 14392—2009,定义 3.24]

3.25

样式表　layout chart

配有标尺以及其他指示器的一张表,标尺和指示器与通常的办公和数据处理中使用的主要字符印刷机特征一致。

[GB/T 14392—2009,定义 3.25]

3.26

样式 layout key

一种形式文件，以集成方法为文件中展现某些表述预先定义指定空间。

[GB/T 14392—2009，定义 3.26]

3.27

行距 line spacing

相邻的两行基线之间的距离。

[GB/T 14392—2009，定义 3.27]

3.28

空白区 margin

格式的一边和其相邻图象区之间的距离。

[GB/T 14392—2009，定义 3.28]

3.29

主单证 master

为制作其他单证而准备的一个单证，其他单证可通过对该单证完整或部分数据进行复制或复印而获得。

[GB/T 14392—2009，定义 3.29]

3.30

一对多复制方法 one-run method

把记录在主单证上的所有或部分信息传输到构成一个或多个配套格式上所进行的复制处理。

[GB/T 14392—2009，定义 3.30]

3.31

序号数据项 ordinal data entry

用于对一个单证或一个数据项进行标识或分类和排序，而不进行数量计算的数据条目。

[GB/T 14393—2008，定义 2.15]

3.32

数量数据项 quantitative data entry

用来作为数量计算的数字型数据项。

[GB/T 14393—2008，定义 2.16]

3.33

顶部空白区 top margin

格式上部的空白区。

[GB/T 14392—2009，定义 3.33]

3.34

实际尺寸 trimmed size

一张纸的实际规格。

[GB/T 14392—2009，定义 3.34]

4 编制原则

4.1 在编制国际贸易单证格式标准时应符合 GB/T 1.1、GB/T 14392、GB/T 15191、GB/T 16832 的规定，所使用的代码与现行国家标准或国际标准一致。

4.2 单证栏目设置应简洁明了，避免冗余数据元的出现，并使用与现有国际贸易单证格式标准相同的数据元描述。

4.3 单证格式标准应能广泛适用于相关领域的业务管理需要。所设计的单证应能满足数据自动处理的需要。

5 基本要求

5.1 纸张要求

应给出单证纸张规格要求，包括单证用纸的定量、质量和尺寸(以 mm 表示)，通常纸张规格为 ISO 216 中规定的 A4 型纸：210 mm×297 mm。

5.2 图文区尺寸

图文区的尺寸应遵循 GB/T 14392 的规定。有效图文区为：183 mm×280 mm。页边空白的宽度符合 ISO 3535 附录中的规定，它们分别为：

左边(装订)空白 20 mm±0.5 mm

顶边(纸夹)空白 10 mm±0.5 mm

行和位置的宽度值应优先选用 GB/T 3910 中规定的行间距和字符间距。字符间距等于汉字(含全角字符)间距的二分之一。

5.3 单证颜色

应给出单证纸张和字体颜色的说明。如果是一式多联单证，则应给出每联单证纸张和字体的颜色说明及作用。

5.4 字符表示法

在单证标准中如果涉及以字母或数字表示单证中数据元的某些属性时，应使用下列字符表示的缩写形式：

a=字母字符；

n=数字字符；

an=字母和数字字符；

3=定长 3 个字符；

..=不定长的数据单位；

..17=最多可用 17 个字符位置的不定长的数据单位；

..35×5=最多可占用 5 行，每行最多 35 个字符的不定长的数据单位；

..35×n=每行 1～35 个字符，不确定行数的不定长的数据单位；

an5(aannn)=定长 5 个字母数字字符，前 2 个为字母字符，后 3 个为数字字符不间断排列；

an5(aa-nn)=定长 5 个字母数字字符，由两个小单元组成，中间用“-”连字符连接；

n7(n,nnn,nnn)=定长 7 个数字字符，由三个小单元组成，不间断，各单元之间用逗号“,”分隔；

(n2)a3=2 个数字字符表示的另一数据元在前，后跟定长 3 个字母字符。

示例 1：L=行，后接行号。图文区上边线下第一行行号为 1，第二行行号为 2，其他行行号依此类推；

示例 2：P=位置，后接位置号。图文区左边线右边第一个位置的位置号为 1，第 2 个位置的位置号为 2，其他位置号依此类推。

5.5 文字与字体字号

应对单证格式中所使用的文字进行规定，通常为中文或中英文对照。并对单证中涉及的各类不同字体及相应字号给出说明。

5.6 单证名称

单证名称应印制在格式最上方中间，包括单证的中英文名称。参见图 A.1。

5.7 数据元说明

5.7.1 说明

对该数据元的定义及详细解释的文字说明。

5.7.2 区域

按 5.4 规定的字符表示法表示数据元的字符类型和所占的长度。

5.7.3 表示

按 5.4 中规定的字符表示法表示数据元的字符类型和所在位置。

5.8 数据元的代码表示

对于用代码表示的数据元应采用现有的国家代码标准或国际代码标准。在填写代码时应符合 GB/T 14393 对于单证中代码标识的位置、栏目代码标识的位置以及代码型数据项的位置的要求。

5.9 其他

在上述说明中无法表达的条目可列入本条或另立章条。

6 单证格式示例

附录 A 给出了国际贸易装箱单的格式，供编制国际贸易单证格式标准参考。

附 录 A
（资料性附录）
国际贸易单证格式标准示例

A.1 编制单证格式标准的步骤

编制单证格式标准按下列步骤进行：

a) 按 GB/T 1.1 要求，给出标准规定的内容和适用范围；
b) 按 GB/T 1.1 要求，给出编制该标准所依据的规范性引用文件；
c) 按 1∶1 的比例给出单证格式，参见图 A.1；
d) 规定单证的纸张规格和图文区，以及单证颜色；
e) 规定单证的字符表示法，以及文字和字体字号；
f) 给出单证名称和相应位置；
g) 给出单证格式中各项栏目说明。

A.2 单证格式示例

国际贸易装箱单参见图 A.1。

国际贸易装箱单

International Trade Packing list

<table>
<tr><td colspan="2">1 出口商 Exporter</td><td colspan="3">3 装箱单日期 Packing list date</td></tr>
<tr><td colspan="2" rowspan="2">2 进口商(收货人) Importer (Consignee)</td><td colspan="3">4 合同号 Contract No.</td></tr>
<tr><td colspan="3">5 发票号和日期 Invoice No. and Date</td></tr>
<tr><td>6 运输标志和集装箱号码
Shipping marks; Container No.</td><td colspan="2">7 包装类型及件数;商品名称
Number and kind of packages; Commodity name</td><td>8 毛重 kg
Gross weight</td><td>9 体积 m³
Cube</td></tr>
<tr><td colspan="5">自由处置区
Free disposal</td></tr>
<tr><td colspan="2"></td><td colspan="3">10 出口商签章
Exporter stamp and signature</td></tr>
</table>

图 A.1 国际贸易装箱单

参 考 文 献

［1］ GB/T 14392—2009 国际贸易单证样式
［2］ GB/T 14393—2008 贸易单证中代码的位置
［3］ ISO 6422 贸易单证样式
［4］ 联合国贸易单证样式(UNLK)

ICS 35.240.50
L 67

中华人民共和国国家标准

GB/T 17304—2009
代替 GB/T 17304—1998

CAD 通用技术规范

Specification for CAD general technology

2009-05-06 发布　　2009-11-01 实施

中华人民共和国国家质量监督检验检疫总局
中国国家标准化管理委员会　发布

前　言

本标准代替 GB/T 17304—1998《CAD 通用技术规范》。本标准与 GB/T 17304—1998 相比主要变化如下：

——修改了前言；

——增加了引言；

——按照 GB/T 1.1—2000 的要求对第 2 章进行了修改；

——将 GB/T 17304—1998 中的第 3 章和第 4 章合并成第 3 章；

——修改了 5.2.3 中的内容；

——修改了 5.4.3 中的内容；

——修改了 5.6.1.3 中的内容；

——修改了 5.6.2.3 中的内容；

——修改了附录 B 中 B.5 的内容；

——修改了附录 B 中 B.6 的内容；

——修改了附录 C 中的内容。

本标准的附录 A、附录 B、附录 C 是资料性附录。

本标准由中国标准化研究院提出。

本标准由中国标准化研究院归口。

本标准起草单位：中国标准化研究院、机械科学研究总院。

本标准主要起草人：李文武、詹俊峰、周歆华、杨东拜、王平。

本标准所代替标准的历次版本发布情况为：

——GB/T 17304—1998。

引　言

CAD 技术的发展，倍受重视，"八五"期间，原国家科委工业司和国家技术监督局标准化司，为了对我国的 CAD 技术推广应用加强标准化管理和指导作用，颁布了指导性文件《CAD 通用技术规范》。

"九五"初期，原国家技术监督局决定在《CAD 通用技术规范》指导性文件的基础上制定相应的国家标准。通过专家论证，决定该标准的名称仍然采用该指导性文件的名称，标准的主要内容以原《CAD 通用技术规范》为基础，但是删去有关技术说明的内容。标准的编制按照 GB/T 1.1 规定的原则，在技术内容方面也有些变动。

目前随着软件 Unigraphics（UG）、AutoCAD、MDT（MechanicalDesktop）、SolidWorks 的普遍应用，CAD 技术发展有如下趋势：

a）基于 32/64 位微机的 Windows 操作系统平台的 CAD 系统倍受欢迎，如 Pro/E、I-DEAS、CADD55 等运行于工作站的软件也纷纷推出微机版。

b）二维绘图与三维实体建模一体化，基于特征的参数化设计软件应当是 CAD 系统的主要功能要求。同时要求 CAD 与 CAPP、CAM、CAE 信息集成，提供符合 IGES、STEP 标准的产品信息模型。目前还有一些其他的三维图形支持标准，如 PEX 和 OPENGL 等也很受重视。

c）基于 Windows/Objects/Wcb 的技术解决方案是当前 CAD 软件的一个重要特点，也就是要求 CAD 软件能在网络环境下支持协同设计、异地设计和信息共享。

d）支持并行设计的产品数字管理(PDM)一体化集成。

e）CAD 系统的智能化、可视化和标准化。

本标准正是基于不断发展的需要而提出修订的。

本标准规定了 CAD 软件开发、技术应用以及一致性测试的标准化范围和应采用的标准。所以本标准的主要内容分为三个部分：

——CAD 软件开发；

——CAD 技术应用；

——CAD 一致性测试。

这三个部分应执行的标准中有重叠的情况，但是标准的使用方对标准所关心的角度是不同的。如企业关心 CAD 软件绘制图样是否符合国家技术制图标准，而开发人员则主要关注在每一个技术细节如何实现标准的要求。所以，本标准不同的部分中会重复出现相同内容，但在每部分的应用说明中将对其应用的侧重点加以说明。

由于本标准的特殊性，在其内容中列出了大量与 CAD 有关的国家标准和国际标准。这些标准在国家质量监督检验检疫总局所属的国家标准馆都能查到。

CAD 通用技术规范

1 范围

本标准规定了CAD通用技术的标准化内容及实现CAD通用技术应采用的标准。

本标准适用于CAD软件开发、产品设计的CAD技术应用及CAD一致性测试,也可供其他相关领域参考使用。

2 规范性引用文件

下列文件中的条款通过本标准的引用而成为本标准的条款。凡是注日期的引用文件,其随后所有的修改单(不包括勘误的内容)或修订版均不适用于本标准,然而,鼓励根据本标准达成协议的各方研究是否可使用这些文件的最新版本。凡是不注日期的引用文件,其最新版本适用于本标准。

GB/T 13016 标准体系表编制原则和要求

3 术语、定义和缩略语

3.1 术语和定义

下列术语和定义适用于本标准。

3.1.1

一致性测试 conformance testing

按照标准所规定的具体特性对待测产品的测试,以便确定该产品作为一致性实现的一致程度。

[GB/T 16656.31—1997]

3.1.2

零件库 parts library

被标识的数据集和程序,它可生成零件集的信息。

[GB/T 17645.1—2008]

3.1.3

产品数据表达与交换 product data representation and exchange

在产品数据技术中关于产品信息的形式化描述和数据交换。

注:"产品数据表达与交换"是ISO 10303的正式名称。我国与之相对应的标准号是GB/T 16656。该标准有一个使用广泛但是非正式的名称:产品模型数据交换标准 Standard for the Exchange of Product Model Data (STEP)

3.2 缩略语

下列缩略语适用于本标准。

CAD:计算机辅助设计 Computer Aided Design

CAx:计算机辅助工具 Computer Aided Tools

PLIB:零件库 Parts Library

STEP:产品模型数据交换标准 Standard for the Exchange of Product Model Data

4 概述

本标准包含三部分内容,即CAD软件开发、CAD技术应用和CAD一致性测试。为了便于说明、理解、引用和采用本标准,对上述各个部分中的标准采用了统一的叙述方式,由以下几方面组成:

——目的

说明该标准的标准化对象和目标。

——范围

详细说明该标准的适用对象和使用范围。

——采用标准

该标准需要采用的有关标准名称列表。

——应用说明

对采用该标准时有关规定的说明和补充解释。

5 CAD 软件开发

本章规定 CAD 软件开发应采用的技术标准。

在 CAD 软件开发项目立项的同时，应确定该项目需要符合的标准，包括所开发的软件本身应符合的技术标准，以及在软件开发时为确保软件质量而应符合的标准。

5.1 计算机图形系统标准

5.1.1 目的

计算机图形系统的开发应标准化，为应用程序提供标准的图形支撑环境。

5.1.2 范围

适用于图形数据的管理、存储和输入输出，包括计算机图形系统参考模型、图形系统、图形系统语言联编、图形元文件格式和图形接口。

5.1.3 采用的标准

5.1.3.1 参考模型

ISO/IEC 11072 信息技术 计算机图形 计算机图形参考模型。

5.1.3.2 图形系统

GB/T 9544 信息处理系统 计算机图形 图形核心系统(GKS)的功能描述；

GJB 3095 信息处理系统 计算机图形 三维图形核心系数。

注：图形系统又称为应用编程接口(API)，它提供应用程序和图形输入、输出设备间的功能接口。GB/T 9544 规定二维图形系统，GJB 3095 和 ISO/IEC 9592 规定三维图形系统。

5.1.3.3 语言联编

ISO 8651 信息处理系统 计算机图形 图形核心系统(GKS)语言联编；

ISO/IEC 8806 信息技术 计算机图形 三维图形核心系统(GKS-3D)语言联编；

ISO/IEC 9593 信息处理系统 计算机图形 程序员层次交互式图形系统(PHIGS)语言联编。

5.1.3.4 图形元文件

GB/T 15121 信息技术 计算机图形 存储和传送图片描述信息的元文卷。

5.1.3.5 图形接口

GB/T 17192 信息技术 计算机图形与图形设备会话的接口技术(CGI)功能说明。

5.1.4 应用说明

计算机图形系统开发所使用的标准为 GKS 标准、IGES 标准、PHIGS 标准、OpenGL 标准和 VRML 标准。

5.2 CAD 技术制图标准

5.2.1 目的

CAD 环境下的技术制图应标准化。

5.2.2 范围

适用于 CAD 软件的绘图工具开发，包括机械、建筑、电气等不同专业在 CAD 环境下工程制图中的图样画法、尺寸注法、图形符号、精度的表示以及相关的简化画法和简化注法等。

5.2.3 采用的标准

GB/T 18229 CAD工程制图规则；

GB/T 14665 机械工程 CAD制图规则；

GB/T 18135 电气工程CAD制图规则；

GB/T 15751 技术产品文件 计算机辅助设计与制图 词汇；

GB/T 18594 技术产品文件 字体 拉丁字母、数字和符号的CAD字体；

GB/T 18686 技术制图 CAD系统用图线的表示。

5.2.4 应用说明

CAD系统的开发应确保系统提供的制图功能符合相关专业的技术制图标准和图形符号标准，而且还应符合我国针对计算机环境下的工程制图制定发布的CAD技术制图标准。当原来的手工制图标准的内容与所列的CAD技术制图标准的内容不一致时，应该以CAD技术制图标准为准。而对于由三维投影得到的制图标准的内容与所列的CAD技术制图标准的内容不一致时，应考虑在不影响理解的基础上，应用单位自行定制相关标准。

5.3 产品数据技术标准

5.3.1 目的

CAD系统的产品数据应标准化，以解决CAD数据(产品数据)的合理存储和交换。

5.3.2 范围

适用于CAD数据的应用协议(交换接口)、零件库和EDA描述等。

5.3.3 采用的标准

5.3.3.1 **CAD数据表达与交换标准**

GB/T 16656 工业自动化系统与集成 产品数据表达与交换；

GB/T 14213 初始图形交换规范，采用ANS US PRO/IPO-100-1998 Initial Graphics Exchange Specification (IGES 6.0)；

ISO/PAS 16739 工业基础类平台规范(IFC2x平台)。

5.3.3.2 零件库标准

GB/T 17645 工业自动化系统与集成 零件库。

5.3.3.3 **EDA描述语言标准**

IEC 61691-5 超高速集成电路硬件描述语言(VHDL 语言)；

ANSI/EIA 618 电子设计交换格式(EDIF)，版本400；

SJ 20776 印刷电路板版图数据格式Gerber；

ANSI/IPC 2581 制造描述数据和转换方法的印制板装配产品的一般要求。

5.3.4 应用说明

CAD数据交换开发可采用GB/T 16656。由于国家标准的制定和修订需要时间，开发者应注意ISO 10303中未制定为我国国家标准的部分(参见附录C)。

电子行业的设计自动化系统开发中，超高速集成电路硬件描述语言采用IEC 61691-5标准，集成电路的设计与制造采用ANSI/EIA 618(EDIF)标准。

5.4 **CAD文件管理和存档标准**

5.4.1 目的

CAD文件管理和存档系统开发应标准化。

5.4.2 范围

适用于CAD设计过程的文件管理软件及CAD电子文件存档管理用的存储软件开发。

5.4.3 采用的标准

GB/T 17825(所有部分) CAD 文件管理；

GB/T 17678 CAD 电子文件光盘存储、归档与档案管理要求；

GB/T 17679 CAD 电子文件光盘存储归档一致性测试。

5.4.4 应用说明

CAD 文件管理系统或产品数据管理系统应符合我国 CAD 文件管理系列标准。CAD 电子文件存档的存储系统应符合我国 CAD 电子文件存储、归档的相关标准。除符合以上规定外，还应符合我国档案管理的有关法律法规。

5.5 其他标准

5.5.1 术语标准

5.5.1.1 目的

CAD 软件开发中术语应标准化。

5.5.1.2 范围

适用于 CAD 软件系统界面开发、软件的文档编制，包括计算机图形术语、CAD 技术制图术语、产品数据技术术语、CAD 文件管理和存档术语、CAD 一致性测试术语。

5.5.1.3 采用的标准

GB/T 5271.13 信息技术 词汇 第 13 部分：计算机图形；

GB/T 15751 技术产品文件 计算机辅助设计与制图 词汇；

GB/T 11457 信息技术 软件工程术语。

5.5.1.4 应用说明

CAD 系统的开发和标准化应符合相应的术语标准。在上述所列的标准中不能覆盖 CAD 技术的所有术语，其他术语应该参照 CAD 技术的具体标准中的术语定义。

5.5.2 **CAD** 系统汉字标准

5.5.2.1 目的

CAD 汉字系统开发应标准化。

5.5.2.2 范围

适用于 CAD 系统汉字，范围包括汉字编码字符集、CAD 汉字技术中不同字体的字模集和数据集。

5.5.2.3 采用的标准

GB/T 1988 信息技术 信息交换用七位编码字符集；

GB 2312 信息交换用汉字编码字符集 基本集；

GB/T 2311 信息技术 字符代码结构与扩充技术；

GB/T 7589 信息交换用汉字编码字符集 第二辅助集；

GB/T 7590 信息交换用汉字编码字符集 第四辅助集；

GB 13000.1 信息技术 通用多八位编码字符集(UCS) 第一部分：体系结构与基本多文种平面。

5.5.2.4 应用说明

CAD 汉字系统的编码字符集应符合采用的信息交换用汉字编码字符集系列(基本集和辅助集)或符合多八位编码字符集标准 GB 13000.1。CAD 制图用的点阵汉字和矢量汉字的字模集、数据集应符合 5.5.2.3。

5.6 相关标准

5.6.1 软件质量标准

5.6.1.1 目的

CAD 软件开发的质量保证应标准化。

5.6.1.2 范围

适用于CAD软件各单元技术的开发,包括软件工程标准和质量保证体系等。

5.6.1.3 采用的标准

GB/T 11457 信息技术 软件工程术语;

GB/T 16260 软件工程 产品质量;

GB/T 18905 软件工程 产品评价;

GB/T 19668.5 信息化工程监理规范 第5部分:软件工程监理规范;

GB/T 20917 软件工程 软件测量过程;

GB/Z 18914 信息技术 软件工程CASE工具的采用指南;

GB/Z 20156 软件工程 软件生存周期过程 用于项目管理的指南;

GB/T 8566 信息技术 软件生存周期过程;

GB/T 8567 计算机软件文档编制规范;

GB/T 9385 计算机软件需求规格说明规范;

GB/T 9386 计算机软件测试文档编制规范;

GB/T 19000 质量管理体系 基础和术语。

5.6.1.4 应用说明

CAD软件产品开发过程应符合软件工程标准的有关文件编制、测试及质量保证等标准的规定和要求。CAD软件开发企业建立质量保证体系应符合GB/T 19003。CAD系统开发的相关标准还应包括数据库标准、数据安全标准、网络标准,以及信息技术的其他标准。由于这些标准不是CAD技术本身的标准,所以在本标准中没有列出。

5.6.2 信息分类编码标准

5.6.2.1 目的

CAD和CAE技术开发中的信息分类编码应标准化。

5.6.2.2 范围

适用于CAD、CAE技术开发中的零件、图样、工艺特征等分类编码。

5.6.2.3 采用的标准

GB/T 20001.3 标准编写规则 第3部分:信息分类编码;

GB/T 20529.1 企业信息分类编码导则 第1部分:原则与方法;

GB/T 7027 信息分类和编码的基本原则与方法。

5.6.2.4 应用说明

信息分类的基本原则应符合GB/T 7027。

6 CAD技术应用

本章规定在配置、扩充CAD系统,以及在应用CAD系统进行产品设计时应采用的标准。各行业应根据本身的特点,面向应用单位制定CAD标准体系、相应的技术规范、CAD系统的采购规范等。在采购规范中应规定在采购合同中需要明确的CAD系统应符合的标准。

6.1 CAD技术制图标准

6.1.1 目的

采用CAD技术进行产品或工程设计的制图应标准化。

6.1.2 范围

适用于产品或工程设计在CAD环境下的技术制图,包括图样画法、尺寸注法、图形符号等,以及相关的简化画法和简化注法等。

6.1.3 采用的标准

与5.2.3相同。

6.1.4 应用说明

在配置CAD系统时，应针对产品设计的不同专业（如机械、电气、建筑）保证CAD系统符合相应的技术制图和工程制图标准。CAD技术制图除应符合本标准外，还应符合各专业的制图标准，如机械制图标准、建筑制图标准、电气制图标准等行业标准和图形符号标准。

6.2 产品数据技术标准

6.2.1 目的

CAD应用中产品数据应标准化。

6.2.2 范围

适用于CAD应用中不同系统之间的数据交换、CAD零件库的建立和应用等，包括CAD数据交换接口、零件库和EDA描述语言等。

6.2.3 采用的标准

6.2.3.1 **CAD数据表达与交换标准**

与5.3.3.1相同。

6.2.3.2 零件库标准

与5.3.3.2相同。

6.2.3.3 **EDA描述语言标准**

与5.3.3.3相同。

6.2.4 应用说明

当应用单位在配置或扩充CAD系统时，如遇到需要在不同的CAD系统之间进行数据交换的情况，则应考虑为系统配置符合标准的接口。配置CAD数据交换可采用符合GB/T 16656的接口。

零件库的建立应该符合GB/T 10091.1。符合上述标准的零件库可用于产品设计，也可用于产品设计过程的标准化管理、零件系列化管理和库存管理。

对于电子行业中的CAD系统配置、超高速集成电路硬件描述语言应符合ANSI/IEEE Std 1076（VHDL）标准，集成电路的设计与制造的接口应符合ANSI/EIA 618（EDIF）标准。对于三维CAD、CAD数据交换接口应遵循如下标准：STEP203，STEP214，PARASOLID等。

6.3 **CAD电子文档和存档标准**

6.3.1 目的

CAD技术应用中的电子文档和电子文件存档应标准化。

6.3.2 范围

适用于CAD设计过程的文件管理、电子文件存档过程的管理和存储系统的信息组织结构。

6.3.3 采用的标准

与5.4.3相同。

6.3.4 应用说明

配置CAD文件管理系统或产品数据管理系统及CAD设计过程中的文件管理应符合我国CAD文件管理系列标准。配置CAD文件存档的存储系统及CAD文件的存档、管理应符合我国CAD电子文件存储、归档与档案管理要求标准外，还应符合我国有关档案管理的法律法规。

6.4 其他标准

6.4.1 **CAD系统汉字标准**

6.4.1.1 目的

CAD技术实现的汉字系统应标准化。

6.4.1.2 范围

适用于CAD汉字系统选用,包括汉字编码字符集、不同字体的字模集和数据集。

6.4.1.3 采用的标准

与5.5.2.3相同。

6.4.1.4 应用说明

CAD技术应用的汉字系统配置,编码字符集应符合上述所列的信息交换用汉字编码字符集系列(基本集和辅助集),或符合多八位编码字符集标准GB 13000.1。

6.5 相关标准

6.5.1 信息分类编码标准

6.5.1.1 目的

CAD、CAE应用的信息分类编码实行标准化。

6.5.1.2 范围

适用于企业产品设计CAD和CAE技术应用中的零件、图样、工艺特征等分类编码。

6.5.1.3 采用的标准

与5.6.2.3相同。

6.5.1.4 应用说明

企业的CAD技术应用信息分类编码的基本原则和方法应符合GB/T 20001.3。由于不同企业的产品的多样性,一个企业的产品编码可以根据自身特点在不违背GB/T 7027原则的前提下可采用自己的编码体系。

7 一致性测试

本章规定CAD标准实现的一致性测试应采用的标准。

7.1 基本原则和方法标准

7.1.1 目的

为确定所测试的实现是否与有关应用协议所陈述的要求相一致,应采用标准化测试。

7.1.2 范围

适用于一致性测试的基本概念、测试套件开发的原则、建立测试服务系统方法、对测试实验室和委托人的要求等。

7.1.3 采用的标准

GB/T 16656.31 工业自动化系统与集成 产品数据表达与交换 第31部分:一致性测试方法论与框架:基本概念;

GB/T 16656.32 工业自动化系统与集成 产品数据表达与交换 第32部分:一致性测试方法论与框架:对测试实验室和客户的要求;

GB/T 16656.34 工业自动化系统与集成 产品数据表达与交换 第34部分:一致性测试方法论与框架:应用协议实现的抽象测试方法。

7.1.4 应用说明

成立CAD一致性测试实验室,开发一致性测试套件,针对CAD技术制图、产品数据技术、CAD汉字技术、CAD存储系统等开展一致性测试,其基本原则和方法应符合上述所列的标准。

7.2 CAD技术制图标准

7.2.1 目的

测试CAD系统实现与技术制图标准的一致性。

7.2.2 范围

适用于机械、建筑、电气等专业CAD技术制图。

7.2.3 采用的标准

与5.2.3和7.1.3所列的标准相同。

7.2.4 应用说明

CAD技术制图标准实现的一致性测试应分为机械、建筑、电气等专业分别进行。测试实验室还应补充开发与测试内容相对应的一致性测试套件。

7.3 产品数据技术标准

7.3.1 目的

测试产品数据技术标准实现的一致性。

7.3.2 范围

适用于CAD数据交换接口、零件库系统、EDA描述语言的一致性测试。

7.3.3 采用的标准

7.3.3.1 CAD数据表达与交换标准

与5.3.3.1和7.1.3所列的标准相同。

7.3.3.2 零件库标准

与5.3.3.2和7.1.3所列的标准相同。

7.3.3.3 EDA描述语言标准

与5.3.3.3和7.1.3所列的标准相同。

7.3.4 应用说明

对应本条列出的所有产品数据技术标准,测试实验室还应补充开发相应的测试套件。对于CAD数据表达与交换标准,测试实验室应注意国家标准中或国际标准中已经开发的一致性测试基础标准和一致性测试套件标准,而且还应注意积极采用这些标准。

7.4 CAD汉字系统标准

7.4.1 目的

测试CAD汉字系统的一致性。

7.4.2 范围

适用于测试CAD汉字系统的编码、不同字体的字模集和数据集。

7.4.3 采用的标准

与5.5.2.3和7.1.3所列的标准相同。

7.4.4 应用说明

测试实验室应针对不同的汉字标准开发相应的一致性测试套件。

7.5 CAD文件存储系统标准

7.5.1 目的

测试CAD文件存储系统标准实现的一致性。

7.5.2 范围

适用于CAD电子文件存储系统的信息组织结构。

7.5.3 采用的标准

与5.4.3中所列的标准相同。

7.5.4 应用说明

CAD电子文件存储标准实现的一致性测试的重点是存储介质的信息组织结构。CAD文件存储系统中文件的存储格式可以采用标准的格式,也可以采用CAD系统提供的专用格式。

7.6 计算机图形系统标准

7.6.1 目的

测试计算机图形系统标准实现的一致性。

7.6.2 范围

适用于图形系统、计算机图形接口、计算机图形元文件、图形系统语言联编等。

7.6.3 采用的标准

与5.1.3和7.1.3相同。

7.6.4 应用说明

测试实验室应针对不同的计算机图形系统标准开发相应的一致性测试套件。

附 录 A
（资料性附录）
CAD 通用标准体系框架

A.1 概述

由于技术的特殊性，CAD 标准体系框架中既包括面向计算机图形系统等信息技术方面的标准，也包括面向专业制图、产品数据技术等工程应用方面的标准。

由于 CAD 技术标准涉及若干技术领域，所以 CAD 通用标准的第二层由 6 个部分组成（如图 A.1 所示）。编制 CAD 标准体系框架的原则是采用 GB/T 13016。

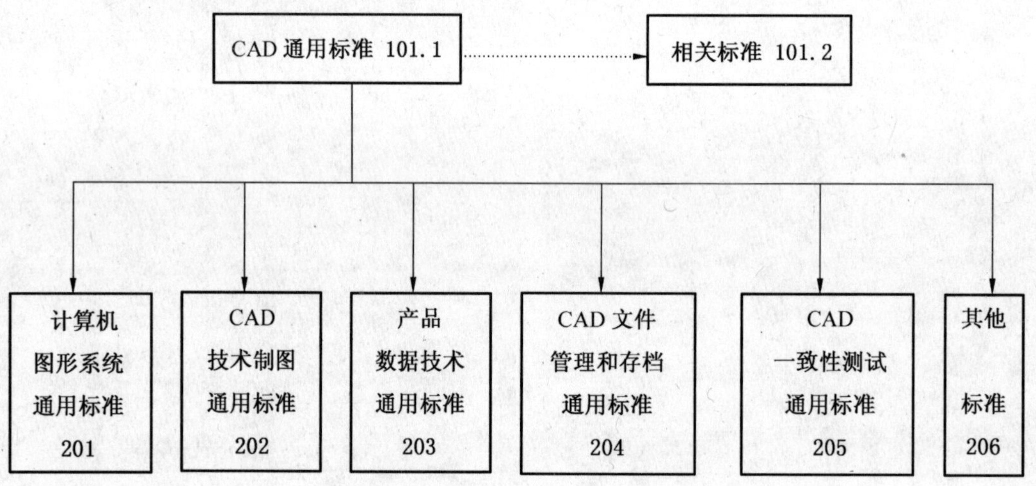

图 A.1 CAD 通用标准体系框架

A.2 计算机图形系统标准

计算机图形系统标准框架如图 A.2 所示。

计算机图形系统通用标准清单参见表 B.1。

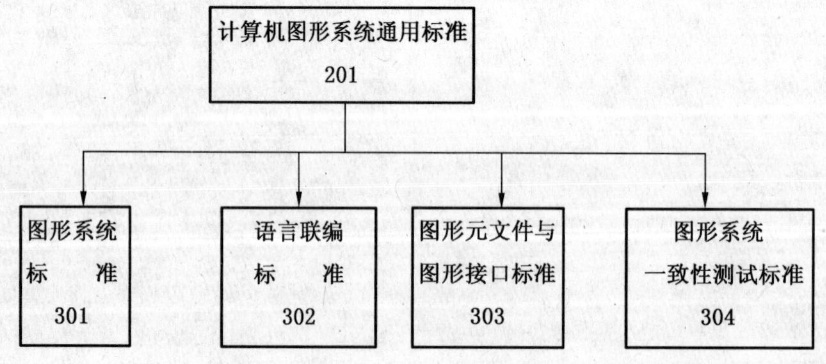

图 A.2 计算机图形系统标准框架

A.3 CAD 技术制图标准

CAD 技术制图标准框架如图 A.3 所示。

CAD 技术制图通用标准清单参见表 B.2。

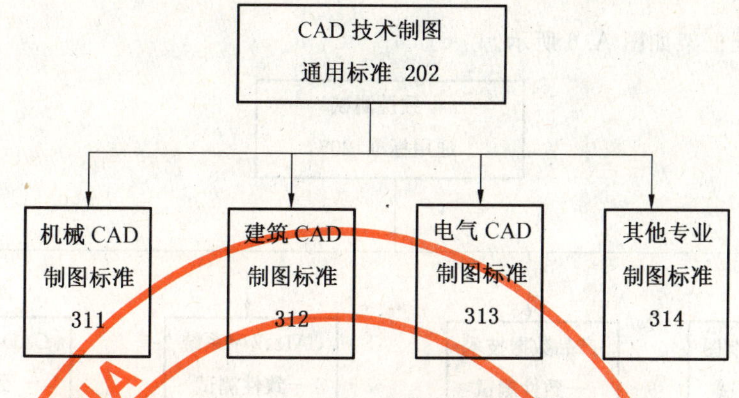

图 A.3 CAD 技术制图标准框架

A.4 产品数据技术标准

产品数据技术标准框架如图 A.4 所示。

CAD 数据表达与交换标准清单参见表 B.3。零件库标准清单参见表 B.4。EDA 描述语言标准清单参见表 B.5。

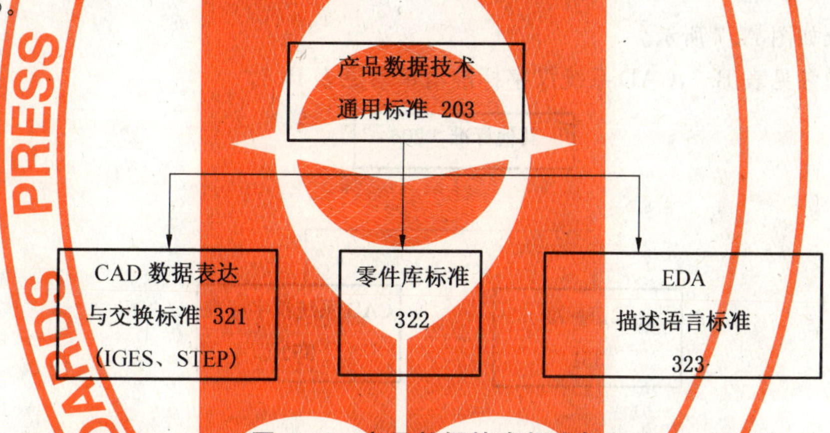

图 A.4 产品数据技术标准框架

A.5 CAD 文件管理和存档标准

CAD 文件管理和存档标准框架如图 A.5 所示。

CAD 文件管理和存档通用标准清单参见表 B.6。

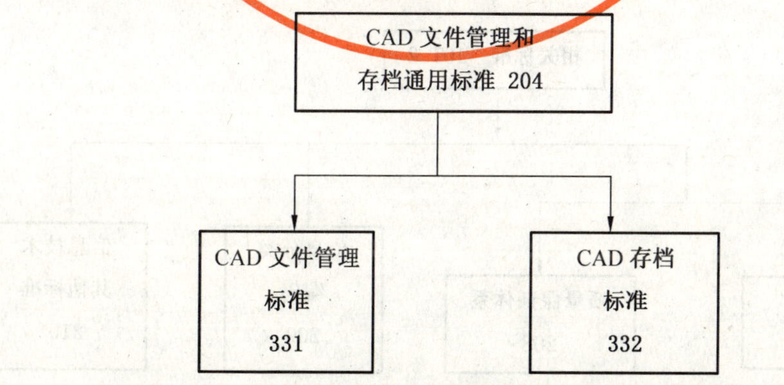

图 A.5 CAD 文件管理和存档标准框架

A.6 一致性测试标准

一致性测试标准框架如图 A.6 所示。

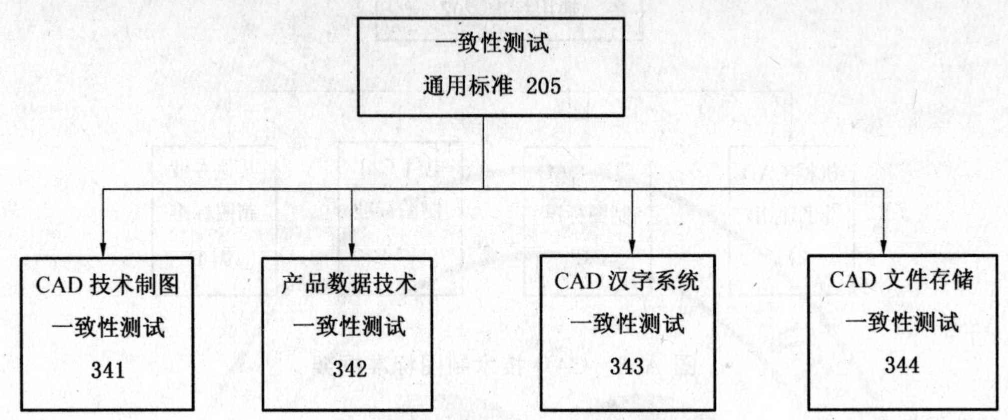

图 A.6 一致性测试标准框架

A.7 其他标准

其他标准框架如图 A.7 所示。

术语标准清单参见表 B.7,CAD 系统汉字标准清单参见表 B.8。

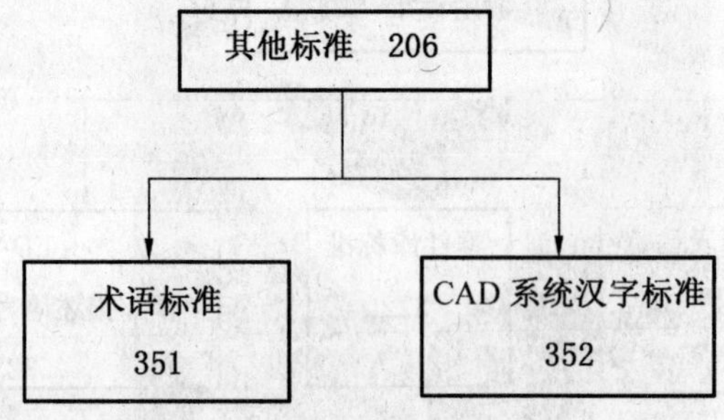

图 A.7 其他标准框架

A.8 相关标准

相关标准框架如图 A.8 所示。

相关标准清单参见表 B.9。

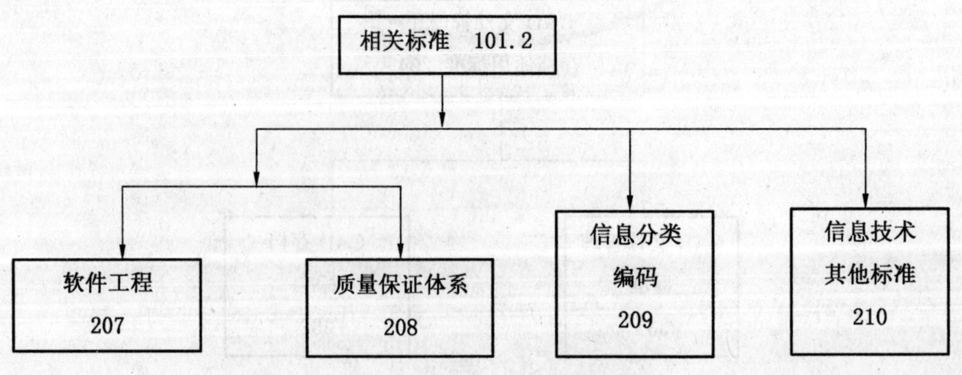

图 A.8 相关标准框架

附 录 B
（资料性附录）
CAD 通用标准清单

B.1 计算机图形系统通用标准(201)

计算机图形系统通用标准清单参见表 B.1。

表 B.1 计算机图形系统通用标准清单

序号	标 准 名 称	标准代号和编号	宜定级别	采用国际国外标准的程度	采用或相应国际国外标准号	备注
1	信息技术 计算机图形 计算机图形参考模型		国家标准	等同采用	ISO/IEC 11072	
2	信息处理系统 计算机图形 图形核心系统(GKS)的功能描述	GB/T 9544	国家标准	等效采用	ISO/IEC 7942	修订国标
3	信息处理系统 计算机图形 三维图形核心系数(GKS-3D)功能描述	GJB 3095	国家标准	等效采用	ISO 8805	
4	信息处理系统 计算机图形 图形核心系统(GKS)语言联编		国家标准	等同采用	ISO 8651	
5	信息技术 计算机图形 三维图形核心系统(GKS)语言联编		国家标准	等同采用	ISO/IEC 8806	
6	信息处理系统 计算机图形 程序员层次交互式图形系统(PHIGS)语言联编		国家标准	等同采用	ISO/IEC 9593	
7	信息技术 计算机图形 存储和传送图片描述信息的元文卷	GB/T 15121	国家标准	等同采用	ISO/IEC 8632	
8	信息技术 计算机图形与图形设备会话的接口技术(CGI)功能说明	GB/T 17192	国家标准	等同采用	ISO/IEC 9636	

B.2 CAD 技术制图通用标准(202)

CAD 技术制图通用标准清单参见表 B.2。

表 B.2 CAD 技术制图通用标准清单

序号	标 准 名 称	标准代号和编号	宜定级别	采用国际国外标准的程度	采用或相应国际国外标准号	备注
1	机械工程 CAD 制图规则	GB/T 14665	国家标准		无	
2	CAD 工程制图规则	GB/T 18229	国家标准		无	
3	电气工程 CAD 制图规则	GB/T 18135	国家标准		无	

表 B.2（续）

序号	标准名称	标准代号和编号	宜定级别	采用国际国外标准的程度	采用或相应国际国外标准号	备注
4	技术产品文件　计算机辅助设计与制图　词汇	GB/T 15751	国家标准	等效采用	ISO/TR 10623	
5	技术产品文件　字体　拉丁字母、数字和符号的CAD字体	GB/T 18594	国家标准	等同采用	ISO 3098-5	
6	技术制图　CAD系统用图线的表示	GB/T 18686	国家标准	等同采用	ISO 128-21	

B.3　CAD数据表达与交换标准(321)

CAD数据表达与交换标准清单参见表B.3。

表 B.3　CAD数据表达与交换标准清单

序号	标准名称	标准代号和编号	宜定级别	采用国际、国外标准的程度	采用或相应国际、国外标准号	备注
1	工业自动化系统与集成　产品数据表达与交换	GB/T 16656	国家标准	等同采用	ISO 10303	修订国标
2	初始图形交换规范	GB/T 14213	国家标准	等同采用	ANSI/US PRO/IPO 100	
3	工业基础类平台规范(IFC2x平台)		国家标准	等同采用	ISO/PAS 16739	国标制定中

B.4　零件库标准(322)

零件库标准清单参见表B.4。

表 B.4　零件库标准清单

序号	标准名称	标准代号和编号	宜定级别	采用国际国外标准的程度	采用或相应国际国外标准号	备注
1	工业自动化系统与集成　零件库	GB/T 17645	国家标准	等同采用	ISO 13584	

B.5　EDA描述语言标准(323)

EDA描述语言标准清单参见表B.5。

表 B.5　EDA描述语言标准清单

序号	标准名称	标准代号和编号	宜定级别	采用国际国外标准的程度	采用或相应国际国外标准号	备注
1	超高速集成电路硬件描述语言(VHDL语言)		国家标准	等同采用	IEC 61691-5	
2	电子设计交换格式(EDIF)，版本400		国家标准	等同采用	ANSI/EIA 618	
3	印刷电路板版图数据格式Gerber		国家标准		SJ 20776	
4	制造描述数据和转换方法的印制板装配产品的一般要求		国家标准		ANSI/IPC 2581	

B.6 CAD 文件管理和存档通用标准(204)

CAD 文件管理和存档通用标准清单参见表 B.6。

表 B.6 CAD 文件管理和存档通用标准清单

序号	标准名称	标准代号和编号	宜定级别	采用国际国外标准的程度	采用或相应国际国外标准号	备注
1	CAD 文件管理	GB/T 17825	国家标准		无	
2	CAD 电子文件光盘存储、归档与档案管理要求	GB/T 17678	国家标准		无	
3	CAD 电子文件光盘存储归档一致性测试	GB/T 17679	国家标准		无	

B.7 术语标准(351)

术语标准清单参见表 B.7。

表 B.7 术语标准清单

序号	标准名称	标准代号和编号	宜定级别	采用国际国外标准的程度	采用或相应国际国外标准号	备注
1	技术产品文件　计算机辅助设计与制图　词汇	GB/T 15751	国家标准	等效采用	ISO/TR 10623	
2	信息技术　词汇　第 13 部分:计算机图形	GB/T 5271.13	国家标准	等同采用	ISO 2382-13	
3	信息技术　软件工程术语	GB/T 11457	国家标准		无	

B.8 CAD 系统汉字标准(352)

CAD 系统汉字标准清单参见表 B.8。

表 B.8 CAD 系统汉字标准清单

序号	标准名称	标准代号和编号	宜定级别	采用国际国外标准的程度	采用或相应国际国外标准号	备注
1	信息技术　信息交换用七位编码字符集	GB/T 1988	国家标准	等效采用	ISO 646	
2	信息交换用汉字编码字符集　基本集	GB 2312	国家标准		无	
3	信息技术　字符代码结构与扩充技术	GB/T 2311	国家标准	等同采用	ISO 2022	
4	信息交换用汉字编码字符集　第二辅助集	GB/T 7589	国家标准		无	
5	信息交换用汉字编码字符集　第四辅助集	GB/T 7590	国家标准		无	
6	信息技术　通用多八位编码字符集(UCS)　第一部分:体系结构与基本多文种平面	GB 13000.1	国家标准	等同采用	ISO/IEC 10646-1	

B.9 相关标准(101.2)

相关标准清单参见表B.9。

表 B.9 相关标准清单

序号	标 准 名 称	标准代号和编号	宜定级别	采用国际国外标准的程度	采用或相应国际国外标准号	备注
1	信息技术 软件工程术语	GB/T 11457	国家标准		无	
2	软件工程 产品质量	GB/T 16260	国家标准	等同采用	ISO/IEC 9126-1	
3	软件工程 产品评价	GB/T 18905	国家标准	等同采用	ISO/IEC 14598-6	
4	信息化工程监理规范 第5部分:软件工程监理规范	GB/T 19668.5	国家标准		无	
5	软件工程 软件测量过程	GB/T 20917	国家标准	等同采用	ISO/IEC 15939	
6	信息技术 软件工程CASE工具的采用指南	GB/Z 18914	国家标准	等同采用	ISO/IEC TR 14471	
7	软件工程 软件生存周期过程用于项目管理的指南	GB/Z 20156	国家标准	修改采用	ISO/IEC TR 16326	
8	信息技术 软件生存周期过程	GB/T 8566	国家标准	修改采用	ISO/IEC 12207	
9	计算机软件文档编制规范	GB/T 8567	国家标准		无	
10	计算机软件需求规格说明规范	GB/T 9385	国家标准		无	
11	计算机软件测试文档编制规范	GB/T 9386	国家标准		无	
12	质量管理体系 基础和术语	GB/T 19000	国家标准	等同采用	ISO 9000	
13	标准编写规则 第3部分:信息分类编码	GB/T 20001.3	国家标准		无	
14	企业信息分类编码导则 第1部分:原则与方法	GB/T 20529.1	国家标准		无	
15	信息分类和编码的基本原则与方法	GB/T 7027	国家标准		无	

附　录　C
（资料性附录）
CAD 标准化的发展趋势

由于 CAD 技术发展迅速，CAD 标准的生命周期也越来越短。国际标准化组织和各个国家的标准化部门都在加速 CAD 标准的制修订。新的 CAD 标准也随着技术的发展而不断出现。我国的 CAD 标准化应坚持采用国际标准和采用国外先进标准的“双采”方针，加速标准制修订的周期，以适应 CAD 技术的迅速发展。所以，密切跟踪 CAD 技术标准化的发展趋势非常必要。

本附录列出目前国际标准化组织和我国的标准化部门正在制定的 CAD 标准。这些标准中的大部分目前还未发布，但是它们在一定程度上代表了 CAD 标准化的发展趋势。请标准的使用者注意在本标准发布之后的 CAD 国际标准和国家标准，并研究可能采用的最新国际标准和国家标准。

C.1　CAD 技术制图

除了在 5.2.3 中列出的 CAD 技术制图标准以外，国际标准化组织还制定了以下标准：

ISO 128-21　技术制图　画法的一般原则：计算机辅助设计（CAD）系统用图线的表示

ISO 13567-1　技术产品文件　计算机辅助设计（CAD）图层的编排和命名　第 1 部分：综述和原理

ISO 13567-2　技术产品文件　计算机辅助设计（CAD）图层的编排和命名　第 2 部分：用于建筑文档的概念、格式和编码

C.2　产品数据技术

C.2.1　CAD 数据表达与交换

在 5.3.3.1 中列出了 CAD 数据表达与交换标准 GB/T 16656，除此以外国际标准化组织 ISO/TC 184/SC 4 已在 ISO 10303《工业自动化系统与集成　产品数据表达与交换》的标题下制定以下标准：

描述方法　第 12 部分：EXPRESS-I 语言参考手册

实现方法　第 22 部分：标准数据访问接口

实现方法　第 23 部分：标准数据访问接口　C＋＋语言联编

实现方法　第 24 部分：标准数据访问接口　C 语言联编

实现方法　第 26 部分：标准数据访问接口的接口定义语言联编

集成通用资源　第 47 部分：形变公差

集成通用资源　第 49 部分：过程结构和属性

集成应用资源　第 106 部分：房屋建筑核心模型

应用协议　第 204 部分：用边界表示的机械设计

应用协议　第 205 部分：用曲面表示的机械设计

应用协议　第 207 部分：钣金冲模规划和设计

应用协议　第 208 部分：生命周期管理　更改处理

应用协议　第 209 部分：复合材料和金属结构分析以及相关的设计

应用协议　第 210 部分：电子装配件、互连和包装设计

应用协议　第 212 部分：电子技术设计和安装

应用协议　第 213 部分：加工件的数控过程规划

应用协议　第 214 部分：汽车机械设计处理核心数据

应用协议　第 215 部分：船舶布置

应用协议　第 216 部分:船舶模型
应用协议　第 217 部分:船舶管道系统
应用协议　第 218 部分:船舶结构
应用协议　第 220 部分:多层电子产品的工艺规划、制造和组装
应用协议　第 221 部分:流程工厂的功能数据及其模式表示
应用协议　第 222 部分:复合结构的产品数据交换
应用协议　第 223 部分:铸造件设计制造产品信息交换
应用协议　第 224 部分:采用加工特征工艺规划的机械产品定义
应用协议　第 225 部分:用显式形状表达的建筑元素
应用协议　第 226 部分:船舶机械系统
应用协议　第 227 部分:工厂空间配置
应用协议　第 228 部分:建筑设施:采暖、通风和空调
应用协议　第 229 部分:锻造件设计制造产品信息交换
应用协议　第 230 部分:建筑结构:钢结构
应用协议　第 231 部分:过程工程数据:关键设备的过程设计和过程规范
应用协议　第 232 部分:技术数据封装核心信息与交换
应用解释构造　第 501 部分:基于边的线框
应用解释构造　第 502 部分:基于壳体的线框
应用解释构造　第 503 部分:几何有界二维线框
应用解释构造　第 504 部分:制图标注
应用解释构造　第 505 部分:制图结构和管理
应用解释构造　第 506 部分:制图元素
应用解释构造　第 507 部分:几何有界曲面
应用解释构造　第 508 部分:非流形曲面
应用解释构造　第 509 部分:流形曲面
应用解释构造　第 510 部分:几何有界线架
应用解释构造　第 511 部分:拓扑边界曲面
应用解释构造　第 512 部分:棱面边界表达
应用解释构造　第 513 部分:基本边界表达
应用解释构造　第 514 部分:高级边界表达
应用解释构造　第 515 部分:构造实体几何
应用解释构造　第 516 部分:机械设计相关环境
应用解释构造　第 517 部分:机械设计几何表示
应用解释构造　第 518 部分:机械设计渲染表达

C.2.2 CAD 零件库

在 5.3.3.2 中列出了零件库标准 GB/T 17645,除此以外国际标准化组织 ISO/TC 184/SC 4 已在 ISO 13584《工业自动化系统与集成　零件库》的标题下制定以下标准:

第 1 部分:综述与基本原理
第 20 部分:逻辑资源:通用资源
第 24 部分:逻辑资源:供应商库逻辑模型
第 25 部分:逻辑资源:带聚合值和显式内容的供应商库逻辑模型
第 26 部分:逻辑资源:供应商标识
第 31 部分:实现资源:图形编程接口

第 42 部分:描述方法学:构造零件族的方法学

第 101 部分:视图交换协议:由参数程序确定的几何视图交换协议

第 102 部分:视图交换协议:由 ISO 10303 一致性规范确定的几何视图交换协议

第 501 部分:参考字典:测量仪器的参考字典

第 502 部分:参考字典:通用紧固件参考字典

C.2.3 EDA 描述语言

除了在 5.3.3.3 中列出的 EDA 描述语言标准以外,国际电工委员会 IEC 还制定了以下标准:

IEC 61691-4 行为语言 第 4 部分:Verilog 硬件描述语言。

C.3 CAD 一致性测试

除在本标准第 7 章中列出的 CAD 一致性测试标准以外,国际标准化组织已在 ISO 10303《工业自动化系统与集成 产品数据表达与交换》的标题下制定 CAD 数据交换一致性测试标准:

一致性测试方法和框架 第 32 部分:测试实验室和客户的要求

一致性测试方法和框架 第 33 部分:抽象测试套件的结构和使用

一致性测试方法和框架 第 34 部分:抽象测试方法

一致性测试方法和框架 第 35 部分:SDAI 实现的抽象测试方法

抽象测试套件 第 301 部分:显式绘图

抽象测试套件 第 302 部分:相关绘图

抽象测试套件 第 303 部分:配置控制设计

抽象测试套件 第 304 部分:用边界表达的机械设计

抽象测试套件 第 305 部分:用曲面表达的机械设计

抽象测试套件 第 307 部分:钣金冲模规划和设计

抽象测试套件 第 308 部分:生命周期管理 更改处理

抽象测试套件 第 309 部分:复合材料和金属结构分析和相关设计

抽象测试套件 第 310 部分:电子装配线、互连和组装设计

抽象测试套件 第 312 部分:电子技术设计和安装

抽象测试套件 第 313 部分:加工件的数控过程规划

抽象测试套件 第 314 部分:汽车机械设计处理核心数据

抽象测试套件 第 315 部分:船舶布置

抽象测试套件 第 316 部分:船舶模型

抽象测试套件 第 317 部分:船舶管道系统

抽象测试套件 第 318 部分:船舶结构

抽象测试套件 第 320 部分:多层电子产品的工艺规划、制造和组装

抽象测试套件 第 321 部分:流程工厂的功能数据及其模式表示

抽象测试套件 第 322 部分:复合结构的产品数据交换

抽象测试套件 第 323 部分:铸造件设计制造产品信息交换

抽象测试套件 第 324 部分:采用加工特征工艺规划的机械产品定义

抽象测试套件 第 325 部分:用显式形状表达的建筑元素

抽象测试套件 第 326 部分:船舶机械系统

抽象测试套件 第 327 部分:工厂空间配置

抽象测试套件 第 328 部分:建筑设施:采暖、通风和空调

抽象测试套件 第 329 部分:锻造件设计制造产品信息交换

抽象测试套件　第 330 部分:建筑结构:钢结构

抽象测试套件　第 331 部分:过程工程数据:关键设备的过程设计和过程规范

抽象测试套件　第 332 部分:技术数据封装核心信息与交换

C.4　我国正在制修订的标准

工业自动化系统与集成　产品数据的表达与交换　第 28 部分:实现方法:EXPRESS 模式与数据的 XML 表达

工业自动化系统与集成　产品数据表达与交换　第 51 部分:集成通用资源:数学表达

工业自动化系统与集成　产品数据表达与交换　第 54 部分:集成通用资源:分类和集合论

工业自动化系统与集成　产品数据表达与交换　第 55 部分:集成通用资源:过程与混合表达

工业自动化系统与集成　产品数据表达与交换　第 56 部分:集成通用资源:状态

工业自动化系统与集成　产品数据表达与交换　第 505 部分:应用解释构造:图纸结构与管理

工业自动化系统与集成　产品数据表达与交换　第 506 部分:应用解释构造:制图元素

工业自动化系统与集成　产品数据表达与交换　第 507 部分:应用解释构造:几何有界曲面

工业自动化系统与集成　产品数据表达与交换　第 508 部分:应用解释构造:非流形曲面

工业自动化系统与集成　产品数据表达与交换　第 509 部分:应用解释构造:流形曲面

工业自动化系统与集成　产品数据表达与交换　第 1005 部分:应用模块:基本拓扑形状

工业自动化系统与集成　产品数据表达与交换　第 1007 部分:应用模块:通用曲面外部表观

工业自动化系统与集成　产品数据表达与交换　第 1008 部分:应用模块:层分配

工业自动化系统与集成　产品数据表达与交换　第 1009 部分:应用模块:形状外观和层

机械通用零部件产品分类与描述基本原则

工业自动化系统与集成　零部件　第 511 部分:通用机械系统与部件:紧固件数据字典

基于 Web 的数据字典维护与服务规范

工业自动化系统与集成　工业制造管理数据　第 21 部分:规范外部交换产品数据的表达

工业自动化系统与集成　工业制造管理数据　第 41 部分:制造流程管理数据的表达

工业自动化系统与集成　工业制造管理数据　第 43 部分:制造流程管理数据:制造流程跟踪与数据交换的概念模型

工业自动化系统与集成　过程规范语言　第 11 部分:PSL 核心

工业自动化系统与集成　过程规范语言　第 14 部分:资源理论

产品技术手册　第 1 部分:互操作性体系结构

产品技术手册　第 2 部分:交互界面要求

产品技术手册　第 3 部分:源数据库要求

企业资源规划　第 10 部分:通用术语与数据:ERP 术语

企业资源规划　第 11 部分:通用术语与数据:ERP 基础数据

企业资源规划　第 20 部分:体系与功能构件:ERP 系统体系结构

企业资源规划　第 21 部分:体系与功能构件:ERP 功能构件规范

企业资源规划　第 30 部分:集成与互操作性:ERP 集成的基本原则

企业资源规划　第 31 部分:集成与互操作性:数据交换文件规范

企业资源规划　第 32 部分:集成与互操作性　工作流技术规范

制造工艺描述与表达规范

通用制造工艺编码规范

制造企业 ASP 服务商评测规范

制造企业产品生命周期服务
工业基础类平台规范(IFC2x 平台)
三维 CAD 软件测试规范
三维 CAD 软件功能规范
初始图形交换规范
供应链管理(SCM) 第 1 部分:综述和基本原理
供应链管理(SCM) 第 2 部分:术语

参 考 文 献

[1] GB/T 15751 技术产品文件 计算机辅助设计与制图 词汇

[2] GB/T 1.1 标准化工作导则 第1部分:标准的结构和编写规则

[3] GB/T 16656.31 工业自动化系统与集成 产品数据的表达与交换 第31部分:一致性测试方法论与框架:基本概念

[4] GB/T 17645.1 工业自动化系统与集成 零件库 第1部分:综述与基本原理

ICS 55.200
A 84

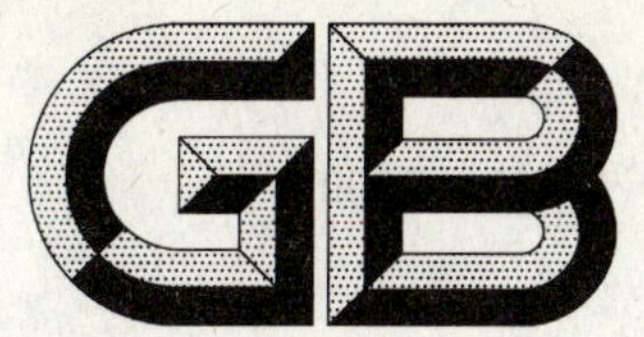

中华人民共和国国家标准

GB/T 17313—2009
代替 GB/T 17313—1998

袋成型-充填-封口机通用技术条件

General specification of bag forming, filling and sealing machine

2009-11-15 发布　　2010-07-01 实施

中华人民共和国国家质量监督检验检疫总局
中国国家标准化管理委员会　发布

前　言

本标准代替 GB/T 17313—1998《袋成型-充填-封口机》。

本标准与 GB/T 17313—1998 相比主要变化如下：

——修改了标准名称；

——增加了规范性引用文件；

——修改了适用范围；

——增加了术语和定义；

——增加了型式与基本参数；

——增加了气路密封性要求；

——增加了对接地装置要求；

——增加了热封口强度要求；

——增加了材质和零部件要求；

——增加了安全防护要求；

——修改了外观质量要求；

——增加了袋长和光电跟踪误差；

——增加了对温度调节器的要求；

——修改了相应的试验方法。

本标准由全国包装机械标准化技术委员会(SAC/TC 436)提出并归口。

本标准负责起草单位:丹阳仅一包装设备有限公司、大连大友精密设备科技有限公司、武汉人天包装技术有限公司、杭州永创机械有限公司、机械工业包装机械产品质量监督检测中心。

本标准主要起草人:殷祥根、付永梅、李浩、张建军、方一新、罗邦毅、陈润洁。

本标准所代替标准的历次版本发布情况为：

——GB/T 17313—1998。

袋成型-充填-封口机通用技术条件

1 范围

本标准规定了袋成型-充填-封口机(以下简称“包装机”)的术语和定义、型号、型式与基本参数、要求、试验方法、检验规则及标志、包装、运输和贮存等要求。

本标准适用于采用柔性包装材料对粒状、粉状、半流体和流体等进行包装,能自动完成制袋、充填、封口、切断等包装过程,广泛应用于食品、医药、化工、日化、农产品等行业的包装。

2 规范性引用文件

下列文件中的条款通过本标准的引用而成为本标准的条款。凡是注日期的引用文件,其随后所有的修改单(不包括勘误的内容)或修订版均不适用于本标准,然而,鼓励根据本标准达成协议的各方研究是否可使用这些文件的最新版本。凡是不注日期的引用文件,其最新版本适用于本标准。

GB/T 191 包装储运图示标志(GB/T 191—2008,ISO 780:1997,MOD)

GB 2894 安全标志及其使用导则

GB/T 5048 防潮包装

GB 5226.1—2002 机械安全 机械电气设备 第1部分:通用技术条件(IEC 60204-1:2000,IDT)

GB/T 7311 包装机械分类与型号编制方法

GB/T 9969 工业产品使用说明书 总则

GB/T 13306 标牌

GB/T 13384 机电产品包装通用技术条件

GB/T 15171 软包装件密封性能试验方法

GB 16179 安全标志使用导则

GB/T 16273.1 设备用图形符号 第1部分:通用符号(GB/T 16273.1—2008,ISO 7000:2004,Graphical symbols for use on equipment—Index and synopsis,NEQ)

GB 16798 食品机械安全卫生

GB 19891 机械安全 机械设计的卫生要求(GB 19891—2005,ISO 14159:2002,MOD)

JB/T 7232 包装机械噪声声功率级的测定 简易法

JB 7233 包装机械安全要求

JJF 1070 定量包装商品净含量计量检验规则

3 术语和定义

下列术语和定义适用于本标准。

3.1

袋成型-充填-封口机 bag forming,filling and sealing machine

采用柔性包装材料对粒状、粉状、半流体和流体等进行包装,能自动完成制袋、充填、封口、切断等包装过程的机器。

3.2

柔性包装材料 flexible packaging material

一种可挠曲、可变形的薄片状包装材料。通常指纸、纤维制品、塑料薄膜、金属箔或其复合材料等。

3.3

包装件　package

产品经过包装所形成的总体。

3.4

内装物　contents

包装件内所装的产品或物品。

3.5

净含量　net quantity

除去包装容器和其他包装材料后内装产品的量。

注：不论产品的包装材料，还是任何与该产品包装在一起的其他材料，均不应记为净含量。如方便面中的调料包、叉子等不计为净含量。

3.6

标注净含量　nominal quantity

由生产者或者销售者在定量包装商品的包装上明示的商品的净含量。

3.7

实际含量　actual quantity

按照 JJF 1070 通过计量检验确定的包装件内装物的量。

3.8

平均实际含量　average actual quantity

样本单位的实际含量的算术平均值。

3.9

净含量偏差　net quantity deviation

实际含量与其标注净含量之差。

3.10

包装件合格率　qualified package ratio

在净含量偏差合格的条件下，袋形、外观、热封口强度、密封性试验和跌落试验均合格的包装件数量与所检查的总包装件数量的百分比。

4　型号、型式与基本参数

4.1　型号

包装机的型号编制按 GB/T 7311 的规定。

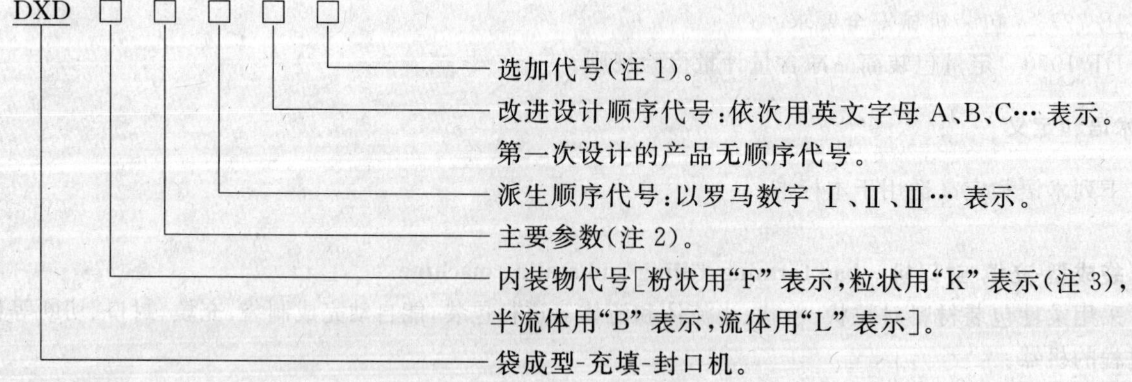

注 1：选加代号可以选加包装材料的物理状态或包装机的结构形式，此项也可以不选。

注 2：包装机的主要参数有最大袋宽、最大包装容量、最大包装速度，由包装机生产厂家任意选取其中一种。

注 3：粒状表示颗粒和块状物料，均用“K”表示。

示例：

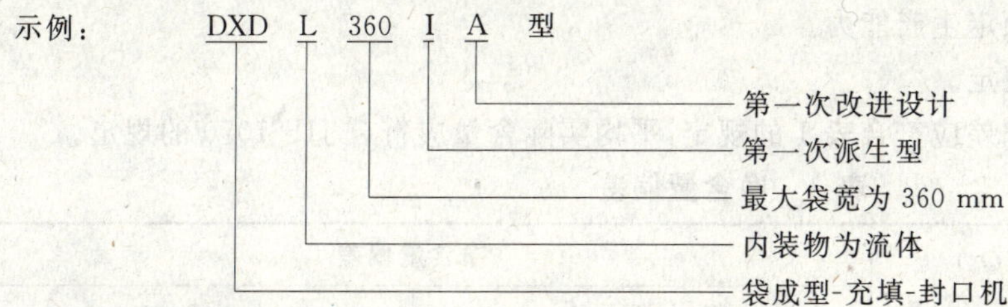

4.2 型式与基本参数

4.2.1 包装机按结构分为以下两种型式：

a) 卧式；

b) 立式。

4.2.2 基本参数：

包装机的基本参数应包括：

a) 生产能力：袋/min；

b) 最大袋宽：mm；

c) 最大包装容量：g 或 mL；

d) 最大包装速度：袋/min。

5 要求

5.1 包装机应符合本标准的要求，并按经规定程序批准的图样及技术文件制造。

5.2 包装机运转应平稳，运动零、部件动作应灵敏、协调、准确，无卡阻和异常声响。

5.3 包装机的电路控制系统应符合 GB 5226.1—2002 的要求，安全可靠、动作准确，各电器接头应联接牢固并加以编号；操作按钮应灵活，并有急停按钮；指示灯显示应正常。

5.4 含有气路的包装机，其气路的连接应密封，无渗油和漏气现象。

5.5 内装物为粉体时，包装机宜配备除尘接口或除尘装置；充填时可能会带入过量气体的包装机宜配备排气装置。

5.6 包装机的材质和零部件应符合下列规定。

5.6.1 内装物为食品时，包装机的材料选用、设计、制造、配置原则的安全卫生要求应符合 GB 16798 的规定。内装物为药品时，包装机与内装物及包装材料相接触的表面材料，应符合国家对药品生产设备的有关规定。

5.6.2 包装机所用的原材料、外购配套零部件应有生产厂的质量合格证明书，如果没有质量合格证明书则应按产品相关标准验收合格后，方可投入使用。

5.6.3 与包装材料、物料接触的部位，如料斗、导料管、除尘装置等，应耐腐蚀，不与物料发生化学变化或吸附物料，表面应光洁、平整，无死角，易清洗或消毒，焊缝处应打磨抛光，无存料缝隙，充填装置不应对物料产生污染。

5.6.4 与内装物直接接触的零部件应具有良好的加工工艺性能（可弯曲性、切削性、焊接性、可研磨和抛光等），良好的抗液体渗透性等。伸入到物料包装区域的外部零部件连接处应设有可靠的密封装置，以免物料受到污染。

5.6.5 不与包装材料、物料接触的包装机表面应由耐腐蚀材料制成，也允许采用表面涂覆过能耐腐蚀的材料，如经表面涂覆，其涂层应粘附牢固。非物料接触表面应具有较好的抗吸收、抗渗透的能力，具有耐久性和可洗净性。

5.6.6 设备所用的润滑剂、冷却剂等不应对物料或容器造成污染。

5.6.7 包装腐蚀性的内装物时，下料装置与电气系统应采取密封防腐措施。

5.6.8 包装机的机械设计卫生安全应符合 GB 19891 的要求。

5.7 包装机的生产能力应达到额定生产能力。

5.8 包装件的质量应符合下列规定。

5.8.1 包装件内装物的净含量偏差应符合表1的规定，平均实际含量应符合 JJF 1070 的规定。

表1 净含量偏差

质量或体积定量包装标注净含量(Q_n)/ g或mL	净含量偏差	
	Q_n 的百分比	g或mL
0～50	±9	—
50～100	—	±4.5
100～200	±4.5	—
200～300	—	±9
300～500	±3	—
500～1 000	—	±15
1 000～10 000	±1.5	—

5.8.2 包装件封口应平整，压痕或压纹清晰、无明显皱褶、灼化和压穿现象；包装件的生产日期、生产批号、防窜货标识等打印应正确一致、清晰、牢固；包装件宜有易开口功能。

5.8.3 包装机以色标定位的控制方式，其切断位置误差不超过±2 mm。用其他形式控制袋的长度时，袋长小于100 mm时，其误差不超过±2 mm；袋长大于或等于100 mm时，其误差不超过袋长的±2%。

5.8.4 包装件的热封口强度(热封口所能承受的拉力)应符合表2的规定。

该表中所述的材料厚度是指热封层材料的厚度，其热封部位的材料大都采用易于热合的PE或PP材料。

表2 热封口强度

材料厚度(R)/ mm	热封口强度/ (N/15 mm)
$0.02 \leqslant R < 0.08$	≥10
$0.08 \leqslant R < 0.18$	≥15
$0.18 \leqslant R < 0.36$	≥50
$R \geqslant 0.36$	≥70

5.8.5 包装件经密封性试验和跌落试验，封口处应完好，无渗漏。

5.8.6 包装件合格率应不小于98%。

5.9 包装机的温度调节器应稳定、可靠地控制热封部位温度，在一定范围内应可调，并应设有加热指示。热封部位表面有效热封长度上的温度差值应在±15 ℃以内。

5.10 包装机的噪声声压级应不大于80 dB(A)。

5.11 动力电路导线和保护接地电路间施加500Vd.c.时测得的绝缘电阻应不小于1 MΩ。

5.12 包装机应有可靠的接地装置，并有明显的接地标志，接地电阻应符合 GB 5226.1—2002 中19.2的要求。

5.13 电气装置的所有电路导线和保护接地电路之间应经受至少1 s时间的耐压试验。

5.14 包装机的外观质量应符合下列规定：

a) 非加工表面的涂漆和喷塑层等应平整光滑、色泽均匀，应无明显的划痕、污浊、流痕、起泡等缺陷；

b) 表面处理的零件应色泽均匀，无起泡、起层、锈蚀等缺陷。

5.15 包装机的安全防护应符合下列规定。

a) 包装机的安全防护应符合 JB 7233 的规定。

b) 包装机上应有清晰醒目的操纵、润滑、防烫等安全警示标志，安全标志应符合 GB 2894、GB 16179 和 GB/T 16273.1 的规定。

c) 当打开包装机的防护装置有可能造成危险时，包装机应设有联锁保护，该装置应与包装机机械传动机构联锁。当包装材料或物料低于控制下限或无料时，应报警或报警并停机。

d) 包装机上的各零件及螺栓、螺母等紧固件应固定可靠，不应松动、因震动而脱落。

e) 包装材料的切割和热封装置应采取防护措施，如设置与传动机构联锁的防护罩、隔热挡板等，以避免操作人员产生切伤、夹伤或烫伤。

f) 包装机的齿轮、皮带、链条、摩擦轮等运动部件裸露时应设置防护罩。机械的往复运动应有极限位置的保护装置。

6 试验方法

6.1 试验条件

6.1.1 试验环境温度应不低于 5 ℃。

6.1.2 试验时采用的包装材料应符合国家和行业标准的相关规定，试验时应采用下列内装物：

a) 粒状：小米或大米；

b) 粉状：普通面粉；

c) 半流体：食用酱；

d) 流体：水或食用植物油。

6.2 材质检查

检查机器零部件材质报告及质量合格证明书，当不能证明材质时，应按其相应材料的试验方法进行检验，应符合 5.6 的规定。

6.3 空运转试验

每台包装机装配完成后，均应做空运转试验，连续空运转时间应不小于 1 h，低速和高速各 0.5 h，检查机器性能，应符合 5.2 和 5.3 的规定。

6.4 气路密封性检查

包装机可采用下列方法进行气路密封性检查：

a) 用脱脂棉在气动元件的密封件周围轻轻擦拭，观察脱脂棉上有无油渍，应符合 5.4 的规定；

b) 用肥皂水或洗涤剂水涂抹在气动元件密封件的密封处，观察是否漏气，应符合 5.4 的规定。

6.5 生产能力试验

包装机正常运转后连续包装时间不小于 5 min，统计包装件数量，按公式(1)计算生产能力，应符合 5.7 的规定。

$$V = \frac{M}{T} \qquad \cdots\cdots(1)$$

式中：

V——生产能力，单位为袋每分钟(袋/min)；

M——完成的包装件数量，单位为袋；

T——包装时间(不小于 5 min)。

6.6 温控试验

将温度调节器调至热封温度值，用测温仪(测温仪精度为±1.5 ℃、分辨率为 0.1 ℃)在热封部位有效长度上测三点，其中一处取其中点，另两处分别取在距有效热封长度两端 15 mm 处，所测三点的温度差应符合 5.9 的规定。

6.7 净含量偏差试验

用最大允许误差小于或等于被检测的包装件净含量允许偏差的三分之一的校验秤按表3的规定核称内装物的净含量，内装物的实测净含量与标注净含量之差应符合5.8.1的规定。

表3 计量检验抽样方案

包装件批量 N	抽样件数 n	平均实际含量修正值($\lambda \cdot S$)		允许单件超出净含量偏差1倍小于或者等于2倍的件数	允许单件超出净含量偏差2倍的件数
		修正因子 λ	实际含量标准偏差 S		
1～10	N	—	—	0	0
11～50	10	1.028	S	0	0
51～99	13	0.848	S	1	0
100～500	50	0.379	S	3	0
501～3 200	80	0.295	S	5	0
大于3 200	125	0.234	S	7	0

注1：本抽样方案的置信度为99.5%。

注2：一个检验批的批量小于或等于10件时，只对每个单件定量包装商品的实际含量进行检验和评定，不作平均实际含量的计算。

按公式(2)计算平均实际含量：

$$\overline{q} = \frac{1}{n}\sum_{i=1}^{n} q_i \qquad \cdots\cdots(2)$$

式中：

$\overline{q}$——抽样包装件的平均实际含量；

q_i——内装物实测净含量；

n——抽样件数。

平均实际含量应符合以下要求，见公式(3)：

$$\overline{q} \geqslant (Q_n - \lambda \cdot S) \qquad \cdots\cdots(3)$$

式中：

Q_n——标注净含量；

λ——修正因子 $\lambda = t_{0.995} \times \frac{1}{\sqrt{n}}$；

S——实际含量标准偏差，$S = \sqrt{\frac{1}{n-1}\sum_{i=1}^{n}(q_i - \overline{q})^2}$。

注：平均实际含量应大于或等于标注净含量减去平均实际含量修正值 λS。

6.8 包装件合格率试验

6.8.1 外观质量试验

包装机连续正常工作后，在额定速度运转情况下，分三次抽取100袋样品，每次时间间隔不小于1 min。目测100袋样品，其外观质量应符合5.8.2，统计不合格品数 a_1。

6.8.2 袋长和色标切断位置误差试验

取外观质量合格的样品20袋，用精度为0.5 mm的钢尺测量其色标切断位置误差或袋长误差。其中色标切断位置的测量方法如下：用钢尺测量每袋色标与封口边沿处的相对距离，如图1所示，计算20袋的平均值，将20个测量数据中的最大值、最小值分别与平均值的差值作为本机的色标切断位置误差。袋长误差和色标切断位置误差应符合5.8.3的规定，统计不合格品数 a_2。

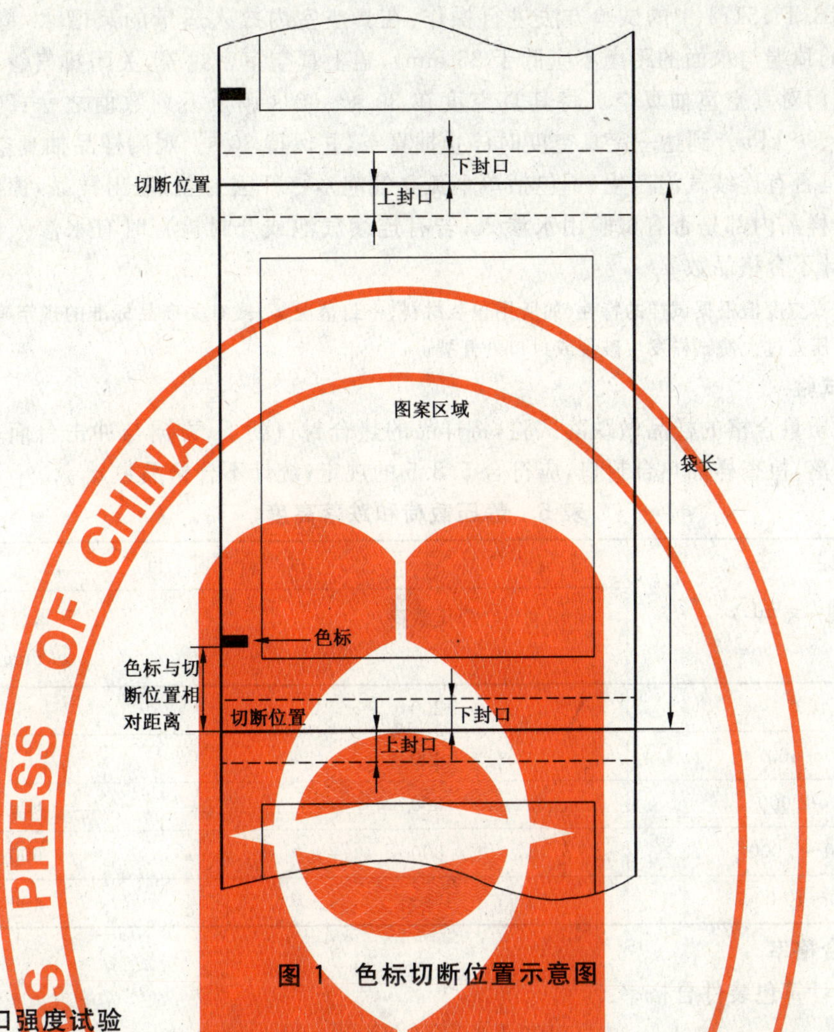

图 1 色标切断位置示意图

6.8.3 热封口强度试验

取外观质量合格的样品 25 袋，按表 4 的方法在每袋封口处抽取试样，每条试样宽 15 mm，与封口长度垂直方向上长 50 mm，180°平展后长度为 100 mm，将封口位于中间的试样两端分别放置在试验机的夹具中。夹具间距离为 50 mm，试验速度为 300 mm/min±20 mm/min，读取试样断裂时的最大载荷，以每袋试样载荷中的最低值作为本袋的封口强度，应符合 5.8.4 的规定，统计不合格品数 a_3。

表 4 热封口强度试验抽样方案

袋封口总长(L)/mm	15 mm≤L≤30 mm	30 mm<L≤60 mm	L>60 mm
取样点的位置及数量	袋封口处中间部位取一条试样	袋封口处左、右部位各取一条试样	袋封口处的左、中、右部位各取一条试样

6.8.4 包装件密封性试验和跌落试验

6.8.4.1 包装件密封性试验

取外观质量合格的样品 25 袋做包装件密封性试验。

a) 内装物为半流体和流体时操作方法如下：

将样品放于两块加压板中，下板上放有试纸。加压板的表面积至少应为样品平放投影面积的两倍，其表面应光滑、平整，试验中上下板应保持水平。按表 5 的规定加砝码保持 1 min(静压载荷为上加压板与砝码质量之和)，检查样品，不应有泄漏，统计不合格品数 a_4。

b) 内装物为粉状和粒状时操作方法如下：

按照 GB/T 15171 中的试验方法进行操作：在真空室内放入适量的蒸馏水，将样品浸入水中(样品的顶端与水面的距离不应低于 25 mm)，盖上真空室密封盖，关闭排气管阀门，再打开真空管阀门对真空室抽真空。将其真空度在 30 s～60 s 调至下列数值之一：20 kPa、30 kPa、50 kPa、90 kPa。到达一定真空度时停止抽真空，并保持 30 s。观测样品抽真空时和真空保持期间，是否有连续气泡产生(不包括单个孤立气泡)，打开密封盖，取出样品，擦净表面的水，开封检查样品内部是否有试验用水渗入，若有连续气泡或开封检查时有水渗入样品，则为不合格，统计不合格品数 a_4。

注：所调节的真空度值根据试样的特性(如所用包装材料、密封情况等)或有关产品标准的规定确定。但不应因试样的内外压差过大使试样发生破裂或封口处开裂。

6.8.4.2 跌落试验

余下的外观质量合格的样品做跌落试验，将样品的热合封口朝下，方向与冲击台面垂直，从表 5 规定的跌落高度跌落，检查样品热合封口，应符合 5.8.5 的规定，统计不合格品数 a_5。

表 5 静压载荷和跌落高度

包装容量/(g/mL)	试验项目	
	静压载荷/N	跌落高度/mm
≤100	200	1 200
>100～400	400	1 000
>400～2 000	600	800
>2 000～5 000	800	600
>5 000～10 000	1 000	400

6.8.5 包装件合格率

按以下公式计算包装件合格率：

$$\text{包装件合格率} = \frac{100-(a_1+a_2+a_3+a_4+a_5)}{100} \times 100\% \quad \cdots\cdots (4)$$

式中：

a_1——外观质量不合格品数，单位为袋；

a_2——袋长误差或色标切断误差不合格品数，单位为袋；

a_3——热封口强度不合格品数，单位为袋；

a_4——包装件密封性试验不合格品数，单位为袋；

a_5——跌落试验不合格品数，单位为袋。

计算结果应符合 5.8.6 的规定。

6.9 噪声测试

在连续工作过程中，在空载状态下，包装机的噪声按 JB/T 7232 规定的方法进行测量，其噪声值应符合 5.10 的规定。

适宜时可采用如下方法：在环境背景噪声 A 计权声压级与被测包装机的工作噪声 A 计权声压级之差大于 10 dB(A)时，用精密声级计测量包装机前、后、左、右四个方向正中，距包装机 1 m、距操作平台 1.5 m 处的噪声，以测得的噪声值的最大值作为包装机的噪声值，应符合 5.10 的规定。

6.10 电气安全试验

6.10.1 用绝缘电阻表按 GB 5226.1—2002 中 19.3 的规定测量其绝缘电阻，应符合 5.11 的规定。

6.10.2 检查接地装置，按 GB 5226.1—2002 中 19.2 的规定测量其接地电阻，应符合 5.12 的规定。

6.10.3 用耐压测试仪按 GB 5226.1—2002 中 19.4 的规定做耐压试验，应符合 5.13 的规定。

6.11 安全防护检查

检查安全防护装置,应符合5.15的规定。

6.12 外观质量检查

检查机器外观质量,应符合5.14的规定。

7 检验规则

7.1 出厂检验

7.1.1 每台包装机均应做出厂检验,检验项目按表6中的规定。

表6 检验项目

<table>
<tr><th rowspan="2">序 号</th><th rowspan="2">检验项目</th><th colspan="2">检验类别</th><th rowspan="2">检验方法</th></tr>
<tr><th>型式检验</th><th>出厂检验</th></tr>
<tr><td>1</td><td>电气安全试验</td><td rowspan="12">√</td><td rowspan="7">√</td><td>6.10</td></tr>
<tr><td>2</td><td>材质检查</td><td>6.2</td></tr>
<tr><td>3</td><td>空运转试验</td><td>6.3</td></tr>
<tr><td>4</td><td>气路密封性检查</td><td>6.4</td></tr>
<tr><td>5</td><td>生产能力试验</td><td>6.5</td></tr>
<tr><td>6</td><td>温控试验</td><td>6.6</td></tr>
<tr><td>7</td><td>净含量偏差试验</td><td>6.7</td></tr>
<tr><td>8</td><td>包装件合格率试验</td><td>—</td><td>6.8</td></tr>
<tr><td>9</td><td>噪声测试</td><td rowspan="4">√</td><td>6.9</td></tr>
<tr><td>10</td><td>安全防护检查</td><td>6.11</td></tr>
<tr><td>11</td><td>外观质量检查</td><td>6.12</td></tr>
<tr><td>12</td><td>产品标牌及技术文件</td><td>8.1、8.2.6</td></tr>
</table>

7.1.2 每台包装机应经制造厂的质量检验部门按本标准检验合格,并附有产品合格证方可出厂。

7.2 型式检验

7.2.1 有下列情况之一时,应进行型式检验:

a) 老产品转厂生产或新产品的试制定型鉴定;

b) 正式生产后,如材料、结构、工艺有较大差异,可能影响产品的性能;

c) 正常生产时,定期或积累一定产量后,应每年进行一次检验;

d) 产品长期停产后恢复生产;

e) 出厂检验结果与上次型式检验有较大差异;

f) 国家质量监督机构提出型式检验要求。

7.2.2 型式检验应包括表6全部项目。型式检验的项目全部合格为型式检验合格。在型式检验中,若电气安全试验中的保护接地电路的连续性、绝缘电阻、耐压试验、净含量偏差试验有一项不合格,即判定为型式检验不合格。其他项目有一项不合格,应加倍复测不合格项目,仍不合格的,则判定该包装机型式检验不合格。

8 标志、包装、运输和贮存

8.1 包装机应在明显的部位固定标牌,标牌尺寸和技术要求按GB/T 13306的规定。标牌上至少应标出下列内容:

a） 产品型号；

b） 产品名称；

c） 产品主要技术参数；

d） 制造日期和出厂编号；

e） 制造厂名称及所在地(出口产品加标“中华人民共和国”)。

8.2 包装机的包装、运输应符合下列规定。

8.2.1 包装机的运输包装应符合 GB/T 13384 的规定。

8.2.2 包装机包装前,外露加工表面应进行防锈处理。

8.2.3 包装机包装箱应牢固可靠,适合运输装卸的要求。

8.2.4 包装箱应有可靠的防潮措施,并符合 GB/T 5048 的规定。

8.2.5 包装机随机专用工具及易损件应加以包装并固定在包装箱中。

8.2.6 技术文件应妥善包装放在包装箱内,并应包括下列内容：

a） 产品合格证；

b） 产品说明书(编写应符合 GB/T 9969 的规定)；

c） 装箱单。

8.2.7 包装箱外表面应清晰标出发货及运输作业标志,并应符合 GB/T 191 的规定。

8.2.8 包装机运输过程中应小心轻放,不允许倒置和碰撞。

8.3 包装机应储存于干燥通风的场所。

8.4 制造厂自发货之日起,在正常储运条件下,应保证包装机一年内不致因包装不良引起锈蚀、霉损。

8.5 在用户遵守包装机的使用、贮存、安装运输规则条件下,从发货之日起,包装机确因制造质量不良而不能正常工作时,制造厂应在保修期内负责免费为用户修理或更换零件(不包括易损件)。

ICS 11.040.70
C 40

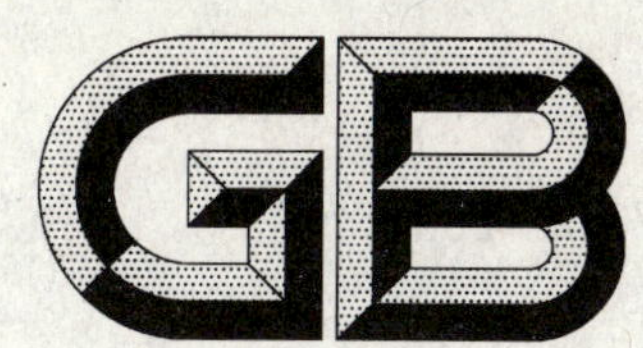

中华人民共和国国家标准

GB 17342—2009
代替 GB 17342—1998

眼科仪器 验光镜片

Ophthalmic instrument—Trial case lenses

(ISO 9801:1997,MOD)

2009-06-12 发布 2010-07-01 实施

中华人民共和国国家质量监督检验检疫总局
中国国家标准化管理委员会 发布

前言

本标准的全部技术内容为强制性的。

本标准修改采用ISO 9801:1997《眼科仪器　验光镜片》。

本标准与ISO 9801:1997的主要技术差异为:

——本标准的第4章:分类和用途为新增部分,增加了对辅助镜片的描述;

——本标准的5.2:新增了配置要求:验光镜片的基本配置、辅助镜片配置;

——本标准的5.3:光学性能要求:对球镜片的柱镜度允差;棱镜片的棱镜度、球镜度、柱镜度允差;球镜片和柱镜片的镜片几何中心处棱镜度的分档与允差;柱镜轴位的分档与允差;棱镜片基线的分档与允差;交叉柱镜的技术要求等作出调整和规定;

——本标准的5.4:结构要求:对验光镜片的厚度作出调整;对辅助镜片的结构作出规定;

——本标准的6.3:新增了对辅助镜片结构的检验方法;

——本标准的7.1:新增了球镜片、柱镜片、棱镜片单项合格率及整箱合格率的要求;作出了错片的规定;

——本标准的8.1:规定双面刻字的验光镜片各类技术指标均应满足光学性能要求。

本标准代替GB 17342—1998《眼科仪器　验光镜片》。

本标准与GB 17342—1998《眼科仪器　验光镜片》相比,主要变化如下:

——本标准的第4章:分类和用途为新增部分,增加了对辅助镜片的描述;

——本标准的5.2:新增了配置要求:验光镜片的基本配置、辅助镜片配置;

——本标准的5.3:光学性能要求:对球镜片的柱镜度允差;棱镜片的棱镜度、球镜度、柱镜度允差;球镜片和柱镜片的镜片几何中心处棱镜度的分档与允差;柱镜轴位的分档与允差;交叉柱镜的技术要求等作出调整和规定;

——本标准的5.4:结构要求:对验光镜片的厚度、镜框外径作出调整;对辅助镜片的结构作出规定;

——本标准的6.3:新增了对辅助镜片结构的检验方法;

——本标准的7.1:调整了球镜片、柱镜片、棱镜片单项合格率及整箱合格率的要求;作出了错片的规定;

——本标准的7.3:抽样检查表作出调整;

——本标准的8.1:规定双面刻字的验光镜片各类技术指标均应满足光学性能要求。

本标准由中国计量科学研究院提出。

本标准由全国光学与光学仪器标准化技术委员会眼镜光学分技术委员会(SAC/TC 103/SC 3)归口。

本标准主要起草单位:中国计量科学研究院、山东省计量科学研究院、连云港天诺光学仪器有限公司、上海日月光学仪器有限公司。

本标准主要起草人:刘文丽、陈燕、任宏伟、杨磊、宁立新、方志岗。

本标准于1998年首次发布。

眼科仪器　验光镜片

1　范围

本标准规定了用于检验人眼屈光缺陷所用的各种验光镜片的基本要求。

本标准适用于各类全孔径和缩小孔径的验光镜片。

2　规范性引用文件

下列文件中的条款通过本标准的引用而成为本标准的条款。凡是注日期的引用文件，其随后所有的修改单(不包括勘误的内容)或修订版均不适用于本标准，然而，鼓励根据本标准达成协议的各方研究是否可使用这些文件的最新版本。凡是不注日期的引用文件，其最新版本适用于本标准。

GB/T 2828.1　计数抽样检验程序　第1部分：按接收质量限(AQL)检索的逐批检验抽样计划(GB/T 2828.1—2003，ISO 2859-1：1999，IDT)

GB/T 10050　光学和光学仪器　参考波长(eqv GB/T 10050—1988，ISO 7944：1984)

JJG 580　焦度计

3　术语和定义

下列术语和定义适用于本标准。

3.1

顶焦度　vertex power

以米为单位测得的镜片近轴顶焦距的倒数。一个镜片含有两个顶焦度。

3.2

后顶焦度　back-vertex power

以米为单位测得的镜片近轴后顶焦距的倒数。如图1所示，镜片后顶点到近轴后焦点的距离称为近轴后顶焦距，以符号 l_f' 表示，它的倒数称为后顶焦度，即 $1/l_f'$。后顶焦度的单位是米的倒数(m^{-1})，单位名称为屈光度。

一般情况下，镜片的顶焦度均指其后顶焦度。验光镜片的顶焦度与波长有关。本标准规定采用波长为绿色汞线，$\lambda_e = 546.07$ nm，参见 GB/T 10050。

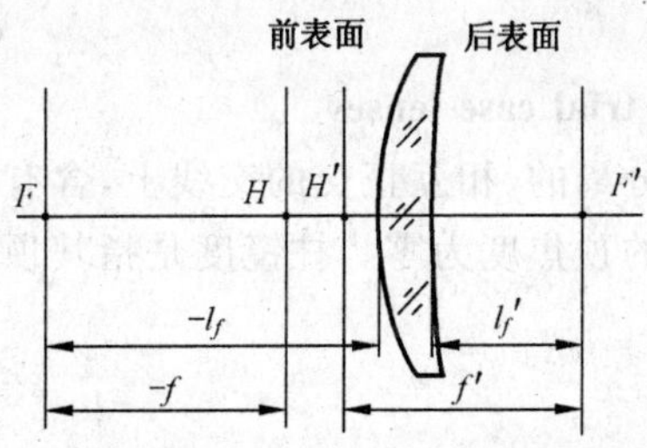

F——物方焦点；

F'——像方焦点；

H——物方主点；

H'——像方主点；

f——物方焦距；

f'——像方焦距；

l_f——前顶焦距；

l_f'——后顶焦距。

图1　镜片后顶焦距示意图

3.3

棱镜度 prismatic power

光线通过镜片上的规定点(通常是镜片中心)后所产生偏离的度量。见图2,棱镜度的单位是厘米每米(cm/m),单位名称为棱镜屈光度。

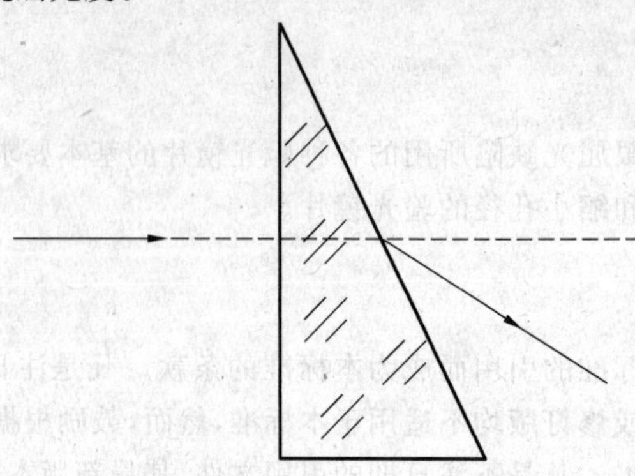

图2 棱镜示意图

3.4

验光镜片 trial case lenses

镶嵌在框中,用于测定人眼屈光缺陷所用的镜片。

3.5

全孔径验光镜片 full-aperture trial case lenses

带有1 mm壁厚的保护镜框且具有最大极限通光孔径的镜片。

3.6

缩小孔径验光镜片 reduced-aperture trail case lenses

通光孔径明显小于镜框外径,厚度明显减薄的镜片。

3.7

叠加使用的验光镜片链 additive power trial case lenses

球镜片、柱镜片或球-柱联合的验光镜片链。在其最后一面所测得的后顶焦度等于放在镜架中的所有验光镜片在子午线上的标称值的联合。

3.8

球镜验光镜片 spherical-power trial case lenses

使近轴的平行光束会聚于一个点的验光镜片。

3.9

柱镜验光镜片 cylinder-power trial case lenses

使近轴的平行光束会聚于两条分离的、相互正交的交线上,含有两个主顶焦度的验光镜片。

柱镜验光镜片其中一主子午面的顶焦度为零。柱镜度是指其顶焦度不为零的那一个主子午面的顶焦度。

4 分类和用途

4.1 用途

在实际应用中,各类验光镜片的组合称为验光镜片箱。验光镜片箱是医院眼科、眼镜商店等用来检查人眼的屈光状态和斜视、弱视及人眼其他视觉功能的一种眼科计量器具。

验光镜片主要由正、负球镜验光镜片,正、负柱镜验光镜片,棱镜验光镜片,辅助验光镜片等组成。

4.2 球镜验光镜片

由正、负球镜验光镜片组成。正球镜验光镜片用于人眼远视和老花的检查;负球镜验光镜片用于人眼近视的检查。

4.3 柱镜验光镜片

由正、负柱镜验光镜片组成。正柱镜验光镜片用于人眼远视和老花散光的检查;负柱镜验光镜片用于人眼近视散光的检查。

4.4 棱镜验光镜片

用于人眼斜视和隐斜视的检查。

4.5 辅助验光镜片

4.5.1 交叉柱镜片

交叉柱镜片是一种特殊的柱镜片,在其两个相互垂直的方位上,分别具有数值相同但符号相反的正、负柱镜顶焦度。用于柱镜轴位和柱镜度的检查。

4.5.2 马氏杆片

马氏杆片由一排直径相等、光滑透光的圆柱组成。用于检查斜视和隐斜视。

4.5.3 黑片

黑片又称遮盖片,是一完全不透光的盖片。用于遮盖不被检查的单眼。

4.5.4 针孔片

针孔片是在黑片的中心开有通光孔。主要用于鉴别视力下降是由屈光不正引起还是由眼的病变引起。通光孔应圆整、光滑,其余部分不透光。

4.5.5 裂隙片

在遮光片上有一条透光的狭缝,用于散光检查。

4.5.6 磨砂片

磨砂片呈半透明,供幼儿或室外代替黑片。

4.5.7 平光片

平光镜片为透光的,用于检查伪盲等情况。

4.5.8 十字片

在平光片上刻有"十"字形刻线,主要是用来测定眼的中心和在检查斜视时测定眼位。

4.5.9 滤光片

应为平光镜片。通常有红、绿镜片,用于色觉检查。

红片和绿片配合使用,用于双眼立体视觉检查、屈光间质混浊者视功能检查;红片还可用于对弱视的治疗、色觉检查;也有茶色片等用于畏光眼的视力检查的镜片。

4.5.10 偏振片

使自然光变为一个平面偏振光的镜片,用于隐视、斜视、不等视、立体视等视功能的检查。

5 要求

5.1 总则

验光镜片整箱出厂时应符合5.2、5.3、5.4和5.5的要求,并按第6章的要求进行检验。

5.2 整箱配置要求

5.2.1 球镜验光镜片

相同规格的球镜验光镜片应有左右两片:

a) 必须包括$+0.12\ m^{-1}$和$-0.12\ m^{-1}$的镜片,测量范围至少在$-12.00\ m^{-1}$~$+12.00\ m^{-1}$;

b) 在$-0.25\ m^{-1}$~$-4.00\ m^{-1}$和$+0.25\ m^{-1}$~$+4.00\ m^{-1}$范围内的镜片量值间隔不得大于$0.25\ m^{-1}$;

c) 在$<-4.00\ m^{-1}$~$-8.00\ m^{-1}$和$>+4.00\ m^{-1}$~$+8.00\ m^{-1}$范围内的镜片量值间隔不得大于$0.50\ m^{-1}$;

d) 在＜$-8.00\ m^{-1}$～$-12.00\ m^{-1}$和＞$+8.00\ m^{-1}$～$+12.00\ m^{-1}$范围内的镜片量值间隔不得大于$1.00\ m^{-1}$。

5.2.2 柱镜验光镜片

相同规格的柱镜验光镜片应有左右两片：

a) 必须包括$+0.12\ m^{-1}$和$-0.12\ m^{-1}$的镜片，测量范围至少在$-4.00\ m^{-1}$～$+4.00\ m^{-1}$；

b) 在$-0.25\ m^{-1}$～$-3.00\ m^{-1}$和$+0.25\ m^{-1}$～$+3.00\ m^{-1}$范围内的镜片量值间隔不得大于$0.25\ m^{-1}$；

c) 在＜$-3.00\ m^{-1}$～$-4.00\ m^{-1}$和＞$+3.00\ m^{-1}$～$+4.00\ m^{-1}$范围内的镜片量值间隔不得大于$0.50\ m^{-1}$。

5.2.3 棱镜验光镜片

棱镜验光镜片应符合以下要求：

a) 棱镜验光镜片测量范围至少到8.0 cm/m，其中0.5 cm/m、1.0 cm/m、2.0 cm/m应各有两片；

b) 在3.0 cm/m～8.0 cm/m范围内的镜片量值间隔不得大于1.0 cm/m。

5.2.4 辅助验光镜片

辅助镜片应包括交叉柱镜片、马氏杆片、针孔片、黑片、裂隙片、平光片、磨砂片、红绿滤光片等。

5.3 光学性能要求

5.3.1 平光镜片的顶焦度允差

平光镜片的顶焦度允差应符合表1的要求。

表1 平光镜片的顶焦度允差

顶焦度标称值 m^{-1}	允差(MPE)		
	球镜度 m^{-1}	柱镜度 m^{-1}	棱镜度 cm/m
0	±0.03	±0.03	0.06

5.3.2 球镜验光镜片的顶焦度允差

球镜验光镜片的顶焦度允差应符合表2的要求。

表2 球镜验光镜片的顶焦度允差　　单位为米$^{-1}$

顶焦度标称值(绝对值)	允差(MPE)	
	球镜度	柱镜度
0.12	±0.03	±0.03
＞0.12～6.00	±0.06	±0.03
＞6.00～12.00	±0.09	±0.03
＞12.00	±0.12	±0.05

5.3.3 柱镜验光镜片的顶焦度允差

柱镜验光镜片的柱镜顶焦度允差应符合表3的要求；其球镜度允差一律不得超过$\pm 0.06\ m^{-1}$，其固有棱镜度不得大于0.12 cm/m。

表3 柱镜验光镜片的柱镜顶焦度允差　　单位为米$^{-1}$

柱镜度标称值(绝对值)	允差(MPE)
0.12	±0.03
＞0.12～1.00	±0.06
＞1.00～4.00	±0.09
＞4.00～6.00	±0.12
＞6.00	±0.18

5.3.4 棱镜验光镜片的允差

棱镜验光镜片的棱镜度允差应符合表4的要求，在0 cm/m～5.0 cm/m范围内的棱镜验光镜片的球镜度、柱镜度均不得超过±0.05 m^{-1}。

表4 棱镜片的棱镜度允差 单位为厘米每米

棱镜度标称值	允差(MPE)
＞0～3.0	±0.10
＞3.0～6.0	±0.12
＞6.0	±0.25

5.3.5 光学中心位移允差

球镜验光镜片、柱镜验光镜片的光学中心位移由镜圈几何中心处的棱镜度表示，其光学中心位移允差应符合表5的规定。

表5 光学中心位移允差

顶焦度标称值(绝对值) m^{-1}	棱镜度允差(MPE) cm/m
≥0.12～1.00	±0.12
＞1.00～4.00	±0.25
＞4.00～7.00	±0.35
＞7.00～10.00	±0.50
＞10.00～12.00	±0.60
＞12.00	±0.80

5.3.6 柱镜验光镜片轴位允差

柱镜验光镜片的轴位线规定为0°～180°方向，其与镜片直径两端的轴位标记之间的偏差用角度值表示，其值应符合表6的规定。

表6 柱镜片轴位允差

柱镜度标称值(绝对值) m^{-1}	轴位允差(MPE)
≥0.12～0.50	±3°
＞0.50	±2°

5.3.7 棱镜片基线允差

棱镜片基底的轴向定位由棱镜基线表示，其偏差应符合表7的规定。

表7 棱镜基线允差

棱镜度标称值 cm/m	允差(MPE)
＞0～0.50	±5°
＞0.50～1.00	±4°
＞1.00～2.00	±3°
＞2.00～10.00	±2°
＞10.00	±1°

5.3.8 交叉柱镜光学性能要求

交叉柱镜的球镜度允差见表2,柱镜度允差见表3,光学中心位移允差见表5,轴位允差见表6。

注:交叉柱镜片负柱镜的轴位应用红色标记,正柱镜的轴位应用蓝色(或黑色)标记。在两个不同颜色标记处、不同测量模式下,其光学性能要求都应满足上述要求。

5.4 结构要求

本要求适用于所有镜框及安装好的镜片。

5.4.1 规格尺寸

验光镜片配有的镜框边缘是圆弧形的,圆弧的半径不大于1.4 mm。安装好的镜片的镜框外径应为$38_{-0.2}^{\ 0}$ mm。

验光镜片连同其镜框在内的整体厚度不得超过2.8 mm。验光镜片应能装入每片间隔为3 mm的试镜架中。其中绝对值大于和等于4.00 m^{-1}的全孔径球镜片的厚度允许超过2.8 mm,大于和等于3 cm/m的全孔径和缩小孔径棱镜片靠近物方一侧的厚度允许超过2.8 mm。

5.4.2 有效通光孔径

顶焦度标称值的绝对值小于12 m^{-1}的验光镜片的有效通过孔径不得小于18 mm;顶焦度标称值绝对值大于12 m^{-1}的验光镜片的有效通过孔径不得小于16 mm。

5.4.3 结构

5.4.3.1 镜框的结构要求

验光镜片的镜框应表面光滑,不得带有任何能对患者或验光师造成伤害的尖边、尖角或粗糙面,且无裂缝及明显的变形。验光镜片与镜框应固定牢固,无松动,镶嵌应整齐。镜框的标识应符合表9的要求。

5.4.3.2 棱镜片的结构要求

在安装棱镜片时应使靠近眼睛一侧的表面与镜框安装面平行。标在镜框上的名义值应是光线垂直入射于靠近眼睛一方时的棱镜度,并与焦度计的测量值一致。

5.4.3.3 马氏杆片的结构要求

马氏杆片半圆柱沿轴线方向的两端与平面之间的厚度差不应超过0.08 mm。

5.4.3.4 针孔片的结构要求

针孔片的通光孔的直径应在0.5 mm~2.0 mm范围内。

5.4.3.5 裂隙片的结构要求

裂隙片的透光狭缝的宽度应在0.5 mm~2.0 mm范围内。

5.5 材料及表面质量

5.5.1 材料

镜框所用材料不应含有任何腐蚀成分。

5.5.2 表面质量

验光镜片在有效通光孔径内不得有气泡、疵点、杂质、划痕以及任何肉眼可观察出的不规则的表面缺陷。验光镜片应透光良好,不得有霉斑。

6 检验方法

6.1 光学性能的检验

6.1.1 顶焦度检验方法

检验镜片的顶焦度时,应使被测镜片的成像中心与分划板的十字线重合,并使棱镜度示值最小或为零。

6.1.2 光学中心位移检验方法

检验球镜验光镜片、柱镜验光镜片、交叉柱镜的光学中心位移时,可首先将焦度计的棱镜测量模式调整到极坐标显示方式(如“P-B”方式等),使被测镜片的几何中心位于镜片支座的几何中心处,此时测得的棱镜度示值即为被测镜片的光学中心位移。

6.1.3 **轴位标记检验方法**

检验柱镜验光镜片的轴位标记时,应使镜圈两端的轴位标记与焦度计打印机构的三点连线重合,即可读出被测镜片的轴位偏差。

6.1.4 **棱镜度检验方法**

检验棱镜验光镜片的棱镜度时,使其成像的水平轴与分划板十字线的水平轴相重合。此时得到的被测镜片的棱镜度、球镜度和柱镜度读数。

6.1.5 **棱镜片基线检验方法**

检验棱镜验光镜片的棱镜基线时,继 6.1.4 步骤后,再精细转动被检镜片,使镜圈一端的基线标记与焦度计打印机构的三点连线重合。此时得到被检镜片的基线偏差读数。

6.1.6 **检验设备**

光学性能的检验应使用依照 JJG 580 检定规程检定合格的一级标准焦度计。在对验光镜片进行检验之前,一级标准焦度计在室内恒温时间不少于 2 h,同时保证在温度为 20 ℃±5 ℃、相对湿度小于85%的环境条件下进行检验。

对验光镜片进行检验时,应首先将一级标准焦度计分度选择设置在 0.01 m^{-1}分度,阿贝数在 58 附近,标准波长选择 e 谱线,同时对焦度计镜片支座进行检查,去除灰尘后方可进行检测。

对验光镜片进行检验时,均应将被测镜片标识面朝上放在焦度计镜片支座上,如果镜片双面刻字需分别对两个标识面都进行检验。

6.2 **材料和表面质量的检验**

不借助光学放大装置,在明视场,暗背景中进行镜片的检验。图 3 所示为推荐的质量检验系统示意图。检验装置周围光照度约为 200 lx。推荐照明光源使用 15 W 以上的日光灯或 60 W 以上的白炽灯,在图示镜片放置位置处的光照度应不低于 350 lx。

注:本观察方法具有一定的主观性,要求检测人员具有一定的实践经验。

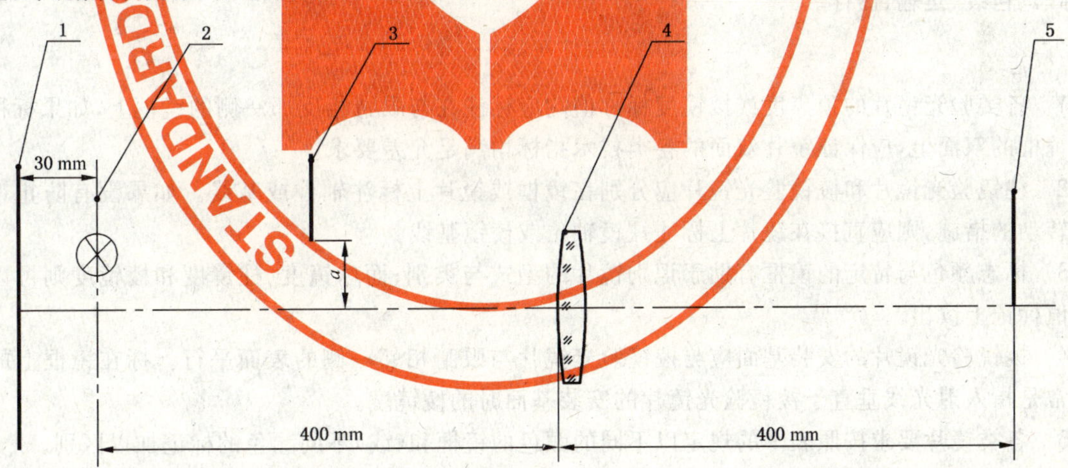

1——黑色无反光背景(150 mm×360 mm);

2——光源;

3——遮光板(可调挡板);

4——可移动验光镜片;

5——眼睛观察平面;

a——可调遮光板距离(mm)。

图 3 验光镜片表面质量检验装置示意图

6.3 结构检验

6.3.1 镜框结构的检验，参照6.2的方法目测进行。

6.3.2 检验马氏杆片的结构。使用最小分度不大于0.01 mm的千分尺，测量马氏杆片半圆柱沿轴线方向的两端与平面之间的厚度差。

6.3.3 裂隙片和针孔片的结构检验。使用最小分度为0.01 mm的数显卡尺。

7 检验规则

7.1 验光镜片整箱出厂时，如发生以下情况：球镜验光镜片、柱镜验光镜片、棱镜验光镜片三者之间互相装配错误；球镜验光镜片、柱镜验光镜片中，正、负镜片之间装配错误；各类验光镜片断档、缺片；球镜验光镜片球镜度、柱镜验光镜片柱镜度、棱镜验光镜片棱镜度的指标超过各自相应允差的2倍；即视为"错片"。

7.2 出厂产品按本标准规定的要求，按箱进行整体验收。要求每箱内球镜验光镜片、柱镜验光镜片和棱镜验光镜片的单项合格率不得低于90%；整箱合格率不得低于90%。整箱出厂时，出现一片及一片以上的错片，则视为整箱不合格。

7.3 出厂的批量产品按GB/T 2828.1的特殊检查水平S-4、AQL为4.0的要求进行抽样检查，详见表8。

表 8

产品批量范围 *N*	抽样样本大小 *n*	合格判定数 Ac	不合格判定数 Re
2～90	3	0	1
91～500	13	1	2

7.4 对特殊规格的产品可按供需双方的要求另定协议。

8 标志、包装、运输、储存

8.1 标志

8.1.1 各类验光镜片的顶焦度或棱镜度标称值均应标注在与眼睛相反那一侧的镜框上，如果标称值标注在镜框的双面上，应保证镜片双面的各类技术指标均满足允差要求。

8.1.2 柱镜验光镜片和棱镜验光镜片应分别在镜框或镜片上标注轴位或基线。如果没有防止镜片在框内转动的措施，则应直接在镜片上标注柱镜轴位或棱镜基线。

8.1.3 标志颜色与特定的镜框有助于识别镜片的型式与类别；而球镜度、柱镜度和棱镜度则可以直接从示值标记上读出。

8.1.4 棱镜验光镜片的安装基面应与棱镜验光镜片与眼睛相邻一侧的表面平行。标在镜框上的名义值通常是指入射光线垂直于棱镜验光镜片的安装基面时的棱镜度。

8.1.5 各类镜片要求按照表9的规定以不同的颜色的镜框和(或)不同颜色的标记加以区别。

表 9 镜片识别标记

镜片类别	字母或符号	镜框颜色或识别标记
球、柱验光镜片	顶焦度标称值	—
正片	+	黑
负片	—	红
棱镜验光片	Δ	白/灰

表 9（续）

镜片类别	字母或符号	镜框颜色或识别标记
马式杆片	MR	—
裂隙片	I 或 SS	—
针孔片	◎或 PH	白/黑/灰
黑片	●或 BL	—
磨砂片	FL	—
十字片	⊕或 CL	—
红色滤光片	RF	—
绿色滤光片	GF	—
偏振片	PF	—

8.2 包装

8.2.1 验光镜片应按类别分装在箱内。

8.2.2 箱内应附有使用说明书，说明书的装箱单配置必须与箱内实际配置一致，说明书还应包括下列内容：

a) 生产厂家的名称和地址；

b) 验光镜片消毒方法的介绍；

c) 验光镜片叠加使用的方法说明；

d) 执行标准的代号；

e) 装箱单。

8.2.3 验光镜片箱的标志

验光镜片箱应包括下列永久标志：

a) 生产厂家的名称和地址；

b) 验光镜片箱的品牌和型号；

c) 出厂编号。

对于分内外箱的验光镜片箱，其内箱上必须标有品牌、型号和编号等永久标志。

8.3 验光镜片箱的外包装应符合国家相关包装标准的要求。

8.4 运输、搬运时应轻放轻卸，严禁雨淋、受潮。

8.5 储存时应注意通风干燥，防止受潮。

ICS 43.160
T 04

中华人民共和国国家标准

GB/T 17350—2009
代替 GB/T 17350—1998

专用汽车和专用挂车术语、代号和编制方法

Terms marks and designation for special purpose vehicles and special trailers

2009-03-23 发布　　2010-01-01 实施

中华人民共和国国家质量监督检验检疫总局
中国国家标准化管理委员会　发布

前　言

本标准代替 GB/T 17350—1998《专用汽车和专用半挂车术语和代号》。

本标准与 GB/T 17350—1998 相比主要修订如下：

——标准名称改为“专用汽车和专用挂车术语、代号和编制方法”；

——在“厢式汽车”中，增加厢式专用运输汽车和厢式专用作业汽车的分类和定义，撤消原标准的产品术语“修理车”、“X 射线诊断车”、“住宿车”，产品术语“计划生育车” 更改为“计划生育宣传车”，“警备车” 更改为“警用车”。

——在“罐式汽车”中，增加罐式专用运输汽车和罐式专用作业汽车的分类和定义，撤消原标准的产品术语“化工液体运输车”、“液态食品运输车”、“粉粒食品运输车”、“粉粒物料运输车”、“散装电石粉车”，产品术语“散装水泥车”更改为“散装水泥运输车”。

——在“专用自卸汽车”中，增加专用自卸运输汽车和专用自卸作业汽车的分类和定义，撤消原标准的产品术语“粉粒物料自卸车”，新增产品术语“分捡垃圾运输车”、“压缩式对接垃圾车”“散装粮食运输车”、“散装饲料运输车”、“散装种子运输车”、“厢式垃圾车”。

——在“仓栅式汽车”中，增加仓栅式专用运输汽车和仓栅式专用作业汽车的分类和定义，撤消原标准的产品术语“散装粮食运输车”、“散装饲料运输车”、“散装种子运输车”，新增产品术语“瓶装饮料运输车”、“桶装垃圾运输车”。

——在“起重举升汽车”中，增加起重举升专用运输汽车和起重举升专用作业汽车的分类和定义，新增产品术语 “桥梁检测车”、“计量检衡车”。

——在“特种结构汽车”中，增加特种结构专用运输汽车和特种结构专用作业汽车的分类和定义，撤消原标准的产品术语“静力触探车”、“放射性源车”、“输砂车”、“油井防砂车”、“洗井清蜡车”、“电源车”、“抢险车”、“照明车”、“联用消防车”、“机场消防车”，产品术语“连续管作业车”更改为“连续油管作业车”、“固井水泥车”更改为“固井车”、“氮气增压车”更改为“液氮车”、“采油车”更改为“超声波采油车”、“调剖车”更改为“调剖堵水车”、“地锚车”更改为“螺旋地锚车”、“清蜡车”更改为“热油(水)清蜡车”。

——增加专用汽车和专用挂车术语的编制方法(见第 5 章)。

本标准的附录 A 为资料性附录。

本标准由国家发展和改革委员会提出。

本标准由全国汽车标准化技术委员会归口。

本标准起草单位：汉阳专用汽车研究所、中国汽车技术研究中心、中国质量认证中心。

本标准主要起草人：吴跃玲、胡钢、张龙、谢鹏鸿、王焕民、杜娟。

本标准所代替的历次版本发布情况为：

GB/T 17350—1998。

专用汽车和专用挂车术语、代号和编制方法

1 范围

本标准规定了专用汽车和专用挂车的术语、代号和编制方法。

本标准适用于在公路、城市道路和非公路上运行的专用汽车和专用挂车。

2 规范性引用文件

下列文件中的条款通过本标准的引用而成为本标准的条款。凡是注日期的引用文件，其随后所有的修改单(不包括勘误的内容)或修订版均不适用于本标准，然而，鼓励根据本标准达成协议的各方研究是否可使用这些文件的最新版本。凡是不注日期的引用文件，其最新版本适用于本标准。

GB 12268　危险货物品名表

GB/T 3730.1　汽车和挂车类型的术语和定义

GB/T 8423　石油钻采设备及专用管材词汇

GA/T 114　消防车产品型号编制方法

3 专用汽车术语和定义

GB/T 3730.1、GB/T 8423、GA/T 114 中确立的以及下列术语和定义适用于本标准。

3.1

专用汽车　special purpose vehicle

装备有专用设备，具备专用功能，用于承担专门运输任务或专项作业以及其他专项用途的汽车。

3.1.1

厢式汽车　van

装备有专用设备，具有独立的封闭结构车厢(可与驾驶室联成一体)的专用汽车。厢式汽车分为厢式专用运输汽车、厢式专用作业汽车。

3.1.1.1

厢式专用运输汽车　specialized goods van

装备有独立的封闭结构车厢(可与驾驶室联成一体)，用于运输货物、特定人员或特殊物品的厢式汽车。

3.1.1.1.1

警用车　police van

装备有警报装置，用于公安工作的厢式专用运输汽车。

3.1.1.1.2

囚车　prison van

装备有警报和防止囚犯逃逸的防护装置，驾驶室和押运舱分离，用于押运囚犯的厢式专用运输汽车。

3.1.1.1.3

伤残运送车　handicapped person carrier

装备有供轮椅上下和防止轮椅在车厢内串动的装置，用于运送坐在轮椅中的伤残者的厢式专用运

输汽车。

3.1.1.1.4

血浆运输车　Plasma transport van

装备有存放血浆的容器，用于运输血浆的厢式专用运输汽车。

3.1.1.1.5

器官运输车　organ transplantation urgency carrier

装备有放置器官容器的场所，用于运送器官的厢式专用运输汽车。

3.1.1.1.6

运钞车　cash transport van

装备有防盗、报警、通讯等设施和放置货币的保险柜，具有防弹、防暴功能，用于运输货币的厢式专用运输汽车。

3.1.1.1.7

警犬运输车　police dogs carrier

装备有防护装置，用于运输警犬的厢式专用运输汽车。

3.1.1.1.8

运兵车　soldiers carrier

装备有专用装置，用于运送官兵的厢式专用运输汽车。

3.1.1.1.9

保温车　insulated van

装备有隔热结构的车厢，用于保温运输的厢式专用运输汽车。

3.1.1.1.10

冷藏车　refrigerated van

装备有隔热结构的车厢和制冷装置，用于冷藏运输的厢式专用运输汽车。

3.1.1.1.11

厢容可变车　changeable body capacity van

装备有专用设备，通过长度或高度方向的变化改变车厢容积大小，用于运输货物的厢式专用运输汽车。

3.1.1.1.12

厢式运输车　transport van

装备有整体封闭或车厢顶部封闭、车厢两侧为软帘结构的车厢，具有防雨、防晒、防尘功能，可具备自装卸功能，用于运输货物的厢式专用运输汽车。

3.1.1.1.13

翼开启厢式车　wing opening type box van

装备有专用装置，使货厢翼顶和/或侧翼自行开启和关闭，用于运输货物的厢式专用运输汽车。

3.1.1.1.14

邮政车　mobile post office

装备有专用设备，用于分送信函、投递信件或运输邮件的厢式专用运输汽车。

3.1.1.1.15

医疗废物转运车　medical refuse transfer vehicle

装备有整体封闭车厢，车厢内部应采用防水、耐腐蚀、便于消毒和清洗的材料，用于转运医疗废物的厢式专用运输汽车。

3.1.1.1.16

爆炸品厢式运输车　explosives van

装备有防静电和监控装置等，用于运输有爆炸性危险货物的厢式专用运输汽车。

3.1.1.1.17

易燃气体厢式运输车　flammable gas van

装备有安全装置，用于运输具有独立容器(瓶)包装的易燃气体的厢式专用运输汽车。

3.1.1.1.18

毒性气体厢式运输车　poison gas van

装备有防静电和监控装置等，用于运输具有独立容器(瓶)包装的毒性气体的厢式专用运输汽车。

3.1.1.1.19

易燃液体厢式运输车　flammable liquid van

装备有安全装置，用于运输具有独立容器(瓶)包装的易燃液体的厢式专用运输汽车。

3.1.1.1.20

易燃固体厢式运输车　flammable solid matter or substance van

装备有安全装置，用于运输易燃固体的厢式专用运输汽车。

3.1.1.1.21

氧化性物品厢式运输车　oxidizer substance van

装备有安全装置，用于运输氧化性物品的厢式专用运输汽车。

3.1.1.1.22

毒性和感染性物品厢式运输车　poisonous materials and infectious substance van

装备有防静电和监控装置等，用于运输毒性和感染性物品的厢式专用运输汽车。

3.1.1.1.23

放射性物品厢式运输车　radioactive material van

装备有安全装置，用于运输放射性物品的厢式专用运输汽车。

3.1.1.1.24

腐蚀性物品厢式运输车　corrosive material van

装备有安全装置，用于运输腐蚀性物品的厢式专用运输汽车。

3.1.1.1.25

杂项危险物品厢式运输车　miscellaneous hazardous material van

装备有安全装置，用于运输杂项危险物品的厢式专用运输汽车。

3.1.1.1.26

爆破器材运输车　explosives transport van

装备有防火和防静电装置，用于运输民用爆破器材的厢式专用运输汽车。

3.1.1.1.27

煤炭运输车　coal van

装备有煤炭装运车厢等，具有防抛洒、便于装卸的功能，用于运输煤炭的厢式专用运输汽车。

3.1.1.1.28

殡仪车　hearse

装备有专用装置，遗体箱与送葬人的位置隔开，设有安置殡葬礼仪性物品的设施，用于运输灵柩的厢式专用运输汽车。

3.1.1.1.29

运马车　horse vehicle

装备有专用装置，车厢内具有通风换气装置，防滑地板和放置喂养马匹饲料的容器，用于运输马匹的厢式专用运输车。

3.1.1.2

厢式专用作业汽车　special goods van

装备有独立的封闭结构车厢(可与驾驶室联成一体),用于完成特定作业任务或特殊服务的厢式汽车。

3.1.1.2.1

电视车　TV recording and relaying vehicle

装备有专用装置,用于现场电视节目录制、实况转播、新闻采集等工作的厢式专用作业汽车。

3.1.1.2.2

防疫车　epidemic control vehicle

装备有检测设备,用于监测、控制疫情的厢式专用作业汽车。

3.1.1.2.3

化验车　chemical analysis van

装备有化验仪器、工作台,用于水化分析或油田、地质等化验工作的厢式专用作业汽车。

3.1.1.2.4

检测车　inspection van

装备有检测仪器和工作台,用于流动检测的厢式专用作业汽车。

3.1.1.2.5

药品检测车　leechdom inspection vehicle

装备有药品检测仪器等,用于流动药品检测的厢式专用作业汽车。

3.1.1.2.6

食品检测车　food monitor vehicle

装备有食品检测仪器等,用于食品检测的厢式专用作业汽车。

3.1.1.2.7

农机检测车　agriculture machine safety performance inspection vehicle

装备有检测仪器等,用于农机具检测工作的厢式专用作业汽车。

3.1.1.2.8

医疗车　hospital car

装备有医疗设备、消毒设备以及照明设备等,用于医疗诊断的厢式专用作业汽车。

3.1.1.2.9

体检医疗车　physical examination hospital car

装备有体检医疗设备,用于健康体检的厢式专用作业汽车。

3.1.1.2.10

救护车　ambulance

装备有警报装置和救护设备,用于紧急救护和/或运送伤、病员的厢式汽车。

3.1.1.2.11

运送型救护车　transport ambulance

装备有一般医疗设施,用于运送伤、病员的厢式专用作业汽车。

3.1.1.2.12

监护型救护车　ward ambulance

装备有一般医疗设施外,另配备有监护仪器,用于对伤、病员进行紧急救护的厢式专用作业汽车。

3.1.1.2.13

监测车　mobile monitor

装备有监测设备和分析仪器等，用于大气、水源和其他方面监控的厢式专用作业汽车。

3.1.1.2.14

环境监测车　condition monitor vehicle

装备有环境监测仪器等，用于环境质量监测的厢式专用作业汽车。

3.1.1.2.15

车速监测车　velocity-measuring monitor vehicle

装备有测速取证等装置，用于监测车辆行驶速度的厢式专用作业汽车。

3.1.1.2.16

无线电监测车　electric wave monitor vehicle

装备有监测无线电的接收装置等设备，用于监测无线电设备的厢式专用作业汽车。

3.1.1.2.17

计量车　metrology vehicle

装备有计量器具，用于计量的厢式专用作业汽车。

3.1.1.2.18

油井计量车　oil well metrology vehicle

装备有油田计量专用设备，用于计量油井的产液量、产气量的厢式专用作业汽车。

3.1.1.2.19

勘察车　investigation vehicle

装备有勘察设施，用于交通事故、刑事现场或野外勘察工作的厢式专用作业汽车。

3.1.1.2.20

通信车　communication van

装备有专用装置，具有语音、图像、数字信号传输功能，用于通信服务的厢式专用作业汽车。

3.1.1.2.21

宣传车　mobile loudspeaker

装备有宣传设备等，用于进行政策、业务宣传服务的厢式专用作业汽车。

3.1.1.2.22

科普宣传车　scientific loudspeaker

装备有宣传仪器和科教器材等，用于科教宣传的厢式专用作业汽车。

3.1.1.2.23

计划生育宣传车　mobile family-planning loudspeaker

装备有专用装置，用于进行计划生育手术或宣传指导及运送节育用具的厢式专用作业汽车。

3.1.1.2.24

消毒车　sterilizing vehicle

装备有专用装置，用于对医疗器械、玻璃器皿、餐具等进行消毒的厢式专用作业汽车。

3.1.1.2.25

通讯指挥消防车　command and communication fire vehicle

装备有专用装置，用于火灾现场通讯指挥的厢式专用作业汽车。

3.1.1.2.26

勘察消防车　reconnaissance fire vehicle

装备有火场勘察与分析仪器、录像设备及必要的消防破拆工具，用于火灾现场勘察的厢式专用作业汽车。

3.1.1.2.27

宣传消防车　propaganda fire vehicle

装备有影像、录放、音响和发电设备，用于消防知识宣传的厢式专用作业汽车。

3.1.1.2.28

器材消防车　equipment fire vehicle

装备有各种救灾器材装备，用于消防器材及配件运送至火场的厢式专用作业汽车。

3.1.1.2.29

海关安检车　customs mobile examination special purpose vehicle

装备有海关检测设备等，用于海关实施安检作业的厢式专用作业汽车。

3.1.1.2.30

教练车　coach trainer

装备有专用装置，用于驾校及运输行业教学或考试用的厢式专用作业汽车。

3.1.1.2.31

仪器车　apparatus van

装备有供电、照明系统和仪器等设施，用于测试作业的厢式专用作业汽车。

3.1.1.2.32

地震仪器车　seismic apparatus vehicle

装备有地震仪器，用于地震数据采集、处理的厢式专用作业汽车。

3.1.1.2.33

路政车　road administration vehicle

装备有警灯、报警器等装置，用于路政行政管理的厢式专用作业汽车。

3.1.1.2.34

监理车　supervision vehicle

装备有警报装置，用于交通、农机、环境、旅游等监察管理的厢式专用作业汽车。

3.1.1.2.35

指挥车　command van

装备有警报、扩音器等设备，用于消防、交通、生产现场等指挥作业的厢式专用作业汽车。

3.1.1.2.36

电力指挥车　electric power emergency command van

装备有警报、扩音器等设备，用于电力应急抢险等指挥作业的厢式专用作业汽车。

3.1.1.2.37

森林防火指挥车　forest fireproofing vchiclc

装备有警报、扩音器等设备，用于森林消防指挥的厢式专用作业汽车。

3.1.1.2.38

稽查车　inspection vehicle

装备有警报装置，用于稽查的厢式专用作业汽车。

3.1.1.2.39

银行车　banking service vehicle

装备有银行柜台、监控装置等，用于现场办理银行业务的厢式专用作业汽车。

3.1.1.2.40

旅居车　motor caravan

装备有专用装置，车厢装有隔热层，车内设有桌椅、睡具(可由座具转变而成)、炊具、储藏器皿、卫生设施及必要的照明和空气调节等设施，用于人员宿营的专用汽车。

3.1.1.2.41

餐车 mobile canteen

装备有专用装置,用于制作膳食、用膳或供应快餐、冷热饮料的厢式专用作业车。

3.1.1.2.42

厕所车 mobile lavatory

装备有便池、抽水、盥洗等设施,用于流动厕所的厢式专用作业汽车。

3.1.1.2.43

手术车 operation van

装备有手术台、医疗器械等,用于进行一般性手术的厢式专用作业汽车。

3.1.1.2.44

图书馆车 mobile library

装备有专用装置,车厢内备有书架、桌椅等设施,用于借阅图书的厢式专用作业汽车。

3.1.1.2.45

采血车 bloodmobile

装备有采血专用设施,用于血液采集的厢式专用作业汽车。

3.1.1.2.46

防暴车 anti-hijacking vehicle

装备有防暴装置,用于执行安全巡逻任务或平息群体突发事件的厢式专用作业汽车。

3.1.1.2.47

售货车 mobile store

装备有售货窗口、货架、货柜等设施,用于流动售货的厢式专用作业汽车。

3.1.1.2.48

工程车 mobile work shop

装备有工程作业所需的设施,用于进行工程作业的厢式专用作业汽车。

3.1.1.2.49

电力工程车 electric engineering vehicle

装备有电力维修设备等,用于电力设施维修的厢式专用作业汽车。

3.1.1.2.50

物探工程车 matter exploration engineering vehicle

装备有物探仪器设备,用于石油物探的厢式专用作业汽车。

3.1.1.2.51

保温防腐工程车 heat preservation and antisepsis engineering vehicle

装备有保温防腐材料的喷涂设备,用于在供热管道外层喷涂防腐保温材料的厢式专用作业汽车。

3.1.1.2.52

润滑油净化工程车 lube purity engineering vehicle

装备有净化机组和化验仪器,用于大型设备的润滑、保养的厢式专用作业汽车。

3.1.1.2.53

测量工程车 measuring engineering vehicle

装备有数据采集设备,用于对各种检测仪器设备进行监控的厢式专用作业汽车。

3.1.1.2.54

焊接工程车 mobile welding workshop

装备有焊接设备,用于焊接作业的厢式专用作业汽车。

3.1.1.2.55

淋浴车　mobile shower bath

装备有冷热水供给系统和淋浴装置，用于供野外工作人员淋浴的厢式专用作业汽车。

3.1.1.2.56

检修车　inspection repair-shop van

装备有检测仪器和/或修理设备，用于流动检测和/或修理作业的厢式专用作业汽车。

3.1.1.2.57

抽油机检修车　pumping unit examine and repair van

装备有抽油机修理设备等，用于抽油机等大型野外设备检修作业的厢式专用作业汽车。

3.1.1.2.58

管道检修车　pipeline repair breach engineering vehicle

装备有管道补口设备，用于油气管路的管道焊接、补口补伤的厢式专用作业汽车。

3.1.1.2.59

地震装线车　special arrying wires earthquake vehicle

装备有收、放线装置，用于地震勘探作业的厢式专用作业汽车。

3.1.1.2.60

净水车　water purification vehicle

装备有取水系统、净化系统等设备，用于提供生活用水和饮用水的厢式专用作业汽车。

3.1.1.2.61

静力触探车　hydraulic geologic survey truck

装备有静力触探机等设备，用于勘测地基的允许承载力等数据的厢式专用作业汽车。

3.1.1.2.62

放射性源车　radioactiviting source carrier

装备有防辐射的储存容器、安全器具等装置，用于放射性测井作业的厢式专用作业汽车。

3.1.1.2.63

电源车　powelr source van

装备有发电机、输电线路等装置，用于提供电源的厢式专用作业汽车。

3.1.1.2.64

救险车　emergency service vehicle

装备有救险用的设备，用于救险作业的厢式专用作业汽车。

3.1.1.2.65

燃气管道救险车　gas pipeline emergency service vehicle

装备有燃气管道救险用的专用装置，用于燃气管道抢修作业的厢式专用作业汽车。

3.1.1.2.66

照明车　lighting vehicle

装备有发电机、照明灯具、输电线路等装置，用于提供短时照明服务的厢式专用作业汽车。

3.1.1.2.67

抢险救援照明车　emergency rescue lighting vehicle

装备有抢险救援工具以及照明工具，用于照明以及抢险救灾作业的厢式专用作业汽车。

3.1.1.2.68

电影放映车　mobile movie projection

装备有电影放映机、发电机组等器材，用于电影放映的厢式专用作业汽车。

3.1.1.2.69

电热解堵车　unplugging vehicle

装备有解堵控制系统,用于融化管内原油,疏通油路达到解堵目的的厢式专用作业汽车。

3.1.1.2.70

展示车　exhibition vehicle

装备有专用设备或产(商)品等,用于对产(商)品进行宣传、演示、培训等活动的厢式专用作业汽车。

3.1.1.2.71

舞台车　stage vehicle

装备有可伸展的厢体翼板和折叠式底板,顶板伸展和升降,液压启动后能拼装成舞台及和/或顶棚,用于巡演时作为临时舞台用的厢式专用作业汽车。

3.1.2

罐式汽车　tanker

装备有罐状容器,用于运输或完成特定作业任务的专用汽车。罐式汽车分为罐式专用运输汽车、罐式专用作业汽车。

3.1.2.1

罐式专用运输汽车　specialized goods tanker

装备有罐状容器,用于运输固态、液态或其他介质的罐式汽车。

3.1.2.1.1

低温液体运输车　low temperature liquid tanker

装备有低温液体罐,控制系统和安全设施等,用于运输低温液体的罐式专用运输汽车。

3.1.2.1.2

液化气体运输车　liquefied gas tanker

装备有控制系统和安全设施,用于运输液化气体的罐式专用运输汽车。

3.1.2.1.3

沥青运输车　heated bitumen tanker

装备有沥青贮运容器和沥青加温设备,用于运输液态沥青的罐式专用运输汽车。

3.1.2.1.4

运油车　fule tanker

装备有消除静电、灭火等安全装置,用于运输油料的罐式专用运输汽车。

3.1.2.1.5

鲜奶运输车　milk tanker

装备有专用装置,罐体内壁及管道应符合卫生安全要求,用于运送鲜奶的罐式专用运输汽车。

3.1.2.1.6

散装水泥运输车　bulk cement delivery tanker

装备有专用装置,采用压缩空气使水泥流态化后,通过管道输送到一定距离和高度,用于运输散装水泥的罐式专用运输汽车。

3.1.2.1.7

干拌砂浆运输车　ready mixed dry mortar truck

装备有专用装置,采用压缩空气使干拌砂浆流态化后,通过管道输送到一定距离和高度,用于运输散装干拌砂浆的罐式专用运输汽车。

3.1.2.1.8

低密度粉粒物料运输车　low-density bulk powder goods tanker

装备有专用装置,采用压缩空气使粉粒物料流态化后,通过管道输送到一定距离和高度,用于运输堆积密度≤700 kg/m^3 粉粒物料介质的罐式专用运输汽车。

3.1.2.1.9

中密度粉粒物料运输车 middle-density bulk powder goods tanker

装备有专用装置，采用压缩空气使粉粒物料流态化后，通过管道输送到一定距离和高度，用于运输700 kg/m^3＜堆积密度≤1 200 kg/m^3 粉粒物料介质的罐式专用运输汽车。

3.1.2.1.10

高密度粉粒物料运输车 high-density bulk powder goods tanker

装备有专用装置，采用压缩空气使粉粒物料流态化后，通过管道输送到一定距离和高度，用于运输堆积密度＞1 200 kg/m^3 粉粒物料介质的罐式专用运输汽车。

3.1.2.1.11

活鱼运送车 fish carrier

装备有装载水的罐状容器和供给氧气的装置，用于运送鱼类和贝类并保持其鲜活状态的罐式专用运输汽车。

3.1.2.1.12

供水车 water feeder

装备有供水系统或保温设备等设施，用于生产、生活供水和向固井车供水的罐式专用运输汽车。

3.1.2.1.13

飞机供水车 airplane water feeder

装备有水泵、管路系统等装置，用于飞机供水的罐式专用运输汽车。

3.1.2.1.14

混凝土搅拌运输车 concrete mixing carrier

装备有搅拌筒和动力系统等设备，用于运输混凝土的罐式专用运输汽车。

3.1.2.1.15

下灰车 pneumatic cement-discharging tanker

装备有专用装置，采用压缩空气使水泥或其他物料流态化后，通过管道输送，用于油(气)田固井作业的罐式专用运输汽车。

3.1.2.1.16

二氧化碳运输车 carbon dioxide truck

装备有专用装置，用于运送罐装低温高压液态二氧化碳的罐式专用运输汽车。

3.1.2.1.17

爆炸品罐式运输车 explosives tanker

装备有罐体防护装置、防静电和监控装置等，用于运输爆炸性危险货物的罐式专用运输汽车。

3.1.2.1.18

易燃气体罐式运输车 flammable gas tanker

装备有控制系统和安全装置等，用于运输易燃气体的罐式专用运输汽车。

3.1.2.1.19

毒性气体罐式运输车 poisonous gas tanker

装备有罐体防护装置、防静电和监控装置等，用于运输毒性气体的罐式专用运输汽车。

3.1.2.1.20

易燃液体罐式运输车 flammable liquid tanker

装备有控制系统和安全装置等，用于运输易燃液体的罐式专用运输汽车。

3.1.2.1.21

易燃固体罐式运输车　flammable solid matter or substance tanker

装备有控制系统和安全装置等，用于运输易燃固体的罐式专用运输汽车。

3.1.2.1.22

氧化性物品罐式运输车　oxidizer substance tanker

装备有控制系统和安全装置等，用于运输氧化性物品的罐式专用运输汽车。

3.1.2.1.23

毒性和感染性物品罐式运输车　poisonous materials and infectious substance tanker

装备有罐体防护装置、防静电和监控装置等，用于运输毒性和感染性物品的罐式专用运输汽车。

3.1.2.1.24

放射性物品罐式运输车　radioactive material tanker

装备有安全装置等，用于运输放射性物品的罐式专用运输汽车。

3.1.2.1.25

腐蚀性物品罐式运输车　corrosive material tanker

装备有安全装置等，用于运输腐蚀性物品的罐式专用运输汽车。

3.1.2.1.26

杂项危险物品罐式运输车　miscellaneous hazardous material tanker

装备有安全装置，用于运输杂项危险物品的罐式专用运输汽车。

3.1.2.2

罐式专用作业汽车　special goods tanker

装备有罐状容器，用于完成特定作业任务的罐式汽车。

3.1.2.2.1

吸污车　suction-type sewer scavenger

装备有贮运罐、真空泵等设施，用于吸除水坑、阴沟洞、下水道里污浊物的罐式专用作业汽车。

3.1.2.2.2

飞机吸污车　airplane suction sewer scavenger

装备有储运罐、真空泵等装置，用于吸除飞机污浊物的罐式专用作业汽车。

3.1.2.2.3

清洗吸污车　cleanout and suction-type sewer scavenger

装备有储运罐、清洗和吸污等装置，用于吸除污浊物和清洗作业的罐式专用作业汽车。

3.1.2.2.4

吸粪车　suction-type excrement tanker

装备有真空泵，靠罐内真空将粪便吸入罐体内，用于利用气压或自流排放出罐体的罐式专用作业汽车。

3.1.2.2.5

加油车　refueller

装备有消除静电、灭火、泵油系统和数控计量设备等，用于流动加油的罐式专用作业汽车。

3.1.2.2.6

飞机加油车　plane refueller

装备有消除静电、灭火、泵油系统和数控计量设备等，用于飞机加注油料的罐式专用作业汽车。

3.1.2.2.7

绿化喷洒车 tree sprinkling tanker

装备有泵和喷洒系统，用于园林绿化喷洒作业的罐式专用作业汽车。

3.1.2.2.8

洒水车 street sprinkler

装备有水泵、喷嘴，使水流具有一定压力，用于喷洒路面，起除尘和降温作用的罐式专用作业汽车。

3.1.2.2.9

清洗洒水车 street cleanout sprinkler

装备有洒水系统、清洗等装置，用于清洗、洒水作业的罐式专用作业汽车。

3.1.2.2.10

清洗车 general specification for cleaning tanker

装备有水泵、管道系统等设施，用于清理路面、管道沉积物或清洗物体的罐式专用作业汽车。

3.1.2.2.11

下水道疏通清洗车 sewer dredging and cleaning vehicle

装备有下水道疏通设备等，用于下水管道的疏通、清洗等作业的罐式专用作业汽车。

3.1.2.2.12

护栏清洗车 road guardrail cleanout vehicle

装备有护栏清洗装置，用于公路护栏清洗作业的罐式专用作业汽车。

3.1.2.2.13

沥青洒布车 asphalt-distributing tanker

装备有保温容器、沥青泵、加热器和喷洒系统，用于喷洒沥青的罐式专用作业汽车。

3.1.2.2.14

水罐消防车 fire-extinguishing water tanker

装备有消防泵、水罐、消防水枪和水炮等，用于扑灭一般物质火灾的罐式专用作业汽车。

3.1.2.2.15

泡沫消防车 foam fire tanker

装备有消防泵、水罐、泡沫液罐、泡沫液混合装置等，用于扑灭火灾的罐式专用作业车。

3.1.2.2.16

供水消防车 water tanker

装备大容量水罐，用丁向火场消防供水的罐式专用作业汽车。

3.1.2.2.17

供液消防车 liquid supply fire tanker

装备有泡沫罐及泡沫泵装置，用于给火场输送补给泡沫液的罐式专用作业汽车。

3.1.2.2.18

A类泡沫消防车 class-A foam fire tanker

装备有自动混合装置系统，可实现水、混合液、湿泡沫和干泡沫喷射功能，用于扑灭火灾的罐式专用作业车。

3.1.2.2.19

机场消防车 airport fire tanker

装备有专用装置，用于处理飞机火灾和事故，用于喷射灭火剂的罐式专用作业汽车。

3.1.2.2.20

防暴水罐车　anti-violence water tanker

装备有高压水泵、水罐、高压水枪等，用于平息群体性突发事件的罐式专用作业汽车。

3.1.2.2.21

吸引压送车　pulling and pumping tanker

装备有真空泵、空压机、除尘过滤系统、真空吸引装载系统等专用装置，用于除尘及其对干燥粉粒物料进行真空吸引装料和卸料的罐式专用作业汽车。

3.1.2.2.22

油井液处理车　oil well fluid-treating tanker

装备有油井液处理装置，用于净化、处理油井产出液的罐式专用作业汽车。

3.1.3

专用自卸汽车　special tipper

装备有液压举升机构，能将车箱(罐体)卸下或使车箱(罐体)倾斜一定角度，货物依靠自重能自行卸下或者水平推挤卸料的专用汽车。专用自卸汽车分为专用自卸运输汽车、专用自卸作业汽车。

3.1.3.1

专用自卸运输汽车　specialized goods tipper

装备有整体式车箱(罐体)自装卸机构，或便于货物卸料的车箱(罐体)倾斜机构，或者水平挤压装卸料机构，用于运输整体式车箱(罐体)或特定物品的专用自卸汽车。

3.1.3.1.1

污泥自卸车　sludge tipper

装备有污泥卸料机构，用于运输污泥的专用自卸运输汽车。

3.1.3.1.2

运棉车　cotton transport vehicle

装备有液压举升机构和自动压实装置，用于运输棉花的专用自卸运输汽车。

3.1.3.1.3

摆臂式自装卸车　swept-body tipper

装备有可回转的起重摆臂，车斗或集装货物悬吊在起重摆臂上，随起重摆臂回转、起落，用于实现货物自装自卸的专用自卸运输汽车。

3.1.3.1.4

车厢可卸式汽车　roll-off skip loader

装备有液力装卸机构，能将专用的车厢拖吊到车上或倾斜一定角度卸下货物，并能将车厢卸下，用于运输货物的专用自卸运输汽车。

3.1.3.1.5

背罐车　demountable tanker carrier

装备有液压举升机构，用于实现容罐的自背、自卸、自运的专用自卸运输汽车。

3.1.3.1.6

厢式自卸车　van-body tipper

装备有专用装置，具有封闭结构车厢、液压举升机构，使车厢倾斜一定角度后，用于实现货物依靠自重自行卸下的专用自卸运输汽车。

3.1.3.1.7

自卸式垃圾车　garbage dump truck

装备有液压举升机构，能将车箱倾斜一定角度，用于实现垃圾依靠自重能自行卸下的专用自卸运输汽车。

3.1.3.1.8

压缩式垃圾车　compression refuse collector

装备有液压机构和填塞器，用于能将垃圾自行压实装入、转运和卸料的专用自卸运输汽车。

3.1.3.1.9

自装卸式垃圾车　self-loading garbage truck

装备有专用装置，用于以本车装置和动力配合集装垃圾的定型容器（如垃圾桶）自行将垃圾装入、转运和倾卸的专用自卸运输汽车。

3.1.3.1.10

摆臂式垃圾车　swept-body refuse collector

装备有可回转的起重摆臂，车斗或集装垃圾悬吊在起重摆臂上，随起重摆臂回转、起落，用于实现垃圾自装自卸的专用自卸运输汽车。

3.1.3.1.11

车厢可卸式垃圾车　detachable container garbage collector

装备有液力装卸机构，能将专用的车厢拖吊到车上或倾斜一定角度卸下垃圾，并能将车厢卸下，用于运输垃圾的专用自卸运输汽车。

3.1.3.1.12

分捡垃圾运输车　separate collecting garbage truck

装备有自卸机构、车厢密封盖和多个垃圾收集箱，用于运输分捡后的垃圾的专用自卸运输汽车。

3.1.3.1.13

压缩式对接垃圾车　compression docking refuse collector

装备有压缩装置、提升装载机构等专用装置，用于收集垃圾和与大型垃圾车对接装料的专用自卸运输汽车。

3.1.3.1.14

散装粮食运输车　bulk-grain carrier

装备有液压举升机构，用于运输散装粮食的专用自卸运输汽车。

3.1.3.1.15

散装饲料运输车　bulk-fodder transport truck

装备有液压传动系统和输送器，通过输送器将饲料输送到一定距离和高度，用于运输散装饲料的专用自卸运输汽车。

3.1.3.1.16

散装种子运输车　bulk-seed carrier

装备有液压举升机构，用于运输散装种子的专用自卸运输汽车。

3.1.3.2

专用自卸作业汽车　special goods special tipper

装备有整体式车箱（罐体）自装卸机构，或车箱（罐体）倾斜机构，或者水平挤压机构，用于完成特定作业任务的专用自卸汽车。

3.1.4

仓栅式汽车　box/stake truck

装备有专用装置，具有仓笼式或栅栏式结构车厢的专用汽车。仓栅式汽车分为仓栅式专用运输汽车、仓栅式专用作业汽车。

3.1.4.1

仓栅式专用运输汽车　special goods box/stake truck

装备有仓笼式或栅栏式结构车厢，仓笼或栅栏内按一定的距离安装有格栅，用于运输物品的仓栅式汽车。

3.1.4.1.1

畜禽运输车 livestock and poultry carrier

装备有食斗槽等装置,车厢为栅栏式结构,用于运输牲畜、家禽等的仓栅式专用运输汽车。

3.1.4.1.2

瓶装饮料运输车 bottled drink carrier

装备有专用装置,车厢两侧可为软帘结构、内部有隔栏,用于运送瓶装啤酒、瓶装饮料等的仓栅式专用运输汽车。

3.1.4.1.3

养蜂车 mobile bee-keeper

装备有专用装置,具有可装载养蜂机具的车厢及供流动放蜂时使用的生活设施,用于装载养蜂机具及供流动放蜂时使用的仓栅式专用运输汽车。

3.1.4.1.4

桶装垃圾运输车 barreled garbage carrier

装备有电控后栏板起重机构、用于装卸居民区标准垃圾桶至垃圾压缩中转站的仓栅式专用运输汽车。

3.1.4.2

仓栅式专用作业汽车 special goods box/stake truck

装备有仓笼式或栅栏式结构车厢,仓笼或栅栏内按一定的距离安装有格栅,用于完成特定作业任务的仓栅式汽车。

3.1.5

起重举升汽车 crane/lift truck

装备有起重设备或可升降作业台(斗)的专用汽车。起重举升汽车分为起重举升专用运输汽车、起重举升专用作业汽车。

3.1.5.1

起重举升专用运输汽车 specialized goods crane/lift truck

装备有便于货物装卸的起重设备或可升降台,用于运输货物的起重举升汽车。

3.1.5.1.1

随车起重运输车 truck with loading crane

装备有随车起重机,用于实现货物自行装卸的起重举升专用运输汽车。

3.1.5.1.2

航空食品装运车 aircarft food delivery truck

装备有可升降的车厢和自由伸缩的工作平台,用于飞机装运食品的起重举升专用运输汽车。

3.1.5.2

起重举升专用作业汽车 special goods crane/lift truck

装备有起重设备或可升降作业台(斗),用于完成特定作业任务的起重举升汽车。

3.1.5.2.1

汽车起重机 truck crane

装备有起重设备,具有臂架伸缩、变幅等机构,用于完成起重作业的起重举升专用作业汽车。

3.1.5.2.2

高空作业车　hydraulic aerial cage

装备有专用装置，通过举升机构，将作业人员和物具举升到一定高度，用于高度作业的起重举升专用作业汽车。

3.1.5.2.3

飞机清洗车　aircraft-cleaning truck

装备有能升降的工作平台和清洗系统，用于清洗飞机表面污垢的起重举升专用作业汽车。

3.1.5.2.4

登高平台消防车　elevating platform fire truck

装备有臂架、载人平台、转台及灭火装置等，用于扑灭高层建筑火灾和实施火灾救援的起重举升专用作业汽车。

3.1.5.2.5

举高喷射消防车　water tower fire truck

装备有臂架、转台及灭火装置，用于消防员可在地面遥控臂顶的灭火装置进行空中灭火的起重举升专用作业汽车。

3.1.5.2.6

云梯消防车　aerial ladder fire truck

装备有伸缩式云梯（可带有升降台或升降斗）、转台及灭火装置，用于扑灭高层建筑火灾和抢救人员的起重举升专用作业汽车。

3.1.5.2.7

桥梁检测车　bridge inspection vehicle

装备有回转、变幅、伸缩机构和控制系统等专用装置，用于桥梁检测维修的起重举升专用作业汽车。

3.1.5.2.8

计量检衡车　inspection weighing vehicle

装备有随车吊、砝码等专用设备，用于检测地中衡计量准确度的起重举升专用作业汽车。

3.1.6

特种结构汽车　special construction vehicle

装备有专用装置，具有桁架形结构、平板结构等各种特殊结构，用于承担专项运输或专项作业的专用汽车。特种结构汽车分为特种结构专用运输汽车、特种结构专用作业汽车。

3.1.6.1

特种结构专用运输汽车　specialized goods special construction vehicle

装备有专用装置，具有平板结构或其他特殊结构，用于运输货物或不可拆卸物品的特种结构汽车。

3.1.6.1.1

集装箱运输车　container platform vehicle

装备有框架式货台，货台上设置有旋转式夹紧装置，用于运输集装箱的特种结构专用运输汽车。

3.1.6.1.2

车辆运输车　car carrier

装备有装运和固定车辆的货台及供车辆上、下的跳板，用于运输车辆的特种结构专用运输汽车。

3.1.6.1.3

运材车　pole transport truck

装备有货架和固紧装置，用于运输各类管材或建筑用材的特种结构专用运输汽车。

3.1.6.1.4

抽油泵运输车　pump truck

装备有托架、升降系统等装置，用于运送抽油泵的特种结构专用运输汽车。

3.1.6.1.5

渣料运输车　dregs transport tanker

装备有渣料专用运输装置，用于运输渣料的特种结构专用运输汽车。

3.1.6.2

特种结构专用作业汽车　special goods special construction vehicle

装备有专用装置，具有桁架形结构或其他特殊结构，用于完成特定作业任务的特种结构汽车。

3.1.6.2.1

钻机车　mobile drill

装备有钻机，用于油田、地质或其他工程等钻孔作业的特种结构专用作业汽车。

3.1.6.2.2

测试井架车　derrick truck

装备有井架及固定装置，用于油井测试的特种结构专用作业汽车。

3.1.6.2.3

立放井架车　plumb derrick truck

装备有井架固定装置，用于立放井架的特种结构专用作业汽车。

3.1.6.2.4

井架安装车　derrick building truck

装备有操纵控制提升系统和安装设备，用于塔型井架安装的特种结构专用作业汽车。

3.1.6.2.5

投捞车　dropping-fishing truck

装备有投捞设备、控制系统，用于投捞井下器具的特种结构专用作业汽车。

3.1.6.2.6

井控管汇车　well-controling pipeline trucb

装备有高低压管汇、胶管等装置，提供液体汇流，输送至井口，用于控制井压或放空作业的特种结构专用作业汽车。

3.1.6.2.7

固井管汇车　cementing manifold truck

装备有高低压管汇、胶管、滚筒等装置，用于能将固井车提供的灰浆汇流，输送至井口，注入井下的特种结构专用作业汽车。

3.1.6.2.8

压裂管汇车　fracturing pipeline truck

装备有酸化压裂管汇等装置，用于实现液体汇流，输送至井口，注入井下的特种结构专用作业汽车。

3.1.6.2.9

运砂车　sand transport truck

装备有砂罐和输砂器等装置，用于向混砂车提供支撑剂的特种结构专用作业汽车。

3.1.6.2.10

供液车　tank truck

装备有储罐、立式柱塞泵或离心泵等装置，用于向井场运送液体的特种结构专用作业汽车。

3.1.6.2.11

固井车 cementing truck

装备有固井泵、混合器等装置，用于固井作业中，自配和注入水泥的特种结构专用作业汽车。

3.1.6.2.12

洗井车 well washing truck

装备有动力传动装置、泵等设施，用于清洗油井的特种结构专用作业汽车。

3.1.6.2.13

排液车 pumping fluid vehicle

装备有专用装置，可以向井下注入气、液体等介质，用于排除干扰油气生产液体的特种结构专用作业汽车。

3.1.6.2.14

氮气发生车 nitrogen generating truck

装备有压缩机、高压冷却器等装置，用于能从空气中制取氮气的特种结构专用作业汽车。

3.1.6.2.15

液氮车 liquid nitrogen truck

装备有液氮储罐、高压液氮泵、液氮蒸发器等装置，能把低压液氮转换成高压液氮或高压常温氮气，用于压裂酸化预处理、混相驱、油井失火抢险等作业的特种结构专用作业汽车。

3.1.6.2.16

超声波采油车 ultrasonic oil recovery truck

装备有换能器、传输电缆、超声波发生机和绞盘等装置，用于处理油井和注水井的特种结构专用作业汽车。

3.1.6.2.17

锅炉车 mobile steam generator

装备有锅炉、供水泵、空气压缩机等装置，用于清除油管、抽油杆、井架油污和油井结蜡以及临时解冻保温等的特种结构专用作业汽车。

3.1.6.2.18

连续油管作业车 coiled tubing unit

装备有连续油管滚筒、排管装置、油管导向器、推送器、液压动力系统等装置，用于连续油管下入油井的生产管柱内进行作业的特种结构专用作业汽车。

3.1.6.2.19

连续抽油杆作业车 continuous rodunit vehicle

装备有抽油杆等专用装置，用于原油开采的特种结构专用作业汽车。

3.1.6.2.20

调剖堵水车 water profile control and shutoff truck

装备有配料和混拌、高压注入泵等装置，能配制不同介质液体，注入井下，用于向井中加注调剖剂或堵水剂，以调整吸水剖面、堵塞油层过水通道的特种结构专用作业汽车。

3.1.6.2.21

试井车 wireling truck

装备有测试仪器、绞车等设备，用于油、气、水井的取样、探测砂面，清蜡、打捞，测试等作业的特种结构专用作业汽车。

3.1.6.2.22

修井机 workover rig

装备有动力传动、减速、绞车等装置和操纵控制系统及井架等，用于油、气井维修的特种结构专用作业汽车。

3.1.6.2.23

通井车　well service truck

装备有减速器、滚筒、刹车等装置，用于油、水井的通井、抽吸、打捞及其他辅助作业的特种结构专用作业汽车。

3.1.6.2.24

测井车　logging truck

装备有绞车、计量检测和操纵装置等，用于油、气井的测井、射孔等作业的特种结构专用作业汽车。

3.1.6.2.25

螺旋地锚车　earth auger truck

装备有吊臂、钻地锚等装置，用于为井架绷绳打螺旋地锚桩的特种结构专用作业汽车。

3.1.6.2.26

化学剂注入车　chemicals injection truck

装备有吊臂、钻地锚等装置，用于运送化学剂、配制工作液并进行油井防蜡、清蜡、降粘、脱水等作业的特种结构专用作业汽车。

3.1.6.2.27

压裂车　fracturing truck

装备有动力装置、传动装置和压裂泵组等系统，用于向井内注入高压压裂液，以压开地层的特种结构专用作业汽车。

3.1.6.2.28

酸化压裂车　acid fracturing truck

装备有泵、阀、管道并采用耐酸材料制成，用于以酸作为压裂液用于油层压裂的特种结构专用作业汽车。

3.1.6.2.29

热油(水)清蜡车　hotoiling truck

装备有泵、加热器等清蜡设备，用于清除油井结蜡的特种结构专用作业汽车。

3.1.6.2.30

混砂车　sand mixing truck

装备有发动机、泵和混合器装置，用于油、水井压裂作业中的混砂及配制、输送、灌注等作业的特种结构专用作业汽车。

3.1.6.2.31

仪表车　instrument truck

装备有监控仪器等，用于监测和控制固井、压裂或酸化过程的特种结构专用作业汽车。

3.1.6.2.32

地震排列车　earthquake arrangement vehicle

装备有货箱、设备固定装置，用于装载、运送石油勘探的专用排列电缆、采集站、交叉站等专用设备的特种结构专用作业汽车。

3.1.6.2.33

可控震源车　vibrator

装备有可控频率、压力变换的连续震源装置，用于地震勘探作业的特种结构专用作业汽车。

3.1.6.2.34

吸尘车　dirty-suction vehicle

装备有吸尘、回收系统等，用于吸尘作业的特种结构专用作业汽车。

3.1.6.2.35

扫路车　sweeper truck

装备有垃圾、尘土收集容器及清扫系统，用于清除、收集垃圾等污物的特种结构专用作业汽车。

3.1.6.2.36

洗扫车　cleaning sweeper truck

装备有垃圾箱、水箱、洗扫刷等专用装置，具有清扫和清洗功能，用于清扫、清洗垃圾等污物的特种结构专用作业汽车。

3.1.6.2.37

除雪车　snow blower

装备有除雪铲、融雪剂撒布器、清扫装置等专用装置，具有铲雪、吹雪和/或扫雪功能，用于清除道路积雪的特种结构专用作业汽车。

3.1.6.2.38

路面养护车　pavement maintenance truck

装备有路面养护装置等，用于修补公路坑槽和进行小修罩面作业的特种结构专用作业汽车。

3.1.6.2.39

沥青道路微波养护车　microwave maintenance vehicle for bituminous pavement

装备有微波加热等路面养护装置，用于沥青道路养护作业的特种结构专用作业汽车。

3.1.6.2.40

护栏抢修车　road guardrail rush repair vehicle

装备有打桩设备、拔桩设备等专用装置，用于公路护栏维修的特种结构专用作业汽车。

3.1.6.2.41

稀浆封层车　seal coat vehicle

装备有路面修复装置，用于修复道路表面的裂缝、车辙等的特种结构专用作业汽车。

3.1.6.2.42

道路划线车　road lineation vehicle

装备有道路划线设备，用于道路划线作业的特种结构专用作业汽车。

3.1.6.2.43

道路检测车　road testing vehicle

装备有道路检测设备等专用装置，用于检测道路施工质量的特种结构专用作业汽车。

3.1.6.2.44

混凝土泵车　ruck mounted concrete pump

装备有混凝土泵等专用装置，通过管道或外接管道输送混凝土，用于实现混凝土浇灌的特种结构专用作业汽车。

3.1.6.2.45

沥青水泥砂浆搅拌车　mobile mixing vehicle for bitumen-cement-mortar

装备有计量、搅拌、灌浆等装置，能将干粉料、乳化沥青、水、外加剂按预设配方称量、搅拌、罐装，用于道路施工的特种结构专用作业汽车。

3.1.6.2.46

压缩机车　gas compressor vehicle

装备有动力压缩机、管线等装置，能提供高压气源，用于清扫管道及试压作业的特种结构专用作业汽车。

3.1.6.2.47

清淤车　pipeline cleanout vehicle

装备有污泥抓斗等专用装置，用于排水管道的疏通，窨井、雨水井的泥沙等杂物清理的特种结构专用作业汽车。

3.1.6.2.48

伸缩式皮带输送车　belt truck conveyor

装备有给料输送机和伸缩臂架，用于输送各类混凝土及其他散状物料的特种结构专用作业汽车。

3.1.6.2.49

炸药混装车　explosive mix and charge vehicle

装备有专用装置，可混制不同配方的炸药，用于炸药原料的运输、制药，向炮孔装填为一体的特种结构专用作业汽车。

3.1.6.2.50

餐厨垃圾车　kitchen garbage vehicle

装备有密封装置和清洗系统等，用于餐厨垃圾的收集和运输的特种结构专用作业汽车。

3.1.6.2.51

机场客梯车　mobile aircraft landing stairs

装备有弦梯，用于供乘客上、下飞机用的特种结构专用作业汽车。

3.1.6.2.52

清障车　tow truck

装备有起重、托举、拖曳等设备，用于清除道路障碍物的特种结构专用作业汽车。

3.1.6.2.53

供气消防车　fill gas fire vehicle

装备有空气压缩系统等，用于消防部队消防员空气呼吸器补给的特种结构专用作业汽车。

3.1.6.2.54

泵浦消防车　pumper

装备有消防泵、消防水枪和水炮，用于扑灭火灾的特种结构专用作业汽车。

3.1.6.2.55

干粉消防车　powder fire vehicle

装备有干粉灭火剂容器和成套干粉喷射装置，用于扑灭火灾的特种结构专用作业汽车。

3.1.6.2.56

干粉泡沫联用消防车　foam and powder universal fire vehicle

装备有专用装置，配有干粉枪及软管卷装置、快速灭火枪卷盘装置，用于能喷水、雾或泡沫扑灭火灾的特种结构专用作业汽车。

3.1.6.2.57

干粉水联用消防车　water and powder universal fire vehicle

装备有泵室、车厢、水泵系统及干粉系统等装置，用于扑灭易燃液体、可燃气体和一般电气设备的初期火灾的特种结构专用作业汽车。

3.1.6.2.58

二氧化碳消防车　carbon dioxide fire vehicle

装备有二氧化碳灭火剂罐或高压贮瓶及成套二氧化碳喷射装置，用于扑灭火灾的特种结构专用作业汽车。

3.1.6.2.59

后援消防车 auxiliary fire vehicle

装备有专用装置，用于向火场补给灭火剂或消防器材的特种结构专用作业汽车。

3.1.6.2.60

抢险救援消防车 emergency rescue fire vehicle

装备有消防救援器材，消防员特种防护设备，消防破拆工具、火源探测器，用于火灾现场抢险救援的特种结构专用作业汽车。

3.1.6.2.61

排烟消防车 smoke evacuation fire vehicle

装备有排烟消防设备，用于从建筑物内排除火灾产生的烟和热气的特种结构专用作业汽车。

3.1.6.2.62

照明消防车 lighting tower fire vehicle

装备有发电设备和照明设备，用于担负专项消防技术作业的特种结构专用作业汽车。

3.1.6.2.63

高倍泡沫消防车 fine foam fire vehicle

装备有高倍数泡沫发生装置和消防水泵系统，用于扑救火灾的特种结构专用作业汽车。

3.1.6.2.64

排烟照明消防车 smoke evacuation and lighting tower fire vehicle

装备有排烟消防设备和照明设备，用于从建筑物内排除烟和热气并提供照明的特种结构专用作业汽车。

3.1.6.2.65

高倍泡沫排烟消防车 fine foam and smoke evacuation fire vehicle

装备有高倍数泡沫发生装置和排烟消防设备，用于排除烟雾和扑救火灾的特种结构专用作业汽车。

3.1.6.2.66

自装卸式消防车 self-loading fire vehicle

装备有车厢可卸式机构和随车消防装备等，用于装卸各种消防装备的特种结构专用作业汽车。

3.1.6.2.67

水带敷设消防车 fire main lay fire vehicle

装备有水带敷设装置等，用于敷设消防水带的特种结构专用作业汽车。

3.1.6.2.68

化学事故抢险救援消防车 chemistry rescue fire vehicle

装备有消防泵、消防炮、化学罐等，用于化学危险品灾害事故抢险救援的特种结构专用作业汽车。

3.1.6.2.69

化学洗消消防车 chemistry washing fire vehicle

装备有化学危险品泄漏物质的围封与堵漏等装置，用于对有毒有害物质等进行封堵、洗消的特种结构专用作业汽车。

3.1.6.2.70

涡喷消防车 urbojet fire vehicle

装备有航空涡轮喷气发动机等装置，用于扑灭火灾的特种结构专用作业汽车。

3.1.6.2.71

沙漠车 vehicle off-road for desert

装备有低压宽基轮胎，用于沙漠、戈壁、砾石、沼泽等无道路复杂地表的运行，从事野外作业等的特种结构专用作业汽车。同时应满足以下要求：

a） 沙漠车辆的驱动型式为全轮驱动，具有高强度车架；

b） 为保证轮胎作用在地面上的压力保持均衡，沙漠车装备特殊悬挂系统，一般为摆动框架或平衡梁结构，若为纵置钢板结构前后均应装双作用减震器。

3.1.6.2.72

工程沙漠车　mobile work vehicle off-road for desert

装备有工程作业所需的设施，具有沙漠车结构特征，用于在沙漠中进行流动性工程作业的特种结构专用作业汽车。

3.1.6.2.73

冷藏沙漠车　refrigerated vehicle off-road for desert

装备有隔热结构的车厢和制冷装置，具有沙漠车结构特征，用于在沙漠中冷藏运输的特种结构专用作业汽车。

3.1.6.2.74

供水沙漠车　water feeder vehicle off-road for desert

装备有供水系统等设施，具有沙漠车结构特征，用于在沙漠中进行生产、生活等供水的特种结构专用作业汽车。

3.1.6.2.75

运油沙漠车　fule tanker vehicle off-road for desert

装备有消电、灭火等安全装置，具有沙漠车结构特征，用于在沙漠中运输油料的特种结构专用作业汽车。

3.1.6.2.76

起重运输沙漠车　truck with loading crane vehicle off-road for desert

装备有随车起重机，具有沙漠车结构特征，用于在沙漠中自行装卸货物的特种结构专用作业汽车。

3.1.6.2.77

沙漠汽车起重机　truck crane off-road desert

装备有专用装置，起重设备安装在专用汽车底盘上，具有沙漠车结构特征，用于在沙漠中起重作业的特种结构专用作业汽车。

3.1.6.2.78

地震排列沙漠车　earthquake arrangement vehicle off-road for desert

装备有货箱、设备固定装置，具有沙漠车结构特征，用于在沙漠中装载、运送石油勘探的专用排列电缆、采集站、交叉站等专用设备的特种结构专用作业汽车。

3.1.6.2.79

加油沙漠车　refueller vehicle off-road for desert

装备有加油机系统等，具有沙漠车结构特征，用于在沙漠中流动加油的特种结构专用作业汽车。

4　专用挂车术语和定义

专用挂车的术语和定义是将专用汽车同类结构产品术语中的车字分别改为半挂车、牵引杆挂车、中置轴挂车，定义中的汽车分别改为半挂车、牵引杆挂车、中置轴挂车即为专用挂车的术语和定义。

5　专用汽车和专用挂车术语编制方法

5.1　专用汽车术语编制方法

5.1.1　对于标准中未确立的新增术语，应符合 5.1.2～5.1.6 的规定。

5.1.2　专用汽车产品术语主要由产品功能和/或产品用途的名称构成，可包含服务对象或运输介质的名称。

5.1.3 对于专用汽车产品功能和/或产品用途相同，以及产品服务对象或运输介质相同的产品应采用一个产品术语，但车身结构不同产品可采用不同的产品术语。允许使用类化的专用汽车产品术语，也允许使用其细分的专用汽车产品术语。

5.1.4 对标准中已经明确了运输介质的专用汽车术语，其产品不应使用类化的术语。

5.1.5 对于多功能的专用汽车产品，术语应采用其中一种或两种主要功能的名称构成。

5.1.6 对于运输列入 GB 12268《危险货物品名表》中的危险货物的专用汽车产品，术语采用它所运输的危险货物类别或项别名称构成。

5.2 专用挂车术语编制方法

专用挂车术语编制方法的内容与本标准 5.1 条专用汽车术语编制方法相同。

6 专用汽车和专用挂车代号编制方法

6.1 专用汽车结构特征代号和用途特征代号编制方法

6.1.1 专用汽车结构特征代号编制方法

专用汽车的结构特征代号应符合表 1 的规定。

表 1 结构特征代号

车辆结构	厢式汽车	罐式汽车	专用自卸汽车	仓栅式汽车	起重举升汽车	特种结构汽车
结构特征代号	X	G	Z	C	J	T

6.1.2 专用汽车用途特征代号编制方法

专用汽车用途特征代号的确定，根据术语的汉字缩写，取其汉语拼音的第 1 位大写字母组合，对于重复的依次取第二位，第三位，但不应采用 I 和 O。

车身结构不同，但产品功能和/或产品用途相同，以及产品服务对象或运输介质相同的产品应采用一个用途特征代号。类化的产品采用一个特征代号对应几个产品术语。

专用汽车的用途特征代号按 6.1.2.1～6.1.2.6 的规定。

6.1.2.1 厢式汽车

厢式汽车的用途特征代号见表 2。

表 2 厢式汽车用途特征代号

序号	术语	汉字缩写	汉语拼音	用途特征代号	序号	术语	汉字缩写	汉语拼音	用途特征代号
6.1.2.1.1	警用车	警用	jing yong	JY	6.1.2.1.11	厢容可变车	厢变	xiang bian	XB
6.1.2.1.2	囚车	囚车	qiu che	QC	6.1.2.1.12	厢式运输车	厢运	xiang yun	XY
6.1.2.1.3	伤残运送车	伤残	shang can	SC	6.1.2.1.13	翼开启厢式车	翼开	yi kai	YK
6.1.2.1.4	血浆运输车	血浆	xie jiang	XJ	6.1.2.1.14	邮政车	邮政	you zheng	YZ
6.1.2.1.5	器官运输车	器官	qi guan	QG	6.1.2.1.15	医疗废物转运车	医运	yi yun	YY
6.1.2.1.6	运钞车	运钞	yun chao	YC					
6.1.2.1.7	警犬运输车	警犬	jing quan	JQ	6.1.2.1.16	爆炸品厢式运输车	爆炸	bao zha	BZ
6.1.2.1.8	运兵车	运兵	yun bing	YB					
6.1.2.1.9	保温车	保温	bao wen	BW	6.1.2.1.17	易燃气体厢式运输车	燃气	ran qi	RQ
6.1.2.1.10	冷藏车	冷藏	leng cang	LC					

表 2（续）

序号	术语	汉字缩写	汉语拼音	用途特征代号
6.1.2.1.18	毒性气体厢式运输车	毒气	du qi	DQ
6.1.2.1.19	易燃液体厢式运输车	燃液	ran ye	RY
6.1.2.1.20	易燃固体厢式运输车	燃固	ran gu	RG
6.1.2.1.21	氧化性物品厢式运输车	氧物	yang wu	YW
6.1.2.1.22	毒性和感染性物品厢式运输车	毒感	du gan	DG
6.1.2.1.23	放射性物品厢式运输车	放射	fang she	FS
6.1.2.1.24	腐蚀性物品厢式运输车	腐物	fu wu	FW
6.1.2.1.25	杂项危险物品厢式运输车	杂危	za wei	ZW
6.1.2.1.26	爆破器材运输车	器运	qi yun	QY
6.1.2.1.27	煤炭运输车	煤炭	mei tan	MT
6.1.2.1.28	殡仪车	殡仪	bin yi	BY
6.1.2.1.29	电视车	电视	dian shi	DS
6.1.2.1.30	防疫车	防疫	fang yi	FY
6.1.2.1.31	化验车	化验	hua yan	HY
6.1.2.1.32	检测车	检测	jian ce	JC
	药品检测车			
	食品检测车			
	农机检测车			
6.1.2.1.33	医疗车	医疗	yi liao	YL
	体检医疗车			
6.1.2.1.34	救护车	救护	jiu hu	JH
	运送型救护车			
	监护型救护车			
6.1.2.1.35	监测车	监测	jian ce	JE
	环境监测车			
	车速监测车			
	无线电监测车			
6.1.2.1.36	计量车	计量	ji liang	JL
	油井计量车			
6.1.2.1.37	勘察车	勘察	kan cha	KC
6.1.2.1.38	通信车	通信	tong xin	TX
6.1.2.1.39	宣传车	宣传	xuan chuan	XC
	科普宣传车			
	计划生育宣传车			
6.1.2.1.40	消毒车	消毒	xiao du	XD
6.1.2.1.41	通讯指挥消防车	消防	xiao fang	XF
	勘察消防车			
	宣传消防车			
	器材消防车			
6.1.2.1.42	海关安检车	安检	an jian	AJ
6.1.2.1.43	教练车	练车	lian che	LH
6.1.2.1.44	仪器车	仪器	yi qi	YQ
	地震仪器车			
6.1.2.1.45	路政车	路政	lu zheng	LZ
6.1.2.1.46	监理车	理车	li che	LE
6.1.2.1.47	指挥车	指挥	zhi hui	ZH
	电力指挥车			
	森林防火指挥车			
6.1.2.1.48	稽查车	稽查	ji cha	JA
6.1.2.1.49	银行车	银行	yin hang	YA
6.1.2.1.50	旅居车	旅居	lü ju	LJ
6.1.2.1.51	餐车	餐车	can che	CC
6.1.2.1.52	厕所车	厕所	ce suo	CS
6.1.2.1.53	手术车	手术	shou shu	SS
6.1.2.1.54	图书馆车	图书	tu shu	TS

表 2（续）

<table>
<tr><th>序号</th><th>术语</th><th>汉字缩写</th><th>汉语拼音</th><th>用途特征代号</th><th>序号</th><th>术语</th><th>汉字缩写</th><th>汉语拼音</th><th>用途特征代号</th></tr>
<tr><td>6.1.2.1.55</td><td>采血车</td><td>采血</td><td>cai xie</td><td>CX</td><td>6.1.2.1.61</td><td>地震装线车</td><td>装线</td><td>zhuang xian</td><td>ZX</td></tr>
<tr><td>6.1.2.1.56</td><td>防暴车</td><td>防暴</td><td>fang bao</td><td>FB</td><td>6.1.2.1.62</td><td>净水车</td><td>净水</td><td>jing shui</td><td>JS</td></tr>
<tr><td>6.1.2.1.57</td><td>售货车</td><td>售货</td><td>shou huo</td><td>SH</td><td>6.1.2.1.63</td><td>静力触探车</td><td>触探</td><td>chu tan</td><td>CT</td></tr>
<tr><td rowspan="7">6.1.2.1.58</td><td>工程车</td><td rowspan="7">工程</td><td rowspan="7">gong cheng</td><td rowspan="7">GC</td><td>6.1.2.1.64</td><td>放射性源车</td><td>源车</td><td>yuan che</td><td>YH</td></tr>
<tr><td>电力工程车</td><td>6.1.2.1.65</td><td>电源车</td><td>电源</td><td>dian yuan</td><td>DY</td></tr>
<tr><td>物探工程车</td><td rowspan="2">6.1.2.1.66</td><td>救险车</td><td rowspan="2">险车</td><td rowspan="2">xian che</td><td rowspan="2">XH</td></tr>
<tr><td>保温防腐工程车</td><td>燃气管道救险车</td></tr>
<tr><td>润滑油净化工程车</td><td rowspan="2">6.1.2.1.67</td><td>照明车</td><td rowspan="2">照明</td><td rowspan="2">zhao ming</td><td rowspan="2">ZM</td></tr>
<tr><td>测量工程车</td><td>抢险救援照明车</td></tr>
<tr><td>焊接工程车</td><td>6.1.2.1.68</td><td>电影放映车</td><td>电影</td><td>dian ying</td><td>DN</td></tr>
<tr><td>6.1.2.1.59</td><td>淋浴车</td><td>淋浴</td><td>ling yu</td><td>LY</td><td>6.1.2.1.69</td><td>电热解堵车</td><td>解堵</td><td>jie du</td><td>JD</td></tr>
<tr><td rowspan="3">6.1.2.1.60</td><td>检修车</td><td rowspan="3">检修</td><td rowspan="3">jian xiu</td><td rowspan="3">JX</td><td>6.1.2.1.70</td><td>舞台车</td><td>舞台</td><td>Wu tai</td><td>WT</td></tr>
<tr><td>抽油机检修车</td><td>6.1.2.1.71</td><td>展示车</td><td>展示</td><td>zhan shi</td><td>ZS</td></tr>
<tr><td>管道检修车</td><td>6.1.2.1.72</td><td>运马车</td><td>运马</td><td>Yun ma</td><td>YM</td></tr>
</table>

6.1.2.2 罐式汽车

罐式汽车的用途特征代号见表 3。

表 3 罐式汽车用途特征代号

<table>
<tr><th>序号</th><th>术语</th><th>汉字缩写</th><th>汉语拼音</th><th>用途特征代号</th><th>序号</th><th>术语</th><th>汉字缩写</th><th>汉语拼音</th><th>用途特征代号</th></tr>
<tr><td>6.1.2.2.1</td><td>低温液体运输车</td><td>低液</td><td>di ye</td><td>DY</td><td>6.1.2.2.9</td><td>活鱼运送车</td><td>鱼运</td><td>yu yun</td><td>YS</td></tr>
<tr><td>6.1.2.2.2</td><td>液化气体运输车</td><td>液气</td><td>ye qi</td><td>YQ</td><td rowspan="2">6.1.2.2.10</td><td>供水车</td><td rowspan="2">供水</td><td rowspan="2">gong shui</td><td rowspan="2">GS</td></tr>
<tr><td>6.1.2.2.3</td><td>沥青运输车</td><td>沥运</td><td>li yun</td><td>LY</td><td>飞机供水车</td></tr>
<tr><td>6.1.2.2.4</td><td>运油车</td><td>运油</td><td>yun you</td><td>YY</td><td rowspan="2">6.1.2.2.11</td><td rowspan="2">混凝土搅拌运输车</td><td rowspan="2">搅拌</td><td rowspan="2">jiao ban</td><td rowspan="2">JB</td></tr>
<tr><td>6.1.2.2.5</td><td>鲜奶运输车</td><td>奶运</td><td>nai yun</td><td>NY</td></tr>
<tr><td>6.1.2.2.6</td><td>散装水泥运输车</td><td>水泥</td><td>shui ni</td><td>SN</td><td>6.1.2.2.12</td><td>下灰车</td><td>下灰</td><td>xia hui</td><td>XH</td></tr>
<tr><td>6.1.2.2.7</td><td>干拌砂浆运输车</td><td>砂浆</td><td>sha jiang</td><td>SJ</td><td>6.1.2.2.13</td><td>二氧化碳运输车</td><td>氧运</td><td>yang yun</td><td>YU</td></tr>
<tr><td rowspan="3">6.1.2.2.8</td><td>低密度粉粒物料运输车</td><td rowspan="3">粉料</td><td rowspan="3">fen liao</td><td rowspan="3">FL</td><td>6.1.2.2.14</td><td>爆炸品罐式运输车</td><td>爆炸</td><td>bao zha</td><td>BZ</td></tr>
<tr><td>中密度粉粒物料运输车</td><td>6.1.2.2.15</td><td>易燃气体罐式运输车</td><td>燃气</td><td>ran qi</td><td>RQ</td></tr>
<tr><td>高密度粉粒物料运输车</td><td>6.1.2.2.16</td><td>毒性气体罐式运输车</td><td>毒气</td><td>du qi</td><td>DQ</td></tr>
</table>

表 3（续）

序号	术语	汉字缩写	汉语拼音	用途特征代号	序号	术语	汉字缩写	汉语拼音	用途特征代号
6.1.2.2.17	易燃液体罐式运输车	燃液	ran ye	RY	6.1.2.2.28	绿化喷洒车	喷洒	pen sa	PS
					6.1.2.2.29	洒水车	洒水	sa shui	SS
6.1.2.2.18	易燃固体罐式运输车	燃固	ran gu	RG	6.1.2.2.30	清洗洒水车	洗洒	xi sa	XS
6.1.2.2.19	氧化性物品罐式运输车	氧物	yang wu	YW	6.1.2.2.31	清洗车 下水道疏通清洗车 护栏清洗车	清洗	qing xi	QX
6.1.2.2.20	毒性和感染性物品罐式运输车	毒感	du gan	DG	6.1.2.2.32	沥青洒布车	沥青	li qing	LQ
6.1.2.2.21	放射性物品罐式运输车	放射	fang she	FS	6.1.2.2.33	水罐消防车 泡沫消防车 供水消防车 供液消防车 A类泡沫消防车 机场消防车	消防	xiao fang	XF
6.1.2.2.22	腐蚀性物品罐式运输车	腐物	fu wu	FW					
6.1.2.2.23	杂项危险物品罐式运输车	杂危	za wei	ZW					
6.1.2.2.24	吸污车 飞机吸污车	吸污	xi wu	XW	6.1.2.2.34	防暴水罐车	防暴	fang bao	FB
6.1.2.2.25	清洗吸污车	清污	qing wu	QW	6.1.2.2.35	吸引压送车	吸压	xi ya	XY
6.1.2.2.26	吸粪车	吸粪	xi fen	XE	6.1.2.2.36	油井液处理车	处理	chu li	CL
6.1.2.2.27	加油车 飞机加油车	加油	jia you	JY					

6.1.2.3 专用自卸汽车

专用自卸汽车的用途特征代号见表 4。

表 4 专用自卸汽车用途特征代号

序号	术语	汉字缩写	汉语拼音	用途特征代号	序号	术语	汉字缩写	汉语拼音	用途特征代号
6.1.2.3.1	污泥自卸车	污卸	wu xie	WX	6.1.2.3.9	自装卸式垃圾车	自装	zi zhuang	ZZ
6.1.2.3.2	运棉车	运棉	yun mian	YM	6.1.2.3.10	摆臂式垃圾车	摆式	bai shi	BS
6.1.2.3.3	摆臂式自装卸车	摆臂	bai bi	BB	6.1.2.3.11	车厢可卸式垃圾车	厢卸	xiang xie	XX
6.1.2.3.4	车厢可卸式汽车	可卸	ke xie	KX	6.1.2.3.12	分捡垃圾运输车	分捡	fen jian	FJ
6.1.2.3.5	背罐车	背罐	bei guan	BG	6.1.2.3.13	压缩式对接垃圾车	对接	dui jie	DJ
6.1.2.3.6	厢式自卸车	厢卸	xiang xie	XE	6.1.2.3.14	散装粮食运输车	粮食	liang shi	LS
6.1.2.3.7	自卸式垃圾车	垃圾	la ji	LJ	6.1.2.3.15	散装饲料运输车	饲料	si liao	SL
6.1.2.3.8	压缩式垃圾车	压缩	ya suo	YS	6.1.2.3.16	散装种子运输车	种运	zhong yun	ZY

6.1.2.4 仓栅式汽车

仓栅式汽车的用途特征代号见表5。

表5 仓栅式汽车用途特征代号

序号	术语	汉字缩写	汉语拼音	用途特征代号	序号	术语	汉字缩写	汉语拼音	用途特征代号
6.1.2.4.1	畜禽运输车	畜禽	chu qin	CQ	6.1.2.4.3	养蜂车	养蜂	yang feng	YF
6.1.2.4.2	瓶装饮料运输车	饮料	yin liao	YL	6.1.2.4.4	桶装垃圾运输车	桶运	tong yun	TY

6.1.2.5 起重举升汽车

起重举升汽车的用途特征代号见表6。

表6 起重举升汽车用途特征代号

<table>
<tr><th>序号</th><th>术语</th><th>汉字缩写</th><th>汉语拼音</th><th>用途特征代号</th><th>序号</th><th>术语</th><th>汉字缩写</th><th>汉语拼音</th><th>用途特征代号</th></tr>
<tr><td>6.1.2.5.1</td><td>随车起重运输车</td><td>随起</td><td>sui qi</td><td>SQ</td><td rowspan="3">6.1.2.5.6</td><td>登高平台消防车</td><td rowspan="3">消防</td><td rowspan="3">xiao fang</td><td rowspan="3">XF</td></tr>
<tr><td>6.1.2.5.2</td><td>航空食品装运车</td><td>食品</td><td>shi pin</td><td>SP</td><td>举高喷射消防车</td></tr>
<tr><td>6.1.2.5.3</td><td>汽车起重机</td><td>起重</td><td>qi zhong</td><td>QZ</td><td>云梯消防车</td></tr>
<tr><td>6.1.2.5.4</td><td>高空作业车</td><td>高空</td><td>gao kong</td><td>GK</td><td>6.1.2.5.7</td><td>桥梁检测车</td><td>桥检</td><td>qiao jian</td><td>QJ</td></tr>
<tr><td>6.1.2.5.5</td><td>飞机清洗车</td><td>清洗</td><td>qing xi</td><td>QX</td><td>6.1.2.5.8</td><td>计量检衡车</td><td>检衡</td><td>jian heng</td><td>JH</td></tr>
</table>

6.1.2.6 特种结构汽车

特种结构汽车的用途特征代号见表7。

表7 特种结构汽车用途特征代号

<table>
<tr><th>序号</th><th>术语</th><th>汉字缩写</th><th>汉语拼音</th><th>用途特征代号</th><th>序号</th><th>术语</th><th>汉字缩写</th><th>汉语拼音</th><th>用途特征代号</th></tr>
<tr><td>6.1.2.6.1</td><td>集装箱运输车</td><td>集装</td><td>ji zhuang</td><td>JZ</td><td>6.1.2.6.14</td><td>运砂车</td><td>运砂</td><td>yun sha</td><td>YA</td></tr>
<tr><td>6.1.2.6.2</td><td>车辆运输车</td><td>车辆</td><td>che liang</td><td>CL</td><td>6.1.2.6.15</td><td>供液车</td><td>供液</td><td>gong ye</td><td>GY</td></tr>
<tr><td>6.1.2.6.3</td><td>运材车</td><td>运材</td><td>yun cai</td><td>YC</td><td>6.1.2.6.16</td><td>固井车</td><td>固井</td><td>gu jing</td><td>GJ</td></tr>
<tr><td>6.1.2.6.4</td><td>抽油泵运输车</td><td>运泵</td><td>yun beng</td><td>YB</td><td>6.1.2.6.17</td><td>洗井车</td><td>井车</td><td>jing che</td><td>JC</td></tr>
<tr><td>6.1.2.6.5</td><td>渣料运输车</td><td>渣料</td><td>zha liao</td><td>ZL</td><td>6.1.2.6.18</td><td>排液车</td><td>排液</td><td>pai ye</td><td>PY</td></tr>
<tr><td>6.1.2.6.6</td><td>钻机车</td><td>钻机</td><td>zuan ji</td><td>ZJ</td><td>6.1.2.6.19</td><td>氮气发生车</td><td>氮发</td><td>dan fa</td><td>DF</td></tr>
<tr><td>6.1.2.6.7</td><td>测试井架车</td><td>测试</td><td>ce shi</td><td>CS</td><td>6.1.2.6.20</td><td>液氮车</td><td>液氮</td><td>ye dan</td><td>YD</td></tr>
<tr><td>6.1.2.6.8</td><td>立放井架车</td><td>立放</td><td>li fang</td><td>LF</td><td>6.1.2.6.21</td><td>超声波采油车</td><td>采油</td><td>cai you</td><td>CY</td></tr>
<tr><td>6.1.2.6.9</td><td>井架安装车</td><td>安装</td><td>an zhuang</td><td>AZ</td><td>6.1.2.6.22</td><td>锅炉车</td><td>锅炉</td><td>guo lu</td><td>GL</td></tr>
<tr><td>6.1.2.6.10</td><td>投捞车</td><td>投捞</td><td>tou lao</td><td>TL</td><td>6.1.2.6.23</td><td>连续油管作业车</td><td>连管</td><td>lian guan</td><td>LG</td></tr>
<tr><td>6.1.2.6.11</td><td>井控管汇车</td><td>井控</td><td>jing kong</td><td>JK</td><td rowspan="2">6.1.2.6.24</td><td rowspan="2">连续抽油杆作业车</td><td rowspan="2">抽杆</td><td rowspan="2">chou gan</td><td rowspan="2">CG</td></tr>
<tr><td>6.1.2.6.12</td><td>固井管汇车</td><td>管汇</td><td>guan hui</td><td>GH</td></tr>
<tr><td>6.1.2.6.13</td><td>压裂管汇车</td><td>压管</td><td>ya guan</td><td>YG</td><td>6.1.2.6.25</td><td>调剖堵水车</td><td>调剖</td><td>tiao pou</td><td>TP</td></tr>
</table>

表 7（续）

序号	术语	汉字缩写	汉语拼音	用途特征代号
6.1.2.6.26	试井车	试井	shi jing	SJ
6.1.2.6.27	修井机	修井	xiu jing	XJ
6.1.2.6.28	通井车	通井	tong jing	TJ
6.1.2.6.29	测井车	测井	ce jing	CJ
6.1.2.6.30	螺旋地锚车	地锚	di mao	DM
6.1.2.6.31	化学剂注入车	注入	zhu ru	ZR
6.1.2.6.32	压裂车	压裂	ya lie	YL
	酸化压裂车			
6.1.2.6.33	热油（水）清蜡车	清蜡	qing la	QL
6.1.2.6.34	混砂车	混砂	hun sha	HS
6.1.2.6.35	仪表车	表车	biao che	BC
6.1.2.6.36	地震排列车	震排	zhen pai	ZP
6.1.2.6.37	可控震源车	震源	zhen yuan	ZY
6.1.2.6.38	吸尘车	吸尘	xi chen	XC
6.1.2.6.39	扫路车	扫路	sao lu	SL
6.1.2.6.40	洗扫车	洗扫	xi sao	XS
6.1.2.6.41	除雪车	除雪	chu xue	CX
6.1.2.6.42	路面养护车	养护	yang hu	YH
	沥青道路微波养护车			
6.1.2.6.43	护栏抢修车	抢修	qiang xiu	QX
6.1.2.6.44	稀浆封层车	封层	feng ceng	FC
6.1.2.6.45	道路划线车	划线	hua xian	HX
6.1.2.6.46	道路检测车	路检	lu jian	LJ
6.1.2.6.47	混凝土泵车	混泵	hun beng	HB
6.1.2.6.48	沥青水泥砂浆搅拌车	搅拌	jiao ban	JB
6.1.2.6.49	压缩机车	压缩	ya suo	YS
6.1.2.6.50	清淤车	清淤	qing yu	QY
6.1.2.6.51	伸缩式皮带输送车	带送	dai song	DS
6.1.2.6.52	炸药混装车	混装	hun zhuang	HZ
6.1.2.6.53	餐厨垃圾车	餐垃	can la	CA

序号	术语	汉字缩写	汉语拼音	用途特征代号
6.1.2.6.54	机场客梯车	客梯	ke ti	KT
6.1.2.6.55	清障车	清障	qing zhang	QZ
6.1.2.6.56	供气消防车	消防	xiao fang	XF
	泵浦消防车			
	干粉消防车			
	干粉泡沫联用消防车			
	干粉水联用消防车			
	二氧化碳消防车			
	后援消防车			
	抢险救援消防车			
	排烟消防车			
	照明消防车			
	高倍泡沫消防车			
	排烟照明消防车			
	高倍泡沫排烟消防车			
	自装卸式消防车			
	水带敷设消防车			
	化学事故抢险救援消防车			
	化学洗消消防车			
	涡喷消防车			
6.1.2.6.57	沙漠车	沙漠	sha mo	SM
	工程沙漠车			
	冷藏沙漠车			
	供水沙漠车			
	运油沙漠车			
	起重运输沙漠车			
	沙漠汽车起重机			
	地震排列沙漠车			
	加油沙漠车			

6.2 专用挂车结构特征代号和用途特征代号编制方法

专用挂车的结构特征代号与同类结构的专用汽车结构特征代号相同，专用挂车的用途特征代号与同类结构的专用汽车用途特征代号相同。

附 录 A
（资料性附录）
产品型号和名称编制示例

示例 1：中集车辆（山东）有限公司生产的第一代总质量 10 000kg 的冷藏车，其型号和名称编制示例如下：

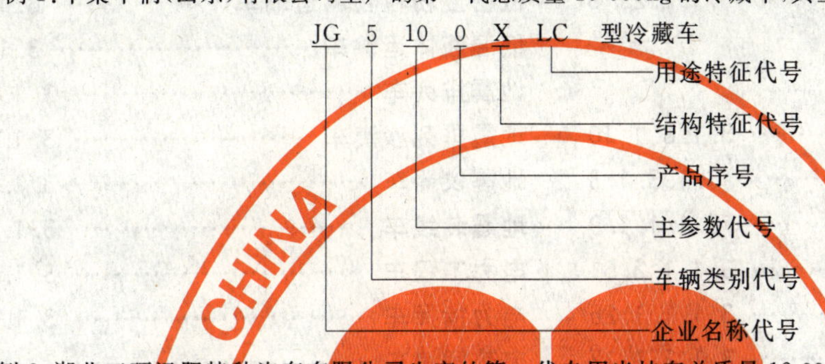

示例 2：湖北三环汉阳特种汽车有限公司生产的第一代专用半挂车总质量 12 000kg，其型号和名称编制示例如下：

HY 9 12 0 T CL 型车辆运输半挂车
用途特征代号
结构特征代号
产品序号
主参数代号
车辆类别代号
企业名称代号

中 文 索 引

英 文 索 引

N

O

P

R

S

T

U

V

W

ICS 27.010
F 01

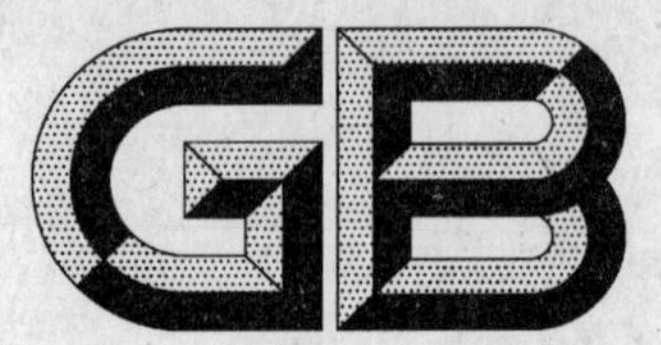

中华人民共和国国家标准

GB/T 17358—2009
代替 GB/T 17358—1998

热处理生产电耗计算和测定方法

Power consumption, measurement, and testing in heat treating production

2009-03-11 发布　　2009-11-01 实施

中华人民共和国国家质量监督检验检疫总局
中国国家标准化管理委员会　发布

前　言

本标准代替 GB/T 17358—1998《热处理生产电耗定额及其计算和测定方法》。

本标准与 GB/T 17358—1998 相比，进行了以下修改和补充：

——规范了标准的中、英文名称；

——调整并填充了“前言”中的相关要素；

——规范了第 1 章“范围”的描述；

——规范了“规范性引用文件”的引导语，增加了规范性引用文件(见第 2 章)；

——规范了“术语和定义”的引导语；

——用行业标准代替了已废止的专业标准(见 4.1)；

——将标准工艺电耗由原标准的 0.300 kW・h/kg 调整为 0.280 kW・h/kg(见 5.1)；

——完善并修正了表 1、表 2、表 5 中的部分内容，删除了原标准中的 5.3 及第 8 章内容。

本标准由国家发展和改革委员会资源与环境保护司提出。

本标准由全国能源基础与管理标准化技术委员会(SAC/TC 20)归口。

本标准主要起草单位：广东世创金属科技有限公司、江苏丰东热技术股份有限公司、爱协林热处理系统(北京)有限公司、西安热处理所、北京机电研究所、中国机械工程学会热处理分会。

本标准主要起草人：樊东黎、董小虹、向建华、徐跃明、苏宇辉、殷汉奇、杨鸿飞、马兰、王西临、刘肃人。

本标准所代替标准的历次版本发布情况为：

——GB/T 17358—1998。

热处理生产电耗计算和测定方法

1 范围

本标准规定了热处理生产电耗的计算和测定方法及各种热处理工艺电耗。

本标准适用于企业制定热处理工艺电耗。

大型铸锻件热处理生产电耗可参照本标准执行。

2 规范性引用文件

下列文件中的条款通过本标准的引用而成为本标准的条款。凡是注日期的引用文件，其随后所有的修改单(不包括勘误的内容)或修订版均不适用于本标准，然而，鼓励根据本标准达成协议的各方研究是否可使用这些文件的最新版本。凡是不注日期的引用文件，其最新版本适用于本标准。

GB/T 5623 产品电耗定额制定和管理导则

GB/T 7232 金属热处理工艺术语

GB/T 12603 金属热处理工艺分类及代号

GB/T 13324 热处理设备术语

GB/T 15318 工业热处理电炉节能监测方法

GB/Z 18718 热处理节能技术导则

JB/T 5644 推杆式热处理电阻炉能耗分等

JB/T 5701 辊底式热处理炉能耗分等

JB/T 5704 罩式热处理炉能耗分等

JB/T 50162 热处理箱式、台车式电阻炉能耗分等

JB/T 50163 热处理井式电阻炉能耗分等

JB/T 50164 热处理电热浴炉能耗分等

JB/T 50182 箱式多用热处理炉能耗分等

JB/T 50183 传送式、震底式、推送式、滚筒式热处理连续电阻炉能耗分等

3 术语和定义

GB/T 7232、GB/T 13324、GB/T 12603、GB/Z 18718 确立的以及下列术语和定义适用于本标准。

3.1

合格热处理件质量 mass of qualified heat teratment parts

在统计报告期(日、周、月、年)内由单项或数个热处理工序生产，经检验合格的热处理件的质量，其单位为千克(kg)。

3.2

热处理工艺电耗 power consumption of heat treatment process

在统计报告期(日、周、月、年)内由单项或数个热处理工序生产的每千克合格热处理件质量所消耗的电能，其单位为千瓦时每千克(kW·h/kg)。

3.3

标准工艺电耗 power consumption of standard heat treatment process

将中碳钢或中碳合金结构钢在额定装载量下于 830 ℃～850 ℃的箱式电阻炉中施行热装炉加热，连续三班生产的淬火工艺电耗定为标准工艺电耗 N_b。

4 总则

4.1 热处理生产用的各式电阻炉的能耗分等应符合 JB/T 5644、JB/T 5701、JB/T 5704、JB/T 50162、JB/T 50163、JB/T 50164、JB/T 50182、JB/T 50183 的规定。

4.2 按 GB/T 5623 的规定，以数理统计法计算和制定热处理生产电能消耗，以实测法进行电能消耗的考核和管理。

5 热处理工艺电能消耗的计算

5.1 标准工艺电能消耗定为 $N_b = 0.280$ kW·h/kg。

5.2 以标准工艺电耗为基数，根据各种热处理工艺的特点及实施条件，并结合有关统计数据计算各种热处理工艺电耗，按式(1)进行计算。

$$N_i = N_b \cdot k_1 \cdot k_2 \cdot k_3 \cdot k_4 \cdot k_5 \quad \cdots\cdots\cdots\cdots (1)$$

式中：

N_i——某一热处理工艺电耗，单位为千瓦时每千克(kW·h/kg)；

N_b——标准工艺电耗，单位为千瓦时每千克(kW·h/kg)；

k_1——常用热处理工艺折算系数，按表1确定；

k_2——常用热处理工艺加热方式系数，按表2确定；

k_3——常用热处理工艺生产方式系数，按表3确定；

k_4——常用热处理工艺工件材料系数，按表4确定；

k_5——常用热处理工艺装载系数，按表5确定。

表1 常用热处理工艺折算系数 k_1

热处理工艺	折算系数	热处理工艺	折算系数
淬火	1.0	气体渗碳淬火(渗层深 0.8 mm)	1.6
正火	1.1	气体渗碳淬火(渗层深 1.2 mm)	2.0
退火	1.1	气体渗碳淬火(渗层深 1.6 mm)	2.8
球化退火	1.3	气体渗碳(渗层深 2.0 mm)	3.8
去应力退火	0.6	真空渗碳(渗层深 1.5 mm)	2.0
不锈钢固溶热处理	1.8	气体碳氮共渗(渗层深 0.6 mm)	1.4
铝合金固溶热处理	0.6	气体氮碳共渗	0.6
高温回火(>500 ℃)	0.6	气体渗氮(渗层深 0.3 mm)	1.8
中温回火(250 ℃～500 ℃)	0.5	离子渗氮	1.5
低温回火(<250 ℃)	0.4	感应加热淬火	0.5
时效(固溶热处理后)	0.4	—	

表2 常用热处理工艺加热方式系数 k_2

加热方式		空气炉	气氛炉	真空淬火炉	流态炉	浴炉
系数	周期炉	1	1.2	1.5	1.6	2.0
	连续炉	0.9	1.08	1.35	—	—
注：浴炉按一般生产习惯不加炉盖。						

表3 常用热处理工艺生产方式系数 k_3

生产方式	一班	二班	三班
系数	1.6	1.4	1.0

表 4　常用热处理工艺工件材料系数 k_4

工件材料	低中碳钢或低中碳合金结构钢	合金工具钢	高合金钢	高速钢
系数	1.0	1.2	1.6	3.0
合金元素总含量/%	≤5	5～10	≥10	—

表 5　常用热处理工艺装载系数 k_5

净装炉量	<30%额定装载量	45%额定装载量	60%额定装载量	>75%额定装载量
系数	1.6	1.4	1.2	1.0
注：感应加热淬火按 $k_5=1$ 计。				

6　热处理综合工艺电耗的计算

对包含有多种热处理工艺的热处理车间，其综合工艺电耗按式(2)计算：

$$N_z = N_1 T_1 + N_2 T_2 + N_3 T_3 + \cdots + N_n T_n \quad \cdots\cdots(2)$$

式中：

N_z——热处理综合工艺电耗，单位为千瓦时每千克(kW·h/kg)；

$N_1, N_2, N_3, \cdots, N_n$——各种热处理工艺电耗，单位为千瓦时每千克(kW·h/kg)；

$T_1, T_2, T_3, \cdots, T_n$——各种热处理工艺处理的合格热处理件质量占总合格热处理件质量的百分比。

7　热处理工艺电耗的测定方法

7.1　测定条件

测定条件应符合 GB/T 15318 的有关规定。

7.2　测定方法

根据在统计报告期内进行单项工序生产时实际的电耗及合格热处理件质量，按式(3)计算出该项工序实际的热处理工艺电耗：

$$N_{si} = W_{si}/m_i \quad \cdots\cdots(3)$$

式中：

N_{si}——第 i 项工序实际热处理工艺电耗，单位为千瓦时每千克(kW·h/kg)；

W_{si}——第 i 项工序生产时实际的电耗，单位为千瓦时(kW·h)；

m_i——第 i 项工序生产的合格热处理件质量，单位为千克(kg)。

ICS 71.040.99
N 53

中华人民共和国国家标准

GB/T 17363.1—2009
代替 GB/T 17363—1998

黄金制品金含量无损测定方法 第1部分:电子探针微分析法

Nondestructive mensuration of gold content in the gold products—
Part 1:Method of electron probe microanalysis

2009-03-19 发布 2009-12-01 实施

中华人民共和国国家质量监督检验检疫总局
中国国家标准化管理委员会 发布

前　言

《黄金制品金含量无损测定方法》分为两个部分：

——第1部分：电子探针微分析法；

——第2部分：综合测定方法。

本部分为第1部分。

本部分代替GB/T 17363—1998《黄金制品的电子探针定量测定方法》。

本部分与GB/T 17363—1998相比主要变化如下：

——增加了附录A（资料性附录）《原始记录格式》；

——增加了附录B（资料性附录）《测定报告格式》；

——用“准确度”表示测定误差范围，改为用“标准不确定度”表示测定误差范围；

——适用范围中增加了“成分比较均匀的黄金制品”；

——范围条款中增加了“不适用于成分不均匀或有镀层的黄金制品的整体金含量的测定”；

——“重量百分数”改为“质量分数”。

本部分的附录A和附录B为资料性附录。

本部分由全国微束分析标准化技术委员会提出并归口。

本部分起草单位：上海理工大学、同济大学、上海元宝能源技术有限公司、地矿部矿产综合利用研究所、地科院矿产资源研究所、上海市计量测试技术研究院、有色金属总公司矿产地质研究院。

本部分主要起草人：张训彪、卢德生、邓保庆、毛水和、周剑雄、丁臻敏、刘悦、庄世杰。

本部分所代替标准的历次版本发布情况为：

GB/T 17363—1998。

黄金制品金含量无损测定方法
第1部分:电子探针微分析法

1 范围

GB/T 17363的本部分规定了用电子探针波谱仪测定黄金制品中主元素含量的方法。

本部分适用于测定成分比较均匀的黄金制品。也适用于测定厚度大于3 μm的镀金或包金制品的表层金含量。

本部分不适用于成分不均匀或有镀层的黄金制品整体金含量的测定。

2 规范性引用文件

下列文件中的条款通过本部分的引用而成为本部分的条款。凡是注日期的引用文件,其随后所有的修改单(不包括勘误的内容)或修订版均不适用于本部分,然而,鼓励根据本部分达成协议的各方研究是否可使用这些文件的最新版本。凡是不注日期的引用文件,其最新版本适用于本部分。

GB/T 4930　微束分析　电子探针分析　标准样品技术条件导则

JJG 901　电子探针分析仪国家计量检定规程

JJF 1001—1998　通用计量术语及定义

3 术语和定义

JJF 1001—1998及下列术语和定义适用于本部分。

3.1

表层金含量

有些制品表面有镀层或包层。镀层或包层的金含量称为“表层金含量”。

3.2

单质

由一种元素组成的物质称为“单质”。如:纯金、纯银、纯铜等。

3.3

质量分数

样品中某种元素的质量除以样品的质量得到的数值,用百分数表示。

4 基本原理

在不改变电子探针微分析仪工作状态的条件下,分别测定被测黄金制品和标准物质的电子激发区发出的特征X射线强度,并计算出有关元素的特征X射线强度的k比值,然后进行ZAF修正计算,获得黄金制品中金及其他主要元素的质量分数。

5 仪器和器材

5.1 仪器

5.1.1　电子探针分析仪:根据JJG 901检定合格。

5.1.2　正置立式金相显微镜:放大倍率大于300倍。

5.2 器材

5.2.1　微型抛光机:抛光区域为毫米级。

5.2.2 乙醇:化学纯。

5.2.3 乙醚:化学纯。

6 标准物质

6.1 优先选用国家级的有证标准物质。

6.2 在没有国家级的有证标准物质的情况下,可选用符合 GB/T 4930 的标准物质。

6.3 尽可能选用与被测黄金制品元素含量接近的标准物质。

7 被测黄金制品的预处理

7.1 选取平整光滑的小平面作为测定点。

7.2 如果没有光滑的小平面,一般可以通过抛光创造三个光滑的小平面。

7.3 用乙醇或乙醚将三个小平面擦洗干净。

8 测定条件

8.1 特征X射线和分光晶体

8.1.1 对于元素 Au,可选用 Au Lα 线(0.127 6 nm)与 LiF 晶体,或选用 Au Mα 线(0.583 9 nm)与 PET 或 ADP 晶体。

8.1.2 对于元素 Ag,宜选用 Ag Lα 线(0.415 4 nm)与 PET 或 ADP 晶体。

8.1.3 对于元素 Cu,宜选用 Cu Kα 线(0.154 1 nm)与 LiF 晶体。

8.2 加速电压

8.2.1 如果选用 Au Mα 作为分析线,则加速电压宜选择为 20 kV。

8.2.2 如果选用 Au Lα 作为分析线,则加速电压宜选择为 25 kV。

8.3 电子束的电流和直径

8.3.1 通常电子束电流值为$(1.5\sim2.0)\times10^{-8}$ A,以使主元素 Au 的计数率达 2 000 cps 左右。

8.3.2 根据元素分布的均匀性选取电子束的直径,均匀性差,电子束的直径应大一些,一般电子束直径应为$(10\sim40)\mu$m。

8.4 背底测定位置

分别在偏离分析谱线中心位置±0.01 nm 处测量,其计数率平均值即为背底强度。

8.5 计数时间

对于常规元素,含量>1%的计数时间应为(10～20)s;含量≤1%的计数时间应为≥40 s。

9 测定操作

9.1 电子枪灯丝预热时间 30 min 以上。

9.2 束流波动不超过$\pm2\times10^{-3}$/min。

9.3 用能谱(或波谱)对黄金制品选定部位作定性分析,确定其中元素的种类。

9.4 根据定性分析结果选取标准物质。

9.5 测定标准物质中有关元素的特征 X 射线峰位和背底的计数率。

9.6 分别进行死时间修正、束流修正、背底和含量修正,从而得到有关元素的特征 X 射线强度。

9.7 将黄金制品的被测定的小平面调整到垂直于电子束的方向。

9.8 不改变电子探针的分析条件,按照 9.2～9.6 步骤测定出黄金制品选定部位各种元素的特征 X 射线强度。

9.9 通常取三个选定点测定值的平均值为测得值。

10 数据处理

10.1 将黄金制品中各种元素的特征X射线强度，除以标准物质中相应的相当于单质的特征X射线强度，得到相应元素的 k 比值。

10.2 将黄金制品中各种元素的 k 比值进行ZAF修正，得到黄金制品中各元素的质量分数。

10.3 在确认无漏测元素且总量误差不超过±3%的条件下，可以进行归一化处理。

11 不确定度

金含量测定的标准不确定度≤1%。

12 测定结果

12.1 原始记录

12.1.1 原始记录要求：图像应清晰，记录应清楚、准确、及时。

12.1.2 原始记录格式：见附录A。

12.2 测定报告

12.2.1 测定报告要求：测定报告应简明、扼要。

12.2.2 测定报告格式：见附录B。

附　录　A
（资料性附录）
原始记录格式

原 始 记 录

1　委托者名称：________________地址：________________

联系方式：________________要求：________________

2　黄金制品的名称：________型号：________编号：________

质量：________________金含量标称值：________________

3　技术依据：________________________________

4　电子探针型号：________________编号：________________

制造单位：________________电压：________________

电子束的电流：________________直径：________________

5　标准物质名称：________________型号：________编号：________

标定值：________________标准不确定度：________________

6　辅助器具：________________________________

7　黄金制品的元素含量：

7.1 ________________ 7.2 ________________

7.3 ________________ 7.4 ________________

7.5 ________________ 7.6 ________________

____

8　测定机构：________________________________

测定人员：________校验人员：________测定日期：________

附 录 B
（资料性附录）
测定报告格式

测 定 报 告

报告编号：____________

1 委托者名称：____________ 地址：____________

2 黄金制品的名称：____________ 型号：____________ 编号：____________

质量：____________ 金含量标称值：____________

3 技术依据：____________

4 电子探针型号：____________ 编号：____________

制造单位：____________ 电压：____________

5 标准物质名称：____________ 型号：____________ 编号：____________

标定值：____________ 标准不确定度：____________

6 辅助器具：____________

7 黄金制品的元素含量：

7.1 ____________ 7.2 ____________

7.3 ____________ 7.4 ____________

7.5 ____________ 7.6 ____________

8 测定人员：____________ 校验人员：____________

测定日期：____________ 审批人员：____________

9 测定机构：

名 称：____________ 地 址：____________

联系方式：____________

10 授权机构：____________ 授权证书编号：____________

ICS 71.040.99
N 53

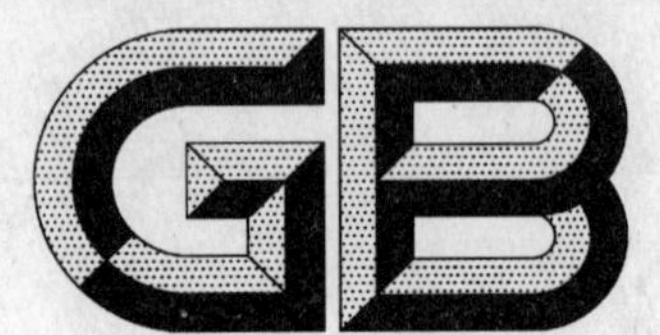

中华人民共和国国家标准

GB/T 17363.2—2009
代替 GB/T 17364—1998

黄金制品金含量无损测定方法 第2部分:综合测定方法

Nondestructive mensuration of gold content in the gold products—Part 2:Method of compositive determine

2009-03-19 发布　　　　2009-12-01 实施

中华人民共和国国家质量监督检验检疫总局
中国国家标准化管理委员会　发布

前　言

《黄金制品金含量无损测定方法》分为两个部分：

——第 1 部分：电子探针微分析法；

——第 2 部分：综合测定方法。

本部分为第 2 部分。

本部分代替 GB/T 17364—1998《黄金制品中金含量的无损定量分析方法》。

本部分与 GB/T 17364—1998 相比主要变化如下：

——“无损定量分析方法”改为“综合测定方法”；

——“引用标准”改为：“规范性引用文件”；

—— 增加了“术语和符号”部分；

——“标准的附录”改为“资料性附录”；

——使用“准确度”改为使用“不确定度”；

——增加了“测量结果”部分；

——增加了“原始记录格式”部分；

——增加了“测定报告格式”部分；

本部分的附录 A、附录 B、附录 C、附录 D 均为资料性附录。

本部分由全国微束分析标准化技术委员会提出并归口。

本部分起草单位：上海理工大学、同济大学、上海元宝能源技术有限公司、北京石油勘探开发科学研究院、上海市计量测试技术研究院、中科院上海硅酸盐研究所。

本部分主要起草人：张训彪、缪昕、卢德生、邓保庆、丁臻敏、刘悦、李香庭、高文华。

本部分所代替标准的历次版本发布情况为：

——GB/T 17364—1998。

黄金制品金含量无损测定方法
第2部分:综合测定方法

1 范围

本部分规定了密度测定与电子探针分析(或X射线荧光分析、二次离子质谱分析)相结合,测定黄金制品中金含量的方法。

本部分适用于无损测定金含量不小于75%的合金型煅压成型的黄金制品。

本部分不适用有气泡的浇铸成型的或中空的或有镀层的黄金制品。

2 规范性引用文件

下列文件中的条款通过本部分的引用而成为本部分的条款。凡是注日期的引用文件,其随后所有的修改单(不包括勘误的内容)或修订版均不适用于本部分,然而,鼓励根据本部分达成协议的各方研究是否可使用这些文件的最新版本。凡是不注日期的引用文件,其最新版本适用于本部分。

GB/T 15074 电子探针定量分析方法通则

GB/T 15616 金属及合金的电子探针定量分析方法

JJG 901 电子探针分析仪国家计量检定规程

JJF 1001—1998 通用计量术语及定义

3 术语和符号

3.1 术语和定义

JJF 1001—1998 及下列术语和定义适用于本部分。

3.1.1

黄金制品

以金为主要原料制成的物品。

3.1.2

金含量

金在黄金制品中的质量分数。“金含量”与“含金量”相同。由于社会学经常借用“含金量”一词。为避免误解,本标准使用“金含量”。

3.1.3

无损测定

基本不损伤被测定的制品。

3.1.4

黄金制品的等效质量

黄金制品浸没在纯水中,用天平称得的质量。

3.1.5

杂质的等效密度

将主要杂质按质量比配制成合金的密度。

3.2 符号

3.2.1 ρ^0 纯水的密度。

3.2.2 ρ 黄金制品的密度。

3.2.3 m 黄金制品的质量。

3.2.4 m' 黄金制品的等效质量。

3.2.5 ρ' 杂质的等效密度。

3.2.6 ρ_1 1号杂质的密度。

3.2.7 ρ_2 2号杂质的密度。

3.2.8 ρ_3 3号杂质的密度。

3.2.9 ρ_n n号杂质的密度。

3.2.10 w_1 1号杂质的质量。

3.2.11 w_2 2号杂质的质量。

3.2.12 w_3 3号杂质的质量。

3.2.13 w_n n号杂质的质量。

3.2.14 K 黄金制品中的金含量。

3.2.15 ρ_0 纯金的密度。

4 基本原理

用本部分规范的密度测定方法，测定出黄金制品的密度。再用电子探针分析仪（或X射线荧光分析仪或二次离子质谱分析仪）测定出黄金制品中主要杂质的含量。根据各个杂质的含量和相应的密度值，计算出杂质的等效密度。最后用杂质的等效密度、黄金制品的密度和纯金的密度计算出被测黄金制品中的金含量。

5 仪器和器材

5.1 仪器

5.1.1 电子天平：精确度不低于万分之一克（最好是十万分之一克）；经检定合格。

5.1.2 电子探针分析仪：按照JJG 901检定合格（或X射线荧光仪，或二次离子质谱仪）。

5.1.3 温度计：量程为0 ℃～50 ℃，最小分度值为0.1 ℃。

5.1.4 计算器：科技专用型。

5.2 器材

5.2.1 纯水：颗粒物的质量分数不大于0.01%；电阻率＞5 MΩ/cm。

5.2.2 尼龙丝：直径为50 μm～100 μm。

5.2.3 乙醇：分析纯。

5.2.4 挂钩：表面光滑不生锈。

5.2.5 超声波清洗机：频率可调。

5.2.6 玻璃烧杯：0.5 L～1 L。

6 测定操作

6.1 测定黄金制品的密度（ρ）

6.1.1 将被测黄金制品清洗干净并烘干。新制造的黄金制品，用乙醇擦洗即可。

6.1.2 用电子天平测出黄金制品的质量（m）。

6.1.3 测定黄金制品在纯水中的等效质量（m）。

6.1.3.1 用一段长约2 cm～4 cm的尼龙丝，在尼龙丝的两端各连接一个挂钩。

6.1.3.2 将黄金制品放入洗净烘干的烧杯中，并将尼龙丝一端的挂钩挂在烧杯的沿口上，尼龙丝另一端的挂钩置于烧杯中。将纯水注入烧杯中，使水面浸没黄金制品和烧杯中的挂钩，但不要让上面的挂钩沾到水。

6.1.3.3 将烧杯放入超声波清洗机中处理 3 min，以祛除可能附着在黄金制品或挂钩表面上的气泡。

6.1.3.4 把烧杯从超声波清洗机中取出放入电子天平中，将挂在烧杯沿口上的挂钩，移挂到电子天平的挂钩上。

6.1.3.5 调节烧杯的高度，烧杯中的挂钩全部浸入水中，挂钩的上端约低于水面 2 mm 左右。

6.1.3.6 按电子天平的除皮键，使天平显示零值。

6.1.3.7 用镊子将烧杯中的黄金制品挂到水中的挂钩上。要求黄金制品也全部浸没在水中。

6.1.3.8 读出天平的称量值(m')。

6.1.3.9 用温度计测出烧杯中水的温度(T)。

6.1.4 计算黄金制品的密度(ρ)

6.1.4.1 根据水的温度 T，从附录 A 中查得水的密度(ρ^0)。

6.1.4.2 黄金制品的密度(ρ)按(1)式计算。

$$\rho = \frac{m\rho^0}{m - m'} \qquad \cdots\cdots(1)$$

式中：

ρ^0——纯水的密度，单位为克每立方厘米(g/cm^3)；

m——黄金制品的质量，单位为克(g)；

m'——黄金制品在水中的等效质量，单位为克(g)。

6.2 测定被测黄金制品中主要杂质的等效密度(ρ')。

6.2.1 测定被测黄金制品中的主要杂质含量。

6.2.1.1 选取光滑的小平面作为测定面。

6.2.1.2 要求被测定的小平面垂直于电子束。

6.2.1.3 电子探针的电子束斑控制在 30 μm 左右。

6.2.1.4 根据 GB/T 15074、GB/T 15616 和本系列标准的第 1 部分，测定出被测黄金制品中的主要杂质含量($w_1, w_2, w_3, \cdots\cdots w_n$)。

6.2.1.5 取三个测定点，用三点测得值的平均值作为测得值。

6.2.1.6 也可以用 X 射线荧光仪或二次离子质谱仪测定被测黄金制品中的主要杂质含量。

6.2.2 从附录 B 中查得相应杂质的密度。

6.2.3 被测黄金制品中主要杂质的等效密度(ρ')按(2)式计算。

$$\rho' = \frac{\sum_{i=1}^{n} w_i}{\sum_{i=1}^{n} \frac{w_i}{\rho_i}} \qquad \cdots\cdots(2)$$

式中：

$\rho_1, \rho_2, \rho_3, \cdots\cdots \rho_n$——分别为相应杂质的密度，单位为克每立方厘米(g/cm^3)。

7 计算金含量

被测黄金制品中金含量(K)按式(3)计算：

$$K = \frac{\rho_0(\rho - \rho')}{\rho(\rho_0 - \rho')} \times 100\% \qquad \cdots\cdots(3)$$

式中：

ρ_0——纯金的密度单位为克每立方厘米(g/cm^3)(一般取 19.32)；

ρ——被测黄金制品的密度单位为克每立方厘米(g/cm^3)；

ρ'——被测黄金制品中主要杂质的等效密度单位为克每立方厘米(g/cm^3)。

8 测定不确定度

当被测黄金制品质量≥5 g时：

——被测黄金制品中金含量 K≥75%时，标准不确定度优于0.3%。

——被测黄金制品中金含量 K≥99%时，标准不确定度优于0.2%。

——被测黄金制品中金含量 K≥99.9%时，标准不确定度优于0.05%。

——被测黄金制品中金含量 K≥99.99%时，标准不确定度优于0.03%。

9 测定结果

9.1 原始记录

9.1.1 原始记录要求：应清楚、准确、及时。

9.1.2 原始记录格式：见附录C。

9.2 测定报告

9.2.1 测定报告要求：测定报告应简明、扼要。

9.2.2 测定报告格式：见附录D。

附 录 A
（资料性附录）
纯水的密度表

不含空气(0～40)℃和101 325 Pa下纯水密度表

温度/℃	0.0	0.1	0.2	0.3	0.4	0.5	0.6	0.7	0.8	0.9
0	0.999 840	0.999 846	0.999 853	0.999 859	0.999 865	0.999 871	0.999 877	0.999 882	0.999 888	0.999 893
1	0.999 896	0.999 904	0.999 908	0.999 913	0.999 917	0.999 921	0.999 925	0.999 929	0.999 933	0.999 936
2	0.999 940	0.999 943	0.999 946	0.999 949	0.999 952	0.999 954	0.999 957	0.999 959	0.999 961	0.999 963
3	0.999 963	0.999 966	0.999 967	0.999 968	0.999 969	0.999 970	0.999 971	0.999 971	0.999 972	0.999 972
4	0.999 972	0.999 972	0.999 972	0.999 971	0.999 971	0.999 970	0.999 969	0.999 968	0.999 967	0.999 965
5	0.999 964	0.999 962	0.999 960	0.999 958	0.999 956	0.999 954	0.999 951	0.999 949	0.999 946	0.999 943
6	0.999 940	0.999 938	0.999 933	0.999 930	0.999 926	0.999 922	0.999 918	0.999 914	0.999 910	0.999 906
7	0.999 901	0.999 896	0.999 891	0.999 887	0.999 881	0.999 876	0.999 871	0.999 865	0.999 860	0.999 854
8	0.999 848	0.999 842	0.999 835	0.999 829	0.999 822	0.999 816	0.999 809	0.999 802	0.999 795	0.999 788
9	0.999 780	0.999 773	0.999 765	0.999 757	0.999 749	0.999 741	0.999 733	0.999 727	0.999 716	0.999 708
10	0.999 699	0.999 690	0.999 681	0.999 672	0.999 662	0.999 653	0.999 643	0.999 634	0.999 624	0.999 614
11	0.999 604	0.999 594	0.999 583	0.999 573	0.999 562	0.999 552	0.999 541	0.999 530	0.999 519	0.999 507
12	0.999 496	0.999 485	0.999 473	0.999 461	0.999 449	0.999 437	0.999 425	0.999 413	0.999 401	0.999 388
13	0.999 376	0.999 363	0.999 350	0.999 338	0.999 324	0.999 311	0.999 297	0.999 284	0.999 270	0.999 257
14	0.999 243	0.999 229	0.999 215	0.999 200	0.999 186	0.999 172	0.999 157	0.999 142	0.999 128	0.999 113
15	0.999 098	0.999 083	0.999 067	0.999 052	0.999 036	0.999 021	0.999 005	0.998 989	0.998 973	0.998 957
16	0.998 941	0.998 925	0.998 908	0.998 892	0.998 875	0.998 858	0.998 841	0.998 824	0.998 807	0.998 790
17	0.998 773	0.998 755	0.998 738	0.998 720	0.998 702	0.998 685	0.998 667	0.998 648	0.998 630	0.998 619
18	0.998 593	0.998 575	0.998 556	0.998 537	0.998 519	0.998 490	0.998 480	0.998 461	0.998 442	0.998 423
19	0.998 403	0.998 383	0.998 364	0.998 344	0.998 324	0.998 304	0.998 284	0.998 263	0.998 243	0.998 222
20	0.998 202	0.998 181	0.998 160	0.998 140	0.998 119	0.998 098	0.998 076	0.998 055	0.998 033	0.998 012
21	0.997 990	0.997 969	0.997 947	0.997 925	0.997 903	0.997 881	0.997 858	0.997 836	0.997 814	0.997 791
22	0.997 768	0.997 746	0.997 723	0.997 700	0.997 677	0.997 654	0.997 630	0.997 607	0.997 584	0.997 560
23	0.997 536	0.997 513	0.997 489	0.997 465	0.997 441	0.997 417	0.997 392	0.997 368	0.997 344	0.997 319
24	0.997 294	0.997 270	0.997 245	0.997 220	0.997 195	0.997 170	0.997 145	0.997 119	0.997 094	0.997 069
25	0.997 043	0.997 017	0.996 991	0.996 966	0.996 940	0.996 914	0.996 887	0.996 861	0.996 835	0.996 808
26	0.996 782	0.996 755	0.996 728	0.996 702	0.996 675	0.996 648	0.996 621	0.996 593	0.996 566	0.996 539
27	0.996 511	0.996 483	0.996 456	0.996 428	0.996 401	0.996 373	0.996 345	0.996 317	0.996 288	0.996 260
28	0.996 232	0.996 203	0.996 175	0.996 146	0.996 117	0.996 088	0.996 060	0.996 031	0.996 001	0.995 972
29	0.995 943	0.995 914	0.995 884	0.995 855	0.995 825	0.995 795	0.995 766	0.995 736	0.995 706	0.995 676
30	0.995 645	0.995 615	0.995 585	0.995 554	0.995 524	0.995 493	0.995 463	0.995 432	0.995 401	0.995 370
31	0.995 339	0.995 308	0.995 277	0.995 246	0.995 214	0.995 183	0.995 151	0.995 120	0.995 088	0.995 056
32	0.995 024	0.994 992	0.994 960	0.994 928	0.994 896	0.994 864	0.994 831	0.994 799	0.994 766	0.994 734
33	0.994 701	0.994 668	0.994 635	0.994 602	0.994 569	0.994 536	0.994 503	0.994 470	0.994 436	0.994 403
34	0.994 369	0.994 336	0.994 302	0.994 268	0.994 235	0.994 201	0.994 167	0.994 123	0.994 098	0.994 064

表（续）

温度/℃	0.0	0.1	0.2	0.3	0.4	0.5	0.6	0.7	0.8	0.9
35	0.994 030	0.993 995	0.993 961	0.993 926	0.993 892	0.993 857	0.993 822	0.993 787	0.993 752	0.993 717
36	0.993 682	0.993 647	0.993 611	0.993 576	0.993 541	0.993 505	0.993 469	0.993 434	0.993 398	0.993 362
37	0.993 326	0.993 290	0.993 254	0.993 218	0.993 182	0.993 146	0.993 109	0.993 072	0.993 036	0.993 000
38	0.992 963	0.992 926	0.992 890	0.992 852	0.992 815	0.992 778	0.992 741	0.992 704	0.992 667	0.992 629
39	0.992 592	0.992 555	0.992 517	0.992 479	0.992 442	0.992 404	0.992 366	0.992 328	0.992 290	0.992 252
40	0.992 214									
注：本表引自《PTB-Mitteilungen》1971，81，6，412～415。										

附　录　B
（资料性附录）
常用元素的密度表

金 Au 19.32	银 Ag 10.5	铜 Cu 8.92	铁 Fe 7.86	铬 Cr 7.20	铂 Pt 21.45	铝 Al 2.702	镁 Mg 1.74
镍 Ni 8.90	锌 Zn 7.14	钛 Ti 4.5	锰 Mn 7.20	钯 Pd 11.40	铟 In 7.30	锡 Sn 7.28	硼 B 2.34
硅 Si 2.33	钙 Ca 1.54	钴 Co 8.9	镓 Ga 5.904	锗 Ge 5.35	砷 As 5.727	硒 Se 4.81	锆 Zr 6.49
铌 Nb 8.57	钼 Mo 10.2	锝 Tc 11.5	钌 Ru 12.30	铑 Rh 12.4	镉 Cd 8.642	锑 Sb 6.684	碲 Te 6.00
钡 Ba 3.51	钽 Ta 16.6	钨 W 19.35	铼 Re 20.53	锇 Os 22.48	铱 Ir 22.421	铊 Ti 11.85	铅 Pb 11.343 7

注：数据取自戴安邦，沈孟长编的元素周期表。

Au 的数据取自《黄金生产加工技术大全》p11，李培铮，吴延之编著，长沙中南工业大学出版社。

附　录　C
（资料性附录）
原始记录格式

原 始 记 录

1　委托者名称：______________________地址：______________________

联系方式：______________________要求：______________________

2　被测黄金制品名称：______________型号：______________编号：______________

来源：______________________特点：______________________

3　技术依据______________________

4　电子天平

型号：__________编号：__________制造单位：__________精确度：__________

5　纯水温度(T)：______________________密度(ρ^0)：______________________

6　被测黄金制品

质量(m)：______________等效质量(m')：______________密度(ρ)：______________

7　杂质测定仪

名称：______________型号：__________编号：__________精确度：__________

8　杂质质量：

w_1 ______________ w_2 ______________ w_3 ______________ w_4 ______________

w_5 ______________ w_6 ______________ w_7 ______________ w_8 ______________

9　杂质密度：

ρ_1 ______________ ρ_2 ______________ ρ_3 ______________ ρ_4 ______________

ρ_5 ______________ ρ_6 ______________ ρ_7 ______________ ρ_8 ______________

杂质等效密度(ρ')：______________黄金制品金含量(K)：______________标准不确定度______________

10　测定机构：______________________计量认证编号：______________________

测定人员：______________校验人员：______________测定日期：______________

附 录 D
（资料性附录）
测定报告格式

测 定 报 告

报告编号：________________

1 委托者名称：________________ 地址：________________

2 被测黄金制品名称：________________ 型号：________________ 编号：________________

3 技术依据________________

4 电子天平

型号：________ 编号：________ 制造单位：________ 精确度：________

5 纯水温度(T)：________________ 密度(ρ^0)：________________

6 被测黄金制品

质量(m)：________________ 等效质量(m')：________________ 密度(ρ)：________________

7 杂质测定仪

名称：________ 型号：________ 编号：________ 精确度：________

8 杂质等效密度(ρ')：________ 黄金制品金含量(K)：________ 标准不确定度________

9 测定人员：________ 校检人员：________ 测定日期：________

审定人员________ 测定机构：________ 计量认证编号：________

地址：________________ 联系方式：________________

10 授权机构：________________ 授权证书编号：________________

备注：________________________________

____

ICS 75.180.10
E 92

中华人民共和国国家标准

GB/T 17386—2009
代替 GB/T 17386—1998

潜油电泵装置的规格选用

Sizing and selection of electric submersible pump installations

2009-04-02 发布　　2010-01-01 实施

中华人民共和国国家质量监督检验检疫总局
中国国家标准化管理委员会　发布

前　　言

本标准修改采用 API RP 11S4:2002《潜油电泵装置规格及选用推荐规范》(第三版)(英文版)。

本标准根据 API RP 11S4:2002 重新起草。在附录 A 中列出了本标准与 API RP 11S4:2002 章条编号的对照一览表。

考虑到我国国情,在采用 API RP 11S4:2002 时,本标准做了一些修改,有关技术性差异已编入本标准正文中,主要技术差异如下:

——根据对 API RP 11S4:2002 内容的采用程度,对规范性引用文件进行了删减;

——API RP 11S4:2002 中引用的国外标准,用已被采用为我国的国家标准或行业标准代替对应的国外标准;

——在符号和缩略语中,增加了地面水体积、地面油体积、电机额定电压、电机额定电流、电缆压降损失的内容;

——"电潜泵"改为"潜油电泵","控制屏"改为"控制柜","外接引伸电缆"改为"引接电缆";

——在选泵实例中增加了公制计算;

——增加了资料性附录"本标准章条编号与 API RP 11S4:2002 章条编号对照"(见附录 A)。

为便于使用,本标准对 API RP 11S4:2002 还做了以下编辑性修改:

——"本推荐规范"一词改为"本标准";

——按照中文习惯对一些编排格式进行了修改;

——删除了 API RP 11S4:2002 的"特别声明"和"前言";

——API RP 11S4:2002 的 3.2 中"1 kPa(g)=6.894 757 psi(g)"换算是错误的,因此将其改为"1 kPa(g)=0.145 038 psi(g)"。

本标准代替 GB/T 17386—1998《潜油电泵装置的规格及选用》,与 GB/T 17386—1998 相比,主要变化如下:

——增加了系统设计流程,计算机选泵更加准确快捷;

——减少了举例,增加了陈述部分;

——每个部件增加了"校对清单";

——增加了资料性附录"本标准章条编号与 API RP 11S4:2002 章条编号对照"(见附录 A)、资料性附录"潜油电泵设计资料卡片"(见附录 B)、资料性附录"资料卡片说明"(见附录 C)、资料性附录"潜油电机与地面电机的对比"(见附录 E)和资料性附录"变速传动类似定律"(见附录 F);

——删除了"潜油电泵部件说明"部分;

——删除了"电缆压降损失"、"流经电机表面的液体流速"等工程曲线图;

——删除了"油井数据表";

——删除了"泵及系统的尺寸选择";

——删除了原标准的附录 A"曲线图使用计量单位换算表";

——增加了辅助部件,如:护罩、扶正器、Y 型工具、电缆穿越装置等;

——修改了个别部件的应用极限及影响因素。

本标准的附录 D 为规范性附录,附录 A、附录 B、附录 C、附录 E 和附录 F 均为资料性附录。

本标准由全国石油钻采设备和工具标准化技术委员会(SAC/TC 96)提出并归口。

本标准起草单位:大庆油田力神泵业有限公司、胜利油田胜利泵业有限责任公司、大港油田中成机械制造有限公司。

本标准主要起草人：邵永实、孟宪军、王维、殷红雯、张立新、吴继华、甘玉涛、汪卫军、陈红。

本标准所代替标准的历次版本发布情况为：

——GB/T 17386—1998。

潜油电泵装置的规格选用

1 范围

本标准规定了在预定产量和井况条件下,潜油电泵规格选用的详细步骤,以及基本的设计程序。

本标准适用于油和(或)水生产井的装置,其设备安装在油管底部。

2 规范性引用文件

下列文件中的条款通过本标准的引用而成为本标准的条款。凡是注日期的引用文件,其随后所有的修改单(不包括勘误的内容)或修订版均不适用于本标准,然而,鼓励根据本标准达成协议的各方研究是否可使用这些文件的最新版本。凡是不注日期的引用文件,其最新版本适用于本标准。

GB/T 17388 潜油电泵装置的安装(GB/T 17388—1998,idt API RP 11S3:1993)

GB/T 17389 潜油电泵电缆系统的应用(GB/T 17389—1998,idt API RP 11S5:1993)

GB/T 18050 潜油电泵电缆试验方法(GB/T 18050—2000,idt API RP 11S6:1995)

SY/T 6599 潜油电泵离心泵检验方法(SY/T 6599—2004,API RP 11S2:1997,IDT)

3 符号、缩略语和换算

3.1 符号和缩略语

下列符号和缩略语适用于本标准。

B 变压器的容量,kVA

B_o 地层原油体积系数,m^3/m^3(bbl/STB)

B_w 地层水体积系数,m^3/m^3(bbl/STB)

f_w 含水率,%

H_D 从井口到(井下)动液面的实测垂向液压头,m(ft)

H_F 油管摩擦损失,m(ft)

H_T 油压压头,m(ft)

I 电机的额定电流,A

J 生产指数,(m^3/d)/MPa((bbl/d)/psi)

MD_{pump} 实测泵挂深度(实测泵吸入口处安装深度),m(ft)

PIP 泵吸入口处压力,MPa(psi)

P_{bhs} 井底静压, MPa(psi)

P_{wf} 井筒流压,MPa(psi)

P_{wh} 井口流压, MPa(psi)

q 进入井筒的井液预定流量,m^3/d(bbl/d)

q_{intake} 泵吸入口的流量, m^3/d(bbl/d)

SCF 标准立方英尺,ft^3

SSU 赛氏秒数通用黏度

STB 储油罐体积,m^3(bbl)

TDH 在一定比率下泵液体所需的总动压头, m(ft)

U 电机额定电压,V

ΔU 电缆压降损失,V

VD_{pump}　泵吸入口处的垂直泵挂深度，m(ft)

VD_{res}　油层的垂直深度(油层中部深度)，m(ft)

V_o　地面油体积，m^3(bbl)

V_w　地面水体积，m^3(bbl)

γ_{API}　石油工业中常用的原油密度(API)

γ_f　井液相对密度(相对于水的密度 1.000 时)

γ_o　原油的相对密度(比重)

γ_w　盐水相对密度(相对于水的密度 1.000 时)

3.2 换算公式

3.2.1 长度

1 cm＝0.393 7 in

1 m＝3.281 ft

3.2.2 体积

1 m^3＝6.289 bbl

1 bbl＝5.615 ft^3

3.2.3 密度

1 kg/m^3＝16.018 46 lbm/ft^3

3.2.4 油气比或水气比

1 m^3/m^3＝(SCF /STB)/5.615

3.2.5 压力

1 kPa(g)＝0.145 038 psi(g)

1 bar(g)＝14.7 psi(g)

3.2.6 温度

t/℃＝(t_F/℉－32)/1.8

4 基本设计流程

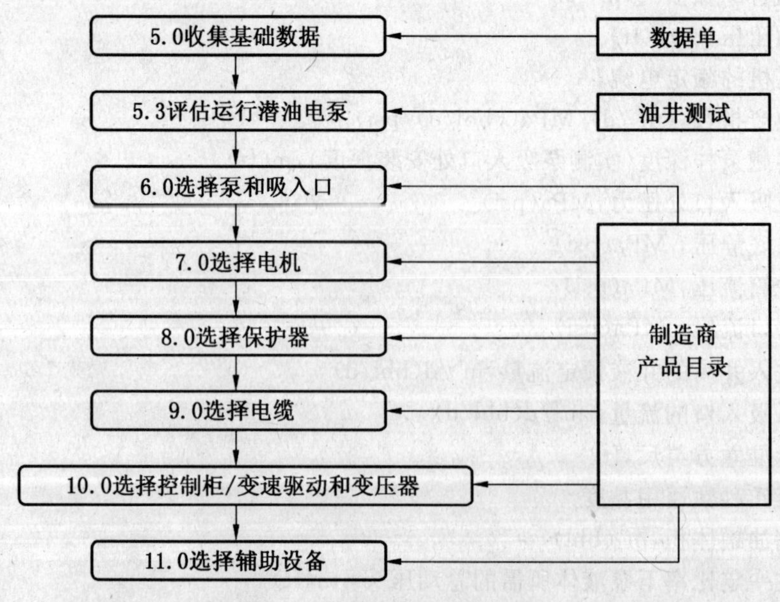

图 1 潜油电泵设计流程

流程图说明如下：图1是整个设计过程的概述，说明潜油电泵设计像一个流水线，但是因为一件具体的设备可能影响以前选定的设备，实际上设计过程需要有些重复。例如保护器需要增加功率，需要再对以前选定的电机进行估算。也可以做几个设计方案，以便优化选定的设备。

5 收集基础数据

5.1 使用附录B中的数据输入单，来收集潜油电泵安装设计所需的数据，潜油电泵设计所需数据要素分成六个种类：

a) 一般资料：分析收集的油井数据；

b) 井筒资料：详细描述油井的轨迹和完井情况；

c) 地面资料：描述地面设备和条件；

d) 液体特性：描述井中的液体的化学成分，以便防止结垢和腐蚀；

e) 流入特征：包括说明井的生产能力的数据要素。在潜油电泵设计中，该数据是极其重要的，应注意该数据尽可能准确；

f) 设计标准详细说明潜油电泵安装的预期性能。

5.2 数据输入单包括潜油电泵设计所需最基本的数据。潜油电泵设计者可以利用增加资料，包括井筒图表、PVT报告、油气成分报告、水分析报告。潜油电泵安装资料、潜油电泵故障分析、电流卡片及修井报告也能提供有价值设计线索。

附录C对附录B中的每类数据要素进行了说明。

5.3 评估潜油电泵运行要求：

a) 为了合理选泵，应考虑油井的动态变化，确定油井的产能；

b) 推荐采用节点分析方法，以便使泵在较大流量范围内和不同的条件下提供不同压力或扬程，同时泵有一个很好的适应范围；

c) 为适当选泵，应确定泵吸入口和出口压力；

d) 总动压头（TDH）和流量可以直接用来恰当地选择合适的泵型和级数。

5.3.1 泵吸入口压力

5.3.1.1 计算井液相对密度：

$$\gamma_f = (f_w \times \gamma_w) + [(1 - f_w) \times \gamma_o]$$

5.3.1.2 计算井液梯度：

$$\text{井液梯度} = \text{水柱梯度} \times \gamma_f$$

式中：

水柱梯度=0.009 8 MPa/m(0.433 psi/ft)

5.3.1.3 计算在预定流量时的井底流动压力（P_{wf}）：

$$P_{wf} = P_{bhs} - q/J$$

5.3.1.4 计算泵吸入口压力（PIP）

$$PIP = P_{Wf} - [VD_{res} - VD_{PUMP}] \times \text{井液梯度}$$

5.3.1.5 计算泵吸入口流量（q_{intake}）

$$q_{intake} = (V_w \times B_w) + (V_0 \times B_0)$$

5.3.2 总动压头

5.3.2.1 计算净垂直举升高度（H_D）：

$$H_D = VD_{PUMP} - PIP/\text{井液梯度}$$

5.3.2.2 确定摩擦损失（H_F）——按附录D中摩擦损失图

$$H_F = MD_{PUMP}/305 \times (\text{给定油管和产量下的摩擦损失}) \quad (m)$$

$$H_F = MD_{PUMP}/1\,000 \times (\text{给定油管和产量下的摩擦损失}) \quad (ft)$$

5.3.2.3 计算井口油管压头(H_T)

$$H_T = [P_{wh} \times (102\ m/MPa)]/\gamma_f \quad (m)$$

$$H_T = [P_{wh} \times (2.31\ ft/psi)]/\gamma_f \quad (ft)$$

5.3.2.4 计算总动压头(TDH)

$$TDH = H_D + H_F + H_T$$

6 选择泵和吸入口

泵的排量要求与油井的产能相匹配,根据生产商目录中的泵的特性曲线来选择。同时考虑套管尺寸、壳体损坏压力极限、轴强度、腐蚀、含砂或气体的环境。

6.1 泵性能与油井产能相匹配

6.1.1 基本要求

基本要求如下:

a) 按照泵的特性曲线合理选择离心泵,使离心泵在最高效率点或接近最高效率点工作;

b) 离心泵的额定排量与油井的产能匹配,额定扬程满足油井所需的总动压头;

c) 确定泵型和级数。

6.1.2 选择泵的步骤

6.1.2.1 确定泵型

根据油井的套管尺寸和预定流量,选择泵型;可能有几种泵型符合标准,应该选择泵效率最高的,流量最接近最佳效率点,这样泵的运转最好。测试的泵应符合 SY/T 6599 的要求。

6.1.2.2 确定所需泵级数

6.1.2.2.1 根据计算出的油井总动压头,确定扬程。

6.1.2.2.2 根据已经确定的泵型,从泵的特性曲线上查出泵的单级扬程。

6.1.2.2.3 所需要泵的级数,等于总动压头除以泵流量下的单级扬程。

6.1.2.2.4 泵的结构(浮动式、压紧式)根据实际情况选择,可以与泵供应商协商。

6.1.2.3 确定泵所需功率

6.1.2.3.1 从泵的特性曲线上,查出在设计流量下泵所需的单级功率。

6.1.2.3.2 由级数和混合液流体比重乘以单级功率来计算所需的总的电机功率。

$$泵需功率 = 单级功率 \times 级数 \times \gamma_f$$

6.2 极限和考虑的因素

除了动态特性以外,在实际应用中,也要考虑其他的使用极限。

6.2.1 轴强度

应对泵轴传递(在给定的速度下)的功率进行校核,以保证它在允许极限之内,超过这个极限会引起泵轴的过早失效。

6.2.2 壳体强度

6.2.2.1 应计算在运转和关井情况下泵的压差,来确保它不超过损坏压力极限。

6.2.2.2 在泵的特性曲线上,从 0 流量点达到关井每级压头,并且乘以级数,确定泵压头。

$$关井泵压头 = 0\ 流量压头 \times 级数$$

$$泵压差 = 0.0098 \times 关井泵压头(m) \times \gamma_f \quad (MPa)$$

$$泵压差 = 0.433 \times 关井泵压头(ft) \times \gamma_f \quad (psi)$$

6.2.3 泵轴向力

浮动式轴向力=泵压差×泵轴横截面积

应根据泵生产商和最坏情况操作(例如关井)所提供数据来计算固定或压紧类型泵的轴向力。

6.2.4 变速设计

6.2.4.1 使用变速驱动,可以为潜油电泵安装提供额外灵活性和可调节性。

6.2.4.2 变速驱动的设计,可以采用变速相似定律方程来计算。为了使潜油电泵在油井中能正常运行、起停,潜油电泵的设计应该考虑可能运行的最高频率。最佳的特性应该以应用中潜油电泵运行最长时间的频率为依据。

6.2.4.3 在设计计算时,推荐使用计算机软件来解决在变速时的泵动态参数换算。

6.2.5 含气井设计

6.2.5.1 在泵吸入口处存在一定的气体,影响潜油电泵的使用。

6.2.5.2 在设计应用过程上,应该使用计算机软件,根据 PVT 数据和对比数据,来解决更复杂的流体、多相流计算和多相泵动态计算。

6.2.5.3 应与供应商讨论防气设计,对高含气油井应选择特制泵来处理游离气,也可采用锥形泵。

6.2.5.4 通常可以使用气体分离器,与供应商商谈,确定哪种分离器最适合你的应用。同时要考虑分离器本身需要的功率,以及与电机、保护器的配套尺寸。

6.2.6 固体颗粒

6.2.6.1 油井中存在固体颗粒,在应用过程中应该选择耐磨泵或者调整相关部件,要了解油井中砂(粒大小,形状是必需数据)、结垢等特殊井况。

6.2.6.2 根据井况的不同,可以选择不同的泵。

6.3 校对清单

校对清单主要包括以下内容:

a) 根据流量和其他数据,选择合适的泵型;
b) 确定所需级数;
c) 确定泵所需功率;
d) 确保泵轴和壳体强度在合适的范围之内;
e) 针对不同井液成分,合理选择泵的材质。

7 选择电机

电机的选择要考虑的因素有温度极限、套管尺寸,电缆长度和尺寸、电机端电压、电机电流以及油井动态状况。

应该连同电缆压降一起选择电机铭牌电压,因为不同的电机额定电压将需要不同电流,电缆压降损失不同,不同电流将影响运转成本。

7.1 电机特性

7.1.1 潜油电泵的电机与标准的地面电机有许多相似之处和许多不同之处,详细内容参见附录 E。

7.1.2 根据泵所需功率、油气分离器所需功率、保护器所需功率,来确定所需电机功率。

7.2 相关因素的考虑

7.2.1 电机外径与套管内径

7.2.1.1 电机外径受套管内径、所选择的泵型、井斜等相关因素限制。

7.2.1.2 关于定向井,使用电泵要考虑电机能沿弯曲井段(全角变化率)通过,电机外径与套管内径间的流体通道要保证电机散热,推荐使用 0.304 8 m/s(1 ft/s)最小流体速度。

7.2.1.3 对具有腐蚀性的油井,电机表面的流速最大值 3.657 6 m/s (12 ft/s) [在含砂环境 2.133 6 m/s (7 ft/s)],来防止壳体腐蚀。

7.2.1.4 对含气井或稠油井,电机功率不一定采用常规标准配套,要根据油井实际情况决定。

7.2.2 井温与电机冷却

7.2.2.1 潜油电泵生产商提供的电机能运行的井底温度(*BHT*)是指电机周围温度。在负荷状态下,电机温升加周边温度是运行温度。

7.2.2.2 电机运行温度过高，会缩短电机绝缘寿命和轴承寿命，并且部件热膨胀也容易引起机械问题。

7.2.2.3 影响井中电机运行温度的因素有：所需功率，井底温度（流动和静态）、原油 API 密度，电机表面流体流动速度、电机表面气体流动速度、变速驱动、结垢、特制电机壳体涂层、电压不稳及运行负载下的电机效率。

7.2.2.4 用户需要与供应商共同进行潜油电泵设计。在某些情况下，供应商推荐的电机额定功率可能比计算出的功率要小，这是在井况条件好的情况下。如果在复杂井况或井况不确定的条件下，供应商可以推荐高的额定功率。

7.2.3 电机电压（铭牌电压）和电缆尺寸

7.2.3.1 地面电压是由电机的额定电压和电缆压降决定的。

7.2.3.2 电缆尺寸可以根据井底温度、电机功率、电压、电流进行选择。同时考虑不同电缆的预期寿命、电缆损失的成本、不同电缆尺寸最初成本。

7.2.3.3 电机启动电流是满负荷运转时电流的几倍，电缆电压降损坏增加，在实际条件下，应该与电机供应商讨论启动能力。

有下列三种方法可以克服启动极限：

a） 使用大直径电缆，在启动期间减少电缆电压降；

b） 使用高电压电机，因为同样功率，电流将很低；

c） 使用变频器，低频率小电流启动，可获得高启动扭矩。

7.3 校对清单

校对清单主要包括以下内容：

a） 通过确定泵、分离器、保护器所需功率，确定电机功率；

b） 确定所需电机外径；

c） 检查电机冷却时流体流动速度；

d） 确保预测电机绕组温度在供应商产品给定极限之内；

e） 确认电机启动能力。

8 选择保护器

主要考虑泵和电机的兼容性、安装电缆时套管间隙、井况、使用沉淀式或胶囊式设计、流体膨胀性，温度和化学腐蚀。

8.1 保护器的功能

常规的保护器的功能主要包括以下几方面：

a） 连接电机轴与泵轴，并连接泵壳体与电机壳体；

b） 装有一个止推轴承，承受泵的轴向推力；

c） 防止井液进入电机；

d） 平衡电机内部压力与井内压力，以消除轴密封两侧的压力差；

e） 补偿由于运转或者停机时，电机发热或冷却所造成的油膨胀和收缩。

8.2 保护器制约因素

8.2.1 温度

8.2.1.1 保护器的材料应与其的工作温度相匹配。

8.2.1.2 影响保护器实际工作温度几个因素：井底温度、实际电机温升、井液特性、井液流速。

8.2.1.3 重油流速低，增加了保护器的温度，特殊应用与供应商商量。

8.2.1.4 在不同部件里规定使用橡胶及密封材料的最大温度如下：

——腈：121 ℃（250 ℉）；

——高饱和丁腈(HSN):135 ℃(275 ℉);

——氟橡胶合成:163 ℃(325 ℉);

——四氟乙烯/丙烯共聚物(TFE/P):177 ℃(350 ℉)。

8.2.1.5 电机、保护器选择油品的类型时,也应考虑工作温度。

8.2.2 **轴强度**

8.2.2.1 根据工作过程预测所需轴扭矩。当启动或者井液密度较大时,可能产生最大扭矩。

8.2.2.2 根据最小剖面和材质屈服强度计算轴强度。

8.2.3 **止推轴承负荷**

8.2.3.1 保护器的额定止推负荷比实际最高的止推负荷要大。使用浮动叶轮设计,保护器主要承载止推负荷。

8.2.3.2 浮动叶轮泵:

$$\text{下止推负荷} = (\text{泵出口压力} - PIP) \times \text{泵轴横截面面积}$$

8.2.3.3 压紧叶轮泵:

下止推负荷与潜油电泵生产商协商。

8.2.3.4 轴承表面最常使用巴氏合金,额定工作温度达到 149 ℃(300 ℉);青铜合金用于高温[大于 121 ℃(250 ℉)]。

8.2.4 **防止腐蚀**

8.2.4.1 根据液流中有水、油、气、盐水等情况,选择保护器防腐蚀材质。

8.2.4.2 保护器容易腐蚀部件有壳体、上接头、下接头、轴和轴密封。通常,壳体、上接头、下接头使用碳钢或高铬合金;为了增加腐蚀保护,在部件上使用特别涂层。蒙乃尔和不锈钢常用于轴上;机械面密封的金属部件采用不锈钢和青铜。

8.2.4.3 通常,不锈钢用于辅助部件,如胶囊夹子、泄油阀;铬镍铁合金经常用于泄油阀、单流阀的驱动弹簧或旋转密封。

8.2.5 **胶囊和沉淀保护器**

8.2.5.1 机组在恶劣环境中应用,可以增加保护腔的数目,采用串联保护器,可以更好地保护电机。

8.2.5.2 在潜油电泵工作期间,启动和停止(循环)的数目,决定了保护器的寿命。频繁起停,应该考虑胶囊式保护器

8.2.5.3 在有些应用中,胶囊和沉淀式保护器都被串联使用;在定向井里,胶囊式保护器应被安装在顶部,以防止沉淀式保护器电机油的污染。在垂直井里,胶囊保护器可以被安装在底部。

8.2.6 **流体膨胀性能**

8.2.6.1 在定向井中,沉淀式保护器有效油膨胀性能降低。井斜角在 30°以上井,应考虑胶囊式保护器。

8.2.6.2 当预测保护器中的所需油膨胀性能时,应该考虑实际电机载荷,选用的油膨胀性能适应最大电机负荷条件的保护器。

8.2.7 **保护器外径与套管内径相匹配**

8.2.7.1 扁电缆的厚度加上保护器直径应该小于套管内径,以避免在安装设备时损坏。

8.2.7.2 推荐经过潜油电泵机组最大流体速度是 2.133 6 m/s(7 ft/s)(含细砂)和 3.657 6 m/s(12 ft/s)(含粗砂)。

8.2.8 **转速的影响**

8.2.8.1 潜油电泵机组在高于 3 000 r/min 情况下运行时,保护器胶囊腔的性能将会受到影响。通常,如果潜油电泵机组在 30 Hz~70 Hz 情况下运行,对保护器胶囊腔的性能不会产生较大影响。

8.2.8.2 潜油电泵机组在高速情况下运行,将导致电机温度升高,从而导致电机油膨胀。保护器胶囊腔应拥有在预期最高转速下容纳电机油膨胀的能力。

8.2.8.3 随着转速的升高,保护器轴扭矩和止推轴承载力将增加,所以,在最高转速下应校核保护器轴扭矩和止推轴承承载能力。

8.2.8.4 轴的机械密封有一定转速极限,应确保机组最高运行转速不超过这个速度极限。在潜油电泵机组实际运行时,电泵制造商应推荐一个合适的转速范围。

8.3 校对清单

校对清单主要包括以下内容:

a) 根据泵和电机的需要,选择保护器的外径;

b) 根据电机功率和井况(主要是温度)来选择保护器胶囊的膨胀体积;

c) 计算轴所需的扭矩;

d) 根据井况和工作温度来选择保护器胶囊和机械密封的材质;

e) 计算无产液量情况下的轴向载荷,来选择合适的止推轴承;

f) 根据具体应用情况来选择保护器的规格型号。

9 选择电缆

9.1 选择电缆尺寸

根据电机的电压、电流、电机功率、井底温度、油管和套管尺寸、电缆长度来选择电缆尺寸。

9.2 选择电缆类型

电缆类型,取决于井况条件,根据井底温度确定绝缘的基本类型和所需电缆护套材料。根据流体的特性确定电缆结构,例如 H_2S 的存在,可以使用铅包电缆,在高腐蚀流体的井里,采用特殊合金;高油气比井中的电缆可以采用特殊密封装置(外壳)。

9.3 电缆匹配

对于泵和电机,有许多不同参数匹配电缆,由于选择程序已经设计,使这个过程更容易,并且由生产商和第三方卖主提供,GB/T 17389 和 GB/T 18050 也提供详细资料,用解释、列表、图有助于选择电缆。

9.4 制约因素

9.4.1 井温

9.4.1.1 井温是包括电缆在任何位置的井底周围温度。导线温度是电流输送导线的表面上的温度。电缆工作温度是随井温和导线温度而变的。电缆工作温度要超过井底温度 17 ℃(30 ℉)以上,当选择电缆时,导线温度或电缆工作温度,应超过生产商确定电缆额定温度。

9.4.1.2 运转电压要考虑电缆动力损失;电缆存在压降,电压降低也应保证让电机有足够的启动电压。

9.4.1.3 从电流、井底温度和电缆工作温度之间关系中,可以知道电缆铜耗,因此在选择时,使用者可能选择较大型号的电缆。

9.4.2 电缆尺寸与电压损失

通常,导线尺寸越小,每单位长度的电压降越大。如果电压降过大,电机启动困难。同时要考虑套管与机组的间隙,套管与油管的间隙,来选择电缆的结构和形状。

9.4.3 电缆尺寸与套管内径

如果井斜很大,应考虑附加间隙和如何保护电缆。目前有两种可使用的电缆结构,扁和圆。圆电缆有更好电平衡,扁电缆主要应用于套管内径小的井筒中。

9.4.4 常规电缆材质限制

电缆寿命随温度增加而降低,电缆也容易受到气体的影响,当在井里有快速压力变化时,气体容易进入绝缘层和护套层中,使之快速膨胀,引起绝缘下降和护套损坏。

9.4.4.1 聚丙烯

原油中的轻烃、芳族化合物、二氧化碳的化合物,影响聚丙烯绝缘。

9.4.4.2　热固电缆

乙丙橡胶(EPDM)是在潜油电泵电缆里最常见的使用绝缘材料。材质耐温高,弹性好,有良好的耐化学性,但油和芳烃易引起软化和膨胀。

9.4.4.3　电缆护套

护套是保护层,最常见电缆护套化合物是丁腈和乙丙橡胶。丁腈化合物耐油,但易变脆(老化硬化);乙丙橡胶高温时仍具有弹性,但它耐油和耐其他化学性比腈要差。

9.4.4.4　绝缘层、编织层和铠装

9.4.4.4.1　绝缘层和编织层是用于对底层电缆部件提供额外强度和保护的材质补充层。在圆电缆里,橡胶绝缘层和编织物直接被应用绝缘上,扁电缆用于护套材料上,耐化学性、耐降压和电强度。铅护套可以防 H_2S,它是保护芯线的另一类屏障。关于这些材质,见 GB/T 17389 的要求。

9.4.4.4.2　铠皮提供机械保护的外层。在圆电缆结构里,当起出电缆时,铠皮提供机械强度,限制在减压期间电缆膨胀。镀锌铠皮、不锈钢铠皮和蒙乃尔铠皮是油气环境电缆最常见铠皮类型。在大量 CO_2、H_2S 和大量盐水可能存在恶劣环境里,应使用蒙乃尔铠皮。316 L 不锈钢铠皮适用于许多腐蚀井。

关于电缆铠皮详细资料,见 GB/T 17389 的要求。

9.4.5　电缆头

电缆头是电机的电气接头,它隔离电机油与井液。引接电缆是从电缆头到泵的上部与动力电缆相连部分。因为机组壳体和井套管之间的间隙有限,所以,通常引接电缆外形尺寸要比动力电缆小。

9.5　校对清单

校对清单主要包括以下内容:

a)　确定所需电缆结构(扁或圆);

b)　确定所需护套材质;

c)　确定最佳、经济导线规格;

d)　确保不超过电缆电压极限;

e)　确保电缆电压降不影响电机启动能力。

10　选择控制柜/变频器和变压器

10.1　地面电气设备匹配

10.1.1　现场地面电压等于电机额定电压加上电缆电压降。

10.1.2　当提供高电压时,采用降压变压器满足电机电压。当提供低电压时,需要升压变压器满足电机要求。变压器的容量:

$$变压器容量\ B=1.732(U+\Delta U)\times I/1\,000$$

10.2　极限和考虑的因素

10.2.1　降压变压器

10.2.1.1　网络提供高电压时,需要降压变压器,提供合适的电机电压。

10.2.1.2　变压器有三种不同的结构可以采用,三个单相和一个三相标准变压器都适用于“降压”应用。

10.2.1.3　沙漠地区应用时,需要额外的容量,以免造成变压器的过载。海上应用需要特殊的阻燃油,一般采用干式变压器。

10.2.2　升压变压器

10.2.2.1　网络提供低电压,需要升压变压器,满足电机的需求。

10.2.2.2　如果电网电压是低压(如 480 V),控制屏电压也是低压,但电机的电压需求较大时,升压变压器通常放在控制柜和井下电机之间(参见图 2)。在这种情况下,变频柜输入输出是低压(例如 480 V),特殊的升压变压器被用于变频柜与电机之间,将电压提升到电机的需求值。当限制条件不高于 1 000 V 且不使用井下监测系统时,可以使用自藕变压器。

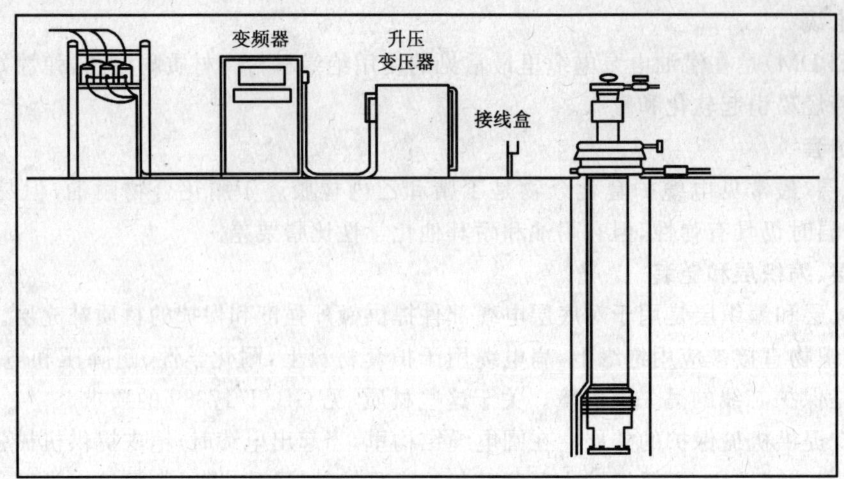

图 2　使用带有升压变压器的变频器的结构示意图

10.2.2.3　沙漠地区应用时，需要额外的容量，以免造成变压器的过载。海上应用需要特殊的阻燃油，一般采用干式变压器。

10.2.3　**定频控制柜**

10.2.3.1　定频控制柜有四个基本功能：

a)　启动和停止电机；

b)　对电机进行电流过载和欠载保护；

c)　监测井下的电流；

d)　保护电网对电机的瞬间冲击。

10.2.3.2　高电压应用要求控制屏位于降压变压器的二次侧，并且额定值要满足或超过电机要求的计算出的地面电压和电流(参见图 3)。

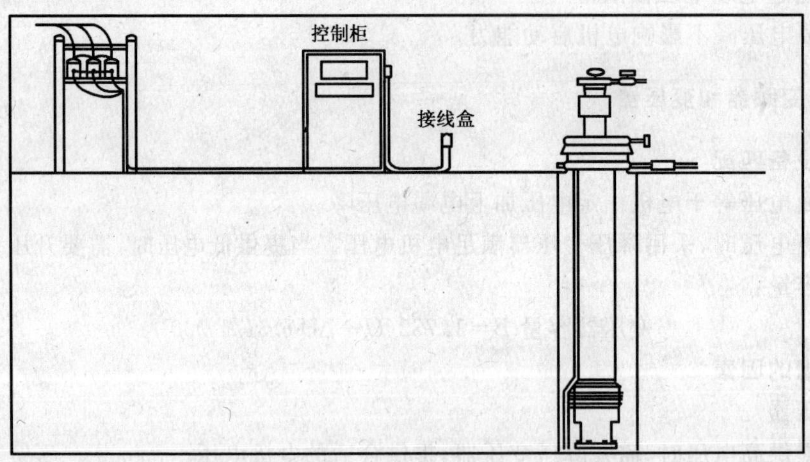

图 3　使用定频控制柜的结构示意图

10.2.3.3　网络提供低电压时，控制柜经常放在升压变压器初次侧上。在该情况下，一定要注意选择额定电流较高的控制柜。

10.2.4　**变频控制柜**

10.2.4.1　变频控制柜是通过改变频率来调整潜油电泵的转速，实现改变排量、扬程、功率的目的，扩大潜油电泵的应用范围(变频传动详细内容参见附录 F)。

10.2.4.2　变频控制柜的频率变化，使潜油电泵性能改变符合“相似定律”。

$$排量:\frac{Q_{RPM_2}}{Q_{RPM_1}}=\frac{RPM_2}{RPM_1}=\frac{Hz_2}{Hz_1}$$

$$扬程：\frac{H_{RPM_2}}{H_{RPM_1}}=\left(\frac{RPM_2}{RPM_1}\right)^2=\left(\frac{Hz_2}{Hz_1}\right)^2$$

$$制动功率：\frac{BHP_2}{BHP_1}=\left(\frac{RPM_2}{RPM_1}\right)^3=\left(\frac{Hz_2}{Hz_1}\right)^3$$

10.2.4.3　在应用潜油电泵的油井，变速驱动有很多柔性(参见图 4)，只要变化频率就能影响它的性能。

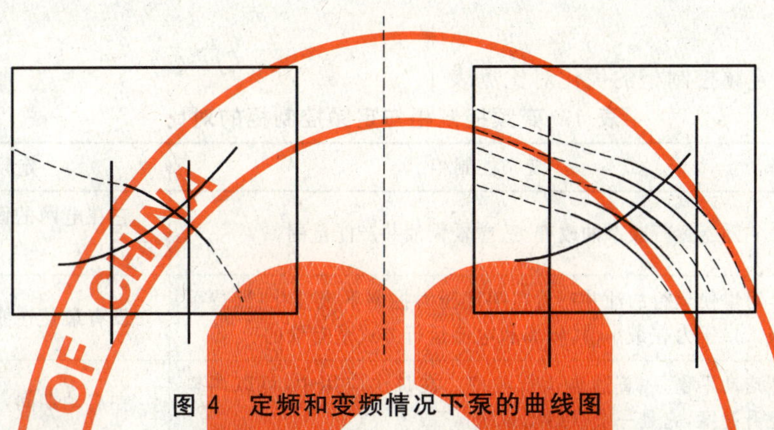

图 4　定频和变频情况下泵的曲线图

10.2.4.4　变化频率也影响电机功率输出。电机功率随频率的递增而比直接地增加，参见图 5。较高的频率意味电机更快速旋转，而且电机能够产生较高的功率。

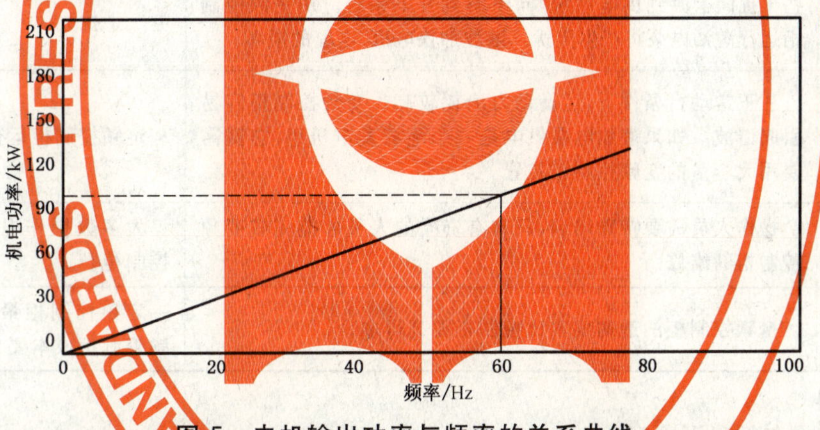

图 5　电机输出功率与频率的关系曲线

10.2.4.5　由于泵所需制动功率随频率的立方增加，参见图 6。在某一频率下，泵需要制动功率将会超过电机传递功率，这点是最大的极限频率。

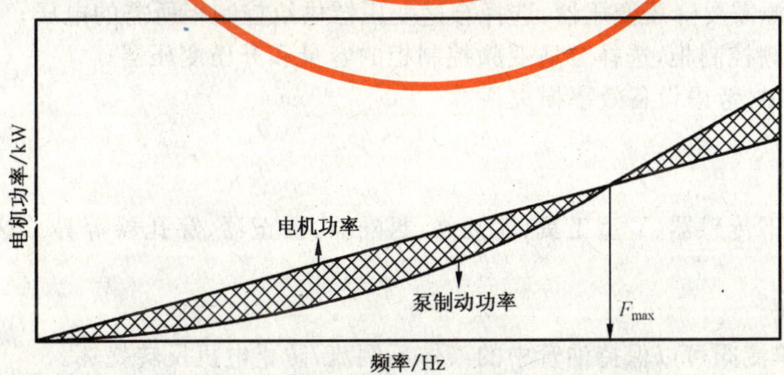

图 6　电机输出功率和泵需制动功率与频率的关系曲线

10.2.4.6　使用变频控制柜，在频率变化和交直流转换过程中，可能出现“谐波”现象，在实际应用中采用滤波器可以消除。

10.2.5 **接线盒**

接线盒安装在井口和控制柜之间，释放气体，防止井下气体沿电缆进入控制柜，消除爆炸的可能性。接线盒距井口和控制柜的距离不应小于 5 m(15 ft)。

具体要求见 GB/T 17388。

10.2.6 **软启动控制柜**

软启动与变频控制柜有不同的特点，它只能降低启动电流，不能改变泵的特性参数，主要是降低泵轴上扭矩的应力。

10.3 **经济最优化**

变频控制柜与定频控制柜的优化对比见表 1。

表 1 变频控制柜与定频控制柜的对比

	变频控制柜	定频控制柜
灵活性	它随着运行频率的改变，适应较大油井产能范围。	它在电网的固定频率下运行(不灵活)。
最佳产量	可以使运行的油井产量在闭环压力控制下最佳化，保持泵吸入口压力在最小值，频率和电流运行方式是有效的。	没有最佳性能。
启动特点	启动平稳，一直达到运行频率。在每次应用中，可以调整上升速度，它是一个软启动系统。	在启动期间，启动扭矩非常大。
电气干扰	在电流和电压信号里它产生电气干扰叫做谐波和振铃。这些干扰向上游到供电系统，向下游到井下系统。用变频控制柜运行潜油电泵将产生干扰。谐波加快电机、电缆的损坏。	除了在启动和停止时，它不产生电气干扰。
动力运行要求	在正常动行条件下，运行动力消耗较高。变频控制柜容易引起谐波。如果潜油电泵供电是一个绝缘发电机组，它就需要用大容量的变频控制柜装置。	定频控制柜运行成本较低。
操作人员	操作人员需要特殊培训，只有有资质的人员才能完成变频控制柜的维修。	大多数操作电气技术员习惯于控制柜。
最初成本	变频控制柜的最初成本比控制柜要高得多。	定频控制柜最初成本比一个变频控制柜成本要少。

10.4 **校对清单**

校对清单主要包括以下内容：

a) 计算地面电压要求变频控制柜应用最高频率；

b) 计算容量变频控制柜应用最高频率；

c) 如果主要电源需要降压变压器，选择合适变压器供给控制柜所需的电压；

d) 如果使用变频控制柜，选择合适变频控制柜的容量和升压变压器；

e) 在选择过程中，考虑设备效率损失。

11 辅助设备

辅助设备包括井下传感器、Y 型工具、泄油阀、封隔器、扶正器、穿孔器等等。这些辅助设备用于特殊操作需要。

11.1 **单流阀、泄油阀**

11.1.1 当停泵时，单流阀可以保持油管中的液体不倒流，防止电机反转烧坏。

11.1.2 泄油阀也应安装。设计泄油阀主要考虑起泵作业的问题。

11.2 **反转继电器**

可以在控制柜上安装反转继电器并且与动力电缆相连。当泵反转时，这个继电器能检测到机组反转，从而防止机组启动。

11.3 井下监测传感器

11.3.1 为了得到更多井下条件的准确描述,可以采用井下传感器监测。井下传感器测量的参数可包括:压力(吸入口和排出口),温度(液体和电机绕组)、电流泄漏、流量、电机油绝缘强度和振动等。

11.3.2 推荐用户根据需要检测的参数来选择传感器。

11.4 扶正器和电机导向器

扶正器和电机导向器是用来扶正潜油电泵机组的,在作业过程中能防止机组磕碰。尤其在定向井中能保证机组的平稳运行。

11.5 阳极应用

为了防止腐蚀,可以采用阳极方式。通常阳极由铝或锌制成,固定在电机底部,并且溶解到腐蚀性液体中,以保护电机不受腐蚀。

11.6 电缆穿越器

电缆穿越器是通过封隔器或者井口允许电缆穿越的一种装置,主要与电缆连接器、动力连接装置、油管悬挂器、井口适配器、地面电缆连接器配合使用,保证电缆顺利通过封隔器或井口。

11.7 Y 型工具

Y 型工具只适用于大套管中,一方面为了测试,另一方面也可以安装多个潜油电泵。其原理就是将潜油电泵设备偏置于油井中,以便测试工具能够下入到油井某一位置,从而测得一点的数据。

11.8 井口

井口应装有一个使井液通过、并起压力密封的油管悬挂器/封隔装置。应安装具有足够压力的管道和阀,把井口和出油管联接。设计时要考虑泵排出口、井身压力、最大关闭压力和其他可应用参数。

11.9 封隔器

封隔器通过隔离油井环形空间来控制井液,封隔器和生产油管一起安装,并置于潜油电泵机组之上。在运行潜油电泵之前,也可以调整封隔器。

11.10 电缆卡子

a) 电缆夹子用来将引接电缆和动力电缆分别固定在泵及油管上。

b) 卡子材料可以是碳钢、不锈钢、蒙乃尔铜-镍合金制成的。

c) 每个油管接头最少两个卡子,如果是偏定向井筒,应考虑特殊夹子设备。

11.11 护罩

当液体经过电机的速度小于 0.304 8 m/s(1 ft/s)时,使用护罩保证电机的散热。护罩安装在泵吸入口位置,让液体在机组和护罩之间的环行空间,流经电机、保护器,然后进入吸入口,液流满足电机冷却需要,防止电机过热损坏。

11.12 电缆悬挂潜油电泵

采用电缆支撑井下设备的重量,通过电缆起下潜油电泵,电缆需要特殊设计。

11.13 挠性连续油管

油管是挠性的,潜油电泵由挠性连续油管悬挂,方便施工,但需要专门的设备。

12 选泵实例

主要介绍选泵的步骤和所需的公式,是手动完成关于高含水井(没有气体)的基本设计。

12.1 基本资料

$q=238.85\ m^3/d(1\ 500\ bpd)$;$P_{bhs}=13.78\ MPa(2\ 000\ psi)$;$J=46.09\ m^3/d/MPa(2.0\ bpd/psi)$;

$VD_{pump}=VD_{res}=1\ 936.49\ m(6\ 353\ ft)$;$P_{wh}=0.69\ MPa(100\ psi)$;$\gamma_f=1.0$;油管 2⅞ in

12.2 计算过程

12.2.1 井液梯度=水的梯度$\times\gamma_f=9.8\times0.001\ MPa/m=0.009\ 8\ MPa/m$

$$(0.433\ psi/ft\times1.0=0.433\ psi/ft)$$

12.2.2 在预定流量下井流动压力 $P_{wf}=P_{bhs}-q/J=13.78-238.85/46.09=8.62$ MPa

(2 000－1 500/2＝1 250 psi)

12.2.3 泵吸入口 $PIP=P_{wf}-(VD_{res}-VD_{pump})\times$井液梯度$=8.62-(0)\times0.0098=8.62$ MPa

[1 250－(0)×0.433＝1 250 psi]

12.2.4 $V_{intake}=q$(在 $\gamma_f=1.0$)

12.2.5 $H_D=VD_{pump}-PIP$/井液梯度$=1936.49-8.62/0.0098=1056.44$ m

(6 353－1 250/0.433＝3 466 ft)

12.2.6 $H_F=(MD_{pump}/1000)\times10=19.4$ m(64 ft)

12.2.7 $H_T=P_{wh}\times102/\gamma_f=0.69\times102/1.0=70.28$ m

($P_{wh}\times2.31/\gamma_f=100\times2.31/1.0=231$ ft)

12.2.8 $TDH=H_D+H_F+H_T=1056.44+19.4+70.28=1146.12$ m

(3 466＋64＋231＝3 761 ft)

12.2.9 查图，在 238.85 m^3/d(1 500 bpd)时，可以看出泵产生每级压头 12.04 m (39.5 ft)。因此级数是：

总级数$=TDH/$(压头/级)$=1146.12/12.04=95.2$ 级≈95 级

(3 761/39.5＝95.2 级≈95 级)

12.2.10 查泵曲线，单级功率是 0.526 kW(0.705 hp)，

泵功率＝功率/级×级数×液体相对密度＝0.526×95 ×1.0＝49.97≈50 kW

(0.705×95×1.0＝67 hp)

12.2.11 如果有变速驱动，频率在 75 Hz 时，

$q_2=q_{rpm1}\times RPM_2/RPM_1=238.85\times75/60=298.56\ m^3/d$

(1 500×75/60＝1 875 bpd)

计算中，使用下列单级泵曲线(见图 7)。

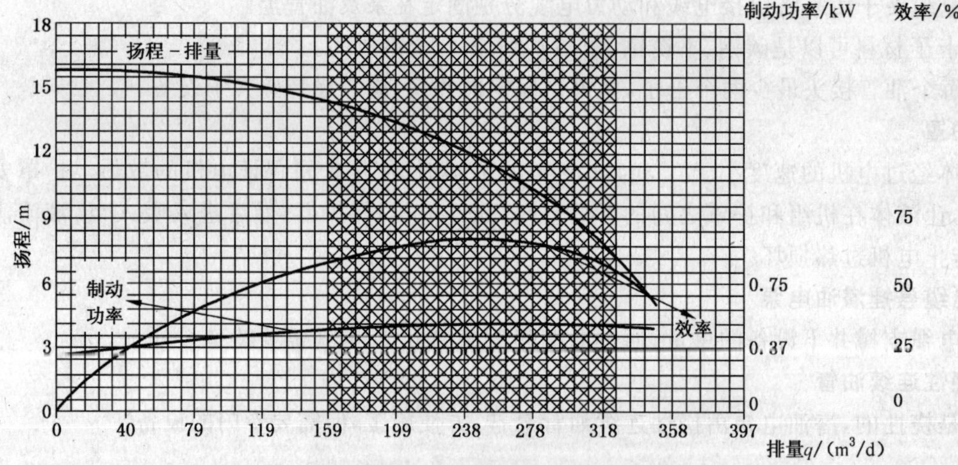

图 7 单级泵性能曲线(60 Hz)

附 录 A
（资料性附录）
本标准章条编号与 API RP 11S4:2002 章条编号对照

表 A.1 给出了本标准章条编号与 API RP 11S4:2002 章条编号对照一览表。

表 A.1 本标准章条编号与 API RP 11S4:2002 章条编号对照

本标准章条编号	对应的 API RP 11S4:2002 章条编号
3.2.1～3.2.6	3.2 内容
5.1	5 引言前三段
5.2	5 引言最后两段
5.3	5.1
5.3.1	5.1.1
5.3.1.1～5.3.1.5	5.1.1 内容
5.3.2	5.1.2
5.3.2.1～5.3.2.4	5.1.2 内容
6.1.2.1	6.1 第一个下划线标题及内容
6.1.2.2	6.1 第二个下划线标题及内容
6.1.2.3	6.1 第三个下划线标题及内容
6.2.2.1	6.2.2 第一句话
6.2.2.2	6.2.2 其他内容
6.2.4.1～6.2.4.3	6.2.4 内容
6.2.5.1～6.2.5.4	6.2.5 内容
6.2.6.1～6.2.6.2	6.2.6 内容
7.1.1～7.1.2	7.1 内容
7.2.1.1～7.2.1.4	7.2.1 内容
7.2.2.1～7.2.2.4	7.2.2 内容
7.2.3.1～7.2.3.3	7.2.3 内容
8.2.1.1～8.2.1.5	8.2.1 内容
8.2.2.1～8.2.2.2	8.2.2 内容
8.2.3.1～8.2.3.4	8.2.3 内容
8.2.4.1～8.2.4.3	8.2.4 内容
8.2.5.1～8.2.5.3	8.2.5 内容
8.2.6.1～8.2.6.2	8.2.6 内容
8.2.7.1～8.2.7.2	8.2.7 内容
8.2.8.1	8.2.8 第一段
8.2.8.2～8.2.8.4	8.2.8 第二段
9.1～9.2	9 内容
9.3	9.1
9.4	9.2
9.4.1	9.2.1
9.4.2	9.2.2
9.4.3	9.2.3
9.4.4	9.2.4

表 A.1（续）

本标准章条编号	对应的 API RP 11S4:2002 章条编号
9.4.4.1～9.4.4.4	9.2.4 内容
9.4.4.4.1～9.4.4.4.2	9.2.4 第六段～第八段
9.4.5	9.2.5
9.5	9.3
10.1.1～10.1.2	10.1 内容
10.2.1.1～10.2.1.3	10.2.1 内容
10.2.2.1～10.2.2.3	10.2.2 内容
10.2.3.1～10.2.3.3	10.2.3 内容
10.2.4.1～10.2.4.6	10.2.4 内容
11.1.1～11.1.2	11.1 内容
11.3.1～11.3.2	11.3 内容
12.1～12.2	12 内容
12.2.1～12.2.11	12.2 内容
E.2.1～E.2.8	C.2 内容
附录 A	—
附录 B	附录 B
附录 C	附录 A
附录 D	附录 E
附录 E	附录 C
附录 F	附录 D
注：表中章条以外的本标准其他章条编号与 API RP 11S4:2002 其他章条编号均相同且内容相对应。	

附 录 B
（资料性附录）
潜油电泵设计资料卡片

作业方：__________ 矿区：__________ 井号：__________

位置：__________ 区域：__________ 油藏：__________

信息收集者：__________ 公司：__________

日期：__________

井筒几何尺寸

井是否倾斜：是/否（如果是，内容应包含井斜测量，并把测得的深度作为垂直深度或测井深度）

机组顶部：__________ m(ft) 井底：__________ m(ft)

最小套管内径：______ mm(in) 质量：______ kg/m(lb/ft) 人工井底深度：______ m(ft)

最小衬套内径：______ mm(in) 等级：______ kg/m(lb/ft) 井下衬管顶部：______ m(ft)

油管外径：______ mm(in) 质量：______ kg/m(lb/ft)

等级：__________ 螺纹类型：__________

油管内径：______ mm(in) 抗压强度：______ MPa(psi 或 bar)

井筒中的限制因素（Y 形探测仪，封隔器等等）

地面信息

出油管线内径：______ mm(in) 长度：______ m(ft) 标高：______ m(ft)

分离器/井口压力：______ MPa(psi 或 bar) 温度：______ ℃(℉)

套管压力：______ MPa(psi 或 bar) 排气孔：______ 是/否

主电源：______ V 频率：______ Hz

电流强度范围：__________

流体性质

原油相对密度：__________ 水相对密度：__________

石蜡：__________ 沥青：__________ 结垢：__________

上述详细信息：____________________

____

____

天然气相对密度：______ H_2S 含量：______ ppm CO_2 含量：______ ppm

含水量：______ % 气液比/气油比：______ m^3/m^3 (SCF/bbl)

砂：______ 是/否 砂粒硬度： 圆的/有棱角的

泡点压力：______ MPa(psi 或 bar)

高压物性资料和黏度数据

P MPa(psi 或 bar)	T ℃(℉)	B_o m^3/m^3(bbl 或 stb)	B_g m^3/m^3(bbl 或 stb)	R_S m^3/m^3(cf 或 scf)	μ_{od} cp(SSU)	μ_o cp(SSU)

乳化液黏度校正系数:＿＿＿＿＿＿ 转化点:＿＿＿＿＿＿%水

含水量:＿＿＿＿ ＿＿＿＿ ＿＿＿＿ ＿＿＿＿ ＿＿＿＿

系数:＿＿＿＿ ＿＿＿＿ ＿＿＿＿ ＿＿＿＿ ＿＿＿＿

流入井中的油气流特征曲线

测试基准深度:＿＿＿＿＿＿m(ft) 实际垂直深度:＿＿＿＿＿＿m(ft)

静压力:＿＿＿＿＿＿MPa(psi 或 bar) 温度:＿＿＿＿＿＿℃(℉)

测试流量:＿＿＿＿ ＿＿＿＿ ＿＿＿＿ ＿＿＿＿m^3/d(bpd)

测试压力:＿＿＿＿ ＿＿＿＿ ＿＿＿＿ ＿＿＿＿MPa(psi 或 bar)

生产指数:＿＿＿＿＿＿(m^3/d)/MPa(bpd/psi)

设计准则

预期产量(油/液):＿＿＿＿＿＿m^3/d(bpd)

预计泵吸入口压力:＿＿＿＿＿＿MPa(psi 或 bar)

最小沉没度:＿＿＿＿＿＿m(ft)

预计泵挂深度:＿＿＿＿＿＿m(ft) 实际垂直深度:＿＿＿＿＿＿m(ft)

变压器值:＿＿＿＿＿＿kVA 最小频率:＿＿＿＿＿＿Hz 最大频率:＿＿＿＿＿＿Hz

网络电压/电流:＿＿＿＿＿＿

注释:＿＿＿＿＿＿

＿＿＿＿＿＿

＿＿＿＿＿＿

附 录 C
（资料性附录）
资料卡片说明

C.1 作业方

是操作这口井的公司，确定作业方有助于我们确定这口井。

C.2 矿区

决定了这口井的所有权。

C.3 井号

是井的标志。

C.4 位置

是井的地理位置。

C.5 地点

是油井所在区域的名称。

C.6 油藏

是油井生产的储藏区的名称。

C.7 信息收集者

是收集这些信息的人的名字。

C.8 公司

是信息收集者所工作的公司的名称。

C.9 日期

是信息被收集的日期。

C.10 射孔深度

是井液流入油井处井筒位置的测量深度。

C.11 套管最小内径

是保证潜油电泵机组设备能够运行的产品最小内径。

C.12 人工井底深度

是油井完井后的深度。

C.13 套管内径

是潜油电泵机组所有将运行的部件中套管最小直径。井下衬管顶部是到套管顶部的实测深度。

C.14　油管外径

是油管管柱的外部直径。重量是油管的额定重量。等级是油管的材料等级。螺纹是油管管柱的螺纹类型。

C.15　井斜剖面

描述井眼轨迹和全角变化率。

C.16　出油管线内径

是连接油井到相关开采设备的出油管线的内径。长度是从井口到设备的实测长度。

C.17　标高

是油井和采油设备之间的高度差。

C.18　分离器/井口压力和温度

根据采集系统,如果潜油电泵产液直接进入专门的分离器,记录分离器数据。否则,记录井口信息。

C.19　井口油嘴

表明井口油嘴是否存在于系统和场所中。

C.20　套管压力

是井口套管处的压力值。

C.21　主电源

是在井场所用的电压。频率是在井场的电源频率,不是 50 Hz 就是 60 Hz。

C.22　原油比重

是油井所生产原油的测量密度。

C.23　石蜡/沥青/垢

回答“无”,“轻微”,“中度”或“严重”。如果答案不是“无”,则需要进行定量分析(沉积物的位置,垢的类型,解决方案)。

C.24　化学处理

通常描述处理使用的化学方法(溶释剂,稀释剂,脱乳剂,溶垢剂),处理频率和方法。

C.25　水比重

是油井所产生水的测量密度。

C.26　气体比重

是油井所产生气体的测量密度。

C.27　H_2S 含量

是存在于井液中硫化氢的测量值。

C.28 CO_2 含量

是存在于井液中二氧化碳的测量值。

C.29 含水量

是产液中水的百分比。

C.30 气液比/气油比

是产液中气体和液体、气体和油的比率。

C.31 含砂量

是指采出液中砂的含量。

C.32 饱和压力

是指气体刚开始从原油中脱离出来时的压力。

C.33 压力和温度

是压力体积温度或粘度对应关系中的压力和温度。

C.34 原油体积系数

是油相形式下的体积系数。

C.35 天然气体积系数

是气相形式下的体积系数。

C.36 溶解气油比

是原油中溶解气体的比率。

C.37 测量基准

是测量数据时的参考深度。

C.38 静态压力

是当油井关井以后稳定时的井底压力。

C.39 测试流量

是流量试验期间在测量基准处最近一次的流量。

C.40 采油(液)指数

是油井产油(液)量与总生产压差的比值。

C.41 预定流量

是操作者预定这口井所能到达的流量。

C.42 预定泵吸入口压力

是操作者预定这口井运转时的压力。

C.43 最小沉没度

是流体允许超过泵吸入口以上的最小值。大多数操作者要求 61 m～152 m(200 ft～500 ft)。

C.44 预定泵挂深度

是操作者预定放置泵的深度。

C.45 额定容量(kVA)

是变压器的容量。

C.46 有效电压

是升压变压器上的有效输出电压。这个数值会影响电机的选择。

附　录　D
（规范性附录）
API 油管摩擦损失图

API 油管摩擦损失图见图 D.1。

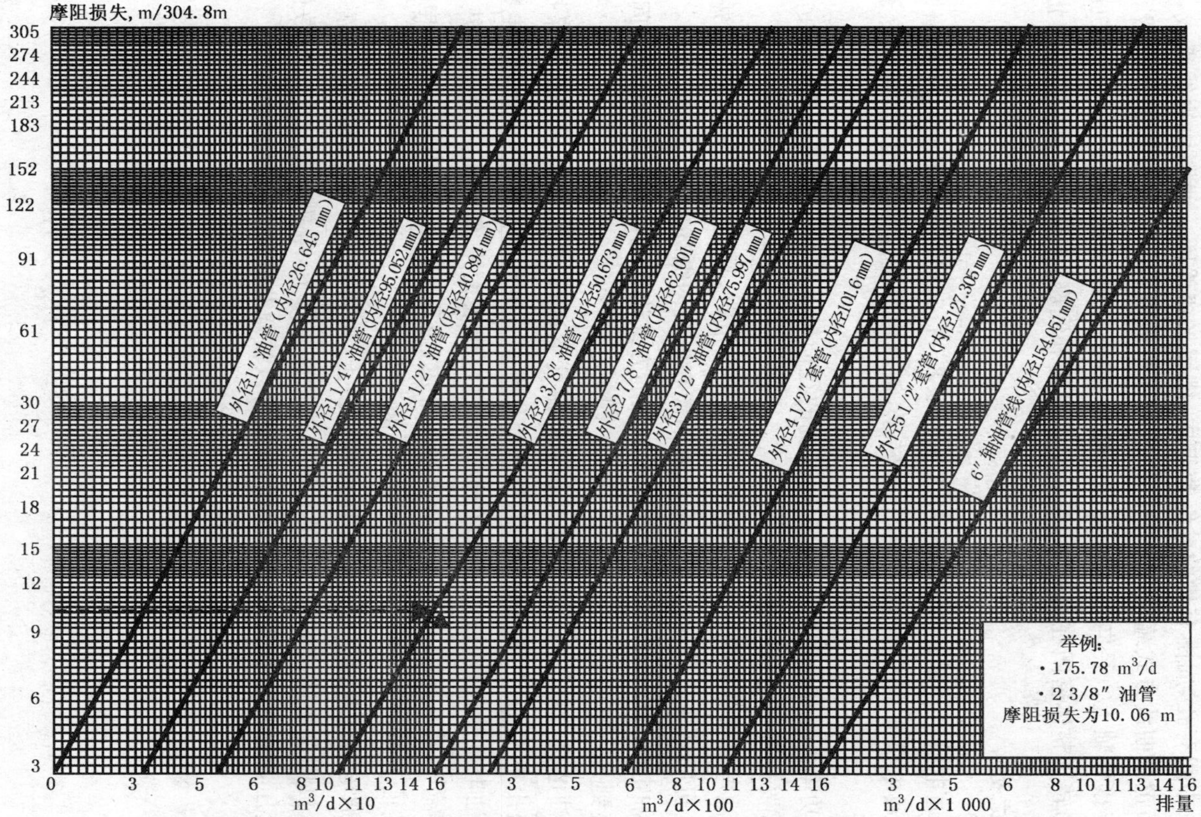

摩阻损失，m/304.8m

305 274 244 213 183 152 122 91 61 30 27 24 21 18 15 12 9 6 3

外径1″油管（内径26.645 mm）
外径1 1/4″油管（内径35.052 mm）
外径1 1/2″油管（内径40.894 mm）
外径2 3/8″油管（内径50.673 mm）
外径2 7/8″油管（内径62.001 mm）
外径3 1/2″油管（内径75.997 mm）
外径4 1/2″套管（内径101.6 mm）
外径5 1/2″套管（内径127.305 mm）
6″输油管线（内径154.051 mm）

举例：
· 175.78 m^3/d
· 2 3/8″油管
摩阻损失为10.06 m

0 3 5 6 8 10 11 13 14 16 3 5 6 8 10 11 13 14 16 3 5 6 8 10 11 13 14 16

$m^3/d\times10$　$m^3/d\times100$　$m^3/d\times1\ 000$　排量

基于 Hazen-williams 摩阻公式对于水：密度=1.0，温度=38 ℃，C=120，Q——加仑/分，F——摩阻损失/100 英尺

$$F=0.208\ 3(100/C)^{1.85}Q^{1.85}/I\cdot D^{4.86}$$

图 D.1　API 油管摩擦损失

附 录 E
（资料性附录）
潜油电机与地面电机的对比

E.1 相似之处

定子由中间有孔、周围有槽的硅钢片组成，槽用来穿线圈。线圈由铜线组成，并在定子内径周围分布地以三相正弦曲线方式缠绕。转子由硅钢片分布地绕在导电金属棒周围组成，通常情况下是铜。转子通过键连接到轴上。径向轴承也安装到轴上，转子末端的止推轴承来承受电机的重量。

定子和转子整体密闭在壳体内，最后连接头部和底座，头部和底座也有径向止推轴承。

E.2 不同之处

E.2.1 普通电机定子叠片长度和外径之比为 0.8～1.2，而潜油电机的这个比值则会超过 100：1。

E.2.2 普通电机通常每台电机只有一节转子，潜油电机单节有的超过 20 节转子，每节转子由一个径向轴承分开。

E.2.3 在功率大致相等的条件下，普通电机的径向轴承通常是套筒轴承而不是滚珠轴承。潜油电机的轴径通常要比普通电机小的多。

E.2.4 潜油电机通常注满油，电机油作为轴承的润滑剂，同时也作为绝缘介质并把电机内的热量散出去。潜油电机的轴通常是空心的，以便电机油能在电机内循环。

E.2.5 潜油电机可以串联使用，当电机用串联的方式连接的时候，两节电机之间的连通允许电机油从一节电机流到另一节电机。

E.2.6 潜油电机内部注满了电机油并在不同温度下运行，所以需要保护器来保护，目的是在电机受热时电机油流出电机，而当电机受冷的时候再流回电机。同时保证井液不能进入电机内部。

E.2.7 潜油电机冷却是通过让抽取的液体流过电机表面来实现，电机将因过热易造成烧毁或缩短电机的使用寿命。另一方面，普通电机吸入冷却介质（空气）或促使冷却介质冷却电机表面。冷却通常是通过在电机轴上附加一个或多个风扇来完成的。

E.2.8 普通电机通常由一根短电缆连接到电源上，电机的额定电压和实际电源供应电压是同一个数值。潜油电机则是通过一根非标准的长电缆连接到电源上，电机的额定电压在数值上是不断变化的，而且地面上变压器通常是多级变化的，地面电压可以被调节来补偿电缆的电压降。

附 录 F
（资料性附录）
变速传动相似定律

当选择潜油电泵设备采取变速驱动方式操作，在设计时，可能会用到下面这些公式：

如果知道工作频率为 60 Hz 时潜油电泵的运行情况，通过相似法则可以知道在另一个频率下的运行情况：

$$流量：Q_{Hz}=Q_{60}\times(Hz/60)$$

$$扬程：H_{Hz}=H_{60}\times(Hz/60)^2$$

$$制动功率：BHP_{Hz}=BHP_{60}\times(Hz/60)^3$$

如果知道电机的铭牌额定频率为 60 Hz，则另一个频率下的额定输出功率可由下式计算所得：

$$\frac{HP_2}{HP_{60}}=\frac{Hz_2}{60}$$

如果知道工作频率为 60 Hz 时泵的功率和预计的最大频率，则电机在工作频率为 60 Hz 时的最小许可功率能由下式计算所得：

$$MHP_{60}=BHP_{60}\times\left(\frac{Hz}{60}\right)^2$$

如果知道工作频率为 60 Hz 时泵的功率和电机规格，则在过载前电机的最大许可频率可由下式计算所得：

$$F_{max}=60\times\sqrt{\frac{MHP_{60}}{BHP_{60}}}$$

如果知道工作频率为 60 Hz 时的电压，则在另一个频率下的电压可由下式计算所得：

$$Volts=Volts_{60}\times\left(\frac{Hz}{60}\right)$$

如果知道工作频率为 60 Hz 时泵的功率和电机的额定功率，则在任何频率下电机负载的百分比可由下式决定：

$$\%Load=\frac{BHP_{60}}{MHP_{60}}\times\left(\frac{Hz}{60}\right)^2$$

在任何频率下，如果知道电压和电流，则功率可由下式计算所得：

$$KVA=\frac{Volts\times Amps\times 1.732}{1\ 000}$$

知道在一个输入电压下的额定传动功率，则可以由下式换算出在另一个输入电压下的传动功率：

$$Drive\ Output\ KVA=KVA_{480}\times\frac{X}{480}$$

如果知道工作频率为 60 Hz 时泵的极限轴功率，则可以由下式换算出在另一个频率下的泵的极限轴功率：

$$HP(Limit_{Hz})=HP(Limit_{60})\times\left(\frac{Hz}{60}\right)$$

如果知道工作频率为 60 Hz 时泵的极限轴功率和需要的泵功率，则在超出泵轴承受能力之前的最大许可频率由下式决定：

$$Hz=60\times\sqrt{\frac{SHP_{60}}{BHP_{60}}}$$

ICS 77.140.75
H 48

中华人民共和国国家标准

GB/T 17396—2009
代替 GB/T 17396—1998

液压支柱用热轧无缝钢管

Hot-rolled seamless steel tubes for hydraulic pillar service

2009-10-30 发布 2010-05-01 实施

中华人民共和国国家质量监督检验检疫总局
中国国家标准化管理委员会 发布

前　言

本标准代替 GB/T 17396—1998《液压支柱用热轧无缝钢管》。本标准与 GB/T 17396—1998 相比，主要变化如下：

——增加了订货内容；

——取消了尺寸规格表；

——修改了壁厚允许偏差；

——增加了全长弯曲度要求；

——取消了标记示例；

——增加了合金钢牌号残余元素 Mo 含量要求；

——修改了非金属夹杂物的要求。

本标准由中国钢铁工业协会提出。

本标准由全国钢标准化技术委员会归口。

本标准起草单位：攀钢集团成都钢铁有限责任公司、西宁特殊钢股份有限公司、湖南衡阳钢管(集团)有限公司。

本标准主要起草人：晏如、陈列、李志、李奇、赵斌。

本标准所代替标准的历次版本发布情况为：

——GB/T 17396—1998。

液压支柱用热轧无缝钢管

1 范围

本标准规定了液压支柱用热轧无缝钢管的尺寸、外形、重量、技术要求、试验方法、检验规则、包装、标志和质量证明书。

本标准适用于制造煤矿液压支架和支柱的缸、柱用热轧无缝钢管。其他液压缸、柱用热轧无缝钢管亦可参照使用。

2 规范性引用文件

下列文件中的条款通过本标准的引用而成为本标准的条款。凡是注日期的引用文件,其随后所有的修改单(不包括勘误的内容)或修订版均不适用于本标准,然而,鼓励根据本标准达成协议的各方研究是否可使用这些文件的最新版本。凡是不注日期的引用文件,其最新版本适用于本标准。

GB/T 222 钢的成品化学成分允许偏差

GB/T 223.3 钢铁及合金化学分析方法 二安替比林甲烷磷钼酸重量法测定磷量

GB/T 223.5 钢铁 酸溶硅和全硅含量的测定 还原型硅钼酸盐分光光度法(GB/T 223.5—2008,ISO 4829-1:1986,ISO 4829-2:1988,MOD)

GB/T 223.12 钢铁及合金化学分析方法 碳酸钠分离-二苯碳酰二肼光度法测定铬量

GB/T 223.19 钢铁及合金化学分析方法 新亚铜灵-三氯甲烷萃取光度法测定铜量

GB/T 223.23 钢铁及合金 镍含量的测定 丁二酮肟分光光度法

GB/T 223.26 钢铁及合金 钼含量的测定 硫氰酸盐分光光度法

GB/T 223.40 钢铁及合金 铌含量的测定 氯磺酚 S 分光光度法

GB/T 223.49 钢铁及合金化学分析方法 萃取分离-偶氮氯膦 mA 分光光度法测定稀土总量

GB/T 223.53 钢铁及合金化学分析方法 火焰原子吸收分光光度法测定铜量

GB/T 223.54 钢铁及合金化学分析方法 火焰原子吸收分光光度法测定镍量

GB/T 223.58 钢铁及合金化学分析方法 亚砷酸钠-亚硝酸钠滴定法测定锰量

GB/T 223.59 钢铁及合金 磷含量的测定 铋磷钼蓝分光光度法和锑磷钼蓝分光光度法

GB/T 223.60 钢铁及合金化学分析方法 高氯酸脱水重量法测定硅含量

GB/T 223.62 钢铁及合金化学分析方法 乙酸丁酯萃取光度法测定磷量

GB/T 223.68 钢铁及合金化学分析方法 管式炉内燃烧后碘酸钾滴定法测定硫含量

GB/T 223.69 钢铁及合金 碳含量的测定 管式炉内燃烧后气体容量法

GB/T 226 钢的低倍组织及缺陷酸蚀检验法

GB/T 228 金属材料 室温拉伸试验方法(GB/T 228—2002,eqv ISO 6892:1998)

GB/T 229 金属材料 夏比摆锤冲击试验方法(GB/T 229—2007,ISO 148-1:2006,MOD)

GB/T 231.1 金属布氏硬度试验 第1部分:试验方法(GB/T 231.1—2002,eqv ISO 6506-1:1999)

GB/T 1979 结构钢低倍组织缺陷评级图

GB/T 2102 钢管的验收、包装、标志和质量证明书

GB/T 2975 钢及钢产品 力学性能试验取样位置及试样制备(GB/T 2975—1998,eqv ISO 377:1997)

GB/T 4336 碳素钢和中低合金钢 火花源原子发射光谱分析方法(常规法)

GB/T 10561 钢中非金属夹杂物含量的测定 标准评级图显微检验法(GB/T 10561—2005,ISO 4967:1998,IDT)

GB/T 17395 无缝钢管尺寸、外形、重量及允许偏差(GB/T 17395—2008,ISO 4200:1991、ISO 5252:1991、ISO 1127:1992,NEQ)

GB/T 20066 钢和铁 化学成分测定用试样的取样和制样方法(GB/T 20066—2006,ISO 14284:1996,IDT)

GB/T 20123 钢铁 总碳硫含量的测定 高频感应炉燃烧后红外吸收法(常规方法)(GB/T 20123—2006,ISO 15350:2000,IDT)

3 订货内容

按本标准订购钢管的合同或订单应包括下列内容:

a) 标准编号;

b) 产品名称;

c) 牌号;

d) 订购的数量(总重量或总长度);

e) 尺寸规格;

f) 交货状态;

g) 特殊要求。

4 尺寸、外形及重量

4.1 外径和壁厚

钢管的外径和壁厚应符合 GB/T 17395 的规定。根据需方要求,经供需双方协商,可供应 GB/T 17395规定以外尺寸的钢管。

4.2 外径和壁厚的允许偏差

4.2.1 钢管外径和壁厚的允许偏差应符合表 1 的规定。当需方未在合同中注明钢管尺寸允许偏差级别时,钢管外径和壁厚的允许偏差应符合普通级的规定。

根据需方要求,经供需双方协商,并在合同中注明,可供应表 1 规定以外尺寸允许偏差的钢管。

4.2.2 根据需方要求,经供需双方协商,并在合同中注明,钢管同一横截面的不圆度和壁厚不均应分别不超过外径公差和壁厚公差的 80%。

表 1 外径和壁厚的允许偏差

单位为毫米

钢管公称尺寸	允许偏差	
	普通级	高级
外径(D)	±1% D	±0.75% D
壁厚(S)	$^{+12.5\%}_{-10\%}$ S	±10% S

4.3 内径

根据需方要求,经供需双方协商,并在合同中注明,钢管可按内径和壁厚供应,其允许偏差由供需双方协商确定。

4.4 长度

4.4.1 通常长度

钢管的通常长度为 3 000 mm~12 000 mm。

4.4.2 定尺长度和倍尺长度

根据需方要求,并在合同中注明,钢管可按定尺长度或倍尺长度交货。钢管的定尺长度和倍尺总长度应在通常长度范围内，全长允许偏差应符合如下规定：

a) 长度≤6 000 mm，$^{+15}_{0}$ mm；

b) 长度>6 000 mm，$^{+20}_{0}$ mm。

每个倍尺长度应按下列规定留出切口余量：

a) 外径≤159 mm，5 mm～10 mm；

b) 外径>159 mm，10 mm～15 mm。

4.5 弯曲度

4.5.1 钢管的每米弯曲度应不大于如下规定：

a) 壁厚≤15 mm，1.3 mm/m；

b) 壁厚>15 mm～30 mm，1.5 mm/m；

c) 壁厚>30 mm，2.0 mm/m。

4.5.2 钢管全长弯曲度应不超过钢管长度的0.15%。

4.6 端头

钢管两端端面应与钢管轴线垂直，切口毛刺应予清除。

4.7 重量

钢管按实际重量交货，亦可按理论重量交货，钢管每米理论重量的计算按GB/T 17395的规定，钢的密度取7.85 kg/dm^3。

5 技术要求

5.1 钢的牌号和化学成分

5.1.1 钢的牌号和化学成分(熔炼分析)应符合表2的规定。根据需方要求，经供需双方协商，并在合同中注明，可供应其他牌号的钢管。

表2 钢的牌号和化学成分

牌号	化学成分(质量分数)/%										
	C	Si	Mn	Nb	RE	Cr	Ni	Cu	Mo	P	S
20	0.17～0.23	0.17～0.37	0.35～0.65	—	—	≤0.25	≤0.25	≤0.20	—	≤0.035	≤0.035
35	0.32～0.39	0.17～0.37	0.50～0.80	—	—	≤0.25	≤0.25	≤0.20	—	≤0.035	≤0.035
45	0.42～0.50	0.17～0.37	0.50～0.80	—	—	≤0.25	≤0.25	≤0.20	—	≤0.035	≤0.035
27SiMn	0.24～0.32	1.10～1.40	1.10～1.40	—	—	≤0.30	≤0.30	≤0.20	≤0.15	≤0.035	≤0.035
30MnNbRE[a]	0.27～0.36	0.20～0.60	1.20～1.60	0.020～0.050	0.02～0.04	≤0.30	≤0.30	≤0.20	≤0.15	≤0.035	≤0.035

[a] RE的含量是指按0.02%～0.04%计算量加入钢液中。

5.1.2 钢管的化学成分按熔炼成分验收。当需方要求做成品分析时，应在合同中注明，钢管的成品化学成分允许偏差应符合GB/T 222的规定。

5.2 制造方法

5.2.1 钢的冶炼方法

钢应采用电炉加炉外精炼或氧气转炉加炉外精炼冶炼。

5.2.2 钢管的制造方法

钢管应采用热轧无缝方法制造。

5.3 交货状态

钢管以热轧状态交货。根据需方要求，经供需双方协商，并在合同中注明，钢管可以退火或调质状态交货。

5.4 力学性能

5.4.1 牌号为20、35和45的优质碳素结构钢钢管，其交货状态的纵向力学性能应符合表3的规定。牌号为27SiMn和30MnNbRE的合金钢钢管，其试样毛坯经热处理后制成试样测出的纵向力学性能应符合表3的规定。

5.4.2 27SiMn钢管以退火状态交货时应做布氏硬度试验，布氏硬度应符合表3的规定。

5.4.3 以调质状态交货的钢管的力学性能由供需双方协商确定。

5.4.4 冲击试验

壁厚不小于14 mm的合金钢钢管应做室温夏比V型缺口冲击试验，冲击吸收能量应符合表3的规定。冲击试验的判定规则应符合GB/T 2102的规定。

表3 钢管的力学性能

牌号	试样热处理规范	抗拉强度 R_m/MPa	下屈服强度或规定非比例延伸强度 R_{eL} 或 $R_{P0.2}$/MPa			断后伸长率 A/%	断面收缩率 Z/%	冲击吸收能量 KV_2/J	钢管退火状态布氏硬度 HBW
			钢管壁厚(S),mm						
			≤16	>16~30	>30				
		不小于							不大于
20	—	410	245	235	225	20	—	—	—
35	—	510	305	295	285	17	—	—	—
45	—	590	335	325	315	14	—	—	—
27SiMn	920 ℃±20 ℃水淬 450 ℃±50 ℃回火 冷却剂:油或水	980	835			12	40	39	217
30MnNbRE	880 ℃±20 ℃水淬 450 ℃±50 ℃回火 冷却剂:空冷	850	720			13	45	48	—

5.5 低倍组织缺陷

用钢锭直接轧制的钢管应做低倍组织缺陷检验，钢管横截面酸浸低倍组织试片不允许有目视可见的白点、夹杂、皮下气泡、翻皮和分层。

5.6 非金属夹杂物

根据需方要求，经供需双方协商，并在合同中注明，钢管可做非金属夹杂物检验，钢管的非金属夹杂物按GB/T 10561中的A法评级，其A、B、C、D各类夹杂物的细系级别和粗系级别分别不大于3级，DS类夹杂物不大于3级；A、B、C、D各类夹杂物的细系级别总数与粗系级别总数分别不大于10级。

5.7 表面质量

钢管的内外表面不允许有裂纹、折叠、轧折、结疤和离层。这些缺陷应完全清除，清除深度应不超过公称壁厚的负偏差，清理处的实际外径和壁厚应不小于外径和壁厚所允许的最小值。

不超过壁厚允许负偏差的其他局部缺欠允许存在。

6 检验和试验方法

6.1 钢管的尺寸和外形应采用符合精度要求的量具逐根测量。

6.2 钢管的内外表面应在充分照明条件下逐根目视检查。

6.3 钢管其他检验项目的取样方法和试验方法应符合表 4 的规定。

表 4 钢管的试验方法、取样方法和取样数量

序 号	检验项目	试验方法	取样方法	取样数量
1	化学成分	GB/T 223 GB/T 4336 GB/T 20123	GB/T 20066	每炉取 1 个试样
2	拉伸试验	GB/T 228	GB/T 2975	每批在两根钢管上各取 1 个试样
3	硬度试验	GB/T 231.1	GB/T 2975	每批在两根钢管上各取 1 个试样
4	冲击试验	GB/T 229	GB/T 2975	每批在两根钢管上各取一组 3 个试样
5	低倍组织缺陷	GB/T 226 GB/T 1979	GB/T 226	每批在两根钢管上对应于钢锭帽口的一端各取 1 个试样
6	非金属夹杂物	GB/T 10561	GB/T 10561	每批在两根钢管上各取 1 个试样

7 检验规则

7.1 检查和验收

钢管的检查和验收由供方质量技术监督部门进行。

7.2 组批规则

7.2.1 钢管按批检查和验收。

7.2.2 若钢管在切成单根后不再进行热处理，则从一根管坯轧制的钢管截取的所有管段都应视为一根。

7.2.3 每批应由同一牌号、同一炉号、同一规格和同一热处理规范(炉次)的钢管组成。每批钢管的数量应不超过如下规定：

a) 外径≤76 mm，400 根；

b) 外径＞351 mm，50 根；

c) 其他规格，200 根。

7.2.4 剩余钢管的根数，如不少于上述规定的 50％时则单独列为一批，少于上述规定的 50％时可并入同一牌号、同一炉号、同一规格和同一热处理规范(炉次)的相邻一批中。

7.3 取样数量

每批钢管各项检验的取样数量应符合表 4 的规定。

7.4 复验与判定规则

钢管的复验与判定规则应符合 GB/T 2102 的规定。

8 包装、标志和质量证明书

钢管的包装、标志和质量证明书应符合 GB/T 2102 的规定。

ICS 25.080.01
J 50

中华人民共和国国家标准

GB/T 17421.3—2009/ISO 230-3:2001

机床检验通则　第3部分:热效应的确定

Test code for machine tools—Part 3: Determination of thermal effects

(ISO 230-3:2001,IDT)

2009-04-13 发布　　2010-01-01 实施

中华人民共和国国家质量监督检验检疫总局
中国国家标准化管理委员会　发布

前　言

GB/T 17421《机床检验通则》分为以下九个部分：

——第 1 部分：在无负荷或精加工条件下机床的几何精度；

——第 2 部分：数控轴线的定位精度和重复定位精度的确定；

——第 3 部分：热效应的确定；

——第 4 部分：数控机床的圆检验；

——第 5 部分：噪声发射的确定；

——第 6 部分：对角线位移检验；

——第 7 部分：回转轴线的几何精度检验；

——第 8 部分：振动级别的确定；

——第 9 部分：GB/T 17421 机床检验系列标准的测量不确定性评估的基本方程式。

本部分为 GB/T 17421 的第 3 部分。

本部分等同采用 ISO 230-3:2001《机床检验通则　第 3 部分：热效应的确定》(英文版)。

本部分与 ISO 230-3:2001 相比，编辑性修改内容如下：

——将“国际标准的本部分”改为“本部分”；

——用小数点符号“.”代替作为小数点的逗号“,”；

——删除了国际标准的前言和引言；

——对 ISO 230-3:2001 引用的其他国际标准，有被采用为我国标准的用我国标准代替对应的国际标准，未被采用为我国标准的仍采用国际标准；

——第 2 章规范性引用文件中用 ISO 1:2002《产品几何量技术规范(GPS)　产品几何量技术规范的标准基准温度和检验》替换 ISO 230-3:2001 中引用的 ISO 1:1975《工业长度测量的标准基准温度》；

——将适用于国际标准的表述改为适用于我国标准的表述。

本部分的附录 A、附录 B 和附录 C 为资料性附录。

本部分由中国机械工业联合会提出。

本部分由全国金属切削机床标准化技术委员会(SAC/TC 22)归口。

本部分起草单位：沈阳机床(集团)有限责任公司、北京机床研究所、北京铣床研究所、天水星火机床有限责任公司。

本部分主要起草人：王兴海、李祥文、张维、张连娣、胡瑞琳、李维谦、王惠芳。

本部分为首次发布。

机床检验通则　第3部分:热效应的确定

1　范围

GB/T 17421的本部分规定了三种热变形检验,即:

——环境温度变化误差(ETVE)检验;

——由主轴旋转引起的热变形检验;

——由线性轴移动引起的热变形检验。

由线性轴移动引起的热变形检验(见第7章)仅适用于数控机床,并用来量化轴线的热膨胀及收缩对定位精度和重复定位精度的影响程度。由于实际原因,在第7章描述的检验方法适用于线性轴线行程至2 000 mm的机床,如果用于轴线行程大于2 000 mm的机床,那么在每个轴的正常工作范围内选定一个有代表的2 000 mm长度来进行检验。

应当注意,对于本部分所描述的检验没有给出具体的公差值。

2　规范性引用文件

下列文件中的条款通过GB/T 17421的本部分的引用而成为本部分的条款。凡是注日期的引用文件,其随后所有的修改单(不包括勘误的内容)或修订版均不适用于本部分,然而,鼓励根据本部分达成协议的各方研究是否可使用这些文件的最新版本。凡是不注日期的引用文件,其最新版本适用于本部分。

GB/T 17421.1—1998　机床检验通则　第1部分:在无负荷或精加工条件下机床的几何精度(eqv ISO 230-1:1996)

GB/T 17421.2—2000　机床检验通则　第2部分:数控轴线的定位精度和重复定位精度的确定(eqv ISO 230-2:1997)

GB/T 17421.4—2003　机床检验通则　第4部分:数控机床的圆检验(ISO 230-4:1996,IDT)

ISO 1:2002　产品几何量技术规范(GPS)　产品几何量技术规范的标准基准温度和检验

3　术语和定义

下列术语和定义适用于GB/T 17421的本部分。

3.1

机床标尺　machine scale

与机床成为一体用来测量机床线性轴线或旋转轴线位置的测量系统。

3.2

名义热膨胀差值(NDE)　nominal differential thermal expansion

由于非20 ℃的温度所引起的被测物体的估计热膨胀值和检验仪器的估计热膨胀值之差。

3.3

名义热膨胀差值的不确定度(u_{NDE})　uncertainty of nominal differential thermal expansion

由被测物体和检验仪器的热膨胀系数不确定度引起的综合热不确定度。

注:其值由被测物体名义热膨胀不确定度的平方与检验仪器名义热膨胀不确定度的平方两者之和的均方根得出。

3.4

环境温度变化误差[ETVE[1)]]　environmental temperature variation error

指在机床性能测量过程中的任意时间段,只是对由环境温度引起的可能的最大测量不确定度进行

1)　在此条定义中,按国际标准组织术语要求,应使用术语"偏差(deviation)"代替"误差(error)",然而由于使用ETVE的历史长久,作为对国际标准组织术语的一个例外,委员会同意保留这一术语。

评估。

注：在本部分中，符号 $ETVE_{(Z,8℃)}$ 表示 ETVE 值是沿 Z 方向，并且环境温度变化为 8 ℃时获得的值。

3.5

环境温度变化误差引起的不确定度(u_{ETVE})　uncertainty due to environmental temperature variation error

指在机床性能测量过程中，由于环境温度的变化而使机床发生变化引起的标准不确定度。

注 1：其值由 ETVE 的平方除以 12 的均方根得出。

注 2：由环境温度变化误差引起的机床不确定度的评估按照第 5 章环境检验进行。

3.6

综合标准热不确定度[2](u_{CT})　combined standard thermal uncertainty[2]

指在长度测量时由于非 20 ℃稳定均匀的环境温度下引起的综合不确定度。

注 1：综合标准热不确定度由环境温度变化误差的不确定度(u_{ETVE})、温度测量的不确定度(u_{TM})和名义热膨胀差值(u_{NDE})的平方和的均方根得出。

注 2：综合标准热不确定度的评定详述见 ISO/TR 16015。

3.7

$d_{X1,60}$

指在最初 60 min 内检验主轴旋转引起的热变形时，沿 X 轴方向，在距主轴端部 P1 位置处测得的位移范围。

3.8

$d_{X1,t}$

指在整个主轴运转时间(t)内检验主轴旋转引起的热变形时，沿 X 轴方向上，在距主轴端部 P1 位置处测得的位移范围。

3.9

$d_{X2,60}$

指在最初 60 min 内检验主轴旋转引起的热变形时，沿 X 轴方向，在距主轴端部 P2 位置处测得的位移范围。

3.10

$d_{X2,t}$

指在整个主轴运转时间(t)内检验主轴旋转引起的热变形时，沿 X 轴方向，在距主轴端部 P2 位置处测得的位移范围。

3.11

$d_{Y1,60}$

指在最初 60 min 内检验主轴旋转引起的热变形时，沿 Y 轴方向，在距主轴端部 P1 位置处测得的位移范围。

3.12

$d_{Y1,t}$

指在整个主轴运转时间(t)内检验主轴旋转引起的热变形时，沿 Y 轴方向，在距主轴端部 P1 位置处测得的位移范围。

3.13

$d_{Y2,60}$

指在最初 60 min 内检验主轴旋转引起的热变形时，沿 Y 轴方向，在距主轴端部 P2 位置处测得的位移范围。

---

2)　此术语等同于 ISO/TR 16015[1]中的定义“由热效应引起的综合标准尺寸不确定度”。

3.14

$\boldsymbol{d}_{Y2,t}$

指在整个主轴运转时间(t)内检验主轴旋转引起的热变形时,沿 Y 轴方向,在距主轴端部 P2 位置处测得的位移范围。

3.15

$\boldsymbol{d}_{Z,60}$

指在最初 60 min 内检验主轴旋转引起的热变形时,沿 Z 轴方向测得的位移范围。

3.16

$\boldsymbol{d}_{Z,t}$

指在整个主轴运转时间(t)内检验主轴旋转引起的热变形时,沿 Z 轴方向测得的位移范围。

3.17

$\boldsymbol{d}_{A,60}$

指在最初 60 min 内检验主轴旋转引起的热变形时,测得的绕 X 轴转动的角度偏差范围。

3.18

$\boldsymbol{d}_{A,t}$

指在整个主轴运转时间(t)内检验主轴旋转引起的热变形时,测得的绕 X 轴转动的角度偏差范围。

3.19

$\boldsymbol{d}_{B,60}$

指在最初 60 min 内检验主轴旋转引起的热变形时,测得的绕 Y 轴转动的角度偏差范围。

3.20

$\boldsymbol{d}_{B,t}$

指在整个主轴运转时间(t)内检验主轴旋转引起的热变形时,测得的绕 Y 轴转动的角度偏差范围。

3.21

$\boldsymbol{e1}_{X,+}$

在检验周期内,沿 $+X$ 轴方向上在目标位置 1 处测得总的热漂移范围。

3.22

$\boldsymbol{e1}_{X,-}$

在检验周期内,沿 $-X$ 轴方向上在目标位置 1 处测得总的热漂移范围。

3.23

$\boldsymbol{e2}_{X,+}$

在检验周期内,沿 $+X$ 轴方向上在目标位置 2 处测得总的热漂移范围。

3.24

$\boldsymbol{e2}_{X,-}$

在检验周期内,沿 $-X$ 轴方向上在目标位置 2 处测得总的热漂移范围。

3.25

$\boldsymbol{e1}_{Y,+}$

在检验周期内,沿 $+Y$ 轴方向上在目标位置 1 处测得总的热漂移范围。

3.26

$\boldsymbol{e1}_{Y,-}$

在检验周期内,沿 $-Y$ 轴方向上在目标位置 1 处测得总的热漂移范围。

3.27

$\boldsymbol{e2}_{Y,+}$

在检验周期内,沿 $+Y$ 轴方向上在目标位置 2 处测得总的热漂移范围。

3.28

$e2_{Y,-}$

在检验周期内,沿$-Y$轴方向上在目标位置2处测得总的热漂移范围。

3.29

$e1_{Z,+}$

在检验周期内,沿$+Z$轴方向上在目标位置1处测得总的热漂移范围。

3.30

$e1_{Z,-}$

在检验周期内,沿$-Z$轴方向上在目标位置1处测得总的热漂移范围。

3.31

$e2_{Z,+}$

在检验周期内,沿$+Z$轴方向上在目标位置2处测得总的热漂移范围。

3.32

$e2_{Z,-}$

在检验周期内,沿$-Z$轴方向上在目标位置2处测得总的热漂移范围。

4 简要说明

4.1 计量单位

在GB/T 17421的本部分中,所有的线性尺寸和偏差都以毫米(mm)表示。所有的角度大小都以度(°)表示。角度偏差通常以比值表示,但在有些情况下为了清晰起见,可用微弧度(μrad)或角度秒(″)表示,其换算关系见下式:

$$0.010/1\,000 = 10\mu rad \approx 2''$$

温度以摄氏度(℃)表示。

4.2 参照GB/T 17421.1—1998标准说明

使用本部分时应参照GB/T 17421.1—1998,尤其是机床检验前的安装和检验仪器的推荐精度。

4.3 推荐的检验工具和检验仪器

本部分推荐的检验仪器仅为示例。可以使用相同指示量和具有相同精度的其他检验仪器。为第5章、第6章和第7章检验推荐使用的检验仪器和检验工具如下:

a) 具有合适测量范围、分辨率、热稳定性和精度的位移测量系统(如:用于测量由线性轴移动引起热变形的激光干涉仪,测量环境或主轴旋转引起热变形的电容、电感或可伸缩接触式位移传感器)。

b) 具有足够分辨率和精度的温度传感器(如:热电偶,电阻式或半导体温度计)。

c) 数据采集装置,如:所有通道可连续监视和绘图的多通道图像记录仪,或计算机数据处理系统,在此系统中所有通道至少每5 min采样一次[3],并可存储数据,便于以后分析。

注:如果无适用的计算机系统,可用人工进行数据处理。

d) 检验棒,最好用钢材制造,并应符合有关标准的规定,或经由供应商/制造商和用户双方协商规定,见GB/T 17421.1—1998的A.3。

e) 用来安装位移传感器的夹具,最好用钢材制造,并应符合有关标准的规定,或经由供应商/制造商和用户双方协商规定。夹具的设计应使由温度梯度引起的局部热变形达最小。

在可能情况下,轴线的位移传感器(见图1、图2和图3)可以直接靠在主轴端部,以减少检验棒热膨胀的影响。

3) 有些温度补偿系统显示的循环时间小于5 min,在这样的场合,监测频率应相应地增加。

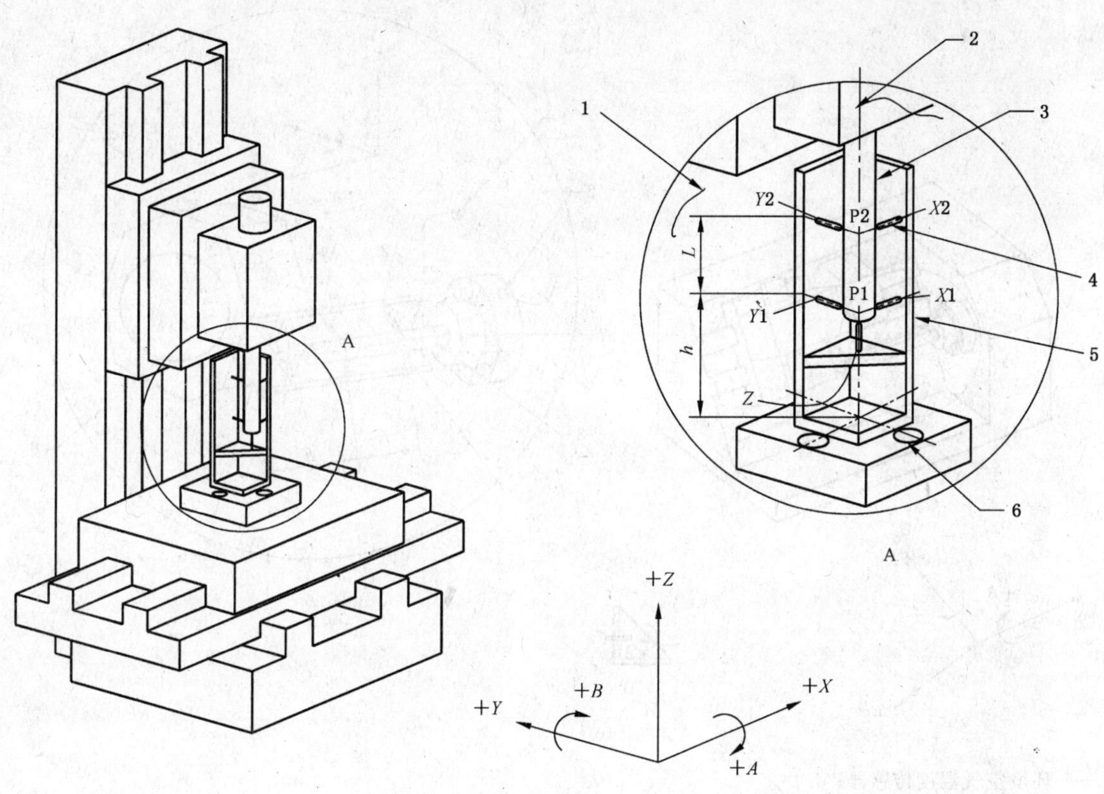

1——环境空气温度传感器；

2——主轴轴承温度传感器；

3——检验棒；

4——位移传感器；

5——夹具；

6——用螺栓固定在工作台上的夹具。

图 1 在立式加工中心上 ETVE 和由主轴旋转引起的结构热变形的典型试验安装图

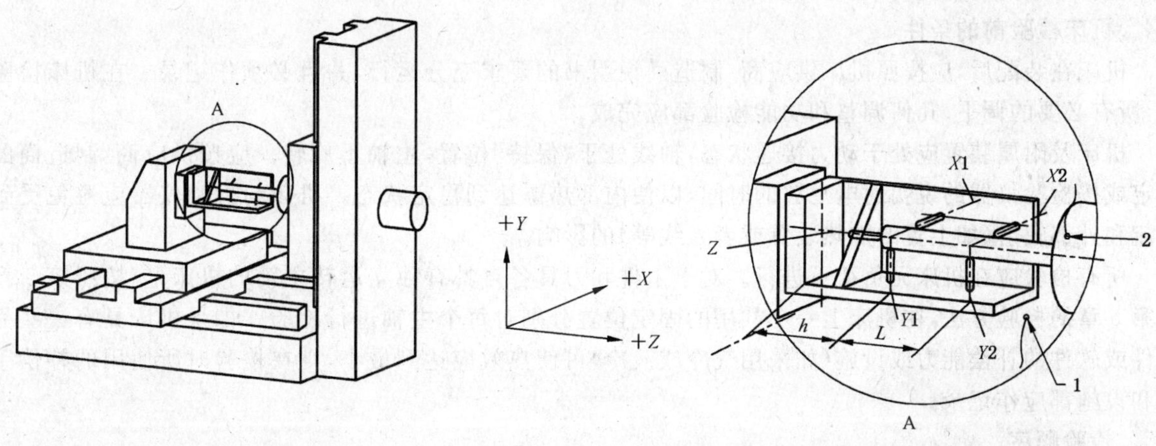

1——环境空气温度传感器；

2——主轴轴承温度传感器。

图 2 在卧式加工中心上 ETVE 和由主轴旋转引起的结构热变形的典型试验安装图

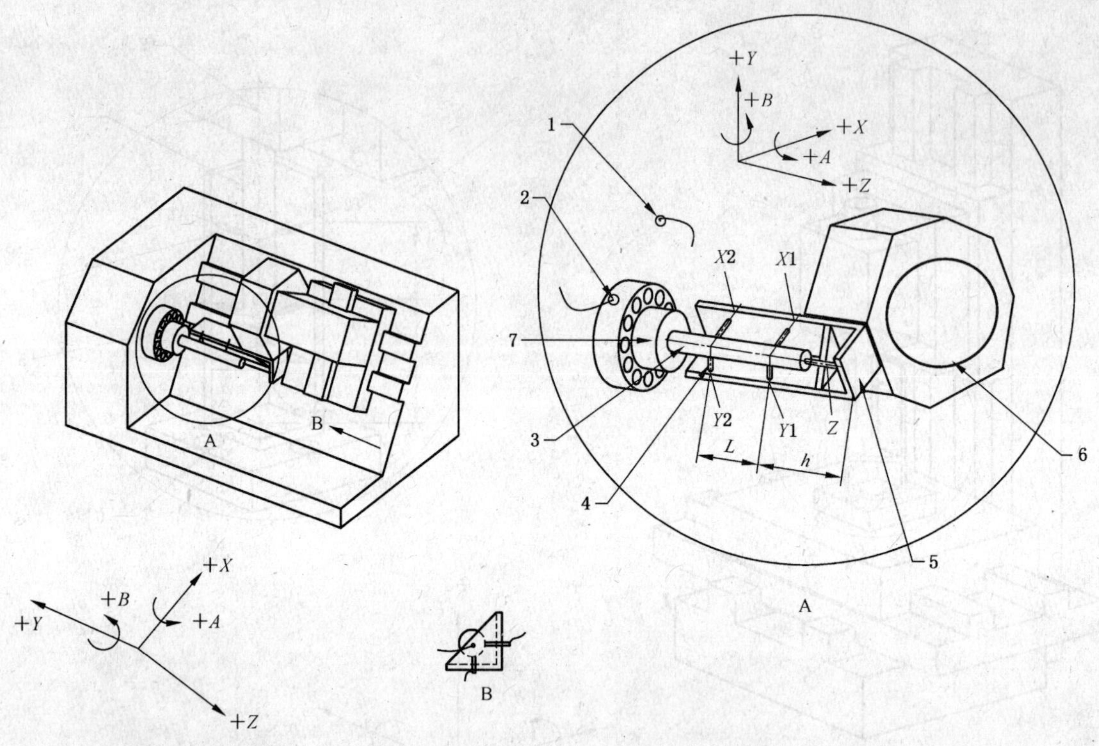

1——环境空气温度传感器;

2——主轴轴承温度传感器;

3——检验棒;

4——位移传感器;

5——夹具;

6——刀架;

7——卡盘。

图 3 在斜床身车削中心上 ETVE 和由主轴旋转引起的结构热变形的典型试验安装图

测量仪器的精度应定期校验,例如,通过传感器漂移进行检验(见 A.5)。

检验开始前,测量仪器应进行热平衡。

4.4 机床检验前的条件

机床在装配后,应按照机床供应商/制造商说明书的要求充分运行,并且必须作记录。在机床检验前,所有必要的调平、几何调整和功能检验都应完成。

机床及附属装置应处于动力接通状态,轴线处于“保持”位置,主轴不旋转。应按供应商/制造商的规定或按检验仪器的说明通电足够的时间,以便内部热源达到稳定状态。机床与检验仪器应避免受到气流和外部辐射(如上置的加热装置或者光线等)的影响。

所有检验应在机床无负荷下进行。对于工件和刀具各自具有独立运转主轴的机床,应按照第 5 章和第 6 章的检验方法,在机床上一个共用的固定位置分别对每个主轴进行检验。如果机床具有一些靠硬件或软件的补偿能力或设施(如采用气冷或液冷)可使热效应达到最小,则在检验时所使用的补偿手段和设施都应作记录。

4.5 检验顺序

本部分第 5 章、第 6 章、第 7 章中叙述的检验方法既可单个使用,也可组合使用。当组合使用时,应按照在本部分中出现的先后顺序依次进行。

4.6 检验的环境温度

根据 ISO 1:2002 的规定,所有线性测量都应在室温为 20 ℃时进行,并且要求在测量仪器和被测物体(如:机床)与周围环境达到热平衡时进行测量。如果测量时环境温度没有保持在20 ℃,应使用热膨胀差值(NDE)对测量系统和被测物体(机床)之间的测量结果进行修正,以符合20 ℃室温的测量条件。如:在使用激光干涉仪进行线性位移的典型测量中,测量时应记录激光束周围的环境温度和机床标尺的温度,并计算激光干涉仪预期的长度变化值(由于环境温度和压力发生变化,激光的波长发生变化)和机床标尺预期的长度变化值(由于环境温度变化造成)。两者长度变化值之差为名义热膨胀差值(NDE),并用名义热膨胀差值修正激光干涉仪原先测得的数据,而得到20 ℃的线性位移偏差。然而,本部分的目的是鉴别机床在各种变化环境温度条件下的性能,对NDE修正要求不严格。NDE修正仅用于检验仪器和机床上放置工件的常用部位之间测量。机床正常操作应使用其内置NDE的修正,附加的NDE仅用于测量的修正,而不应对机床标尺的热变形进行校正。

5 环境温度变化误差(ETVE)的检验

5.1 总则

环境温度变化误差(ETVE)的检验目的是揭示环境温度变化对机床的影响和评估对其他性能测量期间的热感应误差。本检验不应用作机床之间的比较。ETVE应按GB/T 17421的本部分中5.2叙述的漂移检验方法来测定。如果测量仪器的校正实施需要对环境因素(诸如气温和压力)进行补偿,那么这些补偿应该被使用。如果测量仪器具有NDE修正功能,那么这些功能应该被使用。把所提供的监测原材料温度的传感器安放在机床上放置工件的常用部位。这些装置的使用情况应作记录。

为便于机床通过验收(机床达到规定的精度),建议机床供应商/制造商提供有关环境温度的指南。一般性的指南可以包括诸如:平均室温、偏离平均室温变化的最大幅度和频率范围以及环境的温度梯度。用户的责任是:在机床的安装地点提供一个可以进行验收的温度环境,以便在此温度环境下对机床进行操作和性能检验。如果用户按照机床供应商/制造商指南的要求提供了相应的温度环境,而机床达不到规定性能要求,那么责任就由机床的供应商/制造商承担。

在机床测量过程中由热效应引起的总的不确定度被定义为综合标准热不确定度。当性能测量环境条件和ETVE检验的环境条件可比较时,综合标准热不确定度(见3.6)可以通过所描述的检验进行评估。综合标准热不确定度不应超过用户和机床供应商/制造商协商规定的数值。

5.2 检验方法

图1、图2和图3分别给出了立式加工中心、卧式加工中心和车削中心典型的测量仪器安装方式的例子。位移传感器牢固地装在夹持工件和夹持刀具区域上的非旋转部位,以便测量:

a) 机床轴线沿平行于三个相互垂直坐标轴线方向进行运动,测量夹持刀具的部件和夹持工件的部件之间相对位移。安装测量装置的确切位置应同检验结果一起记录下来。

b) 绕机床 X 轴线和 Y 轴线的倾斜或旋转。

与主轴前轴承相隔最近的机床结构的温度、机床相邻区域的空气温度,以及与主轴端部等高区域的温度应至少每5 min采样一次[4]。测量与机床相隔一个适当距离的环境温度也非常必要,以避免由于机床的一些热源(例如:液压元件)引起的对周围空气温度的影响。尽管所测量温度不完全与所测位移有关,但它可预示出在环境温度变化下机床结构的热变形。

注:为了保证ETVE的结果一致性,有必要监视ETVE的检验过程,这样一旦测量环境发生显著变化,就能够被发现。

一旦安装完成,应允许在尽可能长的时间内连续进行漂移测量,以使在正常的性能测量条件下偏差最小。当测量工作是阶段性进行(如测量仪器相对一测量基准的定期重新调整)时,持续检验时间应超过一段时间(超过时间为检验时重复调整的时间),或经过机床的供应商/制造商和用户协商规定的时间。

5.3 检验结果的说明

通常以图表的形式将热变形和温度与时间的关系打印出来(示例见图4)。但这个打印的结果不应

4) 有些温度补偿系统显示的循环时间小于5 min,在这样的场合,监测频率应相应地增加。

被用来进行机床之间的比较。这样一个打印的 ETVE 值可以认为机床每一轴线的线性位移精度或机床工作空间内三个相互垂直平面内的圆检验的综合标准热不确定度。为了在任一性能测量中使用综合标准热不确定度,在某一项特定性能测量过程中应连续记录环境温度。如果记录的值显示的环境温度与获得 ETVE 值时的环境温度相差很大,那么这次测量得到的 ETVE 值就应视为无效。在这种情况下,应对 ETVE 值重新评定,或者将环境温度调整到 ETVE 时的环境温度[5]。另外,测量仪器必须具有热稳定性。

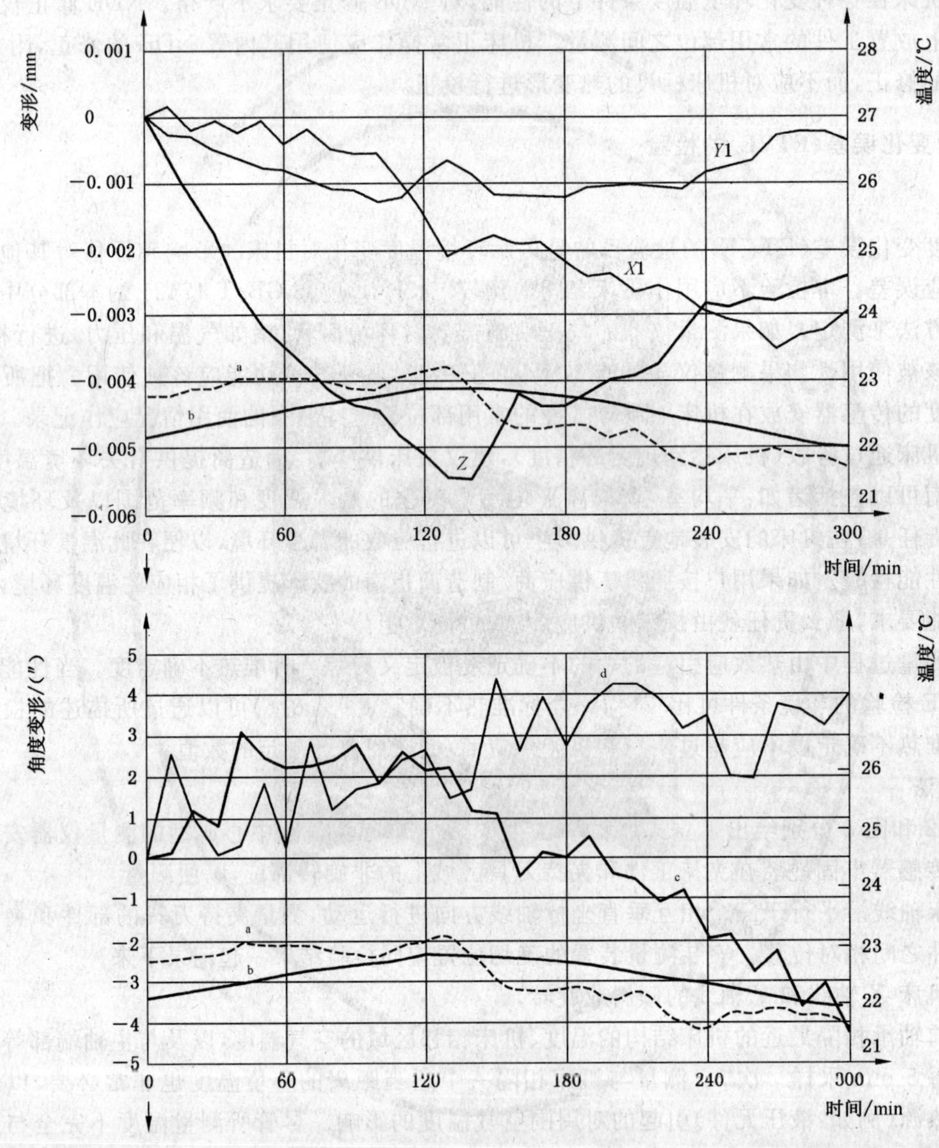

环境温度变化误差(ETVE)

下列 ETVE 值从上面曲线图获得(以检验 1h 的数据为例)

$\mathrm{ETVE}_{(X,1.1\ ^{\circ}\mathrm{C})}$ = 0.001 5 mm(90 min~150 min); $\mathrm{ETVE}_{(A,1.1\ ^{\circ}\mathrm{C})}$ = 3″(110 min~170 min);

$\mathrm{ETVE}_{(Y,0.6\ ^{\circ}\mathrm{C})}$ = 0.000 6 mm(230 min~290 min); $\mathrm{ETVE}_{(B,1.1\ ^{\circ}\mathrm{C})}$ = 3″(110 min~170 min)。

$\mathrm{ETVE}_{(Z,1.2\ ^{\circ}\mathrm{C})}$ = 0.001 0 mm(100 min~160 min)。

a 环境温度。 c 绕 X 轴旋转。

b 主轴温度。 d 绕 Y 轴旋转。

图 4 ETVE 检验的温度和变形对时间曲线

5) 机床性能测量中环境温度的最大变化应小于或等于在 ETVE 检验期间的环境温度变化。

在不同方向测量时，应使用同一图表中不同的 ETVE 值。例如：沿机床 Z 轴方向测量线性位移时，ETVE(Z)值为在进行线性位移测量的一段时间内测取的 Z 轴线上热变形的最大范围。其他方向上的 ETVE(Y)值和 ETVE(X)值可以采取同样方法进行确定。在测量包括不止一个轴线的运动时，如在 XY 平面的圆检验中，通常以 ETVE(X)和 ETVE(Y)的最大值作为 ETVE。

对于角度偏差测量，ETVE 值是通过计算在一段时间内测取的绕 X 轴线和 Y 轴线倾斜的偏差的最大值得到的。在任意规定时间内，倾斜角 A 和 B 是通过沿一轴线的两个位移传感器读数之差除以两个面向同一个方向的传感器之间的距离 L 获得的。计算公式如下：

$A=(Y1-Y2)/L$

$B=(X1-X2)/L$

ETVE(A) = A 的最大值

ETVE(B) = B 的最大值

为了确定机床某一性能检验(例如：对于一个指定方向的测量)中的 ETVE 值，应在 ETVE 图表中选取一个合适的间隔，这个间隔的时间正好与性能检验的时间是一样长，并且曲线具有最大斜率。在这个时间间隔内的最大变化量，就作为这次检验中有效的 ETVE 值。例如：机床线性定位精度检验中的 ETVE(X)值是持续大约 1 小时，在时间刻度上 90 min～150 min 时间段内确定的。从图表中的这个时间间隔内得到的这次检验的 ETVE 值为 0.001 5 mm(见图 4)。

5.4 检验结果的表达

通常测量数据以温度和热变形对时间的变化曲线的形式打印出来(见图 4)。为表示温度的变化量，测量期间每一个方向的 ETVE 值都应记录下来，例如：$\mathrm{ETVE}_{(Z,1.2\,℃)}=0.001\,0$ mm。

下面的信息应与检验结果一同记录(见图 5)：

a) 设置的测量位置(位置 P1 的坐标，见图 1)；

b) 温度传感器的位置；

c) 传感器的类型；

d) 检验棒和夹具的简图和材料；

e) 使用的热补偿程序/装置；

f) 协商规定的任何特殊检验过程；

g) 检验的时间和日期；

h) 检验前机床的准备过程(包括检验前辅助设施的操作时间)；

i) 如果与图 1、图 2、图 3 和图 5 中所示的坐标体系不同时，用 X、Y、Z、A、B 表示偏差的正向。

检验日期：	年/月/日	
机床：	AAA，立式加工中心/X=1 000 mm，Y=600 mm，Z=800 mm	
温度传感器/位置(环绕空间)：	热电偶/距主轴前端 Y=300 mm(前)，X=200 mm(右)	
检验棒：	钢，11 μm/(m·℃)，直径 60 mm，长度 200 mm，40 号锥度	
夹具：	钢，11 μm/(m·℃)，200 mm×100 mm×50 mm，装夹在工作台中心	
使用的热补偿：	带有温度传感器的油冷却器	
温升过程：	冷启动	
滑板位置：	X=500 mm，Y=300 mm，Z=400 mm，C=0	
测量位置 P1：	X=500 mm，Y=300 mm，Z=220 mm(距工作台面的高度)	
传感器距离 L(P1，P2)：	150 mm	
	(针对 ETVE)	(针对主轴旋转)
——主轴转速范围：	—	4 000 r/min，恒速
——在每一转速停留的时间：	—	无
——特别说明：	—	无

图 5 ETVE 检验和由主轴旋转引起的热变形典型补偿试验安装信息

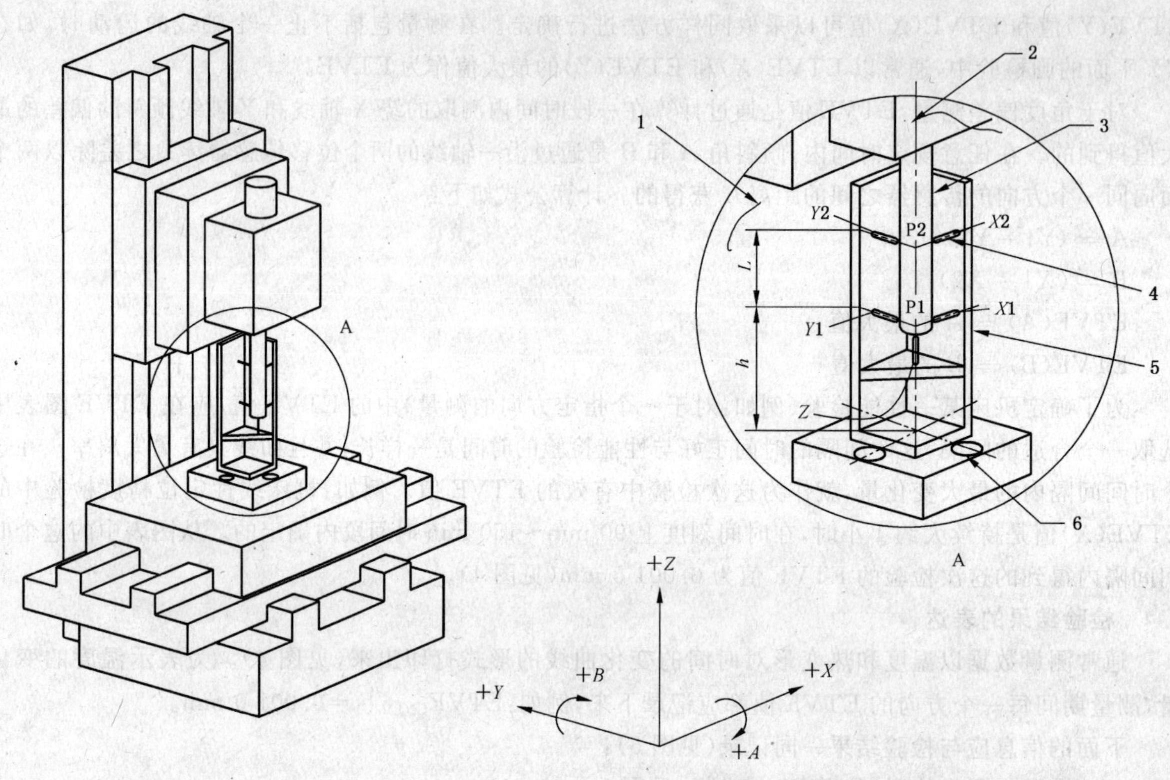

1——环境空气温度传感器；

2——主轴轴承温度传感器；

3——检验棒；

4——位移传感器；

5——夹具；

6——用螺栓固定在工作台上的夹具。

图 5（续）

6 由主轴旋转引起的热变形

6.1 总则

本项检验是为了识别由主轴旋转产生的内部热源和沿着机床结构形成的温度梯度对机床结构变形的影响，这种变形通过检测工件和刀具之间的变形得到的。因为这项检验与主轴的发热程度相关，所以这项检验仅适用于具有主轴旋转的机床。

6.2 检验方法

图 1、图 2 和图 3 分别给出了立式加工中心、卧式加工中心和车削中心典型的测量仪器安装方式的例子。位移传感器的固定装置应牢固可靠地安放在机床夹持工件或夹持刀具区域上的非旋转部位，以便测量：

a) 沿平行于机床行程运动方向的三个相互垂直轴线上，测量夹持刀具的部件和夹持工件的部件之间相对位移，安装测量装置的确切位置应同检验结果一起记录下来；

b) 绕机床 X 轴线和 Y 轴线的倾斜或旋转。

与主轴前轴承相隔最近的机床结构的温度、机床相邻区域的空气温度，以及与主轴端部等高的温度区域应至少 5 min 采样一次[6]。测量与机床相隔一个合适距离的环境温度也非常必要，这可以避免任何由于机床的热源（例如：液压元件）引起的对周围空气温度的影响。尽管所测量温度不完全与所测位移有关，它们却可以预示出环境和机床的温度变化。

检验程序应按以下两种规定的主轴转速范围之一进行：

——主轴转速变化图谱，见图 6 示例；

——与最大转速成某一比例的恒定转速。

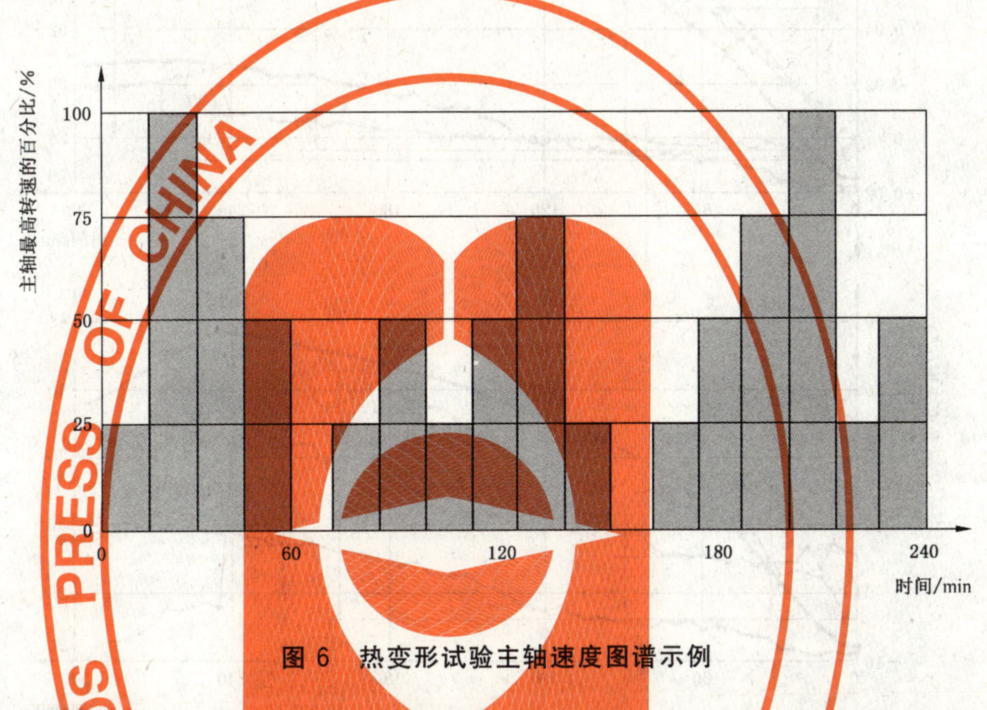

图 6　热变形试验主轴速度图谱示例

在检验中选择主轴转速图谱还是选择同最大转速成某一比例的恒定转速，应在各类机床标准给予规定。必要时，对于特殊的检验过程（例如：检验前进行一定的温升循环）可经机床供应商/制造商和用户协商，按照他们自定的特殊要求进行检验。选择的主轴转速图谱应为机床实际使用的转速范围。例如：对于加工中心，主轴的转速图谱由不同的主轴转速构成，可以选择每种主轴转速做 2 min～15 min 的运行，在运行中间做 1 min～15 min 的间歇停车来代表典型的加工条件。

对所有的传感器输出应以 4 h 为一个采样周期。当最后 60 min 测出的变形量小于最初 60 min 内最大变形的 15%时，可以结束采样；或者满足用户和供应商/制造商同意的其他条件，也可结束采样。二者任选其一。采样结束主轴停止后，传感器应继续监测至少 1 h 的周期（时间）。在主轴旋转时的检验过程中，应消除检验棒的径向跳动的影响[7]。

6.3　检验结果的说明

检验结果应该以图表的形式将热变形和温度（环境温度和主轴轴承的温度）对时间的曲线打印出来，见图 7。

6）有些温度补偿系统显示的循环时间小于 5 min，在这样的场合，监测频率应相应地增加。

7）消除检验棒径向跳动的影响，可采用低通滤波器、平均法或与主轴定向同步采集数据。

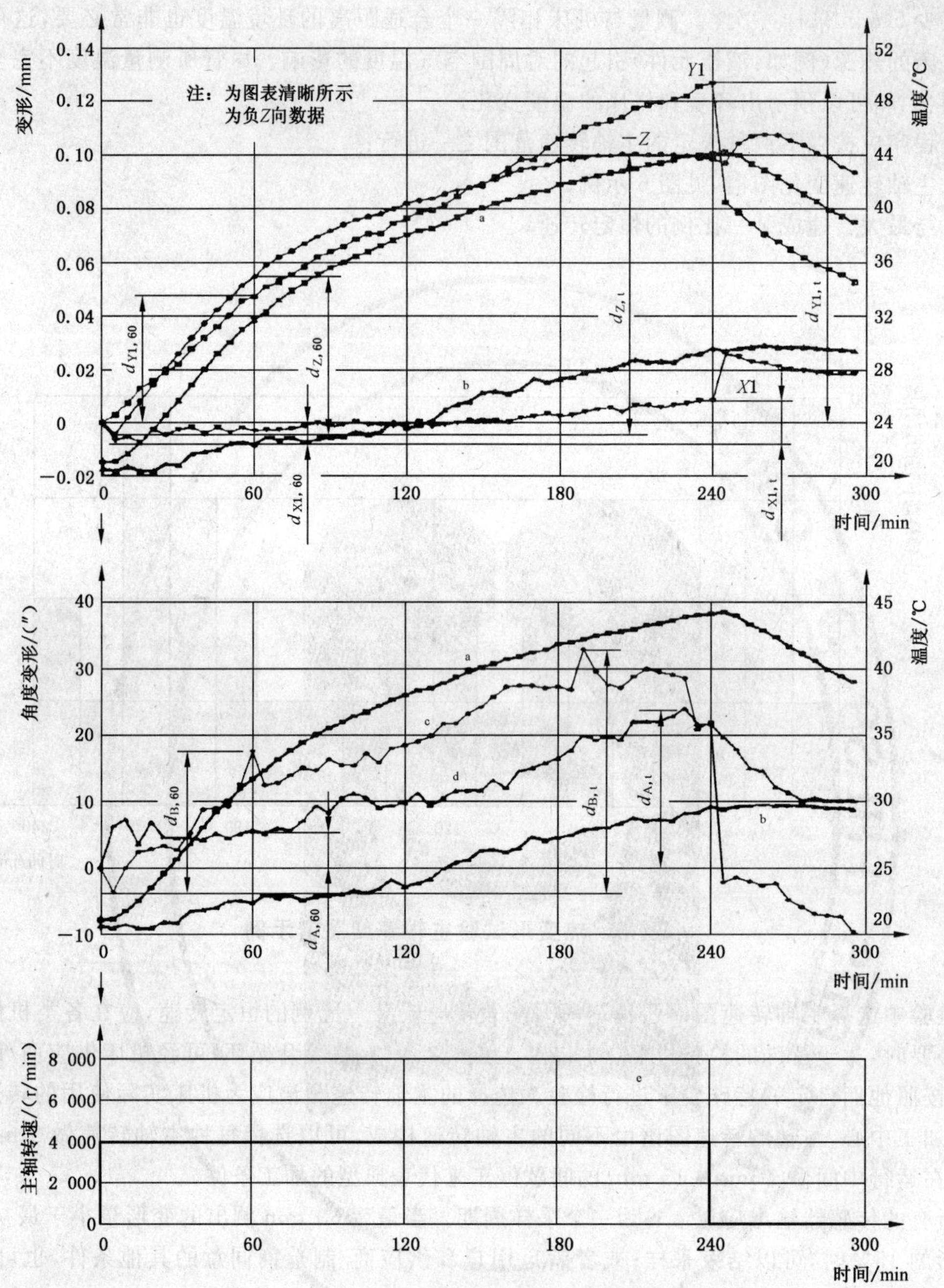

a 机床结构温度。

b 环境温度。

c 绕 Y 轴旋转。

d 绕 X 轴旋转。

e 主轴最高转速＝6 000 r/min。

检验内容	X1/mm	Y1/mm	Z/mm	A/(″)	B/(″)
在最初 60 min 期间	0.008	0.048	−0.061	6	22
在主轴运转周期时间，t＝240 min	0.020	0.124	−0.108	24	38
距离(L)	150 mm				

图 7 在加工中心上由主轴旋转引起的热变形的温度和变形对时间图表

从曲线图中可以评估机床结构的温升对机床保持刀具与工件的相对位置能力的影响程度。应当指出，主轴的起动和停止可能会引起图形的偏移，这是由于检验棒跳动引起的。在评定热变形时这种影响应忽略不计。

角度变形曲线图(见图 7)是通过计算倾斜角 A 和 B 得出的(见 5.3)。

6.4 检验结果的表示

在最初 60 min 内，沿机床每一轴线的位移($d_{X1,60}$、$d_{Y1,60}$、$d_{Z,60}$、$d_{A,60}$、$d_{B,60}$)和在主轴整个运转期间沿机床每一轴线的位移($d_{X1,t}$、$d_{Y1,t}$、$d_{Z,t}$、$d_{A,t}$、$d_{B,t}$，其中 t 为主轴整个运转时间)，应和朝同一方向的两个传感器之间距离 L(见图 1、图 2 和图 3)一同记录下来。应按图 7 给出的示例将表 1 中所示值与温度和变形对时间的曲线图一同来表示，下面这些参数应和检验结果一同记录(见图 5)：

a) 设置的测量位置(位置 P1 的坐标，见图 1)；

b) 温度传感器的位置；

c) 传感器的类型；

d) 检验棒和夹具的简图和材料；

e) 使用的热补偿程序/装置；

f) 主轴转速范围；

g) 协商规定的任何特殊检验程序；

h) 检验的时间和日期；

i) 检验前机床的准备过程(包括检验前操作时间周期)。

表 1 由主轴旋转引起的热变形检验结果的表示

检验内容	$X1$	$Y1$	Z	A	B
在最初 60 min 内	$d_{X1,60}$	$d_{Y1,60}$	$d_{Z,60}$	$d_{A,60}$	$d_{B,60}$
在主轴运转的整个周期(t)	$d_{X1,t}$	$d_{Y1,t}$	$d_{Z,t}$	$d_{A,t}$	$d_{B,t}$
距离(L)					

7 由线性轴线运动引起的热变形

7.1 总则

本检验是为了识别机床定位系统内的热源对机床结构变形的影响，这种变形通过在行程方向上检测工件和刀具之间的变形得到。本检验简要说明了在机床升温过程中机床轴线在两个位置上的漂移量和机床标尺的伸长量。本检验仅适用于数控机床。

7.2 检验方法

位移测量仪器应放置在两个目标位置之间，以便测量检验轴线(对应于刀具和机床工作面之间的相对运动)移动的距离。目标位置的选择应尽可能靠近机床的行程最大点。通常，两个附加的反向位置被选择在测量范围外侧，以便双向测量。典型的测量仪器安装方式如图 8 和图 9 所示。

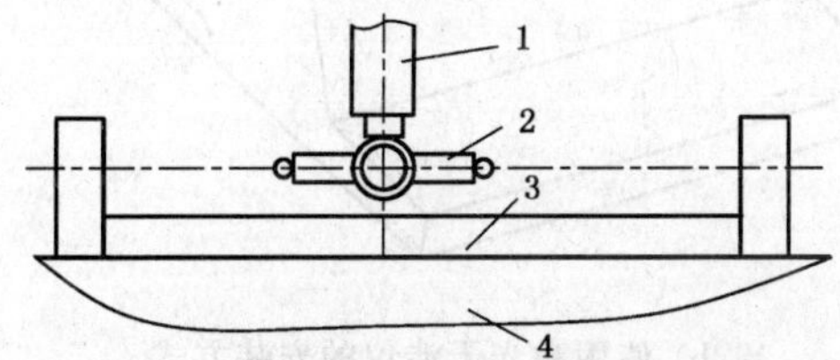

a) 使用一个指示器的安装方式

图 8 加工中心的 X 轴移动引起的热变形测量典型安装方式

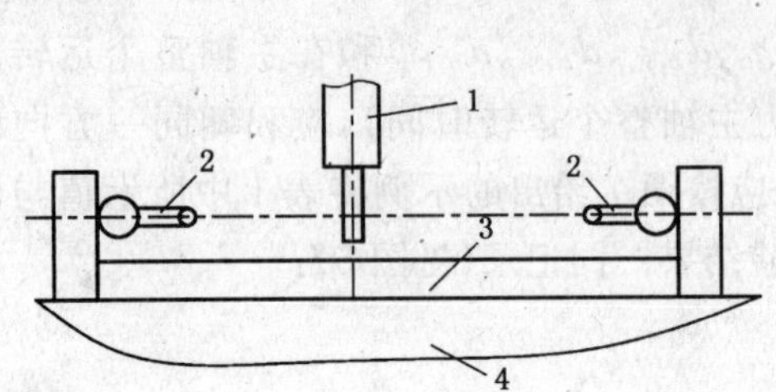

b) 使用二个指示器的安装方式

c) 使用激光干涉仪的安装方式

1——主轴；

2——指示器；

3——检具；

4——工作台。

图 8（续）

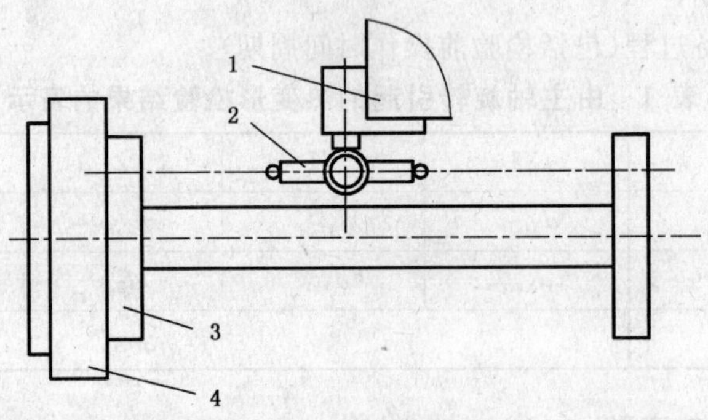

a) 使用一个指示器的安装方式

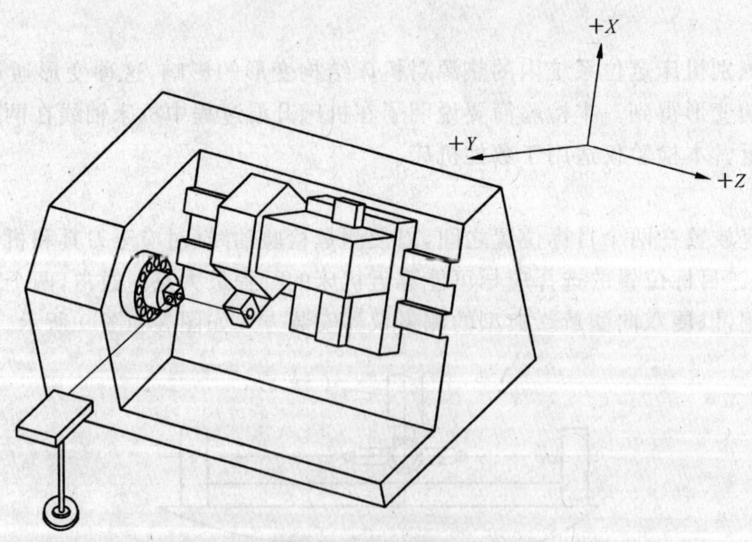

b) 使用激光干涉仪的安装方式

1——刀架；

2——指示器；

3——检具；

4——卡盘。

图 9　车削中心的 Z 轴移动引起的热变形测量典型安装方式

通过编程应使轴线从两个反向位置的其中之一开始，移动到目标位置1，并在这里停留足够长的时间(停顿时间)后开始进行实际位置的读数和记录。然后将轴线以相同方向移动到目标位置2处，在目标位置2处测取读数。然后继续向同一方向移动一段距离后，向反方向移动，直至达到目标2的反向位置。反向移动期间，在目标2和目标1处测取读数并记录。然后按顺序重复进行检验，并记录双向移动时两个目标位置的数据。经用户和机床的供应商/制造商协商达成的协议，可选择附加的测量点。

编程的移动速度应是快速移动速度的某一比例。这个比例和停顿时间将由各类机床标准规定。停顿时间和移动速度不同产生的热量会不同，因此轴线的漂移量也不同。这些检验中的停顿时间和移动速度可经用户和机床的供应商/制造商的协商而改动。在这些检验中，环境温度应至少每5 min[8]采样一次。

检验过程应持续4 h，当最后60 min的变形量小于最初60 min内最大变形的15%时，就可以停止测量。有些情况下，如果要考察一系列的程式动作(如：定期刀具调整)，检验的完成将超出一段时间(超过时间为重复进行相关活动的时间)，或超出经用户和供应商/制造商协商确定的其他时间。每次检验结束后应有充足的时间使机床冷却下来。如果测量仪器存储有限，不能存储大量的测量数据，那么对两个目标位置的测量就应设定一段间隔，例如：间隔每5个双向运动循环测取一次读数。两种测量流程图如图10所示。测量详细过程应记录下来。

注：在机床冷却过程中测量漂移非常有效。为了进行测量，在检验结束后，机床应停留在目标位置，在机床冷却过程中，定期记录漂移，并以最大漂移计。

a) 在目标位置连续测取读数的测量图表

图10 测量由线性轴引起的热变形的测量流程图

8) 有些温度补偿系统显示的循环时间小于5 min，在这样的场合，监测频率应相应地增加。

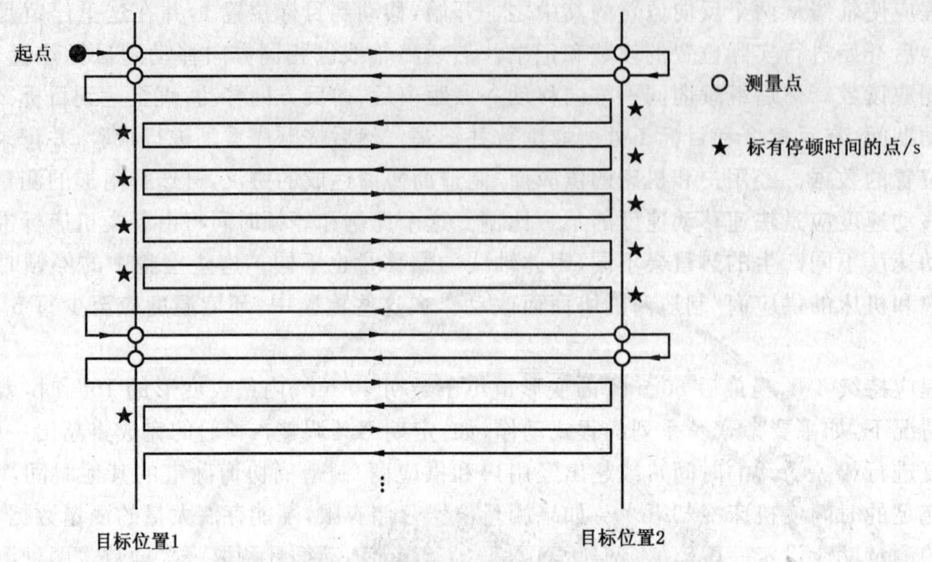

b) 在若干个循环间隔后的目标位置测取读数的测量图表

图 10（续）

如果测量仪器正确的操作需要对诸如气温和压力这样的环境因素进行补偿，那么这些补偿应被使用。如果测量仪器具有 NDE 修正功能，那么这些功能应被使用，把所提供的温度传感器放置在机床常用的安放工件的部位上。

7.3 检验结果的说明

在检验结束后，通常获得四条位置漂移对时间的曲线，这四条曲线分别表示两个目标位置处每一个方向上的位置漂移误差。另外，还应提供在测量中测取的环境温度对时间的曲线。应该指出，机床轴线的重复定位精度会对结果产生影响。

7.4 检验结果的表示

每次定位采集的数据都应以位置偏差对时间的曲线来表示，见图 11。

——偏差 $e1_{X,+}$ 是目标位置 1 在 X 轴正向热偏移的总量；

——偏差 $e2_{X,+}$ 是目标位置 2 在 X 轴正向热偏移的总量；

——偏差 $e1_{X,-}$ 是目标位置 1 在 X 轴负向热偏移的总量；

——偏差 $e2_{X,-}$ 是目标位置 2 在 X 轴负向热偏移的总量。

检验日期：	年/月/日
机床：	AAA，立式加工中心/X=500 mm，Y=800 mm，Z=800 mm
检验仪器和序列号：	
受检轴线及其位置：	X=250 mm，Y=250 mm，Z=200 mm
定位标尺类型：	滚珠丝杠和旋转编码器
定位标尺的热膨胀系数：	11 μm/(m·℃)
使用的热补偿：	无
温升过程：	冷启动
未受检轴的位置：	Y=250 mm，Z=400 mm，C=0
进给速度：	500 mm/min
起始点和结束点：	X，20 mm，450 mm
在每一个目标位置的停留时间：	5 s
数据采集的间隔次数	5 次
温度传感器/位置(环绕空间)：	距主轴头前端 X=200 mm，Y=300 mm
(机床)：	工作台，X=50 mm

图 11　由线性轴移动引起的热变形的测量图表

测量温度	开始温度/℃	结束温度/℃
被测物体的温度	19.5	22.0
环境温度	20.0	28.5

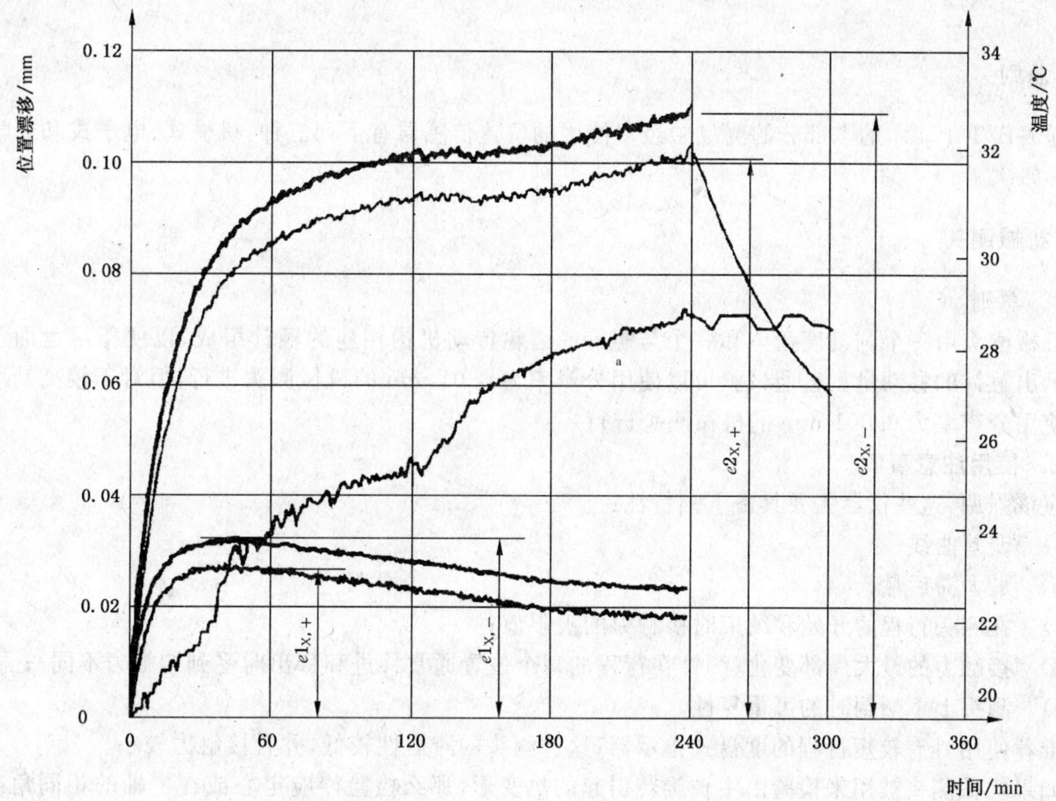

a 环境温度。

图 11(续)

下列的参数应和图 11 一同被记录下来：

a) 移动速度；

b) 停顿时间；

c) 起始点和结束点位置；

d) 补偿能力和设备；

e) 使用的仪器；

f) 温度传感器的位置；

g) 使用的热膨胀系数；

h) 测量轴线的位置；

i) 检验日期和时间；

j) 温升过程(包括温升过程的时间周期)；

k) 在检查开始和结束时被测物体的温度；

l) 如果与显示在图 8 和图 9 中的坐标体系不同时，位置漂移的实际方向应记录。

附 录 A
（资料性附录）
位移传感器信息

A.1 总则

在 GB/T 17421 的本部分的测量中经常使用的位置传感器有下列三种：机械式、电子式和光学式传感器。

A.2 机械测头

A.2.1 总则

机械测头由一个圆刻度盘体和一个与螺旋或齿轮传动机构相连的触针组成，以便指示盘面上的指针指示出触针的移动量。普通试验可以使用分辨率为 0.01 mm 的机械测头进行，但对于较高精度的试验应使用分辨率为 0.001 mm 的机械测头进行。

A.2.2 使用注意事项

应该强调，这些仪器主要具备下列特性：

a) 误差曲线；

b) 最大滞后量；

c) 在测头行程的开始和结束时接触力的极限值；

d) 接触力的最大局部变化（测针在行程的每个位置通常移进和移出时受到接触力不同）；

e) 测头上下颠倒时的可重复性。

推荐使用具有较短行程的度盘式指示器，这样测头的滞后性较低，并且接触力较小。

如果机械测头被用来检验由主轴旋转引起的热变形，那么检验棒应定心或在主轴的相同角度位置测取读数。

A.3 电子测头

A.3.1 总则

电子测头产生连续的输出信号，输出信号与其探头或被测物体的移动量成比例。多数场合，输出信号被放大，并且显示在一个动圈仪表或数字显示器上。电子测头主要有下列三种：线性可变差动变压器（LVDT）、涡流传感器和电容式传感器。

A.3.2 线性可变差动变压器（LVDT）

A.3.2.1 总则

线性可变差动变压器产生一个输出信号，输出信号与在几个线圈磁场内的一个可移动的磁芯成比例。因为磁芯从其零位移动，所以通过线圈产生的电压发生变化，从而产生一个代表电位差的输出信号。线性可变差动变压器测头可以是筒式的，也可以是杠杆式的。

A.3.2.2 使用注意事项

机械和电子测头的支架应具有足够的刚性以防止产生测量误差。筒柱式电子测头应与被检表面垂直以避免测量误差。

A.3.3 涡流传感器

A.3.3.1 总则

涡流原理是一种特殊的电感测量方法。涡流原理是基于产生在导电体中的涡流引起的振荡电路中能量损失。如果在传感器的内置线圈通过高频交流电，那么当传感器靠近一块金属平板时，传感器线圈的电磁场就会在这块金属板中产生涡流。

在被测物体中涡流产生的电磁场与传感器线圈中的电磁场正好相反。这个相反电磁场使得传感器线圈中的交流电的电阻发生变化，从而使传感器线圈中交流电的幅值发生变化，幅值的变化大小取决于传感器线圈与被测物体之间的距离。这个测量原理要求振荡元件的频率和振幅都绝对稳定，并且在1 MHz或2 MHz下工作。传感器线圈中的电流幅值变化信号解调后，接着用电子装置进行线性化处理。因为传感器与被测物体的距离同交流电幅值变化并不成线性关系，所以电路中用一个专门的线性化元件进行线性补偿。另外一个重要的因素是涡流原理与温度有关。

A.3.3.2 使用注意事项

输出信号及其线性化取决于检验棒的电磁特性和其表面条件。

要求线性化和校准是相互独立的。

由于高振荡频率，传感器电缆的最大长度限制在12 m～18 m之间。

随着被测距离的增加，传感器的直径也应相应地增加。

A.3.4 电容式传感器

A.3.4.1 总则

电容式位移测量系统是基于典型的平板式电容的原理形成的。如果电容两个电极之间距离发生变化，那么电容的电压也随之变化。在非接触位移测量中应用的两块平板电极分别为传感器和被测物体。如果传感器电极被通过固定频率的交流电，则交流电的幅值就会同传感器电极与被测物体电极之间的距离成比例关系。

在这里被测目标作为接地电极。电子放大器同时产生一个可调整的补偿电压。交流电压解调后，这两个电压值之差被放大并以模拟信号方式输出。这个信号不受被测物体材料的导电性的影响。

当不需要附加的线性化装置时，电抗 X_c 和传感器与被测物体之间的距离之间应有一个精确的比例关系。经过专门设计的传感器也称为带护圈电容器，它输出信号的线性完全不受被测目标的导电性的影响，并且近似于直线。只要绝缘材料的电介质系数保持恒定，也可以使用一个特殊的电子控制装置对绝缘材料进行测量。

A.3.4.2 使用注意事项

由于灵敏度是随着测量间隙中的电介质变化而变化，所以只能在洁净和干燥的环境中进行测量。

传感器电缆的最大长度受电缆对振荡电路的影响程度限制。

传感器的直径随着测量距离的增加按比例增加，被测点的直径也相应增加。

A.4 光学传感器

A.4.1 激光三角测量传感器

A.4.1.1 总则

一个脉冲激光束被发射到被测物体表面，然后从被测物体表面反射到与发射器在同一个盒子中的接收器上。反射应是漫反射。反射的激光束通过一组光学镜头被聚焦到一个极其灵敏的模拟线性探测器上或一个数字CCD阵列上。在探测器上反射光束聚焦的位置产生一个与发射器和被测物体之间距离相关的信号。

不合适的被测物体表面如：高反射性表面，颜色的不同和颜色的变化，会对被测距离的精度造成影响。然而，借助先进的电子技术(如：自动光强度校准器)，可使造成的影响最小，甚至可以对影响完全补偿。

A.4.1.2 使用注意事项

测量结果与被测物体的表面材质有关。

要求在清洁的环境中发射光束和反射光束。

传感器的尺寸很重要(与涡流传感器和电容式传感器相比)。

A.4.2 激光扫描测微计

A.4.2.1 总则

该仪器原先被设计用来测量线和管直径。该系统由一个激光灯源、光束扫描三棱镜、旋转角度测量系统、扫描发生器和两个检测光束位置的耦合 CCD(电荷耦合器件)阵列组成。被测物体直径和其中心位置通过光束位置和三棱镜旋转速度计算得出。一个系统既可以测量检验棒的中心位置,也可以测量其直径,这样才可能测出机床主轴中心线的漂移。

A.4.2.2 使用注意事项

测量精度及其重复性取决于平均测量次数,如果需要高于 1 μm 的精度检测,那么需要进行 100 次以上测量。激光源需要加热时间,对于精密测量还需要预热。

A.5 温度稳定性检验

对于热检验,传感器的温度稳定性很重要,一些位移传感器是由不同材料制成的,这些混合材料使传感器产生复杂的热漂移。在使用本部分描述的用于热检验的传感器系统前,传感器系统本身的热性能应进行检验。

基本检验程序(一般称为加帽检验)如下:

a) 准备专门夹具牢固地夹持传感器及靶体。夹具的材料应有两种类型:一种是钢制夹具;另一种是低膨胀材料夹具。当用来检查传感器对于机床和夹具构件中使用的钢元件的相对漂移时,使用钢制夹具;当检查传感器的绝对漂移时,使用低膨胀材料。

b) 将被检传感器安装到专门夹具上,固定点和靶体表面之间的距离(L)应与实际测量中的安装距离相同(见图 A.1)。此距离直接影响测量系统的热漂移。

c) 将温度传感器安装到夹具表面,测量夹具的温度变化。

d) 将检验系统放在一个可进行温控的封闭室中或任何可改变温度的其他环境中。

e) 人为地改变温度并检查传感器输出和温度。温度的变化率应缓慢,让所有被检系统元件达到相同温度。应进行几次温度改变循环来确定传感器的的膨胀系数、非线性和时间滞后。

f) 在一些场合,传感器的放大器单元也可能产生温度漂移,因而通过采用同样的检验程序检查放大器的性能。

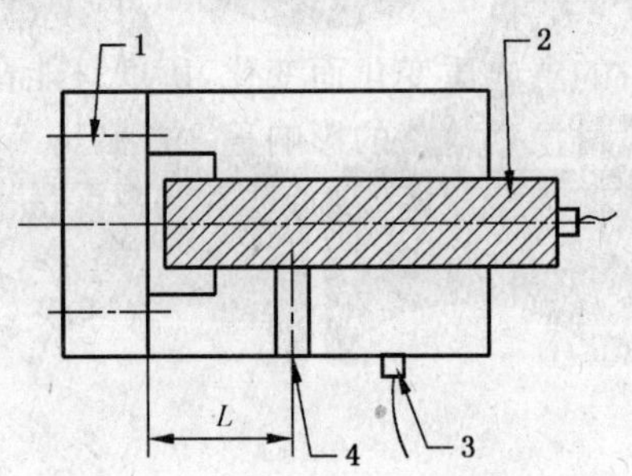

1——被测靶体(帽盖);
2——传感器;
3——温度传感器;
4——固定螺栓。

图 A.1 传感器加帽试验的典型安装方式

附 录 B
(资料性附录)
需要的位移传感器数量的指南

B.1 一般要求

GB/T 17421 的本部分规定使用五个位移传感器来测量沿 X、Y、Z 轴线的线性热变形及绕 X、Y 轴线的角度热变形。有一些数控机床,如:数控车床和数控平面磨床不必对所有三个轴线都进行位移测量。在这种情况下,测量热变形需要的位置传感器的数量也应减少。表 B.1 给出了各种机床需要的位移传感器的数量。这个表仅仅是为了说明位移传感器的配置所列举的例子。对于结构相似的机床,传感器配置也可以相似。

表 B.1 各种数控机床的位移传感器的配置

机床类型	X1	X2	Y1	Y2	Z	总计
卧式加工中心	*	*	*	*	*	5
立式加工中心	*	*	*	*	*	5
数控车床	*	*	—	—	*	3
车削中心	*	*	*	*	*	5
平面磨床	—	—	*	*	(*)	2(3)
成型磨床	*	*	*	*	*	5
钻床	*	—	*	—	—	2
镗床	*	*	*	*	(*)	4(5)
内圆磨床	*	*	*	*	*	5
外圆磨床	*	*	—	—	*	3
坐标磨床	*	*	*	*	—	4

对于小规格机床,因设置传感器困难,角度偏差测量可以省略。

为了使测量更精确,需要的位移传感器数量可增加,如使用 9 个位移传感器对检验棒和传感器夹具的热膨胀进行补偿(见图 B.1)。

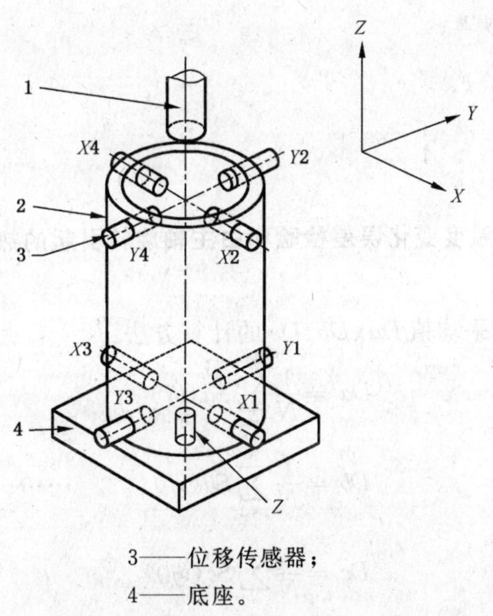

1——检验棒;
2——主框架;
3——位移传感器;
4——底座。

图 B.1 补偿检验棒和夹具热膨胀配置的 9 个传感器

现已研发出一种新的测量方法和新装置用来测量机床的热变形(见图 B.2),不久将广泛应用于较高转速的机床,并使得测量更精确。在这种装置中,其中三个传感器被设置在模拟刀具的外表面,另三个传感器被设置在模拟刀具的端面,用以测量主轴对工作台的线性和角度热变形。因为模拟刀具的伸出量距主轴端部的距离尽可能的短,所以这种装置适合高速旋转测量。此外,部件单独的热变形可通过三点法获得,通过从模拟刀具的热膨胀和传感器夹具的热膨胀及基准工具的离心膨胀中区分得到。

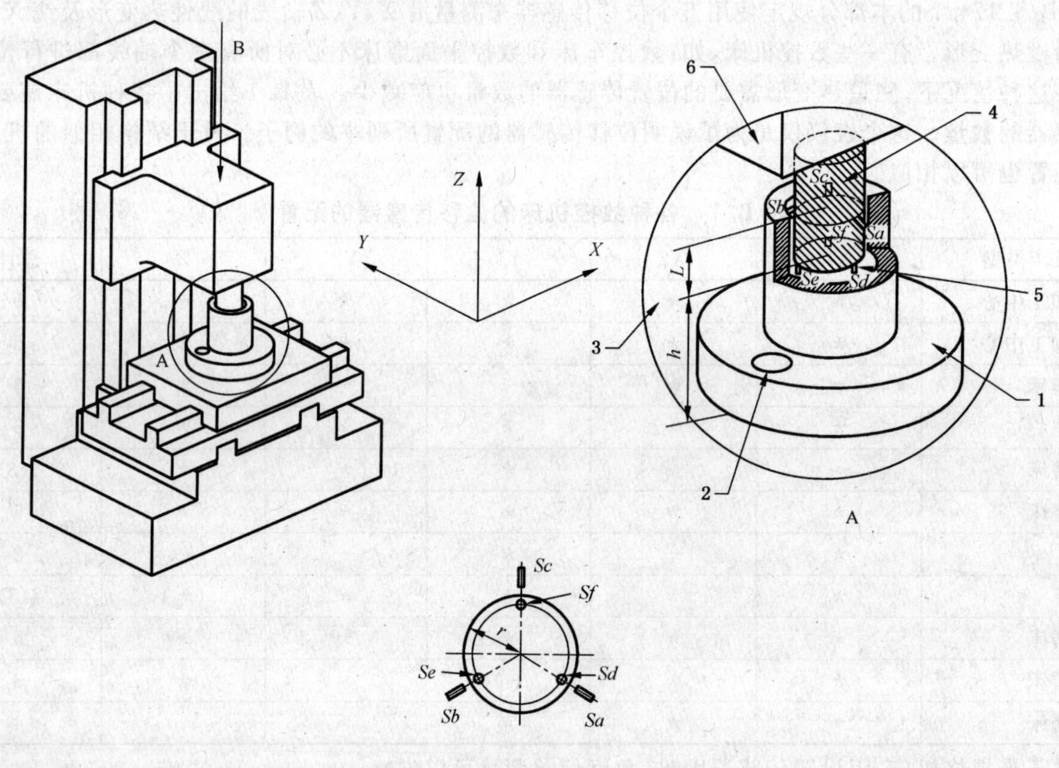

1——传感器夹具;

2——用螺栓固定在工作台上的夹具;

3——环境空气温度传感器;

4——检验棒;

5——位移传感器;

6——主轴轴承温度传感器。

图 B.2 立式加工中心上环境温度变化误差检验和由主轴旋转引起的热变形检验可选择的安装方式

由传感器 Sa、Sb、Sc 输出的平均值 Da、Db、Dc 的计算方法:

$$Da = \frac{1}{N}\sum_{j=1}^{N} Sa(\theta j)$$

$$Db = \frac{1}{N}\sum_{j=1}^{N} Sb(\theta j) \quad \cdots\cdots\cdots\cdots (B.1)$$

$$Dc = \frac{1}{N}\sum_{j=1}^{N} Sc(\theta j)$$

变形 ΔX、ΔY 和膨胀 ΔR 的计算方程(见图 B.3):

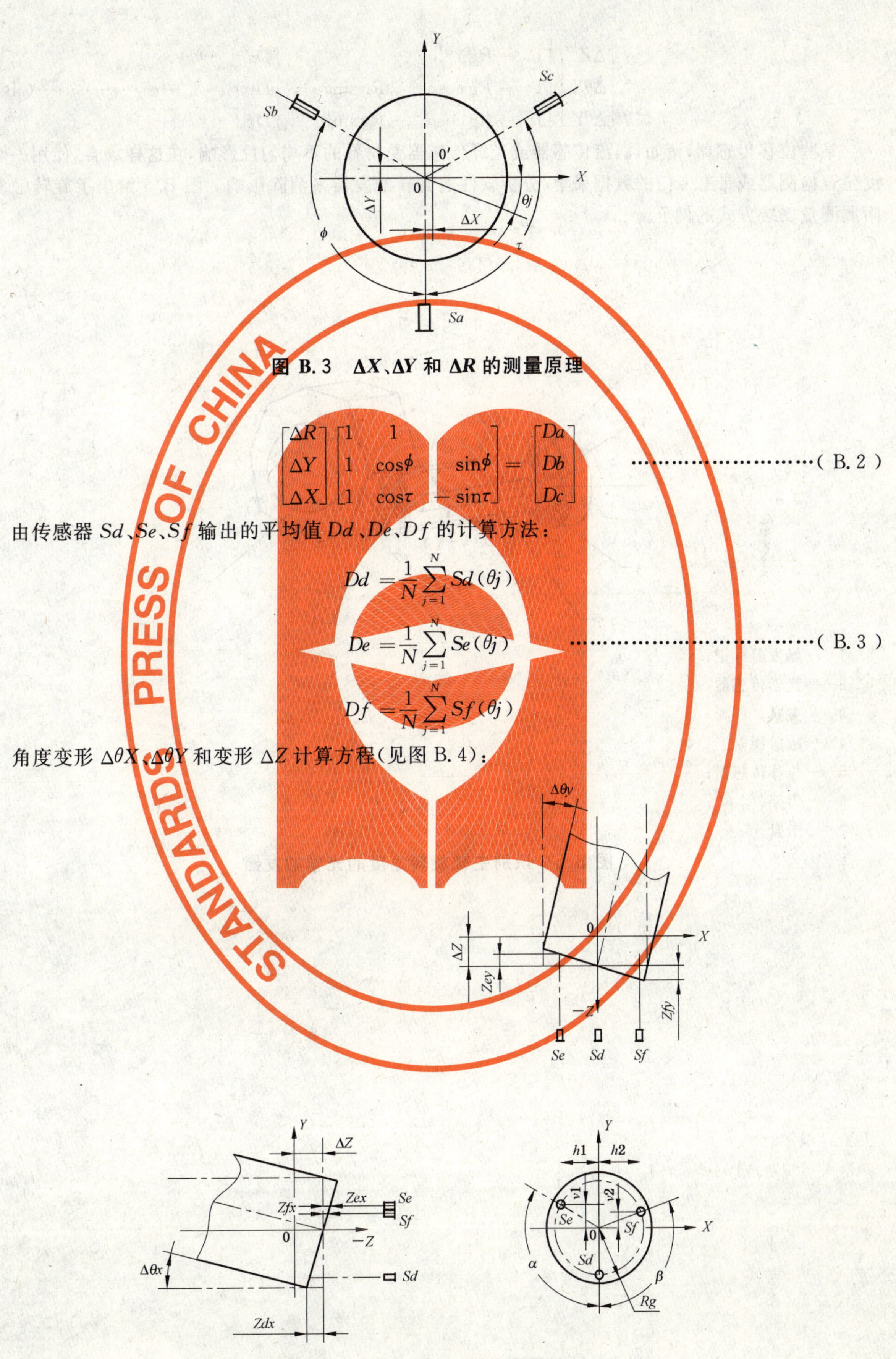

图 B.3 **ΔX、ΔY 和 ΔR 的测量原理**

$$\begin{bmatrix}\Delta R\\ \Delta Y\\ \Delta X\end{bmatrix}\begin{bmatrix}1 & 1 & 0\\ 1 & \cos\phi & \sin\phi\\ 1 & \cos\tau & -\sin\tau\end{bmatrix}=\begin{bmatrix}Da\\ Db\\ Dc\end{bmatrix} \qquad (B.2)$$

由传感器 Sd、Se、Sf 输出的平均值 Dd、De、Df 的计算方法：

$$Dd=\frac{1}{N}\sum_{j=1}^{N}Sd(\theta j)$$
$$De=\frac{1}{N}\sum_{j=1}^{N}Se(\theta j) \qquad (B.3)$$
$$Df=\frac{1}{N}\sum_{j=1}^{N}Sf(\theta j)$$

角度变形 $\Delta\theta X$、$\Delta\theta Y$ 和变形 ΔZ 计算方程(见图 B.4)：

图 B.4 **ΔθX、ΔθY、ΔZ 的测量原理**

$$\begin{bmatrix}\Delta Z\\ \Delta\theta X\\ \Delta\theta Y\end{bmatrix}\begin{bmatrix}1 & -Rg & \\ 1 & -Rg\cos\alpha & Rg\sin\alpha\\ 1 & -Rg\cos\beta & -Rg\sin\beta\end{bmatrix}=\begin{bmatrix}Dd\\ De\\ Df\end{bmatrix} \quad \cdots\cdots\cdots(B.4)$$

某些位移传感器，诸如，涡流传感器或光纤传感器受材料的不均匀性影响，在这样场合，使用一个角度位置检测器或带有专门的数据采集/分析软件的旋转触发器来消除影响。图 B.5 给出了旋转触发器附属测量安装方式的例子。

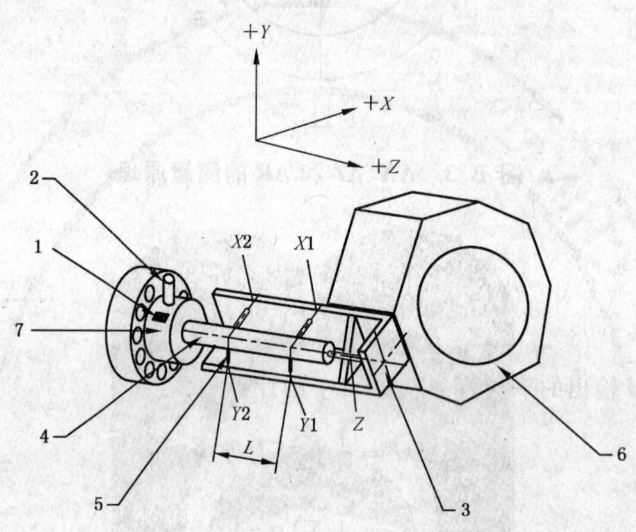

1——触发器标记；
2——光学传感器；
3——夹具；
4——检验棒；
5——位移传感器；
6——刀架；
7——卡盘。

图 B.5 识别主轴旋转角度的光学触发器

附 录 C
（资料性附录）
机床环境温度的指南

C.1 一般要求

机床有许多内部热源，这会在机床结构中产生不规则的温度分布。这些热源有：主轴、主轴电机、进给轴驱动电机、液压和气动驱动装置等。温度梯度会造成机床结构变形并影响机床的性能。环境温度对机床性能的影响也很大，有些先进的机床本身带有温度控制系统，在这种情况下，环境温度对机床性能的影响就不太显著。但环境也会对机床结构温度的分布产生有益的影响，它可以带走机床内部热源产生的热量。由于环境可对机床结构进行热对流和热辐射，从而会引起附加的温度梯度。此外，冷却液和使用的气体的温度会对机床的整体性能产生显著的影响。

为了使机床实现规定的精度，机床的供应商/制造商应对机床的操作环境温度作出规定。环境温度的重要参数包括：空气的流动速度、环境温度波动的频率和幅值、平均环境温度以及环境温度的水平和垂向梯度。

C.2 流量和速度

环境空气的流量和流速在控制机床部件的温度变化和温度梯度中非常重要。如果流量和流速较高，只要有很小的温度差就可以带走机床部件表面的热量，这样机床部件的温度无论是本身的内部热源（例如：内置的电机）还是由于外部辐射造成的发热（例如：电灯）引起的，都会接近平均室温。另一方面，空气流量和流速高，会使人感觉不舒服。

C.3 温度波动的频率和幅度

物体对环境温度的变化的尺寸响应特性取决于物体的尺寸、膨胀系数和时间常数。物体的时间常数可以通过其表面积、表面散热系数和热容量确定。例如，一个横截面积 25 mm×25 mm，长为 250 mm 的钢制量块，靠自然对流，时间常数为 0.5 h。量块的时间常数是在环境温度发生阶跃变化后，量块的整体温度变化达到 62.3%时的时间。反应的迟缓，或热惰性，对规定环境非常重要。惰性高意味着允许的环境中空气温度波动的频率高。

尽管每个机床部件的时间常数不同，但一般大部分的机床都有一个较大的时间常数。如果环境温度的波动（在空气中）频率为 1 小时 15 次～30 次，幅值为 0.5 ℃时，通常可以得到好的效果。

C.4 平均温度

平均温度的选择会对需购置的降温或加热设备、隔热设施和气流分布设施的费用有一定的影响。在室温为非 20 ℃的情况下进行操作，会使机床性能测量中存在潜在误差及零件产生加工误差。对非 20 ℃下的长度测量结果的评估，可以通过计算机床长度标尺与加工零件或检验仪器之间的膨胀值之差得到。但是不确定度与温度测量有关，并且在评估中采用的材料的实际热膨胀系数也会产生不确定度。进一步说，这种方法对非长度测量未必适用。例如，机床床身是铸铁的。由于铸铁床身有薄壁也有厚壁，则材料的物理成分可能不均匀，从而产生一个不规则的热膨胀系数。这个变动量在热膨胀系数中可能占 5%。如果存在不均匀分布的垂向温度梯度，平均温度的升高和降低将引起类似于由垂向温度梯度产生的弯曲。只有将温度严格控制在 20 ℃才能避免弯曲，但这在一般的车间里很难实现。

C.5 温度梯度

温度梯度的存在就意味着环境的某部分温度达不到平均温度，因此，在非 20 ℃的房间内在不同的位置测得的平均温度就不一样。如果温度梯度是随时间而变化,就会带来附加的复杂性。机床部件和工件从一个区域移动到另一个区域会导致其几何误差形态的改变。

温度梯度对机床的影响有很多方式。例如,一台具有很高立柱(Z 方向运动)的机床,如果存在有垂向温度梯度,在 Z 轴方向上,每移动单位距离会有一个累加的位置偏差。另外,如果立式滑板装有一个很长的悬臂主轴,当温度升高或降低时,悬臂主轴的长度就会有一个不稳定的变化。垂向温度梯度也会引起水平导轨的弯曲,从而引起运动的角度误差和直线度误差。

温度梯度的产生是由于在环境中存在有热源。主要的热源有:阳光、电灯、滑板和主轴的驱动电机、电子和电气设备以及人员。在仅有电灯的典型的机床操作房间内,通常在任何方向上的温度梯度都不超过 0.2 ℃/m。然而在同一个房间内安装有其他设备,在机床表面和电柜等附近,其温度梯度比典型的温度梯度可能会高出 10 倍~20 倍。增加冷却介质的流量会降低温度梯度。

机床的用户在检验和使用机床时应考虑环境效应。为了确保机床在规定的公差范围内运行,机床的供应商/制造商应向机床的用户提供推荐的环境参数,以使机床完成预定的任务。表 C.1 给出了环境温度参数的一个例子。

表 C.1 要求的环境温度示例

达到规定精度的温度范围	15 ℃~30 ℃
安全操作的温度范围	0 ℃~50 ℃
每小时的温度变化量	1 ℃
每 24 小时的温度变化量	5 ℃
机床空间的温度变化	0.5 ℃/m
冷却液温度范围	18 ℃~22 ℃
使用的空气温度变化范围	18 ℃~25 ℃

参考文献

[1] ISO/TR 16015:2003 产品几何量技术规范(GPS) 温度影响的长度测量不确定度的系统误差和影响.

ICS 47.020.70;03.220.40
R 28

中华人民共和国国家标准

GB/T 17424—2009
代替 GB/T 17424—1998

差分全球导航卫星系统(DGNSS)技术要求

Technical requirements of differential global navigation satellite system

2009-03-31 发布　　　　2009-11-01 实施

中华人民共和国国家质量监督检验检疫总局
中国国家标准化管理委员会　发布

前　言

本标准对应于ITU-R M.823-3《海上无线电信标在1区以283.5 kHz～315 kHz频段和在2、3区以285 kHz～325 kHz频段发送差分GNSS数据的技术特性》，与ITU-R M.823-3一致性程度为非等效，并参考了IEC 61108-4:2004《全球导航卫星系统(GNSS)　第4部分：船载DGPS和DGLONASS海上无线电信标接收设备性能要求、测试方法和结果》的部分内容制定。

本标准代替GB/T 17424—1998《差分全球定位系统(DGPS)技术要求》。

本标准与GB/T 17424—1998相比主要变化如下：

——增加了定义和缩略语(见第3章)；

——增加了DGNSS技术特性(见6.3)；

——增加了船载DGPS/DGLONASS无线电信标接收机技术要求(见6.4)；

——增加了DGLONASS方面的内容(见第7章)；

——电文内容与信号格式中，新增加了电文类型4、31、34、32、33、35、36和27(见7.5、7.10、7.11、7.12、7.13、7.14、7.15)；

——在电文播发中增加了"DGPS/DGLONASS"组合播发(见第8章)；

——删除高频与甚高频无线电台的有关要求(1998年版的第8章和9.4)。

本标准由中华人民共和国交通运输部提出。

本标准由交通部信息通信及导航标准化技术委员会归口。

本标准起草单位：烟台海事局、中国交通通信中心。

本标准主要起草人：王志利、孔祥伦、苗猛、邓振斌。

本标准所代替标准的历次版本发布情况为：

——GB/T 17424—1998。

差分全球导航卫星系统(DGNSS)技术要求

1 范围

本标准规定了差分全球导航卫星系统(DGNSS)的基本构成、播发台选址、技术要求、电文内容与信号格式、电文播发进程和沿海无线电信标 DGPS 的发射特性。

本标准适用于水上 DGPS/DGLONASS 播发台和接收台的设计、研制和使用,对其他 DGPS/DGLONASS 播发业务也适用。

2 规范性引用文件

下列文件中的条款通过本标准的引用而成为本标准的条款。凡是注日期的引用文件,其随后所有的修改单(不包括勘误的内容)或修订版均不适用于本标准,然而,鼓励根据本标准达成协议的各方研究是否可使用这些文件的最新版本。凡是不注日期的引用文件,其最新版本适用于本标准。

GB/T 19391 全球定位系统(GPS)术语及定义

IEC 61162-1/2 航海无线电通信设备和系统数字接口

RTCM 10402.3 差分 GNSS 服务标准(2.3 版)(RTCM Recommended Standards for Differential GNSS Service, Version 2.3)[(国际)海事无线电技术委员会]

3 术语、定义和缩略语

3.1 术语和定义

GB/T 19391 确立的以及下列术语和定义适用于本标准。

3.1.1

修正的 Z 计数 modified Z-count

差分数据电文的参考时间。Z 计数从 GPS 或 GLONASS 时间的每个小时的 0s 开始计数,最大计数范围为 3 599.4 s,计数分辨率为 0.6 s。通常用来计算 GPS 或 GLONASS 的校正时间,同样用户接收机也可计算其他的时间。

3.1.2

序列数 sequence number

每接收一个头序列数就加一,可用于辅助同步。

3.1.3

数据发布 issue of data (IOD)

基准台播报的 IOD 为 GPS 导航电文中用于计算校正量,对应 GPS 星历数据的数值。这是确保用户设备计算的关键,基准台校正也是基于同一广播轨道和时钟参数的数据。

3.1.4

比例因子 scale factor

伪距校正的比例因子有两种状态可用,见表 1。用于保持位置精度,增大校正距离。

表 1 比例因子

编码	编　号	说　明
0	(0)	伪距校正的比例因子为 0.02 m,距离变化率的比例因子为 0.002 m/s。
1	(1)	伪距校正的比例因子为 0.32 m,距离变化率的比例因子为 0.032 m/s。

3.1.5

用户差分距离误差 user differential range error (UDRE)

差分伪距校正的均方根误差的估计,受卫星信噪比、多径效应和数据平滑等因素的影响,见表 2。

表 2 用户差分距离误差(UDRE)

编码	编号	差分误差/m	编码	编号	差分误差/m
00	(0)	≤1	10	(2)	>4 且≤8
01	(1)	>1 且≤4	11	(3)	>8

3.1.6

地心固定坐标系 earth-centred earth fixed coordination system

WGS-84 是 GPS 采用的坐标系,而基准台也可能位于一个区域坐标系中(如美国的 NAD83)。PE-90是用于 GLONASS 和差分 GLONASS 基准台的坐标系。

3.1.7

T_b 导航数据(GLONASS) T_b of navigation data (GLONASS)

UTC 的当前 24 h 内的时间,包含帧中发送的运算信息。

3.1.8

专用电文 special message

电文类型采用 ASCII 字符确定的格式,以英文播发。业务提供者也可采用其他语言进行广播。

3.2 缩略语

表 3 中的缩略语适用于本标准。

表 3 缩略语表

缩略语	英 文	中 文
BER	Bit error rate	误码率
BPS	Bits per second	每秒比特
DGNSS	Differential GNSS	差分全球导航卫星系统
GNSS	Global navigation satellite system	全球导航卫星系统
HDOP	Horizontal dilution of precision	水平位置精度因子
MSK	Minimum shift keying	最小频移键控
PRC	pseudo range corrections	伪距修正值
RBN-DGPS	radio beacon-differential global position system	无线电信标差分全球定位系统
RRC	Rang-rate corrections	距离变化率修正值
RTK	Real-time kinematics	实时动态定位(载波相位动态实时差分)技术
SA	Selective availability	选择可用性
SNR	Signal to noise ratio	信噪比
UDRE	User differential rang error	用户差分距离误差

4 DGNSS 基本构成

4.1 DGNSS 由差分数据播发台、DGNSS 接收台和导航卫星构成。

4.2 差分数据播发台应至少设置一座基准台和一座无线电发射台,宜再设一座监测台。可设二个以上的基准台和发射台,并有控制中心构成交叉覆盖的 DGNSS 网。

4.3 DGNSS 接收台由一台 GPS/GLONASS 接收机,一台差分数据接收机及各自的天线组成,也可配置微型计算机、打印机及其他显示终端设备。

5 播发台选址

5.1 拟选台址背景噪声应较低,应具有良好的电磁环境,应避免强烈的工业干扰源。DGNSS 播发台台址初步确定后,应进行电测。

5.2 拟选台址应设在 DGNSS 服务范围的中心,宜设在重要服务区域的附近。

5.3 拟选台台址所要求的覆盖区域应有良好的视距传输条件,通信目标方向应尽量避开高层建筑、高山等障碍物,宜选在适合建台的沿岸制高点。

5.4 拟选台址应满足建筑物对地址的要求,应充分利用原有的站址、房屋、铁塔、电源、生活设施。有人值守台宜选在供水、供电、交通和生活较方便的地方。

5.5 基准台 GNSS 接收机应避免多径干扰。

6 技术要求

6.1 一般要求

6.1.1 DGNSS 在覆盖范围内的定位误差应小于 10 m(2drms)。

6.1.2 系统向用户提供差分信息的更新间隔 1 s~3 s。

6.1.3 DGPS 宜采用 WGS-84,并发布 WGS-84 与 1954 北京坐标系(BJS-54)之间的转换值。DGLONASS 应发布 PE-90 与 BJS-54 的转换值。

6.1.4 DGNSS 应公布该系统的服务范围,各区域的定位精度。

6.1.5 DGNSS 建成后,应公布差分全球导航卫星系统台站表,见表 4。

6.1.6 标称距离可以根据实际场强测定确定,也可以根据计算出的覆盖图给出,计算方法可用国际航标协会(IALA)规划方式计算。

表 4 差分全球导航卫星系统台站表

国家:中国

差分全球导航卫星系统台站表

台站名称	识别码 基准台 发射台	地理位置 (经纬度)	标称距离[a] (信号强度 20 μV/m) km	距离[b] (信号强度 20 μV/m) km	运行日期	播发电文类型	频率	波特率	说明

a 本表所给出的标称距离表示差分全球导航卫星系统可靠工作距离。

b 在无线电噪声良好的条件下,性能优良、安装适宜的接收机可获得本表所给信号强度为 20 μV/m 时的距离。

6.2 基准台 GNSS 接收机

基准台 GNSS 接收机根据播发系统的不同分为 GPS 接收机、GLONASS 接收机和 GPS+GLONASS 双系统接收机,技术参数见表 5。

表 5 基准台 GNSS 接收机技术参数

项　目	技 术 参 数	
	GPS	GLONASS
接收频率/MHz	L1 1575.42	L1 1602.56～1615.50
接收通道数	不少于 12 通道	不少于 12 通道
跟踪方式	C/A 码相位跟踪和载波相位跟踪	码相位跟踪和载波相位跟踪
接收灵敏度/dBm	−135	
工作方式	差分工作方式	
电离层改正	不改正	
天线高度	固定高度	
位置	固定位置	
识别号	三位数	
日历状态电文	根据变化输出	
星历数据电文	根据变化输出	

6.3 DGNSS 技术特性

6.3.1 无线电信标站的差分修正信号的载频为 500 Hz 的整数倍。

6.3.2 载频的频率容差为±2 Hz。

6.3.3 差分数据的发送应连续和同步，最高有效位先发。

6.3.4 数据发送速率可选为 25 bit/s(仅 GLONASS 用)、50 bit/s、100 bit/s、200 bit/s。

6.3.5 采用最小移频键控(G1D 发送类型)。调制方式为：90 度的相位延迟表示二进制的"0"，90 度的相位提前表示二进制的"1"。载波相位线性变化，变化持续时间为一个位的宽度。

6.3.6 播发和基准台的识别采用二进制数表示(每个无线电信标播发和基准台识别码的分配由 IALA 调整)。

6.3.7 频率保护比

频率保护比见表 6。

表 6 频率保护比

有用信号和干扰信号间的频率间隔/kHz	保 护 比/dB	
有用信号	差分(GID)	差分(GID)
干扰信号	无线电信标 (AIA)	差分(GID)
0	15	15
0.5	−25	−22
1.0	−45	−36
1.5	−50	−42
2.0	−55	−47

6.4 船载 DGPS/DGLONASS 海上无线电信标接收机

6.4.1 组成

船载 DGPS 和 DGLONASS 无线电信标接收设备应至少包括以下装置：

a) 接收 DGPS 或者 DGLONASS 海上无线电信标信号的天线；

b) DGPS/DGLONASS 海上无线电信标接收机和处理器；

c) 接收机控制接口；

d) 数据输出接口。

6.4.2 功能要求

a) 在遭受如下典型的频率干扰和的噪声情况下，接收机正常工作：

1) 大气噪声；

2) 人为噪声；

3) 高斯噪声；

4) 来自工作波段以外的中频(MF)和低频(LF)无线电台的干扰。

b) 自动和手动的选择台站。在手动模式下，改变台站要求人工操作，接收机应提供可获得的其他台站的指示。数据库应不断的得到更新并被用来选择基准台。

c) 获得数据的时延不超过 100 ms；从调制数据的第一位到从接收机解码数据输出的最后一位时延应小于 100 ms 加上电文的传输时间。

d) 具有在有电磁暴影响的情况下，小于 45 s 的时间内获取信号的能力。

e) 在水平面有一个全向天线，最大信号和最小信号强度之差小于：

1) 5 dB，在频率范围内；

2) 3 dB，在方位上；

3) 3 dB，在 20°倾角上。

f) 在 e)范围内，设备正常工作。

6.4.3 保护

应采取措施，保护不致由于天线及其输入、输出连接或 DGPS/DGLONASS 海上无线电信标接收设备输入、输出端发生持续 5 min 的短路或接地时带来永久性的损坏。

6.4.4 技术特性

6.4.4.1 船载 DGPS/DGLONASS 海上无线电信标接收机技术特性应符合 6.3 要求。

6.4.4.2 接收频率范围至少在 283.5 kHz～325 kHz，选择步长为 500 Hz。

6.4.4.3 接收机有 10 μV/m～150 μV/m 的动态范围。10 μV/m 是为了满足跟踪的要求，20 μV/m 是为了满足捕获的要求。

6.4.4.4 在占用带宽内，信噪比为 7 dB 的高斯噪声背景下，接收机工作的最大误码率为 1×10^{-3}。

6.4.4.5 如果包含一个给定卫星校正信息的字通过了奇偶校验，并且电文中前面未出现不通过奇偶校验的字，可以利用部分解码的类型 9 和类型 34 电文信息。

6.4.4.6 接收机应具有足够的选择性和频率稳定性，工作频率间隔为 500 Hz，频率容差为±2 Hz。

6.4.4.7 当任何导航解算失效时，设备应给出报警指示。

6.4.4.8 对具有自动频率选择的接收机，则应能接收、存储和利用类型 7 和类型 35 电文的信标历书信息，对包含扩展历书信息的类型 27 电文也同样适用。

6.4.5 状态提示

6.4.5.1 当处于差分模式，在下列情况下，接收机给出完整提示：

a) 在 10 s 内没有接收到 DGPS 和 DGLONASS 电文；

b) 在手动选择台站模式下，被选择的台状态不正常，不被监视，或者信号的质量低于指标；

c) 在自动选择台站模式下，仅有的可以选择的台状态不正常，不被监视，或者信号的质量低于指标。

6.4.5.2 如果卫星的量程的修正或者伪距的修正超过了允许的程度，类型中 1、9、31 和 34 电文中的二进制编码将会提示卫星现在不可用。

6.4.6 接口

6.4.6.1 设备至少应有一个串行数据输出接口，该接口应符合 IEC 61162-1/2 要求。

6.4.6.2 DGPS 和 DGLONASS 接收机应提供一个用于测试的电文数据输出口。

6.4.7 显示控制

6.4.7.1 在界面适当的位置，应清楚的显示操作模式的选择(手动和自动)，并便于使用。

6.4.7.2 已选择的台站和两个最近的台站的如下信息应显示：

a) 基准台的识别码；

b) 台名；

c) 频率；

d) 计算距基准站的距离；

e) 基准台的状态(从电文头)；

f) 信号质量。

6.4.8 基准台切换

当基准台的状态不好，或者信号的质量下降到规定值以下，或者其不再是最近的基准台时，接收机应切换当前的基准台。接收机应能在 10 s 之内，从满足状态和信号质量的最低要求的最近的基准台中选择，调整和获得有效的电文数据。

7 电文内容与信号格式

7.1 电文格式基本要求

电文格式应符合 RTCM 10402.3 的规定。

7.2 通用电文格式

通用电文格式如图 1 所示，该图详细给出了每一帧或每一类电文的前两个字，每个字 30 bit。每帧长度为 $N+2$ 个字，其中 N 个字包含电文数据。可供发送的最小电文类型见表 7。GPS 的电文类型、内容和格式的具体说明见图 2～图 7，GLONASS 的说明见图 8～图 12。长度为 30 bit 的字之间的连接，使用奇偶校验算法；10 个字的子帧之间采用海明码(类型 32，类型 26)。如果没有其他可用的电文类型，可以使用类型 6 或类型 34($N=0$ 或 $N=1$)。

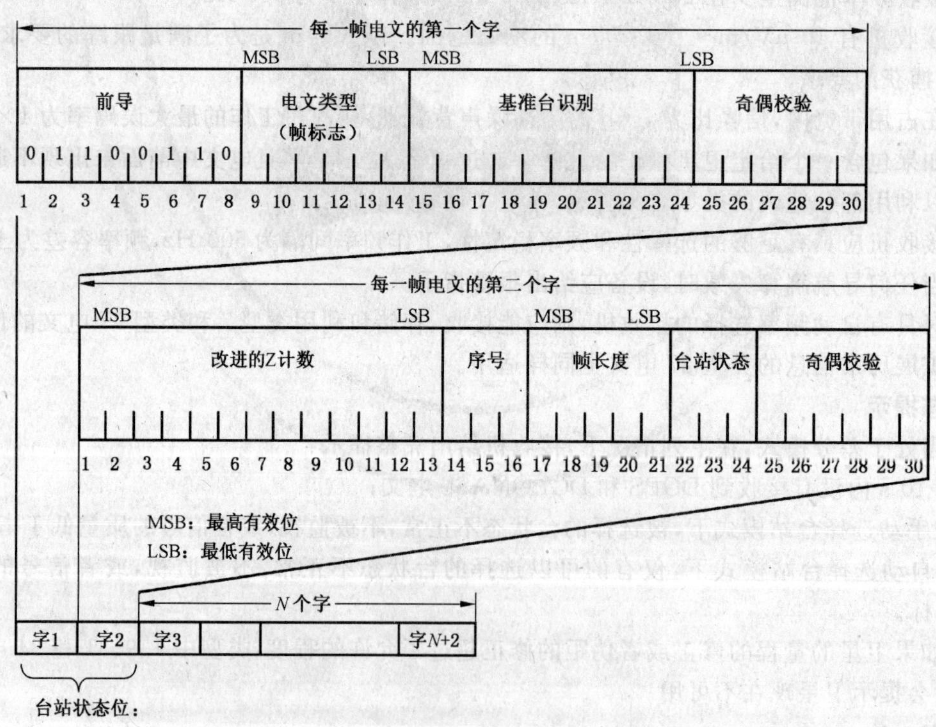

图 1 通用电文格式

表 7 电文类型

GPS 电文类型编号	名称	GLONASS 电文类型编号
1	差分 GNSS 修正(所有的卫星)	31
3	基准站的参数	32
4	基准站的数据	4
5	星座状态	33
6	空帧	34($N=0$ 或者 $N=1$)
7	无线电信标历书	35
9	差分 GNSS 子集的修正(这个可以取代类 1 或类 31)	34($N>1$)
16	特殊的电文	36
27	扩展的无线电信标历书	27

7.3 电文类型 1 和类型 9 格式

电文类型 1 为差分 GPS 修正电文，其内容和结构如图 2 所示。该电文是最主要的电文类型，用电文类型 1 的参数对由接收机测得的卫星伪距差分修正计算如下：

$$PR(t) = PR_m(t) + PR_0 + (dPR_0/dt)(t - t_0)$$

式中：

$PR_m(t)$——t 时刻测得的伪距，单位为米(m)；

PR_0——t_0 时刻的伪距修正值，为 16 bit 的数；

dPR_0/dt——距离变化率修正值，为 8 bit 的数；

t_0——字头电文里字 2 中的 13 bit 的改进的 Z 计数。

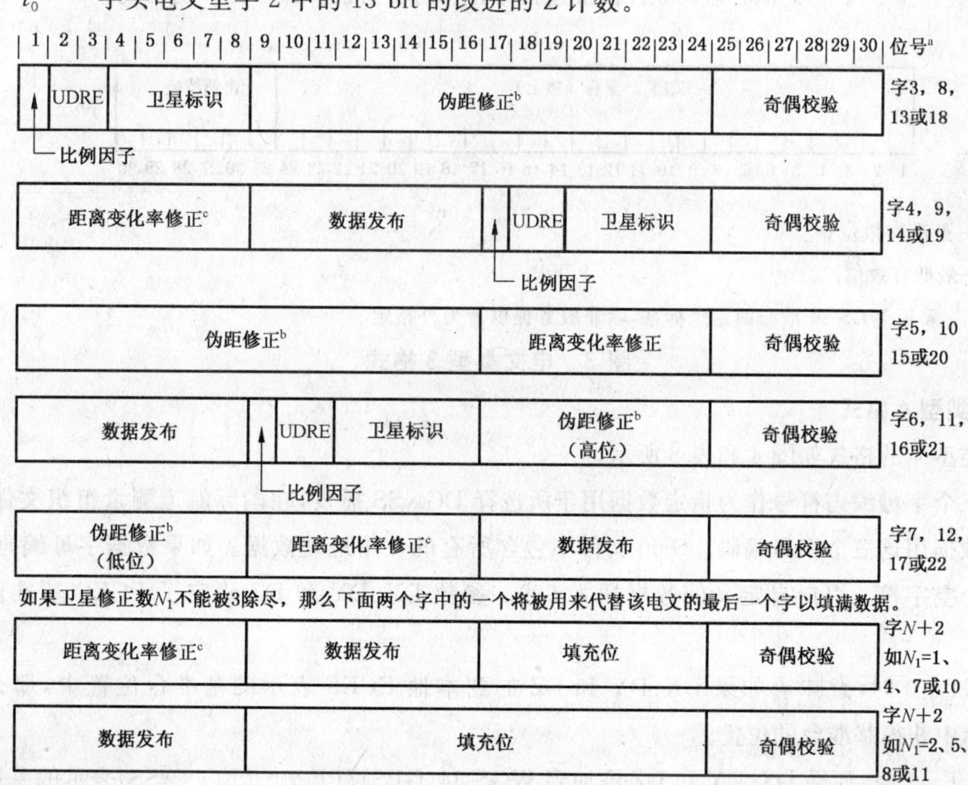

a 接收的位号。

b 二进制数 1000 0000 0000 0000 表示出错，用户设备应立即停用该卫星。

c 二进制数 1000 0000 表示出错，用户设备应立即停用该卫星。

注：在类型 1 电文中，发送可见的所有卫星的数据。在类型 9 电文中，只有其中部分卫星的数据。

图 2 电文类型 1 和类型 9 的格式

电文类型 9 和电文类型 1 用途相同，即电文中包含了主要的差分校正值。与电文类型 1 不同的是，电文类型 9 不需要完整的卫星组。电文类型 9 的内容和格式与类型 1 完全相同，只是卫星数 N_B 和 30 bit 字的字数 N 更小。

7.4 电文类型 3 格式

电文类型 3 包括基准台信息，又称基准台参数电文，它由四个数据字组成($N=4$)，是六个 30 bit 字的总帧长，它包括基准站天线的 GPS 坐标(地心固定)，精确到厘米级，以 WGS-84 坐标系为基础。电文类型 3 的格式见图 3。

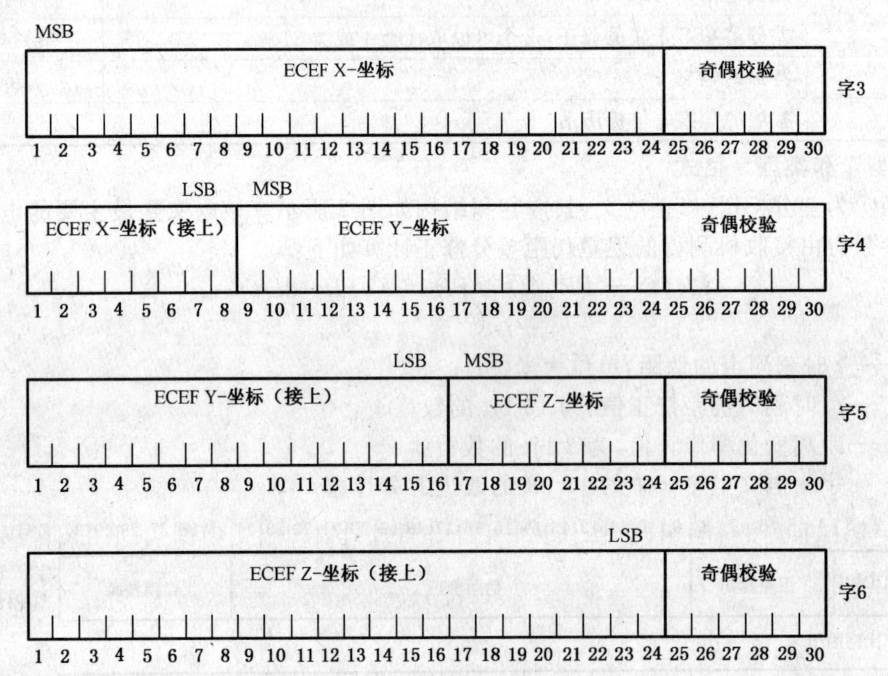

MSB——最高有效位；

LSB——最低有效位；

ECEF——采用 WGS-84 地心固定坐标系，除非服务提供者另外指定。

图 3 电文类型 3 格式

7.5 电文类型 4 格式

电文类型 4 的格式如图 4 和表 8 所示。

图中三个字母编码符号作为指定数据用于所选择 DGNSS 播发，在国际航道测量组织文件 S-60 的地理测量数据用这三个字母编码。S-60 文件不包含所有的在用地理数据。如果数据字母编码不知道，就插入三个空字符。用户自定义的数据插入 999。参数 DX、DY 和 DZ 确定了 ECEF 基准台坐标偏移量。

当 DAT=0 时，意味着如果 DX、DY 和 DZ 加到本地 ECEF 表示的基准台位置中，那么就能从 GNSS 坐标中获得基准台的位置。

当 DAT=1 时，如果 DX、DY 和 DZ 添加到 WGS-84(GPS)/PE-90(GLONASS)表示的基准台位置中，则基准台的位置就能从本地坐标数据(Earth-90 的参数)中获得。

注意：由于两个数据间的差别并不能由偏移量准确表示(例如会涉及到坐标旋转差)，用户定位精度在整个基准台的覆盖范围内会降低。

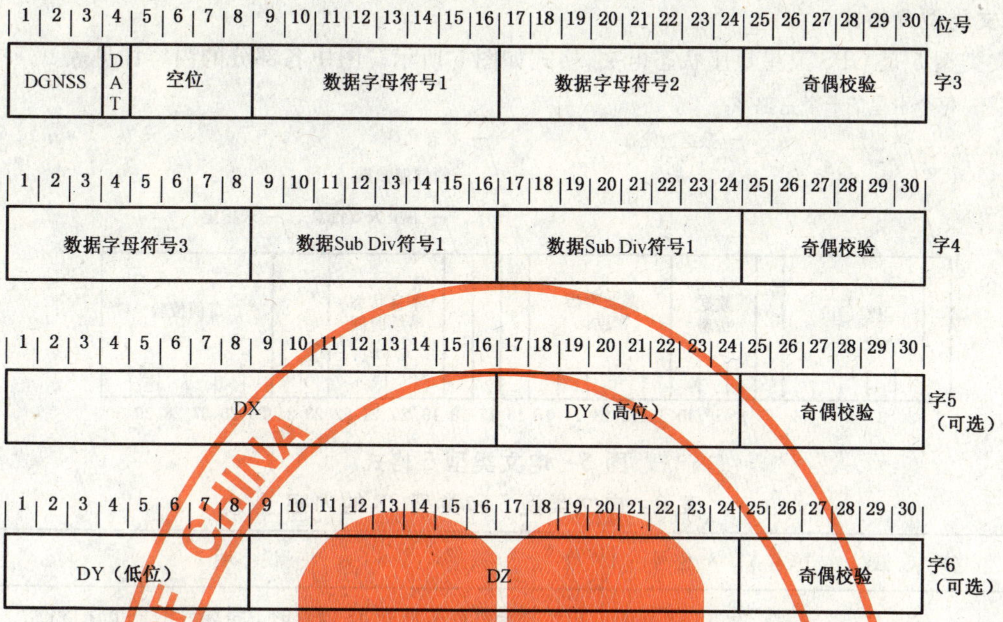

位号	1–3	4	5–8	9–16	17–24	25–30
字3	DGNSS	DAT	空位	数据字母符号1	数据字母符号2	奇偶校验

位号	1–8	9–16	17–24	25–30
字4	数据字母符号3	数据Sub Div符号1	数据Sub Div符号1	奇偶校验

位号	1–16	17–24	25–30
字5（可选）	DX	DY（高位）	奇偶校验

位号	1–8	9–24	25–30
字6（可选）	DY（低位）	DZ	奇偶校验

图 4　电文类型 4 的格式

表 8　电文类型 4 内容

参　数	位　数	比例因子和单位	范　围
DGNSS	3	1	000 ＝ GPS 001＝GLONASS 010＝保留 011＝保留 100＝保留 101＝保留 110＝保留 111＝保留
DAT	1	1	0＝本地数据 1＝ WGS-84/PE-90
保留	4	1	
数据 μ1 号代码字符	8	1	
数据 μ2 号编码字符	8	1	
数据 μ3 号编码字符	8	1	
数据 Sub Div 的 1 号字符	8	1	
数据 Sub Div 的 2 号字符	8	1	
DX(可选)[a]	16	0.1 m	±3 276.7 m
DY(可选)[a]	16	0.1 m	±3 276.7 m
DZ(可选)[a]	16	0.1 m	±3 276.7 m

注：DGNSS 域的数据用来标识基准站的 DGNSS 系统。000 表示 GPS 差分广播，001 表示 GLONASS 差分广播。

[a] 2 的补码。

7.6 电文类型5格式

电文类型5是GPS卫星星座状态电文，格式如图5所示。图中各部分的内容详见表9。

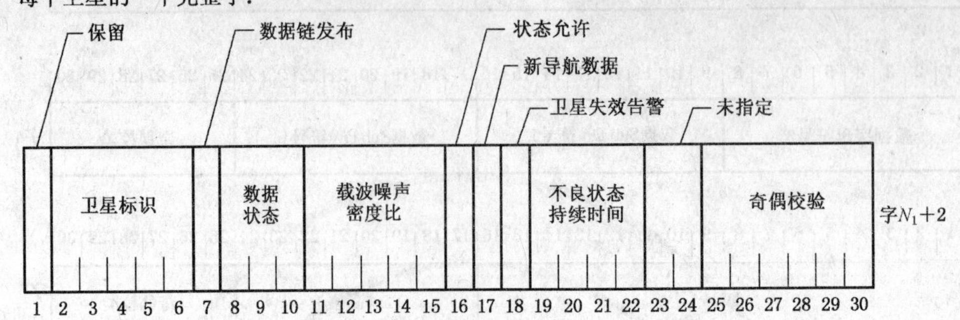

图5 电文类型5格式

表9 电文类型5和类型33的内容

参数	位号	说明
保留	1	用于将来可能扩展到32以外的卫星编号的一个保留位
卫星识别号	2-6	标准格式(1-32,全0表示32)
数据IOD链的发布(GPS)； 数据 T_b 链的发布(GLONASS)	7	置“0”指示在1和9(GPS)或31、34(GLONASS)类电文中导航数据带有IOD或 T_b。
数据状态 (B_n-GLONASS)	8-10	为有关卫星导航数据状态的标准信息。对于GPS,三个0表明所有数据都是有效的,三位中任何一位为“1”都指明部分或全部数据出现问题。对于GLONASS,第8位为“1”指示卫星不正常,第8位为“0”则卫星是正常的;第2位和第3位备用,用户设备可忽略
C/N_0	11-15	基准台测得的卫星信噪比。标度为1 dB(Hz),范围为25 dB(Hz)～55 dB(Hz)。第15位为最低有效位。“00000”值指示卫星不能被基准台跟踪,“00001”＝25 dB(Hz)为低端值,“11111”＝55 dB(Hz)为高端值
正常使能	16	置1指示DGPS/DGLONASS用户设备可以认为卫星处在正常状态,尽管卫星导航数据指明卫星不正常
新的导航数据	17	置1指示基准台正在捕获新的卫星导航数据并正在加入到伪距校正生成中。在1/31或9/34类型的电文中很快就会指示新的IOD/T_b
卫星失效警告	18	置1指示卫星预计由正常状态变到不正常状态,剩余的“正常”时间由随后的4位数据估计
至卫星不正常的时间	19-22	见上面的第18位。标度为5 min,范围为0到75 min。第22位为最低有效位。“0000”值指示卫星将要不正常,“1111”值指示卫星大约75 min后将要不正常
未指定	23-24	
奇偶校验	25-30	

7.7 电文类型 6 格式

电文类型 6 不含参数，为空帧(GPS)。需要的话，可以填充发送。目的是当基准台没有其他电文发送时，或者为了使电文起始与某些未指定的码元(epoch)同步时，发射电文类型 6。

电文类型 6 包含的头两个字通常 N 为 0 或 1，取决于填充的发送电文需要偶数个或是奇数个。如果 $N=1$，那么其余的 24 位由交替的 1 和 0 来填满。通常应当进行奇偶校验。

7.8 电文类型 7 格式

电文类型 7 为无线电信标历书电文，可为发送差分 GPS 数据的海上无线电信标网提供位置、频率、作用距离和状态信息，同时也提供发送站的标识。电文的格式如图 6 所示。

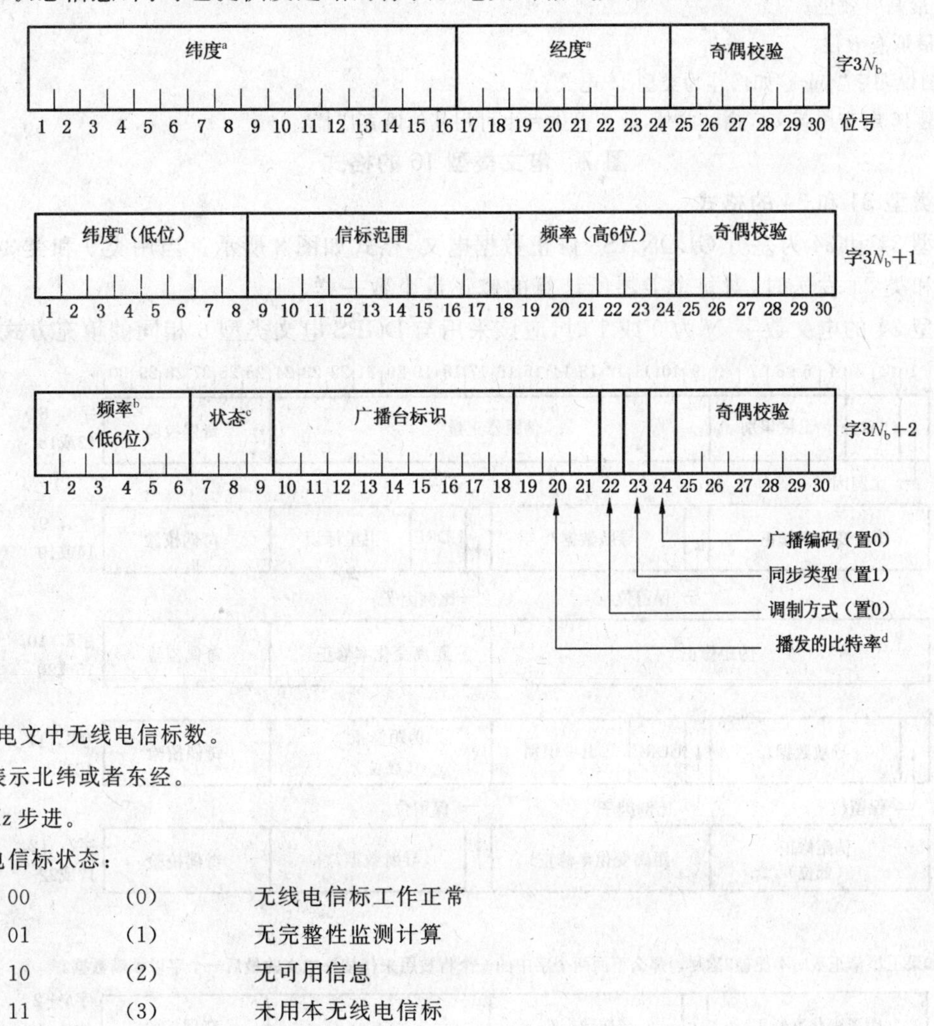

N_b——电文中无线电信标数。

a 正值表示北纬或者东经。

b 100 Hz 步进。

c 无线电信标状态：

00	(0)	无线电信标工作正常
01	(1)	无完整性监测计算
10	(2)	无可用信息
11	(3)	未用本无线电信标

d 播发的比特率：

000	(0)	25 bit/s	100	(4)	150 bit/s
001	(1)	50 bit/s	101	(5)	200 bit/s

图 6 电文类型 7 的格式

7.9 电文类型 16 格式

电文类型 16 为专用电文，格式如图 7 所示。这种电文能由打印机打印或在显示器上显示。每个这类电文可长达 90 个字符。与其他电文一样，首先发送最高位。

该电文使用八位 ASCⅡ码，最高位通常为零。如果用于特殊目的，可用类型 16 电文传送。在该电文中，填充位为 0，以避免发生像在其他电文中出现的 1 和 0 交替填充所导致的偶然错误译码。

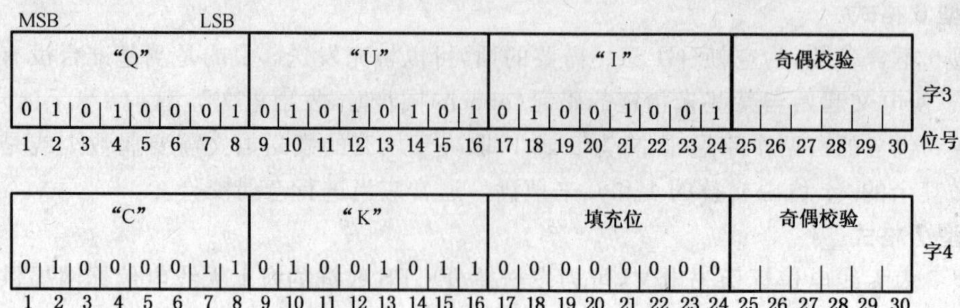

MSB——最高有效位；

LSB——最低有效位。

注1：本图说明字“quick”如何作为类型16电文。

注2：类型16电文用英文广播。此外，业务提供者也可用其他语言广播。

图7 电文类型16的格式

7.10 电文类型31和34的格式

电文类型31和34为差分GLONASS修正数据电文，格式如图8所示。当用类9和类34的电文分别代替类1和类31发送时，对每个卫星所计算的修正量个数一样。

电文类型34的电文数字 N 为0或1时，应该采用与DGPS电文类型6相同的填充方式。

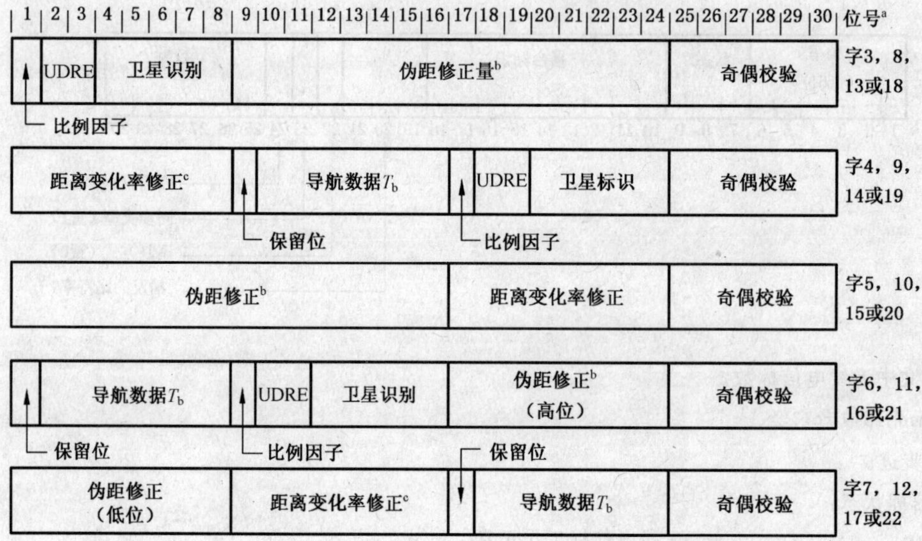

如果卫星修正数N_1不能被3除尽，那么下面两个字中的一个将被用来代替该电文的最后一个字以填满数据。

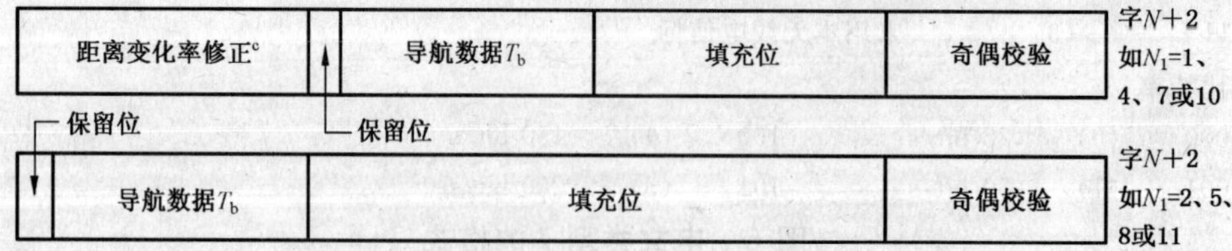

注：在类型31电文中，发送可见的所有卫星的数据。在类型9电文中，只有其中部分卫星的数据。

a 接收的位号。

b 二进制数1000 0000 0000 0000表示出错，用户设备应立即停用该卫星。

c 二进制数1000 0000表示出错，用户设备应立即停用该卫星。

图8 电文类型31和34的格式

7.11 电文类型 32 格式

电文类型 32 为差分 GLONASS 基准台参数。格式如图 9 所示。

MSB——最高有效位；

LSB——最低有效位；

ECEF——采用 PE-90 地心固定坐标系，除非服务提供者另外指定。

图 9 电文类型 32 格式

7.12 电文类型 33 的格式

电文类型 33 为 GLONASS 星座状态，电文格式如图 10 所示，图中各部分的内容见表 9。

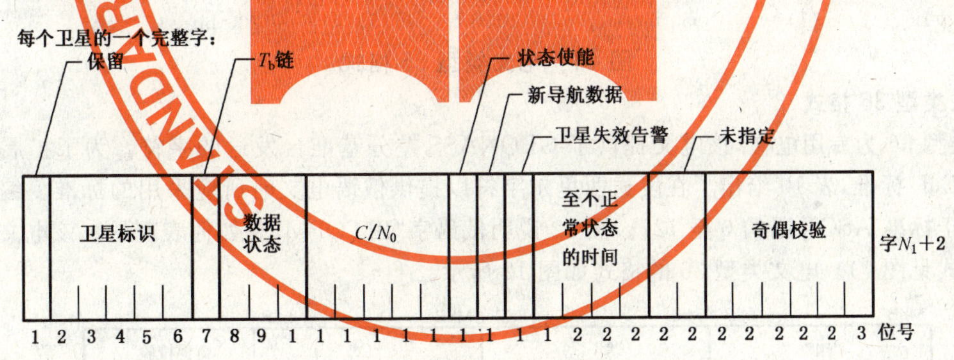

图 10 电文类型 33 格式

7.13 电文类型 35 的格式

电文类型 35 为差分 GLONASS 信标的信标星历，电文格式如图 11 所示。

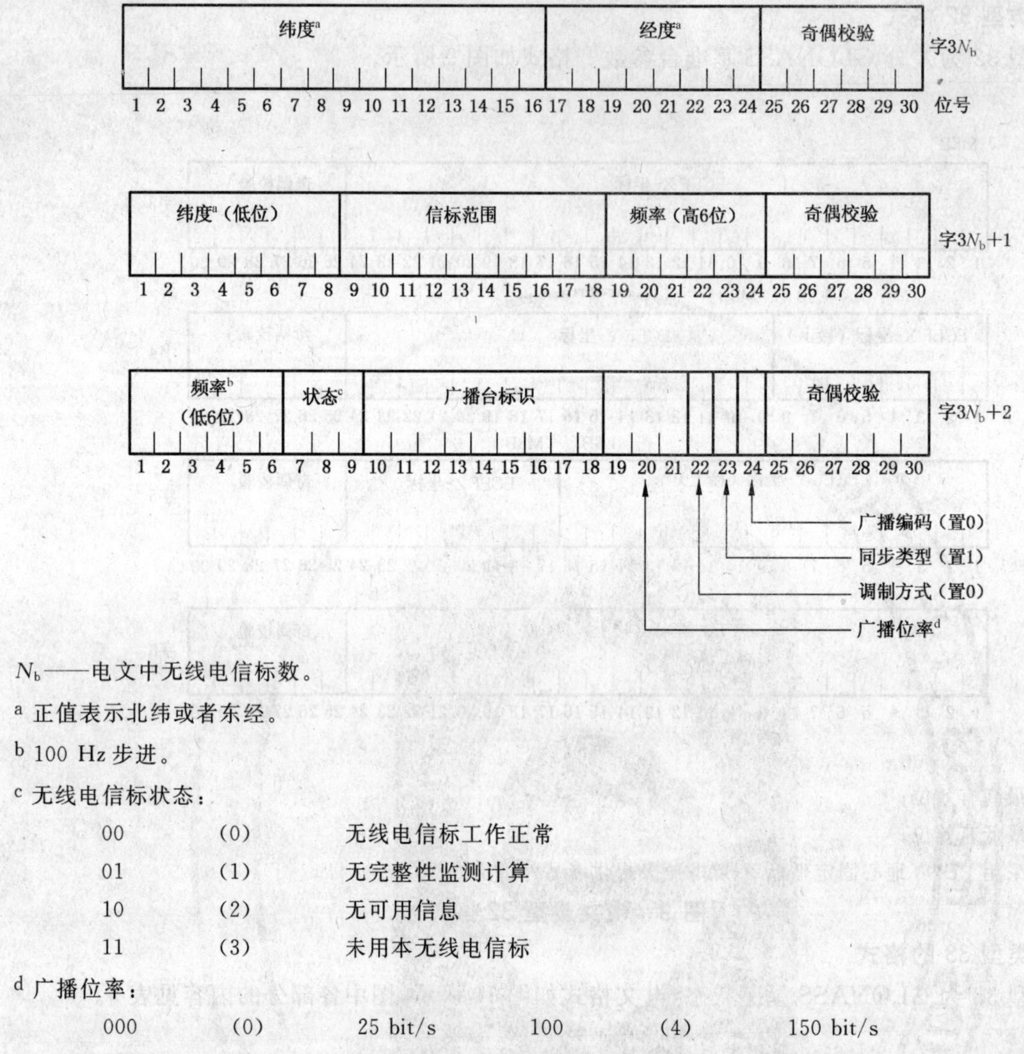

N_b——电文中无线电信标数。

[a] 正值表示北纬或者东经。

[b] 100 Hz 步进。

[c] 无线电信标状态：

00	(0)	无线电信标工作正常
01	(1)	无完整性监测计算
10	(2)	无可用信息
11	(3)	未用本无线电信标

[d] 广播位率：

000	(0)	25 bit/s	100	(4)	150 bit/s
001	(1)	50 bit/s	101	(5)	200 bit/s

图 11　电文类型 35 格式

7.14　电文类型 36 格式

电文类型 36 为专用电文，该电文提供了 GLONASS 差分基准台发送的字符。为了扩展基于英文字符的 ASCⅡ 标准，表 10 给出了在发送西里尔字符以提供俄语电文时所应采用的标准。编码是十进制的，相应于标准 ASCⅡ码的 0 至 127。图 12 说明俄语字“ШTOPM”是如何表现的。该电文也可用英文播发（格式见图 7）。电文类型 36 的格式如图 12 所示。

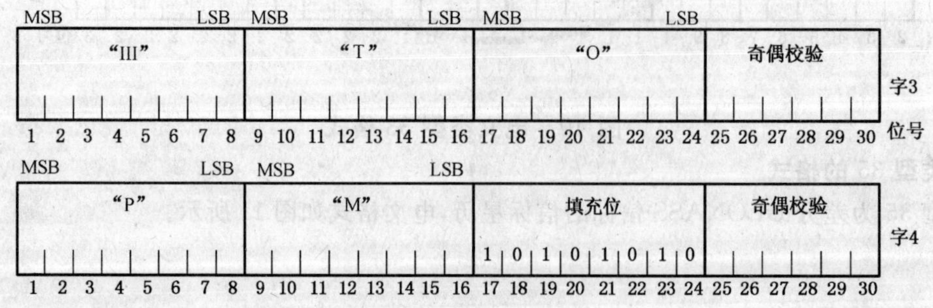

MSB——最高有效位；

LSB——最低有效位。

图 12　电文类型 36 格式

表 10 8 位俄罗斯字母编码

编码	字母	编码	字母	编码	字母	编码	字母
128	А	144	Р	160	а	176	р
129	Б	145	С	161	б	177	с
130	В	146	Т	162	в	178	т
131	Г	147	У	163	г	179	у
132	Д	148	Ф	164	д	180	ф
133	Е	149	Х	165	е	181	х
134	Ж	150	Ц	166	ж	182	ц
135	З	151	Ч	167	з	183	ч
136	И	152	Ш	168	и	184	ш
137	Й	153	Щ	169	й	185	щ
138	К	154	Ъ	170	к	186	ъ
139	Л	155	Ы	171	л	187	ы
140	М	156	Ь	172	м	188	ь
141	Н	157	Э	173	н	189	э
142	О	158	Ю	174	о	190	ю
143	П	159	Я	175	п	191	я

7.15 电文类型 27 的格式

电文类型 27 为无线信标历书电文，每个台的无线信标历书电文有六个字组成。电文结构如图 13 所示，电文中各数据的内容见表 11。

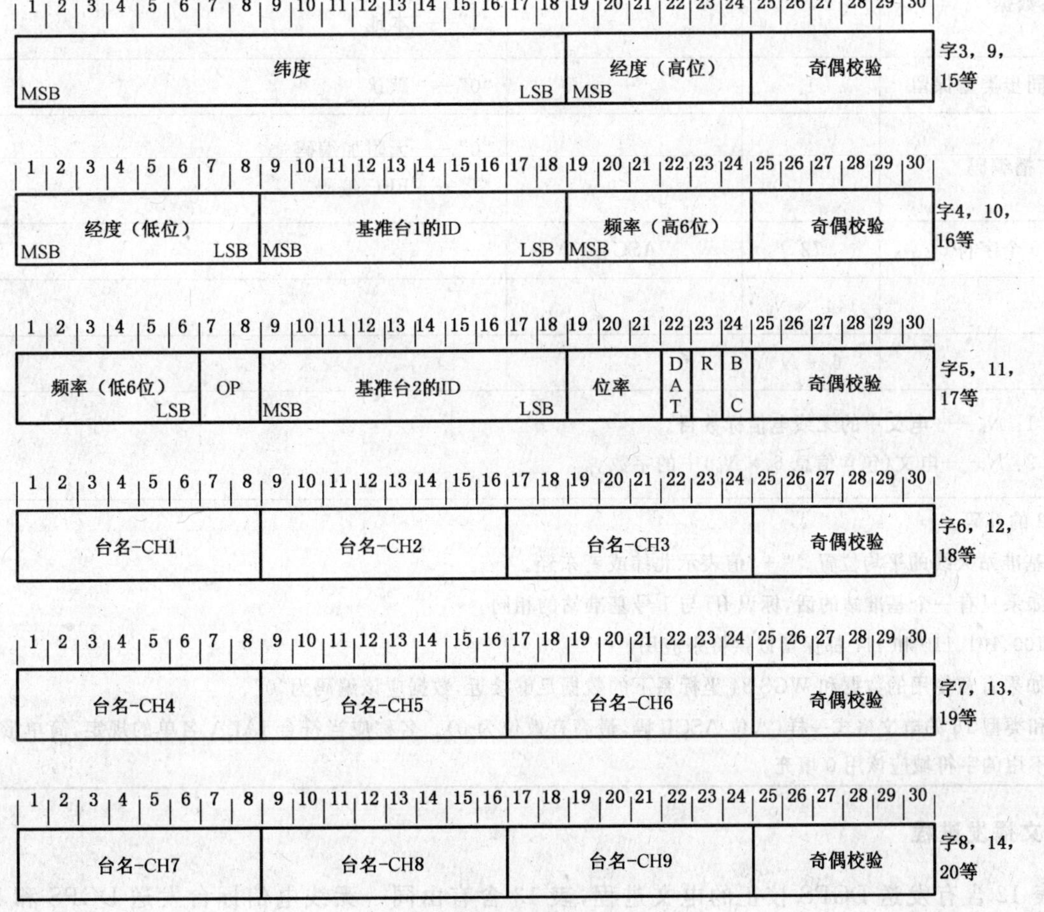

图 13 电文类型 27 的格式

表 11 电文类型 27 的数据特性

参 数	位号	比例因子和单位	范 围
纬度	16	0.002 747°	±90°[a,b]
经度	16	0.005 493°	±180°[a,b]
参考台 1ID	10	1	0 到 1 023
频率	12	100 Hz	190(全 0)到 599.5 kHz(全 1)
OP=运行状态	2	—	“00”——无线电信标全部运行 “01”——测试模式 “10”——无可用信息 “11”——未工作(或计划的台)
参考台 2ID	10	1	0 到 1 023[c]
广播位率	3	—	“000”——25 bit/s “001”——50 bit/s “010”——100 bit/s “011”——200 bit/s[d]
DAT:数据[e]	1	—	“0”- WGS-84 “1”——本地
R:为同步类型保留	1	—	“0”——默认
BC:广播编码	1	—	“0”——无附加编码 “1”——FEC 编码
台名(9 个字符)	72	ASCⅡ	[f]
合计	$144 \times N_b$		
奇偶	$6 * N$		

注 1：N_b——电文中的无线电信标数目。

注 2：N——电文(包含信息 $6 * N_b$)中的字数。

a 2 的补码。

b 基准站天线的平均位置。“+”值表示北纬或者东经。

c 如果只有一个基准站的话，标识 ID 与 1 号基准站的相同。

d 100、101、110 和 111 都保留以供将来应用。

e 如果有意使用的数据和 WGS-84 坐标系下的数据足够接近，数据应该编码为“0”。

f 和类型 16 的电文格式一样(八位 ASCII 码，最高有效位为 0)。名称应当符合 IALA 名单的规定，简单形式。不用的字符域应该用 0 填充。

8 电文播发进程

表 12 含有发送 DGPS 校正的电文进程，表 13 含有由同一无线电信标台发送 DGPS 和 DGLONASS 校正的电文进程。

表 12 DGPS 业务

类型	速 率
9 或 1	尽可能经常地广播
3	至少每小时广播两次，基准台位置发生任何变化后都应广播
5	整小时后的 5 min 广播，随后每隔 15 min 广播
6	根据需要广播
7	按 15 min 的间隔广播，广播台数据发生任何变化后都应广播。电文应当包括临近信标的数据
16	根据需要广播
27	按 5 min 的间隔广播，广播台数据发生任何变化后都应广播。电文应当包括来自信标网络的数据

表 13 DGPS/DGLONASS 组合

GPS		GLONASS	
类型	速 率	类型	速 率
9 或 1	尽可能经常地广播(大约每 15 s～20 s)	34(N>1)或 31	每 50 s～60 s 广播
3	每小时的 15 min 和 45 min 广播	32	每小时后的 15 min+1 min 和 45 min+1 min 广播
5	整小时后的 5 min 广播，随后每隔 15 min 广播	33	每小时后的 5 min+1 min 广播，随后每隔 15 min广播
6	根据需要广播	34(N=0 或 N=1)	根据需要广播
7	整小时后的 7 min 广播，随后每隔 15 min 广播	35	整小时后的 7 min+1 min 广播，随后每隔 15 min广播
27	整小时后的 7 min+2 min 广播，随后每隔 5 min广播	27	整小时后的 7 min+2 min 广播，随后每隔 5 min广播[a]
16	根据需要广播	36	根据需要广播

[a] 电文类型 27 包含两种系统的星历。

9 沿海无线电信标 DGPS(RBN-DGPS)发射特性

9.1 工作频率

DGPS 使用沿海无线电信标 283.5 kHz～325.0 kHz 的频率发射。无线电信标用主载波(F1，在整数频点上)播发指向标信号，用副载波(F1+500 Hz)播发差分信息和辅助信息。

9.2 调制方式

RBN-DGPS 差分信号的调制方式为 MSK。

9.3 发射类别

发射类别为调相单信道数据传输。

9.4 数据传送速率

50 bps、100 bps 和 200 bps，以传送电文类型而定。以类型 9 进行传送时，数据传送速率应为 200 bps。

9.5 一般参数

9.5.1 频率容差：载波的频率精度保持在$\pm 6\times 10^{-6}$之间。

9.5.2 相位噪声：频率偏移 10 Hz 时，每一频段的单边带相位噪声应小于−80 dB/Hz。

9.5.3 寄生输出：所有的寄生输出均应小于−60 dBc。

9.5.4 同步类型：电文以同步方式播发。

9.5.5 PRC 延迟时间：播发修正值的平均延迟时间应小于 0.25 s。

9.6 信号场强

系统正常运行时，在规定的覆盖区域内，DGPS 信号的最小场强为 75 μV/m。

9.7 坐标系

RBN-DGPS 的基准台采用 WGS-84 坐标系或 BJS-54 坐标系。

9.8 台站识别码

DGPS 应提供基准台识别码和发射台识别码：

——基准台识别码，每个基准台仅有一个识别码，编入所有发射电文的电文字头；

——发射台识别码，每个发射台仅有一个识别码，编入类型 7 电文。

9.9 告警

9.9.1 故障告警

基准台故障、在播发的数据里缺少修正值数据，或者没有任何电文播发，可以播发电文类型 6，指示该信标台不能使用，或播发单音频信号；或在类型 16 电文中告知用户。

9.9.2 停发告警

发射台停止发射，应由邻近 RBN-DGPS 台播发类型 16 电文告知用户。

9.9.3 超出保护极限告警

超出保护极限应给用户告警，报警时间是检测出超越保护极限的极限值到用户设备收到广播告警的时间，见表 14。

表 14 报警时间

传输速率/(bit/s)	报警时间/s
200	2
100	4
50	8

9.9.4 伪距有误告警

某颗卫星伪距修正值有误差，应给用户告警，告警是把伪距修正值(第 9 位至第 24 位)置成二进制数 1000 0000 0000 0000 或把第 17 位至第 24 位置成 1000 0000。

9.9.5 未监测告警

监测站未监测时应给用户告警，报警是在电文字头台站状态的三位中置码为 110。

9.10 时间

RBN-DGPS 采用北京时间。

9.11 可利用率

9.11.1 播发可利用率

播发可利用率是在一个月的时间内，在额定输出功率，发射良好的伪距修正值的时间所占的百分比。播发可利用率应为 99.5%以上。

9.11.2 信号可利用率

在船舶交通管理海域，可增加辅助监视，或被多个 RBN-DGPS 发射台的信号覆盖，信号可利用率大于播发可利用率。信号可利用率应为 99.7%以上。

参 考 文 献

［1］ GB/T 15527 船用全球定位系统(GPS)接收机通用技术条件.

［2］ IEC 61108-1:2003 全球导航卫星系统(GNSS) 第1部分:全球定位系统(GPS)接收设备性能标准、测试方法和要求的测试结果.

［3］ JT 377—1998 沿海无线电指向标 差分全球定位系统播发标准.

［4］ IMD MSC.114(73)决议 经修正的船载DGPS/DGLONASS海上无线电接收设备性能标准.

［5］ IALA R-121 在283.5 kHz～325 kHz频带上工作的DGNSS的性能和监测.

ICS 13.220.50
C 82

中华人民共和国国家标准

GB/T 17428—2009
代替 GB 17428—1998

通风管道耐火试验方法

Fire resistance test methods of ventilation ducts

(ISO 6944-1:2008,Fire containment—Elements of building construction—Part 1:Ventilation ducts,NEQ)

2009-10-30 发布　　2010-04-01 实施

中华人民共和国国家质量监督检验检疫总局
中国国家标准化管理委员会　发布

前　言

本标准与 ISO 6944-1:2008《防火分隔—建筑结构构件—通风管道》(英文版)的一致性程度为非等效。

本标准代替 GB 17428—1998《通风管道的耐火试验方法》。

本标准与 GB 17428—1998 比较主要变化如下:

——增加了“警示”的内容,提示本标准使用者应注意的事宜(本版“范围”前);

——修改了范围一章内容,进一步明确了标准的适用对象(1998 年版和本版的第 1 章);

——修改了规范性引用文件(1998 年版和本版的第 2 章);

——增加了术语和定义(见第 3 章);

——修改了对试验装置的要求(1998 版第 5 章,本版第 4 章);

——修改了试验条件(1998 版第 4 章,本版第 5 章);

——修改了对试件的要求(1998 版第 6 章,本版第 6 章);

——增加了试件的安装要求(见第 7 章);

——增加了试件养护要求(见第 8 章);

——增加了仪器使用要求(见第 9 章);

——修改了试验程序(1998 版第 7 章,本版第 10 章);

——将观察、测量、记录修改后合并到试验程序中(1998 版第 8 章,本版第 10 章);

——将判定条件修改为判定准则,并对其内容进行了修改(1998 版第 9 章,本版第 11 章);

——增加了试验结果表述(见第 12 章);

——修改了试验报告的内容(1998 版第 10 章,本版第 13 章);

——增加了试验结果的直接应用范围(见第 14 章)。

本标准由中华人民共和国公安部提出。

本标准由全国消防标准化技术委员会第八分技术委员会(SAC/TC 113/SC 8)归口。

本标准负责起草单位:公安部天津消防研究所。

本标准参加起草单位:广州市保全普美建筑材料有限公司、宜春市金特建材实业有限公司。

本标准主要起草人:解风兰、赵华利、董学京、李希全、何建枫、吴勇。

本标准所代替标准的历次版本发布情况为:GB 17428—1998。

通风管道耐火试验方法

警示：

组织和参加本项试验的所有人员应注意，耐火试验可能有危险。在耐火试验过程中有可能产生有毒和/或有害的烟尘和烟气。在试件安装、试验过程和试验后残余物的清理过程中，也可能出现机械危害和操作危险。

在耐火试验后，拆除管道前，管道应完全冷却，达到可燃残余物无复燃的可能。

应对所有潜在的危险及对健康的危害进行评估，并做出安全预告。应颁布操作规程，对相关人员进行必要的培训，确保实验室工作人员按操作规程操作。

1 范围

本标准规定了水平通风管道在标准火条件下的耐火性能试验方法，用来检验通风管道承受外部火(管道 A)和内部火(管道 B)作用时的耐火性能。垂直管道的耐火试验可参照本标准执行。

本标准不适用于：

a) 耐火性能取决于吊顶耐火性能的管道；

b) 带检修门的管道，除非将检修门纳入到管道中一起试验；

c) 两面或三面的管道；

d) 排烟管道；

e) 与墙或楼板连接的吊挂固定件。

2 规范性引用文件

下列文件中的条款通过本标准的引用而成为本标准的条款。凡是注日期的引用文件，其随后所有的修改单(不包括勘误的内容)或修订版均不适用于本标准，然而，鼓励根据本标准达成协议的各方研究是否可使用这些文件的最新版本。凡是不注日期的引用文件，其最新版本适用于本标准。

GB/T 5907 消防基本术语 第一部分[1)]

GB/T 9978.1 建筑构件耐火试验方法 第1部分：通用要求(GB/T 9978.1—2008，ISO 834-1：1999，MOD)

3 术语和定义

GB/T 5907、GB/T 9978.1 确立的以及下列术语和定义适用于本标准。

3.1

吊挂固定件 suspending element

用来将管道吊挂在梁板上或固定到墙体上的部件。

3.2

支承结构 supporting element

试验中管道穿越的墙体或隔墙。

1) 该标准将在整合修订 GB/T 5907—1986、GB/T 14107—1993 和 GB/T 16283—1996 的基础上，以《消防词汇》为总标题，分为 5 个部分；其中，GB/T 5907.2《消防词汇 第 2 部分：火灾安全词汇》，将修改采用 ISO 13943：2000。

4 试验装置

4.1 总则

除了 GB/T 9978.1 规定的试验装置外，本试验还需要以下装置。

4.2 试验炉

满足 GB/T 9978.1 规定的标准升温和压力条件，并适合水平方向安装管道，见图 1。

单位为毫米

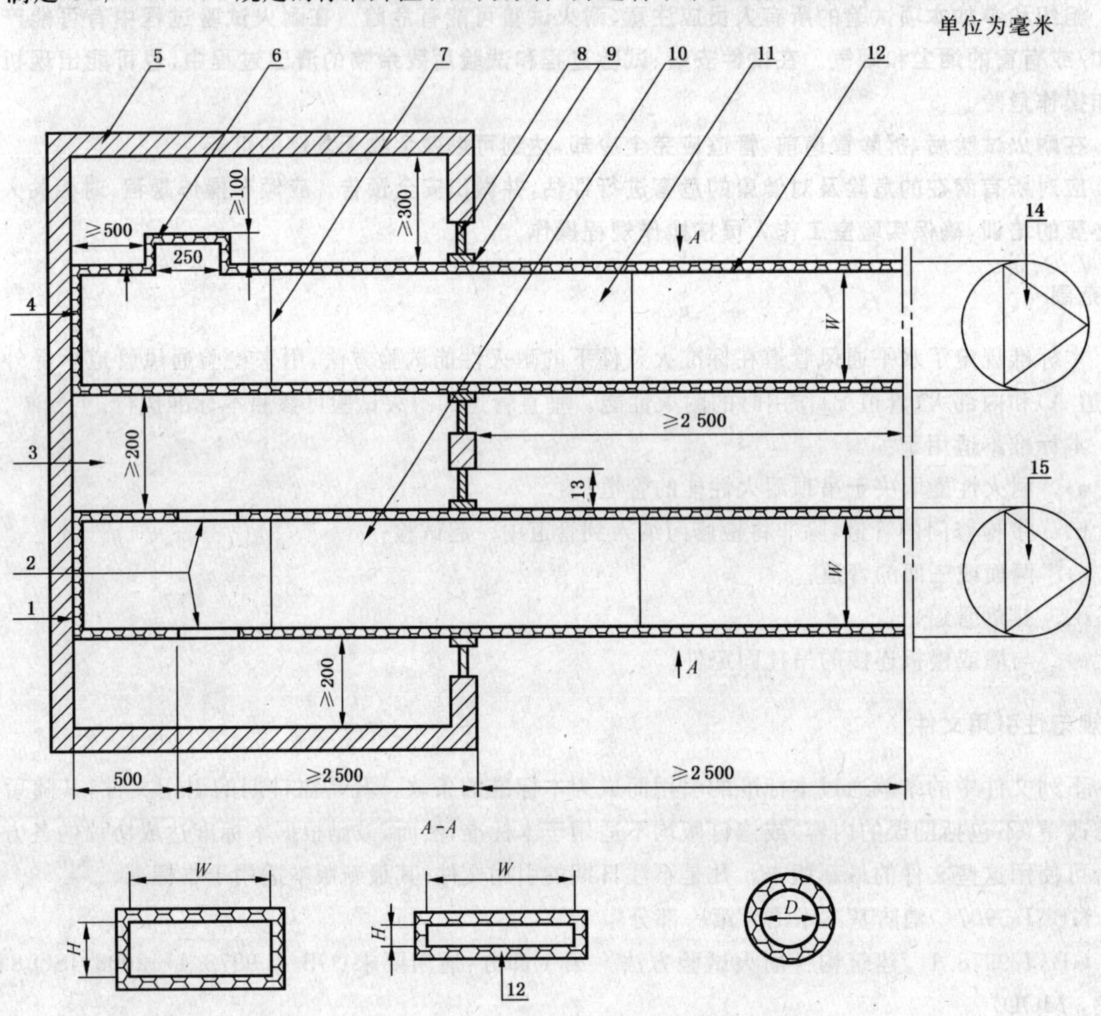

1——炉内约束的位置；
2——总面积为管道截面 50%的开口；
3——炉膛；
4——管道密封端；
5——炉墙；
6——T 型支管密封端；
7——管道接缝；
8——支承结构；
9——和实际相同的防火封堵；
10——管道 B；
11——管道 A；
12——通风管道；
13——最小为 200 mm 的支承结构；
14——风机 A；
15——风机 B；

W——管道宽度；
H——管道高度；
D——管道直径。

注：此图表示的是两个管道同时试验的情况，允许在试验炉上每次对一根管道进行试验。

图 1 管道的试验安装示意图

4.3 风机A

在试验开始和整个试验过程中能使管道A内保持(300±15) Pa的压差,可以直接或通过适当长度的管道与试件相连接。压力测量仪表的准确度为±3 Pa。

4.4 风机B

试验开始前,在环境温度下,使管道B内保持(3±0.45) m/s的空气流速。可以直接或通过适当长度的管道与试件相连接。风机应设置一个旁通风口,可以在4.5中描述的截止阀关闭前打开。流速测量仪表的准确度为±5%。

4.5 截止阀

截止阀应安装在风机B和试件之间。在风机B处于"停止"状态下,通过隔断管道B内的空气流动来评价管道B的耐火完整性。

5 试验条件

试验炉内加热条件和压力条件应满足GB/T 9978.1的规定。

试验过程中,管道承受的试验条件应满足10.2的规定。

6 试件

6.1 尺寸

6.1.1 总则

除了表1和表2给出的尺寸,其他尺寸的管道在应用时应符合14.2的规定。

6.1.2 长度

试件在炉内和炉外的最小长度见表1。

表1 试件的最小长度

最小长度/m	
炉内	炉外
3.0	2.5

6.1.3 截面

应使用表2给出的标准尺寸的管道进行试验,除非实际使用的截面尺寸小于此尺寸。

表2 试件的截面尺寸

管道	矩形		圆形
	宽度/mm	高度/mm	直径/mm
A	1 000±10	500±10	800±10
B	1 000±10	250±10	630±10

6.2 数量

管道A和管道B各需一个试件进行试验。

6.3 设计

6.3.1 总则

应对整个有代表性的管道总成进行试验。炉内和炉外管道的边界条件和固定或支承方法也应反映实际使用情况。

管道应按图 1 进行安装。

6.3.2 最小间距

当试验炉有足够的空间，使管道的安装尺寸满足图 1 的要求时，不限制在同一个试验炉上同时进行试验的试件数量。

管道顶部与炉顶之间的最小距离为 500 mm，管道底部与炉底之间的最小间距为 500 mm。管道侧部与炉墙之间的最小间距为 200 mm，管道之间的最小距离为 200 mm。

6.3.3 管道 A 的结构

管道 A 应包括一个 T 型支管，其截面为 250 mm×250 mm，长度不小于 100 mm。应按图 1 进行安装。包括支管在内的整个试件应按与实际工程一致的方法进行吊挂或固定。

6.3.4 管道 B 上的开口

在管道 B 上留有两个开口，分别位于炉内管道段的两个侧面上。开口距炉墙的距离为(500±25) mm。见图 1。

管道开口截面的宽高比应与管道截面的宽高比相同，并且整个开口的面积应为管道截面面积的(50±10)%。即每个开口的面积应为管道截面面积的(25±5)%。

6.3.5 管道的接缝

试件在炉内和炉外至少应包含一个典型接缝，见图 1。

不论在炉内还是在炉外，当管道由多层材料复合而成时，每层材料至少要有一个接缝。

在炉外，管道外层材料的接缝距支承结构的距离不应大于 700 mm，距热电偶 T_2 的距离不应小于 100 mm。在炉内，管道外层材料的接缝应近似位于跨中。

接缝和吊挂固定件之间的距离不应小于实际使用的距离。如果最小距离无法确定，则应将接缝安装在吊挂固定件的中间。吊挂固定件之间的中心距应由生产商指定，并能代表实际使用情况。

7 试件的安装

7.1 总则

试件应尽可能按实际使用情况安装。

支承结构可以是实际使用的墙，并且比将要进行试验的管道具有更长的耐火时间。

当管道穿过炉墙时，开口应足够大，保证管道表面到开口的距离至少为 200 mm。

7.2 标准支承结构

当实际使用的支承结构类型不能确定时，应使用表 3 和表 4 给出的标准支承结构。

表 3 标准刚性墙体结构

结构类型	厚度/mm	密度/(kg/m³)	试验持续时间 t/h
普通混凝土墙/砖墙	≥100 ≥140 ≥165	1 600～2 400	$t=2$ $2<t\leqslant 3$ $3<t\leqslant 4$
加气混凝土墙[a]	≥100 ≥140	450～850	$t=2$ $2<t\leqslant 4$

[a] 这种支承结构可以用空心砌块通过灰浆或其他胶粘剂砌筑而成。

表 4 标准柔性墙体结构(石膏板墙)

耐火时间/min	墙体结构			
	每侧石膏板层数	厚度/mm	隔热层厚度/mm	隔热层密度/(kg/m^3)
30	1	12±2	40±4	40±4
60	2	12±2	40±4	40±4
90	2	12±2	60±6	50±5
120	2	12±2	60±6	100±10
180	3	12±2	60±6	100±10
240	3	15±2	80±8	100±10

7.3 非标准支承结构

当试件实际使用的支承结构不是上述标准支承结构时,试件应安装在与实际情况相同的支承结构中进行试验。

7.4 管道的约束

7.4.1 在炉内

在远离管道穿越处,管道应采用与炉墙相连接的方式固定。如果炉墙有移动的可能时,对管道的固定应独立于炉体结构。

7.4.2 封闭

管道在炉内的端部以及支管的端部应采用独立于炉体的方式进行封闭,且使用的材料和结构与管道的其他部分类似。

7.4.3 防火封堵

管道穿过支承结构时,其表面与支承结构之间的空隙应用防火封堵材料填充密实,使用的防火封堵材料应与实际使用情况一致。如果在穿越处管道周围需填充的宽度不能确定,填充宽度应为 50 mm。

8 养护

8.1 总则

试验结构的养护应满足 GB/T 9978.1 的规定。

8.2 吸湿性封堵材料

当使用吸湿性材料来封堵支承结构和管道之间小于 10 mm 的缝隙时,应在试验前对其养护 7 d。

当使用吸湿性材料来封堵支承结构和管道之间大于 10 mm 的缝隙时,应在试验前对其养护 28 d。

9 仪器使用

9.1 热电偶

9.1.1 炉内热电偶

炉内热电偶应满足 GB/T 9978.1 的规定,并应按图 2 布置。

单位为毫米

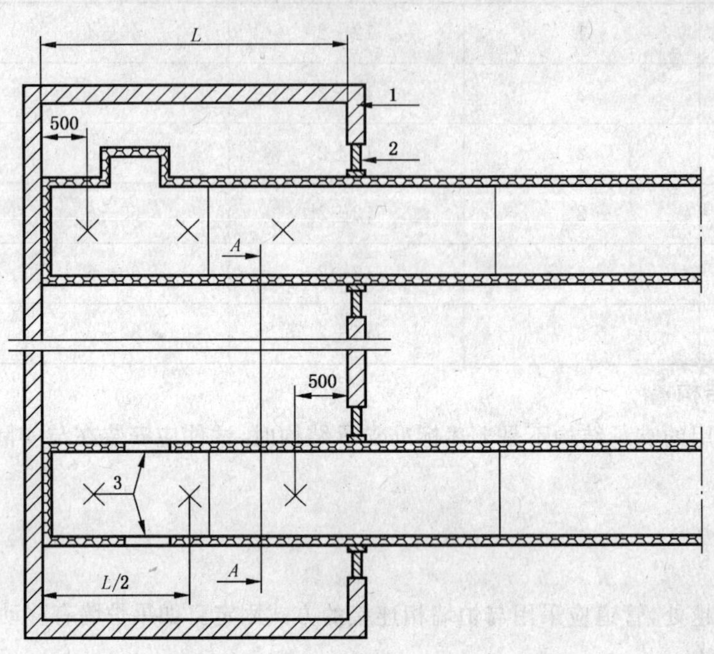

A-A

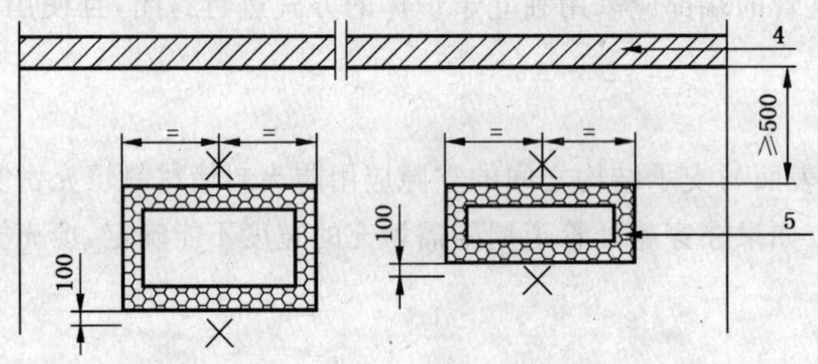

1——炉墙；　　2——支承结构；

3——总面积为管道截面50%的开口(见6.3.4)；　　4——炉顶；

5——通风管道；

×——炉内热电偶的位置；

L——炉内跨度。

注：此图表示的是两个管道同时试验的情况。允许在试验炉上每次对一根管道进行试验。

图2　炉内热电偶的位置

9.1.2　背火面热电偶

9.1.2.1　总则

测量试件表面温度的热电偶应满足GB/T 9978.1的规定。在管道穿越墙体处热电偶的位置根据穿越细节的不同，由图3～图5所示。T_2用来测量平均温度和最高温度，在每种情况下，矩形管道的每个面上至少应设置一个；圆形管道每四分之一的弧面上应设置一个。

单位为毫米

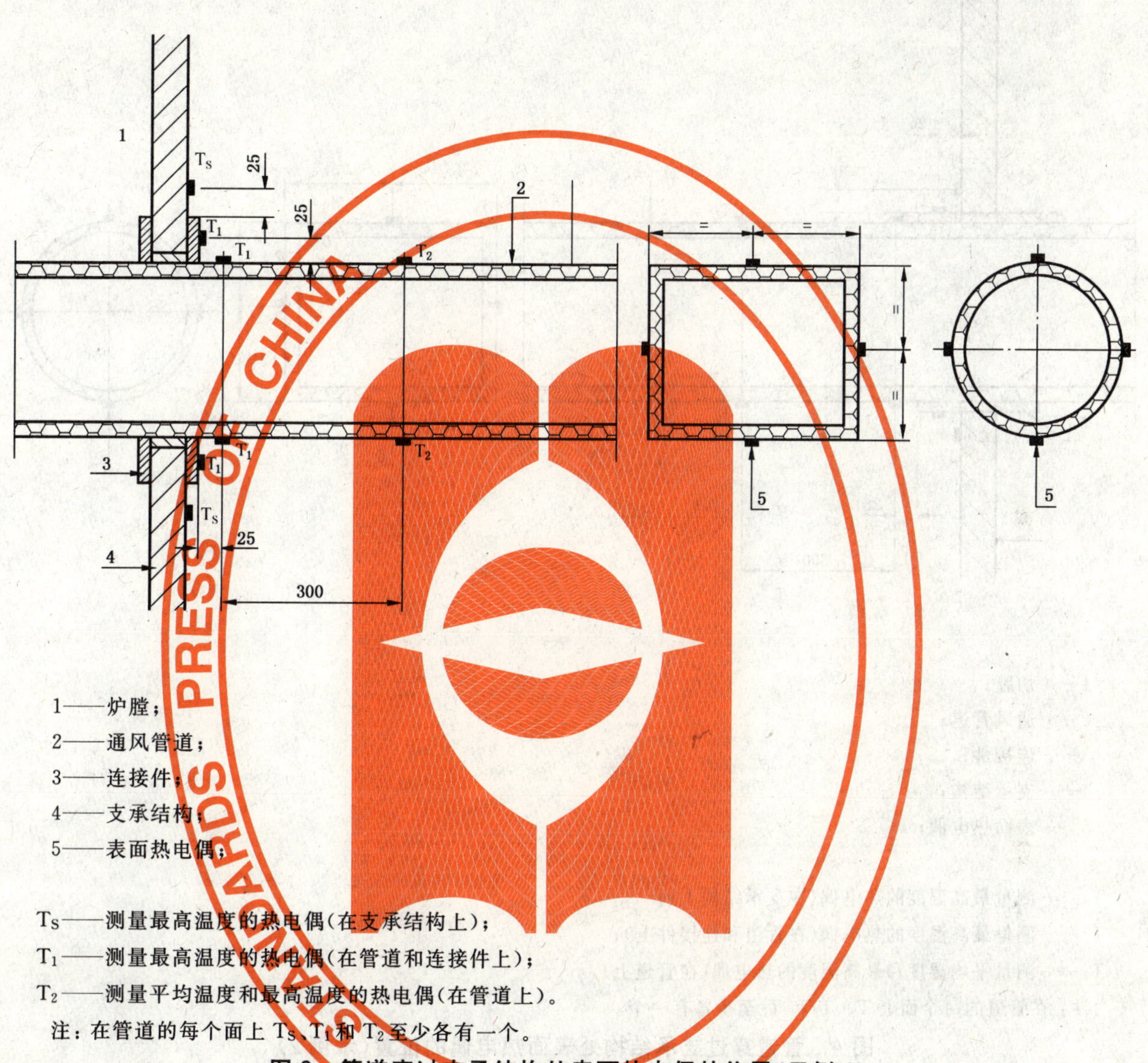

1——炉膛；

2——通风管道；

3——连接件；

4——支承结构；

5——表面热电偶；

T_S——测量最高温度的热电偶(在支承结构上)；

T_1——测量最高温度的热电偶(在管道和连接件上)；

T_2——测量平均温度和最高温度的热电偶(在管道上)。

注：在管道的每个面上 T_S、T_1 和 T_2 至少各有一个。

图3　管道穿过支承结构处表面热电偶的位置(示例1)

单位为毫米

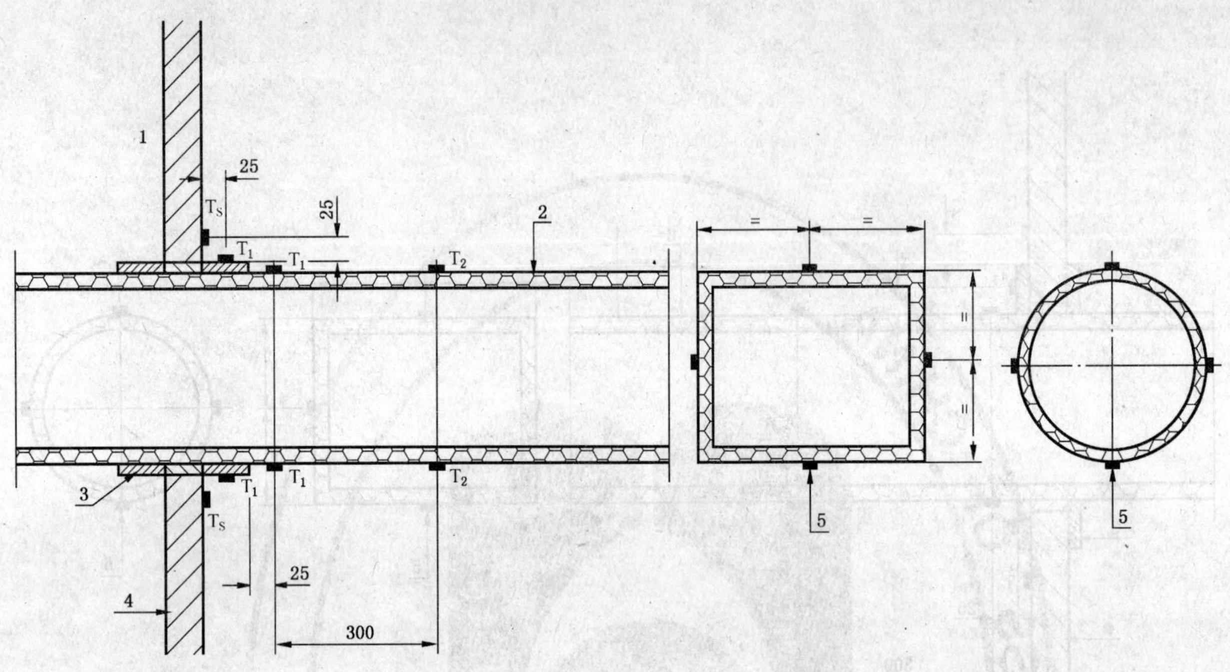

1——炉膛；

2——通风管道；

3——连接件；

4——支承结构；

5——表面热电偶；

T_S——测量最高温度的热电偶(在支承结构上)；

T_1——测量最高温度的热电偶(在管道和连接件上)；

T_2——测量平均温度和最高温度的热电偶(在管道上)。

注：在管道的每个面上 T_S、T_1 和 T_2 至少各有一个。

图4　管道穿过支承结构处表面热电偶的位置(示例2)

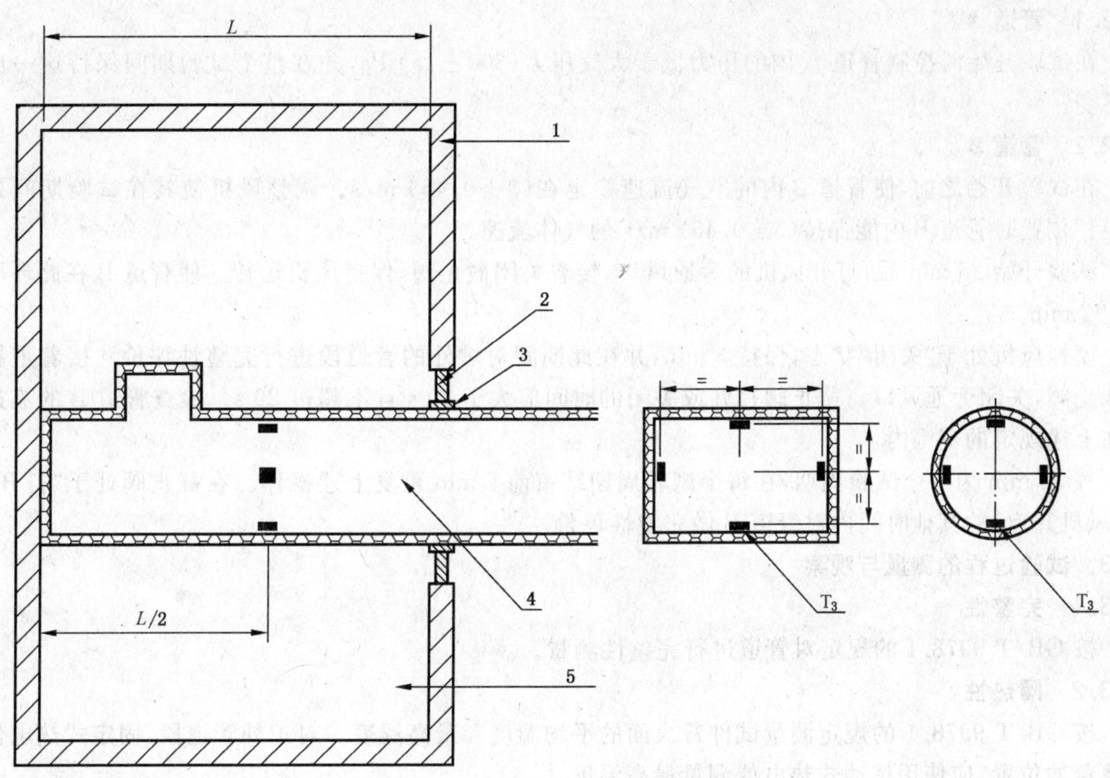

1——炉墙；

2——支承结构；

3——和实际相同的防火封堵；

4——管道 A；

5——炉膛；

T_3——测量平均温度和最高温度的表面热电偶。

图 5　厨房排烟管道/带可燃内衬层管道表面热电偶的位置

9.1.2.2　最高温度

用来测量最高温度的附加热电偶 T_1 应放置在管道的外表面以及连接件的外表面上，矩形管道的每个面上至少应设置一个，圆形管道每四分之一的弧面上应设置一个。热电偶 T_S 用来测量支承结构的表面温度，在管道周围四个方向上各设置一个。

9.1.2.3　厨房排烟管道/带可燃内衬层的管道

对厨房排烟管道或带可燃内衬层的管道，应在管道 A 的内部设置 4 个附加热电偶 T_3，用来测量平均温度和最高温度，其位置应居于炉内受火段管道的跨中。热电偶距管道内表面的距离应小于 25 mm，位置如图 5 所示。热电偶不应与任何接缝或盖缝条重合。

9.1.2.4　吊挂固定件

如果对钢质吊挂固定件进行了防火保护处理，那么应测量其表面温度。每两个吊挂件应设置 1 个热电偶。

9.2　压力传感器

炉内压力传感器应放置在炉顶以下 100 mm 处。炉内压力按 GB/T 9978.1 的规定进行测量。

10　试验程序

10.1　总则

应按 GB/T 9978.1 规定的装置和方法进行试验。同时还应满足 10.2、10.3 和 10.4 的规定。

10.2 进行完整性评价时试验条件的控制

10.2.1 管道 A

在试验开始时控制管道 A 内的压力低于大气压力(300±15) Pa,并在整个试验期间保持这一压力值不变。

10.2.2 管道 B

在试验开始之前,使管道 B 内的空气流速稳定在(3±0.45) m/s。调整风机使其在试验期间处于“开启”位置时管道 B 内能保持(3±0.45) m/s 的气体流速。

试验开始 25 min 后,打开风机的旁通风口,接着关闭截止阀,保持风机运转。使管道 B 在此环境下稳定 2 min。

模拟风机处于“关闭”状态,保持 3 min,并在此期间对炉外的管道段进行完整性评价。接着重新打开截止阀,关闭旁通风口。截止阀打开或关闭的时间应大于 10 s 且不超过 20 s。检查管道 B 的流速是否在上述规定的范围内。

每 30 min 为一个试验周期,在每个试验周期结束前 5 min 重复上述操作。在截止阀处于“打开”位置(风机开启)的其他时间内对管道 B 做完整性评价。

10.3 试验过程的测量与观察

10.3.1 完整性

按 GB/T 9978.1 的规定对管道进行完整性测量。

10.3.2 隔热性

按 GB/T 9978.1 的规定测量试件背火面的平均温度和最高温度。对炉外管道段,固定式热电偶不能覆盖的位置,应使用移动式热电偶测量最高温度。

10.3.3 其他观察

在整个试验过程中对不影响性能判定但会对建筑物造成危害的所有现象进行观察和记录。包括:

a) 记录管道变形的情况;

b) 从管道背火面释放烟气的情况;

c) 吊挂件固定件无法使管道保持在原有位置处的时间或管道出现垮塌的时间;

d) 在水平管道 A 的端部,管道膨胀或收缩的情况。

10.4 试验终止

当管道不满足第 11 章的判定准则或委托方提出要求时,试验可终止。

11 判定准则

11.1 完整性

按 GB/T 9978.1 的规定,炉外管道段丧失完整性。

当管道 A 内不能保持(300±15)Pa 的压差时,也可判定管道 A 丧失完整性。

11.2 隔热性

11.2.1 总则

按 GB/T 9978.1 的规定,丧失隔热性。

只有热电偶 T_2 用来测量平均温度。热电偶 T_1、T_2、T_S 和移动热电偶用来测量最高温度。

11.2.2 厨房排烟管道/带可燃内衬层的管道

按 GB/T 9978.1 的规定,隔热性丧失。

热电偶 T_3 也用来测量平均温度和最高温度。

12 试验结果表述

通风管道的耐火性能以耐火完整性和耐火隔热性表示。

13 试验报告

除了 GB/T 9978.1 要求的内容外，试验报告还应包括以下内容：

a) GB/T 9978.1 是试验依据之一；

b) 试件在炉内受火的面数；

c) 与试件类型相适应的固定、支承和安装方法；

d) 为安装管道，需在炉墙开口，应对开口与管道之间的填充材料和填充方法进行描述；

e) 支承结构的细节；

f) 试验期间按 10.3.3 所做的观察；

g) 对钢管道而言，钢板的厚度以及是否安装有外部或内部加强件。

14 试验结果的直接应用范围

14.1 总则

14.1.1 直接应用范围仅适用于圆形和矩形的管道。

14.1.2 由水平管道 A 和水平管道 B 获得的试验结果仅适用于水平管道。

14.2 管道的尺寸

按表 1 和表 2 规定的尺寸进行试验的管道 A 和管道 B 所获得的试验结果适用于所有尺寸不大于试验管道的情况，并可按表 5 的规定适当扩大。

表 5 管道在直接应用时允许增加的尺寸

	矩形管道宽度/mm	矩形管道高度/mm	圆形管道直径/mm
管道 A	+250	+500	+200
管道 B	+250	+750	+370

对于不是按第 6 章规定的尺寸进行试验的其他的管道，其试验结果不应用于尺寸更大的管道，但可用于尺寸较小的管道。

如果试验管道的尺寸大于外推上限尺寸时，其试验结果不应应用于比其尺寸更大的管道。

如果管道使用了独立的防火保护层，应把防火保护层的内部尺寸作为直接应用领域的有效尺寸。

14.3 压差

14.3.1 如果管道 B 的完整性满足要求，管道 A 在－300 Pa 压差下获得的试验结果可用于±300 Pa 的情况。

14.3.2 如果管道 B 的完整性满足要求，管道 A 在更高的负压差下（最小为－500 Pa）获得的试验结果可用于负压差等于试验压差值和＋500 Pa 的情况。若使管道 A 承受更高的正压，应进行附加试验。试验时，使附加的管道 A 试件承受规定的正压值。可效仿管道 A 进行试验时所有的过程和要求。

14.4 吊挂固定件

14.4.1 因为试验不对承载能力进行评价，因此吊挂固定件应由钢质材料制作，并对其尺寸进行规定，使其计算应力不超过表 6 的规定。

表 6 不同耐火时间，吊挂固定件允许的最大应力值

荷载类型	最大应力/(N/mm²)	
	$t \leqslant 60$ min	60 min$< t \leqslant 120$ min
所有垂直部件的拉伸应力	9	6
螺栓的剪切应力	15	10
注：应力计算仅考虑支承荷载（忽略装配应力）。		

14.4.2 试验管道吊挂固定件的伸长率可以通过温升和强度变化关系计算。对于未做保护的钢质吊挂固定件,计算温度应为炉内最高温度。对于做保护的钢质吊挂固定件,使用记录下来的吊挂固定件的最高温度。计算值表示吊挂固定件的伸长极限。

14.4.3 吊挂固定件的最大距离不能超过试验时的距离。

14.4.4 如果试验时炉内所有接缝处均有吊挂固定件,那么实际使用中,管道的所有接缝处也应设置吊挂固定件。

14.4.5 如果管道外侧面与一侧的垂直吊挂固定件的轴线距离小于 50 mm,则试验结果仅适用于不大于 50 mm 的情况;如果试验时的距离大于 50 mm,则试验结果可适用于最大距离等于试验距离的情况。

14.4.6 吊挂固定件的水平承载部件应选用适当的尺寸,其弯曲应力不大于试验时使用部件的弯曲应力。

14.5 支承结构

管道穿过标准支承结构(见表 3 和表 4)进行试验所获得的试验结果适用于耐火时间等于或大于试验用标准支承结构的支承结构。

14.6 钢制管道

有加强筋的钢制管道,其试验结果仅适用于有类似加强筋的钢制管道。

参考文献

[1] GB/T 14107—1993 消防基本术语 第二部分
[2] GB/T 16283—1996 固定灭火系统基本术语
[3] ISO 13943:2000 Fire safety—Vocabulary

ICS 77.140.80
J 31

中华人民共和国国家标准

GB/T 17445—2009
代替 GB/T 17445—1998

铸 造 磨 球

Cast grinding balls

2009-10-30 发布　　　　2010-04-01 实施

中华人民共和国国家质量监督检验检疫总局
中国国家标准化管理委员会　发布

前　言

本标准修改采用美国 ASTM A532/A532M-93a(2003)《抗磨铸铁标准规范》和欧盟标准EN 12513：2000《铸造　抗磨铸铁》等国外先进标准的相关条款。

本标准与 ASTM A532/A532M-93a(2003)相比，在结构上作了较大的编辑性修改，主要的技术性差异如下：

——增加了磨球常用的术语和定义；

——对磨球不同部位的力学性能的差别作了明确规定；

——增加了取样检验规则；

——增加了包装、标志、运输要求。

本标准代替 GB/T 17445—1988《铸造磨球》。

本标准与 GB/T 17445—1998 相比，主要技术内容修订如下：

——减小了铸造磨球直径公差；

——增加了铬合金铸铁磨球的牌号；

——调整了铬合金铸铁磨球的化学成分；

——增加了马氏体球墨铸铁磨球牌号；

——提高了含铬量较高的铬合金铸铁磨球的表面硬度。

本标准的附录 A、附录 B 和附录 C 为规范性附录。

本标准由全国铸造标准化技术委员会(SAC/TC 54)提出并归口。

本标准负责起草单位：暨南大学。

本标准参加起草单位：安徽省凤形耐磨材料股份有限公司、江西铜业集团机械铸造有限公司、马鞍山市益丰冶金耐磨材料发展有限公司、鞍山市东泰耐磨材料有限公司、宁国市东方碾磨材料有限责任公司、安徽省宁国诚信耐磨材料有限公司、安徽省机械科学研究所。

本标准主要起草人：李卫、宋量、陈宗明、黄汝清、李家宝、王小非、赵金斌、覃照成。

本标准所代替标准的历次版本发布情况为：

——GB/T 17445—1998。

铸造磨球

1 范围

本标准规定了铬合金铸铁磨球和球墨铸铁磨球的产品分类、技术要求、试验方法、检验规则、包装、标志、运输。

本标准适用于冶金、电力、建材和化工等行业,用以粉碎和研磨矿石、煤和水泥等相关物料的铬合金铸铁磨球和球墨铸铁磨球。

2 规范性引用文件

下列文件中的条款通过本标准的引用而成为本标准的条款。凡是注日期的引用文件,其随后所有的修改单(不包括勘误的内容)或修订版均不适用于本标准,然而,鼓励根据本标准达成协议的各方研究是否可使用这些文件的最新版本。凡是不注日期的引用文件,其最新版本适用于本标准。

GB/T 223.3 钢铁及合金化学分析方法 二安替比林甲烷磷钼酸重量法测定磷量

GB/T 223.4 钢铁及合金 锰含量的测定 电位滴定或可视滴定法

GB/T 223.11 钢铁及合金 铬含量的测定 可视滴定或电位滴定法(GB/T 223.11—2008,ISO 4937:1986,MOD)

GB/T 223.18 钢铁及合金化学分析方法 硫代硫酸钠分离-碘量法测定铜量

GB/T 223.23 钢铁及合金 镍含量的测定 丁二酮肟分光光度法

GB/T 223.26 钢铁及合金 钼含量的测定 硫氰酸盐分光光度法

GB/T 223.28 钢铁及合金化学分析方法 α-安息香肟重量法测定钼量

GB/T 223.60 钢铁及合金化学分析方法 高氯酸脱水重量法测定硅含量

GB/T 223.63 钢铁及合金化学分析方法 高碘酸钠(钾)光度法测定锰量

GB/T 223.67 钢铁及合金 硫含量的测定 次甲基蓝分光光度法(GB/T 223.67—2008,ISO 10701:1994,IDT)

GB/T 223.69 钢铁及合金 碳含量的测定 管式炉内燃烧后气体容量法

GB/T 223.72 钢铁及合金 硫含量的测定 重量法

GB/T 230.1 金属材料 洛氏硬度试验 第1部分:试验方法(A、B、C、D、E、F、G、H、K、N、T标尺)[GB/T 230.1—2009,ISO 6508-1:2005,Metallic materials—Rockwell hardness test—Part 1:Test method (scales A,B,C,D,E,F,G,H,K,N,T),MOD]

GB/T 230.2 金属洛氏硬度试验 第2部分:硬度计(A、B、C、D、E、F、G、H、K、N、T标尺)的检验与校准[GB/T 230.2—2002,ISO 6508-2:1999,Metallic materials—Rockwell hardness test—Part 2:Verification and calibration of testing machines (scales A,B,C,D,E,F,G,H,K,N,T);MOD]

GB/T 230.3 金属洛氏硬度试验 第3部分:标准硬度块(A、B、C、D、E、F、G、H、K、N、T标尺)的标定[GB/T 230.3—2002,ISO 6508-3:1999,Metallic materials—Rockwell hardness test—Part 3:Calibration of reference blocks (scales A,B,C,D,E,F,G,H,K,N,T),MOD]

GB/T 1348 球墨铸铁件(GB/T 1348—2009,ISO 1083:2004,Spheroidal graphite cast irons—Classification,MOD)

GB/T 5611 铸造术语

GB/T 5612 铸铁牌号表示方法(GB/T 5612—2008,ISO/TR 15931:2004,MOD)

GB/T 7216 灰铸铁金相检验(GB/T 7216—2009,ISO 945-1:2008,Microstructure of cast irons—

Part 1:Graphite classification by visual analysis,MOD)

GB/T 8170 数值修约规则与极限数值的表示和判定

GB/T 8263 抗磨白口铸铁件(GB/T 8263—1999,eqv ASTM A532/A532M:1993)

GB/T 9441 球墨铸铁金相检验(GB/T 9441—2009,ISO 945-1:2008,Microstructure of cast irons—Part 1:Graphite classification by visual analysis,MOD)

GB/T 13298 金属显微组织检验方法

3 术语和定义

GB/T 5611 确立的以及下列术语和定义适用于本标准。

3.1

铬合金铸铁磨球 chromium alloying cast iron grinding ball

以铬为主要合金元素的白口铸铁简称铬合金铸铁,以铬合金铸铁为材料的铸造磨球称为铬合金铸铁磨球。

3.2

球墨铸铁磨球 ductile cast iron grinding ball

以球墨铸铁为材料的铸造磨球称为球墨铸铁磨球,其中通过热处理获得的基体组织主要是贝氏体的球墨铸铁磨球简称贝氏体球铁磨球;通过热处理获得的基体组织主要是马氏体的球墨铸铁磨球简称马氏体球铁磨球。

3.3

碎球率 breakage ratio of ball

碎球是指破碎面积超过磨球面积 1/3 以上的,使用过程中碎球总质量与总用球质量的百分比称为碎球率。

3.4

磨球冲击疲劳寿命 impact fatigue life of ball

落球试验中测定的磨球冲击疲劳失效时承受的冲击次数称为磨球冲击疲劳寿命。

4 分类、牌号和代号

4.1 铬合金铸铁磨球按含铬量分为 7 个牌号。球墨铸铁磨球按基体组织分为 2 个牌号,即贝氏体球墨铸铁磨球和马氏体球墨铸铁磨球。

4.2 铸造磨球以其公称直径表示规格。磨球直径公差见表 1。

表 1 铸造磨球直径公差 单位为毫米

公称直径 ϕ	$\phi \leqslant 30$	$30<\phi \leqslant 60$	$60<\phi \leqslant 80$	$80<\phi \leqslant 100$	$\phi>100$
直径公差	+1.0 −1.0	+1.5 −1.0	+2.0 −1.0	+2.5 −1.0	+3.0 −1.0

4.3 铸造磨球牌号的表示方法

4.3.1 铸铁牌号参照 GB/T 5612 的规定。

4.3.2 用 ZQ 表示铸造磨球。用代号 QT 表示球墨铸铁。

4.3.3 本标准所规定的铬合金铸铁牌号只规定主加合金铬元素和其含量。按 GB/T 5612 的规定,合金元素含量大于或等于 1%时,用整数表示。

4.3.4 球墨铸铁磨球有 B、M 之分,它们分别代表贝氏体球铁磨球和马氏体球铁磨球。

4.3.5 铬合金铸铁磨球牌号 ZQCr12 表示方法举例如下:

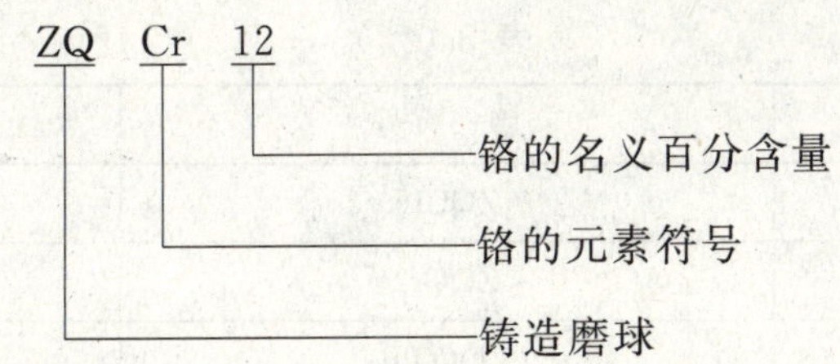

4.3.6 球墨铸铁磨球牌号 ZQQTB 表示方法举例如下：

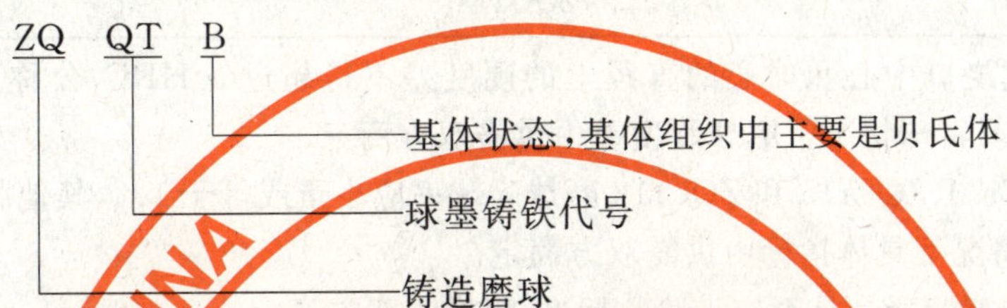

4.4 铸造磨球代号的表示方法

在铸造磨球牌号后面附加直径(mm)，并以“-”号分开，则表示该铸造磨球的代号，如牌号 ZQCr12，直径为 100 mm 的铸造磨球，其代号表示为 ZQCr12-100。

5 技术要求

5.1 铸造磨球的直径公差应符合表 1 的规定。

5.2 各种牌号的铸造磨球的主要化学成分应符合表 2 规定。

表 2 化学成分

名称	牌号	化学成分/%								
		C	Si	Mn	Cr	Mo	Cu	Ni	P	S
铬合金铸铁磨球	ZQCr26	2.0～3.3	≤1.2	0.3～1.5	>23.0～30.0	0～3.0	0～1.2	0～1.5	≤0.10	≤0.06
铬合金铸铁磨球	ZQCr20	2.0～3.3	≤1.2	0.3～1.5	>18.0～23.0	0～3.0	0～1.2	0～1.5	≤0.10	≤0.06
铬合金铸铁磨球	ZQCr15	2.0～3.3	≤1.2	0.3～1.5	>14.0～18.0	0～3.0	0～1.2	0～1.5	≤0.10	≤0.06
铬合金铸铁磨球	ZQCr12	2.0～3.3	≤1.2	0.3～1.5	>10.0～14.0	0～3.0	0～1.2	0～1.5	≤0.10	≤0.06
铬合金铸铁磨球	ZQCr8	2.1～3.3	≤2.2	0.3～1.5	7.0～10.0	0～1.0	0～0.8	—	≤0.10	≤0.06
铬合金铸铁磨球	ZQCr5	2.1～3.3	≤1.5	0.3～1.5	4.0～6.0	0～1.0	0～0.8	—	≤0.10	≤0.10
铬合金铸铁磨球	ZQCr2	2.1～3.6	≤1.5	0.3～1.5	1.0～3.0	0～1.0	0～0.8	—	≤0.10	≤0.10
球墨铸铁磨球	ZQQTB	3.2～3.8	2.0～3.5	2.0～3.0	—	—	—	—	≤0.10	≤0.03
球墨铸铁磨球	ZQQTM	3.2～3.8	2.0～3.5	0.5～1.5	—	—	—	—	≤0.10	≤0.03

5.3 力学性能

5.3.1 铸造磨球的表面硬度应符合表 3 的规定。

表 3 铸造磨球表面硬度

名称	牌号	表面硬度/HRC
铬合金铸铁磨球	ZQCr26	≥58
铬合金铸铁磨球	ZQCr20	≥58
铬合金铸铁磨球	ZQCr15	≥58
铬合金铸铁磨球	ZQCr12	≥58
铬合金铸铁磨球	ZQCr8	≥48

表 3（续）

名　　称	牌　　号	表面硬度/HRC
铬合金铸铁磨球	ZQCr5	≥47
铬合金铸铁磨球	ZQCr2	≥45
球墨铸铁磨球	ZQQTB	≥50
球墨铸铁磨球	ZQQTM	≥52

5.3.2　铸造磨球通过浇口中心和球心的直径上的硬度差不得超过 3 HRC，公称直径大于 90 mm 的 ZQCr2 磨球硬度差以及特殊情况下磨球硬度差由供需双方商定。

5.3.3　ZQCr26、ZQCr20、ZQCr15 和 ZQCr12 磨球碎球率应小于或等于 1%，其他牌号磨球碎球率应小于或等于 2%。特殊情况下具体指标由供需双方商定。

5.3.4　铸造磨球冲击疲劳寿命是否作为验收标准，由供需双方商定。

5.4　铸造磨球不允许有裂纹和影响使用性能的夹渣、砂眼、缩孔、缩松、气孔、冷隔等铸造缺陷。

5.5　金相组织

金相组织是铸造磨球生产过程中必要的质量检验内容，不作为产品的验收标准，如有特殊需要由供需双方商定。

6　试验方法

6.1　铸造磨球直径采用精度不低于 0.1 mm 的量具测量。

6.2　化学成分的分析方法按 GB/T 223.3，GB/T 223.4，GB/T 223.11，GB/T 223.18，GB/T 223.23，GB/T 223.26，GB/T 223.28，GB/T 223.60，GB/T 223.63，GB/T 223.67，GB/T 223.69 和 GB/T 223.72 的规定进行。也可以使用光谱分析法、X-射线法等分析方法。

6.3　洛氏硬度试验按 GB/T 230.1～230.3 的规定执行。表面硬度应在磨球表面下方 3 mm 之内测试。磨球硬度测试面须经机械加工、线切割或电火花技术制取，但线切割或电火花加工面还须机械加工去掉厚度至少 0.5 mm，以避开热影响区。

6.4　磨球冲击疲劳试验按附录 A 规定的方法执行。

6.5　碎球率的测定与计算按附录 B 的规定执行。

6.6　包括基体组织、碳化物或石墨的形态、磷共晶的数量等在内的金相组织检验方法按 GB/T 13298、GB/T 8263、GB/T 7216 和 GB/T 9441 进行，其中球墨铸铁的球化级别按 GB/T 1348 执行。

6.7　球耗的计算按附录 C 的规定执行。

7　检验规则

7.1　铸造磨球由供方质量检验部门检验。

7.2　化学成分检验按批进行。采用电炉熔炼时，每炉作为一批；采用冲天炉熔炼时，每 2 h 作为一批。每批取 1 个试样进行化学成分检验。如果检验结果为不合格，则要加倍取样复验，其中仍有 1 个试样为不合格，则该批磨球为不合格。

7.3　磨球直径检验和硬度检验均按批进行。同一牌号在熔炼工艺稳定的条件下，多个炉次浇铸的并经相同工艺多炉次热处理(如果需要进行热处理)后，以一定数量或以一定质量的相同公称直径磨球为一批，每批随机抽取 3 个磨球进行检验，若有 1 个磨球不合格，则再随机抽取同样数量的磨球进行复验，两次取样不合格磨球数量大于或等于 2，则该批磨球为不合格。若磨球硬度不合格时，允许重复热处理。

8　包装、标志、运输

8.1　铸造磨球可采用容器(铁桶或编织袋)包装或散装。

8.2 在散装运输时，应在相应位置以标牌标明铸造磨球牌号与规格，或者铸造磨球代号。包装运输时在包装物表面上应注明：

a） 需方名称、地址和到站；

b） 铸造磨球牌号与规格，或者铸造磨球代号；

c） 装箱号；

d） 毛重与净重；

e） 供方名称和地址。

8.3 每批出厂磨球应附质量检验部门出具的产品合格证或质量保证书，其中注明：

a） 供方名称和商标；

b） 供方地址；

c） 铸造磨球牌号与规格，或者铸造磨球代号；

d） 批号；

e） 检验结果；

f） 标准号；

g） 出厂日期。

附 录 A
（规范性附录）
磨球冲击疲劳寿命试验方法

落球法磨球冲击疲劳寿命试验（以下简称落球试验）是使用落球冲击疲劳试验机（以下简称落球试验机），在实验室条件下，模拟铸造磨球在球磨机中的冲击过程。冲击次数由计数器显示。冲击疲劳失效的冲击次数反映了铸造磨球在该种情况下的冲击疲劳寿命，铸造磨球冲击疲劳寿命应不低于8 000 次。

A.1 落球机型式为 MQ 型，落程为 3.5 m。

A.2 落球试验的试样为 ϕ100 mm 磨球。

A.3 落球试验的试样应从所检查的批次中任取 16 个铸造磨球为试验球，另外取 3 个以上的铸造磨球作替换球，在替换球表面标上记号。

A.4 落球试验在常温下进行。

A.5 铸造磨球失效判断及试验程序规定如下。

A.5.1 铸造磨球失效判断

a) 铸造磨球表面上剥落层平均直径（最大直径和最小直径的平均值）大于 20 mm，同时中部厚度大于 5 mm；

b) 铸造磨球沿中部断裂。

A.5.2 试验程序

A.5.2.1 将试验球和替换球的棱边打磨或在清理滚筒中作表面清理，检查试验机工作状态。

A.5.2.2 先将 12 个试验球放入弯管内，启动试验机，由下滑道逐步将余下的 4 个试验球放入循环输运系统。

A.5.2.3 打开计数器，将计数器清零、清警，数字拨盘拨至预定数（8 000）。

A.5.2.4 试验人员在现场应认真观察，当发现有 1 个试验球失效情况符合 A.5.1 中的 a）或 b）的规定时，取出失效球，并放入一个替换球，直到出现第 3 个失效球为止，分别记录 3 个试验球失效时在落球机系统中受到冲击的累计数。如果在试验失效球数未达到失效球数指标时，加入的替换球已发生破坏，应不计入失效球数。

A.6 磨球冲击疲劳试验寿命的规定

A.6.1 磨球冲击疲劳试验寿命按式（A.1）确定：

$$N_f = \frac{2B_t}{B_S} \cdot \frac{N_1 + N_2 + N_3}{3} \qquad \text{(A.1)}$$

式中：

N_f——该批磨球冲击疲劳试验寿命（次数）；

B_t——弯管中的铸造磨球数；

B_S——试验系统内的铸造磨球总数。

N_1——第 1 个试验球失效时，计数器记录的次数；

N_2——第 2 个试验球失效时，计数器记录的次数；

N_3——第 3 个试验球失效时，计数器记录的次数。

A.6.2 数据处理时，小数部位按 GB/T 8170 数值修约规则取整数值填入试验报告。在试验报告中应注明失效球的失效情况，并记录试验温度。

附 录 B
（规范性附录）
碎球率的测定与计算

在球磨机正常生产作业条件下，球磨机运转 720 h～3 000 h（依照使用工况，由供需双方商定具体时间），累计球磨机运转期间排出的碎球质量，称重。然后停机将留在球磨机内的碎球拣出，称重。计量在此期间的总用球质量。

碎球率按式（B.1）计算：

$$\rho = \frac{Q_1 + Q_2}{Q + Q'} \times 100\% \qquad \text{(B.1)}$$

式中：

ρ——碎球率，%；

Q——初装球磨机内的磨球质量，单位为吨（t）；

Q'——正常运转中添加的磨球质量，单位为吨（t）；

Q_1——正常运转中球磨机排出的碎球质量，单位为吨（t）；

Q_2——停机检测时，在球磨机内的碎球质量，单位为吨（t）。

附 录 C
（规范性附录）
铸造磨球的球耗计算

在球磨机正常生产作业条件下，球磨机运转 720 h～3 000 h（依照使用工况，由供需双方商定具体时间），铸造磨球的球耗按式（C.1）计算：

$$M=\frac{(Q+Q'-Q_h)\times 10^6}{N} \qquad \text{(C.1)}$$

式中：

M——铸造磨球的球耗，单位为克每吨（g/t）；

Q——初装球磨机内的磨球质量，单位为吨（t）；

Q'——正常运转中添加的磨球质量，单位为吨（t）；

Q_h——可回用的磨球质量，单位为吨（t）；

N——研磨过程中，投入的物料总质量，单位为吨（t）。

ICS 23.040.10
H 48

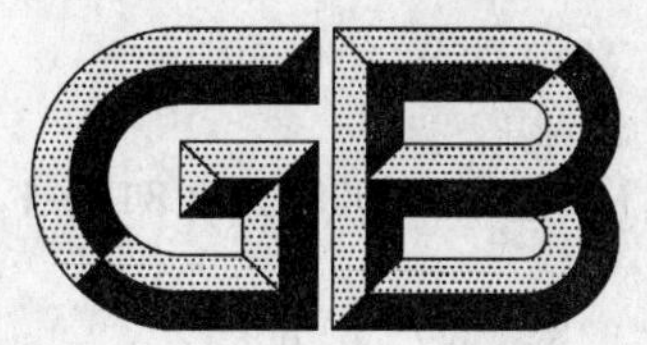

中华人民共和国国家标准

GB/T 17456.1—2009/ISO 8179-1:2004
代替 GB/T 17456—1998

球墨铸铁管外表面锌涂层 第1部分:带终饰层的金属锌涂层

Ductile iron pipes—External zinc-based coating—Part 1:Metallic zinc with finishing layer

(ISO 8179-1:2004,IDT)

2009-10-30 发布　　　　2010-05-01 实施

中华人民共和国国家质量监督检验检疫总局
中国国家标准化管理委员会　发布

前　言

GB/T 17456《球墨铸铁管外表面锌涂层》分为下列两部分：

——第 1 部分：带终饰层的金属锌涂层；

——第 2 部分：带终饰层的富锌涂料涂层。

本部分是 GB/T 17456 的第 1 部分。

本部分等同采用 ISO 8179-1:2004《球墨铸铁管　外表面锌涂层　第 1 部分：带终饰层的金属锌涂层》(英文版)。

为便于使用，本部分做了下列编辑性修改：

a)　'本国际标准'一词改为'本部分'；

b)　用小数点'.'代替作为小数点的逗号','；

c)　删除国际标准前言；

d)　规范性引用文件改为技术内容与国际标准一致的相应的国家标准，同时取消了ISO 7186:1996。

本部分代替 GB/T 17456—1998《球墨铸铁管　外表面喷锌涂层》。

本部分与 GB/T 17456—1998 相比主要变化如下：

——锌涂层材料的纯度由 99%提高到 99.99%；

——增加了终饰涂层干膜的平均厚度应不超过 250 μm；

——增加了终饰涂层干膜厚度的测定方法。

本部分由中国钢铁工业协会提出。

本部分由全国钢标准化技术委员会归口。

本部分负责起草单位：新兴铸管股份有限公司、冶金工业信息标准研究院。

本部分主要起草人：叶卫合、王黎辉、李军、安彦周、李艳宁、黄颖。

本部分所代替标准的历次版本发布情况为：

——GB/T 17456—1998。

球墨铸铁管外表面锌涂层
第1部分：带终饰层的金属锌涂层

1 范围

GB/T 17456 的本部分规定了球墨铸铁管(以下简称球铁管)外表面金属锌涂层以及终饰涂层的技术要求和厚度测定方法。

本部分适用于球铁管外表面带终饰层的金属锌涂层。

2 规范性引用文件

下列文件中的条款通过 GB/T 17456 的本部分的引用而成为本部分的条款。凡是注日期的引用文件，其随后所有的修改单(不包括勘误的内容)或修订版均不适用于本部分，然而，鼓励根据本部分达成协议的各方研究是否可使用这些文件的最新版本。凡是不注日期的引用文件，其最新版本适用于本部分。

GB/T 13295 水及燃气管道用球墨铸铁管、管件和附件(GB/T 13295—2006，ISO 2531：1998，MOD)

ISO 2808 涂料与光漆 漆膜厚度的测定方法

3 材料

涂层材料应为金属锌，锌含量不应低于 99.99%，终饰涂层材料为沥青涂料或与锌相容的合成树脂涂料。

4 锌涂层

4.1 球铁管表面状态

球铁管表面应干燥、无灰尘、无任何附着不牢的颗粒或外来物质，如油或脂。

在球铁管已氧化的外表面喷锌还是在喷砂处理或磨削后的表面喷锌，由生产厂决定。

4.2 涂覆方法

锌涂层采用热喷涂工艺，即借助喷枪将锌加热到熔融状态并以微滴状喷射到球铁管外表面上。

喷涂设备的设计及结构不包含在本标准范围内。

4.3 涂层要求

锌涂层应覆盖球铁管的外表面，无裸露及附着不牢等缺陷。

只要锌涂层的质量符合 4.4 的要求，允许出现螺旋形外观。

由于操作造成的锌涂层损伤，只要每平方米面积中累计损伤区域面积不超过 5 cm^2 及单个损伤区域较小的一边的尺寸不超过 5 mm，可认为该涂层质量合格。

较大面积损伤应按 4.5 进行修补。

4.4 涂层质量

按 6.1 测定的锌涂层质量的平均值不应小于 130 g/m^2，局部最小值不应小于 110 g/m^2。

生产者应目视检查每根球铁管涂层的状况及其均匀性，并应按 6.1 的方法对锌涂层质量进行定期测量。

4.5 涂层的修补

未喷到的区域，如被试片遮盖过的区域以及涂层损伤程度超过 4.3 中的允许范围的区域均应予以修补。修补后的涂层应符合 4.3 和 4.4 的要求。可选择下列任一种方法进行修补：

a) 按 4.2 的方法喷涂金属锌；

b) 使用富锌涂料修补，其干膜的锌含量(质量)应不小于 85%，涂层质量的平均值应不小于 150 g/m^2。

5 终饰涂层

球铁管喷锌后，应选用符合沥青涂料或与锌涂层相容的合成树脂涂料作为终饰涂层材料。

由生产厂决定涂覆终饰涂层的方法，如喷涂或刷涂，终饰涂层应均匀覆盖锌涂层，无裸露或附着不牢现象。

终饰涂层的厚度应按 6.2 的要求测量。

终饰涂层干膜的平均厚度应不小于 70 μm，局部最小厚度应不小于 50 μm。

为了避免起泡，终饰涂层干膜的平均厚度应不超过 250 μm。

6 试验方法

6.1 锌涂层质量

喷锌前，沿轴向贴一矩形试片于球铁管外表面上，经喷涂及修剪后该试片的最小尺寸应为以下任一种：

a) 250 mm×100 mm；

b) 500 mm×50 mm。

在喷锌过程中，试片的密度和厚度不应发生变化，在衬底温度下形态稳定，同时作为替代表面进行涂层厚度测量。

锌涂层平均质量可根据试片喷锌前后的质量差用式(1)计算得出：

$$m = C(m_2 - m_1)/A \qquad (1)$$

式中：

C——反映试片表面粗糙度与球铁管表面粗糙度之间差异因素的修正系数，取决于试片材料；

m_1 和 m_2——试片喷锌前、后的质量，单位为克(g)，(测量精确度为 0.1 g)；

A——试片面积，单位为平方米(m^2)。

当需要出具报告时，C 值应由生产厂确定并加以说明。

注：对于喷砂钢板或聚酯板，C 值介于 1.0～1.2 之间(供参考)。

目视检查试片锌涂层的均匀性。若不均匀，应在试片涂层较薄的区域切下 50 mm×50 mm 的小片，依据上述方法测定锌涂层的局部最小质量。

6.2 终饰涂层的厚度

应通过测量涂覆后的试片间接得到终饰涂层干膜的厚度。

在涂覆终饰涂层前，沿轴向将试片附于球铁管外表面上，经涂覆及修剪后该试片的最小尺寸应为以下任一种：

a) 250 mm×100 mm；

b) 500 mm×50 mm。

在终饰涂层的涂覆过程中，试片的密度和厚度不应发生变化，在衬底温度下形态稳定，同时作为替代表面进行涂层厚度测量。

使用千分尺或与 6.1 相似的方法测量干膜厚度。

干膜的平均厚度是：

——用千分尺测量试片上均匀分布的十个点或更多个点的读数的平均值(每个读数应减去裸露试片的平均厚度)，或

——用终饰涂层的平均质量(通过试片得到)和密度计算得出。

目视检查试片终饰涂层的均匀性。若不均匀,应在试片涂层较薄的区域切下 50 mm×50 mm 的小片,依据上述方法测定局部最小厚度。局部最小厚度是:

——用千分尺测量 50 mm×50 mm 小片的表面上均匀分布的 4 个点的读数的平均值,或

——用终饰涂层的质量(在 50 mm×50 mm 小片上得到)通过计算得出厚度。

另外,还可以使用合适的测量仪器,如磁性测厚仪,或能显示干、湿厚度相互关系的"湿膜"测厚仪直接在球铁管上测量,也可以使用 ISO 2808 中的方法进行测量。

注:测量方法由生产厂决定。

ICS 25.220.99
A 29

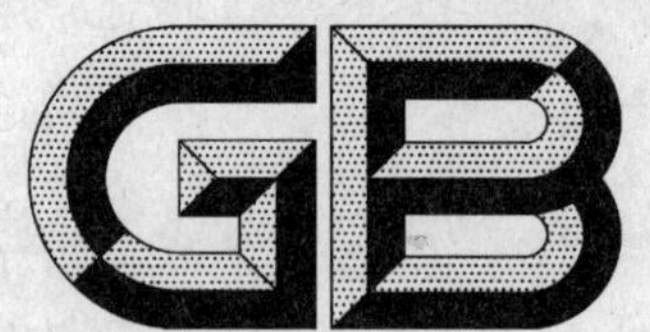

中华人民共和国国家标准

GB/T 17457—2009/ISO 4179:2005
代替 GB/T 17457—1998

球墨铸铁管和管件 水泥砂浆内衬

Ductile iron pipes and fittings—Cement mortar lining

(ISO 4179:2005,IDT)

2009-10-30 发布 2010-05-01 实施

中华人民共和国国家质量监督检验检疫总局
中国国家标准化管理委员会 发布

前　言

本标准等同采用ISO 4179:2005《压力和无压力管道用球墨铸铁管和管件　水泥砂浆内衬》。

本标准代替了GB/T 17457—1998《球墨铸铁管　水泥砂浆离心法内衬　一般要求》。本标准与GB/T 17457—1998相比主要变化如下:

——在第1章中增加了球墨铸铁管件并明确了水泥砂浆内衬的适用范围。

——在3.1中规定了“水泥的类型也可由供需双方协商决定”。

——取消了砂子粒度分布的定量要求。

——明确规定了配制水的要求。

——在4.2中增加了球墨铸铁管和管件的涂覆方法。

——规定了内衬养护的方法。

——增加了水泥砂浆内衬密封涂层的要求。

——水泥砂浆内衬的厚度表中取消了最小平均值和单位长度近似重量的要求,增加了最大裂纹宽度和径向位移(饮用水)以及最大裂纹宽度(部分满流污水管道)要求,取消了内衬裂纹宽度不大于0.8 mm的要求,同时某点最小值要求更加严格。

——在第6章中增加了径向位移和裂纹的描述。

——取消了砂子的取样频次要求。

本标准由中国钢铁工业协会提出。

本标准由全国钢标准化技术委员会归口。

本标准起草单位:新兴铸管股份有限公司、冶金工业信息标准研究院。

本标准主要起草人:刘俊峰、王学柱、李军、赵福恩、李艳宁、黄颖。

本标准所代替标准的历次版本发布情况为:

——GB/T 17457—1998。

球墨铸铁管和管件
水泥砂浆内衬

1 范围

本标准规定了球墨铸铁管(以下简称球铁管)和管件水泥砂浆内衬的特性、涂覆方法、表面状态和最小厚度。

本标准适用于提高球铁管及管件的水力特性(与无内衬球铁管及管件相比)和防腐性能的内衬,还给出了部分满流的自流污水管道内衬的特殊要求。

本标准还适用于输送特殊腐蚀性液体的内衬,这时可以单独采用或组合采用以下方法:

——增加内衬的厚度;

——改变水泥的类型;

——在内衬上增加涂层。

2 规范性引用文件

下列文件中的条款通过本标准的引用而成为本标准的条款。凡是注日期的引用文件,其随后所有的修改单(不包括勘误的内容)或修订版均不适用于本标准,然而,鼓励根据本标准达成协议的各方研究是否可使用这些文件的最新版本。凡是不注日期的引用文件,其最新版本适用于本标准。

GB 175 通用硅酸盐水泥

GB 201 铝酸盐水泥

GB 748 抗硫酸盐硅酸盐水泥

GB/T 14684 建筑用砂

GB/T 17219 生活饮用水输配水设备及防护材料的安全性评价标准

ISO 16132 球墨铸铁管和管件 水泥砂浆内衬的密封涂层

3 材料

3.1 水泥

球铁管和管件内衬用水泥应符合 GB 175、GB 201 和 GB 748 的要求。

为了适合输送的流体,使用水泥的类型应由生产厂自行确定,也可由供需双方协商决定。

3.2 砂子

使用的砂子应具有由细到粗的受控粒度分布,应洁净并应由惰性的、硬的、坚固的和稳定的颗粒组成。砂子的粒度曲线应符合第 6 章中涂覆方法、内衬厚度和表面状态的要求。

根据砂子中的有机物含量和含泥量评定清洁度,有机物含量和含泥量应按以下方法进行检验:

按照 GB/T 14684 的要求,采用比色法检验有机物含量(采用此法,砂子不应产生任何更深于标准液的色变)。

按照 GB/T 14684 的要求测定砂子的含泥量。砂子中粒度小于 75 μm 的颗粒,其质量分数不应超过砂子总量的 2%。

取样应符合 GB/T 14684 的要求。

3.3 配制水

配制砂浆用的水可以是饮用水,也可以是既对砂浆无害、也对管道中输送的水无害的水。对于能始终满足这一要求的固态矿物颗粒,允许存在于配制水中。

3.4 砂浆

用于内衬的砂浆应由符合3.1、3.2和3.3要求的水泥、砂子和水混合而成。

如果使用添加剂，应满足下述条件：

——添加剂不应危害内衬的质量和输送水的水质；

——内衬仍然符合本标准的所有要求；

——用于输送生活饮用水的管道内衬应符合GB/T 17219的要求。

按质量计，砂浆应由至少一份水泥与3.5份砂子组成(即质量比S/C≤3.5)。

为了达到本标准的要求，由生产厂决定砂子与水泥的比(S/C)以及水与水泥的比(W/C)并给出测定方法。

4 内衬涂覆

4.1 涂覆前衬底表面的要求

应从待涂覆衬底表面上除去所有外来物、松散铁鳞或其他任何可能损害金属与内衬间良好结合的物质。

球铁管和管件的内表面不应有任何突起高度可能大于内衬厚度50%的金属凸瘤。

4.2 涂覆

水泥砂浆应混合均匀，以达到合适的粘稠度和均匀性。

对于球铁管，可以将砂浆离心涂覆在内壁上，也可以使用旋转喷射头喷涂，涂覆方法由生产厂决定。对于管件，可以使用旋转喷射头喷涂在内壁上或者由手工涂覆。

除了承口的内表面外，球铁管及管件与输送的水发生接触的部分均应用砂浆全部覆盖。

应对砂浆的粘稠度、离心涂覆的时间和速度、喷头的旋转速度和平移速度进行控制，以便内衬紧密而连续。砂浆中不应有空腔或可见的气泡。

4.3 养护

新涂覆完的砂浆应在0℃以上的环境中养护。应尽可能缓慢地蒸发砂浆的水分，以避免硬化不良，可以通过控制环境温度、将球铁管的端口密封或者在潮湿的内衬上覆盖密封层等方法做到。养护条件应使内衬充分硬化并使硬化后的内衬符合第6章的要求。

4.4 密封涂层

由生产厂决定是否使用密封涂层，也可由供需双方协商决定。密封涂层不应影响所输送水的水质。如果输送的是饮用水，则应符合GB/T 17219的要求。

使用的密封涂层应符合ISO 16132的要求。

4.5 修补

允许对损坏的或有缺陷的部位进行修补，修补应按照生产厂的操作规程进行。首先应从需修补的部位上将损坏的砂浆清除掉，然后再用合适的工具将新的砂浆修补到有缺陷的部位，重新获得厚度恒定的连续衬层。

用于修补的砂浆稠度应适宜；必要时，可加添加剂，以与未损伤的区域粘着良好。

修补过的部位应得到充分地养护。

5 内衬厚度

5.1 厚度要求

内衬的公称厚度和某一点最小厚度应符合表1的要求。

经供需双方协商，对于部分满流的污水管道，可以增加内衬厚度和/或使用高铝水泥砂浆、聚合物改性砂浆或适合使用密封层的砂浆。

管端的内衬可以低于最小厚度值。在管端修切边缘长度应尽可能短，在任何情况下其长度都不应大于50 mm。

表 1　水泥砂浆内衬的厚度

DN 组	公称直径 DN	内衬厚度/mm		最大裂纹宽度和径向位移(饮用水)/mm	最大裂纹宽度(部分满流污水管道)/mm
		公称值	某一点最小值		
Ⅰ	40	3	2	0.8	0.6
	50				
	60				
	65				
	80				
	100				
	125				
	150				
	200				
	250				
	300				
Ⅱ	350	5	3	0.8	0.7
	400				
	450				
	500				
	600				
Ⅲ	700	6	3.5	1	0.8
	800				
	900				
	1 000				
	1 100				
	1 200				
Ⅳ	1 400	9	6	1.2	0.8
	1 500				
	1 600				
	1 800				
	2 000				
Ⅴ	2 200	12	7	1.5	0.8
	2 400				
	2 600				

5.2 厚度测量

内衬厚度可采用在新涂覆的砂浆上插入钢针的方法进行测量，也可采用无损测量法测量硬化的内衬。

内衬厚度测量应在球铁管的两端进行，每端至少应在一个垂直于轴线的横截面上测量。

每个截面应距管端至少 200 mm，取相互间隔 90°的四个点进行测量。

内衬厚度所测得的数值，应精确到 0.1 mm。

6 硬化内衬的表面状态

水泥砂浆内衬的表面应均匀平滑，表面上允许存在单个的彼此孤立的砂粒。内衬结构、表面光洁度与涂覆工艺有关，由生产方法产生的表面状态(例如橘皮形状)是可以接受的，但不应使内衬上某一点的厚度低于表 1 中的最小值。

对于离心涂覆的内衬，由水泥和细砂在其表面形成水泥薄层，这个薄层约占砂浆总厚度的 1/4。

由于管件复杂的内部形状和喷涂工艺(旋转喷头)的原因，管件的内衬表面允许出现波纹，但不应使内衬上某一点的厚度低于表 1 中的最小值。

注 1：内衬的表面状态对水力特性的影响极小，影响水力特性的主要因素是球铁管的有效内径和管件的形状。

在内衬收缩的情况下，径向位移和裂纹的形成是不可避免的(见图 1)。这些裂纹和径向位移、连同其他单个的由于生产或在运输过程中引起的裂纹，其宽度不应超过表 1 的要求。裂纹不会对内衬的机械稳定性产生不利影响。

注 2：当内衬与水接触后，这些裂纹和径向位移会随着内衬的再次膨胀和水泥的持续水合作用而缩小合拢。

干热气候下，由于内衬收缩形成的空腔是允许存在的，可用听声音的方法(例如敲打)检查。

注 3：内衬与水接触后，空腔会消失。

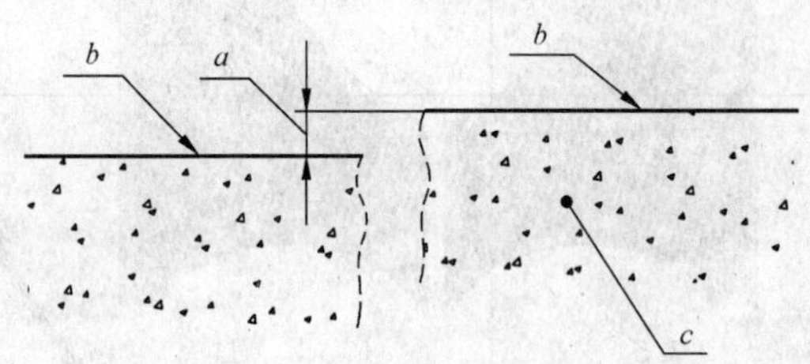

a——径向位移；

b——内衬表面；

c——水泥内衬。

图 1 由水泥砂浆内衬裂纹引起的径向位移

7 试验条件

7.1 总则

本标准中规定的各项检验应结合以下条件并按照生产厂的规定进行。

7.2 砂子

对于每个供应源，首先应取一份代表性试样，进行砂子的有机物含量和含泥量的检测并测定砂子的粒度曲线。在以后的供应中，应按照生产厂的规定定期进行检测。

上述两项检测的频率可随来料的规律性而变化；特别是供应源发生变化，或发现同一供应源的供砂不规律时，应提高检验频率，至少是暂时提高检验频率。

7.3 内衬厚度

应至少在每一班和每台涂覆机组所生产的每种直径的球铁管中任取一根进行内衬厚度检测。

应至少在每一班所生产的同规格管件中任取一件进行内衬厚度检测。

7.4 内衬外观

应逐根(件)检查球铁管及管件的内衬外观，应特别注意内衬的表面状态和端部内衬的修切状况。

检查后认为必要的任何修补，应按照4.5中的方法进行。

ICS 29.120.30
K 65

中华人民共和国国家标准

GB 17465.1—2009
代替 GB 17465.1—1998

家用和类似用途器具耦合器 第1部分:通用要求

Appliances couplers for household and similar general purposes—Part 1:General requirements

(IEC 60320-1:2007,MOD)

2009-09-30 发布　　2010-06-01 实施

中华人民共和国国家质量监督检验检疫总局
中国国家标准化管理委员会　发布

前 言

GB 17465 的本部分全部技术内容为强制性。

GB 17465《家用和类似用途器具耦合器》分为以下几部分：

第 1 部分：通用要求(GB 17465.1)

第 2 部分：特殊要求(GB 17465.2～GB 17465.4)

——家用和类似设备用互连耦合器

——防护等级高于 IPX0 的器具耦合器

——靠器具重量啮合的耦合器

本部分是 GB 17465 的第 1 部分。

本部分修改采用 IEC 60320-1:2007(第 2.1 版)《家用和类似用途器具耦合器　第 1 部分：通用要求》。本部分与 IEC 60320-1:2007 的主要差异如下：

1) 关于使用环境的温度。

我国部分地区为亚热带气候，环境温度较高，根据我国的地理环境和气候特点，我们在本部分中规定：器具耦合器的工作环境温度通常不超过 35 ℃，偶尔达到 40 ℃。IEC 60320-1 中规定：器具耦合器的工作环境温度通常不超过 25 ℃，偶尔达到 35 ℃。

对于某些章条的试验需要在较严酷的条件下考核时，IEC 60320-1 规定是在 35 ℃±2 ℃下试验，在本部分中规定在 40 ℃±2 ℃下试验。

2) 增加分极性型连接器和器具输入插座。

分极性型连接器和器具输入插座提高了产品的安全性，所以参照 IEC 文件(23G/253/CDV)将此产品纳入，增加分极性型连接器(见标准活页 C7A)和器具输入插座(见标准活页 C8C)，以利产品的发展。

3) 根据 GB/T 5023—2008《额定电压 450/750 V 及以下聚氯乙烯绝缘电缆》的规定将软线类型为 60227 IEC 53 的 3×0.75 mm^2，最大直径由 8.0 mm 改为 7.6 mm；3×1.0 mm^2，最大直径由 8.4 mm 改为 8.0 mm；3×1.5 mm^2，最大直径由 9.8 mm 改为 9.4 mm。

4) 根据 GB/T 5013—2008《额定电压 450/750 V 及以下橡皮绝缘电缆》的规定将软线类型为 60245 IEC 53 的 3×0.75 mm^2，最大直径由 8.8 mm 改为 8.1 mm；3×1.0 mm^2，最大直径由 9.2 mm 改为8.5 mm；3×1.5 mm^2，最大直径由 11.0 mm 改为 10.4 mm。

本部分代替 GB 17465.1—1998《家用和类似用途的器具耦合器　第 1 部分：通用要求》。

本部分与 GB 17465.1—1998 相比，主要变化如下：

1) 为了便于查找和使用，修改了 GB 17465.1—1998 标准活页的编号，按 IEC 60320-1:2007 所附标准活页的顺序编号。

2) 8.1 增加无螺纹端子的标识要求。

3) 9.6 进一步明确了不是参照标准活页所规定的尺寸的非标准器具耦合器的相关要求。

4) 第 12 章作了较大的编辑上修改。

5) 第 15 章使用的术语"本体"一词的解释中删除"接地端子、接地插销或接地触头"。

6) 15.3 降低了电气强度试验的试验电压，原来为 4 000 V 降到 3 000 V，原来为 2 000 V 降到 1 500 V。

7) 24.1.2 确定了 0.2A 连接器不需要进行球压试验。

8) 标准活页中的器具输入插座边沿厚度由原来的 2 mm 改为 1.5 mm。

9) 根据 GB/T 5023—2008《额定电压 450/750 V 及以下聚氯乙烯绝缘电缆》的规定将软线类型为

60227 IEC 53 的 3×0.75 mm²,最大直径由 8.0 mm 改为 7.6 mm;3×1.0 mm²,最大直径由 8.4 mm 改为 8.0 mm;3×1.5 mm²,最大直径由 9.8 mm 改为 9.4 mm。

10) 根据 GB/T 5013—2008《额定电压 450/750 V 及以下橡皮绝缘电缆》的规定将软线类型为 60245 IEC 53 的 3×0.75 mm²,最大直径由 8.8 mm 改为 8.1 mm;3×1.0 mm²,最大直径由 9.2 mm 改为 8.5 mm;3×1.5 mm²,最大直径由 11.0 mm 改为 10.4 mm。

本部分是通用要求,是家用和类似用途的器具耦合器的主标准。GB 17465 的第 2 部分:特殊要求(GB 17465.2～GB 17465.4)应与其配合使用。

本部分的附录 A 是规范性附录。

本部分由中国电器工业协会提出。

本部分由全国电器附件标准化技术委员会(SAC/TC 67)归口。

本部分起草单位:中国电器科学研究院、广东华声电器实业有限公司、思瑞克斯(广州)电器有限公司、翱泰温控器(深圳)有限公司、东莞市联升电线电缆有限公司、良维科技股份有限公司、深圳市冠旭电子有限公司、顺德凯华电器实业有限公司、浙江跃华电讯有限公司、宁波经济技术开发区海鑫电器科技有限公司、豪利士电线装配(深圳)有限公司、宁波唯尔电器有限公司、佛山市顺德区三春电器实业有限公司、佛山市南海区平洲南平电线厂、中国家用电器研究院、国家技术监督局广州电气安全检验所。

本部分主要起草人:蔡军、谢基柱、周娟、张帆、邱红、邓小兰、吴海全、陈建雄、冯涌麟、王朝圣、柯赐龙、邓洪玲、邵志成、贾玉霖、温永彩、唐永贤、朱巨涛、李牡丹。

本部分所代替标准的历次版本发布情况为:

——GB 17465.1—1998。

家用和类似用途器具耦合器 第1部分:通用要求

1 范围

GB 17465的本部分适用于家用和类似用途的、有接地触头或无接地触头的,额定电压不超过250 V,额定电流不超过16 A,仅为交流的两极器具耦合器。该耦合器用于将电源软线连接到电源频率为50 Hz或60 Hz的电气器具或其他电气设备上。

注1:安装在器具或设备上或与器具或设备形成一体的器具输入插座在本部分的范围内。本部分的尺寸及通用要求适用于这种插座,但某些试验可能不适用。

注2:对连接器的要求是以相应的器具输入插座的插销温度不超过下列数值为基础的:

用于冷条件下的连接器,不超过70 ℃;

用于热条件下的连接器,不超过120 ℃;

用于酷热条件下的连接器,不超过155 ℃。

注3:符合本部分的器具耦合器适合在通常不超过35 ℃,偶尔可达到40 ℃[1)]的环境温度中使用。

注4:符合本部分中标准活页的器具耦合器,适用于连接无特殊防潮保护的设备。如果用于连接在正常使用中可能受到液体溢出的设备上,则该设备要有防潮措施。

注5:以下情况可能需要特殊的结构:

——在特殊条件的场所,例如,船上、车辆上以及类似场所;

——在危险场所,例如,可能发生爆炸的地方。

2 规范性引用文件

下列文件中的条款通过GB 17465的本部分的引用而成为本部分的条款。凡是注日期的引用文件,其随后所有的修改单(不包括勘误的内容)或修订版均不适用于本部分,然而,鼓励根据本部分达成协议的各方研究是否可使用这些文件的最新版本。凡是不注日期的引用文件,其最新版本适用于本部分。

GB/T 1182 产品几何技术规范(GPS)几何公差 形状、方向、位置和跳动公差标注(GB/T 1182—2008,ISO 1101:2004,IDT)

GB/T 2423.8—1995 电工电子产品环境试验 第2部分:试验方法 试验Ed:自由跌落(idt IEC 60068-2-32:1990)

GB/T 2900.83 电工术语 电的和磁的器件(GB/T 2900.83—2008,IEC 60050-151:2001,IDT)

GB/T 4207—2003 固体绝缘材料在潮湿条件下相比漏电起痕指数和耐漏电起痕指数的测定方法(idt IEC 60112:1979)

GB/T 5013(所有部分) 额定电压450/750 V及以下橡皮绝缘电缆(IEC 60245(所有部分),IDT)

GB/T 5023(所有部分) 额定电压450/750 V及以下聚氯乙烯绝缘电缆(IEC 60227(所有部分),IDT)

GB/T 5169.10—2006 电工电子产品着火危险试验 第10部分:灼热丝/热丝基本试验方法 灼热丝装置和通用试验方法(IEC 60695-2-10:2000,IDT)

GB/T 5169.11—2006 电工电子产品着火危险试验 第11部分:灼热丝/热丝基本试验方法 成品的灼热丝可燃性试验方法(IEC 60695-2-11:2000,IDT)

---

1) 我国部分地区为亚热带气候,考虑到最严酷情况,规定器具耦合器的使用环境温度"通常不超过35 ℃,偶尔会达到40 ℃"。IEC 60320-1该条中规定的环境温度为"通常不超过25 ℃,偶尔会达到35 ℃"。后面同理。

GB/T 5169.12—2006　电工电子产品着火危险试验　第12部分:灼热丝/热丝基本试验方法　材料的灼热丝可燃性试验方法(IEC 60695-2-12:2000,IDT)

GB/T 5169.13—2006　电工电子产品着火危险试验　第13部分:灼热丝/热丝基本试验方法　材料的灼热丝起燃性试验方法(IEC 60695-2-13:2000,IDT)

GB/T 9797—2005　金属覆盖层　镍+铬和铜+镍+铬电镀积层(ISO 1456:2003,IDT)

GB/T 9799—1997　金属覆盖层　钢铁上的锌电镀层(mod ISO 2081:1986)

GB/T 12599—2002　金属覆盖层　锡电镀层　技术规范和试验方法(ISO 2093:1986,MOD)

GB 14536(所有部分)　家用和类似用途电自动控制器(idt IEC 60730(所有部分))

GB 15092(所有部分)　器具开关(idt IEC 61058(所有部分))

GB/T 17045—2006　电击防护　装置和设备的通用部分(IEC 61140:2001,IDT)

IEC/TR 60083:1997　IEC成员国家中标准化的家用和类似用途的插头插座[2)]

IEC 60999-1:1999　连接器件　电气铜导线　连接螺纹型和无螺纹型夹紧件的安全要求　第1部分:用于连接0.2 mm^2～35 mm^2(包含)导线的夹紧件的通用要求和特殊要求

ISO 286-1:1988　ISO公差和配合体系　第1部分:允差、偏差和配合的基准

3　术语和定义

除有特殊说明外,凡使用“电压”和“电流”这些术语的地方,其值均为有效值。

对于本标准,下面的定义均适用。

“附件”一词,包括连接器或器具输入插座(及在某些情况下的插头)。

3.1

器具耦合器　appliance coupler

可任意地使电源软线与器具或其他设备连接或断开的耦合器。它由两部分组成:连接器和器具输入插座。

3.2

连接器　connector

器具耦合器的一个组成部分,与电源软线形成一体,或打算由电源软线连接到其他附件上。

注:仅有一条电源软线与连接器相连接。

3.3

器具输入插座　appliance inlet

器具耦合器的一个组成部分,与器具或设备形成一体或安装在器具或设备上的附件。

注1:与器具或设备形成一体的器具输入插座的外壳和底座是由器具或设备的外壳形成的。

注2:安装到器具或设备上的器具输入插座是嵌装在或固定在器具或设备上的独立的器具输入插座。

3.4

可拆线的附件　rewirable accessory

结构上能更换软线的附件。

3.5

不可拆线的附件　non-rewirable accessory

由附件产品的生产厂将软线与附件组装成一个整体产品。这个产品应能做到:

——若不使其永久地无用,就不能将软线从附件上拆下,并且

——用手或一般用途工具,如螺钉旋具,无法将附件拆开。

注:不能用原来的零件或材料重新装配成原附件者,则该附件便视作永久无用。

2)　我国插头型式尺寸应符合GB 1002和GB 1003。

3.6

电线组件　cord set

由软电缆或软线连接带有一个不可拆线插头和一个不可拆线连接器构成的，用以将器具或设备与电源连接起来的组件。

3.7

插销底部　base of a pin

插销的一部分，从底座处插销凸出于结合面之上。

3.8

保持装置　retaining device

能保持连接器与相应的器具输入插座正确配合，并防止连接器偶然掉出的机械结构。

3.9

额定电压　rated voltage

由生产厂给附件规定的电压。

3.10

额定电流　rated current

由生产厂给附件规定的电流。

3.11

端子　terminal

指连接外导线的可重复使用的导电部件。

3.12

端头　termination

指永久连接导线的导电部件。

3.13

螺纹型端子　screw-type terminal

可直接或借助任何类型的螺钉或螺母进行接拆导线的端子。

3.14

柱型端子　pillar terminal

将导线插入孔或槽中并夹紧在螺钉端部之下的螺纹型端子。夹紧力可直接由螺钉的端部或通过受到螺钉端部压力的中间部件来施加。

3.15

螺钉端子　screw terminal

将导线夹紧在螺钉头下的螺纹型端子。其夹紧力可直接通过螺钉头或通过如垫圈、夹紧板或防松部件等中间部件来施加。

3.16

双螺栓型端子　stud terminal

将导线夹紧在螺母下的螺纹型端子。夹紧力可直接由适当形状的螺母或通过如垫圈、夹紧板或防松部件等中间部件来施加。

3.17

无螺纹端子　screwless terminal

可直接或间接通过弹簧、楔块、偏心装置或锥体等进行装拆导线的连接端子。

3.18

自攻螺钉　tapping screw

一种由较高刚度材料加工而成的锥形螺纹的螺钉。使用时，通过旋转嵌入较低刚度材料制成的孔中,使之产生螺纹而可靠连接。

注:螺钉是由锥形螺纹制成的,圆锥在螺钉的端面处作用到螺纹的芯直径上,只有在已旋转了足够的圈数超过锥形部分螺纹的圈数后,由螺钉的作用而产生的螺纹才能可靠地形成。

3.19

螺纹成型自攻螺钉　thread-forming tapping screw

一种具有不间断螺纹的自切螺钉,拧进某种材料之后,其螺钉没有从孔中排出材料的作用。

注:螺纹成型自攻螺钉的例子由图28示出。

3.20

螺纹切削自切螺钉　thread-cutting tapping screw

一种具用间段螺纹的自切螺钉,拧进某种材料之后,其螺钉有从孔中排出材料的作用。

注:螺纹切削自切螺钉的例子由图29示出。

3.21

型式试验　type test

对按一定的设计制造的一种或多种器件进行试验,以证明该设计满足一定规范要求的试验。(GB/T 2900.83,IEV 151-04-15)

3.22

例行试验　routine test

对各独立的器件在生产期间和生产之后进行的确定其是否符合指定标准的试验。(IEV 151-01-16)

4　一般要求

器具耦合器的设计和结构应保证在正常使用时安全可靠,对使用者和周围环境没有危险。

是否合格,通过全部规定的试验来检验。

注:器具耦合器要能够满足本部分中所有相关的要求和规定的试验。

5　试验的一般说明

5.1　在适用的地方应进行试验以证明符合本部分中规定的要求。

试验有以下两种:

——应在每种附件的试样上进行型式试验;

——在适用的地方,应对按本部分制造的每个附件进行例行试验。

5.2～5.7适用于型式试验,5.8适用于例行试验。

5.2　除另有规定外,试样应按交货状态和正常使用时那样,在环境温度为20 ℃±5 ℃范围内,以50 Hz或60 Hz的交流电进行试验。

不可拆线连接器,不包括构成电线组件一部分的那些,应带有至少1 m长的软线进行试验。

5.3　除另有规定外,试验应按各章条的顺序进行。

5.4　除另有规定外,连接器和器具输入插座应用符合本部分的相应的器具输入插座或连接器一起试验。

5.5　对于器具输入插座,应用3个试样进行规定的试验。

对于连接器,需要9个试样(如果是弹性或热塑性材料则需11个试样)进行规定的试验:

——第一组用3个试样进行,除第14章、第15章、第16章、第19章、第20章、第21章及22.4、24.2外的其他章所规定的试验;

——第二组用3个试样进行第14章、第15章、第16章、第19章、第20章、第21章的试验(包括重复第16章的试验);

——第三组用3个试样进行22.4的试验;

——第四组用2个弹性或热塑性材料的试样进行24.2的试验(包括重复第16章的试验)。

对于带有指示器的不可拆线连接器，需增加3个指示器的一个极断开的试样，进行第15章的试验。

5.6 与器具或设备形成一体的或安装在器具或设备上的器具输入插座在设备的使用条件下进行试验，器具输入插座的试样的数目上应与有关标准所要求的设备试样数目相同。

5.7 如果在某一项试验中有一个以上的试样不合格，则认为连接器和器具输入插座不符合标准。如果一个试样在一项试验中不合格，则要用5.5所规定数目的另一组试样重复该试验和可能对该试验结果产生影响的前面已做过的试验，所有试样复试时均应合格。

一般，除下述情况下，只需重复进行引起不合格的那项试验。

a) 在按照第19章、第20章或第21章进行试验时，5.5规定的第二组的3个试样中一个不合格，在这种情况下，5.5的第二组所要求的试验要从第16章开始重复；或者

b) 在按第22章或第23章(22.4除外)进行试验时，5.5规定的第一组的3个试样中一个不合格，在这种情况下，5.5的第一组所要求的试验要从第18章开始重复。

申请者可按5.5规定的数目送交试样的同时，送交附加试样，以备万一有试样不合格时需要。这样，试验站无需等申请者再次提出要求，即可对附加试样进行试验，并只有再次出现不合格项目时才判为不合格。如果不同时送交附加试样，则只要有一个试样不合格即判为不合格。

5.8 例行试验在附录A中规定。

6 标准额定值

6.1 额定电压为250 V。

6.2 标准额定电流为0.2 A、2.5 A、6 A、10 A和16 A，如9.1所规定。

是否符合6.1和6.2的要求，通过检查标志来验证。

7 分类

7.1 器具耦合器的分类

7.1.1 按相应的器具输入插座的插销底部的最高插销温度划分：

——用于冷条件下的器具耦合器(插销温度不超过70 ℃)；

——用于热条件下的器具耦合器(插销温度不超过120 ℃)；

——用于酷热条件下的器具耦合器(插销温度不超过155 ℃)。

7.1.2 按被连接的器具或设备的类型划分：

——用于Ⅰ类器具或设备的器具耦合器；

——用于Ⅱ类器具或设备的器具耦合器。

注：关于器具或设备类型的描述，参阅GB/T 17045—2006。

7.2 连接器按软线的连接方法划分：

——可拆线连接器；

——不可拆线连接器。

注1：图1中列出了各种类型的耦合器及其应用。

注2：如果设备的有关标准允许，0.2 A的器具耦合器仅用于连接Ⅱ类的小型手持设备。

注3：用于冷条件下的器具耦合器不应与具有外部金属部件的加热器一起使用，因为金属部件的温升在正常工作下可能超过75 K，并且在正常使用中可能被软线触及。

注4：用于热条件下的器具耦合器可以在冷条件下使用；用于酷热条件下的器具耦合器可以在冷或热条件下使用。

8 标志

8.1 在连接器上应标出：

——额定电流A(0.2 A连接器除外)；

——额定电压 V；

——电源性质符号；

——生产厂或负责销售商的名称、商标或识别标志；

——型号；

——用以识别适用无螺纹端子的导线类型的标志，参见 IEC 60999-1 中 7.5 的规定。

注：型号可以是产品目录编号。

8.2 除安装在器具或设备上的或与器具或设备形成一体的器具输入插座外，其他的器具输入插座都应标有生产厂名或商标和型号。且器具输入插座被安装或与连接器结合后，应看不见型号。0.2 A 和 2.5 A 器具输入插座的标志是可以看得见的，只要不会与器具本身的标志产生混淆。

注：型号可以是产品目录编号。

8.3 Ⅱ类设备用的连接器和器具输入插座不应标有Ⅱ类结构的符号。

8.4 应按下述要求采用符号：

安培　A

伏特　V

交流电　～

接地　⏚ 或 ⏚

注：优先使用带圆圈的符号。

对于额定电流和额定电压的标志，可以单独使用数字表示。这些数字可以排成一条直线，用斜线隔开，或将额定电流的数字放在额定电压的数字之上并用一条水平线隔开。电源性质的符号应紧靠额定电流和额定电压的标志之后。

注 1：电流、电压和电源性质的标志可以这样表示：

$$10\ \text{A}\ 250\ \text{V}\sim \text{或}\ 10/250\sim \text{或}\ \frac{10}{250}\sim \text{或}\ \textcircled{\tfrac{10}{\underset{\sim}{250}}}$$

注 2：由附件的结构形成的直线不认为是标志的一部分。

8.5 当连接器接好线准备使用时，8.1 所规定的标志应容易辨认。

注："准备使用"这一术语并非指连接器已插在器具输入插座上。

8.6 在不可逆插的连接器中，触头的位置应根据图 1 所示的连接器的结合面而定，它们的排列如下：

接地触头：中间的上方；

相触头：右下方；

中性触头：左下方。

在可拆线不可逆插的连接器中，接线端子应按如下规定标明：

接地端子：符号⏚ 或 ⏚；

中性端子：字母 N。

在不可拆线不可逆插的连接器中，无需有触头的标志，但芯线应按 22.1 所规定的来连接。

与符合本条的连接器一起使用的器具输入插座，除装在器具或设备形成一体的器具输入插座外，应有符合本条的接线端子标志。

标志符号或字母不应标在螺钉、可拆除的垫圈或其他可拆除的部件上。

注：有关端子标志和导线连接的要求已被列入到那些已经要求了有极电源系统以及将来可能采用统一的插头插座系统（在很大程度上是有极系统）的国家考虑之列。推荐在目前还未采用有极插头和插座系统的国家考虑本要求。

可拆线连接器应提供下列说明：

a） 一个表明导线连接方法的接线图，尤其标明接地导线的裕量长度及软线固定装置的安装。

b） 一个全尺寸的示意图，表示出所要剥除的护套和绝缘的长度。

c） 适用的软线的规格和型号。

注 1：接地导线的连接有必要以指示性的方式表示出来，最好以草图表示。

注 2：对于直接供给设备制造厂的连接器，不必带有这些内容。

8.7 标志应耐磨和易辨认。

8.8 通过外观检查和先取一块蘸了水的布，用手擦标志 15 s；再取一块蘸了汽油的布，用手擦标志15 s，检查是否符合 8.1～8.7 的要求。

在本试验和所有标准的非破坏性试验之后，标志应保持清晰。不能轻易地去除标签，并且标签不应出现卷边。

注 1：型号可用油漆或墨水标出，如有必要用清漆保护。

注 2：所用的汽油应由溶剂已烷所组成，含有芳香族的最大体积比率为 0.1，贝壳松脂丁醇值为 29，初沸点约是 65 ℃，干点约为 69 ℃，密度约是 0.68 g/cm³。

9 尺寸和互换性

9.1 器具耦合器应符合标准活页中规定的要求，9.6 许可的情况除外：

用于冷条件下Ⅱ类设备的 0.2 A 250 V 器具耦合器：

——连接器 见标准活页 C1

——器具输入插座 见标准活页 C2

用于冷条件下Ⅰ类设备的 2.5 A 250 V 器具耦合器：

——连接器 见标准活页 C5

——器具输入插座 见标准活页 C6

用于冷条件下Ⅱ类设备的 2.5 A 250 V 器具耦合器：

——连接器 见标准活页 C7

——连接器，分极性型式 见标准活页 C7A

——器具输入插座，标准型 见标准活页 C8 和 C8A

——器具输入插座，供设备选接到两个不同的电源电压用 见标准活页 C8B

——器具输入插座，分极性型式 见标准活页 C8C

用于冷条件下Ⅱ类设备的 6 A 250 V 器具耦合器：

——连接器 见标准活页 C9

——器具输入插座 见标准活页 C10

用于冷条件下Ⅰ类设备的 10 A 250 V 器具耦合器：

—— 连接器 见标准活页 C13

—— 器具输入插座 见标准活页 C14

用于热条件下Ⅰ类设备的 10 A 250 V 器具耦合器：

——连接器 见标准活页 C15

——器具输入插座 见标准活页 C16

用于酷热条件下Ⅰ类设备的 10 A 250 V 器具耦合器：

——连接器 见标准活页 C15A

——器具输入插座 见标准活页 C16A

用于冷条件下Ⅱ类设备的 10 A 250 V 器具耦合器：

——连接器 见标准活页 C17

——器具输入插座 见标准活页 C18

用于冷条件下Ⅰ类设备的 16 A 250 V 器具耦合器：

——连接器 见标准活页 C19

——器具输入插座 见标准活页 C20

用于酷热条件下Ⅰ类设备的 16 A 250 V 器具耦合器：

——连接器 见标准活页 C21

——器具输入插座 见标准活页 C22

用于冷条件下Ⅱ类设备的 16 A 250 V 器具耦合器：

——连接器 见标准活页 C23

——器具输入插座 见标准活页 C24

用量规或通过测量检查尺寸。在有怀疑的情况下应使用量规。

试验要在环境温度为 25 ℃±5 ℃下进行。电器附件及量规均应处于此温度中。

所用的量规如下所示：

——图 2 是用于检查 0.2 A 的连接器；

——图 4、图 5 及图 5 A 是用于检查 2.5 A 的连接器；

——图 9A～9T 是用于检查其他的连接器和器具输入插座。

从连接器的结合面到插套开始接触点的距离要用图 27 所示的有关量规检查。

注：器具输入插座固定用的尺寸在考虑中。

9.2 如果提供使用连接器保持在器具输入插座内的装置，则应符合本部分标准活页 C25 的要求。

是否合格，通过测量检查。

9.3 在连接器和器具输入插座之间不能单极连接。

器具输入插座应不能与符合 IEC/TR 60083 中规定的移动式插座有不适当的连接。

连接器应不能与符合 IEC/TR 60083 中规定的插头有不适当的连接。

进行手动试验检查是否符合要求。

注 1：“不适当的连接”是指单极连接以及其他不符合防触电要求的连接。

注 2：与标准活页保持一致就能保证符合这些要求。

9.4 下列连接器和器具输入插座不能结合：

——用于Ⅱ类设备的连接器与其他设备的器具输入插座；

——用于冷条件下的连接器与用于热条件下或酷热条件下的器具输入插座；

——用于热条件下的连接器与用于酷热条件下的器具输入插座；

——连接器与大于其额定电流的器具输入插座。

通过外观检查，手动试验和用图 6～图 9 所示的量规检查判断是否符合要求。

对于 6 A、10 A 和 16 A 的连接器和器具输入插座，通过图 9A～图 9T 所示适用的量规来检查是否符合要求。

试验在 35 ℃±2 ℃的环境温度下进行，而附件和量规也要处于此温度。

注：与标准活页保持一致就能保证符合本要求，通过图 6～图 9 所示的量规验证的情况除外。

9.5 如果将器具输入插座安排嵌入器具或设备的外表面，而这个表面相对于器具输入插座的轴心是弯曲或倾斜的，则要求插销的端部在任何情况下都不能突出于器具输入插座的外壳。

通过将所有的插销，包括接地插销，连接到接触指示器的一个极上，另一个极则与其宽度大于器具输入插座的最大内尺寸的金属直尺连接，并将直尺置于器具输入插座外壳开口上所有可能的方向，以检查是否符合本要求。直尺不应接触到插销端部。

注 1：对用于Ⅱ类设备的 10 A 和 16 A 器具输入插座，试验时带有一个模拟接地插销。

注 2：使用一个电压为 40 V～50 V 之间的电气指示器，以显示其与被测部位是否接触。

9.6 可以接受不是参照标准活页所规定的尺寸的非标准器具耦合器，但只有在它们能提供技术上的优点，并且不会影响到符合标准活页的器具耦合器的用途和安全，特别是互换性和不可互换性方面，才可以接受。

但是，非标准器具耦合器应符合本部分的适用于这些耦合器的所有其他要求。

注：如果不得不扩大具有额定值的连接器以便容纳如开关、温控器等元件，或出于某种原因必须防止使用带有标称长度或类型的软线的标准连接器的话，可以强调其“技术优点”。

与标准活页中规定的尺寸相比是微小偏离,但会使人误认为是标准耦合器,进而导致与标准耦合器混用连接的微小偏离是不允许的。

不允许有对触头通电能力产生不利影响的变化。

这种非标准附件应不能与符合标准活页的、但不同额定电流的配套附件相结合。如果这种非标准附件与具有相同额定值的标准配套附件结合时,其带电部件比额定值相同的标准器具耦合器的带电部件更易触及,或者非标准附件与标准配套附件的结合不符合标准除尺寸外的要求,则也不能结合。

对于一个给定系统中的连接器和与其配套的器具输入插座,应不允许接触不良,有意错位和部分连接而造成的影响器具继续使用的变形除外。

是否合格,通过手工检查。

10 防触电保护

10.1 器具耦合器应设计成当器具输入插座与连接器部分或全部结合时,器具输入插座的带电部件不能接触。

连接器应设计成,当它按正常使用时那样正确地装配和布线后,带电部件、接地触头、以及与带电部件和接地触头连接的部件都应接触不到。

注1:接地触头及其连接的部件的触及检查暂不考核。[3)]

是否合格,通过观察,必要时通过用图10所示的标准试验指来检查。试验指作用于每一个可能的位置,用电气指示器以显示其与被测部件是否接触。对于用橡胶或热塑性材料做外壳或基体的连接器,标准试验指施加20 N的力于所有用绝缘材料制成的、有可能降低连接器的电气强度的区域,作用时间为30 s。试验环境温度为40 ℃±2 ℃。

注2:电压在40 V~50 V之间的电气指示器,用于显示是否与相关的部件接触。

注3:与标准活页保持一致就能符合在连接器插入到器具输入插座的过程中,接触不到触头元件的要求。

10.2 只要器具输入插座的插销是易触及的,器具输入插座的插销和连接器的插套应不可能进行连接。

是否符合,通过手动试验及10.1的试验检查。

注:与标准活页保持一致就能保证符合本要求。

10.3 不使用工具应不可能拆除用于防止触及带电部件的部件。

固定这些部件的装置应与带电部件隔离。

插销插入孔内的衬套(如有的话)应充分固定,并且不拆卸连接器则无法取出衬套。

是否合格,通过观察和手动试验检查。

10.4 连接器的外部部件,除装配螺钉和类似部件外,应用绝缘材料制成。不带接地触头的器具输入插座的外壳和底座,以及带接地触头2.5 A的器具输入插座的外壳和底座也应用绝缘材料制成。

是否合格,通过观察检查。

注1:在第15章的绝缘试验中来检查绝缘材料的适用性。

注2:油漆或瓷漆不能视为适用于10.1~10.4的绝缘材料。

注3:本条款中的外部部件不包括接地触头及其连接的部件。

11 接地措施

11.1 接地端子应符合第12章的要求。

是否合格,通过观察和进行第12章的试验来检查。

11.2 带接地触头的器具耦合器在结构上应能做到:当在插入连接器时,必须在器具输入插座的载流触头通电前,接通接地连接。

当拔出连接器时,载流触头应在接地连接断开之前分离。

---

3) 根据IEC标准的动态情况,此项暂不考核。

对不符合标准活页要求的器具耦合器，首先检查考虑了容差效果的图纸，然后按图纸检查试样，再确定是否符合要求。

注：与标准活页保持一致就能保证符合本规定。

12 端子和端头

12.1 一般要求

本章的要求只适用于连接器。

不安装在器具或设备上或不与器具或设备形成一体的独立提交的器具输入插座，其特殊要求正在考虑中。

对于安装在器具或设备中的器具输入插座，应符合该器具或设备的相应的国家标准中的要求。

12.2 可拆线连接器应备有符合 IEC 60999-1 的夹紧件。

不可拆线连接器应采用锡焊、熔焊、压接或等效的无螺纹的连接方法，这些方法应不能使导线分离。不应使用螺纹连接。

在导线经受接触压力的地方，绞合导线的端部不应用软钎焊处理，除非设计有夹紧部件来预防由于焊料的冷流造成不良接触的危险。

12.3 额定电流不超过 16 A 的可拆线连接器应有符合 IEC 60999-1 要求的 1.5 mm^2 接线容量。

是否合格，通过 IEC 60999-1 的相关试验检查。

12.4 夹紧件在连接器内的固定或定位，应保证拧紧或松开夹紧时，夹紧件不会松动，爬电距离和电气间隙不应减少到低于所规定的值。

注 1：这些要求并非指端子一定要设计得不会转动或移位，但任何移动都应受到足够的限制，以避免不符合本部分。

注 2：密封胶或树脂的使用可认为是足够防止端子松动的措施，只有：

——在正常使用时，不得使密封胶或树脂受到应力；和

——在本部分规定的最不利的条件下，不得因端子的温度而降低密封胶或树脂的效能。

是否合格，通过 IEC 60999-1 的相关试验检查。

12.5 接地导线的夹紧件应与用于连接载流导线的相应的端子的尺码相同。

是否合格，通过观察来检查。

13 结构

13.1 器具耦合器的设计应保证器具输入插座的接地触头和连接器的载流插套之间没有意外接触的危险。

是否合格，通过观察检查。

注：与标准活页保持一致就能保证符合本要求。

13.2 用于固定防触电部件(如罩住连接器插套的部件)的螺钉应牢牢固定，以防松脱。

是否合格，通过观察和进行第 18 章、第 20 章和第 23 章的试验来检查。

13.3 器具输入插座的插销和连接器的插套应固定以防转动。

是否合格，通过观察和手动试验检查。

注：紧固螺钉可以被用来防止触头转动。

13.4 器具输入插座的插销应可靠地固定，并有足够的机械强度。不使用工具就不可能将它们拆下，并且应该用外壳把它们包围起来。

注 1：本要求也适用于稍微有点浮动的插销。

注 2：允许浮动的程度不是通过测量，而是使用量规来检查。

是否合格，通过观察和手动试验来检查。对于非实心插销，在所有其他试验完成后还要进行下述试验来检查是否合格。

把器具输入插座的外壳拆除，插销按图 11 所示支撑着。

将直径为 4.8 mm 的钢棒放在插销上，使钢棒的轴线垂直插销轴线。对插销施加 100 N 的力1 min。

试验后，插销不得有明显的变形。

插销固定的可靠程度，通过外观检查。如有怀疑，还要通过如下试验加以确定。

将试样加热到 7.1.1 相应类别规定的温度达 1 h，而且在试验的持续时间，包括卸下测试负载后 5 min，应维持这一温度。

将器具输入插座牢牢地固定，使本体无过度的收缩或变形。固定的方法应使插销保持原来位置。

每个插销应经受 60 N±0.6 N 的力，此力沿插销的轴线方向施加（但不要使用爆发力），并维持 60 s 不变。

对所有的插销，这个力应先朝离开器具输入插座底座的方向施加，然后再朝器具输入插座底座的方向施加。

如果任一插销在试验期间，移动的距离不大于 2.5 mm，而且在撤掉推进的测试力后的 5 min 之内或在撤掉拉出的测试力后的 5 min 之内，所有插销仍能保持在标准规定的公差之内，插销的固定就算合格。

13.5　连接器的插套应能自动调节，以便提供足够的接触压力。

除 0.2 A 的连接器外，插套的自动调节不应依靠绝缘材料的弹性。

是否合格，通过观察和进行第 16 章～第 21 章的全部试验检查。

13.6　可拆线连接器的外壳应由一个以上的部件组成，并应完全包围接线端子和软线的端部，至少包围到软线铠装必须剥掉护皮之处。

注：通过软连接方式连接起来的外壳部件，可看作是一个独立的部件。

它的结构是：即从线芯的分离点起导线可以被恰当连接，并当连接器像正常使用时那样装配和接线时，不应有下列危险情况：

——线芯相互挤压在一起，以致对线芯绝缘材料造成损坏，可能引起绝缘的击穿；

——连接到带电接线端子的线芯与易触及的金属部件接触；

——连接到接地端子的线芯与带电部件接触。

13.7　对于可拆线连接器，不能出现接线端子被包围而插套却可触及的现象。

注：本要求不包括使用独立的前段仅包围插套的情况。

13.8　连接器的本体部件应牢牢固定，若不使用工具应不可能拆开连接器。

对于可拆线连接器，每一个本体部件都应有一个单独的措施来固定和定位，这些措施中至少有一个只能利用工具才能操作，如螺钉；但自攻螺钉不得用于此处。

插套的弹性不应依靠本体部件的装配。

装配螺钉或类似部件的松动不应引起防触电部件的离位。

是否符合 13.6～13.8 的要求，通过观察、手动试验和 23.7 的试验检查。

注 1："不使用工具应不可能拆开连接器"这一要求，并非表示连接器的零部件必须固定在外壳上。

注 2：有关固定和定位的要求，不排除一个部件用于固定，另一个部件用于定位的情况。

13.9　对于连接器，接地插套应固定在本体上。如果接地插套和接地端子不在同一体上，则应使用铆接、焊接或类似的可靠方法将不同的部件固定在一起。

接地插套和接地端子之间的连接应采用耐腐蚀的金属。

是否合格，通过观察，必要时通过特殊试验来检查。

注 1：本要求包括有某种程度浮动的接地插套。

注 2：允许浮动的程度不是通过测量，而是使用量规检查。

13.10　可拆线附件的端子和不可拆线附件的端头的固定或铠装应保证附件中松散的导线股将不会造成触电的危险。

对不可拆线的模制附件，应提供措施防止松散的导线股造成导线股和附件的所有可触及的外部表面（插座的结合面除外）之间的最小间隔距离要求的降低。

是否符合要求通过下述检查：

——对于可拆线附件,通过13.10.1的试验;

——对于不可拆线的非模制附件,通过13.10.2的试验;

——对于不可拆线的模制附件,按照13.10.3进行验证和检查。

13.10.1 从横截面积为0.75 mm^2 的软线末端削去6 mm长的绝缘皮,让软导线中的一股裸线丝留在外面,其余的导线股按正常使用时那样完全地插入到端子中并夹紧。

在不会引起绝缘被向后拉扯的情况下,在每个可能的方向上,弯曲留在外面的那股裸线丝,但在绝缘套的周围不能锐弯。

注:禁止在绝缘套的周围有锐弯并不表明在试验过程中留出那股裸线丝必须保持直线。另外,如果考虑到附件在正常装配中可能出现锐弯(例如在压上罩盖时)的情况,则可有锐弯。

与带电的接线端子连接的导线中留出的那股裸线丝,在附件已装配完时,不应碰触到任何可触及的金属部件和不能露出外壳。

与接地端子连接的导线中留出的那股裸线丝不应碰触到带电部件。

如有必要,可用在另一个位置上留出的裸线丝重复试验。

13.10.2 从软导线(其横截面积为附件所配有的)的末端削去长度为制造厂所规定的最大设计剥除长度加上2 mm的绝缘皮。在最不利的位置上将一股裸线丝留在外面,其余的导线股按附件结构中所用的方式接在端头上。

在不会引起绝缘被向后拉扯的情况下,在每个可能的方向上,弯曲留出的那股裸线丝,但在绝缘套的周围不能锐弯。

注:禁止在绝缘套的周围有锐弯并不表明在试验过程中留出那股裸线丝必须保持直线。另外,如果考虑到附件在正常装配中可能出现锐弯(例如在压上罩盖时)的情况,则可有锐弯。

与带电端头连接的导线中留出的那股裸线丝,不应碰触到任何可触及的金属部件或将通过结构间隙到外部表面的爬电距离和电气间隙减少到1.5 mm以下。

与接地端头连接的导线中留出的那股裸线丝不应碰触到任何带电部件。

13.10.3 应检查不可拆线的模制附件,并验证附件上提供了能防止导线和/或带电部件的逸出裸线丝将从绝缘到外部可触及表面(插座的结合面除外)的最小距离降低到1.5 mm以下的措施。

注:对这种防止措施的验证可能需要对产品结构或装配方法进行检查。

13.11 无接地插套的连接器和带接地触头的2.5 A连接器应是电线组件的一部分。

是否合格,通过观察检查。

13.12 熔断器、继电器、温控器和热脱扣器不应装在符合本标准活页的连接器中。

装在器具输入插座中的熔断器,断电器、温控器和热脱扣器应符合有关的国家标准。

装在连接器或器具输入插座中的开关和能量调节器应分别符合国家标准GB 15092.1和GB 14536.1。

对于器具输入插座,安装在器具或设备中或与器具或设备形成一体的情况,被指定为器具输入插座的那个部分,通过参考有关的标准活页,应符合本部分的要求。

是否合格,通过观察和按照有关的国家标准测试开关、熔断器、继电器、热脱扣器、温控器和能量调节器来检查。

14 防潮

器具耦合器应能承受在正常使用时可能出现的潮湿条件。

注:如果器具耦合器在正常使用时要经受液体溢出的器具或设备一起使用时,则器具或设备上要提供防潮措施。

是否合格,通过本章所述的潮湿处理来检查,潮湿处理后马上进行第15章的试验。

经受潮湿处理时,连接器和器具输入插座不要插合在一起,而可拆线连接器不要接上软线。

潮湿试验应在含有相对湿度保持在91%~95%之间的空气的潮湿箱里进行。

放置试样之处的空气温度应保持在 40 ℃±2 ℃[4)]。

将试样放进潮湿箱之前，要使试样达到这个温度。

试样在潮湿箱里存放的时间为：

对于作为单个部件接受试验，而不是连接在设备上的，带接地触头的连接器或器具输入插座为期 7 d(168 h)。

对于其他情况，均为 2 d(48 h)。

注 1：在大多数情况下，使试样达到规定的温度的方法是，在潮湿处理之前将试样保持在此温度下达 4 h。

注 2：91%～95%的相对湿度可通过下述方法获得：将饱和硫酸钠(Na_2SO_4)或硝酸钾(KNO_3)水溶液置于潮湿箱内并与空气保持足够大的接触面。

注 3：为了达到试验箱内规定的条件，必须保持箱内空气不断循环，并且一般使用隔热的试验箱。

潮湿处理后，试样不得有本部分意义上的损坏。

15 绝缘电阻和电气强度

15.1 器具耦合器应有足够的绝缘电阻和电气强度。

是否合格，通过 15.2 和 15.3 的试验来检查。这两个试验是紧接着 14 章的试验，使试样在达到所规定温度的潮湿箱或房间内进行。

诸如氖灯等指示器在测试前应断开一个极，以免由于 15.2 和 15.3 的试验而被损坏。

15.2 施加约 500 V 的直流电压 60 s±5 s 后进行测量绝缘电阻。

绝缘电阻按下列测量：

a) 对于器具输入插座，使其与连接器处于结合状态，在连接在一起的载流插销和本体之间测量；
b) 对于器具输入插座，使其与连接器处于结合状态，轮流在每个载流插销和另一个与本体连在一起的插销之间测量；
c) 对于连接器，在连在一起的载流插套和本体之间测量；
d) 对于连接器，轮流在每个载流插套和另一个与本体连在一起的插套之间测量；
e) 对于可拆线连接器，在任何固定软线的金属部件，包括夹紧螺钉，接地插套或接地端子之间测量；
f) 对于可拆线连接器，在任何固定软线的金属部件，不包括夹紧螺钉，与插入在软线位置上的等于表 2 软线最大直径的公差 $_{-1}^{\ 0}$ mm 内的金属棒之间测量。

表 2 软线的最大直径

软线的型号	线芯的数量和标称横截面积 mm²	最大直径 mm
60227 IEC 53	3×0.75 3×1 3×1.5	7.6[a] 8.0[b] 9.4[c]
60245 IEC 53	3×0.75 3×1 3×1.5	8.1[d] 8.5[e] 10.4[f]

a～c 根据 GB/T 5023—2008《额定电压 450/750 V 及以下聚氯乙烯绝缘电缆》的规定将软线类型为 60227 IEC 53 的 3×0.75 mm²，最大直径由 8.0 mm 改为 7.6 mm；3×1.0 mm²，最大直径由 8.4 mm 改为 8.0 mm；3×1.5 mm²，最大直径由 9.8 mm 改为 9.4 mm。

d～f 根据 GB/T 5013—2008《额定电压 450/750 V 及以下橡皮绝缘电缆》的规定将软线类型为 60245 IEC 53 的 3×0.75 mm²，最大直径由 8.8 mm 改为 8.1 mm；3×1.0 mm²，最大直径由 9.2 mm 改为 8.5 mm；3×1.5 mm²，最大直径由 11.0 mm 改为 10.4 mm。

4) 根据 GB/T 2423 和我国具体环境条件，本部分规定防潮试验温度为 40 ℃±2 ℃。IEC 60320-1 在防潮试验这章规定为 20 ℃～30 ℃之间任意 t 值。

绝缘电阻不得小于 5 MΩ。

a)、c)中使用的术语"本体",包括全部易触及的金属部件,固定螺钉、外部装配螺钉或类似部件、以及与绝缘材料外部部件的外表面接触的金属箔。c)中包括连接器结合面。

把金属箔缠绕到绝缘材料的外部部件的外表面上,但不能压进开口处。

15.3 将频率为 50 Hz 或 60 Hz 的基本正弦波电压施加到 15.2 所述的部位之间,历时 60 s±5 s。a)和 c)情况下的部件之间,试验电压为 3 000 V±60 V;所有其他部件之间,试验电压为 1 500 V±60 V。

开始时,施加的电压不得超过规定值的一半,然后迅速升到规定值。

在试验期间,不得出现闪络或击穿。

注 1:试验用的高压变压器在设计上必须做到,当把输出电压调到相应的试验电压后使输出端子短路时,输出电流至少为 200 mA,输出电流少于 100 mA 时,过流继电器不得动作。

注 2:应注意,所施加的试验电压的有效值应在 3%的范围内。

注 3:不会引起电压降的辉光放电可忽略不计。

16 插入和拔出连接器所需的力

16.1 器具耦合器的结构应允许连接器容易插入和拔出,并应防止在正常使用中连接器从器具输入插座中脱出。

仅对连接器,是否合格,通过如下试验:

——用 16.2 的试验来确定从器具输入插座中拔出连接器所需的最大力不大于表 3 中规定的值;

——用 16.3 的试验来确定从单个的插套组件中拔出单个的销规所需的最小力不小于表 3 中所规定的值。

表 3 最大和最小拔出力

连接器的类型	拔出力 N	
	多插销量规最大值	单插销最小值
0.2 A、2.5 A、6 A 和 10 A	50	1.5
16 A	60	2

第 21 章的试验后,重复这些试验。

带有保持装置的附件要在保持装置处于不起作用的情况下进行试验。

16.2 最大拔出力的验证

将器具输入插座固定到图 12 所示的设备的安装板 A 上,使器具输入插座的销轴处于垂直,而且插销的自由端朝下。

对于测试热条件和酷热条件下的连接器,应备有加热装置 C,器具输入插座安装在 C 上。

器具输入插座应有良好的并经硬化处理过的磨光钢插销,插销的表面粗糙度在其有效长度上不超过 0.8 μm,插销的中心距为公称距离,公差为$^{+0.2}_{0}$ mm。

插销尺寸应具有最大值,公差为$^{0}_{-0.01}$ mm,但插销长度的公差必须符合标准活页中的公差。器具输入插座外壳的内部尺寸应具有最小值,公差为$^{+0.1}_{0}$ mm。这是相关标准活页中所规定的。

注 1:最大值是公称值加上最大公差,最小值是公称值减去最大公差。

在每次试验前,用冷的化学去脂剂擦净插销上的油脂。

注 2:当使用试验所规定的液体时,应采取足够的预防措施防止吸入蒸气。

将连接器完全插入相应的器具输入插座,并从中拔出 10 次。然后将连接器再次插入,装有主砝码(F)和补充砝码(G)的托架(K),通过夹具(D)悬挂到连接器上。补充砝码提供表 3 规定的最大拔出力的 1/10 的力,且应做成一块。

主砝码悬挂时不应使连接器摇动，并允许补充砝码从 5 cm 的高度跌落在主砝码上。连接器不应保留在器具输入插座中。

16.3 最小拔出力的验证

将图 30 所示的试验销规作用到每个连接器插套组件上，插套的轴要垂直，销规垂直朝下悬着。

试验销规是用经硬化处理过的钢制成，在有效长度上其表面粗糙度不超过 0.8 μm。

销规的插销部分的尺寸应等于标准活页中相应的器具输入插座所示的最小值，公差为 $^{+0.01}_{0}$ mm，但插销长度必须符合标准活页中的公差。

销规的总重量所施加的力应等于表 3 所示的相应的力。

在每次试验前，用冷的化学去脂剂擦净插销上的油脂。

注：当使用试验所规定的液体时，应采取足够的预防措施防止吸入蒸气。

然后将试验销规插入插套组件。

轻轻地插入试验销规，在检查最小拔出力时要小心不要敲打组件。

销规在 3 s 内不应从插套组件中脱出。

17 触头的工作

器具耦合器的插套和插销应是滑动连接的，连接器的插套应能提供足够的接触压力，并且在正常使用时不应劣化。

插套和插销之间的压力效果不取决于安装插套和插销的绝缘材料部件的弹性。

是否合格，通过观察和进行第 16 章、第 18 章、第 19 章、第 20 章、第 21 章的试验检查。

18 用于热条件或酷热条件下的器具耦合器的耐热性能

18.1 用于热条件和酷热条件下的器具耦合器应能承受由与它们连接的器具或设备所产生的热。

用于热条件和酷热条件下的连接器的结构应能保证在试验中连接器本体不会从前面部分分离，并且软线的线芯绝缘不会过热。

通过 18.2 的试验来检查连接器，18.3 的试验来检查器具输入插座是否符合要求。

18.2 可拆线连接器应装有横截面积为 1.5 mm^2 的三芯橡胶绝缘软线，不可拆线连接器按交货时的状况受试。

将连接器插入图 13 的试验装置的器具输入插座上，历时 4 d(96 h)。在整个试验期间，插销底部的温度保持在：

120 ℃±2 ℃，用于热条件下的连接器；

155 ℃±2 ℃，用于酷热条件下的连接器。

对于 10 A 连接器，试验装置上的器具输入插座是暗装式，并有一个绝缘材料的外壳。

对于 16 A 连接器，试验装置上的器具输入插座是明装式，并有一个金属外壳。

器具输入插座要与受试的连接器的型号一致，并具有标准活页所规定的尺寸的黄铜插销。

在试验期间，软线线芯的分离点的温升不应超过 50 K。

用热电偶来测量温度。

从试验装置上拔下连接器后，取其中一个连接器在 15 s 内进行 23.7 的试验。将其冷却到环境温度左右，然后插入并拔出器具输入插座 10 次。

试验后，连接器不应有本部分意义上的损坏。试样不得有以下现象出现：

a) 影响防触电性能的损坏；

b) 电气连接或机械连接的松动；

c) 破裂、起泡、收缩或其他类似现象。

注 1：注意此项试验要在静止的空气中进行。推荐将试验装置放在有足够大容积的封闭试验箱或类似箱内。

注 2：芯线分离点是指超出该点，软线的芯线不能相互接触，即使连接器被碰掉或允许掉落地上也是如此。

注 3：如果不可拆线连接器的软线线芯的绝缘能承受超过 75 ℃的温度，则允许分离点有更高的温升，只要温度不超过线芯绝缘所允许的值。

注 4：本项试验的修订正在考虑中。

18.3 用于热条件和酷热条件下的器具输入插座，除了与器具或设备形成一体的或安装在器具或设备上的以外，均要在耐热试验箱中放 4 d(96 h)，箱内温度保持在：

120 ℃±2 ℃，用于热条件下的器具输入插座；

155 ℃±2 ℃，用于酷热条件下的器具输入插座。

试验后，试样不应有影响进一步使用的损坏。

注：与器具或设备形成一体或安装在器具或设备上的器具输入插座应与器具或设备一起试验。

19 分断容量

器具耦合器应有足够的分断容量。

进行下述试验检查是否符合要求(器具输入插座和 0.2 A 的连接器除外)。

将连接器装在合适的试验装置上，装置上装有器具输入插座，器具输入插座具有抛光的硬钢插销和符合标准活页的尺寸。对矩形插销，插销的端部应倒圆；对圆形插销，插销的端部应为半球形，如标准活页所示。

器具输入插座的定位，应使其通过插销轴心的平面成水平，而接地插销(如果有)则在最高处。

试验装置的设计和调整必须保证，模拟在正常使用中的尽可能远的分开。

对于具有接地插套的 10 A 和 16 A 连接器，器具输入插座的外壳是金属的，对于其他连接器，器具输入插座的外壳是绝缘材料的。

以每分钟 30 个行程的速度，使连接器与器具输入插座结合、分开各 50 次(共 100 个行程)。试验设备的行程长度在 50 mm 和 60 mm 之间。

从附件的连接到随后的断开，试验电流所通过的时间为 $1.5^{+0.5}_{0}$ s。

按图 15 所示线路进行试验，试验电压为 275 V，试验电流为额定电流的 1.25 倍，功率因数至少是 0.95(10 A 和 16 A 的连接器)和 0.6±0.05(其他连接器)。

电流不通过接地回路(如有)

选择开关 C 将接地回路和易触及的金属部件接到电源的一个极上，当插拔动作次数达到一半时，操作选择开关(换到另一极上)。

如采用空心电感，则并联一个电阻，使电阻的分流约为电感电流的 1%。如果能保证电流是基本正弦波的，也可采用铁心电感。

试验期间，在不同极性的带电部件之间，或在这些部件和接地线路(如有)的部件之间，不得出现闪络现象或持续的飞弧现象。

试验后，试样不应有影响进一步使用的损坏，插销的进入孔不应有任何严重的损坏。

注 1：在有怀疑的情况下，将新的、在有效长度内表面粗糙度不超过 0.8 μm 的插销装在试验装置上的器具输入插座中。对连接器重新试验。如果一组新的 3 个试样可以经受用新的插销所做的试验，则认为连接器符合要求。

注 2：一次行程是指插入或拔出连接器一次。

注 3：器具输入插座和 0.2 A 的连接器不做分断容量的试验。

20 正常操作

器具耦合器应能承受在正常使用时产生的机械应力、电气应力和热应力，而不会出现过度的磨损或其他有害影响。

用第 19 章所述的试验装置对连接器进行试验，检查是否符合要求。

对于 0.2 A 的连接器，在不通电的情况下，使其与器具输入插座结合、分开各 2 000 次(共 4 000 个行程)。

对于其他连接器，在通以额定电流的情况下，将其与器具输入插座结合、分开各 1 000 次（共 2 000 个行程）。并在不通电的情况下，与器具输入插座结合，分开各 3 000 次（共 6 000 个行程）。

除试验电压为 250 V 外，连接线路和其他试验条件均如第 19 章所规定的一样。

选择开关 C 将接地回路和易触及金属部件连接到电源的一个极上，在通以额定电流的情况下动作到一半次数时，操作选择开关。

试验后，试样应能承受 15.3 所规定的电气强度试验，但试验电压要减到 1 500 V。

试样不得出现下述现象：

a) 影响进一步使用的磨损；

b) 外壳或挡板的恶化；

c) 可能影响正常工作的插销插孔的损坏；

d) 电气连接或机械连接的松动；

e) 密封胶的渗漏。

注 1：在本章的电气强度试验之前，不用重复潮湿处理。

注 2：器具输入插座不做正常操作的试验。

21 温升

触点和其他载流部件应设计成能防止由于通过电流而引起过高的温升。

通过以下试验，确定连接器（0.2 A 连接器除外）是否符合要求。

可拆线连接器接有长度为 1 m 的横截面积为 1 mm^2（用于 10 A 连接器）或 1.5 mm^2（用于 16 A 连接器）的聚氯乙烯绝缘软线，用 25.1 中表 8 相应栏中所规定的力矩的拧紧夹紧件螺钉（如有）。

不可拆线连接器按交货状况受试。

把连接器插入具有标准活页中所规定的最小尺寸的黄铜插销的器具输入插座上，允许有 +0.02 mm 的偏差，插销的中心距为标准活页中所规定的值。

载流部件通以 1.25 倍的额定电流历时 1 h。

对于有接地触头的连接器，让载流触头和接地触头通以 1.25 倍的额定电流历时 1 h。

通过熔化颗粒，变色指示器或热电偶来确定温度，这些测温装置的选择和放置应对所测的温度不产生影响。

端子和触头的温升不应超过 45 K。

试验后，5.5 中规定的第二组 3 个试样应能经受住第 16 章的试验。

注 1：器具输入插座和 0.2 A 的连接器不用做温升试验。

注 2：试验期间，连接器不要暴露在外部热源下。

22 软线及其连接

22.1 不可拆线连接器应接有符合 GB/T 5023 或 GB/T 5013 的软线。

软线不应轻于表 4 中的型号，而横截面积不应小于表 4 中的规定值。

表 4 软线的型号和最小标称横截面积

连接器的种类	软线的型号	标称横截面积 mm²
0.2 A	60227 IEC 41[a]	—
2.5 A 用于Ⅰ类器具或设备	60227 IEC 52	0.75
2.5 A 用于Ⅱ类器具或设备	60227 IEC 52	0.75[b]
6 A	60227 IEC 52	0.75

表 4（续）

连接器的种类	软线的型号	标称横截面积 mm²
10 A 用于冷条件	60227 IEC 53 或 60245 IEC 53	0.75[c]
10 A 用于热条件	60245 IEC 51 或 60245 IEC 53	0.75[c]
10 A 用于酷热条件	60245 IEC 51 或 60245 IEC 53	0.75[c]
16 A 用于冷条件	60227 IEC 53 或 60245 IEC 53	1[c]
16 A 用于酷热条件	60245 IEC 51 或 60245 IEC 53	1[c]

[a] 长度不超过 2 m。

[b] 如果软线的长度不超过 2 m，则允许标称横截面积为 0.5 mm²。

[c] 如果软线的长度超过 2 m，则标称横截面积应为：

——1 mm²，对于 10 A 连接器；

——1.5 mm²，对于 16 A 连接器。

不可拆线连接器应配有相应型号的软线，该软线的型号由表 4 中的连接器的种类所对应，并且软线的标称横截面积应不小于表 4 中的规定值。

在不可拆线而且不可逆插的连接器中，软线的芯线应按下述方法连接触头：

绿/黄双色芯线连接接地触头；

棕色芯线连接相触头；

浅蓝色芯线连接中性触头。

注：参见 8.6 的注。

是否合格，通过观察、测量以及检查软线是否符合 GB/T 5023 或 GB/T 5013 的要求来鉴定。

22.2 连接器应备有芯线固定部件，使导线在与接线端子或端头连接的地方免受应力（包括扭力在内），同时可使外皮不受磨损。

注：迷宫式软线固定部件是允许的，只要它们能经受住有关的试验。

22.3 对于可拆线连接器：

——如何实现免受应力和防止扭力应是清晰的；

——芯线的固定部件，至少是其中一部分应与连接器的其他组件之一构成一个整体或固定在其上；

——不应使用临时措施，如把软线系成一个结，或把软线末端用绳系起；

——芯线的固定部件应适用于可能被连接的各种不同种类的软线，其效果不应依赖于本体中各部件的装配；

——芯线的固定部件应是绝缘材料的，或备有一个固定到金属部件上的绝缘衬垫；

如果软线固定部件的夹紧螺钉，用图 10 所示的标准试验指是可触及的或电气上与可触及的金属部件是相连的，则软线应不可能碰触到这些螺钉；

——软线固定部件的金属部分，包括螺钉，应与接地电路绝缘。

通过观察和用图 16 所示的试验装置进行拉力试验，接着进行扭矩试验来确定是否符合 22.2 和 22.3 的要求。

不可拆线连接器按交货状况受试，可拆线连接器先用表 5 中规定的一种软线进行试验，然后再换另一种软线进行试验。

将可拆线连接器的软线中的导体插入夹紧件里，并将夹紧件螺钉（如有）拧紧至足以防止导体窜动的程度。

按正常的方式使用软线固定部件，用表 8 相应栏中所规定的力矩的 2/3 把夹紧螺钉拧紧。将试样重新组装后，各部件应严密地结合，并不可能使软线在连接器再深入一步。

表 5 用于可拆线连接器试验的软线的型号

连接器的种类	软线的型号	标称横截面积 mm²
10 A 用于冷条件	60227 IEC 53 60227 IEC 53	0.75 1
10 A 用于热条件	60245 IEC 53 60245 IEC 53	0.75 1
10 A 用于酷热条件	60245 IEC 53 60245 IEC 53	0.75 1
16 A 用于冷条件	60227 IEC 53 60227 IEC 53	1 1.5
16 A 用于酷热条件	60245 IEC 53 60245 IEC 53	1 1.5

把试样固定在试验装置中，使得软线在插入连接器的地方，其轴线是垂直的。

对于额定电流不超过 2.5 A 的连接器，用 50 N 的力来拉软线 100 次，而对其他连接器，则用 60 N 的力来拉软线 100 次。

紧接着，软线要经受扭矩试验达 1 min：

——除双股扁形铜皮软线外，对标称横截面积不超过 0.5 mm² 的软线施加 0.1 N·m 的扭矩；

——对横截面积为 0.75 mm² 的双芯软线施加 0.15 N·m 的扭矩；

——其他情况下，均施加 0.25 N·m 的扭矩。

试验期间软线不应有损坏。

试验后，软线不应有大于 2 mm 的位移。对于可拆线连接器，导线的端部在接线端子中不应有明显的移动，对于不可拆线连接器，不应损坏电气连接。通过目视检查，确保导线在连接到端子或端头的位置没有受到不正当的扭曲(对于不可拆除的附件，在测试顺序的最后进行)。

为了测量纵向位移，在开始试验前，使在经受规定值的初始拉力的同时，要在软线上作一记号，记号位于离连接器或软线护套的端部约 20 mm；对于不可拆线连接器，如没有明确的连接器端部或软线护套端部，则还要在本体上作一标记，并测量两标记的距离。

试验后，在软线仍经受规定的拉力的同时，测量软线上的标记相对于连接器或软线护套的位移。

注：备有双股金属扁芯软线的连接器，不经受扭矩试验。

22.4 连接器应设计成使软线在进入连接器的地方不会过度弯曲。

为此目的而装的护套应采用绝缘材料制成，并用可靠的方法来固定。

注：不管是裸露的，还是用绝缘材料包覆的螺旋形的金属弹簧，不允许作软线护套使用。

通过观察和以下的试验检查是否符合要求。

对于可拆线连接器，在本试验开始之前，按以下两种材料的规定，将护套经受加速老化试验：

——若是弹性材料，按 24.2.1；

——若是热塑性材料，按 24.2.2。

连接器要在图 17 所示的带有摆动部件的试验装置上作弯曲试验。

可折线连接器接上表 6 中规定的软线，软线要有适当的长度及这种软线最大直径所对应的股数。并将软线护套(如有)放在其位置上。

不可拆线连接器的软线按交货状况进行试验。

将试样固定到试验装置的摆动部件上，使摆动部件处于行程的中点时，软线在进入试样处的轴线与水平线垂直并经过摆动轴。

在正常使用中插入器具输入插座内的连接器插套要固定在试验装置中。

表 6 可拆线连接器的软线的型号和标称横截面积

连接器的种类	软线的型号	标称横截面积 mm²
10 A 用于冷条件	60227 IEC 53	1
10 A 用于热条件	60245 IEC 53	1
10 A 用于酷热条件	60245 IEC 53	1
16 A 用于冷条件	60227 IEC 53	1.5
16 A 用于酷热条件	60245 IEC 53	1.5

通过改变图 17 中的距离 d 来定位摆动部件，以保证摆动部件在整个行程内运动时，软线有最小的横向移动。

接有扁型软线的试样应安装成使软线截面的长轴与摆动轴平行。

给软线加上一个重物作负载，使所施加的力为：

——20 N，对于可拆线连接器，以及接有标称横截面积超过 0.75 mm² 软线的不可拆线连接器；

——10 N，对于其他不可拆线连接器。

通过导线的电流等于连接器的额定电流，它们之间的电压等于额定电压。接地导线(如果有)不能有电流通过。

使摆动部件摆动 90°角(在垂直面两侧各 45°)，对于可拆线连接器，弯曲次数为 10 000 次。对于不可拆线连接器，弯曲次数为 20 000 次，弯曲速率为每分钟 60 次。

对于接有圆芯线的试样，当弯曲到要求次数一半后，转 90°方向，继续弯折；对于接有扁芯软线的试样，只作与该软线平面垂直方向弯折次数的要求。

试验中，试验电流不应中断，导线之间不允许短路。

试验后，试样不得有本部分意义内的损坏，护套(如果有)不应与软线分离，软线绝缘不应有磨损的痕迹。对于不可拆线连接器，断裂的绞合导体不能刺破绝缘，以致导体变为可触及。

注 1：一次弯曲是向前或向后的一次运动。

注 2：试验要在未经受其他任何试验的试样上进行。

注 3：如果软线中的导线的电流值是连接器的额定电流的两倍，则认为软线的导线之间短路。

23 机械强度

23.1 器具耦合器应有足够的机械强度。

是否合格通过下述检查：

——对于连接器，通过 23.2 的试验检查，而对于额定值超过 0.2 A 的连接器，通过 23.3 的试验检查；

——对于带有金属外壳的器具输入插座，进行 23.4 的试验来检查。

——对于带有绝缘材料外壳的器具输入插座，进行 23.5 的试验来检查。

注 1：对于暗装式的器具输入插座外壳不用经受 23.4 和 23.5 的试验。

注 2：用于检查这些器具输入插座机械强度的试验正在考虑中。

23.2 可拆线连接器接有 22.3 规定的最小横截面积的软线，该线从护套的外端算起长度约为 100 mm。用 25.1 的适合栏中规定值的 2/3 扭矩来扭紧端子螺钉和装配螺钉。

不可拆线连接器按交货状况时受试，所带软线的长度要从护套的外端算起约为 100 mm 的地方切断。

试样要逐个地经受 GB/T 2423.8 试验 Ed：自由跌落程序 2 的试验。跌落的次数为：

——不带软线或软线护套的试样，重量不超过 200 g，跌落次数为 500 次；

——其他情况下，则为 100 次。

试验后，试样不得有本部分意义内的损坏，任何零件都不应脱落或松动。

注1：特别注意软线的连接。在防触电保护不受影响的条件下，允许有不致造成试样不合格的小块脱落。

注2：表面光洁度的损坏以及不会使爬电距离和电气间隙减到低于第26章所规定值的小凹痕是允许的。

注3：表面层的损伤、不会使爬电距离或电气间隙降至低于第26章的规定值的小凹痕可忽略不计。

注4：为了保证自由跌落，约为100 mm的长度可能必需减小。

23.3 在23.2的试验后，将额定值大于0.2 A的连接器插入到与受试的连接器型号一致的而且符合相应的标准活页的器具输入插座中。将器具输入插座安装到相应的试验装置上，插销朝上，如图19所示，应符合40 mm±2 mm的尺寸。

将表7所规定的横向拉力在垂直于载流插销的轴线平面的方向施加到软线上，接着立即松开。

表7 横向拉力试验所施加的拉力值

连接器的额定电流 A	拉力 N
2.5	6
6	35
10	35
16	50

操作的次序是先朝一个方向拉50次，再朝相反方向拉50次。

然后将相同大小的横向拉力作用在平行于载流插销的轴线平面而且平行于连接器的结合面的方向施加到软线上，接着立刻松开，先朝一个方向拉50次，然后再朝相反方向拉50次。

如有必要，要防止连接器从器具输入插座中脱出，但连接器朝器具输入插座的壁的移动必须是自由的。

试验期间，护套(如有)不应脱离软线。

试验后，连接器不得有本部分意义内的损坏。尤其试样应符合最小拔出力的要求并能承受住16.3的试验。

注：图19所示的试验装置是打算用于连接器的轴与软线的轴重合情况下的连接器("直连接器")；对于其他连接器，调整试验装置，以便将拉力作用在最不利的位置上。

23.4 用于明装式的有金属外壳的器具输入插座，在相应的试验装置(例如图20所示)上挤压。夹头的球端半径应为20 mm±1 mm。在外壳的外表面中间最不利的位置上，朝垂直于外壳的轴线方向通过夹头施加40 N±2 N的力，历时60 s±6 s。

试验后，不得出现影响器具输入插座进一步使用的外壳变形或松动。

23.5 用于明装式而有绝缘材料(除弹性材料或热塑材料外)外壳的器具输入插座应通过图21中所示的弹簧冲击试验器来试验。

试验装置主要由三个部分组成：壳体、冲击元件和装载弹簧的释放锥。

壳体由外壳，冲击元件的导向套、释放机构和所有钢性固定在这些部件上的全部零件组成，其总质量为1 250 g。

冲击元件由锤头、锤杆和击发栓钮组成，其总质量为250 g。

锤头上有一个洛氏硬度为HR100，半径为10 mm的聚酰胺半球面，锤头固定在锤杆上的方式是，当冲击元件在释放点时，从锤头顶端到锥体前平面的距离为20 mm。

释放锥的质量为60 g，当释放爪在冲击元件释放时，锥体弹簧应产生20 N的力。

锤头弹簧的调整，应使弹簧的压缩量约为20 mm时，压缩量(mm)和弹簧张力(N)的乘积等于1 000，经过这样的调整，冲击能量为0.5 N·m±0.05 N·m。

调整释放机构弹簧，使弹簧产生刚好足够的压力使释放爪保持在咬合位置。

拉动击发栓钮直到释放爪与锤杆上的沟槽咬合为止，试验装置即处于准备击发状态。

将试验器垂直于试样表面，对着试样推动释放锥，对试样进行冲击。

缓慢增加压力以便使释放锥向后移动直到与释放棒接触为止，释放杆因此而移动，并操纵释放机构使锤头进行撞击。

将试样刚性支撑，并经受12次撞击，依次选择试样最薄弱的4个点冲击，每个点各冲击3次。

试验后，试样不应有明显的裂纹。

23.6 对符合标准活页C7的Ⅱ类设备用的2.5 A连接器，在开关凸轮可触及连接器的地方应有足够的抗变形能力。

注：这个地方在标准活页C7中用3)表示。

通过下述试验检查是否符合要求，按图22所示的具有矩形检验片的装置进行试验。试验时相继将检验片A和B放在连接器的被测面上。按图22所规定的力将叶片压向连接器。

将装有试样的试验装置放在温度为70 ℃±2 ℃的烘箱里，历时2 h。

然后从试验装置上取下试样，浸入冷水中使其在10 s内冷至接近室温。

紧接着在压印点的位置上测量其本体的厚度。试验前后的厚度差不应大于0.2 mm。

23.7 具有一个独立的封装插套的前面部件的连接器，其外部部件应彼此可靠固定。

是否合格，通过下述试验来检查，本试验应紧跟在18.2的试验之后，立即进行。

将连接器的前面部件和后面部件牢固地固定到两个爪上，两个爪的布置应保证两者在一条直线上彼此分开。用100 N±2 N的拉力作用在轴的方向上，但不要猛然向爪施力，作用力保持1 min。移开施力之后，向连接器施加2次2 N·m的力矩。第1次向垂直于先前施力的轴的方向扭动连接器，施加1 min；接着第2次向垂直于先前施力和力矩的轴的方向弯曲连接器，施加1 min。

试验后，连接器的前后两部件不得脱离，提供防触电保护的部件不得松脱，带电部件不得易触及。

23.8 器具输入插座的外壳应经受压力试验，试验装置类似于图24所示，试验环境温度为25 ℃±5 ℃。

将试样夹在钢质夹具之间，夹具的鼓状面半径为25 mm，宽15 mm，长50 mm，其角倒圆半径为2.5 mm。

以夹具的正面与外壳的正面相一致的方式，夹紧试样。

通过夹具施加20 N的力。

1 min之后，并且外壳仍在压力作用之下，相应的通规应能够进入器具输入插座。如有疑问，并且若没有量规，就必须测量外壳的内部尺寸。尺寸应符合相应的标准活页。

24 耐热和抗老化性能

24.1 器具耦合器应有足够的耐热性能

通过24.1.1～24.1.3的合适的试验来检查是否符合要求。

24.1.1 连接器和器具输入插座(与设备形成一体或安装在设备上的器具输入插座除外)保持在100 ℃±2 ℃的烘箱内1 h。

试验中，试样不应出现任何影响进一步使用的变化，密封胶不应流淌到使带电部件裸露的程度。

注1：如连接器和器具输入插座一起提交，试验时应将它们结合在一起。

注2：在不影响安全的情况下，允许密封胶的轻微的位移。

24.1.2 用图23所示的试验装置，对没有与器具或设备形成一体的或不装在器具或设备上的器具输入插座的绝缘材料部件，以及连接器(除0.2 A)的绝缘材料部件进行球压试验。

固定软线的部件、护套与软线模压在一起的连接器中不直接包围插套的部件以及陶瓷部件不经受此项试验。

试验开始前，应将试验负载和支承装置放在烘箱内足够长的时间以确保负载和支承装置达到规定的试验温度。被测部件应放置在至少3 mm厚的钢板上，使之与钢板直接接触。如果不可能在试样上进行试验时，应在至少2 mm厚与试样相同的材料上进行试验。

将被试部件的表面置于水平位置，用20 N的力将一直径为5 mm的钢球压住该表面。

试验是在烘箱内进行，箱内温度保持在：

——用于酷热条件下的附件为 155 ℃±2 ℃；

——用于热条件下的附件为 125 ℃±2 ℃；

——用于冷条件下的附件中那些保持载流部件和接地回路的部件在位的部件为 125 ℃±2 ℃；

——用于冷条件下的附件中其他部件和 0.2 A 器具输入插座的所有部件为 75 ℃±2 ℃。

1 h 之后，将钢球从试样上移开，然后将试样浸入冷水中，使之在 10 s 内冷却到接近室温。

测出钢球压痕的直径，该直径不得大于 2 mm。

24.1.3 热塑性材料制成的连接器要在与图 24 所示相似的试验装置上进行压力试验。试验应在 100 ℃±2 ℃的烘箱内进行。

将试样夹在钢质夹具之间，夹具的鼓状面半径为 25 mm，宽 15 mm，长 50 mm，其角倒圆半径为 2.5 mm。

夹具朝着试样在正常使用时被抓住的地方施加压力，夹具的中心线尽量与被夹面的中心线重合。

通过夹具施加 20 N 的力。

1 h 之后将夹具移开，试样不得出现本部分意义上的损坏。

24.2 弹性或热塑材料制成的连接器应有足够的抗老化能力。

是否合格，通过下述检查：

——对于弹性材料的连接器，通过 24.2.1 和 24.2.3 的试验来检查；

——对于热塑材料的连接器，通过 24.2.2 和 24.2.3 的试验来检查。

对于 24.2.1～24.2.3 的试验，使用两个新试样，这两个试样先进行第 16 章的试验。

注 1：对于 24.2.1 和 24.2.2 的试验，建议使用电烘箱。

注 2：可通过箱壁上的孔进行自然空气循环。

注 3：可通过热电偶方法测量温度。

24.2.1 弹性材料制成的连接器要进行加速老化试验。将试样悬挂在自然循环通风的烘箱内，试样在箱中保持 240 h(10 d)，箱内温度保持在 70 ℃±2 ℃。

24.2.2 热塑材料制成的连接器要进行加速老化试验。将试样悬挂在自然循环通风的烘箱内，试样在箱中保持 168 h(7 d)，箱内温度保持在 80 ℃±2 ℃。

试验期间，连接器要与符合本部分相应的器具输入插座结合在一起。

24.2.3 在 24.2.1 或 24.2.2 的试验完成后，取出试样，使之接近环境温度，然后进行检查，试样不得有肉眼可见的裂纹，材料也不得变粘或变滑。是否合格，通过以下方法判定：

用一片干燥的粗糙的布缠裹食指，用 5 N 的力将食指按压到试样上。试样上不得残留布纹，试样材料也不得粘到布上。

试验后，试样不得有引起不符合本部分的损坏。

注：5 N 的力按下述方法获得：

将试样放置在天平的一个托盘上，另一个托盘加上砝码与试样平衡后，再加 500 g 的砝码，然后通过用缠有布的食指按压试样至天平平衡。

25 螺钉、载流部件及其连接

25.1 电气连接或机械连接应能承受正常使用时产生的机械应力。

传递接触压力的螺钉或螺母应与金属螺纹啮合。

自攻螺钉不应用于连接导线。

在安装过程中连接附件时要拧动，或在附件使用时可能被拧动的螺钉或螺母不能是螺纹切削型的。

注：安装附件时被拧动的螺钉或螺母包括用于固定盖或盖板的螺钉，但不包括用于固定器具输入插座底座的螺钉。

是否合格，通过观察检查。而对于传递接触压力的，在安装过程中连接附件时被拧动的，或在附件使用时可能被拧动的螺钉或螺母，还要通过下述试验检查。

将螺钉或螺母拧紧和拧松：

——10次，对与绝缘材料螺纹啮合的螺钉和绝缘材料制成的螺钉；

——5次，对所有其他情况。

与绝缘材料螺纹啮合的螺钉或螺母和绝缘材料制成的螺钉每次都应完全拧出和拧入。

试验应使用合适的螺钉旋具或扳手，施加的力矩按表8的规定。

注：螺钉旋具的形状应适合受试的螺钉头。

表8 拧紧和拧松测试所施加的力矩

螺钉的标称直径 mm	力矩 N·m	
	Ⅰ	Ⅱ
≤2.8	0.2	0.4
>2.8以及3.0≤	0.25	0.5
>3.0以及3.2≤	0.3	0.6
>3.2以及3.6≤	0.4	0.8
>3.6以及4.1≤	0.7	1.2
>4.1以及4.7≤	0.8	1.8
>4.7以及5.3≤	0.8	2.0

试验连接器的端子螺钉时，端子上要接有软导线。每次松开螺钉或螺母时，要移动导线。

对于10 A连接器，该导线的标称横截面积为1 mm^2；16 A连接器导线的标称横截面积为1.5 mm^2。

应拧紧螺钉和螺母。

表8中，Ⅰ适用于为拧紧时螺钉不从孔中凸出的无头金属螺钉以及不能用刀片宽度大于螺钉直径的旋具拧紧的螺钉。

Ⅱ适用于其他螺钉和螺母。

对于有槽的六角螺钉，只有用旋具做试验。

试验期间，螺钉连接不得松脱，也不得有影响附件进一步使用的损坏，如螺钉的断裂、或对螺钉头槽、螺纹、垫片或锲形夹的损坏。

注：螺钉连接不得作部分地通过第20章和第23章的试验检查。

25.2 对于打算与绝缘材料螺纹啮合的螺钉和在安装过程中连接附件时要拧动的螺钉，或在附件使用时可能被拧动的绝缘材料制成的螺钉，应保证将螺钉正确地引入螺孔或螺母里。

绝缘材料制成的螺钉，不得用于当用金属螺钉替代时，会影响器具耦合器绝缘能力的场合。

是否合格，通过观察和手动试验检查。

注：如果通过被固定的部件引导螺钉，或通过内螺纹中的凹槽，或通过使用除掉引导螺纹的螺钉等方法防止螺钉倾斜地插入，则有关正确引入的要求就满足了。

25.3 电气连接应设计成接触压力不是通过绝缘材料（除陶瓷或其他至少与陶瓷等效特性的材料以外）传递的。

如果金属部件有足够的弹性去补偿绝缘材料可能出现的收缩，则此项要求不适于冷条件下使用的器具耦合器。

注：材料的适用性认为与尺寸的稳定性有关。

是否合格，通过观察检查。

注：这项要求包括下述电气连接，用扁平软线连接小于0.2 A的器具耦合器，并且接触压力是通过绝缘材料获得的，该绝缘材料具有能保证在正常使用的所有状态下可靠而永久连接的特性，尤其在绝缘部件收缩、变形、老化和冷流情况下。

25.4 用作电气连接及机械连接的螺钉和铆钉，应加以固定以防止松动或转动。

是否合格，通过观察和手动试验检查。

注1：弹簧垫圈可以起到良好的锁紧作用。

注2：对于铆钉，非圆形的铆钉体或合适的槽口对于防松动或转动是足够的。

注3：受热时会软化的密封胶，只有对正常使用中不会受扭转的螺钉连接才会起到良好的锁定作用。

25.5 接线端子和其他部件之间的连接，应设计成在正常使用中不会松动。

是否合格，通过观察和手动试验检查。

25.6 载流部件和接地触头应用金属制成，而在器具耦合器中出现的各种状态下，金属应具有足够的机械强度和耐腐蚀性。

是否合格，通过观察和化学分析(如有必要)检查。

在允许的温度范围内和在正常的化学污染条件下，适合的金属有：

——铜；

——对于经过冷加工的部件，含铜量至少为58%的合金；对于其他部件，含铜量至少为50%的合金；

——含铬量至少为13%、含碳量不超过0.09%的不锈钢；

——有符合GB/T 9799—1997镀锌层要求的钢，但镀层厚度至少为5 μm(ISO工作条件No.1)；

——有符合GB/T 9797—2005镍铬镀层要求的钢，但镀层厚度至少为20 μm(ISO工作条件No.2)；

——有符合GB/T 12599—2002锡镀层要求的钢，但镀层厚度至少为12 μm(ISO工作条件No.2)。

可能受到机械磨损的部件不应采用有镀层的钢制成。

如果不打算进行固定的电气连接，则有锌镀层的钢仅允许用作主要的载流部件。对于连接，锌镀层只有在不直接参与电流传输的部件上才是允许的，如用于某些类型接线端子的仅传递接触压力的螺钉和垫片。

注1：本条的要求不适用磁回路，加热元件、双金属元件、分路器、电子器件的部件等。

注2：螺钉、螺母、垫片、夹板和接线端子等类似部件不看作是载流部件。

注3：通过耐腐蚀试验来验证的新要求在考虑中。这些要求将允许使用经过适当镀层的其他材料。

25.7 在潮湿条件下，彼此之间电化学电势差较大的金属件不得互相接触。

是否合格，通过观察检查。

25.8 用于酷热条件下的器具插座的插销应用镀镍层来保护，或用防腐蚀性能良好的材料制成。如在正常使用时插销温度不超过140 ℃，则后面一项要求不适用于与器具或设备形成一体的或安装在器具或设备的器具输入插座的插销。

是否合格，通过观察检查。

26 爬电距离、电气间隙和穿通绝缘距离

如果标准活页中没有说明的话，连接器和器具输入插座(除与器具或设备形成一体的或安装在器具或设备中的器具输入插座外)的爬电距离、电气间隙和穿通绝缘距离不得小于表9所规定的值。

注1：对于可能出现的新标准活页，如果没有非常合适理由，并且没有充分地考虑到绝缘配合，则不能用其他数值来代替表9中的数值，即表中的数值是有效的。

注2：表格中的值对于所有标准活页中未标示的尺寸都是有效的。

对于具有使故障电流绝不超过0.25 A的电阻指示器回路，在将该回路中的任何爬电距离和电气间隙短路的条件下，规定的值可减小到1.0 mm。此外，指示器回路中的电阻器应在不大于制造商规定的额定耗损的75%时动作。

通过测量检查是否符合要求。

对于可拆线连接器，用接有表5中规定的最大横截面积的导线和不接导线的试样分别进行测量。

对于不可拆线连接器，按交货状况进行测量。

表 9　通过绝缘的最小爬电距离和电气间隙

爬电距离和电气间隙	mm
在不同极性的带电部件之间	3[a]
在带电部件与：	
易触及的金属部件之间	4[a]
不易触及的外部螺钉或类似部件之间(仅适合于连接器)	3
在接地回路中的部件与：	
带电部件之间	4
易触及的螺钉或类似部件之间	3
不易触及的外部螺钉或类似部件之间(仅适合于连接器)	1.5
软线固定部件，包括夹紧螺钉	1.5
易触及的金属部件与带电部件之间绝缘材料的厚度	1.5
注 1：对于连接器，"易触及的金属部件"这一术语包括与绝缘材料的外表面接触的金属箔。 注 2：不易触及的螺钉是指标准试验指不能触及的螺钉。 注 3：绝缘包含一个或多个空气层绝缘材料的和。	
[a] 如果在有关标准活页中规定的尺寸使这个距离更小，此距离值不适用。	

连接器要在与器具输入插座结合和不结合两种情况下进行试验。

注 3：对于小于 1 mm 宽度的任何槽的爬电距离就等于其宽度。小于 1 mm 宽的任何气隙，在计算总电气间隙时可忽略。

27　绝缘材料的耐热、耐燃和耐电痕化

27.1　由于电效应引起的电热应力而使其变形会影响安全的绝缘材料部件，不应过分受到附件内产生的热和火焰的影响。

对于额定电流超过 0.2 A 的附件，通过 27.1.1～27.1.10 的灼热丝试验检查是否符合要求。

与器具或设备形成一体的或安装在器具或设备中的器具输入插座，要按照有关器具标准进行试验。

27.1.1　试验的目的

灼热丝试验的目的是保证电热试验丝在规定的试验条件下不会引起绝缘部件着火，或保证绝缘材料零部件在规定的试验条件下被电加热的试验丝点燃着火后，只在有限的时间内燃烧，而火势不会因火焰或从被试部件上跌落到用绢纸覆盖的木板的燃烧颗粒而蔓延。

27.1.2　试验的一般说明

试验仅在一个试样上进行。

如有怀疑，试验应再在两个试样上重复进行。

试验时，用灼热丝灼烧一次。试验期间，试样应放置在最不利的使用位置上(受试表面处于竖直位置)。

考虑到预期的使用条件，即受热的或灼热元件可能与试样相接触，所以应将灼热丝的端部灼烧到规定的试样表面上。

如试验无法在完整的试样上进行，可从试样上切取适当的一部分来试验。

如果在同一试样的几个部分进行规定的试验，则应确保已做的试验所引起劣化不会影响本次试验的结果。

小的部件，例如垫圈等，不做本试验。

27.1.3　试验装置的说明

GB/T 5169.10—2006 的第 5 章适用。应使用覆盖有一层绢纸的松木板。

27.1.4　严酷等级

从 GB/T 5169.11—2006、GB/T 5169.12—2006 及 GB/T 5169.13—2006 第 6 章中规定的优先试

验温度中选出的下述试验温度适用。

——750 ℃,对用于将载流部件和接地回路的部件保持在正常位置所必需的绝缘材料部件;

——650 ℃,对于所有其他绝缘材料部件。

27.1.5 热电偶的校准

GB/T 5169.10—2006 的 6.2 适用。

27.1.6 预处理

GB/T 5169.10—2006 的第 7 章适用。

27.1.7 初始测量

GB/T 5169.11—2006、GB/T 5169.12—2006 及 GB/T 5169.13—2006 的第 8 章适用。

27.1.8 试验程序

GB/T 5169.10—2006 的第 8 章适用。

27.1.9 观察和测量

GB/T 5169.11—2006、GB/T 5169.12—2006 及 GB/T 5169.13—2006 的第 11 章适用。

27.1.10 试验结果的评价

GB/T 5169.11—2006、GB/T 5169.12—2006 及 GB/T 5169.13—2006 的第 12 章适用。

27.2 用于支撑或接触热条件和酷热条件用的器具耦合器中的带电部件的绝缘部件应由耐电痕化材料制成。

该项要求不适用于安装在器具或设备上的或与器具或设备形成一体的器具输入插座。

除陶瓷材料外的其他材料应通过下述试验检查。

27.2.1 测试样品

GB/T 4207—2003 的第 3 章适用。应从附件上取样进行测试。

27.2.2 条件

GB/T 4207—2003 的第 4 章适用。

27.2.3 测试设备

GB/T 4207—2003 的第 5 章如下条款适用:

5.1 ——电极:适用

5.2 ——试验电路:适用

5.3 ——滴液装置:适用

5.4 ——试验溶液:采用溶液 A

27.2.4 程序

GB/T 4207—2003 第 6 章中的如下条款适用:

6.1 ——概述:适用

6.2 ——CTI 的测定:不适用

6.3 ——耐电痕化试验:适用,PTI 175 V;

6.4 ——蚀损的测定:不适用。

28 防锈

铁质部件应有足够的防锈性能。

通过下述试验检查是否符合要求。

将受试部件浸在冷的化学去脂液中,如三氯乙烷或石油醚,历时 10 min。除去所有的油脂,然后将部件浸入温度为 20 ℃±5 ℃的、氯化胺含量为 10%的水溶液中达 10 min。

将试样上的液滴甩掉,但不擦干,然后将试样放进温度为 20 ℃±5 ℃的饱和水气的空气潮湿箱里,历时 10 min。

部件再在温度为 100 ℃±5 ℃的烘箱中烘 10 min 后，其表面不得有生锈的痕迹。

注 1：锐边上的锈迹和可擦掉的黄色膜可忽略不计。

注 2：对于小弹簧之类及会受到磨损的不易触及部件，一层油脂可提供足够的防锈性能。对这类部件，只有在对油脂层的功效有怀疑时，才进行试验，而且试验前不去除油脂。

警告：

使用本试验规定的液体时，要特别谨慎防止吸入蒸气。

29 电磁兼容性(EMC)要求

注：不包括对装有电子元件的附件的要求，因为还未提出这种需要。

29.1 抗扰性

29.1.1 未装有电子元件的附件

这些附件对正常的电磁干扰不敏感，所以不需要抗扰性试验。

29.2 发射

29.2.1 未装有电子元件的附件

这些附件不产生电磁干扰，所以不必作发射试验。

注：这些附件可能只有在偶尔的插入和拔出操作中才产生电磁干扰。这些电磁发射的频率，水平和结果被认为是正常电磁环境的一部分。

标准活页 C 1
用于冷条件下Ⅱ类设备的 0.2 A 250 V 连接器
(限于不可拆线连接器)

单位为毫米

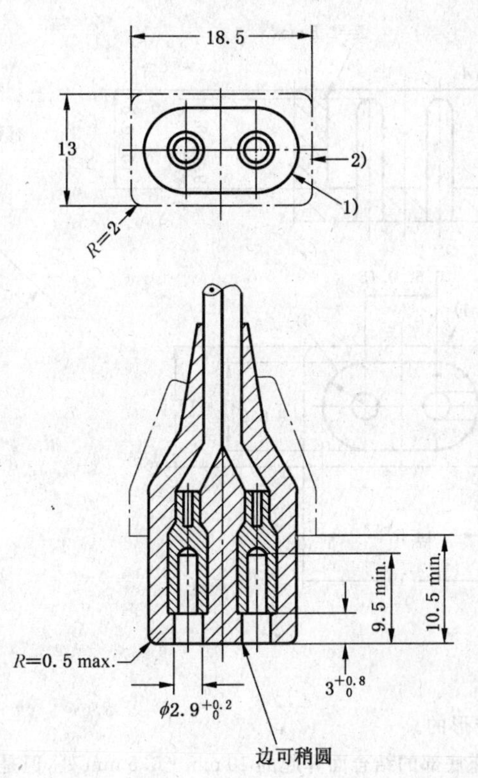

说明:

插套之间的中心距以及前端部尺寸的设计应保证:

——连接器应能全都插入图 2 的通规,而不能插入图 6～图 8 的止规;

——连接器应符合第 16 章～第 17 章的要求;

——插套周围的绝缘厚度不得小于 1.5 mm。

从结合面算起,在 10.5 mm 距离范围内的任何部位,都不应超过或小于前部轮廓 1)。

在与连接器轴线垂直的任何部位,都不应超过后部轮廓 2),对于具有侧向软线入口的连接器和与其他附件组合的连接器除外。这个限制也不适用于软线的轴线方向或起动元件的轴线方向。

插套可以是浮动的。

除所示的尺寸外,草图并不约束设计。

标准活页 C 2
用于冷条件下Ⅱ类设备的 0.2 A 250 V 器具输入插座

单位为毫米

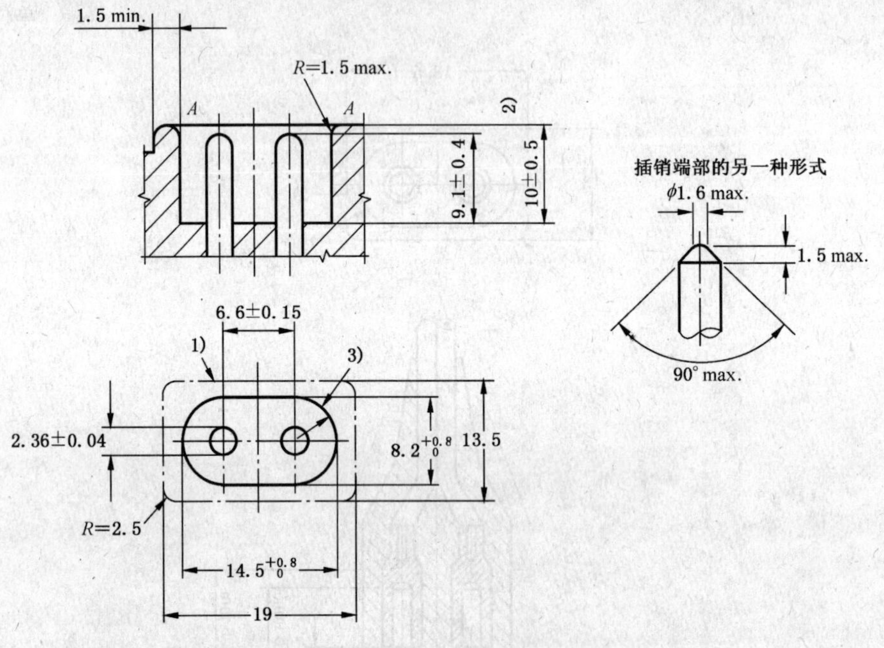

说明：

插销的端部可以是球形的或锥形的。

轮廓 3)应位于从器具输入插座底部的结合面算起的 10 mm±0.5 mm 处，但是从插座底部的结合面到 *A*—*A* 面的距离在区域 1)内的其他部位可以小一些。*A*—*A* 面不必延展到区域 1)的轮廓。在顶部凹槽周围的边缘如果厚度至少为 1.5 mm，则允许边缘稍修圆。保持装置或部件可以在区域 1)内。插座的其他部件不允许突出 *A*—*A* 面之上。

2) 如果器具输入插座安装成嵌入设备的外表面，而该表面是曲面或与器具输入插座的轴线倾斜，则该尺寸应不超过 10.5 mm，最小尺寸应根据 9.5 来确定。

除所示的尺寸外，草图并不约束设计。

标准活页 C 5
用于冷条件下Ⅰ类设备的 2.5 A 250 V 连接器
(限于不可拆线连接器)

单位为毫米

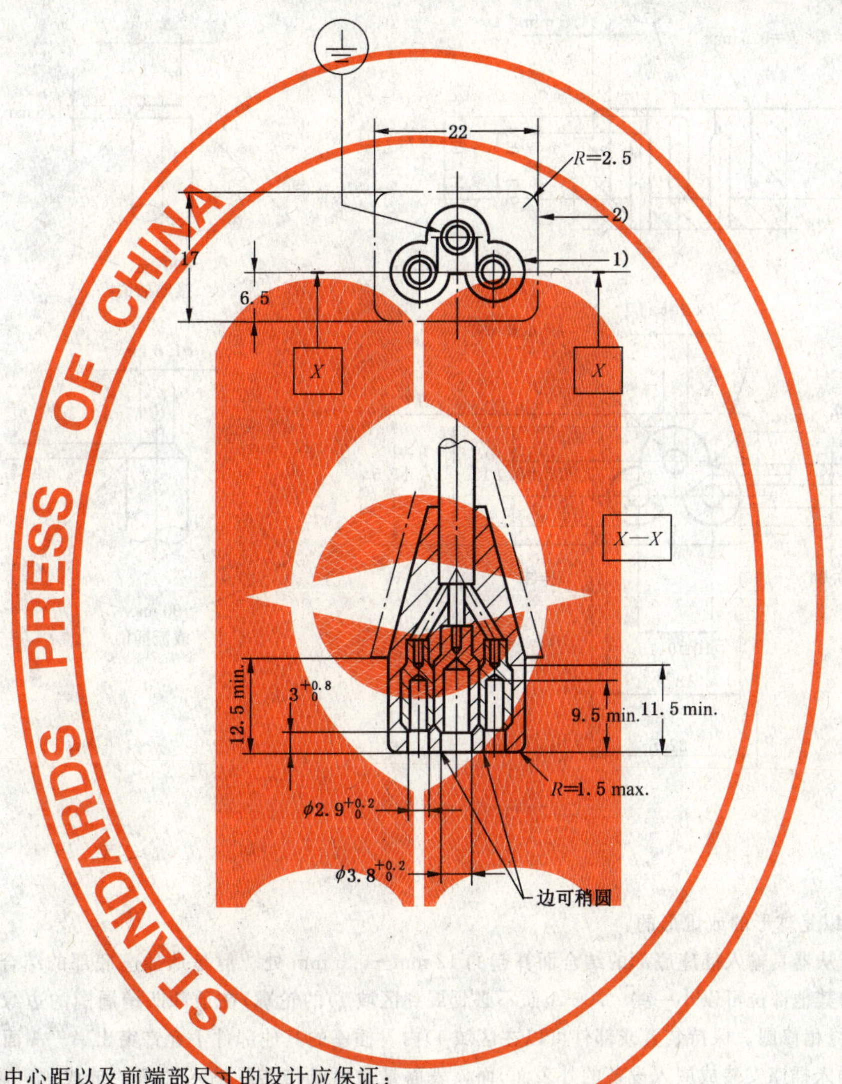

说明：

插套之间的中心距以及前端部尺寸的设计应保证：

—— 连接器应能全部插入图 4 的通规，而不能插入图 7 的止规；

—— 连接器应符合第 16 章～第 17 章的要求；

—— 插套周围的绝缘厚度不得小于 1.5 mm。

从结合面算起，在 12.5 mm 距离范围内的任何部位，都不应超过或小于前部轮廓 1)。

在与连接器轴线垂直的任何部位，都不应超过后部轮廓 2)，对于具有侧向软线入口的连接器和与其他附件组合的连接器除外。这个限制也不适用于软线的轴线方向或起动元件的轴线方向。

插套可以是浮动的。

除所示的尺寸外，草图并不约束设计。

对于表示形状或位置的公差符号见 GB/T 1182。

标准活页 C 6

用于冷条件下Ⅰ类设备的 2.5 A 250 V 器具输入插座

单位为毫米

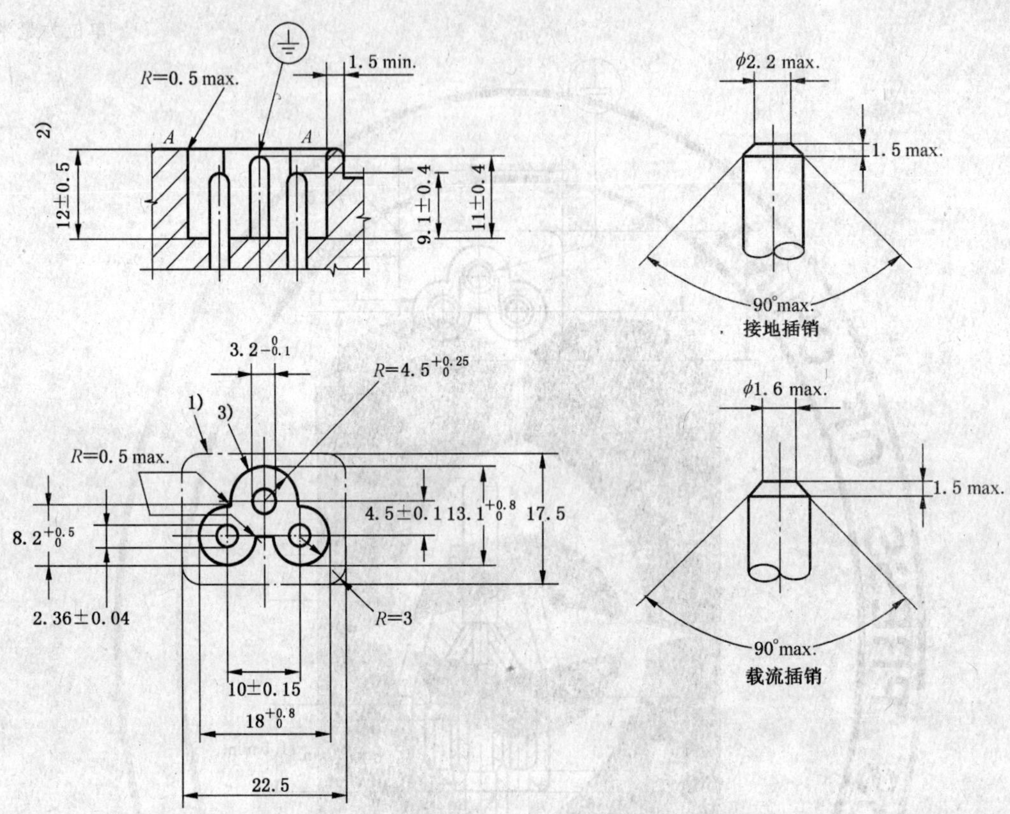

说明：

插销的端部可以是球形的或锥形的。

轮廓 3)应位于从器具输入插座底部的结合面算起的 12 mm±0.5 mm 处。但是从插座底部的结合面到 *A*—*A* 面的距离在区域 1)内的其他部位可以小一些。*A*—*A* 面不必延展到区域 1)的轮廓，在顶部凹槽周围的边缘如果厚度至少为 1.5 mm，则允许边缘稍修圆。保持装置或部件可以在区域 1)内。插座的其他部件不允许突出 *A*—*A* 面之上。

2) 如果器具插入插座安装成嵌入设备的外表面，而该表面是曲面或与器具输入插座的轴线倾斜，则该尺寸应不超过 12.5 mm，最小尺寸应根据 9.5 来确定。

除所示的尺寸外，草图并不约束设计。

标准活页 C 7
用于冷条件下Ⅱ类设备的 2.5 A 250 V 连接器
(限于不可拆线连接器)

单位为毫米

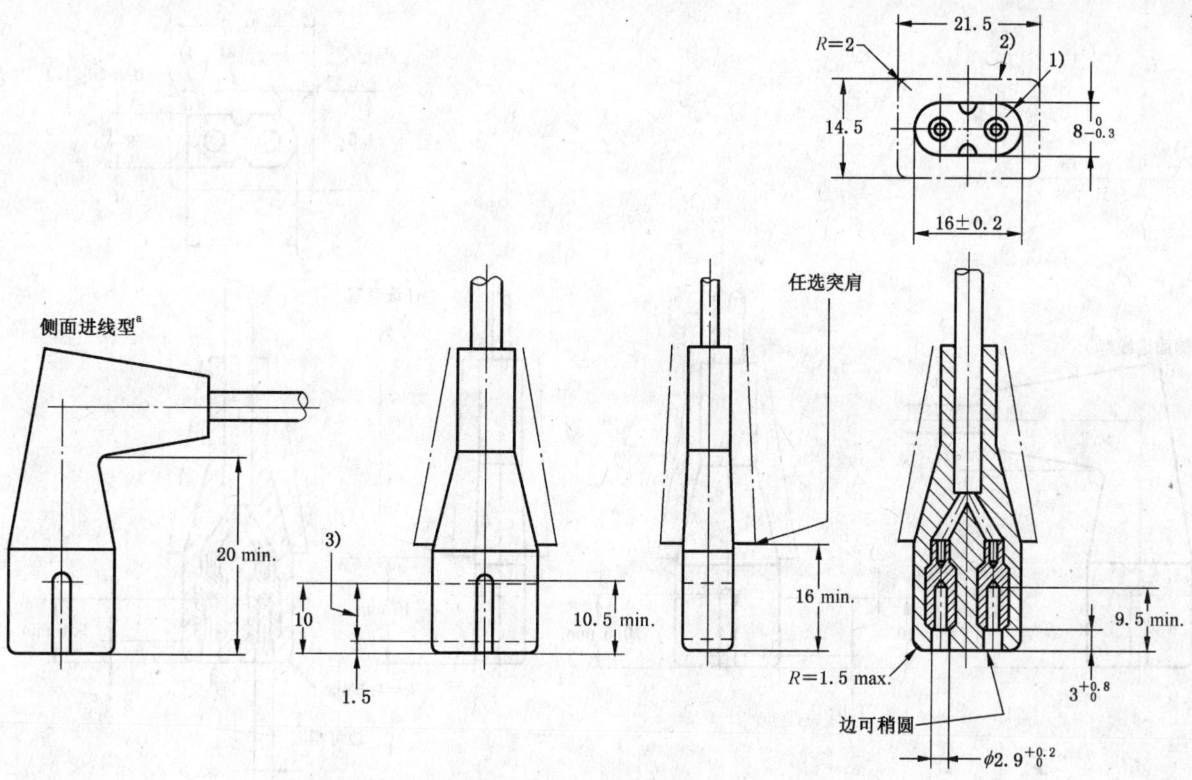

说明：

插套之间的中心距以及前端部尺寸的设计应保证：

——连接器应能全部插入图 5～图 5A 的通规，而不能插入图 7～图 8 的止规；

——连接器应符合第 16 章～第 17 章的要求；

——插套周围的绝缘厚度不得小于 1.5 mm。

从结合面算起。在 16 mm 距离范围内的任何部位，都不应超过或小于前部轮廓 1)。

在与连接器轴线垂直的任何部位。都不应超过后部轮廓 2)，对于具有侧向软线入口的连接器和与其他附件组合的连接器除外。这个限制也不适用于软线的轴线方向或起动元件的轴线方向。

在区域 3)内，连接器应符合 23.6 的要求。

插套可以是浮动的。

除所示的尺寸外，草图并不约束设计。

a 此图仅用于表示从结合面到连接器的尾部的最小距离为 20 mm。它还适用于连挂器为侧向软线入口的结构，在这个结构中软线的轴线不在连接器插套所在的平面内，而是垂直于该平面。

标准活页 C 7A
用于冷条件下Ⅱ类设备的 2.5 A 250 V 连接器
（分极性型式）

单位为毫米

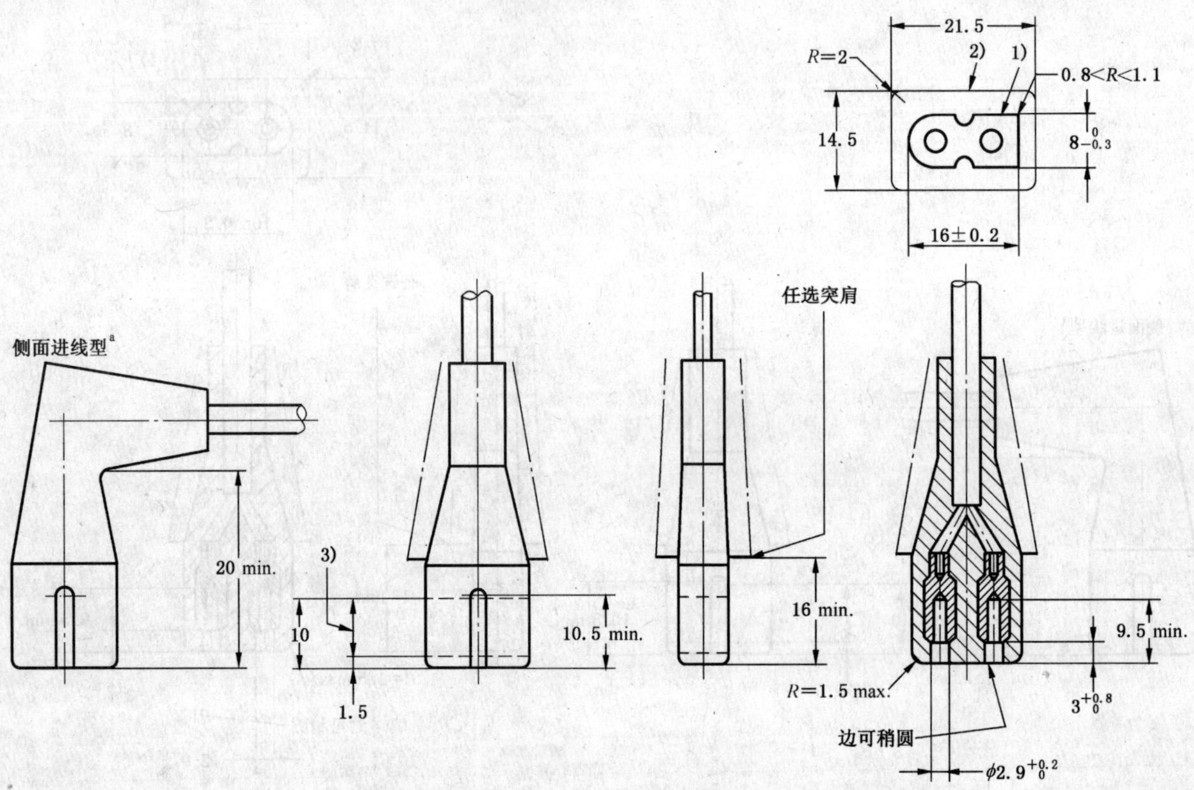

说明：

插套之间的中心距以及前端部尺寸的设计应保证：

——连接器应能全部插入图 5～图 5A 的通规，而不能插入图 7～图 8 的止规；

——连接器应符合第 16 章～第 17 章的要求；

——插套周围的绝缘厚度不得小于 1.5 mm，

从结合面算起。在 16 mm 距离范围内的任何部位，都不应超过或小于前部轮廓 1)。

在与连接器轴线垂直的任何部位。都不应超过后部轮廓 2)，对于具有侧向软线入口的连接器和与其他附件组合的连接器除外。这个限制也不适用于软线的轴线方向或起动元件的轴线方向。

在区域 3)内，连接器应符合 23.6 的要求。

插套可以是浮动的。

除所示的尺寸外，草图并不约束设计。

[a] 此图仅用于表示从结合面到连接器的尾部的最小距离为 20 mm。它还适用于连挂器为侧向软线入口的结构，在这个结构中软线的轴线不在连接器插套所在的平面内，而是垂直于该平面。

标准活页 C 8
用于冷条件下Ⅱ类设备的 2.5 A 250 V 器具输入插座
（标准型式）

单位为毫米

说明：

插销的端部可以是球形的或锥形的。

轮廓 3)应位于从器具输入插座底部的结合面算起的 10 mm±0.5 mm 处。但是从插座底部的结合面到 *A*—*A* 面的距离在区域 1)内的其他部位可以小一些。*A*—*A* 面不必延展到区域 1)的轮廓。在顶部凹槽周围的边缘如果厚度至少为 1.5 mm，则允许边缘稍修圆。保持装置或部件可以在区域 1)内。插座的其他部件不允许突出 *A*—*A* 面之上。

2) 如果器具输入插座安装成嵌入设备的外表面，而该表面是曲面或与器具输入插座的轴线倾斜，则该尺寸应不超过 10.5 mm，最小尺寸应根据 9.5 来确定。

4) 还要通过图 9 的量规来检查。

这种类型的器具输入插座是标准化的，因为现有类型的连接器，其结合面到台肩之间的距离为 10.5 mm。

开关凸轮的位置
（适用于图 C8、图 C8A 和图 C8B 的器具输入插座）

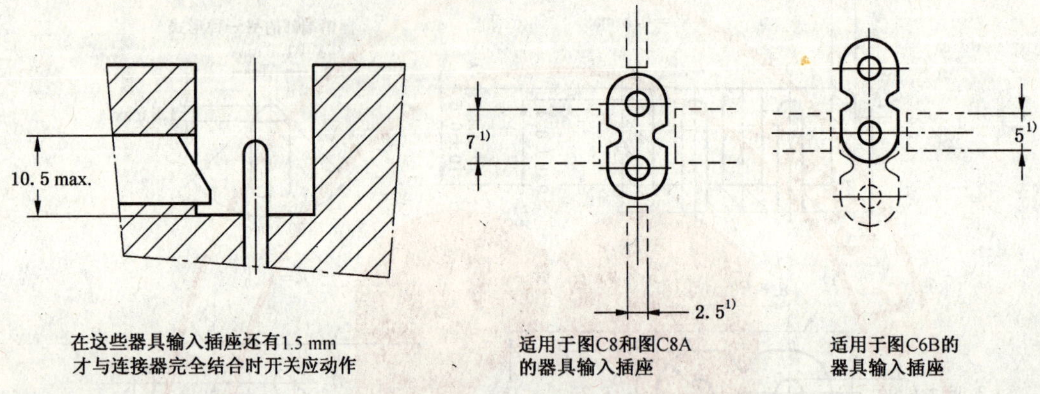

1) 开关凸轮的最小尺寸。

装开关凸轮的地方不需要键。

除所示的尺寸外，草图不约束设计。

标准活页 C 8A
用于冷条件下Ⅱ类设备的 2.5 A 250 V 器具输入插座

单位为毫米

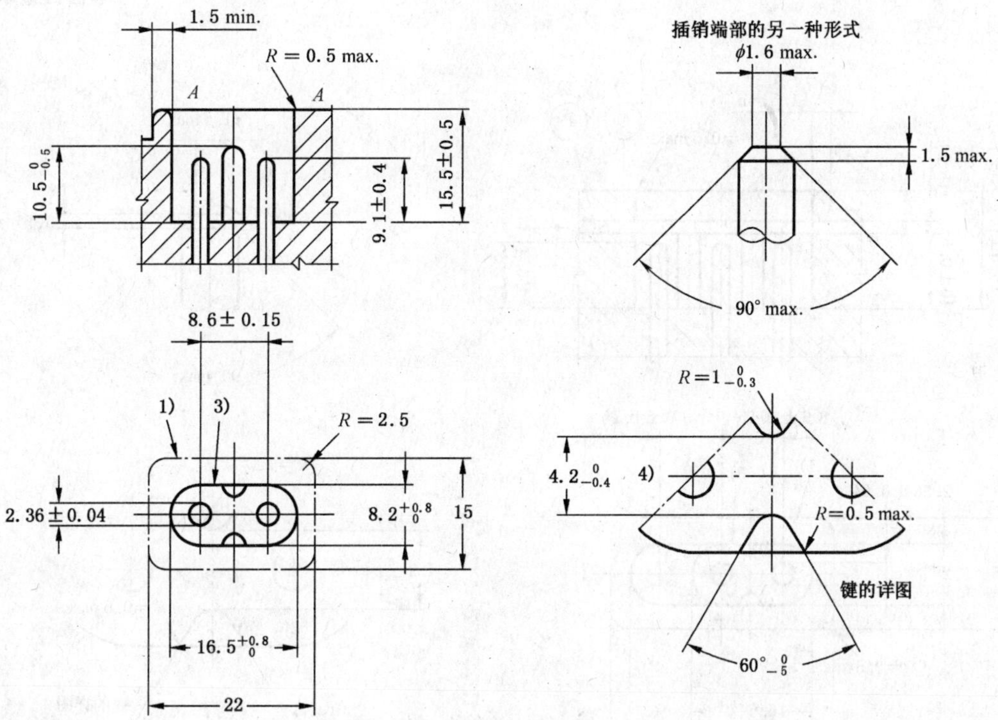

说明：

插销的端部可以是球形的或锥形的。

轮廓 3)应位于从器具输入插座底部的结合面算起的 15.5 mm±0.5 mm 处。但是从插座底部的结合面到 A—A 面的距离在区域 1)内的其他部位可以小一些，A—A 面不必延展到区域 1)的轮廓。在顶部凹槽周围的边缘如果厚度至少为 1.5 mm，则允许边缘稍修圆。保持装置或部件可以在区域 1)内。插座的其他部件不允许突出 A—A 面之上。

器具输入插座不应安装在弯曲的或相对于器具输入插座轴线倾斜的设备外表面上。

关于开关凸轮的位置，见图 C8。

2) 还要通过图 9 的止规来检查。

除所示的尺寸外，草图并不约束设计。

标准活页 C 8B
用于冷条件下Ⅱ类设备的 2.5 A 250 V 器具输入插座
(供设备选接到两个不同的电源电压用)

当部件 P 在两个极端位置时,所观察到的所有尺寸。

单位为毫米

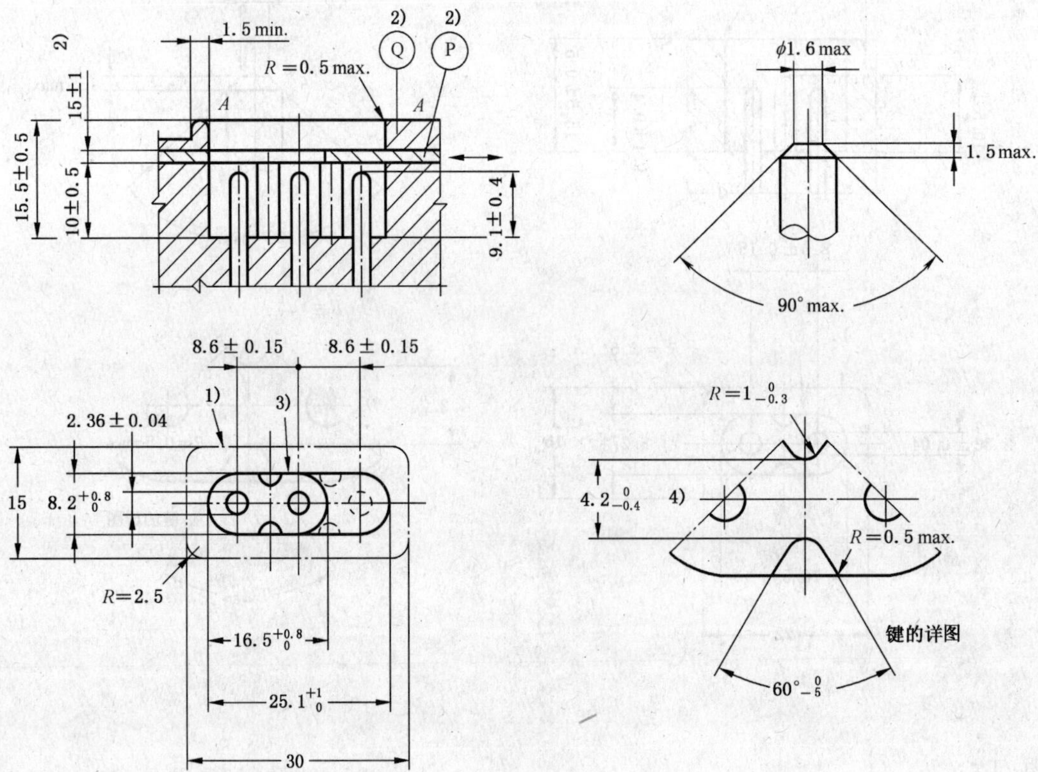

说明:

插销的端部可以是球形的或锥形的。

轮廓 3)应位于从器具输入插座底部的结合面算起的 15.5 mm±0.5 mm 处。但是从插座底部的结合面到 A—A 面的距离在区域 1)内的其他部位可以小些。A—A 面不必延展到区域 1)的轮廓。在顶部凹槽周围的边缘如果厚度至少为 1.5 mm,则允许绝缘稍修圆。保持装置或部件可以在区域 1)内。插座的其他部件不允许突出 A—A 面之上。

在部件 P 上的孔不应有键。

在部件 Q 上的孔的形状应是(8.2+0.8) mm×(25.1+1) mm 的椭圆形,不应有键。

2) 如部件 P 是以相反的方式固定的话(即当它是用螺钉来固定的可反转的部件时),则部件 Q 可省略。在这种情况下,部件 P 的厚度应使插座底部至 P 件和平面 A—A 的距离分别保持在 10 mm±0.5 mm 和 15.5 mm±0.5 mm。

此器具输入插座不应安装在弯曲的或相对于器具输入插座的轴线倾斜的设备外表面上。

关于开关凸轮的位置,见图 C6。

4) 还要通过图 9 的止规来检查。

除所示的尺寸外,草图并不约束设计。

标准活页 C 8C

用于冷条件下Ⅱ类设备的 2.5 A 250 V 器具输入插座

（分极性型式）

单位为毫米

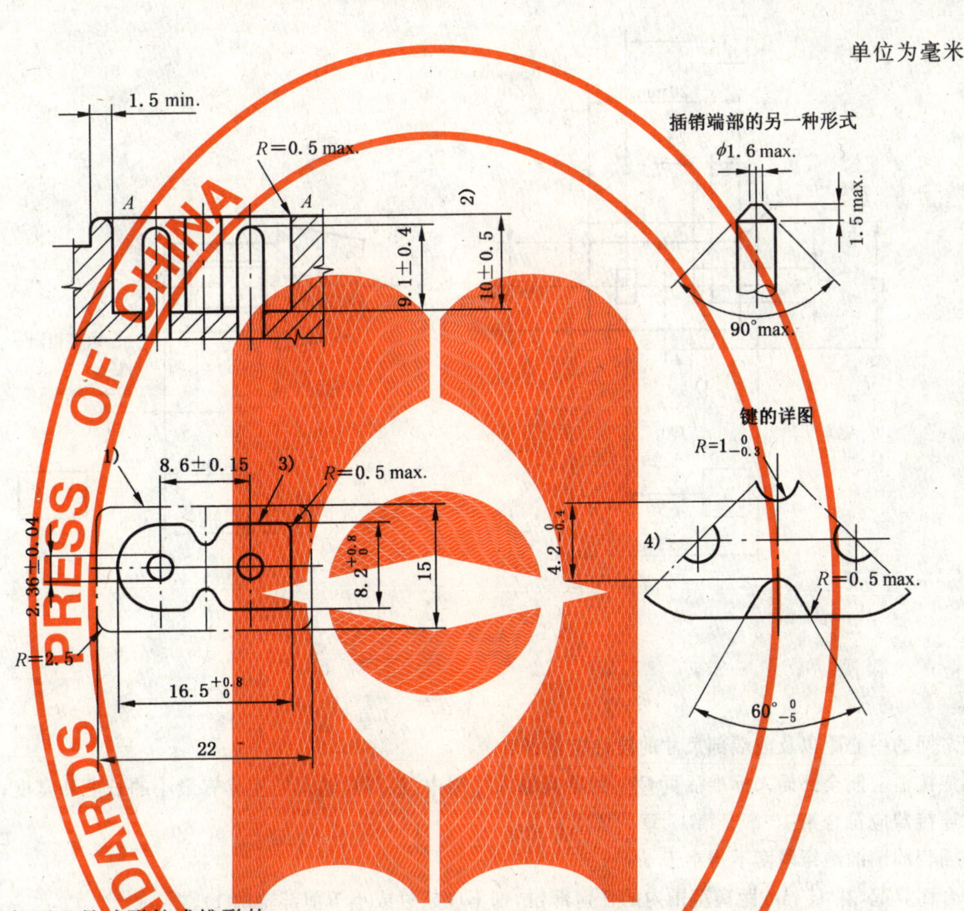

说明：

插销的端部可以是球形的或锥形的。

轮廓 3)应位于从器具输入插座底部的结合面算起的 10 mm±0.5 mm 处。但是从插座底部的结合面到 *A*—*A* 面的距离在区域 1)内的其他部位可以小一些。*A*—*A* 面不必延展到区域 1)的轮廓。在顶部凹槽周围的边缘如果厚度至少为 1.5 mm，则允许边缘稍修圆。保持装置或部件可以在区域 1)内。插座的其他部件不允许突出 *A*—*A* 面之上。

2) 如果器具输入插座安装成嵌入设备的外表面，而该表面是曲面或与器具输入插座的轴线倾斜，则该尺寸应不超过 10.5 mm，最小尺寸应根据 9.5 来确定。

4) 还要通过图 9 的量规来检查。

标准活页 C 9
用于冷条件下Ⅱ类设备的 6 A 250 V 连接器
（限于不可拆线连接器）

单位为毫米

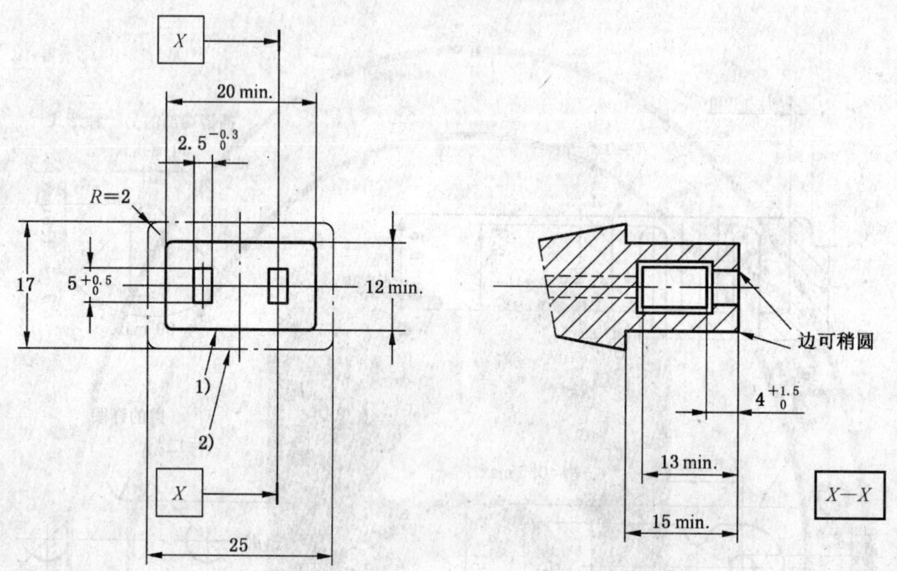

说明：

插套之间的中心距以及前端部尺寸的设计应保证：

——连接器应能全部插入标准活页 C10 的器具输入插座中，该器具输入插座具有最小的长度和宽度；

——连接器应符合第 16 章～第 17 章的要求；

——插套周围的绝缘厚度不得小于 1.5 mm。

从结合面算起，在 15 mm 距离范围内的任何部位，都不应超过或小于前部轮廓 1)。

在与连接器轴线垂直的任何部位都不应超过后部轮廓 2)，对于具有侧向软线入口的连接器和与其他附件组合的连接器除外。这个限制也不适用于软线的轴线方向或起动元件的轴线方向。

插套可以是浮动的。

除所示的尺寸外，草图并不约束设计。

对于表示形状或位置的公差符号见 GB/T 1182。

标准活页 C 10

用于冷条件下Ⅱ类设备的 6 A 250 V 器具输入插座

单位为毫米

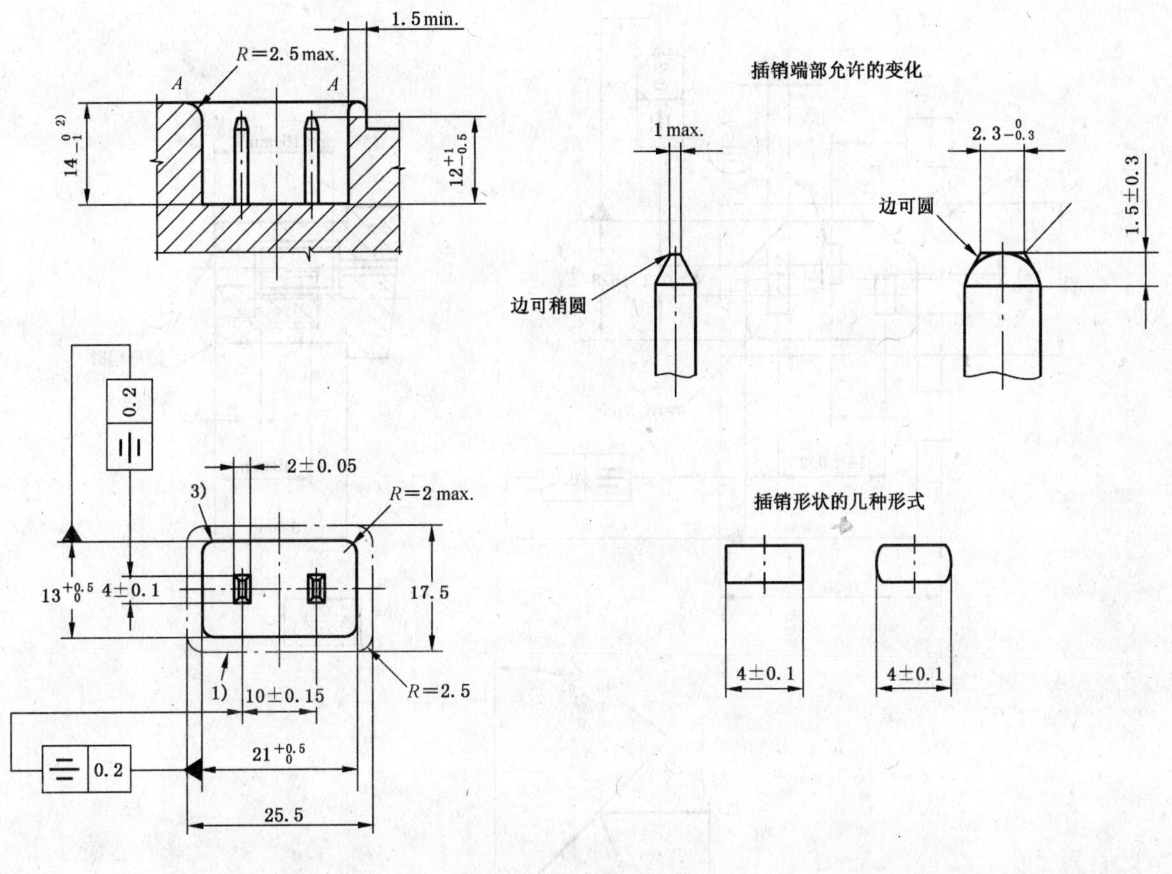

说明：

轮廓 3)应位于从器具输入插座底部的结合面算起的 14_{-1}^{0} mm 处。但是从插座底部的结合面到 *A*—*A* 面的距离在区域 1)内的其他部位可以小一些。*A*—*A* 面不必延展到区域 1)的轮廓。在顶部凹槽周围的边缘如果厚度至少为 1.5 mm，则允许边缘稍修圆。保持装置或部件可以在区域 1)内。插座的其他部件不允许突出 *A*—*A* 面之上。

2) 如果器具输入插座安装成嵌入设备的外表面，而该表面是曲面或与器具输入插座的轴线倾斜，则这个尺寸不应超过 14 mm。最小尺寸应根据 9.5 来确定。

除所示的尺寸外，草图并不约束设计。

对于表示形状或位置的公差符号见 GB/T 1182。

标准活页 C 13
用于冷条件下Ⅰ类设备的 10 A 250 V 连接器

单位为毫米

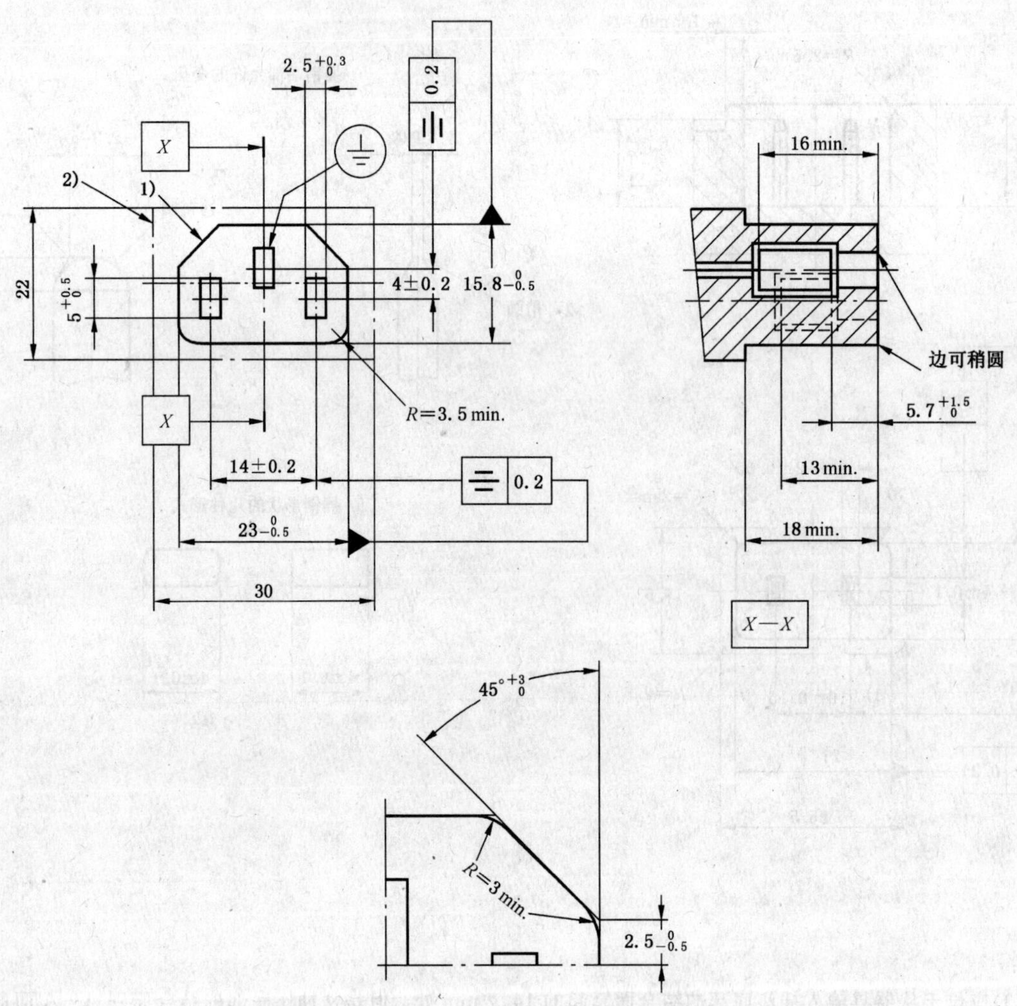

说明：

从结合面算起，在 18 mm 距离范围内的任何部位，都不应超过或小于前部轮廓 1)。

在与连接器轴线垂直的任何部位，都不应超过后部轮廓 2)，对于具有侧向软线入口的连接器和与其他附件组合的连接器除外。这个限制也不适用于软线的轴线方向或起动元件的轴线方向。

插套可以是浮动的。

除所示的尺寸外，草图并不约束设计。

对于表示形状或位置的公差符号见 GB/T 1182。

标准活页 C 14

用于冷条件下Ⅰ类设备的 10 A 250 V 器具输入插座

单位为毫米

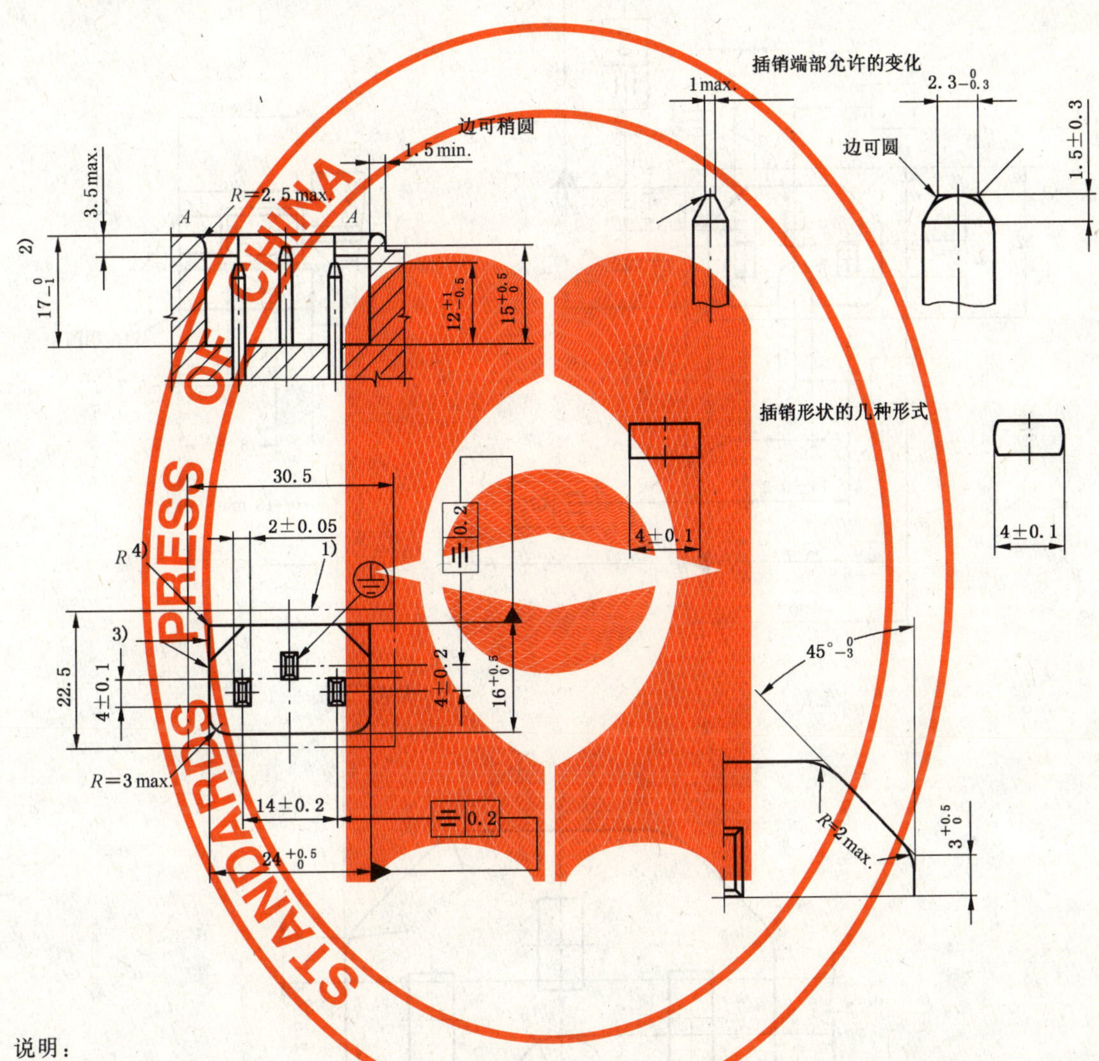

说明：

轮廓 3)应位于从器具输入插座底部的结合面算起的 17_{-1}^{0} mm 处。但是从插座底部的结合面到 A—A 面的距离在区域 1)内的其他部位可以小一些，A—A 面不必延展到区域 1)的轮廓。在顶部凹槽周围的边缘如果厚度至少为 1.5 mm，则允许边缘稍修圆。保持装置或部件可以在区域 1)内。插座的其他部件不允许突出 A—A 面之上。

4)轮廓 3)的直角处不规定四角半径。它们的形状可以是圆的，只要它们保持在斜内角的外部，斜内角可任意凹进最大 3.5 mm。

2)如果器具输入插座安装成嵌入设备的外表面，而该表面是曲面或与器具输入插座的轴线倾斜，则这个尺寸不应超过 17 mm。最小尺寸应根据 9.5 来确定。

除所示的尺寸外，草图并不约束设计。

对于表示形状或位置的公差符号见 GB/T 1182。

标准活页 C 15
用于热条件下 I 设备的 10 A 250 V 连接器

单位为毫米

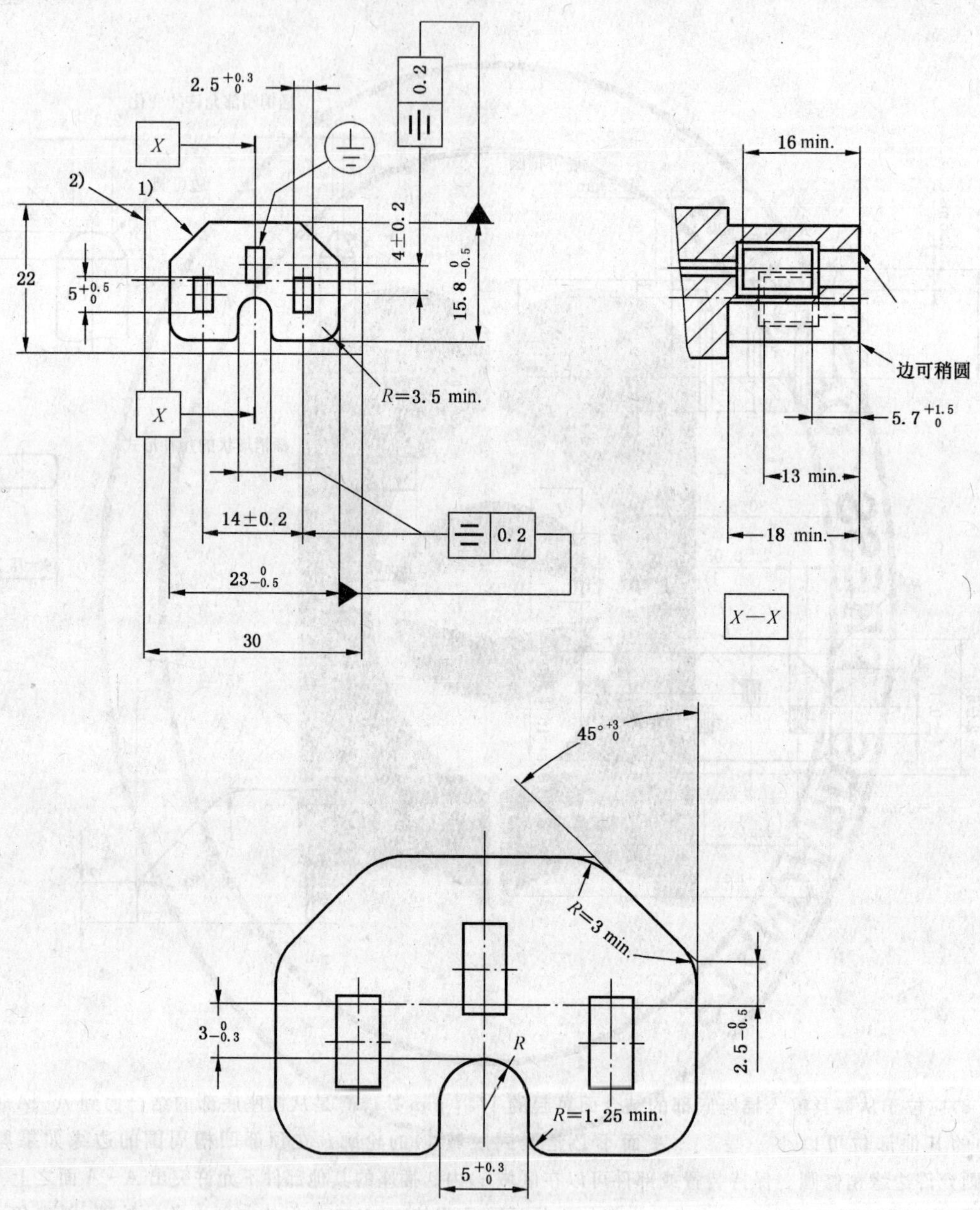

说明：

从结合面算起，在 16 mm 距离范围内的任何部位，都不应超过或小于前部轮廓 1)。

在与连接器轴线垂直的任何部位，都不应超过后部轮廓 2)，对于具有侧向软线入口的连接器和与其他附件组合的连接器除外。这个限制也不适用于软线的轴线方向或起动元件的轴线方向。

插套可以是浮动的。

除所示的尺寸外，草图并不约束设计。

对于表示形状或位置的公差符号见 GB/T 1182。

标准活页 C 15A

用于酷热条件下Ⅰ类设备的 10 A 250 V 连接器

单位为毫米

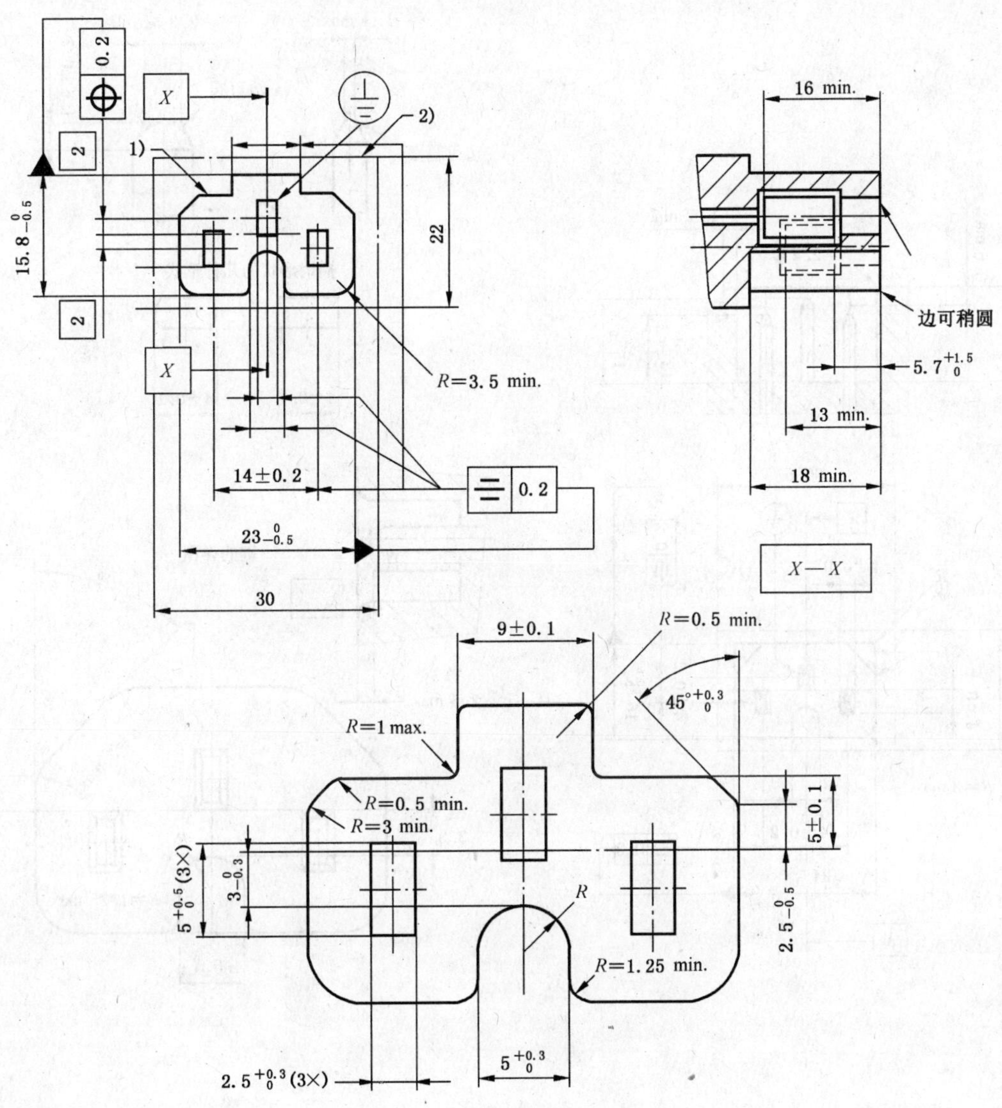

说明：

从结合面算起，在 18 mm 距离范围内的任何部位，都不应超过或小于前部轮廓 1)。

在与连接器轴线垂直的任何部位，都不应超过后部轮廓 2)，对于具有侧向软线入口的连接器和与其他附件组合的连接器除外。这个限制也不适用于软线的轴线方向或起动元件的轴线方向。

插套可以是浮动的。

除所示的尺寸外，草图并不约束设计。

对于表示形状或位置的公差符号见 GB/T 1182。

标准活页 C 16
用于热条件下Ⅰ类设备的 10 A 250 V 器具输入插座

单位为毫米

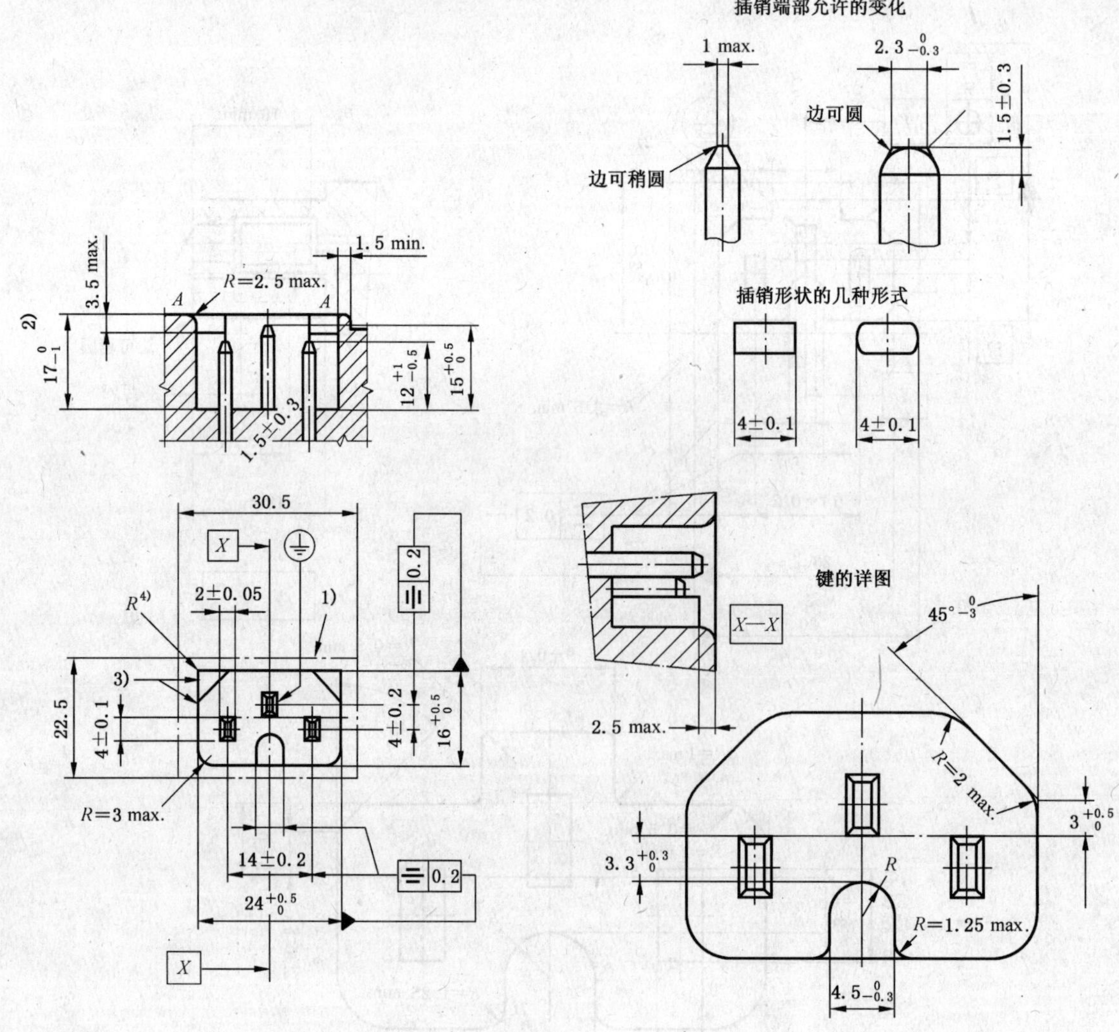

说明：

轮廓 3)应位于从器具输入插座底部的结合面算起的 17_{-1}^{0} mm 处。但是从插座底部的结合面到 $A—A$ 面的距离在区域 1)内的其他部位可以小一些。$A—A$ 面不必延展到区域 1)的轮廓。在顶部凹槽周围的边缘如果厚度至少为 1.5 mm，则允许边缘稍修圆。保持装置或部件可以在区域 1)内。插座的其他部件不允许突出 $A—A$ 面之上。

4)轮廓 3)的直角处不规定四角半径。它们的形状可以是圆的，只要它们保持在斜内角的外部，斜内角可任意凹进最大 3.5 mm。

2)如果器具输入插座安装成嵌入设备的外表面，而该表面是曲面或与器具输入插座的轴线倾斜，则这个尺寸不应超过 17 mm。最小尺寸应根据 9.5 来确定。

除所示的尺寸外，草图并不约束设计。

对于表示形状或位置的公差符号见 GB/T 1182。

标准活页 C 16A

用于酷热条件下Ⅰ类设备的 10 A 250 V 器具输入插座

单位为毫米

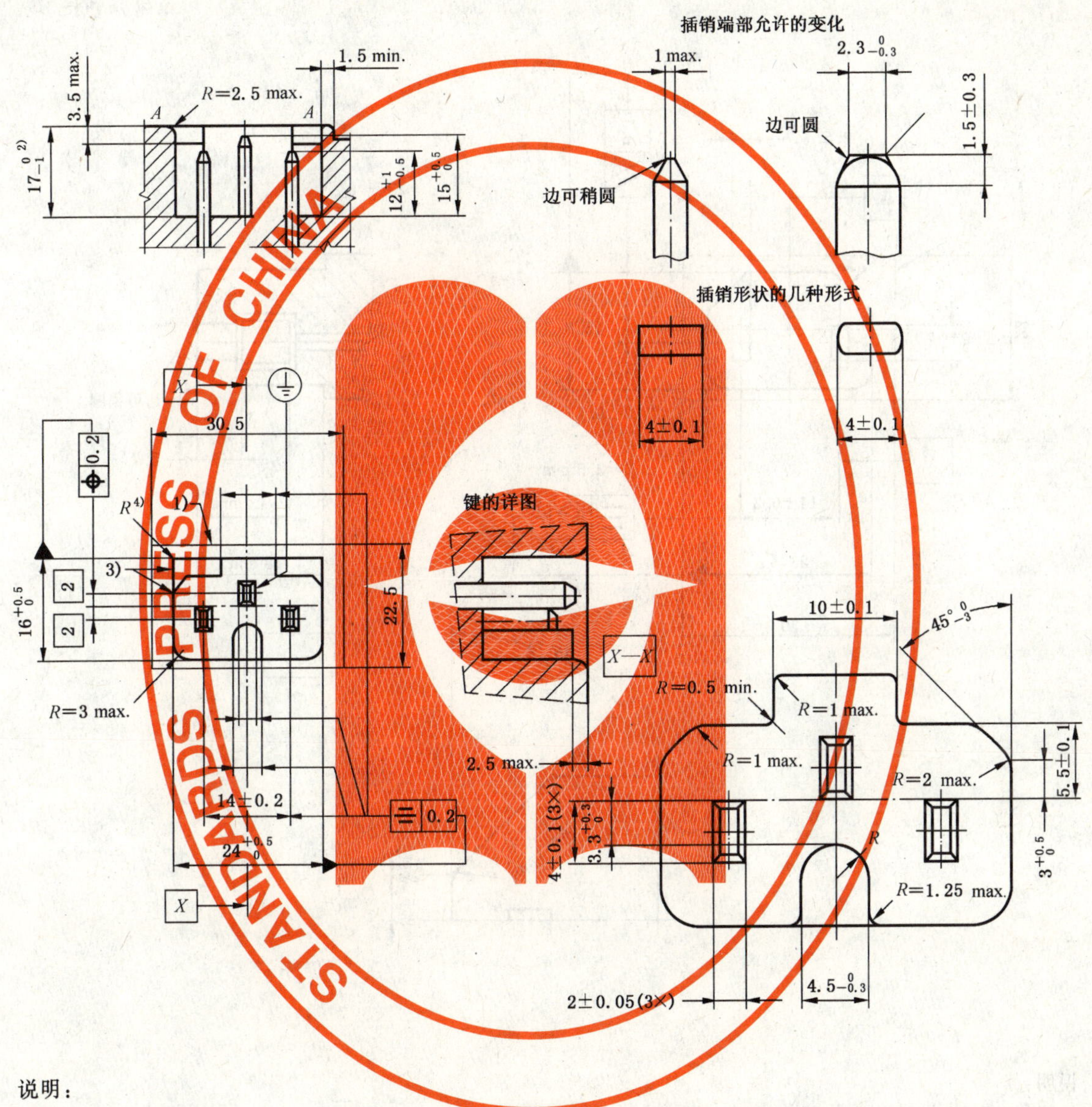

说明：

轮廓 3)应位于从器具输入插座底部的结合面算起的 17_{-1}^{0} mm 处，但是从插座底部的结合面到 A—A 面的距离在区域 1)内的其他部位可以小一些，A—A 面不必延展到区域 1)的轮廓，在顶部凹槽周围的边缘如果厚度至少为 1.5 mm。则允许边缘稍修圆，保持装置或部件可以在区域 1)内插座的其他部件不允许突出 A—A 面之上。

4)轮廓 3)的直角处不规定四角半径。它们的形状可以是圆的，只要它们保持在斜内角的外部，斜内角可任意凹进最大 3.5 mm。

2)如果器具输入插座安装成嵌入设备的外表面，而该表面是曲面或与器具输入插座的轴线倾斜，则这个尺寸不应超过 17 mm。最小尺寸应根据 9.5 来确定。

除所示的尺寸外，草图并不约束设计。

对于表示形状或位置的公差符号见 GB/T 1182。

标准活页 C 17
用于冷条件下Ⅱ类设备的 10 A 250 V 连接器
（限于不可拆线连接器）

单位为毫米

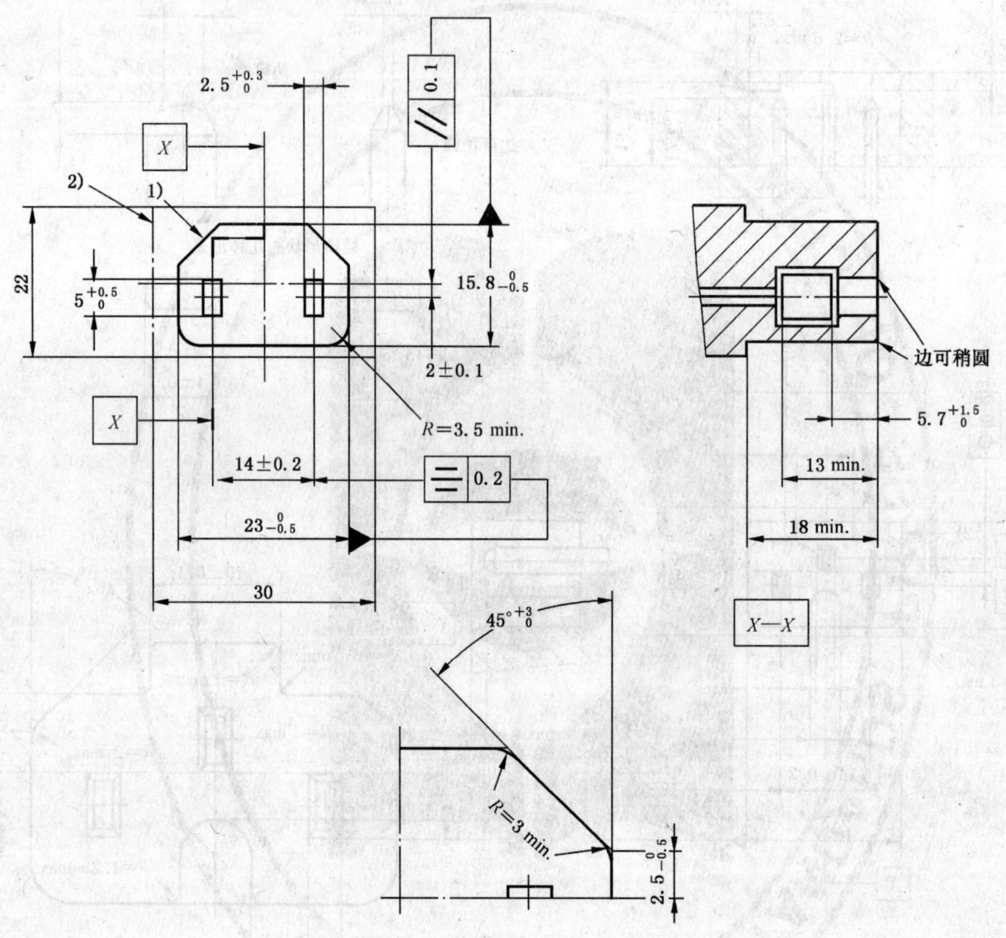

说明：

从结合面算起，在 18 mm 距离范围内的任何部位，都不应超过或小于前部轮廓 1)。

在与连接器轴线垂直的任何部位，都不应超过后部轮廓 2)，对于具有侧向软线入口的连接器和与其他附件组合的连接器除外。这个限制也不适用于软线的轴线方向或起动元件的轴线方向。

插套可以是浮动的。

除所示的尺寸外，草图并不约束设计。

对于表示形状或位置的公差符号见 GB/T 1182。

标准活页 C 18
用于冷条件下Ⅱ类设备的 10 A 250 V 器具输入插座

单位为毫米

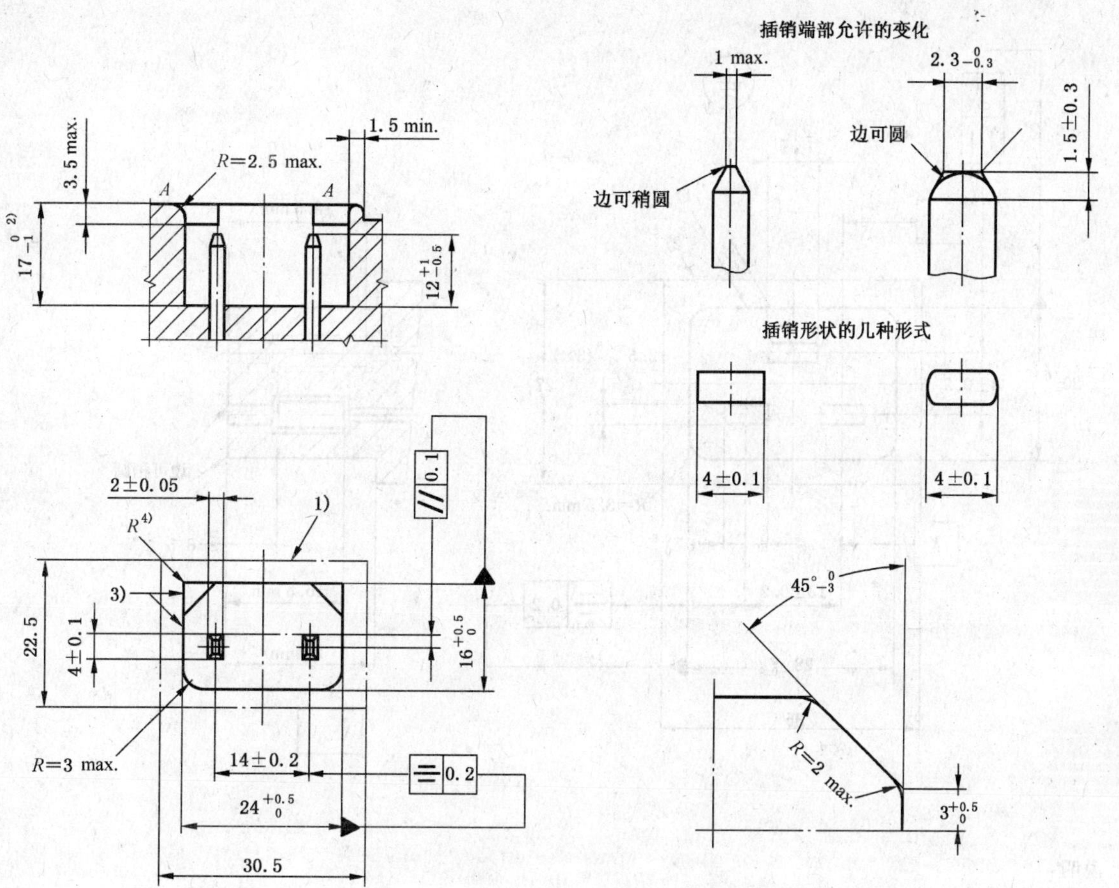

说明：

轮廓 3)应位于从器具输入插座底部的结合面算起的 $17_{-1}^{\ 0}$ mm 处。但是从插座底部的结合面到 *A*—*A* 面的距离在区域 1)内的其他部位可以小一些。*A*—*A* 面不必延展到区域 1)的轮廓。在顶部凹槽周围的边缘如果厚度至少为 1.5 mm，则允许边缘稍修圆。保持装置或部件可以在区域 1)内。插座的其他部件不允许突出且 *A*—*A* 面之上。

4)轮廓 3)的直角处不规定四角半径。它们的形状可以是圆的，只要它们保持在斜内角的外部，斜内角可任意凹进最大 3.5 mm。

2)如果器具输入插座安装成嵌入设备的外表面，而该表面是曲面或与器具输入插座的轴线倾斜，则这个尺寸不应超过 17 mm。最小尺寸应根据 9.5 来确定。

除所示的尺寸外，草图并不约束设计。

对于表示形状或位置的公差符号见 GB/T 1182。

标准活页 C 19

用于冷条件下Ⅰ类设备的 16 A 250 V 连接器

单位为毫米

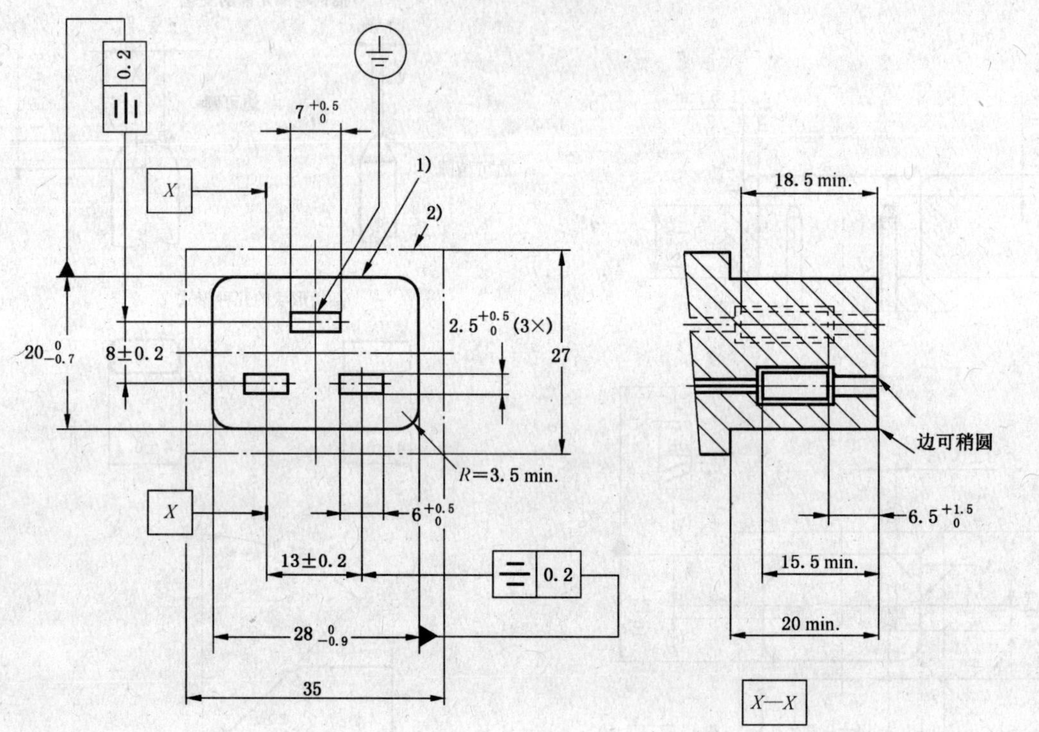

说明：

从结合面算起，在 20 mm 距离范围内的任何部位，都不应超过或小于前部轮廓 1)。

在与连接器轴线垂直的任何部位，都不应超过后部轮廓 2)，对于具有侧向软线入口的连接器和与其他附件组合的连接器除外。这个限制也不适用于软线的轴线方向或起动元件的轴线方向。

插套可以是浮动的。

除所示的尺寸外，草图并不约束设计。

对于表示形状或位置的公差符号见 GB/T 1182。

标准活页 C 20
用于冷条件下Ⅰ类设备的 16A 250 V 器具输入插座

单位为毫米

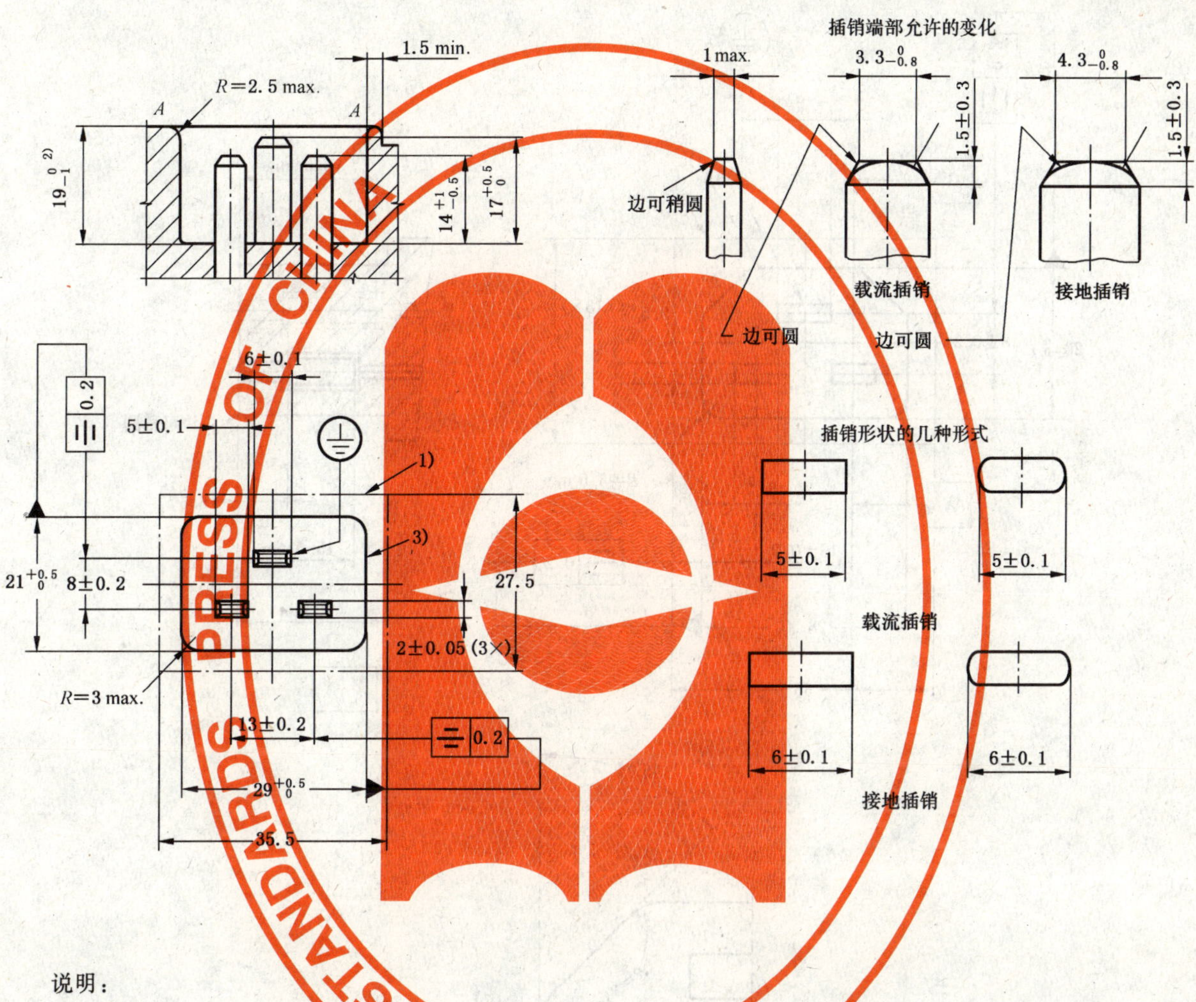

说明：

轮廓 3)应位于从器具输入插座底都的结合面算起的 $19_{-1}^{\ 0}$ mm 处。但是从插座底部的结合面到 *A*—*A* 面的距离在区域 1)内的其他部位可以小一些。*A*—*A* 面不必延展到区域 1)的轮廓。在顶部凹槽周围的边缘如果厚度至少为 1.5 mm,则允许边缘稍修圆。保持装置或部件可以在区域 1)内。插座的其他部件不允许突出 *A*—*A* 面之上。

2)如具器具输入插座安装成嵌入设备的外表面,而该表面是曲面或与器具输入插座的轴线倾斜,则这个尺寸不应超过 19 mm。最小尺寸应根据 9.5 来确定。

除所示的尺寸外,草图并不约束设计。

对于表示形状或位置的公差符号见 GB/T 1182。

标准活页 C 21
用于酷热条件下Ⅰ类设备的 16 A 250 V 连接器

单位为毫米

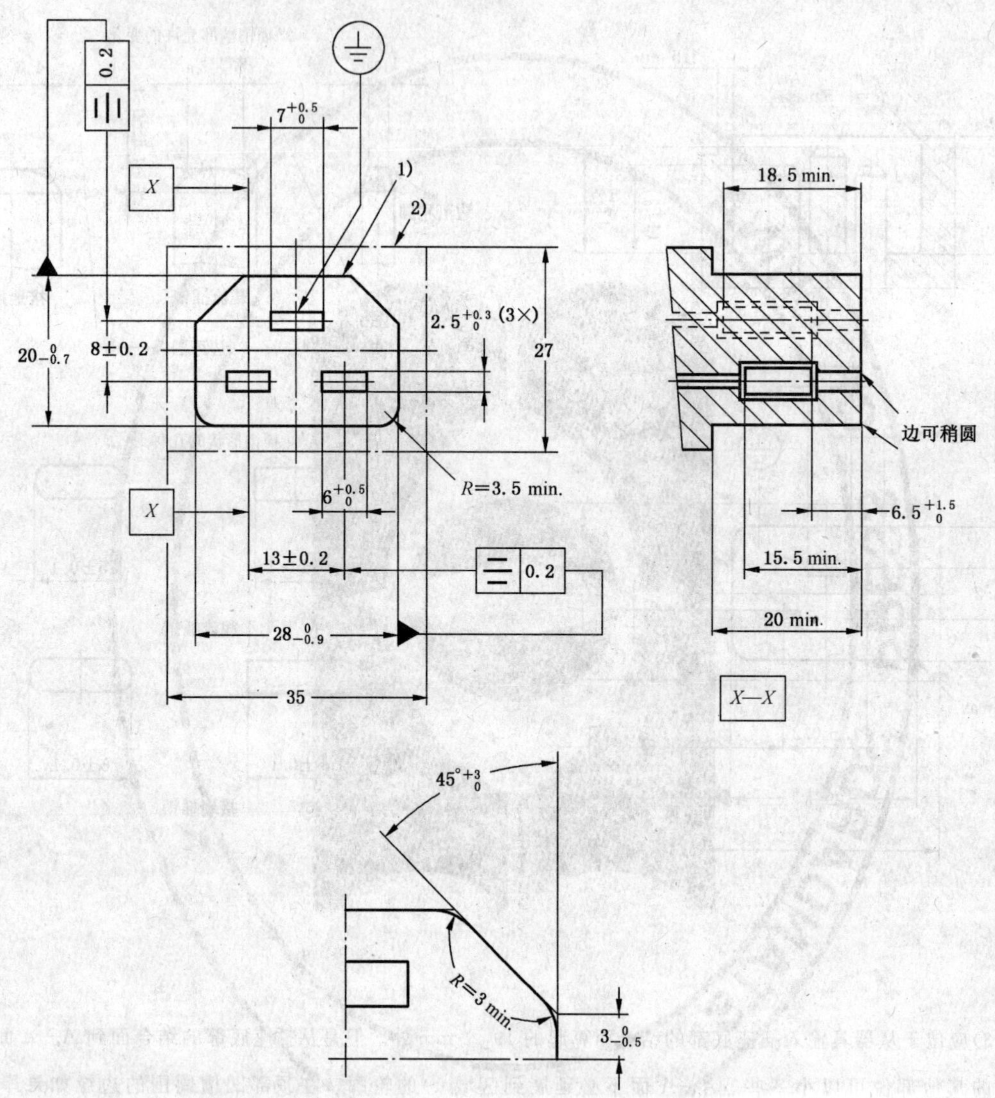

说明：

从结合面算起，在 20 mm 距离范围内的任何部位，都不应超过或小于前部轮廓 1)。

在与连接器轴线垂直的任何部位，都不应超过后部轮廓 2)。对于具有侧向软线入口的连接器和与其他附件组合的连接器除外。这个限制也不适用于软线的轴线方向或起动元件的轴线方向。

插套可以是浮动的。

除所示的尺寸外，草图并不约束设计。

对于表示形状或位置的公差符号见 GB/T 1182。

标准活页 C 22

用于酷热条件下Ⅰ类设备的 16 A 250 V 器具输入插座

单位为毫米

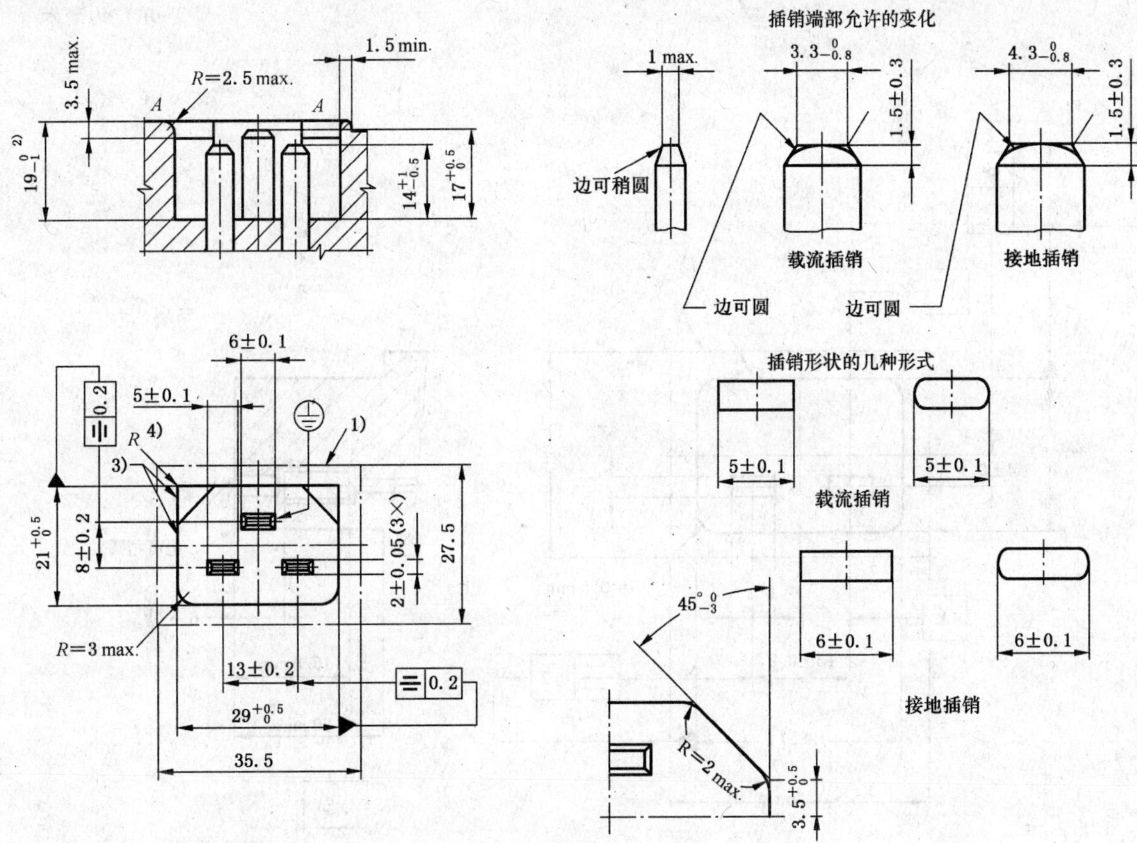

说明：

轮廓 3)应位于从器具输入插座底部的结合面算起的 19$_{-1}^{0}$ mm 处。但是从插座底部的结合面到 *A*—*A* 面的距离在区域 1)内的其他部位可以小一些。*A*—*A* 面不必延展到区域 1)的轮廓。在顶部凹槽周围的边缘如果厚度至少为 1.5 mm，则允许边缘稍修圆。操持装置或部件可以在区域 1)内。插座的其他部件不允许突出 *A*—*A* 面之上。

4)轮廓 3)的直角处不规定四角半径。它们的形状可以是圆的，只要它们保持在斜内角的外部，斜内角可任意凹进最大 3.5mm。

2)如果器具输入插座安装成嵌入设备的外表面，而该表面是曲面或与器具输入插座的轴线倾斜，则这个尺寸不应超过 19 mm。最小尺寸应根据 9.5 来确定。

除所示的尺寸外，草图并不约束设计。

对于表示形状或位置的公差符号见 GB/T 1182。

标准活页 C 23
用于冷条件下Ⅱ类设备的 16A 250 V 连接器
(限于不可拆线连接器)

单位为毫米

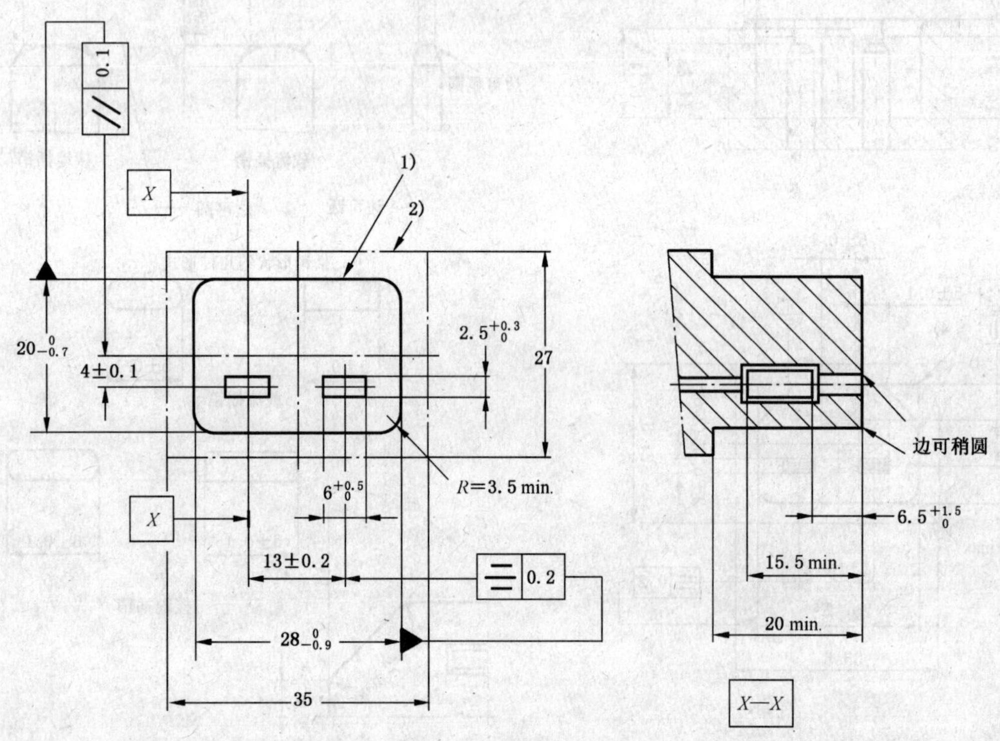

说明：

从结合面算起，在 20 mm 距离范围内的任何部位，都不应超过或小于前部轮廓 1)。

在与连接器轴线垂直的任何部位，都不应超过后部轮廓 2)，对于具有侧向软线入口的连接和与其他附件组合的连接器除外。这个限制也不适用于软线的轴线方向或起动元件的轴线方向。

插套可以是浮动的。

除所示的尺寸外，草图并不约束设计。

对于表示形状或位置的公差符号见 GB/T 1182。

标准活页 C 24

用于冷条件下Ⅱ类设备的 16 A 250 V 器具输入插座

单位为毫米

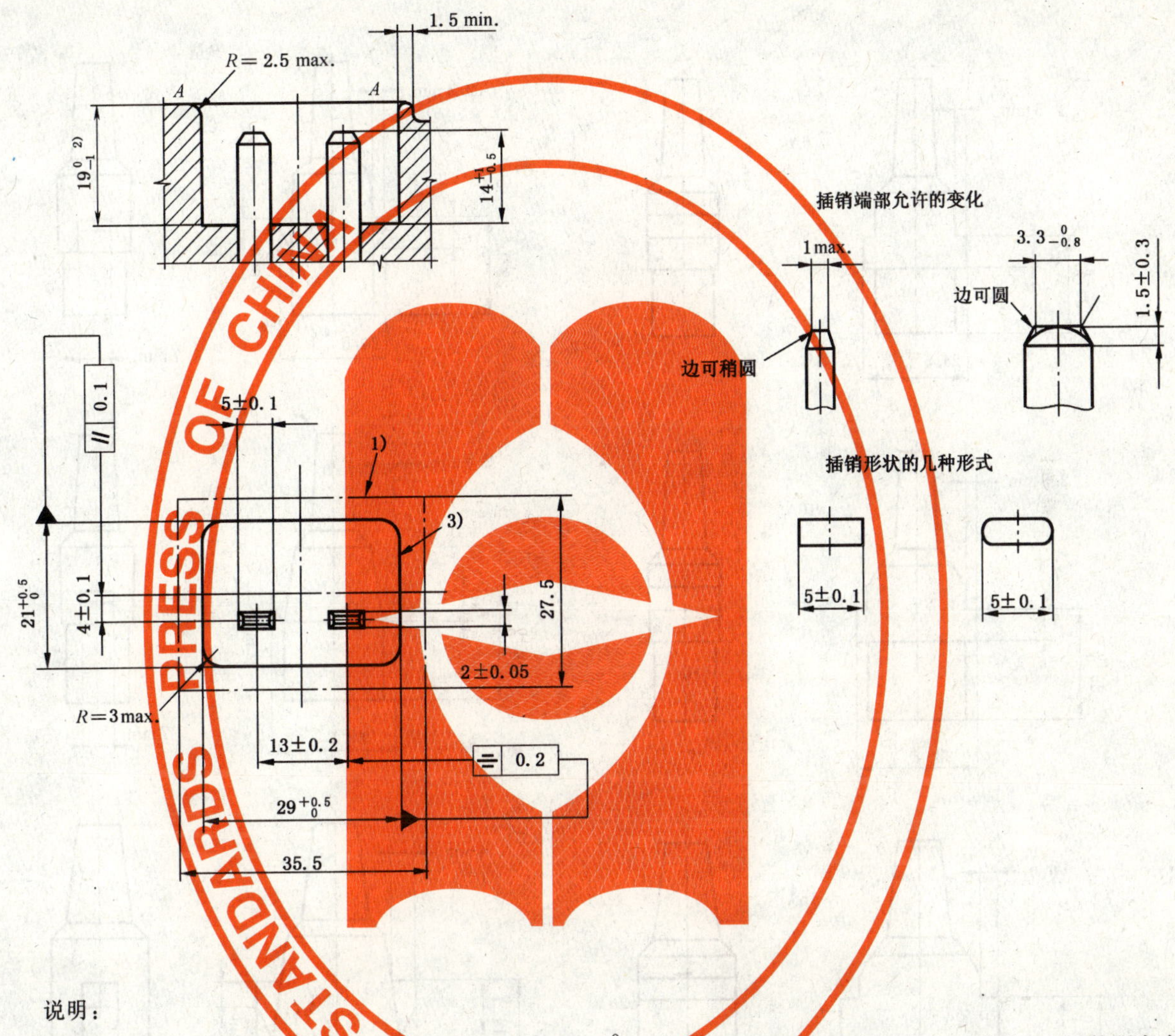

说明：

轮廓 3)应位于从器具输入插座底部的结合面算起的 19_{-1}^{0} mm 处。但是从插座底部的结合面到 A—A 面的距离在区域 1)内的其他部位可以小一些。A—A 面不必延展到区域 1)的轮廓。在顶部凹槽周围的边缘如果厚度至少为 1.5 mm，则允许边缘稍修圆。保持装置或部件可以在区域 1)内。插座的其他部件不允许突出 A—A 面之上。

2)如果器具输入插座安装成嵌入设备的外表面，而该表面是曲面或与器具输入插座的轴线倾斜，则这个尺寸不应超过 19 mm，最小尺寸应根据 9.5 来确定。

除所示的尺寸外，草图并不约束设计。

对于表示形状或位置的公差符号见 GB/T 1182。

标准活页 C 25
保持装置的结构

单位为毫米

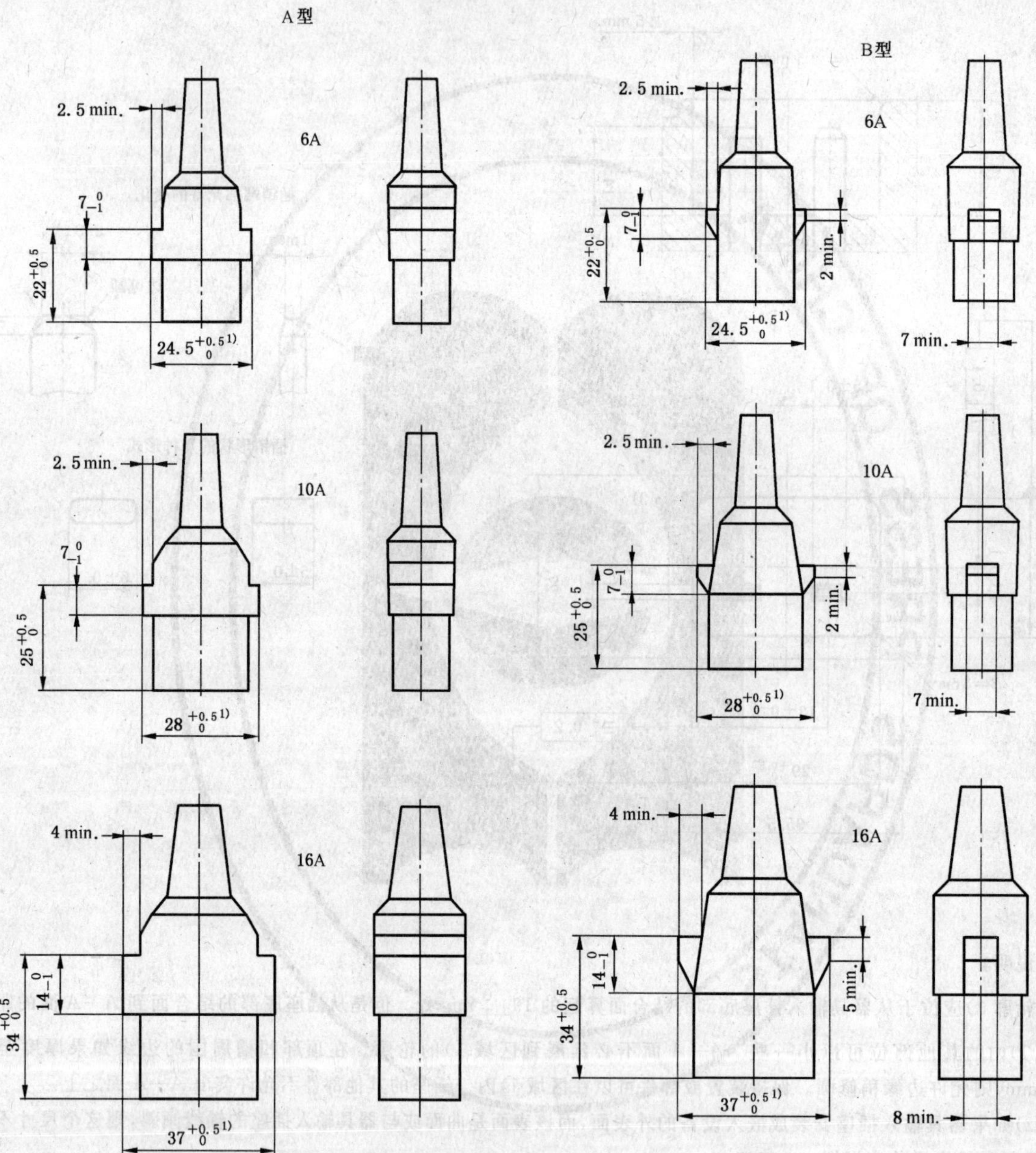

1)从结合面算起：

对于 6 A 连接器，在 28 mm 范围内；

对于 10 A 连接器，在 31 mm 范围内；

对于 16 A 连接器，在 40 mm 范围内，都不应超过 1)所示尺寸。

在保持凸肩的上方至少有 5 mm 高的自由空间。

除所示的尺寸外，草图不约束设计。

器具耦合器的额定电流 A	设备的类别	器具耦合器的最大温度	器具耦合器		软线			插头
			图的号码 器具输入插座	连接器	是否允许可拆线结构	允许的最轻型	最小横截面积 mm^2	IEC 60083 标准活页
0.2	Ⅱ	70℃	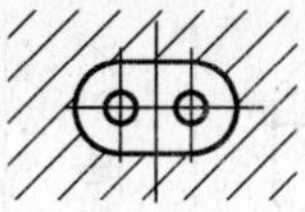 图 C2	 图 C1	不	60227 IEC 41	—[a]	A1-15 B C5
2.5	Ⅰ	70 ℃	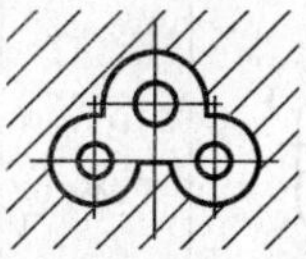 图 C6	 图 C5	不	60227 IEC 52	0.75	A5-15 B 2 C2b C4
2.5	Ⅱ	70 ℃	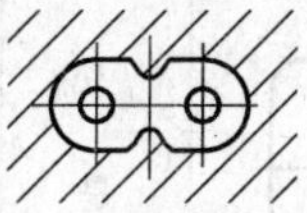 图 C8	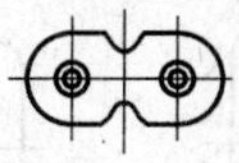 图 C7	不	60227 IEC 52	0.75[b]	A1-15 B2 C5 C6
6	Ⅱ	70 ℃	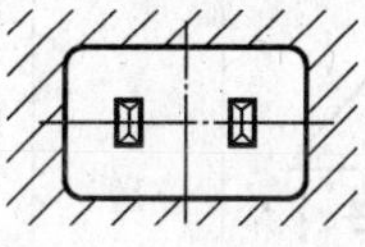 图 10	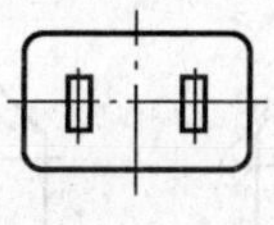 图 C9	不	60227 IEC 52	0.75	A1-15 B2 C6
10	Ⅰ	70 ℃	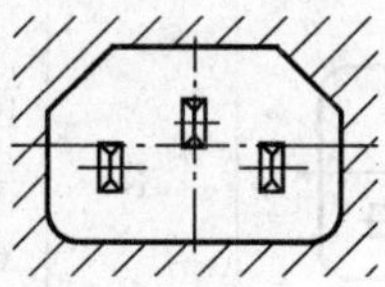 图 C14	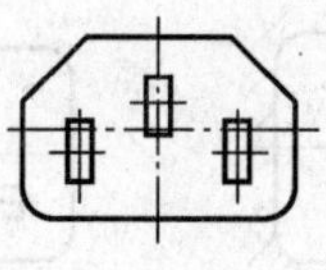 图 C13	是	60227 IEC 53 或 60245 IEC 53	0.75[c]	A5-15 B2 C2b C3b C4
10	Ⅰ	120 ℃	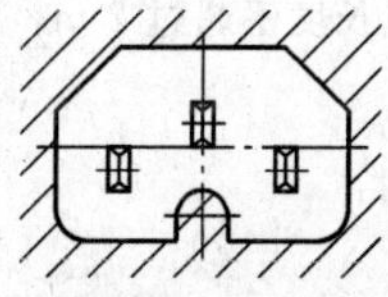 图 C16	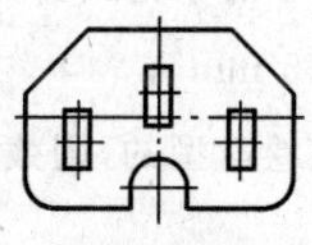 图 C15	是	60245 IEC 53 or 60245 IEC 51	0.75[c]	A5-15 B2 C2b C3b C4

图 1 器具耦合器的总图

器具耦合器的额定电流 A	设备的类别	器具耦合器的最大温度	器具耦合器 图的号码 器具输入插座	器具耦合器 图的号码 连接器	软线 是否允许可拆线结构	软线 允许的最轻型	软线 最小横截面积 mm^2	插头 IEC 60083 标准活页
10	Ⅰ	155 ℃	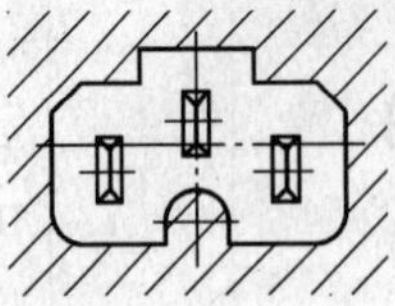 图 C16A	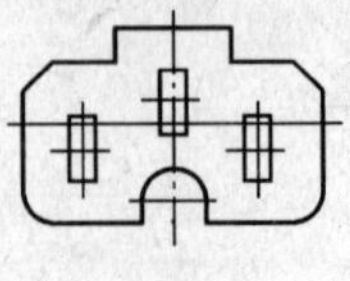 图 C15A	是	60245 IEC 53 或 60245 IEC 51	0.75[c]	A5-15 B2 C2b C3b C4
10	Ⅱ	70 ℃	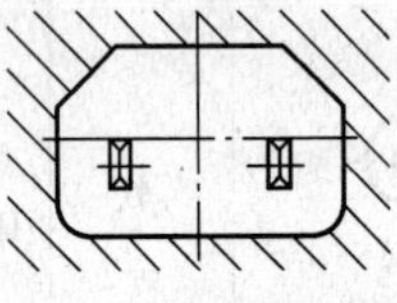 图 C18	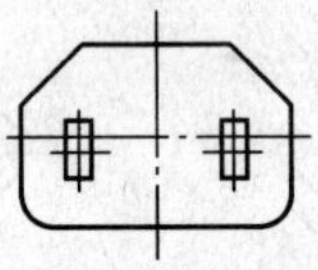 图 C17	不		0.75[c]	A5-15 B2 C2b C3b C4
16	Ⅰ	70 ℃	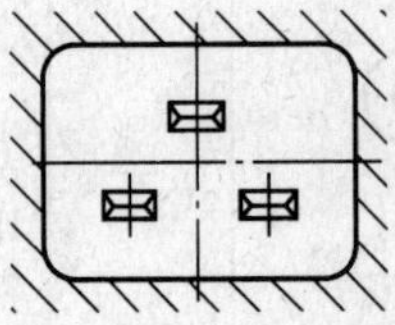 图 C20	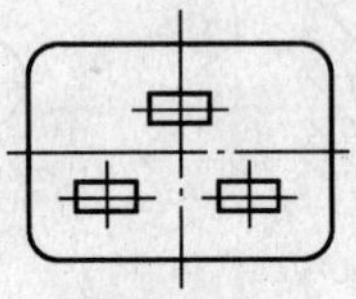 图 C19	是	60227 IEC 53 或 60245 IEC 53	1[c]	A5-15 B2 C2b C3b C4
16	Ⅰ	155 ℃	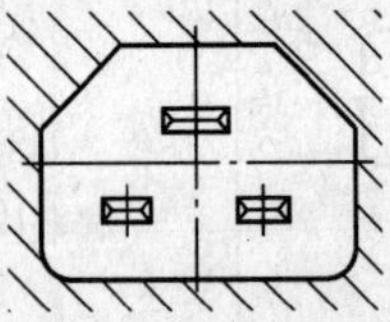 图 C22	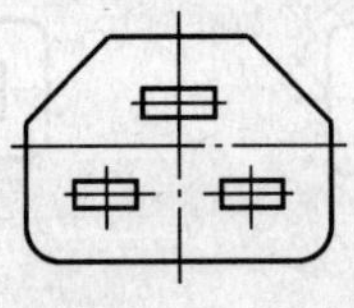 图 C21	是	60245 IEC 53 或 60245 IEC 51	1[c]	A5-15 B2 C2b C3b C4
16	Ⅱ	70 ℃	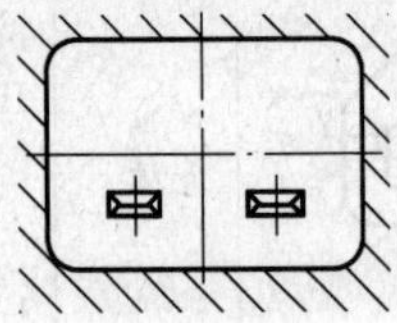 图 C24	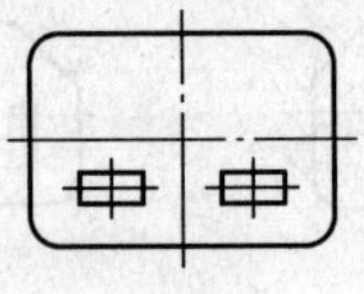 图 C23	不	60227 IEC 53 或 60245 IEC 53	1[c]	A1-15 B2 C6

[a] 如果有关器具标准允许的话，仅适用于小的手持式器具，且软线长度不超过 2 m。

[b] 对于软线长度不超过 2 m，允许截面 0.5 mm^2。

[c] 如果软线长度超过 2 m 的，或是可伸缩卷盘型的，则截面积应为：

——1 mm^2，对于 10 A 的连接器；

——1.5 mm^2，对于 16 A 的连接器。

图 1（续）

单位为毫米

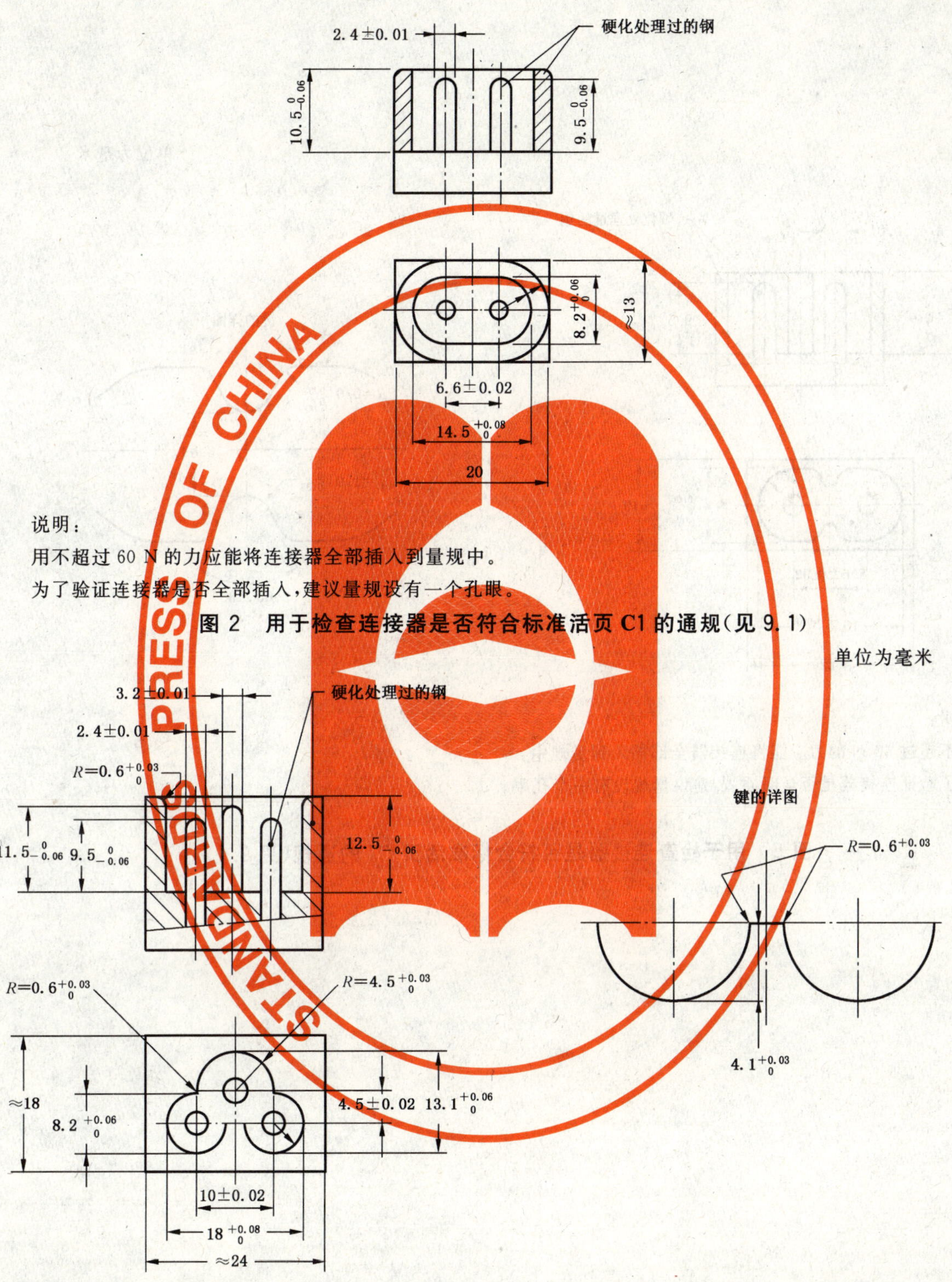

说明：

用不超过 60 N 的力应能将连接器全部插入到量规中。

为了验证连接器是否全部插入，建议量规设有一个孔眼。

图 2　用于检查连接器是否符合标准活页 C1 的通规（见 9.1）

说明：

用不超过 60 N 的力应能将连接器全部插入到量规中。

为了验证连接器是否全部插入，建议量规设有一个孔眼。

图 4　用于检查连接器是否符合标准活页 C5 的通规（见 9.1）

单位为毫米

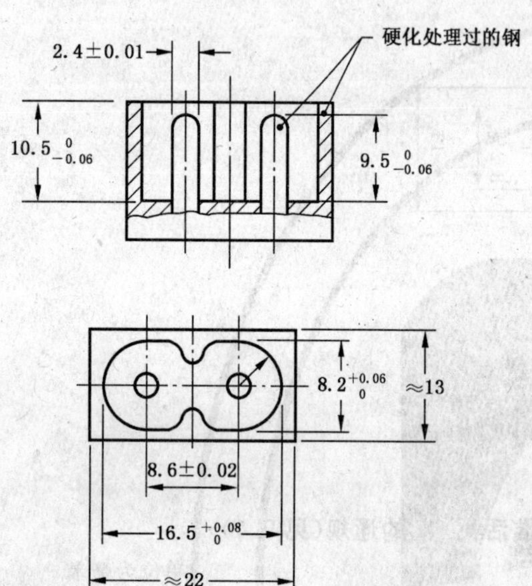

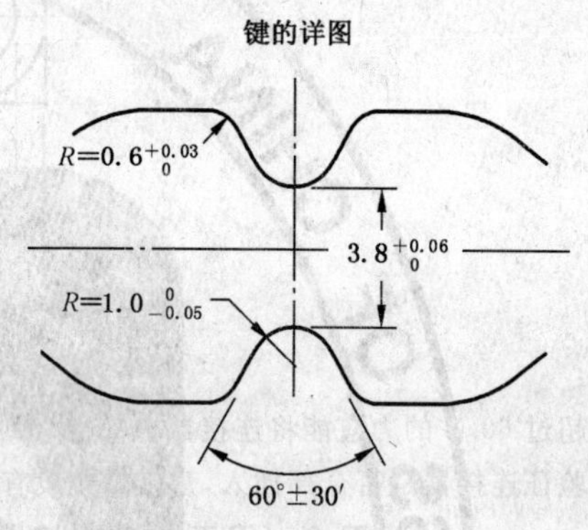

说明：

用不超过 60 N 的力应能将连接器全部插入到量规中。

为了验证连接器是否全部插入，建议量规设有一个孔眼。

图 5　用于检查连接器是否符合标准活页 C7 的通规(见 9.1)

单位为毫米

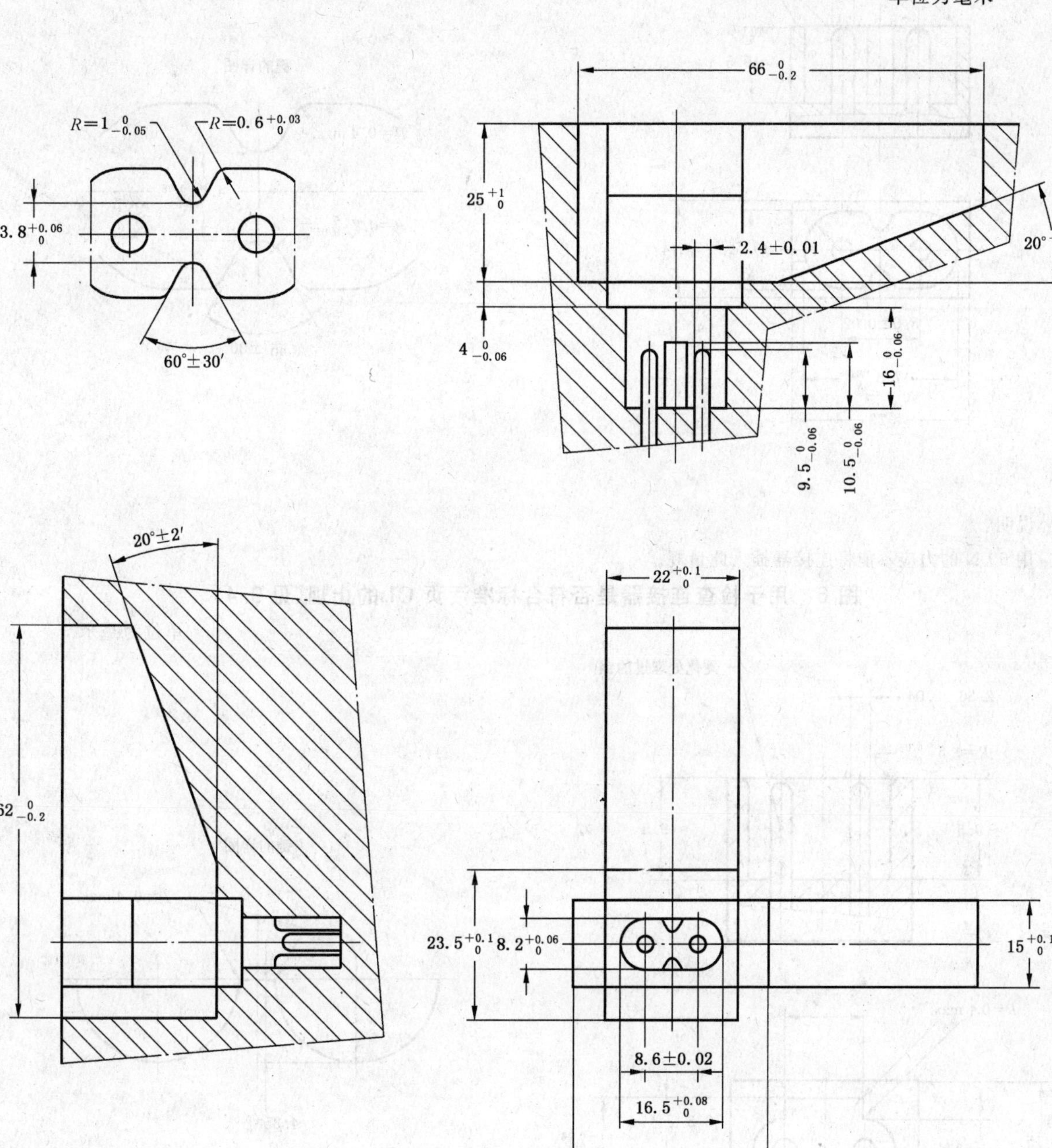

说明：

用不超过 60 N 的力应能将连接器全部插入到量规中。

为了验证连接器是否全部插入，建议量规设有一个孔眼。

图 5A　用于检查侧面进线型连接器是否符合标准活页 C7 的通规(见 9.1)

单位为毫米

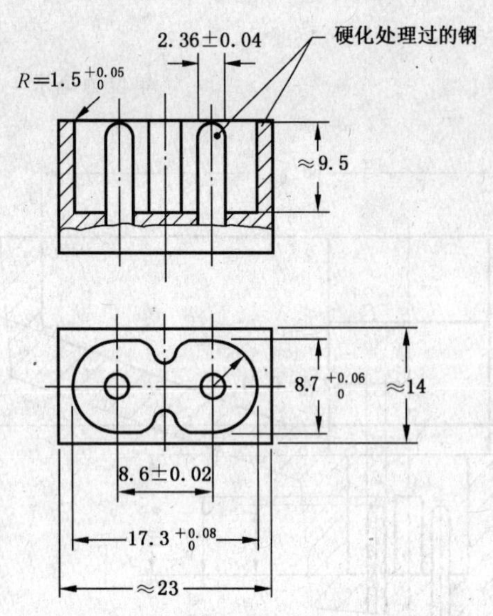

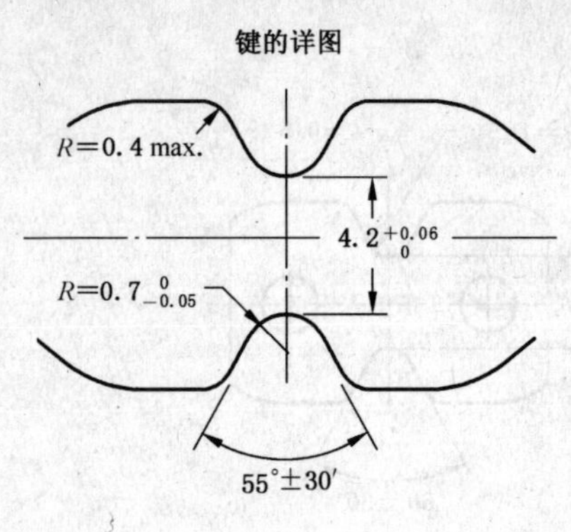

说明：

用 60 N 的力应不能将连接器插入此量规。

图 6　用于检查连接器是否符合标准活页 C1 的止规(见 9.4)

单位为毫米

2.36±0.04

硬化处理过的钢

$R=1.5^{+0.05}_{0}$

≈9.5

≈9.5

键的详图

R=0.4 max.

$9.5^{+0.06}_{0}$

R=0.4 max.

≈15

$8.7^{+0.06}_{0}$

$6.6^{+0.08}_{0}$

$11^{+0.06}_{0}$

$4.35^{+0.03}_{0}$

9.9±0.02

$18.6^{+0.08}_{0}$

≈24

说明：

用 60 N 的力应不能将连接器插入此量规。

图 7　用于检查连接器是否符合标准活页 C1、标准活页 C5 和标准活页 C7 的止规(见 9.4)

单位为毫米

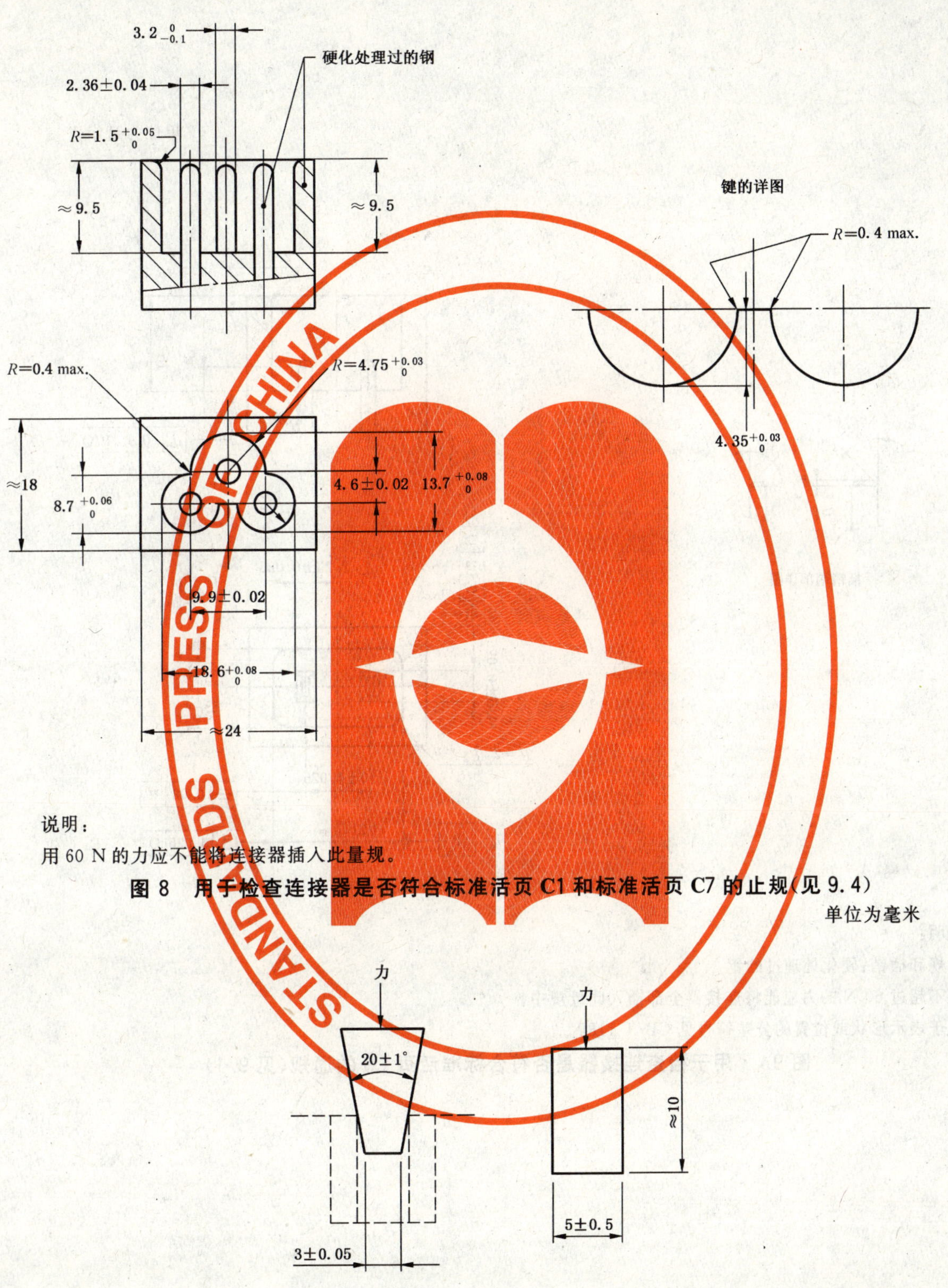

说明：

用 60 N 的力应不能将连接器插入此量规。

图 8　用于检查连接器是否符合标准活页 C1 和标准活页 C7 的止规(见 9.4)

说明：

当用 30 N 的力将此量规插入器具输入插座入口的边缘时，不应接触到插座的底部。

图 9　用于检查器具输入插座是否符合标准活页 C8、标准活页 C8A 和标准活页 C8B 的通规(见 9.4)

单位为毫米

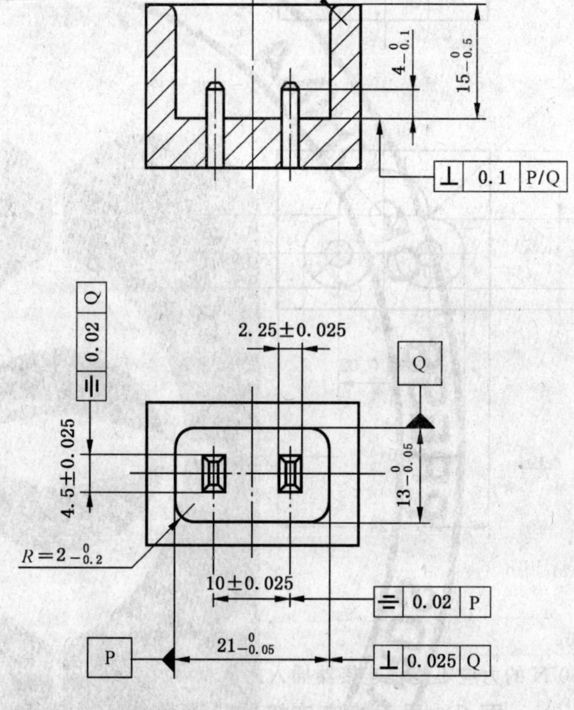

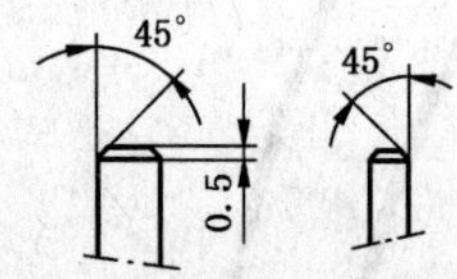

插销端部详图

说明：

量规和插销：硬化处理过的钢。

用不超过 60 N 的力应能将连接器全部插入此量规中。

对于表示形状或位置的公差符号见 GB/T 1182。

图 9A　用于检查连接器是否符合标准活页 C9 的通规(见 9.1)

单位为毫米

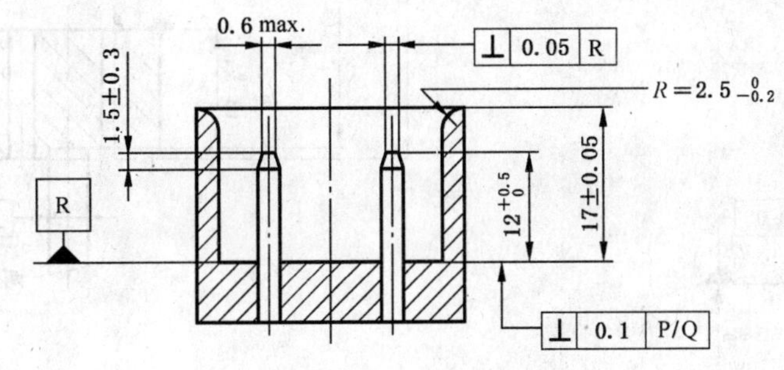

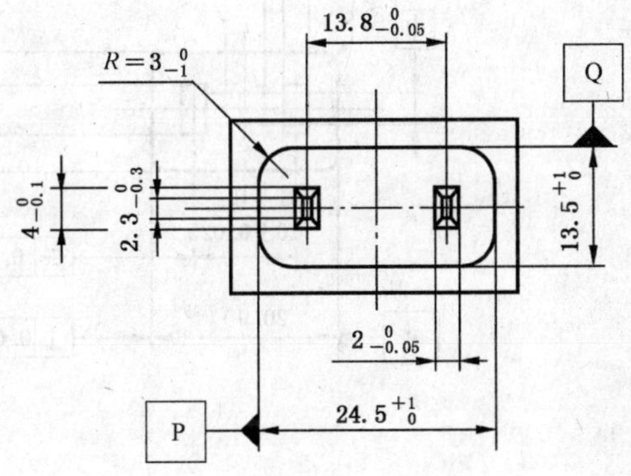

说明：

量规和插销：硬化处理过的钢。

用 60 N 的力应不能将连接器全部插入此量规中。

对于表示形状或位置的公差符号见 GB/T 1182。

图 9B　用于检查连接器是否符合标准活页 C9 的止规(见 9.4)

单位为毫米

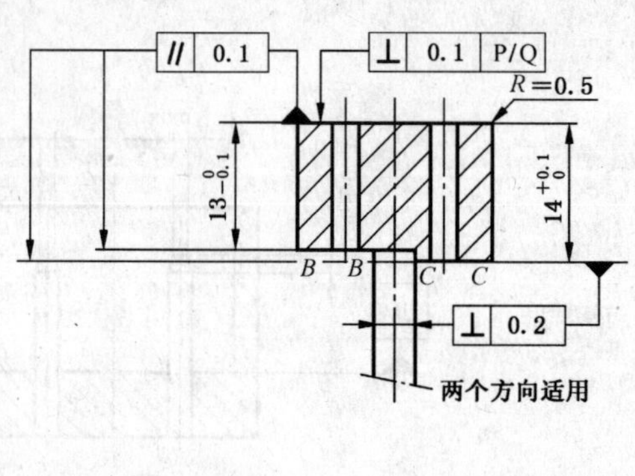

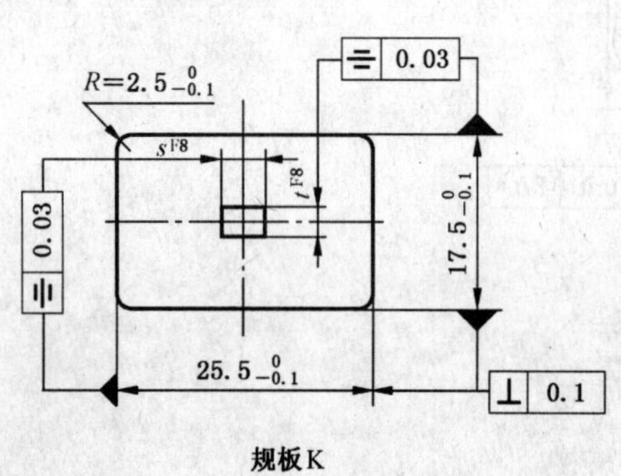

规板K

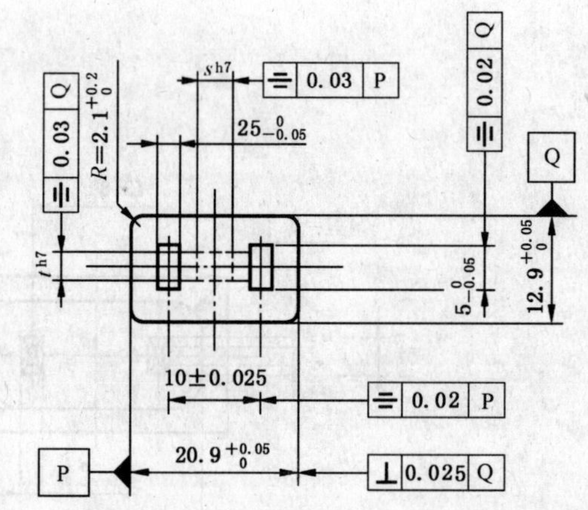

说明：

量规和插销：硬化处理过的钢。

规板 K 的厚度以及规板上手柄和孔的尺寸 s 和 t 的标称值可任选，但要考虑公差 h7 和 F8。

用不超过 60 N 的力应能将量规完全插入器具输入插座。插座的平面应位于量规的平面 $B—B$ 和 $C—C$ 之间。

然后将规板 K 推至手柄之上，以便检查插座开口处周围的面积。

对于表示形状或位置的公差符号见 GB/T 1182，对于表示尺寸的公差符号见 ISO 286-1。

图 9C　用于检查器具输入插座是否符合标准活页 C10 的通规（见 9.1）

单位为毫米

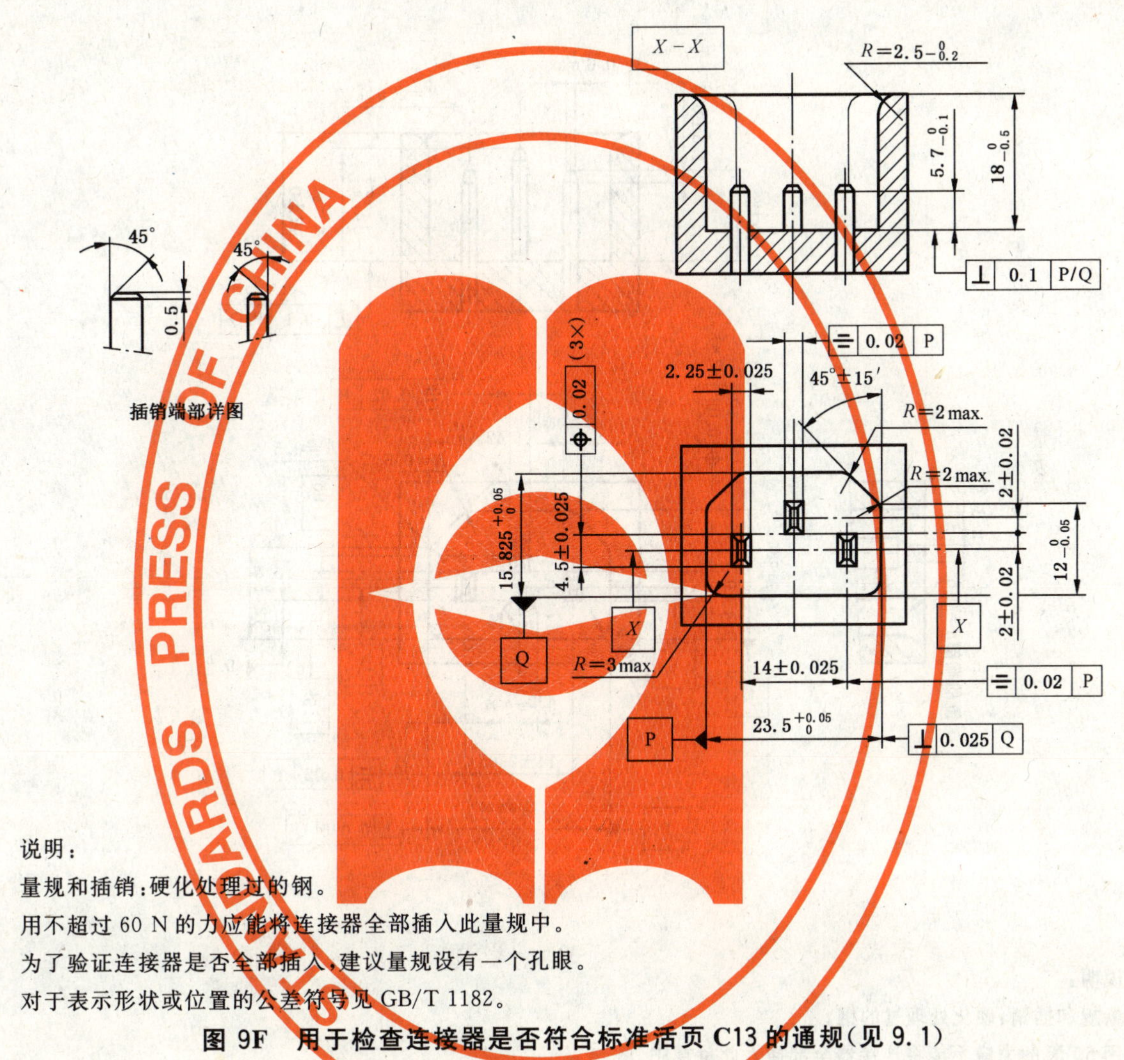

说明：

量规和插销：硬化处理过的钢。

用不超过 60 N 的力应能将连接器全部插入此量规中。

为了验证连接器是否全部插入，建议量规设有一个孔眼。

对于表示形状或位置的公差符号见 GB/T 1182。

图 9F　用于检查连接器是否符合标准活页 C13 的通规(见 9.1)

单位为毫米

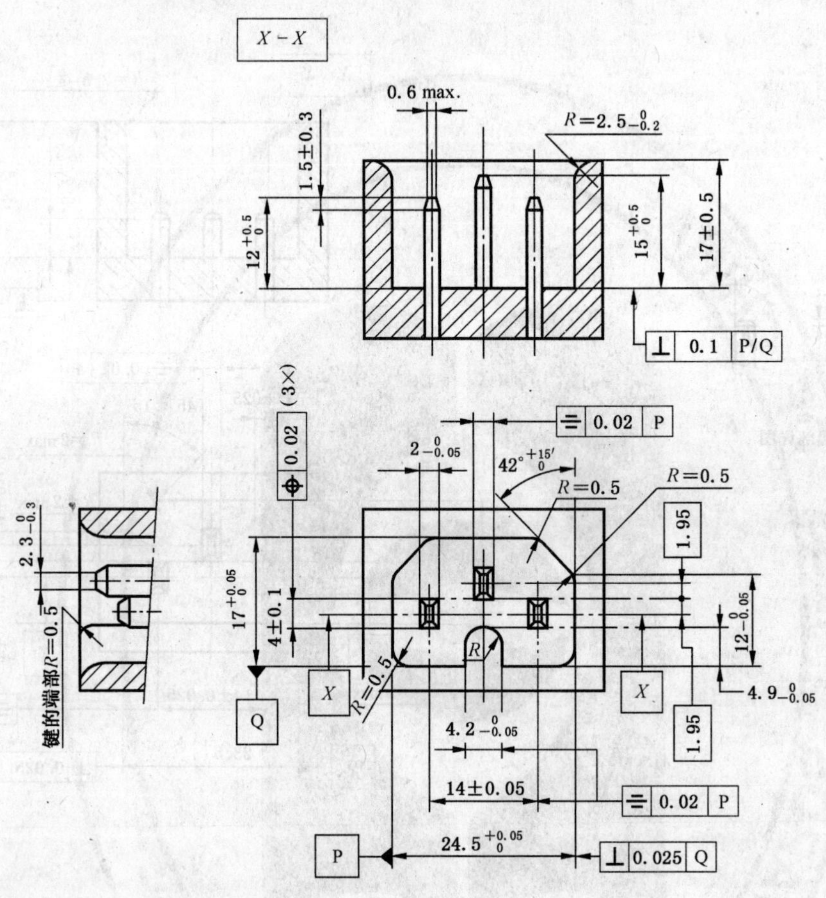

说明：

量规和插销：硬化处理过的钢。

用 60 N 的力应不能将连接器全部插入此量规中。

对于表示形状或位置的公差符号见 GB/T 1182。

图 9G　用于检查连接器是否符合标准活页 C13 和标准活页 C17 的止规（见 9.4）

单位为毫米

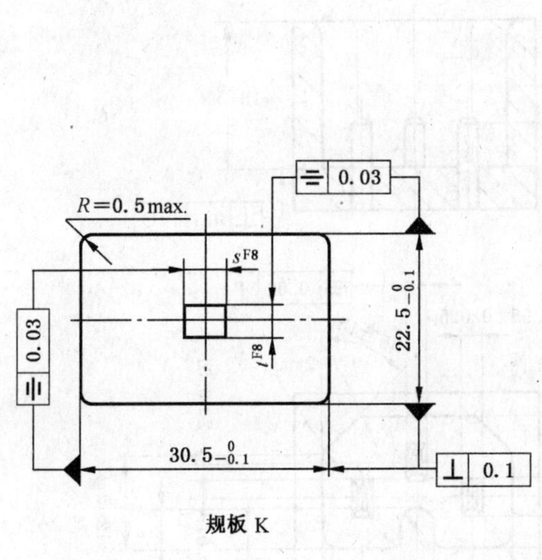

规板 K

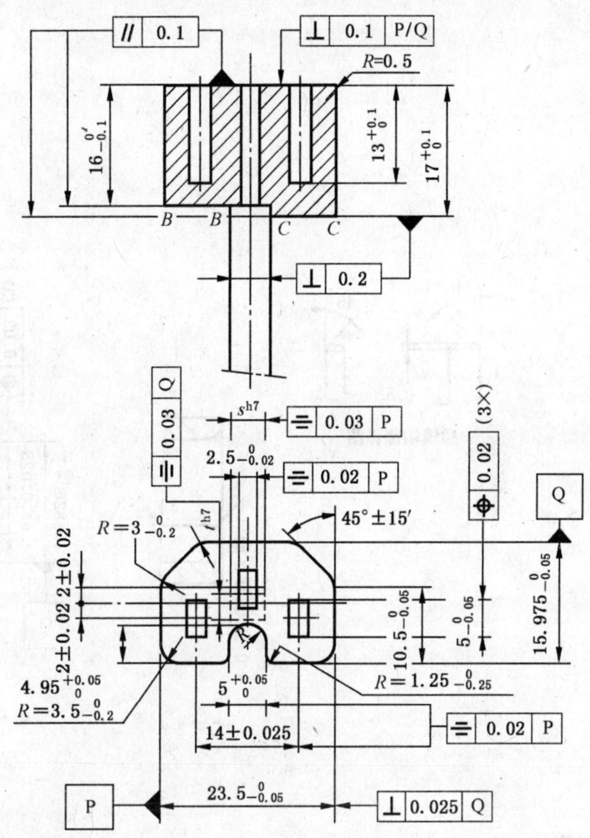

说明：

量规和插销：硬化处理过的钢。

规板 K 的厚度以及规板上手柄和孔的尺寸 s 和 t 的标称值可任选，但要考虑公差 h7 和 F8。

用不超过 60 N 的力应能将量规完全插入器具输入插座。插座的平面应位于量规的平面 B—B 和 C—C 之间。

然后将规板 K 推至手柄之上，以便检查插座开口处周围的面积。

对于表示形状或位置的公差符号见 GB/T 1182，对于表示尺寸的公差符号见 ISO 286-1。

图 9H 用于检查器具输入插座是否符合标准活页 C14、标准活页 C16 和标准活页 C18 的通规（见 9.1）

单位为毫米

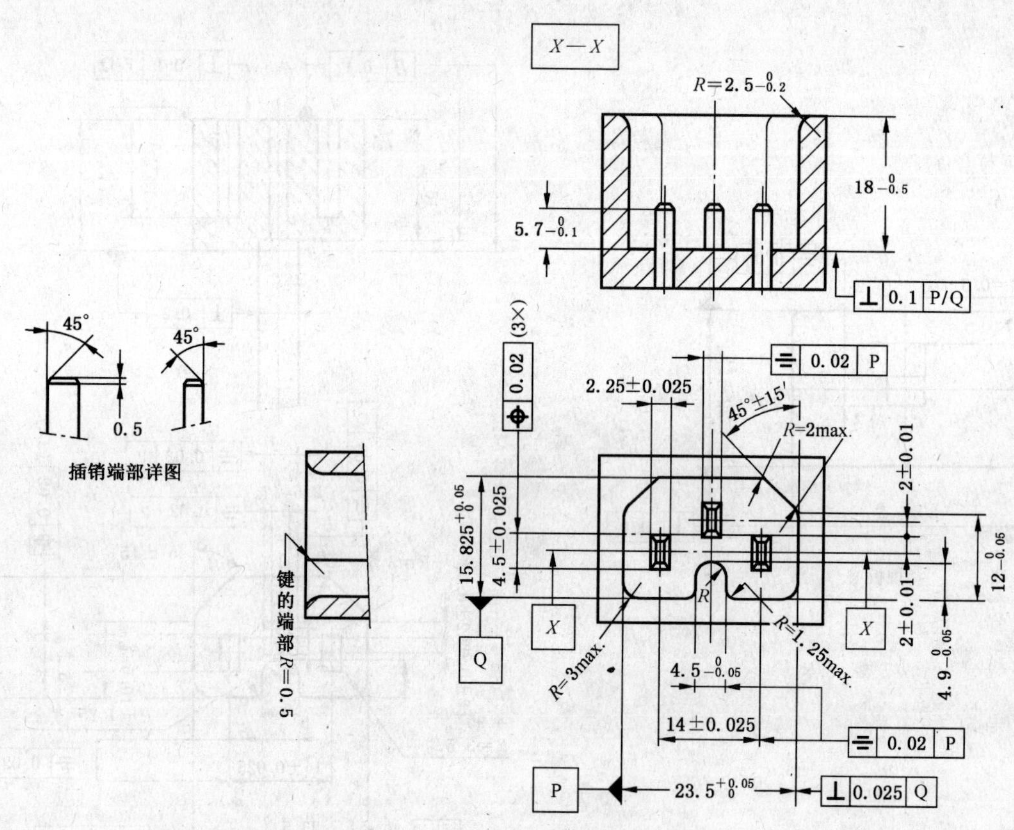

说明：

量规和插销：硬化处理过的钢。

用不超过 60 N 的力应能将连接器全部插入此量规中。

为了验证连接器是否全部插入，建议量规设有一个孔眼。

对于表示形状或位置的公差符号见 GB/T 1182。

图 9J 用于检查连接器是否符合标准活页 C15 的通规(见 9.1)

单位为毫米

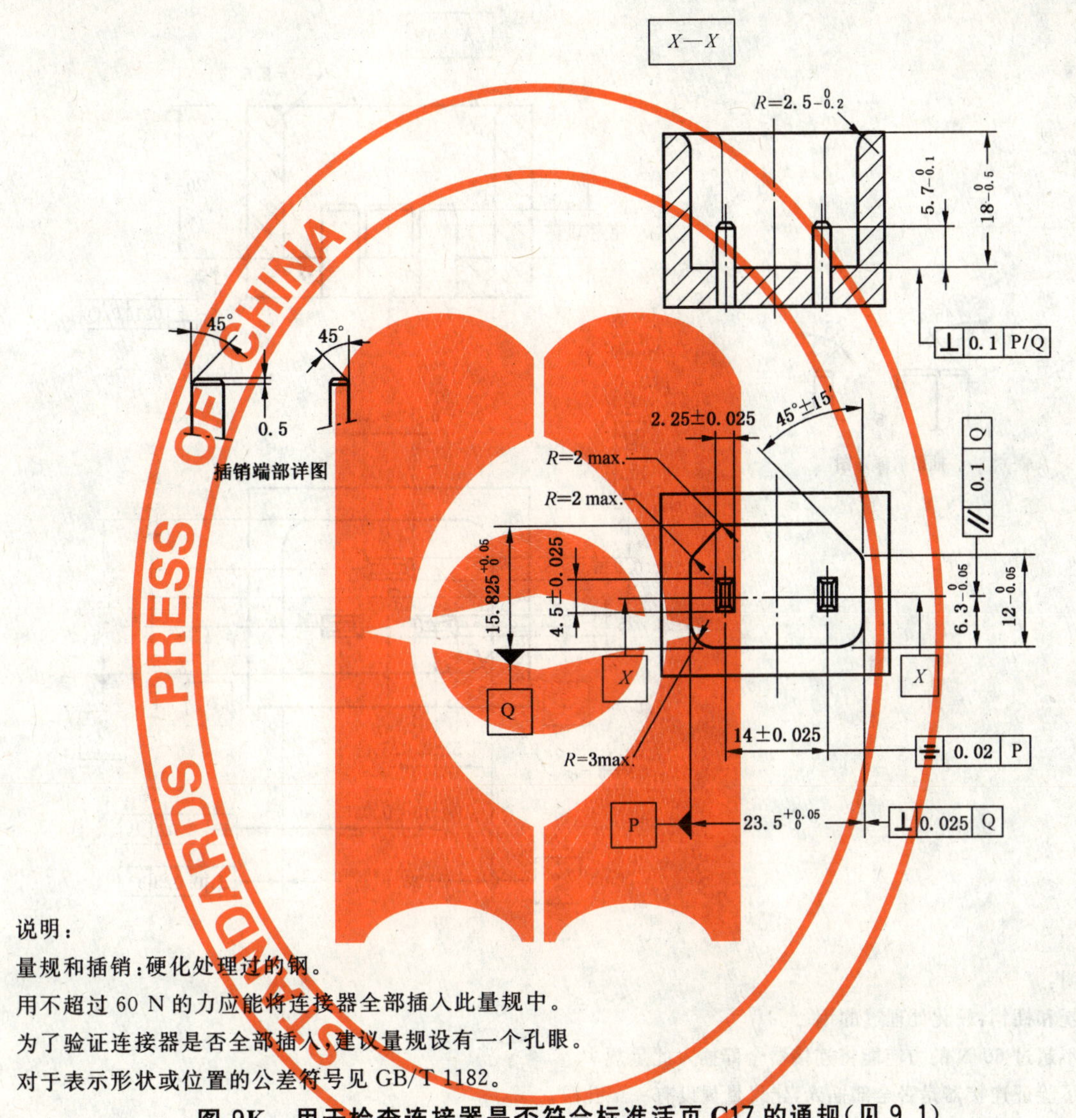

说明：

量规和插销：硬化处理过的钢。

用不超过 60 N 的力应能将连接器全部插入此量规中。

为了验证连接器是否全部插入，建议量规设有一个孔眼。

对于表示形状或位置的公差符号见 GB/T 1182。

图 9K 用于检查连接器是否符合标准活页 C17 的通规(见 9.1)

单位为毫米

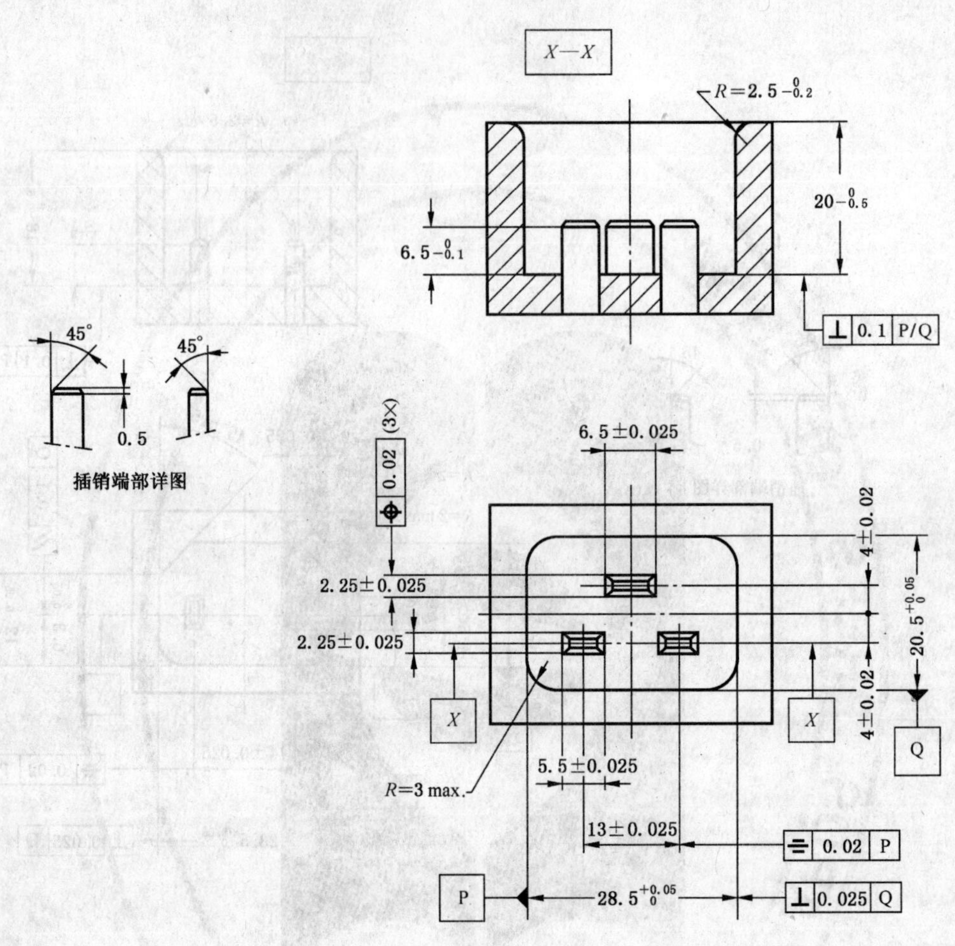

说明：

量规和插销：硬化处理过的钢。

用不超过 60 N 的力应能将连接器全部插入此量规中。

为了验证连接器是否全部插入，建议量规设有一个孔眼。

对于表示形状或位置的公差符号见 GB/T 1182。

图 9L 用于检查连接器是否符合标准活页 C19 的通规(见 9.1)

单位为毫米

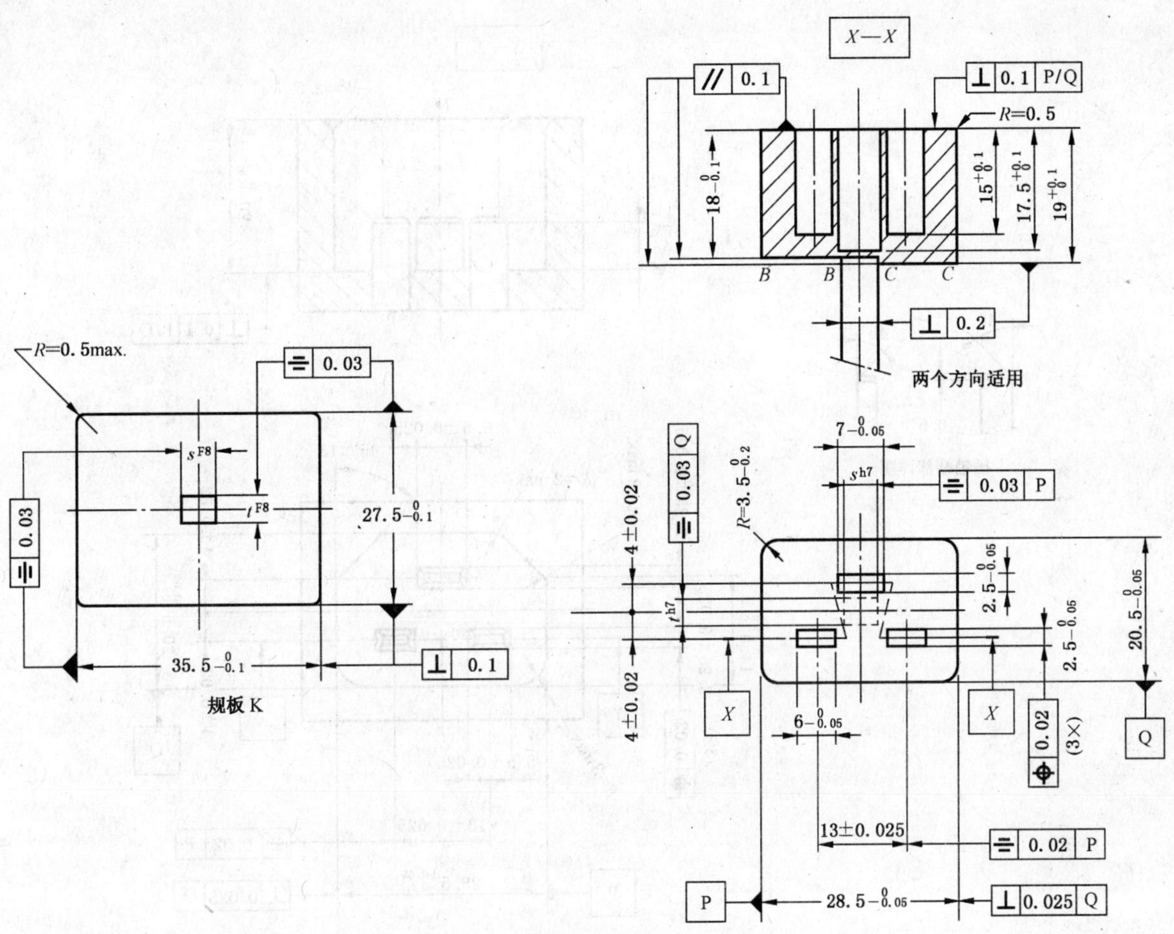

说明：

量规和插销：硬化处理过的钢。

规板 K 的厚度以及规板上手柄和孔的尺寸 s 和 t 的标称值可任选，但要考虑公差 h7 和 F8。

用不超过 60 N 的力应能将量规完全插入器具输入插座。插座的平面应位于量规的平面 $B—B$ 和 $C—C$ 之间。

然后将规板 K 推至手柄之上，以便检查插座开口处周围的面积。

对于表示形状或位置的公差符号见 GB/T 1182，对于表示尺寸的公差符号见 ISO 286-1。

图 9M　用于检查器具输入插座是否符合标准活页 C20 和标准活页 C24 的通规(见 9.1)

单位为毫米

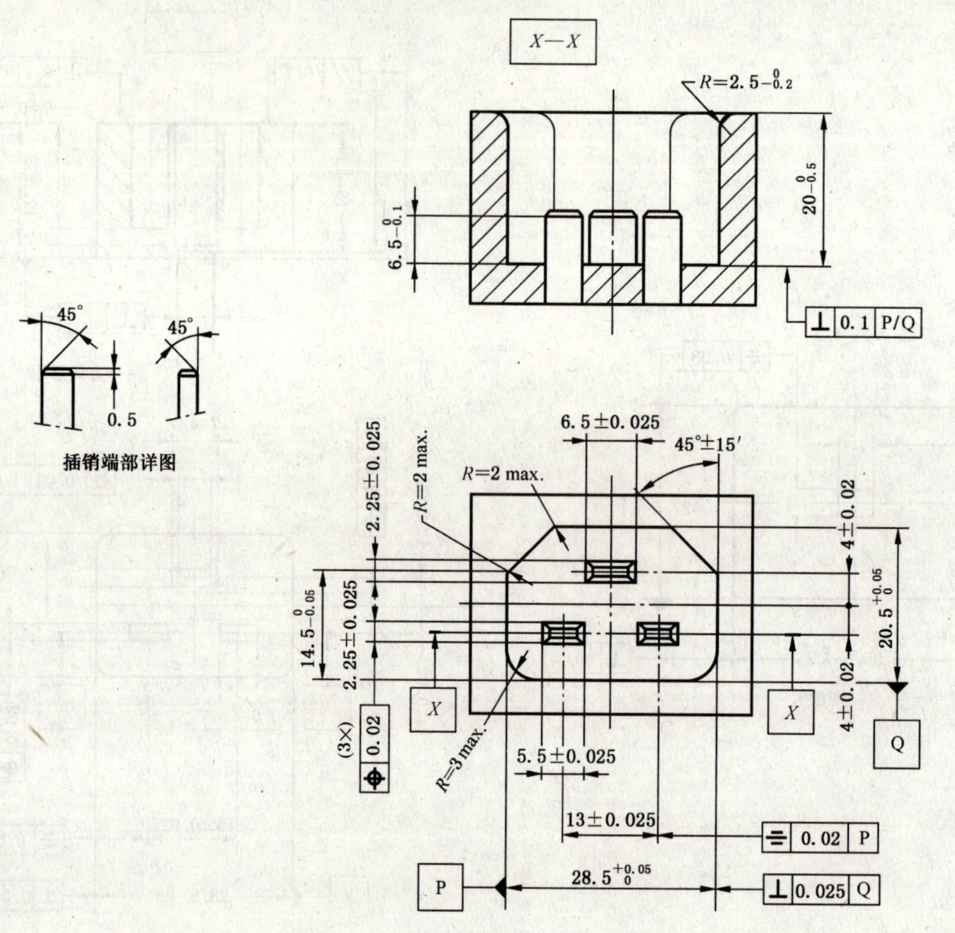

说明：

量规和插销：硬化处理过的钢。

用不超过 60 N 的力应能将连接器全部插入此量规中。

为了验证连接器是否全部插入，建议量规设有一个孔眼。

对于表示形状或位置的公差符号见 GB/T 1182。

图 9N 用于检查连接器是否符合标准活页 C21 的通规(见 9.1)

单位为毫米

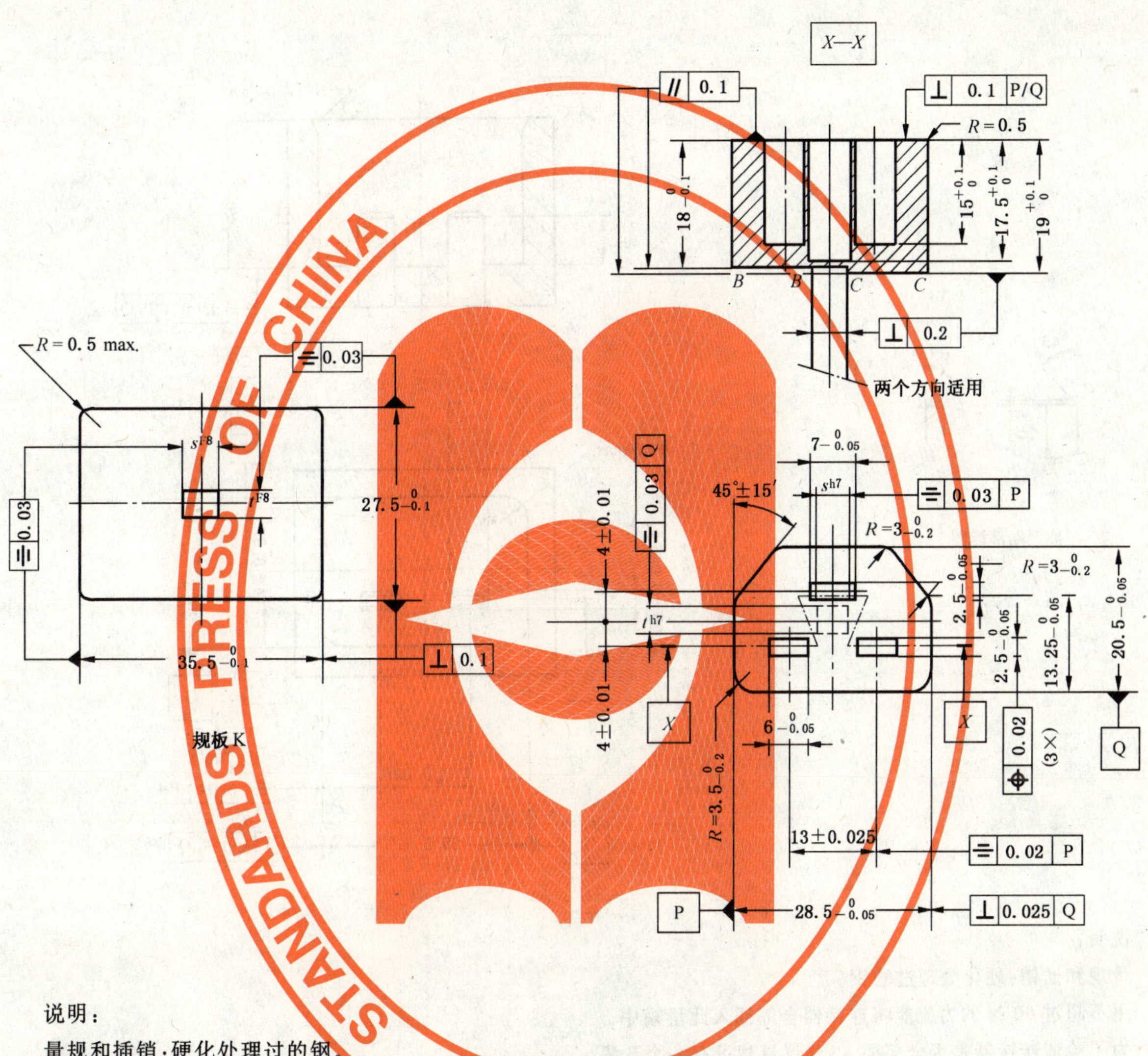

说明：

量规和插销：硬化处理过的钢。

规板 K 的厚度以及规板上手柄和孔的尺寸 s 和 t 的标称值可任选，但要考虑公差 h7 和 F8。

用不超过 60 N 的力应能将量规完全插入器具输入插座。插座的平面应位于量规的平面 B—B 和 C—C 之间。

然后将规板 K 推至手柄之上，以便检查插座开口处周围的面积。

对于表示形状或位置的公差符号见 GB/T 1182，对于表示尺寸的公差符号见 ISO 286-1。

图 9P　用于检查器具输入插座是否符合标准活页 C22 的通规（见 9.1）

单位为毫米

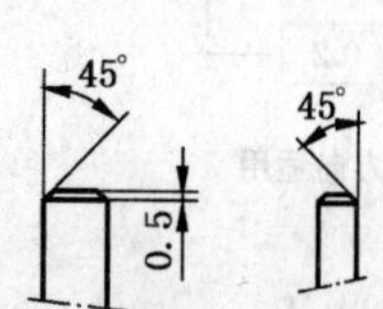

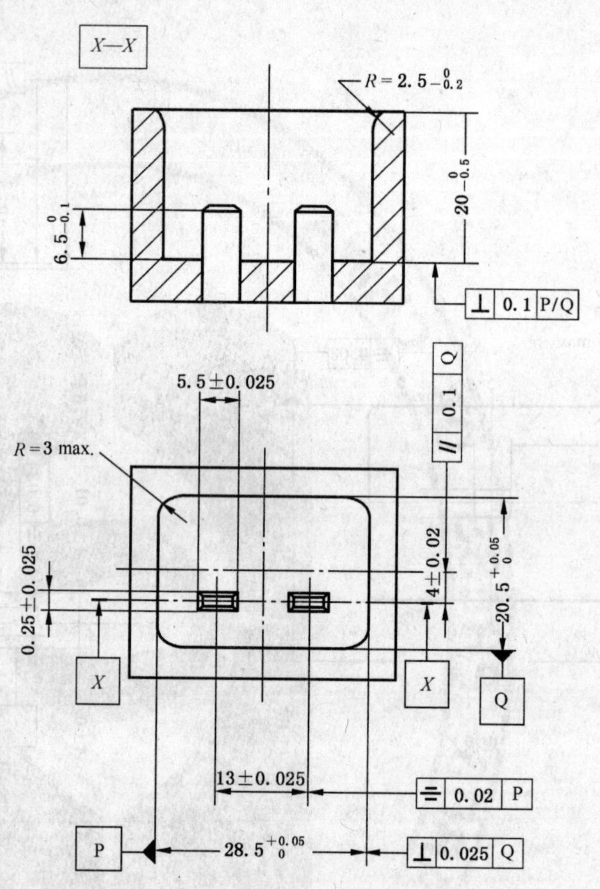

说明：

量规和插销：硬化处理过的钢。

用不超过 60 N 的力应能将连接器全部插入此量规中。

为了验证连接器是否全部插入，建议量规设有一个孔眼。

对于表示形状或位置的公差符号见 GB/T 1182。

图 9Q　用于检查连接器是否符合标准活页 C23 的通规(见 9.1)

单位为毫米

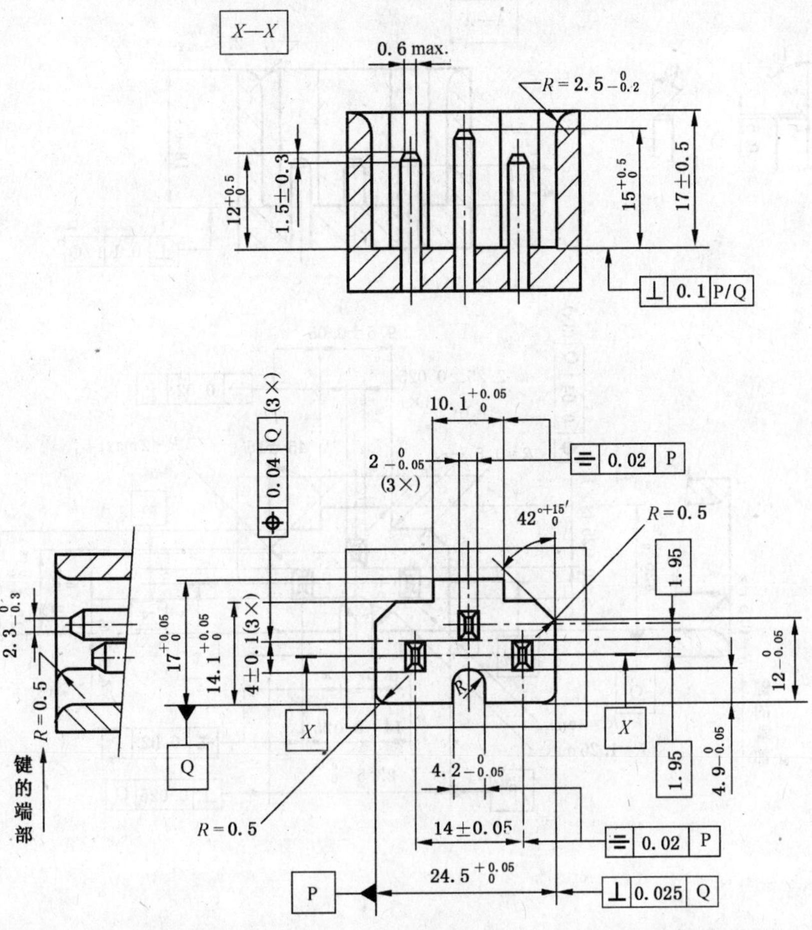

说明：

量规和插销：硬化处理过的钢。

用 60 N 的力应不能将连接器全部插入此量规中。

对于表示形状或位置的公差符号见 GB/T 1182。

图 9R　用于检查连接器是否符合标准活页 C13、标准活页 C15 和标准活页 C17 的止规（见 9.4）

单位为毫米

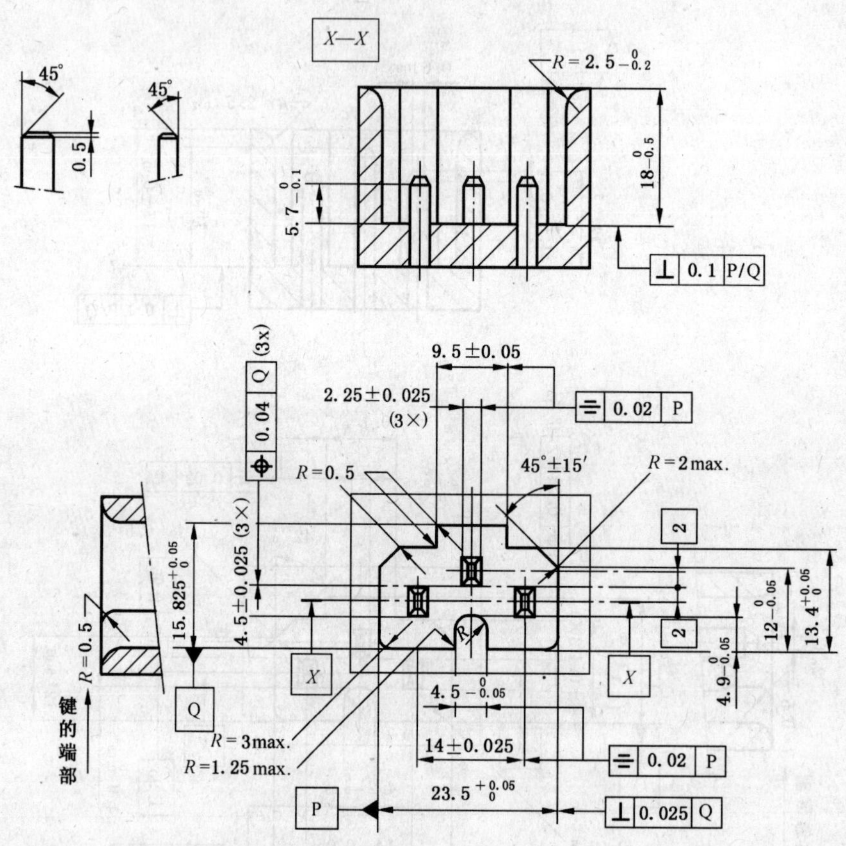

说明：

量规和插销：硬化处理过的钢。

用不超过 60 N 的力应能将连接器全部插入此量规中。

为了验证连接器是否全部插入，建议量规设有　个孔眼。

对于表示形状或位置的公差符号见 GB/T 1182。

图 9S　用于检查连接器是否符合标准活页 C15A 的通规(见 9.1)

单位为毫米

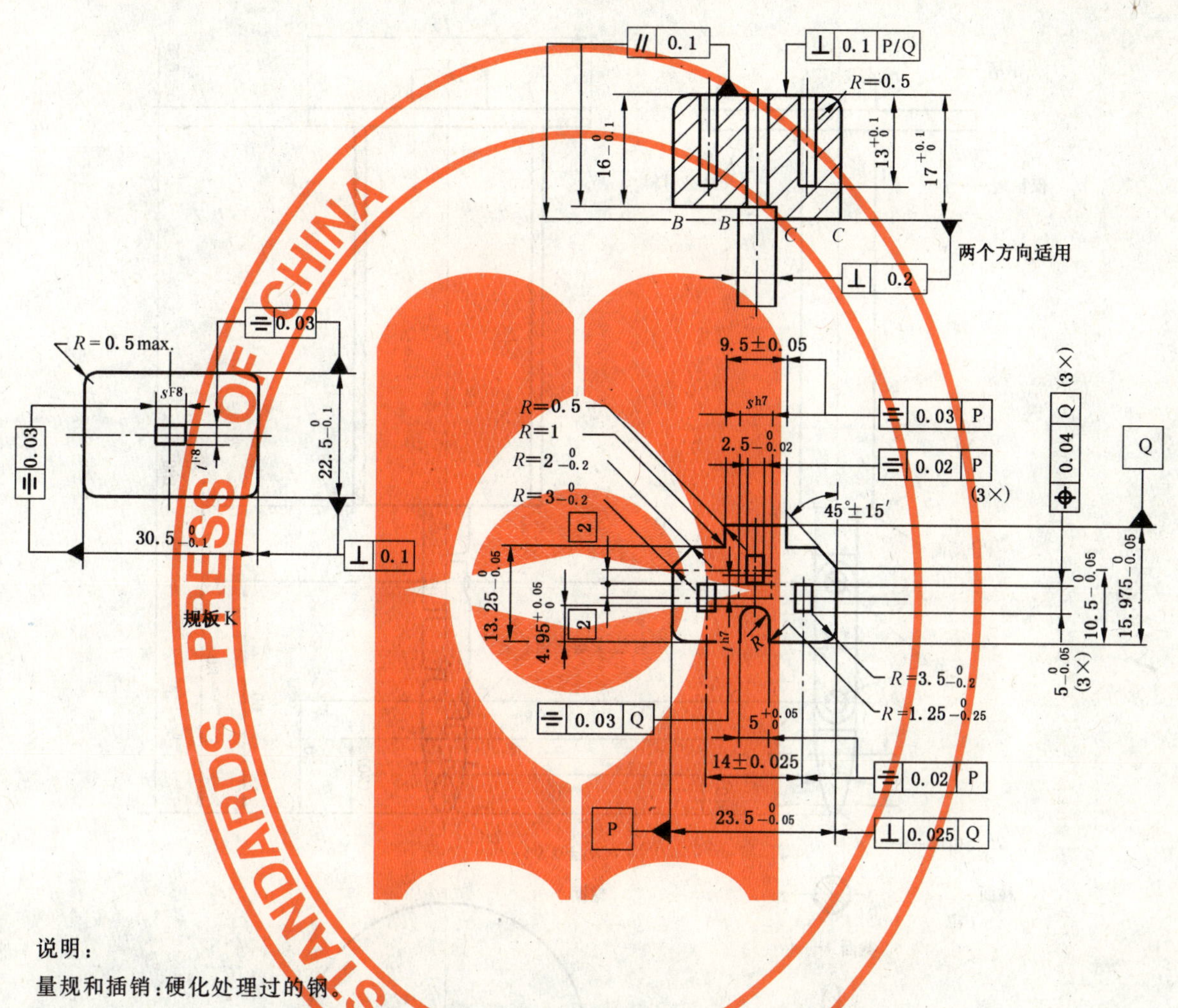

说明：

量规和插销：硬化处理过的钢。

规板 K 的厚度以及规板上手柄和孔的尺寸 *s* 和 *t* 的标称值可任选，但要考虑公差 h7 和 F8。

用不超过 60 N 的力应能将量规完全插入器具输入插座。插座的平面应位于量规的平面 *B*—*B* 和 *C*—*C* 之间。

然后将规板 K 推至手柄之上，以便检查插座开口处周围的面积。

对于表示形状或位置的公差符号见 GB/T 1182，对于表示尺寸的公差符号见 ISO 286-1。

图 9T　用于检查器具输入插座是否符合标准活页 C16A 的通规(见 9.1)

单位为毫米

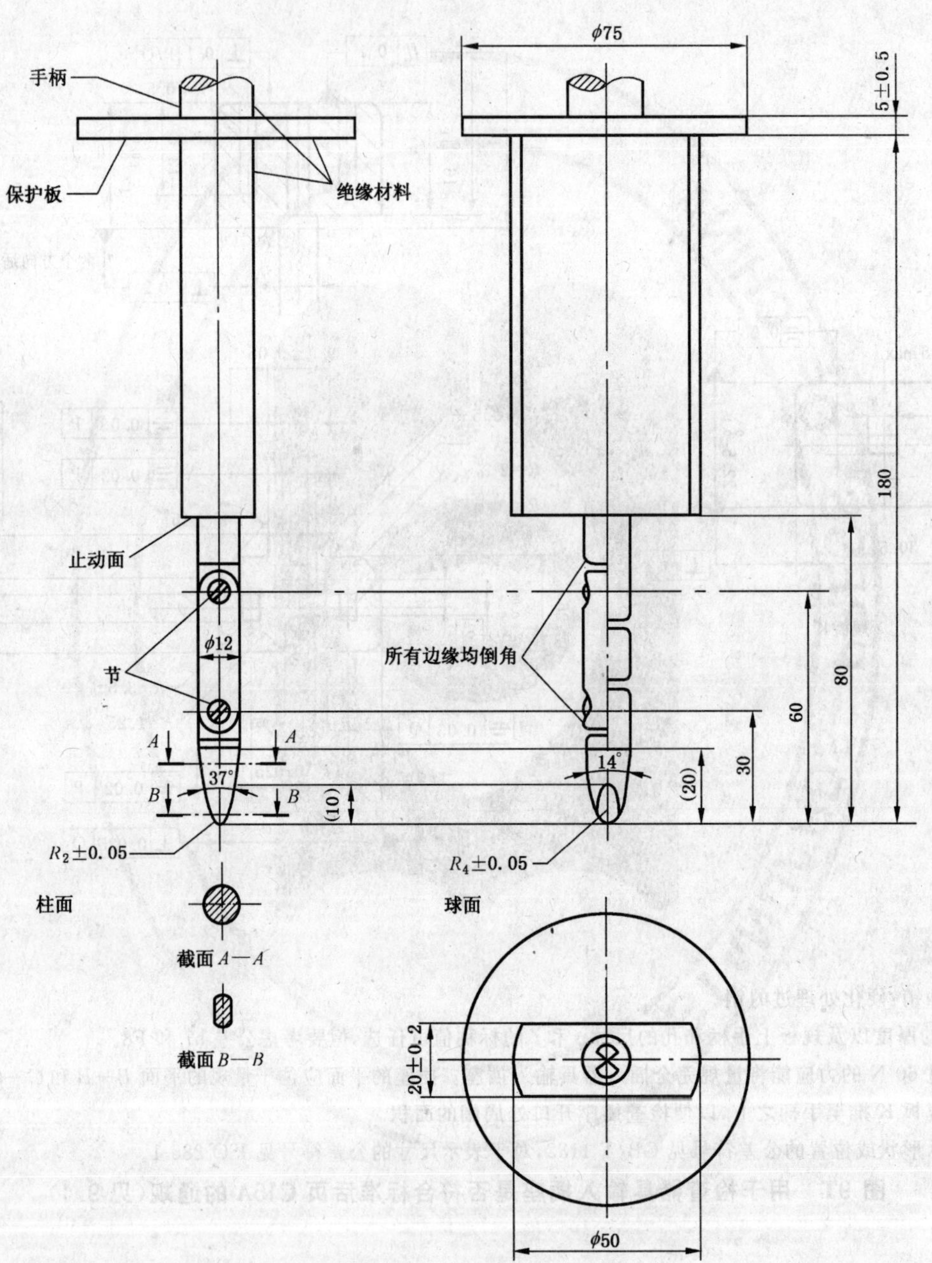

图 10 标准试验指(见 10.1)

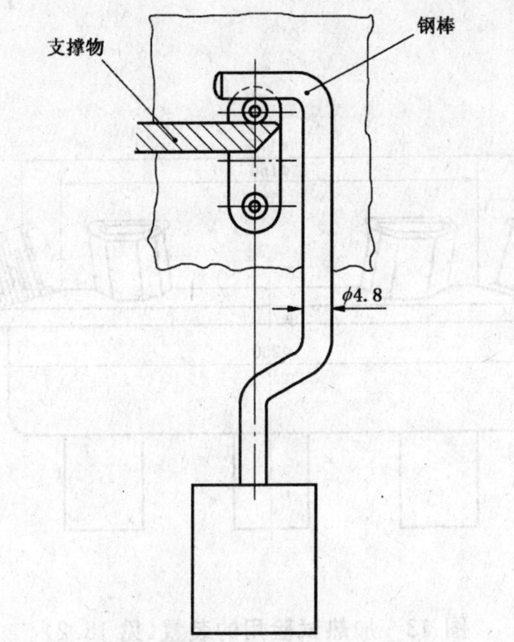

图 11　测试非实心插销用的装置(见 13.4)

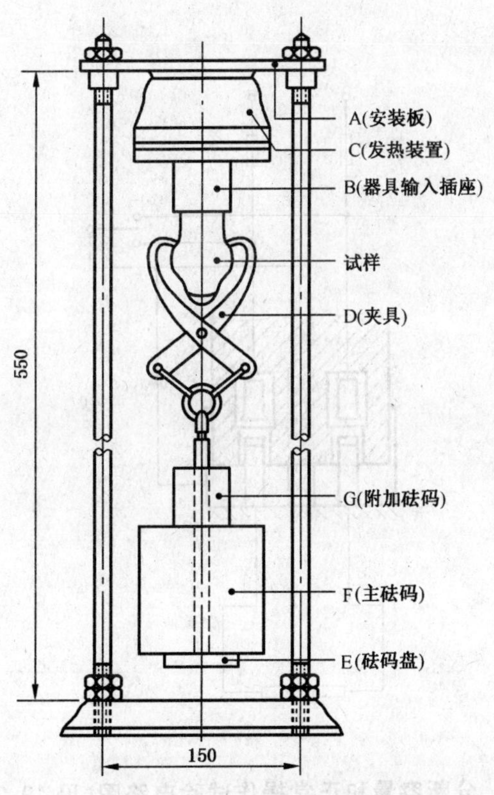

图 12　检查拔出力的试验装置(见 16.2)

单位为毫米

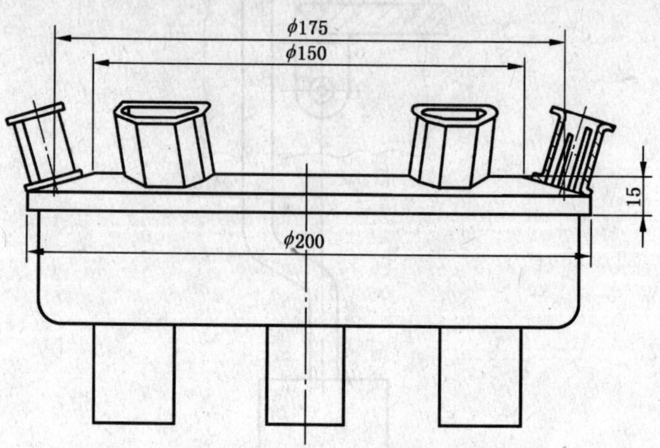

图 13 加热试验用的装置(见 18.2)

图 14 空白

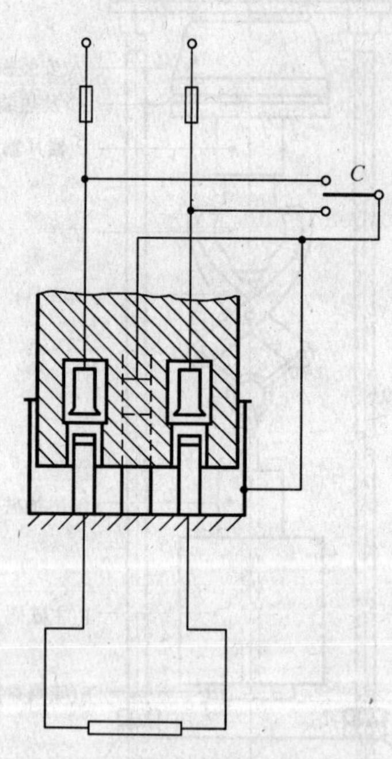

图 15 分断容量和正常操作试验电路图(见 19、20 章)

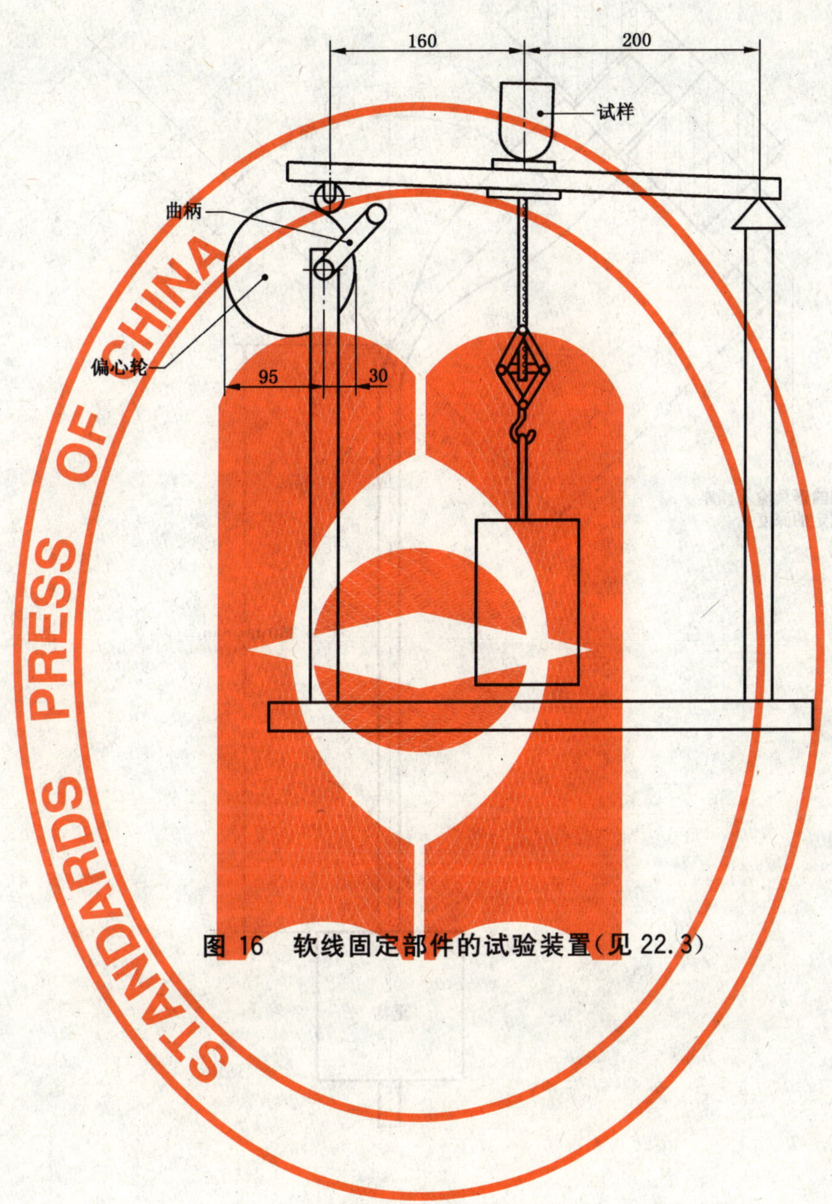

图 16　软线固定部件的试验装置(见 22.3)

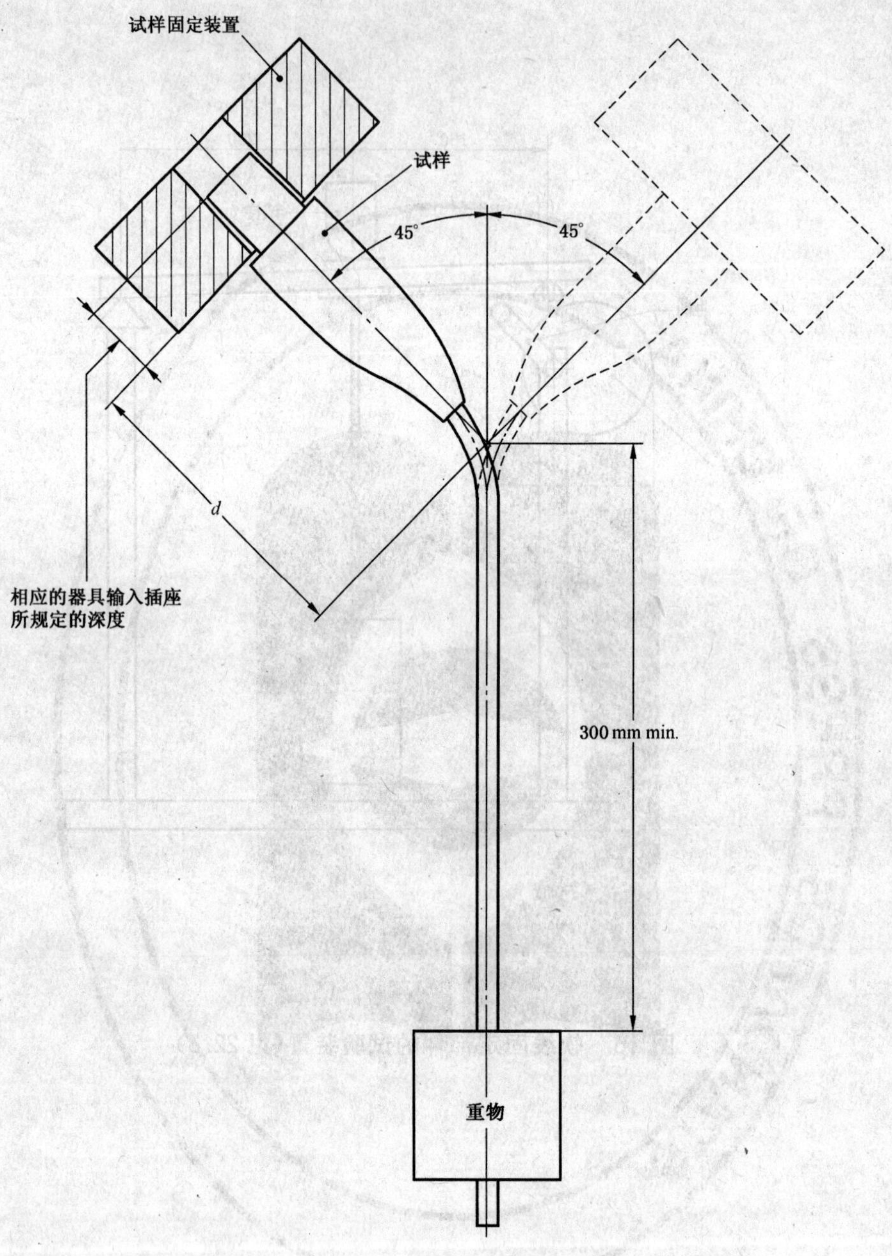

图 17 弯曲试验装置(见 22.4)

图 18 空白

单位为毫米

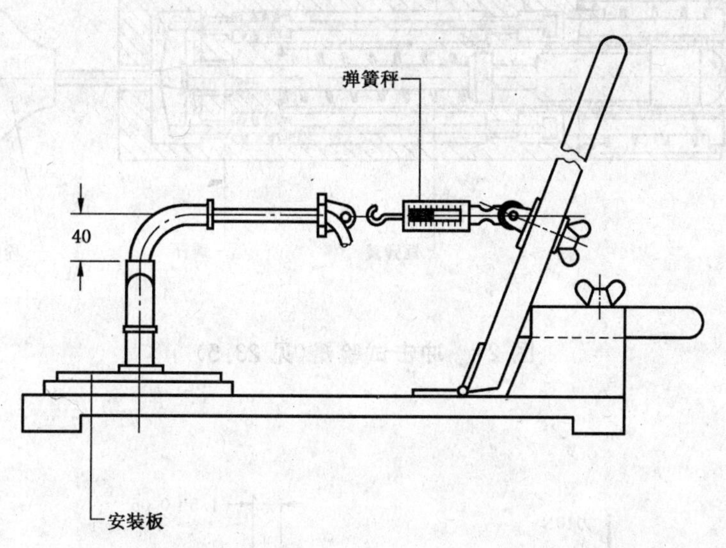

图 19 拉力试验装置(见 23.3)

单位为毫米

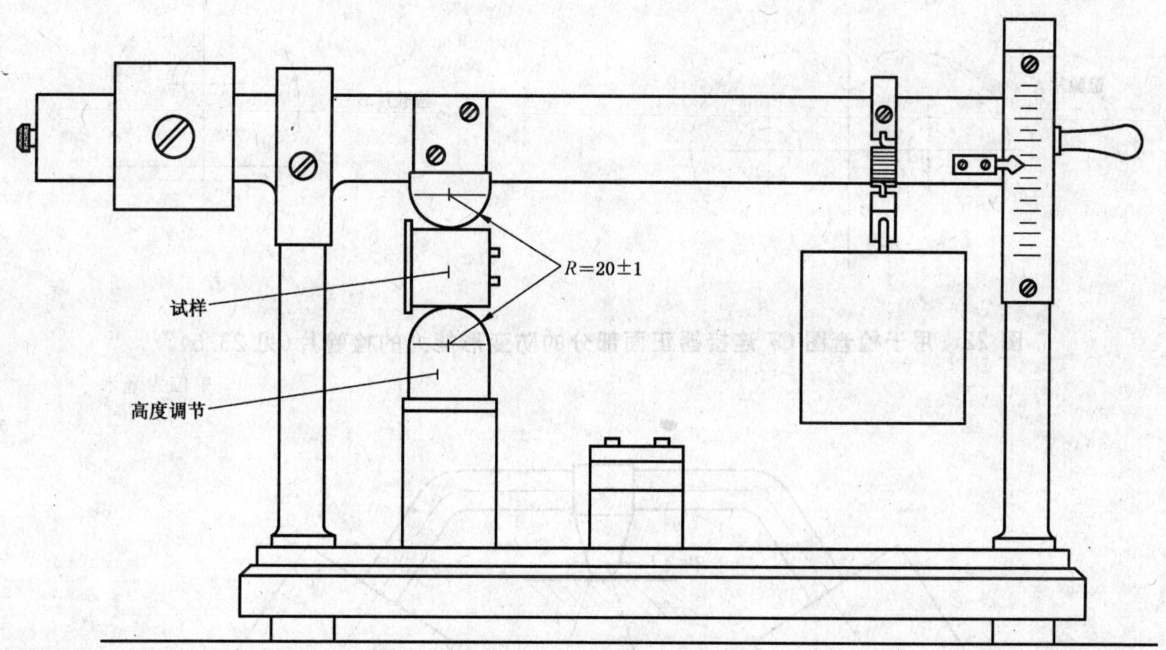

图 20 对器具输入插座外壳进行压力试验的装置(见 23.4)

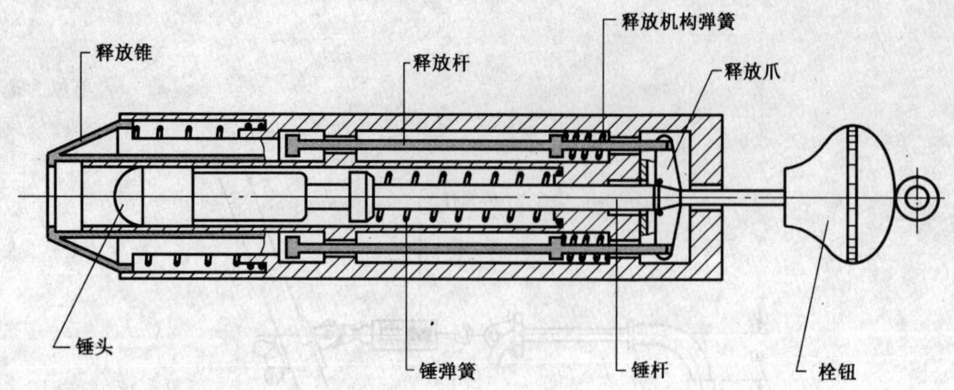

图 21　冲击试验器(见 23.5)

单位为毫米

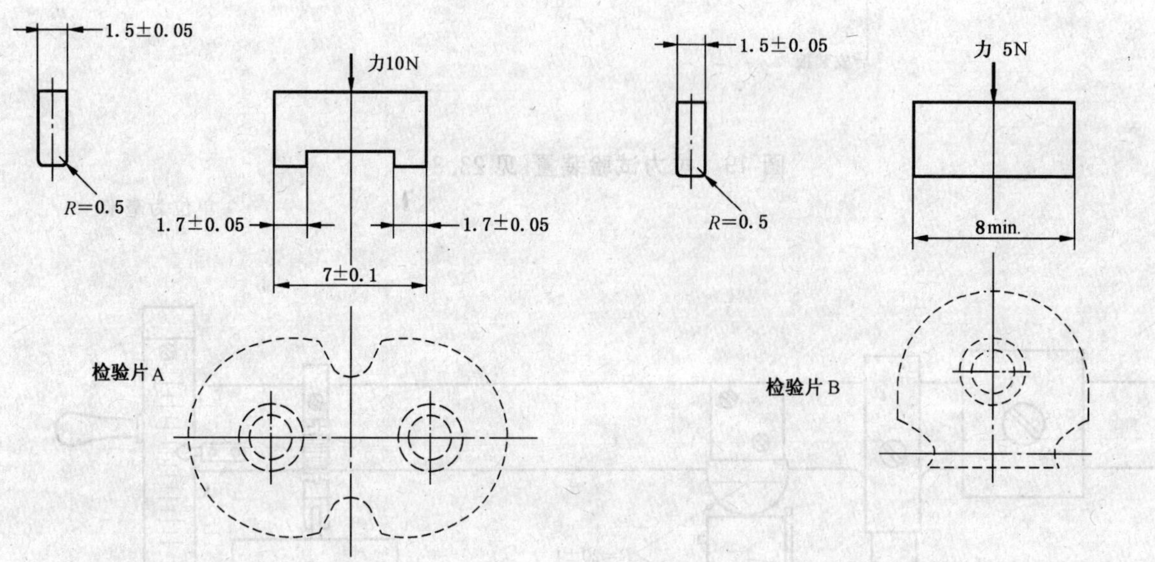

图 22　用于检查图 C7 连接器正面部分的防变形能力的检验片(见 23.6)

单位为毫米

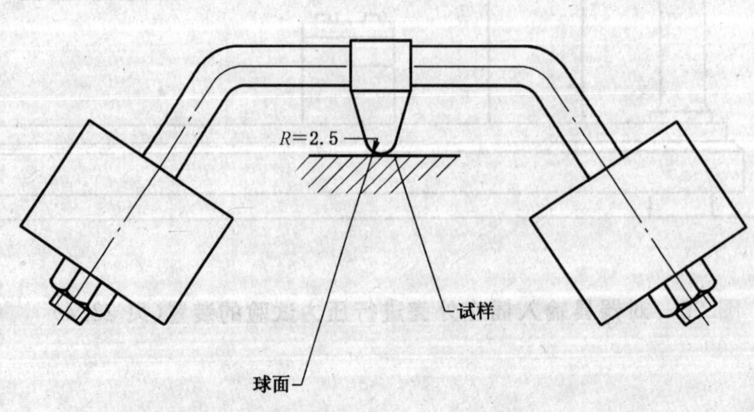

图 23　球压试验装置(见 24.1.2)

单位为毫米

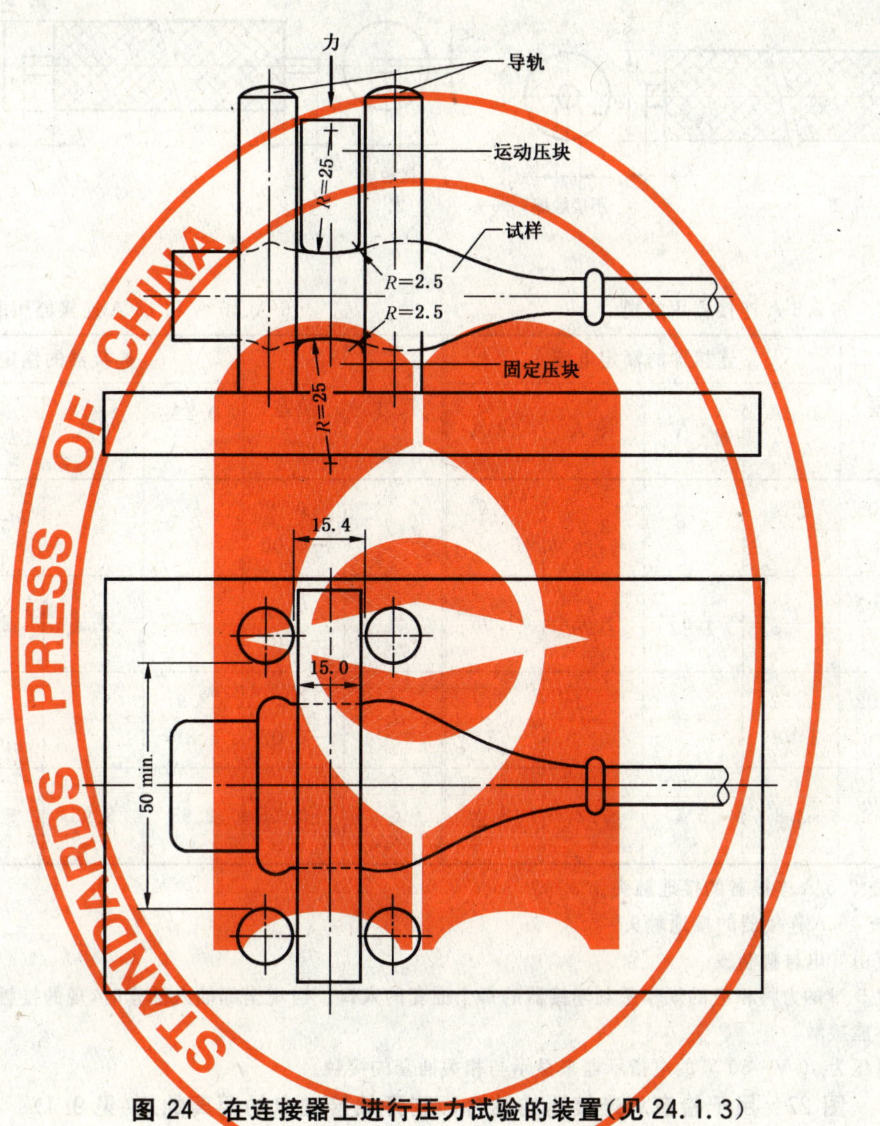

图 24 在连接器上进行压力试验的装置(见 24.1.3)

图 25 空白

图 26 空白

单位为毫米

0.2 A和2.5 A连接器用的规　　　　6 A、10 A和16 A连接器用的规

尺寸	偏差	连接器的额定电流				尺寸	偏差	连接器的额定电流			
		0.2A 2.5A	6 A	10 A	16 A			0.2A 2.5A	6 A	10 A	16 A
a_1	+0.05 0	—	3.9	3.9	4.9 5.9 2)	a_2	0 −0.05	—	5.0	5.0	6.0 7.0 2)
b_1	+0.05 0	—	1.95	1.95	1.95	b_2	0 −0.05	—	2.5	2.5	2.5
d_1	+0.02 0	2.32 3.10 1)	—	—	—	d_2	0 −0.02	2.9 3.8 1)	—	—	—
t_1	+0.05 0	3.8	5.5	7.2	8.0	t_2	±0.025	2.95	3.95	5.65	6.45

1) 用于检查2.5 A连接器的接地触头。

2) 用于检查16 A连接器的接地触头。

规的插销应由导电材料制成。

应用不超过5 N的力将相应的规作用到连接器的每个插套的入口。当规全部插入插套时，规的接触规端应接触，而不接触规端应不能接触。

使用一个电压为40 V～50 V的电指示器来显示与相关插套的接触。

图27　用于检查从连接器的结合面到开始接触点的距离的规(见9.1)

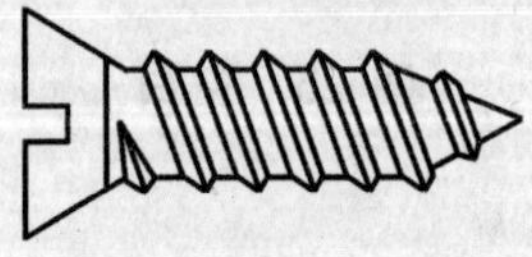

图28　螺纹成型自攻螺钉(见3.19)

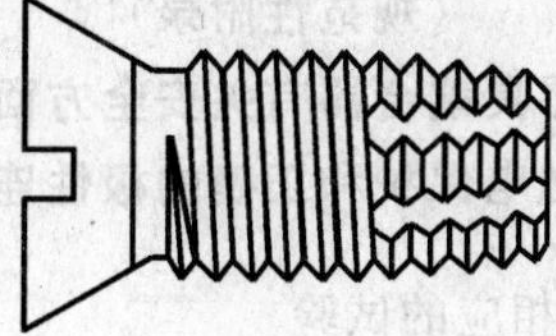

图 29　螺纹切削自切螺钉(见 3.20)

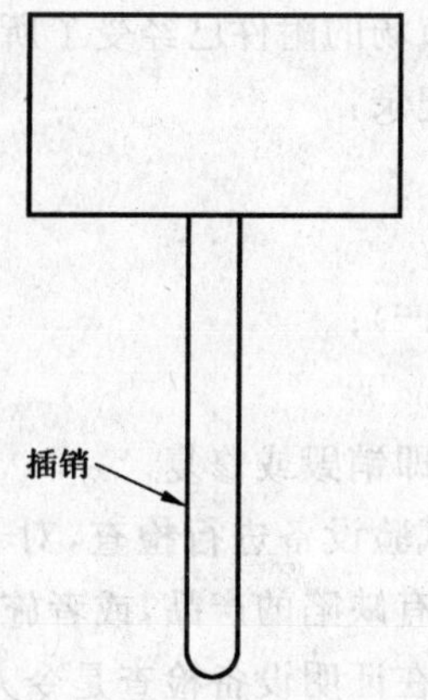

试验销规的尺寸应符合相关的标准活页。

注：重量应均匀分布在插销的中心线周围。

图 30　验证最小拔出力所用的销规

附　录　A
（规范性附录）
工厂接线的器具耦合器有关安全方面的例行试验
（防触电保护和正确的极性连接）

所有工厂接线的附件都应经受下述相应的试验。

附件的类型	所要执行的试验条款
两极附件	A.1
多于两极附件	A.1,A.2,A.3

试验设备或制造系统应使不合格的样品变成无法使用的，或者将它们从合格的产品中分离出来，以便使不合格的产品不能被放行出售。

注：“无法使用的”意思是把附件处理成使它不能完成预定的功能。然而，可修复的产品（通过可靠的系统）可以进行修理然后重新试验，这是可接受的。

通过加工或制造系统来确定流通到市场的附件已经受了所有相应的试验，这应是可能的。

制造厂应保留一份所进行的试验的记录：

——产品型号；

——试验日期；

——产地（如果在一个以上的地方生产）；

——受试的产品数量；

——不合格的数量及所采取的措施，即销毁或修复。

在每个使用周期之前和之后都要对试验设备进行检查，对于连续使用的情况，至少 24 h 定为一个周期。在这些检查过程中，当插入已知的有缺陷的产品，或者施加模拟的错误时，设备应能指示出错误。

在设备检查之前所生产的产品，只有在证明设备检查是令人满意的以后才能流通到市场。

试验设备应至少每年校准一次。

应保留对设备进行的所有检查及任何有必要的调整的记录。

A.1　极化系统；相线（L）和中线（N）——正确连接。

对于极化系统，试验应使用安全特低电压（SELV）分别作用在软线的相线（L）和中线（N）的远端和对应的 L 销和 N 销或附件的插座之间，历时不少于 2 s。

注：在带有自动计时的试验设备上，2 s 可减少到不少于 1 s。

可以使用其他适合的试验。

极性应是正确的。

A.2　接地（E）连续性

试验应使用安全特低电压（SELV）作用在软线的接地线（E）的远端和 E 端或附件的插套之间，历时不少于 2 s。

注：在带有自动计时的试验设备上，2 s 可减少到不少于 1 s。

可以使用其他适合的试验。

极性应是正确的。

A.3　短路/错误连接和 L 或 N 对 E 的爬电距离和电气间隙的减少。

试验应在 L 和 N 线的电源端和 E 线的电源端之间作用 2 000 V±200 V，50 Hz 或 60 Hz 的交流电，历时不少于 2 s。

注：在带有自动计时的试验设备上，2 s 可减少到不少于 1 s。

或者使用 1.2/50 μs 波形，4 kV 峰值的脉冲进行脉冲电压试验，每个极作用三个脉冲，脉冲间隔不少于 1 s，试验电压作用在电源端。

本试验 L 线和 N 线可以连接在一起。

不应出现闪络。

ICS 29.120.30
K 65

中华人民共和国国家标准

GB 17465.2—2009
代替 GB 17465.2—1998

家用和类似用途器具耦合器 第2部分：家用和类似设备用互连耦合器

Appliance couplers for household and similar general purposes—Part 2: Interconnection couplers for household and similar equipment

(IEC 60320-2-2:1998,MOD)

2009-09-30 发布　　2010-06-01 实施

中华人民共和国国家质量监督检验检疫总局
中国国家标准化管理委员会　发布

前言

GB 17465 的本部分全部技术内容为强制性。

GB 17465《家用和类似用途器具耦合器》分为以下几部分：

第 1 部分：通用要求(GB 17465.1)

第 2 部分：特殊要求(GB 17465.2～GB 17465.4)

——家用和类似设备用互连耦合器

——防护等级高于 IPX0 的器具耦合器

——靠器具重量啮合的耦合器

本部分为 GB 17465 第 2 部分中的家用和类似设备用互连耦合器。本部分应与 GB 17465.1 配合使用。

本部分修改采用 IEC 60320-2-2:1998(第 2 版)《家用和类似用途器具耦合器　第 2-2 部分：家用和类似设备用互连耦合器通用要求》。

IEC 60320-2-2:1998 是与 IEC 60320-1:1994(第 1 版)配套使用。由于 IEC 标准修订的速度加快，国家标准 GB 17465.1—2009 已按 IEC 60320-1:2007(第 2.1 版)修订，因而存在使用版本不同的问题，为了使系列标准的配套使用更加完善、合理，本部分根据 IEC 60320-1:2007 修改采用 IEC 60320-2-2:1998。

本部分与 IEC 60320-2-2:1998 的主要差异如下：

1) 关于使用环境的温度。

   我国部分地区为亚热带气候，环境温度较高，根据我国的地理环境和气候特点，在本部分中规定互连耦合器的使用环境温度“通常不超过 35 ℃，但偶尔会达到 40 ℃”。IEC 60320-2-2 中规定：互连耦合器的工作环境温度为“通常不超过 25 ℃，但偶尔会达到 35 ℃”。

2) 为了与 GB 17465.1—2009 标准对应，8.6 接地端子的符号，增加带圈的接地符号。

3) 为了与 GB 17465.1—2009 标准对应，并符合产品测试的基本原理，增加 16.3，将最小拔出力的测试方法改为单销规考核。

4) 根据 GB/T 5023—2008《额定电压 450/750 V 及以下聚氯乙烯绝缘电缆》的规定将软线类型为 60227 IEC 53 的 3×0.75 mm^2，最大直径由 8.0 mm 改为 7.6 mm；3×1.0 mm^2，最大直径由 8.4 mm 改为 8.0 mm；3×1.5 mm^2，最大直径由 9.8 mm 改为 9.4 mm。

5) 根据 GB/T 5013—2008《额定电压 450/750 V 及以下橡皮绝缘电缆》的规定将软线类型为 60245 IEC 53 的 3×0.75 mm^2，最大直径由 8.8 mm 改为 8.1 mm；3×1.0 mm^2，最大直径由 9.2 mm 改为 8.5 mm；3×1.5 mm^2，最大直径由 11.0 mm 改为 10.4 mm。

6) 因为 IEC 60536:1997 对应的我国标准 GB/T 12501—1990 已经作废，并且本部分只是在 7.1 的注中引用该标准，所以删除了 IEC 60320-2-2:1998 中的引用标准 IEC 60536:1997，同时删除 7.1 注的条文。

该标准页只是 7.1 中的注。

本部分代替 GB 17465.2—1998《家用和类似用途的器具耦合器　第二部分：家用和类似设备用互连耦合器》。

本部分与 GB 17465.2—1998 相比，主要变化如下：

1) 为了便于查找和使用，修改了 GB 17465.2—1998 标准活页的编号名称，按 IEC 60320-2-2:1998 所附标准活页的名称进行编号。

2) 第3章中删除了“互连电线组件”定义，将这种产品放入GB 15934电线组件标准中，本部分中所有关于互连电线组件的内容移至GB 15934中。

3) 为了与GB 17465.1—2009标准对应，8.6接地端子的符号，增加带圈的接地符号。

4) 为了与GB 17465.1—2009标准对应，第15章注1中，“本体”一词的解释中删除“接地端子、接地插销或接地触头”。

5) 为了与GB 17465.1—2009标准对应，并符合产品测试的基本原理，增加16.3，将最小拔出力的测试方法改为单销规考核。

6) 第21章温升试验电流改为1.25倍额定电流。

7) 增加23.7对具有一个独立的封装插套的前面部件的插头连接器的拉力试验。

8) 增加23.8对插头连接器的外壳的压力试验。

9) 根据GB/T 5023—2008《额定电压450/750 V及以下聚氯乙烯绝缘电缆》的规定将软线类型为60227 IEC 53的3×0.75 mm^2，最大直径由8.0 mm改为7.6 mm；3×1.0 mm^2，最大直径由8.4 mm改为8.0 mm；3×1.5 mm^2，最大直径由9.8 mm改为9.4 mm。

10) 根据GB/T 5013—2008《额定电压450/750 V及以下橡皮绝缘电缆》的规定将软线类型为60245 IEC 53的3×0.75 mm^2，最大直径由8.8 mm改为8.1 mm；3×1.0 mm^2，最大直径由9.2 mm改为8.5 mm；3×1.5 mm^2，最大直径由11.0 mm改为10.4 mm。

本部分由中国电器工业协会提出。

本部分由全国电器附件标准化技术委员会(SAC/TC 67)归口。

本部分起草单位：中国电器科学研究院、广东华声电器实业有限公司、东莞市联升电线电缆有限公司、深圳市冠旭电子有限公司、顺德凯华电器实业有限公司、浙江跃华电讯有限公司、宁波经济技术开发区海鑫电器科技有限公司、宁波唯尔电器有限公司、豪利士电线装配(深圳)有限公司、中国家用电器研究院。

本部分主要起草人：蔡军、谢基柱、邱红、吴海全、王朝圣、陈建雄、郑国平、冯涌麟、邓洪玲、贾玉霖、朱巨涛。

本部分所代替标准的历次版本发布情况为：

——GB 17465.2—1998。

引　　言

GB 17465.1—2009中，各章、条凡出现“器具耦合器”、“连接器”或“器具输入插座”等词者，这些词，均应删掉，而分别代之以“互连耦合器”、“插头连接器”或“器具输出插座”。

家用和类似用途器具耦合器
第2部分:家用和类似设备用互连耦合器

1 范围

用以下内容代替 GB 17465.1—2009 第1章:

本部分适用于家用和类似用途器具或设备用交流两极、带有接地触头或不带接地触头的互连耦合器,其使用于额定电压不超过250 V,额定电流不超过16 A,频率为50 Hz或60 Hz的交流电源上,该耦合器用于将电源互连到与其匹配的电气器具或设备上。

注:与器具或其他设备成一整体的或装在器具或其他设备里的器具输出插座属于本部分的适用范围之内。本部分的尺寸及通用要求适用于这种器具输出插座,但某些试验可能不适用。

对插头连接器的要求,是以如下的假设为基础的,即:相应的器具输出插座的插套温度不超过65 ℃(冷条件)。

符合本部分要求的互连耦合器适应于在通常不超过35 ℃,但偶尔达到40 ℃[1]的环境温度下使用。

符合本部分的标准活页要求的互连耦合器是用作无特殊防潮要求的器具或设备的互连的;若用作其他的器具或设备的互连,或用作在正常使用时会受到溢水的影响的器具或设备的互连耦合器,必须有附加要求。

注:以下情况可能需要特殊的结构:

——在特殊条件的场所,例如,船上、车辆上等类似场所;

——在危险场所,例如,可能发生爆炸的地方。

2 规范性引用文件

下列文件中的条款通过 GB 17465 的本部分的引用而成为本部分的条款。凡是注日期的引用文件,其随后所有的修改单(不包括勘误的内容)或修订版均不适用于本部分,然而,鼓励根据本部分达成协议的各方研究是否可使用这些文件的最新版本。凡是不注日期的引用文件,其最新版本适用于本部分。

GB/T 1182 产品几何技术规范(GPS)几何公差 形状、方向、位置和跳动公差标注(GB/T 1182—2008,ISO 1101:2004,IDT)

GB 17465.1—2009 家用和类似用途的器具耦合器 第1部分:通用要求(IEC 60320-1:2007,MOD)

IEC/TR 60083:1997 IEC成员国家中标准化的家用和类似用途的插头插座[2]

IEC 60906(所有部分) IEC系列家用和类似用途的插头插座

3 术语和定义

GB 17465.1—2009 第3章作下述变动后适用。

第3行改为:

---

1) 我国部分地区为亚热带气候,考虑到最严酷情况,规定互连耦合器的使用环境温度"通常不超过35 ℃,但偶尔会达到40 ℃"。IEC 60320-2-2 该条中规定的环境温度为"通常不超过25 ℃,但偶尔会达到35 ℃"。后面同理。

2) 我国插头的型式尺寸应符合 GB 1002 和 GB 1003。

"附件"一词,是指包括插头连接器和/或器具输出插座在内的一般的术语。

增加的定义：

3.101

互连耦合器 interconnection coupler

可以任意地将器具或设备连接到与另一器具或设备相连的软缆或软线或使这两者断开的耦合器。

互连耦合器由两部分组成：

——插头连接器,即与软缆或软线成一整体的或固定到软缆或软线的部分；

——器具输出插座,即与器具或设备成一整体的或装在器具或设备里的,或固定到器具或设备的,而且使器具或设备获得电源的部分。

注：与器具或设备成一整体的器具输出插座(护罩及底部)是与器具或设备的外壳组成一体。装在器具或设备里的器具输出插座是一种装在器具或设备的或固定到器具或设备的独立的器具输出插座。

4 一般要求

GB 17465.1—2009 第 4 章作下述变动后适用。

互连耦合器的设计和结构上应保证在正常使用时安全可靠,对使用者和周围环境没有危险。

是否合格,通过进行全部的规定的有关试验来检验。

5 试验的一般说明

GB 17465.1—2009 第 5 章作下述变动后适用。

5.4 改为:除非另有规定,否则,插头连接器和器具输出插座与符合本部分要求的相应的器具输出插座或插头连接器一起试验。

5.5 改为：

对器具输出插座,要求 6 个试样,其中 3 个用来进行除第 14 章、第 15 章、第 16 章、第 19 章、第20 章和第 21 章中规定的试验之外的试验;其余的 3 个用以进行第 14 章、第 15 章、第 16 章、第 19 章、第20 章和第 21 章的试验(包括 16.2 的复试)。

对插头连接器,要求 9 个试样,其中 3 个用来进行除第 14 章、第 15 章、第 17 章、22.4 和 24.2 的规定的试验之外的试验;另 3 个用来进行第 14 章、第 15 章和第 17 章的试验,最后 3 个用来进行 22.4 的试验。

对橡胶或类似材料的插头连接器,要求用两个附加试样来进行 24.2.1 的试验。

对聚氯乙烯(PVC)或类似材料的插头连接器,要求两个附加试样来进行 24.2.3 的试验。

因此,插头连接器试样总数如下：

制造插头连接器的材料	试样数量
硬质绝缘材料	9
PVC、橡胶或类似材料	11

6 标准额定值

GB 17465.1—2009 第 6 章作下述变动后适用。

6.2 改为：

标准额定电流为本部分 9.1 的规定,即为 2.5 A、10 A 和 16 A。

7 分类

GB 17465.1—2009 第 7 章作下述变动后适用。

7.1 改为：

互连耦合器按所连接的器具或设备的类型分类：

——Ⅰ类设备用的互连耦合器；

——Ⅱ类设备用的互连耦合器。

7.2 改为：

插头连接器还按软缆或软线的连接方法分类：

——可拆线的插头连接器；

——不可拆线的插头连接器。

8 标志

GB 17465.1—2009 第 8 章作下述变动后适用。

8.1 改为：

插头连接器应标出：

——额定电流(A)；

——额定电压(V)；

——电源性质的符号；

——生产厂或负责销售商的名称、商标或识别标志；

——型号。

注：型号可以是产品目录编号。

8.2 改为：

不与器具或设备成一整体的器具输出插座应标有：

——生产厂或负责销售商的名称、商标或识别标志，及

——型号，此型号在器具输出插座正确安装好之后或当有插头连接器插合时应是看不见的。

注：型号可以是产品目录编号。

8.3 改为：

Ⅱ类设备用的插头连接器和器具输出插座不得标有Ⅱ类结构的符号。

8.5 改为：

8.1 规定的标志在插头连接器已经接好线可供使用时，应是清晰易辨的。

注："准备使用"这一术语并非指插头连接器已插在器具输出插座上。

8.6 改为：

不可逆插的插头连接器的触头位置应通过观察插头连接器插合面确定，触头位置排列如下：

接地触头：中间的上方；

相线触头：左下方；

中性线触头：右下方。

可拆线的不可逆插的插头连接器的端子应按如下的办法表示：

接地端子：用符号⏚或⏚表示；

中性线端子：用字母 N 表示。

不可拆线的不可逆插的插头连接器不需要有触头的标志，但线芯必须按 22.1 的规定连接。

与符合本条要求的插头连接器一起使用的、不与器具或设备成一整体的或不是装在器具或设备里的器具输出插座，必须有相应于本条的端子标志。

标志的符号或字母不得标在螺钉、可拆卸的垫圈或其他可拆卸的部件上。

注：之所以规定端子标志及导线连接的要求，是要使之与器具耦合器相应的要求一致。对器具耦合器提出的要求，考虑到了我国要求有极性的供电系统和采用 IEC 插头插座系统(见 IEC 出版物 906)。

9 尺寸和互换性

GB 17465.1—2009 第 9 章作下述变动后适用。

9.1 改为：

互连耦合器应符合如下规定的有关标准活页的要求，9.6 允许的情况除外：

Ⅰ类设备用的 2.5 A 250 V 互连耦合器：

——插头连接器 …… 图 A

——器具输出插座 …… 图 B

Ⅱ类设备用的 2.5 A 250 V 互连耦合器：

——插头连接器 …… 图 C

——器具输出插座 …… 图 D

Ⅰ类设备用的 10A 250 V 互连耦合器：

——插头连接器 …… 图 E

——器具输出插座 …… 图 F

Ⅱ类设备用的 10 A 250 V 互连耦合器：

——插头连接器 …… 图 G

——器具输出插座 …… 图 H

Ⅰ类设备用的 16 A 250 V 互连耦合器：

——插头连接器 …… 图 I

——器具输出插座 …… 图 J

Ⅱ类设备用的 16 A 250 V 互连耦合器：

——插头连接器 …… 图 K

——器具输出插座 …… 图 L

是否合格，在 25 ℃±5 ℃的环境温度下通过测量和/或用量规检查。

电器附件用下表规定的量规进行试验：

测试电器附件	量　规
图 E 和图 G 的 10 A 插头连接器	图 9H
图 I 和图 K 的 16 A 插头连接器	图 9M
图 F 的 10 A 器具输出插座	图 101
图 H 的 10 A 器具输出插座	图 102
图 J 的 16 A 器具输出插座	图 103
图 L 的 16 A 器具输出插座	图 104

9.2 改为：

用以将插头连接器保持在器具输出插座里的装置，如有，应符合相关标准活页（活页正在考虑中）的要求。

9.3 改为：

在插头连接器与器具输出插座之间进行单极连接应是不可能的。

器具输出插座应无法与符合 IEC/TR 60083:1997 的要求的插头错误地连接。

插头连接器无法与同一个符合 IEC/TR 60083:1997 的要求的移动式插座错误地连接，亦应无法与符合 GB 17465.1—2009 要求的连接器错误地连接。

是否合格，通过手工试验检查。

注 1："错误连接"包括单极连接及其他不符合防触电保护要求的连接。

注 2：如符合标准活页的要求，即保证能符合这些要求。

9.4 改为:

——Ⅰ类设备的插头连接器应无法与Ⅱ类设备的器具输出插座插合;

——插头连接器应无法与额定电流比该插头连接器小的器具输出插座插合。

是否合格,通过观察,通过手工试验和通过在 35 ℃±2 ℃的环境温度下用量规来检查。

注 1:如能符合标准活页的要求,即保证能符合这些要求,用量规来验证的那些要求除外。

注 2:所用的量规正在考虑中。

9.5 不适用。

10 防触电保护

GB 17465.1—2009 第 10 章作下述变动后适用。

10.1 改为:

互连耦合器在设计上,应能做到:当插头连接器部分或完全插合时,带电部件是不易触及的。

器具输出插座在设计上,应能做到:当器具输出插座在按正常使用要求正确安装好之后,带电部件是不易触及的。

是否合格,通过观察,必要时,还要通过用图 10 所示的标准试验指进行的试验检查。

将该试验指碰触每个可能的方向的不同部位,用电指示器来显示相关部件的接触情况,对带有橡胶或热塑材料壳罩、外壳或本体的插头连接器和器具输出插座,要以 20 N 的力将标准试验指碰触绝缘材料如变形便会影响插头连接器的安全的所有点上;该试验在 35 ℃±2 ℃的环境温度下进行。

注 1:必须将标准试验指设计成每个连接部分均只能朝同一方向沿试验指的轴线转动 90°角。

注 2:用电压在 40 V～50 V 之间的电指示器 2 s 来显示与有关部件的接触情况。

注 3:就在插头连接器插入器具输出插座时触头部件的不可触及性而言,能符合标准活页的要求,即能保证符合上述的要求。

10.2 改为:

只要插销的任何带电部件是易触及的,插头连接器的插销与器具输出插座的插套之间应是不可能进行连接。

是否合格,通过手工试验和 10.1 的试验检查来确定。

注:符合标准活页的要求即能保证符合上述要求。

10.4 改为:

插头连接器以及器具输出插座的外部部件,除了装配螺钉之类以外,均应为绝缘材料的制品。

是否合格,通过观察检查。

注 1:在第 15 章的绝缘试验中来检查绝缘材料的适用性。

注 2:油漆或瓷漆不能视为适用于 10.1～10.4 的绝缘材料。

11 接地措施

GB 17465.1—2009 第 11 章作下述变动后适用。

11.2 改为:

带接地触头的互连耦合器在结构上应能做到:插头连接器插入时应先接地,然后,插头连接器载流触头才带电。

在拔出插头连接器时,载流触头应在接地连接断开之前断开。

对不符合标准活页要求的互连耦合器,是否合格,通过观察图纸(考虑制造公差的影响),并通过对照图纸检查试样来鉴定。

注:如能符合标准活页的要求,即能保证符合上述要求。

12 端子和端头

GB 17465.1—2009 第 12 章适用。

13 结构

GB 17465.1—2009 第 13 章作下述变动后适用。

13.1 改为：

互连耦合器在设计上应能做到：插头连接器的接地触头与器具输出插座的载流插套之间不会有意外接触的危险。

是否合格，通过观察检查。

注：如能符合标准活页的要求，即能保证符合本要求。

13.3 改为：

插头连接器的插销与器具输出插座的插套应是牢固地固定，无法转动的。

是否合格，通过观察并进行手动试验检查。

注：夹紧螺钉可起到防止触头转动的作用。

13.4 改为：

插头连接器的插销应牢牢地固定，而且应具有足够的机械强度，它们应被壳罩包围，而且，不借助工具便无法卸掉。

插销固定的牢固性通过观察，在有疑问时，还应通过如下试验检查。

将试样加热到 7.1 给出的相应等级的温度 1 h，并在试验期间以及卸下试验负载后有 5 min 保持在这一温度。

将插头连接器牢牢地握持着，但应握持得不会使插头连接器的本体受到过度挤压或变形，而且，握持装置亦不会有助于将插销保持在原来的位置上。

使每个插销经受 60 N±0.6 N 的力。施力时，要沿插销轴线的方向，并保持在该值 60 s；不得用爆发力。

对所有的插销施力时，先朝离开插头连接器底座的方向，然后，再朝着插头连接器的底座的方向施加。

如果在对任何插销进行试验时，插销的移动不大于 2.5 mm，而且，在撤销推进的试验力之后的 5 min 内，或在撤销拔出的试验力之后的 5 min 内，所有插销均能保持在有关标准活页中规定的偏差值的范围内，则插销固定的牢靠性便视作合格。

注 1：本项要求，亦适用于略有浮动的插销。

注 2：允许的浮动程度不是通过测量，而是用量规来检查的。

13.5 改为：

器具输出插座的触头应是能自行调节从而能提供足够的接触压力的。

触头的自行调节的能力不得依赖绝缘材料的弹性来提供。

是否合格，通过观察和进行第 16 章到第 21 章的试验检查。

13.7 不适用。

13.8 此条要求的第 3 段不适用。

13.9 改为：

对插头连接器，接地插销应固定到本体上。如果插头连接器的接地端子及接地插销或器具输出插座的接地端子和接地插套不在一整体上，则各不同部分应以铆接、焊接或以类似的可靠的办法固定在一起。

接地插销或插套与接地端子之间的连接应采用耐腐蚀的金属。

是否合格，通过观察，必要时，还要通过特殊的试验来检查。

注 1：本要求亦适用于略有浮动的接地插销。

注 2：允许的浮动程度不是通过测量而是通过量规来检查的。对 2.5 A 的插头连接器要用图（该图正在考虑中）所示的量规来检查，对 10 A 的插头连接器，则要用 GB 17465.1—2009 图 9H 所示的量规来检查。

14 防潮

GB 17465.1—2009 第 14 章适用。

15 绝缘电阻和电气强度

GB 17465.1—2009 第 15 章作下述变动后适用。

15.2 绝缘电阻用约 500 V 的 d.c.电压测量，每次测量均应在电压施加后 1 min 进行。

绝缘电阻在如下部位测量：

a) 对有或无插头连接器插合的器具输出插座，在连接在一起的载流插套与本体之间；

b) 对与一插头连接器插合的器具输出插座，依次在一个载流插套与另一插套之间，这个“另一插套”要连接到本体；

c) 对插头连接器，在连接到一起的载流插销与本体之间；

d) 对插头连接器，依次在每一个载流插销与其他插销之间，其他插销要连接到一起；

e) 对可拆线插头连接器，在软线固定部件的任一金属部件(包括夹紧螺钉)与接地插销或接地端子之间；

f) 对可拆线插头连接器，在软线固定部分的任何金属部件(不包括夹紧螺钉)与插在软线位置上的具有表 2 软线最大直径的金属棒之间。

表 2 软线的最大直径

软线的型号	线芯的数量和标称横截面积 mm^2	最大直径 mm
60227 IEC 53	3×0.75 3×1 3×1.5	7.6[a] 8.0[b] 9.4[c]
60245 IEC 53	3×0.75 3×1 3×1.5	8.1[d] 8.5[e] 10.4[f]

a～c 根据 GB/T 5023—2008《额定电压 450/750 V 及以下聚氯乙烯绝缘电缆》的规定将软线类型为 60227 IEC 53 的 3×0.75 mm^2，最大直径由 8.0 mm 改为 7.6 mm；3×1.0 mm^2，最大直径由 8.4 mm 改为8.0 mm；3×1.5 mm^2，最大直径由 9.8 mm 改为 9.4 mm。

d～f 根据 GB/T 5013—2008《额定电压 450/750 V 及以下橡皮绝缘电缆》的规定将软线类型为 60245 IEC 53 的 3×0.75 mm^2，最大直径由 8.8 mm 改为 8.1 mm；3×1.0 mm^2，最大直径由 9.2 mm 改为 8.5 mm；3×1.5 mm^2，最大直径由 11.0 mm 改为 10.4 mm。

绝缘电阻不得小于 5 MΩ。

注 1：a)～c)(含 c)项)中的“本体一词，包括所有的易触及的金属部件、固定螺钉，外部装配螺钉之类，及与绝缘材料外部部件的外表面相接触的金属箔，但不包括插头连接器的插合面(c))。

注 2：金属箔包裹着绝缘材料外部部件的外表面，但不压进开口孔。

16 插入和拔出连接器所需的力

GB 17465.1—2009 第 16 章作下述变动后适用。

16　插入和拔出插头连接器所需的力

16.1　互连耦合器的结构应能使插头连接器在正常使用时易于插入和拔出，但不会脱出器具输出插座。这一特性在正常使用时不得过度改变。

是否合格，通过16.2和16.3的试验检查。该试验在器具输出插座上进行，并在第21章的试验之后重复进行。

注：为检查将插头连接器插进器具输出插座所需的力，正考虑附加试验，还在考虑将1.5倍拔出力定为这个插入力的值。

16.2　将试验用插头连接器从器具输出插座拔出所需的最大力用图12所示的试验装置来确定，该试验装置由安装板A及待试的器具输出插座B组成。器具输出插座B要安装得使插套的轴线成铅垂而插套的开口端朝下。

试验用插头连接器要与相应的待试的器具输出插座同属一个类型，表面粗糙度不超过0.8 μm的经硬化处理过的钢插销，插销的长度和中心距应为有关标准活页中的规定值，其中心距的偏差为±0.02 mm。

测量最大拔出力时，插销尺寸要用有关标准活页中规定的最大值，偏差为$_{-0.01}^{\ 0}$ mm；壳罩的内尺寸要用有关标准活页中规定的最小值，偏差为$^{+0.01}_{\ 0}$ mm。

试验用插头连接器插入并拔出器具输出插座10次。然后，试验用插头连接器再度插入，用合适的夹具将主砝码F用托架E及辅助码G固定到试验用插头连接器上。辅助砝码应能施加5 N的力。

主砝码，连同辅助砝码、夹具，托架及试验用插头连接器一起，额定电流不超过10 A的电器附件，施加50 N力，额定电流为16 A的电器附件，施加60 N力。主砝码平稳地挂在插头连接器上，使辅助砝码从5 cm的高度跌落到主砝码上。

试验用插头连接器不得留在器具输出插座里。

接着，用另一个试验用插头连接器重复进行试验，而主砝码改为另一砝码、使试验用插头连接器、夹具、托架及新砝码额定电流不超过10 A的电器附件施加10 N力，额定电流为16 A电器附件施加15 N力。

插头连接器不得脱出。

16.3　GB 17465.1—2009的16.3适用。

17　触头的工作

GB 17465.1—2009第17章作下述变动后适用。

17.1　改为：

互连耦合器的插套及插销应是滑动连接的，器具输出插座的插套应能提供足够的接触压力，而且，在正常使用中不会劣化。

17.2　改为：

贯穿互连耦合器的电路的电阻，尤其是接地电路的电阻应是足够低的。

接地插套与接地插销之间的压力不应由固定该插套和插销的绝缘材料部件的弹性来决定。

是否合格，通过观察和进行17.1和17.2试验检查。

18　用于热条件或酷热条件下的器具耦合器的耐热性能

GB 17465.1—2009第18章不适用。

19　分断容量

GB 17465.1—2009第19章作下述变动后适用。

互连耦合器应有足够的分断容量。

对器具输出插座，是否合格，通过如下试验检查。

将器具输出插座安装在合适的试验装置上，该试验装置装有一个具有抛光淬火钢插销的且尺寸为有关标准活页中的规定值的插头连接器。

器具输出插座应定位得使通过插套的轴的平面成水平，而接地插套(如有)，则在最高处。

将插头连接器插入并拔出器具输出插座 50 次(100 个行程)，速率为每分钟 30 个行程。

连接的方法如图 15 所示，试验电压为 275 V，试验电流为 1.25 倍额定电流。对 10 A 和 16 A 的电器附件，功率因数至少为 0.95，对 2.5 A 器具输出插座，功率因数为(0.6±0.05)。

接地电路(如有)，不通电。

到行程数一半时，拨动将接地电路及易触及金属部件连接到电源一极的选择开关 C(换接到电源另一极)。

如采用空心电感，就要将一个能分流电感器电流 1% 的电阻器与这个空心电感器并联起来。如果电流波形为基本正弦波，也可以用铁芯电感器。

试验期间，不同极性的带电部件之间，或这种部件与接地电路(如有)的部件之间不得出现闪络现象，也不得出现持续闪弧。

试验之后，试样不得有会影响今后使用的损坏，插销的插入孔亦不得有任何严重的损坏。

注 1：如有怀疑，则应以新的插销复试，新插销在有效长度内的表面粗糙不超过 0.8 μm，新插销应装在试验装置的插头连接器里。如果这组试样能经受得住用新插销进行的复试，该器具输出插座即视作符合上述要求。

注 2：一个行程是指插头连接器的一次插入或一次拔出。

注 3：插头连接器不进行分断容量的试验。

20 正常操作

GB 17465.1—2009 第 20 章作下述变动后适用。

互连耦合器应能经受得住正常使用时出现的机械、电气和热应力，而不会出现过度的磨损或其他有害影响。

是否合格，通过在第 19 章所述的试验装置里对器具输出插座进行试验应符合要求。

插头连接器在额定电流下插入和拔出器具输出插座 1 000 次(2 000 个行程)；在无电流流通的情况下插入拔出 3 000 次(6 000 个行程)。

除试验电压改为 250 V 外，连接方法及其试验条件应如第 19 章的规定。

在额定电流下的行程次数过半之后，拨动将接地电路及易触及金属部件，连接到电源的一个极的选择开关 C(换接到电源的另一极)。

试验之后，试样应经受得住 15.3 规定的电气强度试验，但试验电压改为 1 500 V。

试样不得出现：

——会影响今后使用的磨损；

——外壳或挡板的劣化；

——会影响插销插入孔正常使用的损坏；

——电的或机械的连接松脱；

——密封胶的泄漏。

注 1：在本章的电气强度试验之前，不重复进行潮湿处理。

注 2：插头连接器不进行正常操作试验。

21 温升

GB 17465.1—2009 第 21 章作下述变动后适用。

触头和其他载流部件应设计成能防止因通电而温升过高。

对器具输出插座，是否合格，通过如下试验检查：

器具输出插座用插头连接器进行试验。该插头连接器插销为黄铜制品并且符合有关标准活页规定的最小尺寸，误差为$^{+0.02}_{0}$ mm，插销中心距符合有关标准活页的规定值。

将插头连接器插入器具输出插座并使1.25倍额定电流的交流电通过载流触头1 h。

然后，对带接地触头的互连耦合器，使该电流通过一个载流触头及接地触头1 h。

温度用熔化颗粒，变色指示器或热电偶来确定，选择和放置这些测量用具时，应使它们对正在测定的温度的影响小至可忽略不计。

端子或端头和触头的温升不得大于45 K。

此项试验之后，5.5规定的第2组的3个试样应经受得住第16章的试验。

注1：插头连接器不进行温升试验。

注2：试验期间，不要把附件暴露于外部热源。

22 软线及其连接

GB 17465.1—2009第22章作下述变动后适用。

22.3 将表5改为：

表5 用于可拆线插头连接器试验的软线的型号

插头连接器的类型额定电流 A	软线的类型	标称横截面积 mm²
10	60245 IEC 53	0.75 1
16	60245 IEC 53	1 1.5

22.4 将表6改为：

表6 可拆线插头连接器的软线的型号和标称横截面积

插头连接器的类型额定电流 A	软线的类型	标称横截面积 mm²
10	60245 IEC 53	1
16	60245 IEC 53	1.5

23 机械强度

GB 17465.1—2009第23章作下述变动后适用。

23.1 改为：

互连耦合器应有足够的机械强度。

是否合格，应进行如下检查。

——对插头连接器，通过23.2、23.3、23.5、23.7和23.8的试验来检查；

——对器具输出插座，通过23.5的试验检查。

23.3 改为：

23.2的试验之后，将插头连接器插入如图19所示的试验装置的器具输出插座里。

插头连接器要用器具输出插座来进行试验，该器具输出插座符合本部分的要求，而且要尽量选择得具有平均特性。插头连接器插销应朝下。

朝垂直于载流插套轴线所在的平面的方向，对软缆或软线施加一横向拉力，然后，立即松开，横向拉力的值如表 7 的规定：

表 7　横向拉力试验所施加的拉力值

插头连接器的额定电流 A	拉　力 N
2.5	6
10	35
16	50

这种以施力又松开一组的动作，先朝一个方向进行 100 次，再朝相反方向进行 100 次。

必要时，将插头连接器保持在适当的位置，以防止从器具输出插座脱出。

试验期间，壳罩(如有)不得脱出本体。

试验后，插头连接器不得出现本部分意义内的损坏。

注：图 19 所示的试验装置是用于插头连接器的轴线与软缆或软线的轴线重合的插头连接器(“直的”插头连接器)；对其他的插头连接器，则试验装置必须改造到使拉力能朝最不利位置施加。

23.4　不适用。

23.5　修改：

将第一段改为：插头连接器和器具输出插座的壳罩用图 21 所示的以弹簧驱动的冲击试验器来试验。

23.6　不适用。

23.8　插头连接器的外壳应经受压力试验，试验装置类似于 GB 17465.1—2009 中图 24 所示，试验环境温度为 25 ℃±5 ℃。

将试样夹在钢质夹具之间，夹具的鼓状面半径为 25 mm，宽 15 mm，长 50 mm，其角倒圆半径为 2.5 mm。

以夹具的正面与外壳的正面相一致的方式，夹紧试样。

通过夹具施加 20 N 的力。

1 min 之后，并且外壳仍在压力作用之下，相应的通规应能够进入插头连接器。如有疑问，并且若没有量规，就必须测量外壳的内部尺寸。尺寸应符合相应的标准活页。

试样旋转 90°，重复该试验。

24　耐热和抗老化性能

GB 17465.1—2009 第 24 章适用。

25　螺钉、载流部件及其连接

GB 17465.1—2009 第 25 章适用。

26　爬电距离、电气间隙和穿通绝缘距离

GB 17465.1—2009 第 26 章作下述变动后适用：

修改：

将表 9 下的注 1 的第一段改为：

“易触及金属部件”一词包括：

——与器具输出插座绝缘材料外表面相接触的金属箔；

——与当插销与相应的器具输出插座的插套处于电气连接状态时是易触及的插头连接器绝缘材料外表面相接触的金属箔。

删掉试验规范的最后一段，即删除“连接器要在与器具输入插座结合和不结合两种情况下进行试验。”

27 绝缘材料的耐热、耐燃和耐电痕化

GB 17465.1—2009 第 27 章作下述变动后适用。

27.2 不适用。

28 防锈

GB 17465.1—2009 第 28 章适用。

29 电磁兼容性(EMC)要求

GB 17465.1—2009 第 29 章适用。

标准活页 A　Ⅰ类设备用 2.5 A 插头连接器
（限于不可拆线型）

单位为毫米

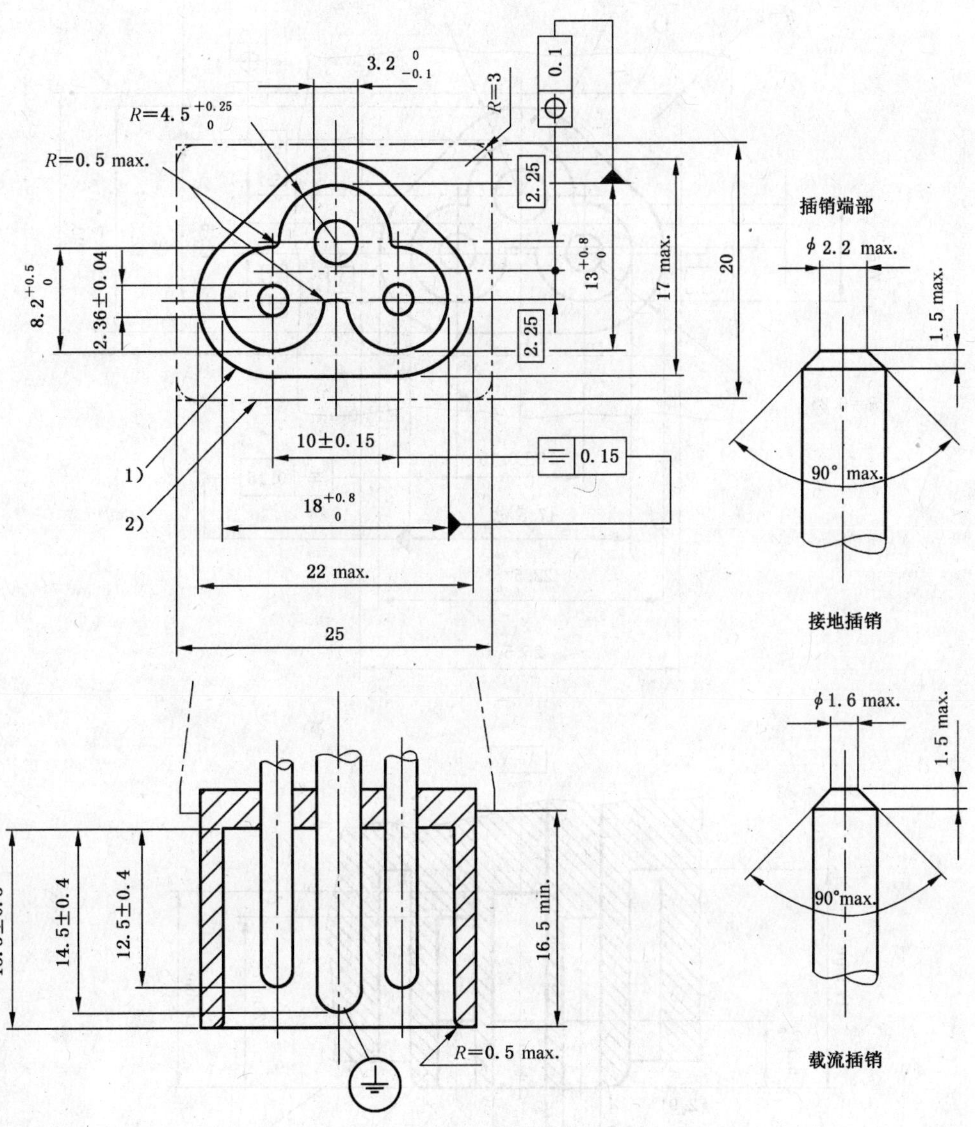

在距离插合表面 16.5 mm 范围内的任何点均不得超过或小于正面部分的轮廓线 1)。

垂直于插头连接器的轴线的任何截面均不得超过背面的轮廓线 2)，但带横向软线入口的插头连接器及与其他附件组合在一起的插头连接器除外；对这些插头连接器，这一限制在软线或操作元件的轴线的方向不适用。

设计产品时，可不受上述各图的限制，但尺寸必须符合图示的规定。

对于表示形状或位置的公差符号见 GB/T 1182。

标准活页 B　Ⅰ类设备用 2.5 A 器具输出插座

单位为毫米

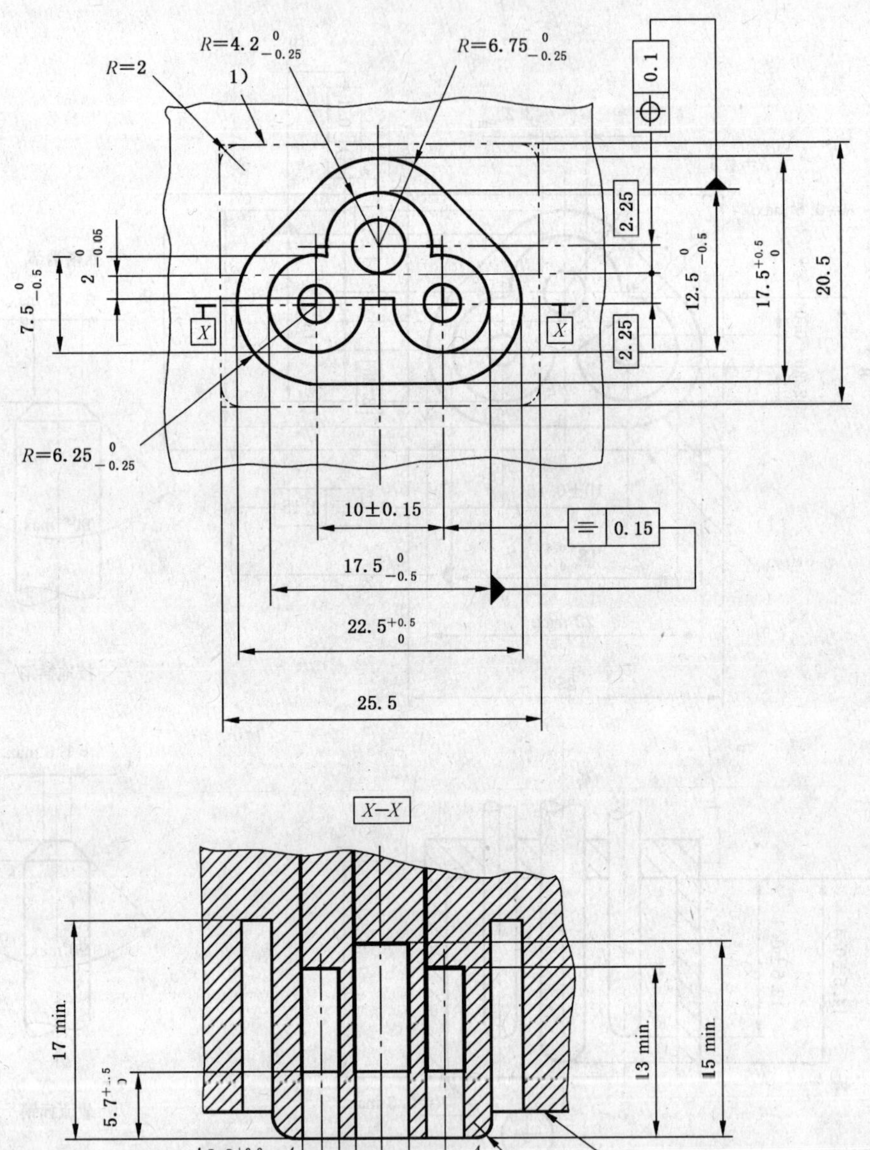

设计产品时，可不受上述各图的限制，但尺寸必须符合图示的规定。

对于表示形状或位置的公差符号见 GB/T 1182。

标准活页 C Ⅱ类设备用 2.5 A 插头连接器
（限于不可拆线型）

单位为毫米

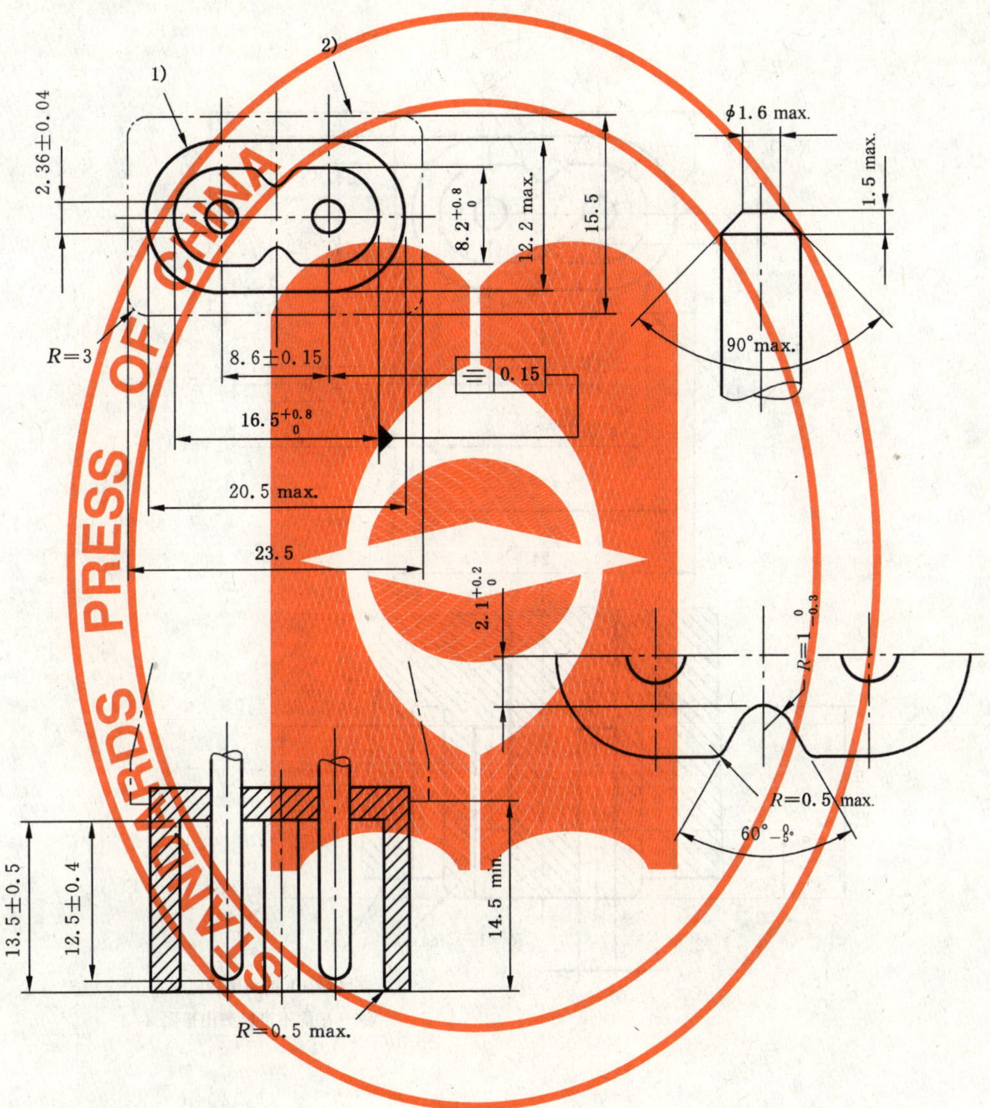

在距离插合表面 14.5 mm 范围内的任何点均不得超过或小于正面部分的轮廓线 1)。

垂直于插头连接器的轴线的任何截面均不得超过背面的轮廓线 2)，但带横向软线入口的插头连接器及与其他附件组合在一起的插头连接器除外；对这些插头连接器，这一限制在软线或操作元件的轴线的方向不适用。

设计产品时，可不受上述各图的限制，但尺寸必须符合图示的规定。

对于表示形状或位置的公差符号见 GB/T 1182。

标准活页 D Ⅱ类设备用 2.5 A 器具输出插座

单位为毫米

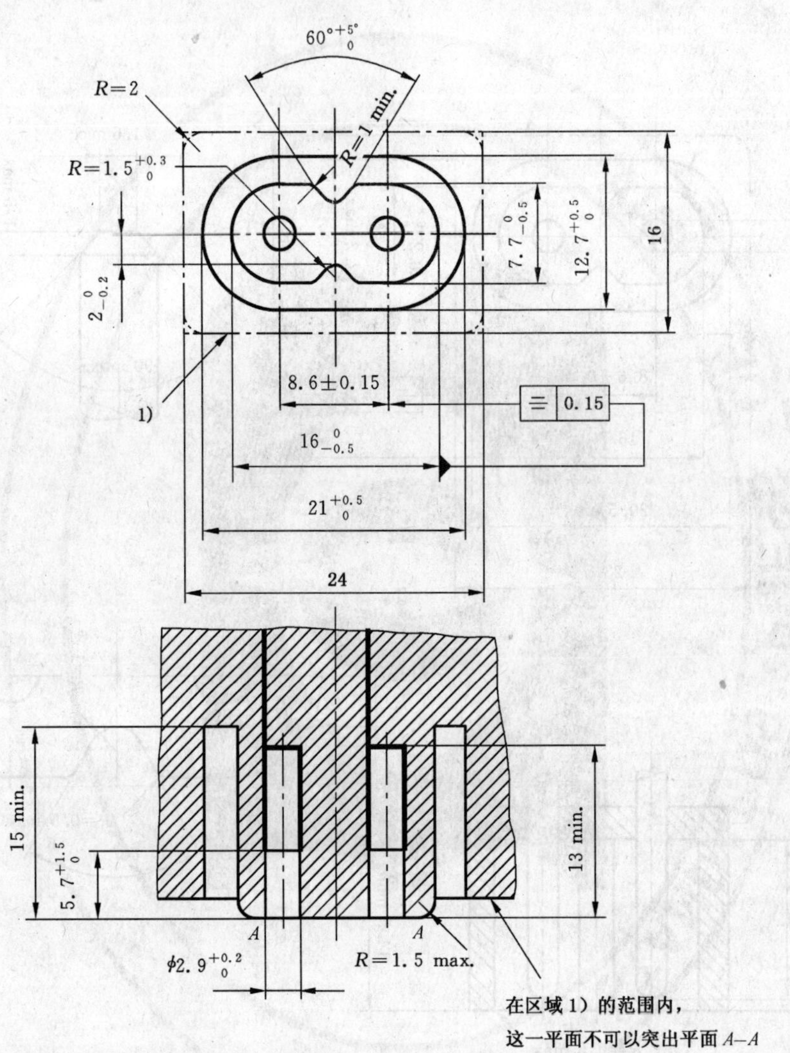

设计产品时，可不受上述各图的限制，但尺寸必须符合图示的规定。

对于表示形状或位置的公差符号见 GB/T 1182。

标准活页 E Ⅰ类设备用 10 A 插头连接器

单位为毫米

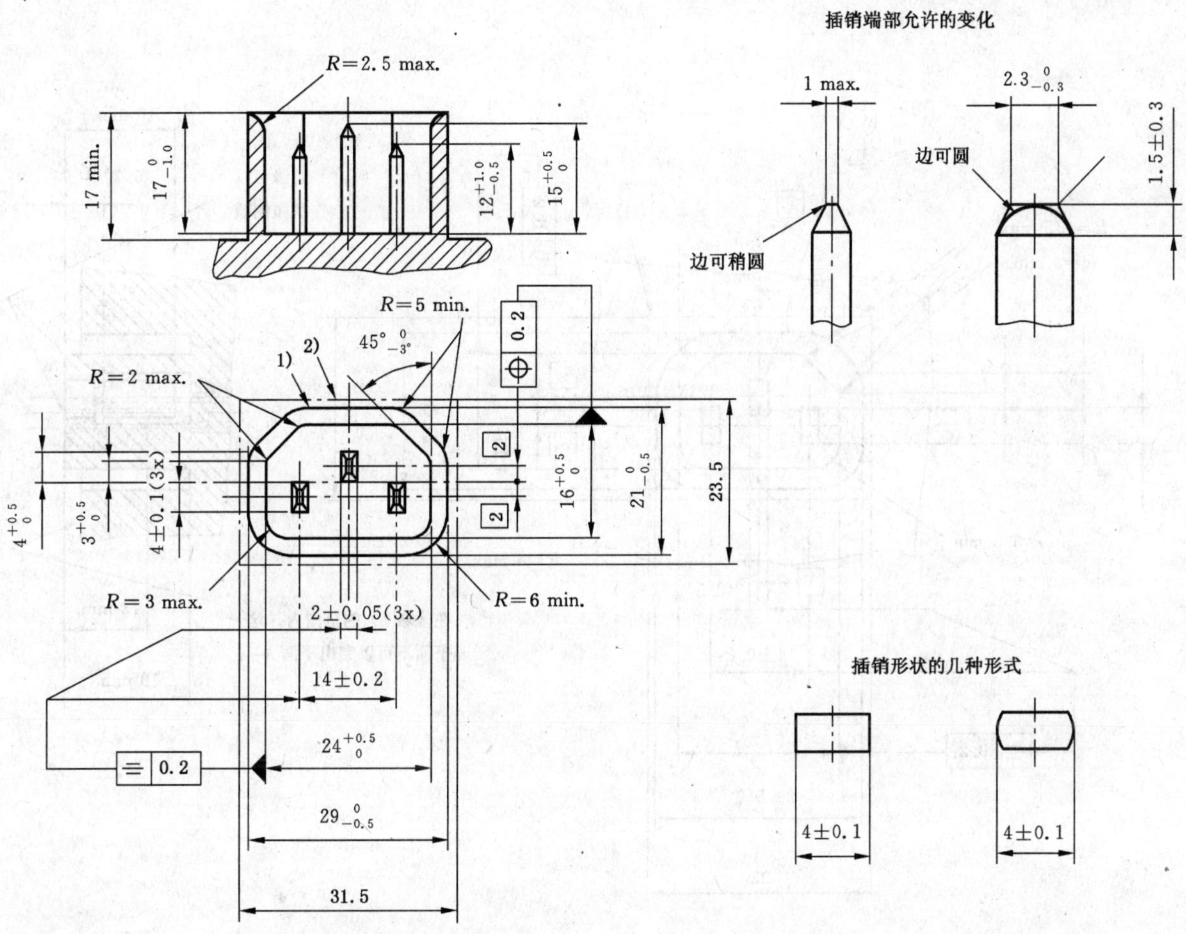

在距离插合表面 17 mm 范围内的任何点均不得超过或小于正面部分的轮廓线 1)。

垂直于插头连接器的轴线的任何截面均不得超过背面的轮廓线 2)，但带横向软线入口的插头连接器及与其他附件组合在一起的插头连接器除外；对这些插头连接器，这一限制在软线或操作元件的轴线的方向不适用。

设计产品时，可不受上述各图的限制，但尺寸必须符合图示的规定。

对于表示形状或位置的公差符号见 GB/T 1182。

标准活页 F Ⅰ类设备用 10 A 器具输出插座

单位为毫米

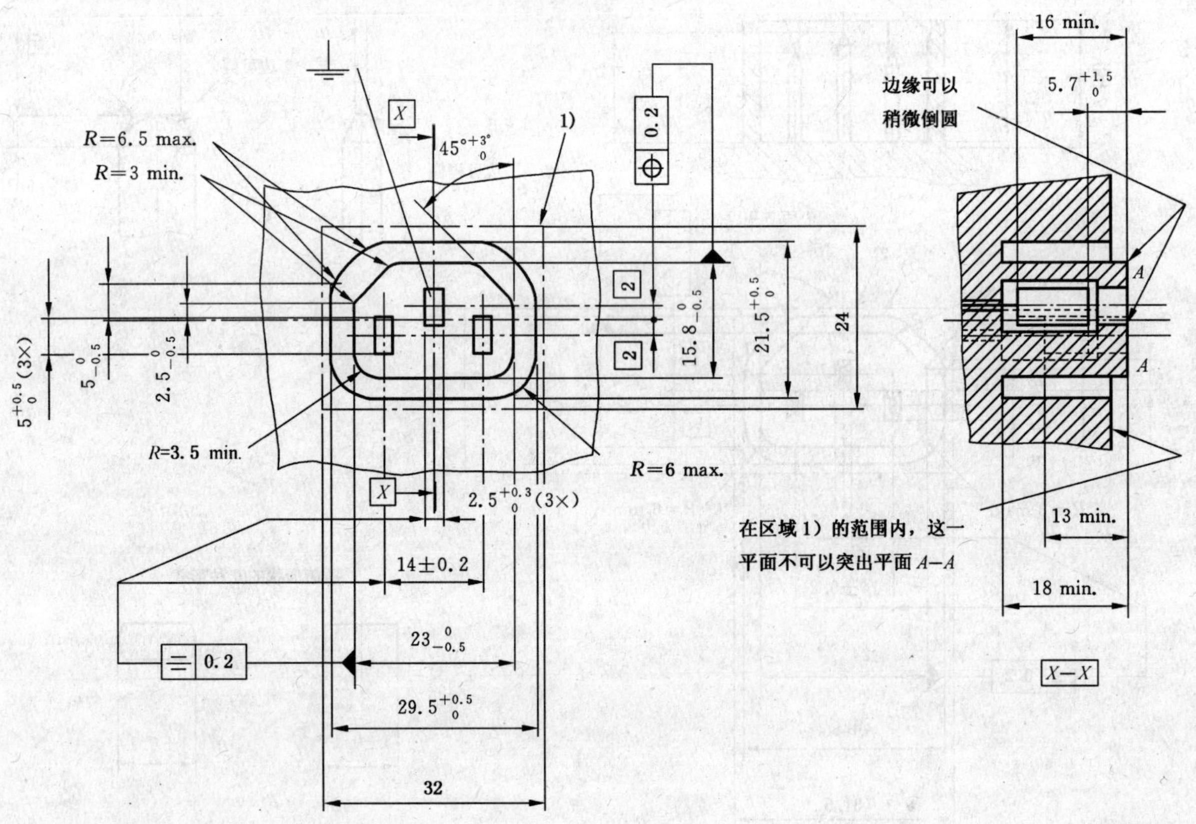

设计产品时，可不受上述各图的限制，但尺寸必须符合图示的规定。

对于表示形状或位置的公差符号见 GB/T 1182。

标准活页 G　Ⅱ类设备用 10 A 插头连接器

（限于不可拆线型）

单位为毫米

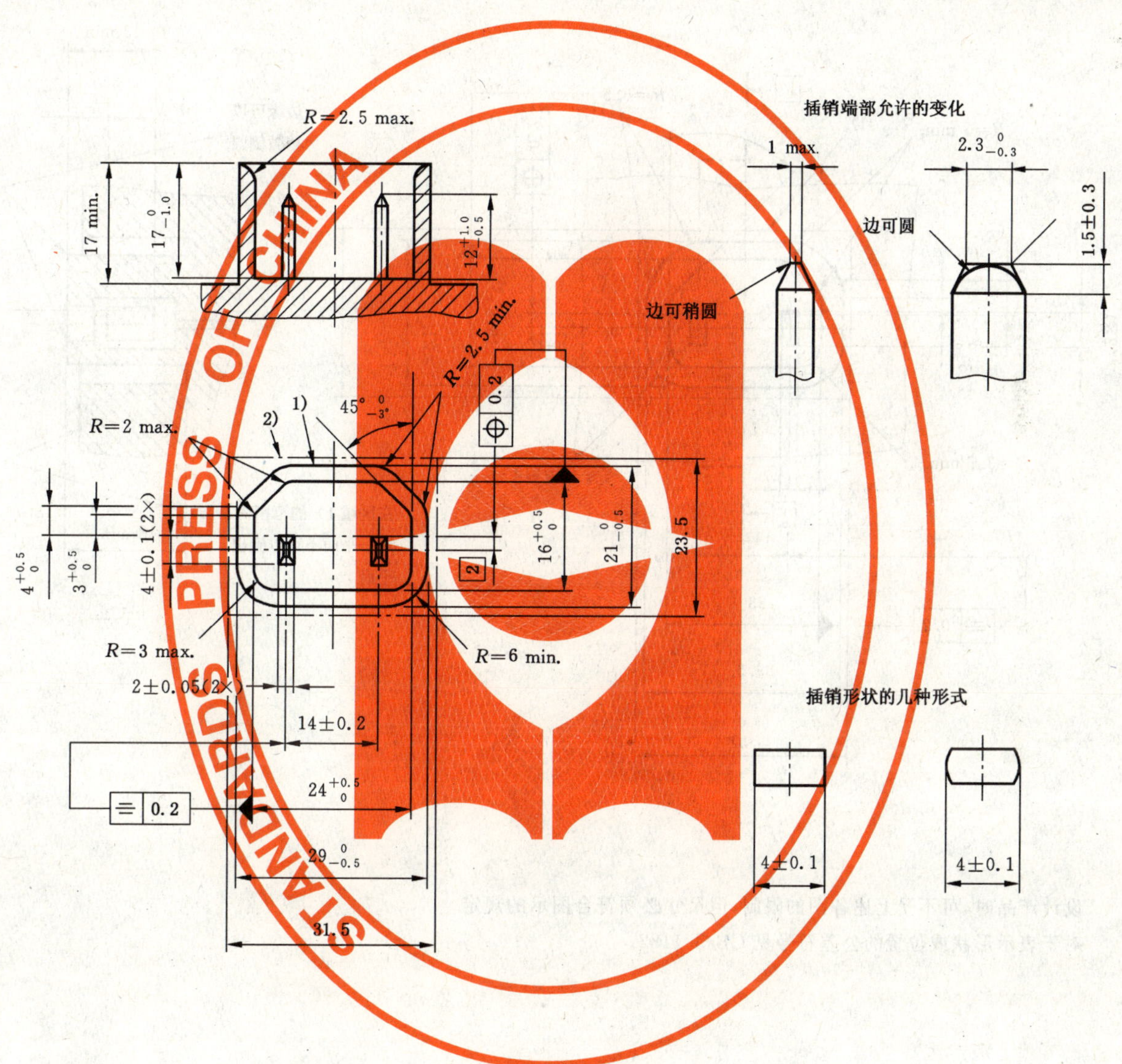

在距离插合表面 17 mm 范围内的任何点均不得超过或小于正面部分的轮廓线 1)。

垂直于插头连接器的轴线的任何截面均不得超过背面的轮廓线 2)，但带横向软线入口的插头连接器及与其他附件组合在一起的插头连接器除外；对这些插头连接器，这一限制在软线或操作元件的轴线的方向不适用。

设计产品时，可不受上述各图的限制，但尺寸必须符合图示的规定。

对于表示形状或位置的公差符号见 GB/T 1182。

标准活页 H Ⅱ类设备用 10 A 器具输出插座

单位为毫米

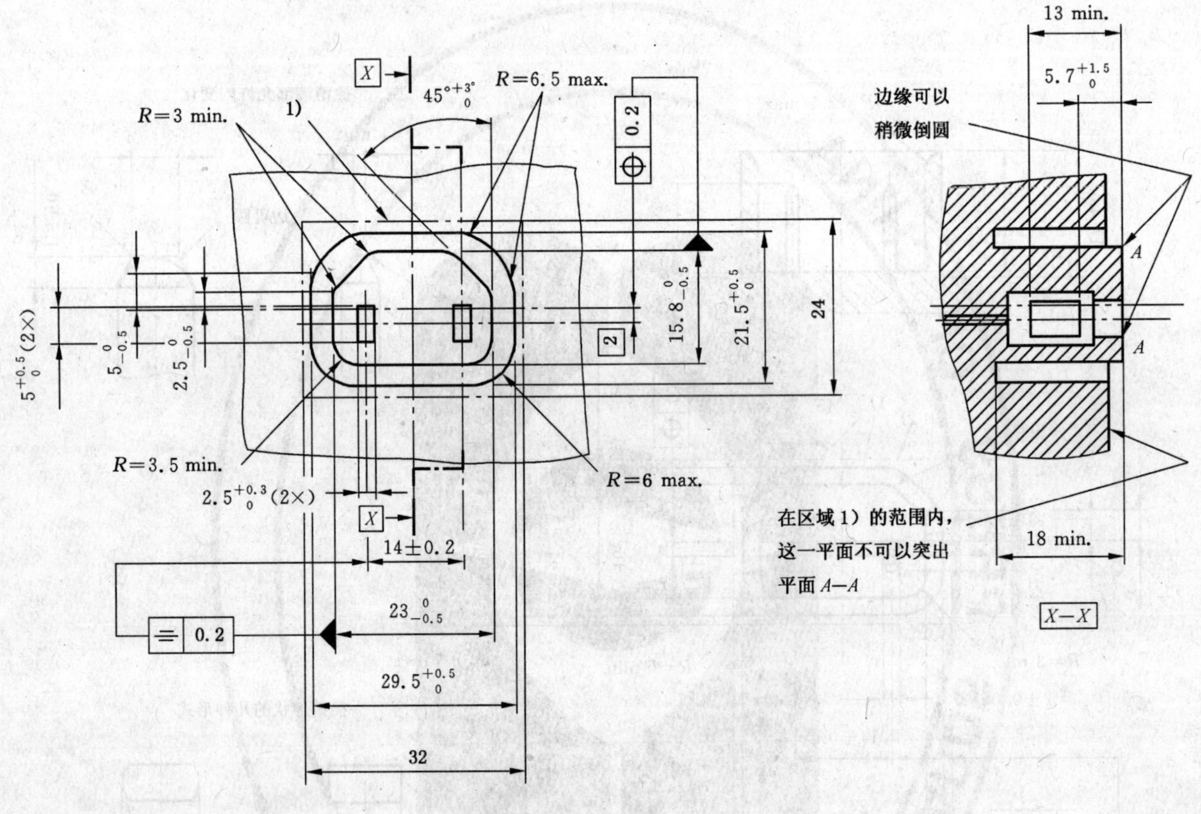

设计产品时，可不受上述各图的限制，但尺寸必须符合图示的规定。

对于表示形状或位置的公差符号见 GB/T 1182。

标准活页 I Ⅰ类设备用 16 A 插头连接器

单位为毫米

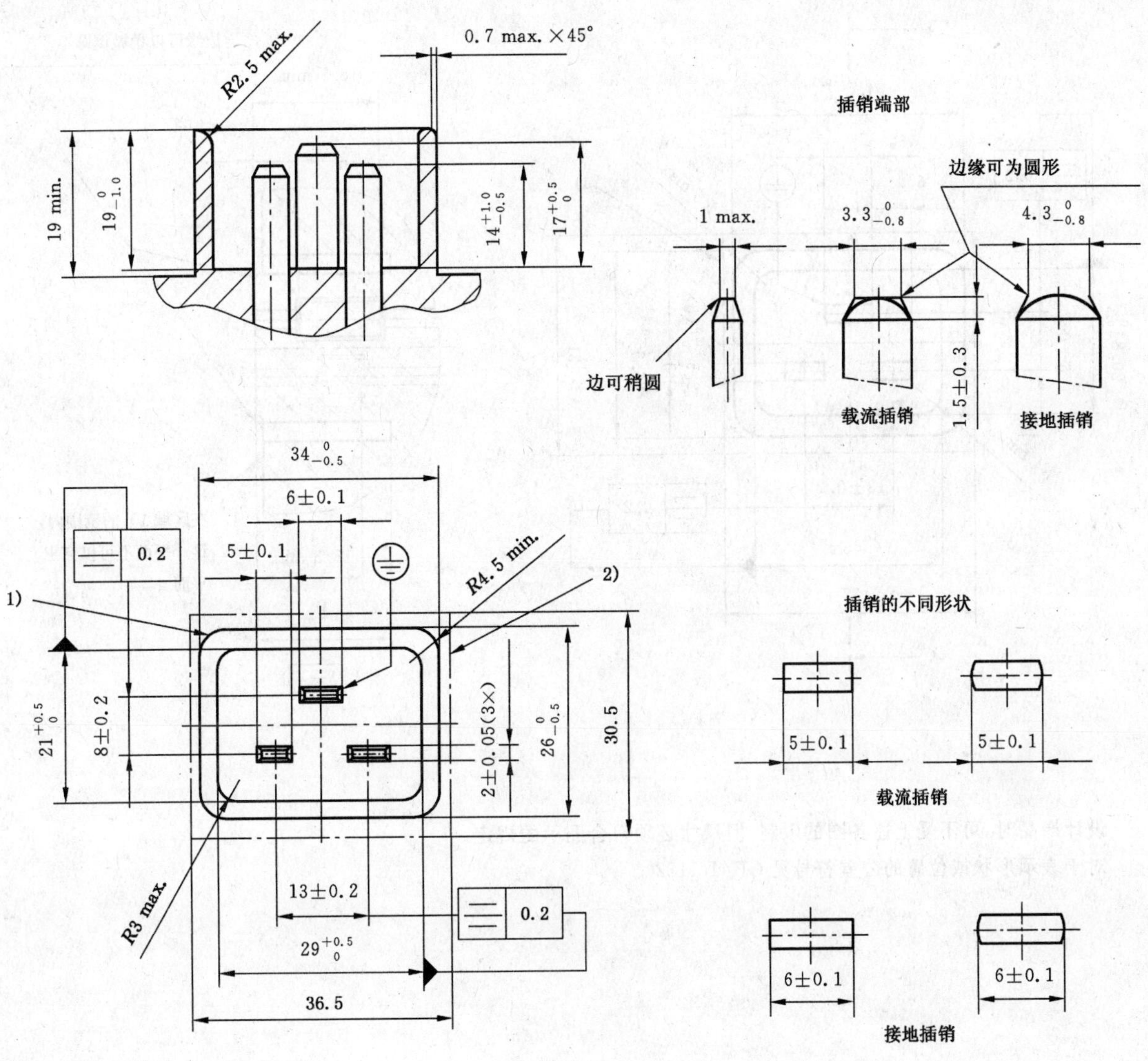

在距离插合表面 19 mm 范围内的任何点均不得超过或小于正面部分的轮廓线 1)。

垂直于插头连接器的轴线的任何截面均不得超过背面的轮廓线 2)，但带横向软线入口的插头连接器及与其他附件组合在一起的插头连接器除外；对这些插头连接器，这一限制在软线或操作元件的轴线的方向不适用。

设计产品时，可不受上述各图的限制，但尺寸必须符合图示的规定。

对于表示形状或位置的公差符号见 GB/T 1182。

标准活页 J　Ⅰ类设备用 16 A 器具输出插座

单位为毫米

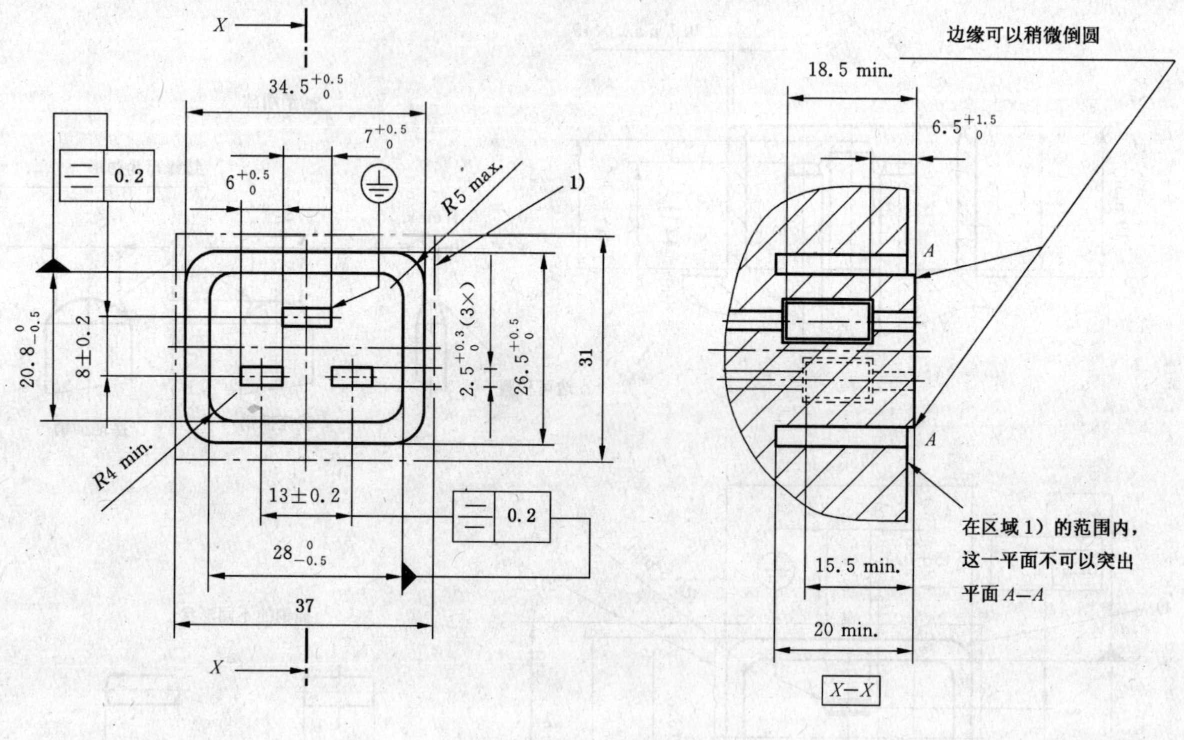

设计产品时，可不受上述各图的限制，但尺寸必须符合图示的规定。

对于表示形状或位置的公差符号见 GB/T 1182。

标准活页 K Ⅱ类设备用 16 A 插头连接器

单位为毫米

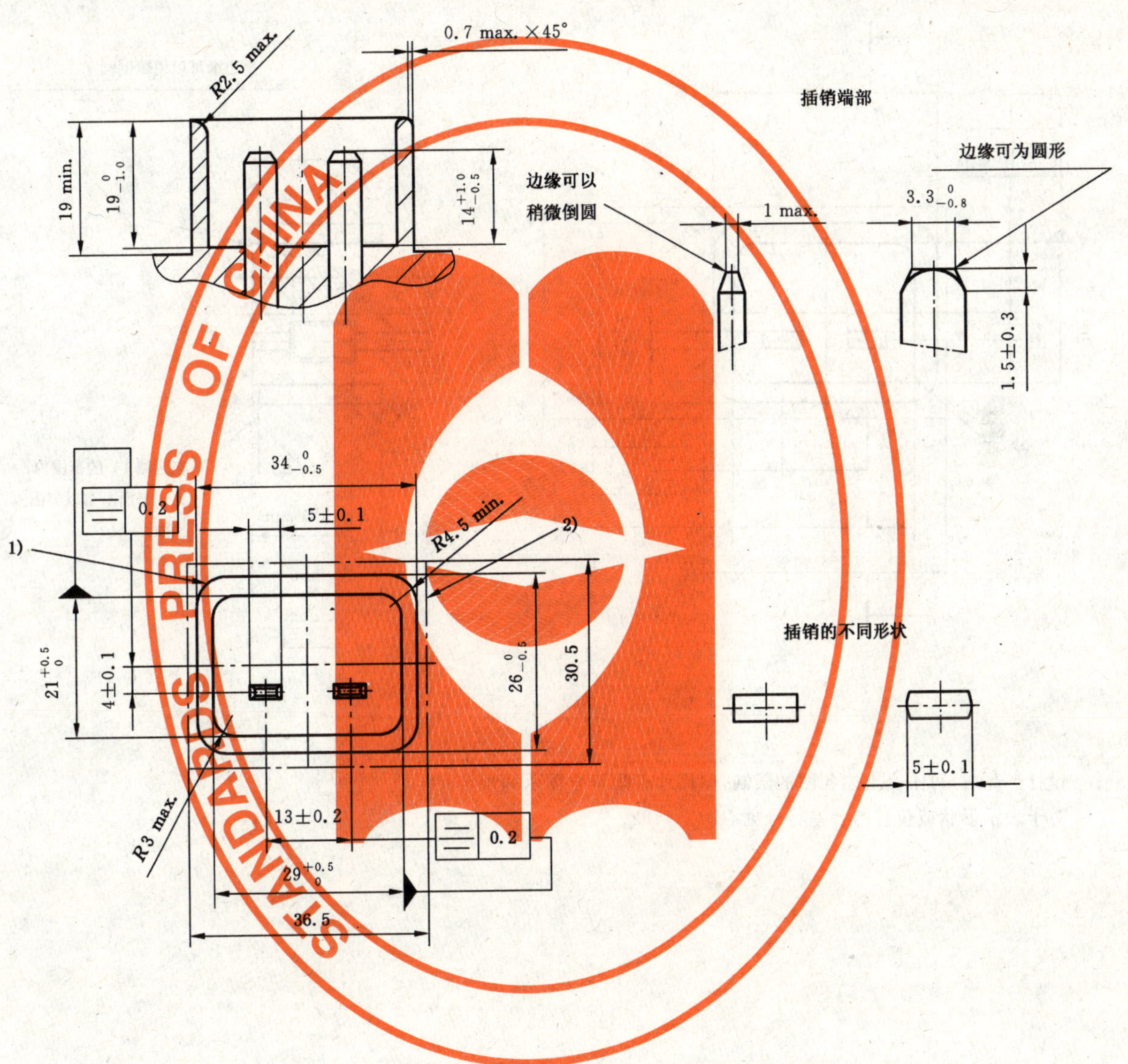

在距离插合表面 16.5 mm 范围内的任何点均不得超过或小于正面部分的轮廓线 1)。

垂直于插头连接器的轴线的任何截面均不得超过背面的轮廓线 2),但带横向软线入口的插头连接器及与其他附件组合在一起的插头连接器除外;对这些插头连接器,这一限制在软线或操作元件的轴线的方向不适用。

设计产品时,可不受上述各图的限制,但尺寸必须符合图示的规定。

对于表示形状或位置的公差符号见 GB/T 1182。

标准活页 L　Ⅱ类设备用 16 A 器具输出插座

单位为毫米

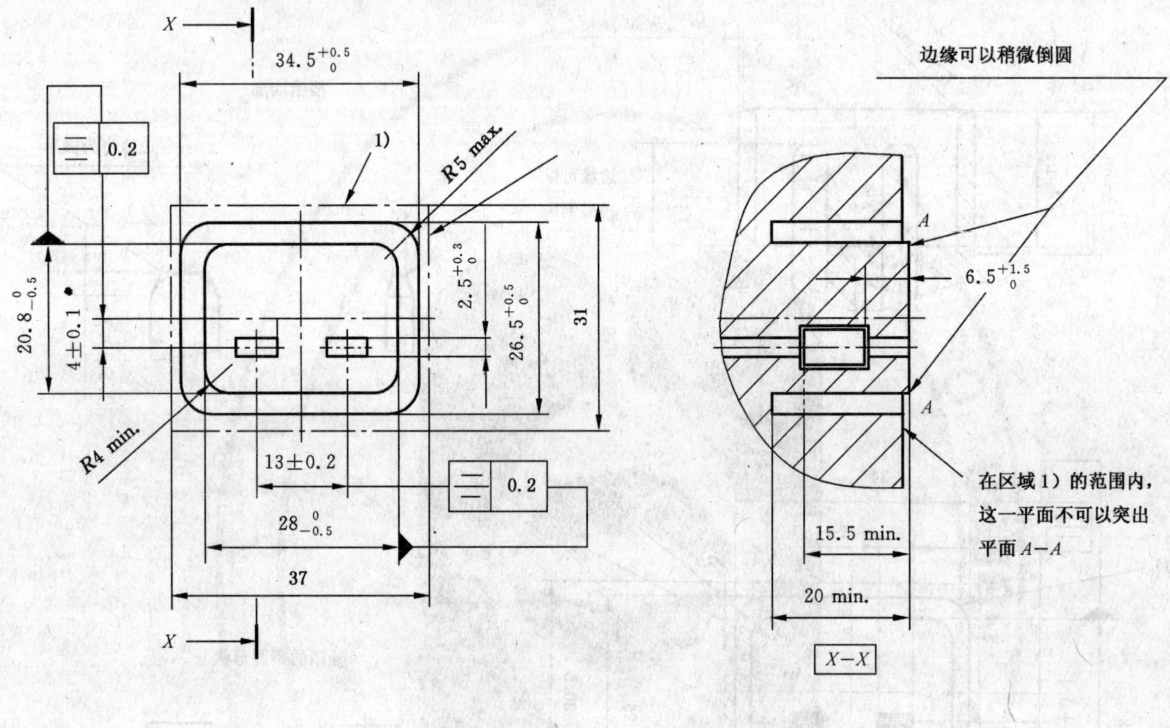

设计产品时，可不受上述各图的限制，但尺寸必须符合图示的规定。

对于表示形状或位置的公差符号见 GB/T 1182。

单位为毫米

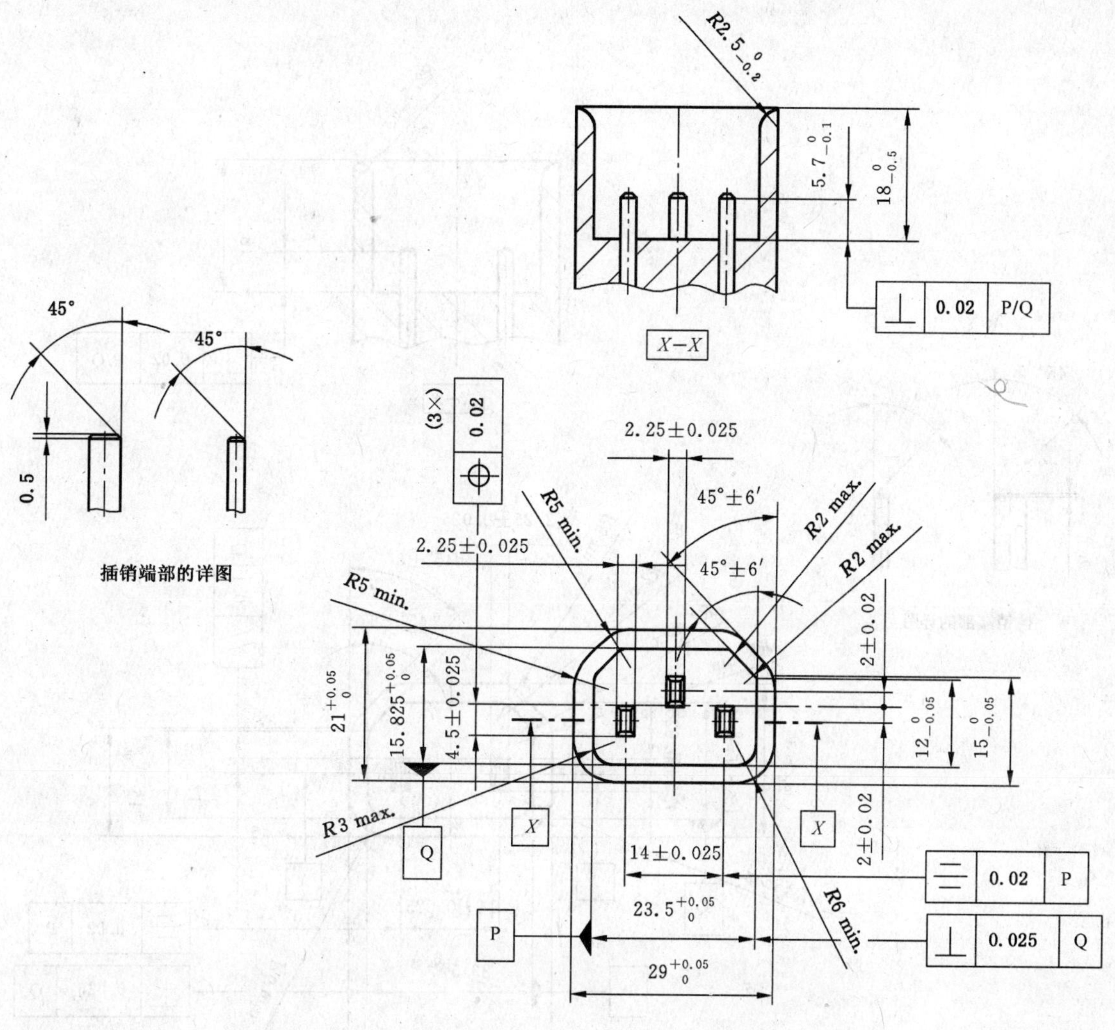

量规和插销的材料，经硬化处理的钢。

用不大于 60 N 的力即应能将器具输出插座完全插入量规里。

为验证连接器是否完全插入，建议量规要有一个孔眼。

对于表示形状或位置的公差符号见 GB/T 1182。

图 101　用于检查器具输出插座符合标准活页 F 的要求"通"规(见 9.1)

单位为毫米

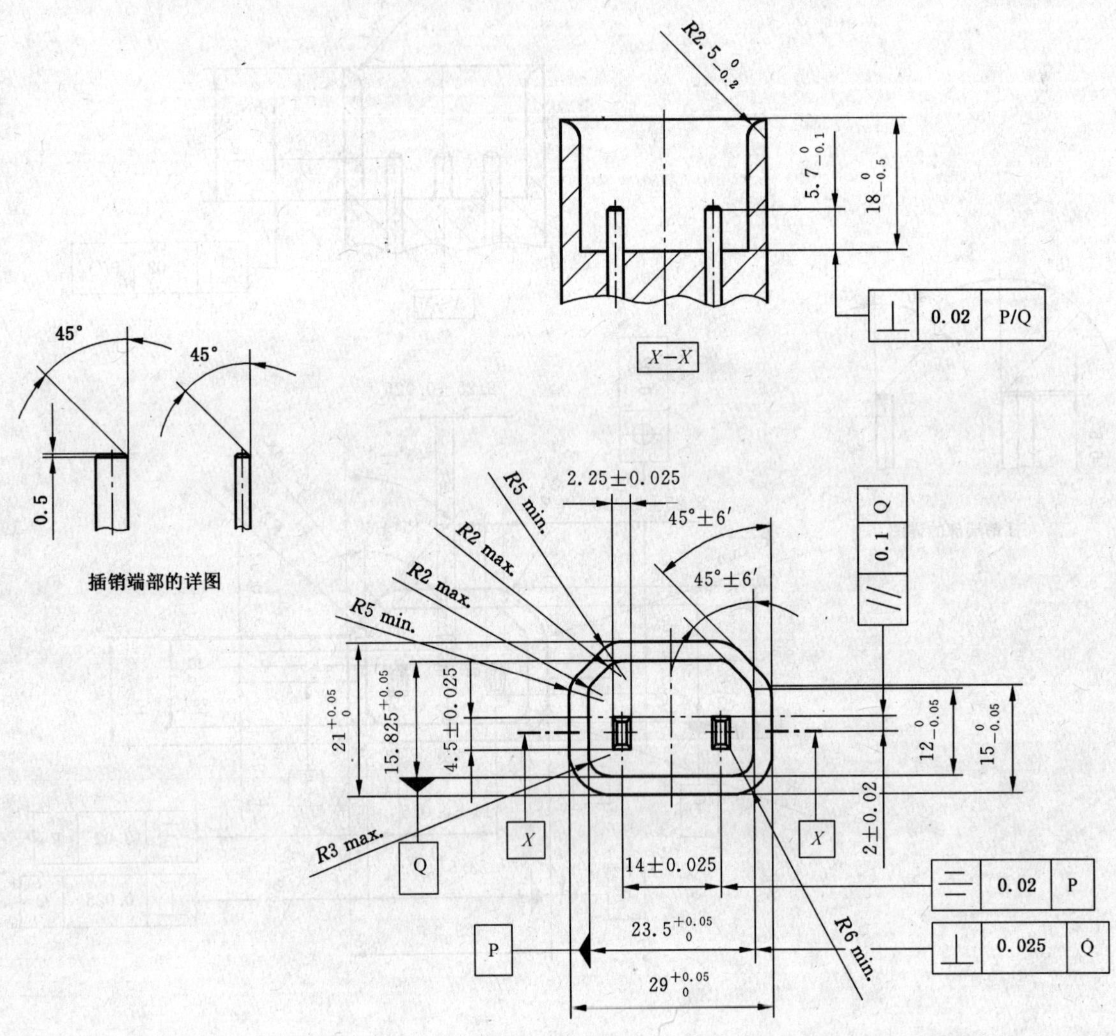

量规和插销的材料，经硬化处理的钢。

用不大于 60 N 的力即应能将器具输出插座完全插入量规里。

为验证连接器是否完全插入，建议量规要有一个孔眼。

对于表示形状或位置的公差符号见 GB/T 1182。

图 102　用于检查器具输出插座符合标准活页 H 的要求"通"规(见 9.1)

单位为毫米

量规和插销的材料，经硬化处理的钢。

用不大于 60 N 的力即应能将器具输出插座完全插入量规里。

为验证连接器是否完全插入，建议量规要有一个孔眼。

对于表示形状或位置的公差符号见 GB/T 1182。

图 103　用于检查器具输出插座符合标准活页 J 的要求“通”规(见 9.1)

单位为毫米

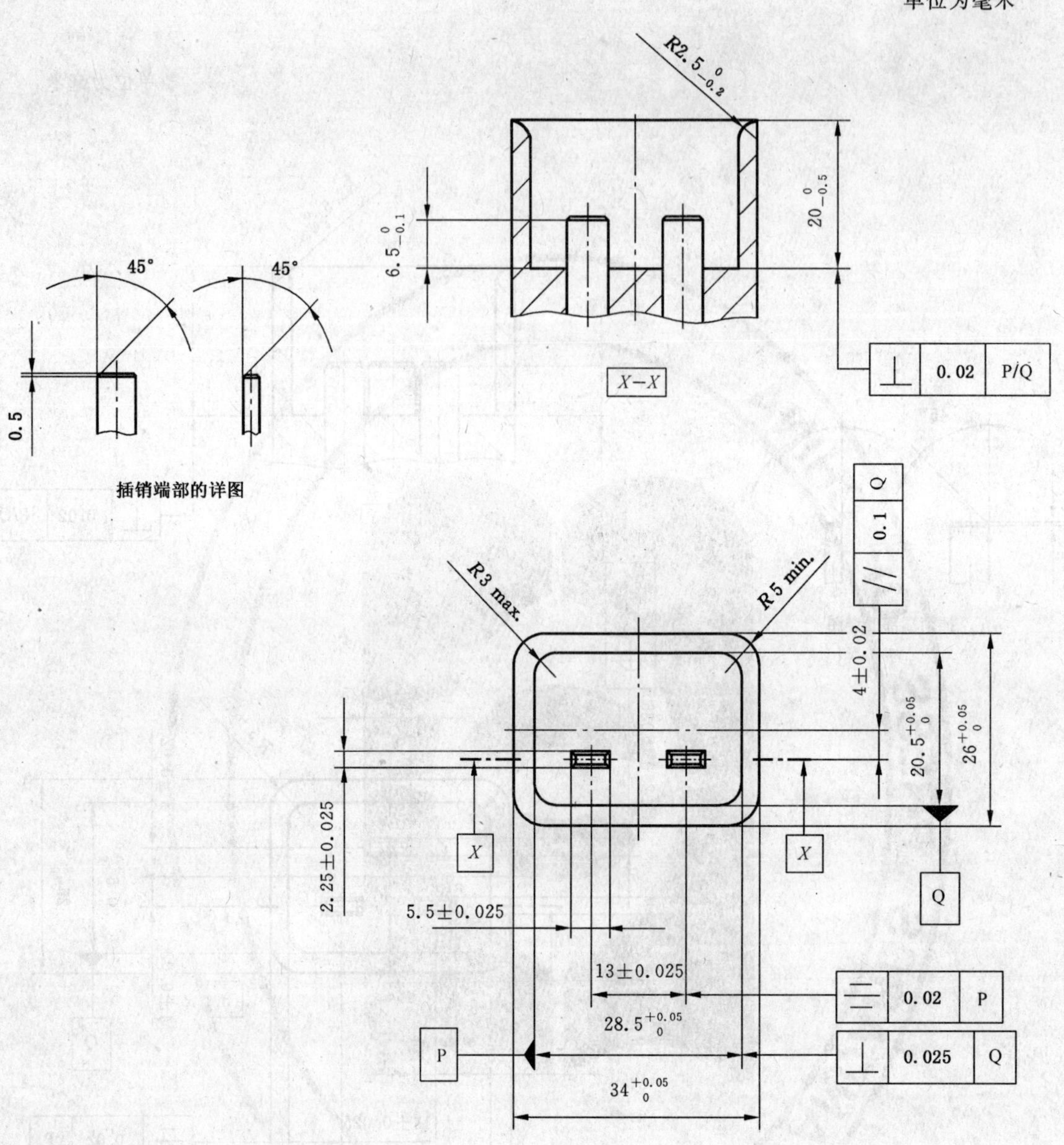

量规和插销的材料，经硬化处理的钢。

用不大于 60 N 的力即应能将器具输出插座完全插入量规里。

为验证连接器是否完全插入，建议量规要有一个孔眼。

对于表示形状或位置的公差符号见 GB/T 1182。

图 104　用于检查器具输出插座符合标准活页 L 的要求"通"规(见 9.1)

ICS 29.120.30
K 65

中华人民共和国国家标准

GB 17465.4—2009

家用和类似用途器具耦合器 第2部分:靠器具重量啮合的耦合器

Appliance couplers for household and similar general purposes—Part 2:Couplers dependent on appliance weight for engagement

(IEC 60320-2-4:2005,Ed1,MOD)

2009-09-30 发布 2010-06-01 实施

中华人民共和国国家质量监督检验检疫总局
中国国家标准化管理委员会 发布

前言

本部分的全部技术内容为强制性。

GB 17465《家用和类似用途器具耦合器》分为以下几部分:

第1部分:通用要求(GB 17465.1)

第2部分:特殊要求(GB 17465.2～17465.4)

——家用和类似设备用互连耦合器

——防护等级高于IPX0的器具耦合器

——靠器具重量啮合的耦合器

本部分为GB 17465的第2部分中的靠器具重量啮合的耦合器。

本部分修改采用IEC 60320-2-4:2005《家用和类似用途器具耦合器　第2-4部分:靠器具重量啮合的耦合器》。

本部分与IEC 60320-2-4:2005的差异是:根据我国地理气候环境,规定使用环境温度通常不超过35 ℃,偶尔会达到40 ℃。潮湿试验的温度为40 ℃±2 ℃。

本部分应与GB 17465.1配合使用。

本部分的附录AA、附录BB是规范性附录。

本部分由中国电器工业协会提出。

本部分由全国电器附件标准化技术委员会(SAC/TC 67)归口。

本部分起草单位:中国电器科学研究院、广东出入境检验检疫局、思瑞克斯(广州)电器有限公司、佛山市顺德区剑虹电器实业有限公司、翱泰温控器(深圳)有限公司、佛山市顺德区三春电器有限公司、浙江跃华电讯有限公司、宁波经济技术开发区海鑫电器科技有限公司、中国家用电器研究院。

本部分主要起草人:罗怀平、姜华、周娟、徐冠忠、张帆、邵志成、王朝圣、柯赐龙、贾玉霖、路东琪、李牡丹。

IEC 前言

1) IEC(国际电工委员会)是由各个国家电工委员会(IEC 国家委员会)组成的世界性标准化组织。IEC 的宗旨是促进在与电气和电子领域标准化有关问题上的国际合作。为此目的,IEC 除了开展其他活动之外,还出版国际标准。这些标准的制定工作是委托各技术委员会来完成的。IEC 的成员各国家委员会,只要对要制定的标准感兴趣,均可参加其制定工作。与 IEC 有联系的国际性的、官方的组织亦参与标准的制定工作。IEC 和世界标准化组织(ISO)遵照双方协议规定的条件,密切合作。
2) 由于每个技术委员会中均有来自对相关问题感兴趣的国家委员会的代表,故 IEC 的有关技术问题的正式决议或协议都在最大限度上表达了国际上对于相关问题的一致看法。
3) 产生的文档以推荐的形式用于国际用途,并以标准、技术规范、技术报告或是导则的形式出版,并在此意义上为各国家委员会接受。
4) 为了促进国际上的统一,IEC 各国家委员会负责将 IEC 国际标准透明地、最大可能地转化为国家或地区性标准。IEC 标准和相应的国家或地区性标准之间如有任何差异,应在标准转化之后清楚地说明。
5) IEC 并未制定任何认可标志的程序。如有某设备宣称其符合 IEC 的某一项标准时,IEC 对此不负责任。
6) 所有的使用者须保证他们应该拥有最新的版本。
7) 不管是何时何地的及直接的还是间接的,或者使用或借助本 IEC 出版物或其他 IEC 出版物而产生的出版物成本(包括合法费用)及费用,IEC 或其董事,雇员,服务人员或者代理机构(包括个人专家和技术委员会的成员)和 IEC 国家委员会无义务对任何个人损失,财产损失或者其他的由于自然原因导致的损失负责。
8) 注意本出版物引用的规范性引用。为了准确地使用本出版物,相关的引用出版物是必不可少的。
9) 注意 IEC 出版物中可能涉及到一些专利课题的成分。IEC 无义务去确定任何或所有的这些专利。

国际标准 IEC 60320-2-4 是由 TC 23 电器附件技术委员会中的 SC 23G 器具耦合器分技术委员会制定的。本部分以下列文件为基础:

国际标准草案文件	表决报告
23G/251/FDIS	23G/252/RVD

本部分表决的详情,见上表所列的表决报告。

本部分是按照 ISO/IEC 导则第 2 部分编写的。

IEC 60320 包括了下列各部分,全部列在总标题《家用和类似用途器具耦合器》的名下:

第 1 部分:通用要求

第 2-1 部分:缝纫机耦合器

第 2-2 部分:家用和类似设备的互连耦合器

第 2-3 部分:防护等级高于 IPX0 的器具耦合器

第 2-4 部分:靠器具重量啮合的耦合器

本部分将与 IEC 60320-1《家用和类似用途器具耦合器　第 1 部分:通用要求》结合使用。本部分建立在上述 IEC 60320-1 的第 2 版(2001)基础上。

本部分补充并修改了 IEC 60320-1 的相应条款。凡在本部分中没有提到的 GB 17465.1 的章条均适用。IEC 60320-1 的条款将不作任何修改继续适用。凡在本部分中注明“增加”、“修改”或者“替代”的内容,则 IEC 60320-1 中的有关技术要求、试验规范或注释等均应作相应改动。

GB 17465.1 所没有的章条、图形或表格从 101 起开始编号。增加的附录以字母 AA、BB 等示出。

家用和类似用途器具耦合器 第 2 部分:靠器具重量啮合的耦合器

1 范围

GB 17465.1 的本章由下述内容代替:

本部分仅适用于交流带或不带接地触点的两极器具耦合器。其额定电压不超过 250 V,额定电流不超过 16 A;该耦合器为家用和类似用途的、打算内装或集成在电源为 50 Hz 或 60 Hz 的电器或其他多部件结构的电气设备内,并依靠器具的重量保证正确啮合。

注 1:符合本部分的器具耦合器适用于器具使用的环境温度通常不超过 35 ℃,偶尔会达到 40 ℃的环境[1)]。但是器具耦合器周围的环境温度可以超过这个指定值和由制造商来声明。器具输入插座和连接器的最大工作环境温度可能是不同的。

注 2:依靠器具重量啮合的器具耦合器可能承受在正常使用中液体的溢出。它们根据按制造商安装说明书安装时是否提供防溢水保护来分类。

注 3:如果器具或设备的功能部件被安装在其电源基座上,根据本标准使用的器具输入插座用于可能承受液体溢出并影响到器具输入插座的器具或其他设备上时,那么耐潮湿保护应由器具提供。

注 4:GB 17465.1 图 C.1～图 C.23 的标准活页不适用于依靠器具重量啮合的器具耦合器。

注 5:在下述情况下可能要求特殊结构:

——在可能经常发生特殊条件的场合,例如在船上、火车上和类似场合;

——在危险的场合,例如,在很可能发生爆炸的场合。

2 规范性引用文件

下列文件中的条款通过 GB 17465 的本部分的引用而成为本部分的条款。凡是注日期的引用文件,其随后所有的修改单(不包括勘误的内容)或修订版均不适用于本部分,然而,鼓励根据本部分达成协议的各方研究是否可使用这些文件的最新版本。凡是不注日期的引用文件,其最新版本适用于本部分。

GB 17465.1 的本章增加下列内容:

GB 4706.1—2005 家用和类似用途电器安全 第 1 部分:通用要求(IEC 60335-1:2001,IDT)

GB/T 5169.5 电工电子产品着火危险试验 第 5 部分:试验火焰 针焰试验方法 装置、确认试验方法和导则(GB/T 5169.5—2008,IEC 60695-11-5:2004,IDT)

GB/T 5169.16 电工电子产品着火危险试验 第 16 部分:试验火焰 50 W 水平与垂直火焰试验方法(GB/T 5169.16—2008,IEC 60695-11-10:2003,IDT)

GB/T 16842 外壳对人和设备的防护 检验用试具(GB/T 16842—2008,IEC 61032:1997,IDT)

GB/T 16935.1 低压系统内设备的绝缘配合 第 1 部分:原理、要求和试验(GB/T 16935.1—2008,IEC 60664-1:2007,IDT)

GB 17465.1—2009 家用和类似用途器具耦合器 第 1 部分:通用要求(IEC 60320-1:2007,MOD)

GB 17465.2 家用和类似用途器具耦合器 第 2 部分:家用和类似设备的互连耦合器(GB 17465.2—2009,IEC 60320-2-2:1998,MOD)

---

1) 考虑我国地理气候环境,因此规定使用环境温度为"通常不超过 35 ℃,偶尔会达到 40 ℃",与 GB 17465.1 一致。IEC 60320-2-4 该注中规定使用环境温度为"通常不超过 25 ℃,偶尔会达到 35 ℃"。

GB 17465.3 家用和类似用途器具耦合器 第 2-3 部分：防护等级高于 IPX0 的器具耦合器(GB 17465.3—2008,IEC 60320-2-3:2005,IDT)

ISO 9772 泡沫塑料 小试样承受小火焰的水平燃烧性能检测

3 术语和定义

GB 17465.1 的本章适用并增加下述内容：

3.101

重量啮合式耦合器 weight-engaged coupler

依靠被内装或集成入的器具功能部件的重量来保证正确啮合的耦合器。

注：重量啮合式耦合器被用在由两个部件组成的一个器具中，用于由连接到电源的电源基座，给执行器具功能的部件(功能件)供电。

3.102

重量啮合式连接器 weight-engaged connector

进行电源连接和与相关的器具输入插座啮合的重量啮合式耦合器的元部件。

3.103

重量啮合式器具输入插座 weight-engaged appliance inlet

打算与器具的功能部件集成或内装的重量啮合式耦合器的元部件。

3.104

可拆线重量啮合式连接器 rewirable weight-engaged appliance connector

在结构上可以更换电源线的重量啮合式连接器。

注 1：电源线连接方法，按制造商安装说明书安装时，按器具标准要求的 X 型或 Y 型连接来分类。

注 2：X 型和 Y 型连接方法的要求参看 GB 4706.1。

3.105

X 型连接 type X attachment

能够容易更换电源软线的连接方法。

注：该电源软线可以是专门制备并仅能从制造商或其服务代理商处得到的。专门制备的软线也可包含器具的一部分。

3.106

Y 型连接 type Y attachment

打算由制造商、其服务代理商或具有类似资格的人员来更换电源软线的连接方法。

3.107

Z 型连接 type Z attachment

不破坏或拆损器具就不能更换电源软线的连接方法。

4 一般要求

GB 17465.1 的本章适用。

5 试验的一般说明

GB 17465.1 的本章作下述修改后适用：

5.2 代替：

试样在按制造商安装说明书规定的交货状态和在正常使用条件下进行试验；用交流 50 Hz 或 60 Hz 电源试验。

不可拆线重量啮合式连接器应附有至少 1 m 长的软线。

对于按制造商的说明书安装的，在重量啮合式连接器和器具输入插座上进行试验要求的那些条款，应提供相应的器具或器具部件。

5.5 代替：

对于重量啮合式器具输入插座要求用3个试样经受规定的试验。

对于重量啮合式连接器要求6个试样进行试验：

——第1组3个试样经受除第14章、第15章、第16章、第19章、第20章和第21章、24.2外规定的试验；

——第2组3个试样经受14.1和第15章、第16章、第19章、第20章和第21章（包括第16章的重复）规定的试验。

对于声明提供防溢水保护的重量啮合式连接器，需要3个附加试样经受14.2规定的试验。

对于弹性或热塑性材料的重量啮合式连接器，需要2个附加试样经受所适用的24.2.1和24.2.2的试验。

对于带有指示器的不可拆线的重量啮合式连接器，需要3个指示器一极断开的附加试样，用于第15章的试验。

6 标准额定值

GB 17465.1的本章由下述内容代替：

6.1 标准额定电压是250 V。其他额定电压值可以由制造商声明，但不超过250 V。

6.2 额定电流值应由制造商声明。耦合器在特定应用范围使用时可以有不同的电流额定值，额定的电流在任何情况下不应超过16 A。

通过观察标志或制造商的安装和使用说明书来确定6.1和6.2的要求的符合性。

7 分类

GB 17465.1的本章由下述内容代替：

7.1 代替：

7.1 重量啮合式耦合器分类：

7.1.1 当连接器按照制造商的说明书安装时，按是否提供防溢水保护分类。

7.1.2 按连接设备的类型分类：

——Ⅰ类设备器具耦合器；

——Ⅱ类设备器具耦合器。

注：类别的描述见IEC 61140。

7.1.3 按耦合器是否在通电情况下啮合或不啮合分类。

7.1.4 按耦合器最大工作环境温度分类。

7.1.5 按第20章的试验完成的周期数分类：

优选值：

7.1.5.1 100 000

7.1.5.2 60 000

7.1.5.3 30 000

7.1.5.4 20 000

7.1.5.5 10 000

7.1.5.6 6 000

注：对相同的耦合器的不同电流额定值可以声明不同的耐久性周期数。

7.2 GB 17465.1的本条不适用。

注：GB 17465.1的本条的末尾的注也不适用。

8 标志

GB 17465.1 的本章作下述修改后适用：

8.1 代替：

重量啮合式连接器上应标有生产商或销售商的名称、商标或识别标志和型号。

8.2 代替：

重量啮合式器具输入插座应标有生产商或销售商的名称、商标或识别标志和型号。

8.5 GB 17465.1 的本条不适用。

8.6 代替：

在可拆线、不可换向重量啮合式连接器、端子上应标志如下：

接地端子：　符号 ⏚

中性线端子：　字母　N

在不可拆线、不可换向的连接器中，触点不必标志，但软线应按 22.1 的规定来连接。

符合本章要求的连接器使用的器具输入插座(除了与器具或设备成一整体或装在里面)，应具有本章要求的端子标记。

标志的符号或字母不应放在螺钉、可拆卸衬垫或其他可拆卸部件上。

注：考虑到将来可能引进统一的插头插座系统，而这一系统很可能是极性系统，因此端子的标志、导线连接的相关要求把那些需要极性电源系统的国家也考虑在内。建议将那些目前尚无极性插头插座系统的国家的这种要求也考虑在内。

可拆线连接器应提供下述说明：

a) 一份说明导线连接方法的图，尤其是接地导线剩余长度和电源线固定操作的图；

b) 说明要被剥去的护套和绝缘长度的全尺寸图；

c) 电源软线合适的尺寸和类型；

d) 连接器和输入插座连接的类型。

注 1：接地导线的连接应以具指导性的方式给出，最好有草图。

注 2：这些说明书不需要跟随直接提供给设备制造商的连接器。

注 3[2)]：按照美国 NEC 规定，中性线端子必须以白色标识或标“white”。要达成这个目的一个方式是，用镀镍做中性端子，余下的其他端子不镀。

8.101 增加分条款：

重量啮合式器具耦合器应提供安装和使用说明书，这些说明书应包含保证符合本部分要求所必需的信息。

9 尺寸和互换性

GB 17465.1 的本章作下述修改后适用：

9.1 代替：

重量啮合式器具耦合器可以做成适合它们的功能的任何形式，但是应符合本部分适用的要求。

9.2 GB 17465.1 的本条不适用。

9.3 代替：

当按制造商说明书安装时重量啮合式连接器和重量啮合式器具输入插座之间应不可能进行错误连接。在这些结构中，设计成在正常使用期间随着重量啮合式连接器从器具输入插座放入和提起时出现瞬态单极连接，那么这样的瞬态单极连接是允许的。

重量啮合式耦合器应不允许与 IEC/TR 60083 规定的插头或移动式插座错误连接。

---

2) 注 3 给出国外的信息。

重量啮合式耦合器应不允许与 GB 17465.1、GB 17465.2 或 GB 17465.3 的标准活页规定的连接器或器具输入插座错误连接。

是否合格，通过检验和参照制造商声明来检查。

注："错误连接"包括单极连接和不符合防触电保护有关要求的其他连接。

如有怀疑，应参考适用的器具标准中重量啮合式连接器和器具输入插座有关要求。

9.4 代替：

Ⅱ类器具设备的连接器应不可能插入Ⅰ类器具设备的器具输入插座。

是否合格，通过观察来检查。

9.5 本条的注 1 不适用。

9.6 GB 17465.1 的本条不适用。

10 防触电保护

GB 17465.1 的本章作下述修改后适用：

10.1 本条的注 3 不适用。

11 接地措施

GB 17465.1 的本章作下述修改后适用：

11.2 本章的注不适用。

12 端子和端头

GB 17465.1 的本章作下述修改后适用：

最前面的三段文字由下述内容代替：

对于集成整体或内装于器具或设备中的重量啮合式器具输入插座和重量啮合式连接器，器具或设备适用的国家标准中的要求应适用。

12.1 代替：

对于重量啮合式器具输入插座和重量啮合式连接器，打算集成一整体或内装的器具和设备适用的相关国家标准中的要求应适用。

12.2 GB 17465.1 的本条不适用。

13 结构

GB 17465.1 的本章作下述修改后适用：

13.1 本条的注不适用。

13.4 代替：

器具输入插座的插销应：

- 被可靠固定；
- 具有足够的机械强度；
- 不借助于工具不可能将它们拆下，和
- 有足够防止意外损坏的保护。

注：本要求包括在一定范围浮动的插销。

无论是在输入插座或连接器部件中设计作为触点插销的元件，通过观察和第 19 章、第 20 章中的试验来检查其稳固性。

13.5 代替：

重量啮合式耦合器的触点系统应能自调节，以便能提供足够的接触压力。

对于除 0.2 A 以外的连接器,触点自身的调节应不取决于绝缘材料的弹力。

是否合格,通过观察来检查。

注:触点的自调节可以由器具输入插座或连接器或两者共同提供。

13.9 GB 17465.1 的本条作下述修改后适用:

注 2 不适用。

13.11 GB 17465.1 的本条不适用。

13.12 代替:

内装在重量啮合式连接器和器具输入插座中的熔断器、继电器、温控器和热断路器,应符合相关的国家标准。

内装在重量啮合式连接器和器具输入插座中的开关或能量调节器应分别符合 GB 15092 和 GB 14536。

当集成或内装到器具或设备中的重量啮合式输入插座能明确作为器具输入插座的部件时,应符合本标准的要求。

是否合格,通过观察和通过按相应的国家标准对开关、熔断器、继电器、温控器和热断路器或能量调节器进行试验来检查。

14 防潮

GB 17465.1 的本章由下述内容代替:

14.1 重量啮合式耦合器应耐受在正常使用中可能出现的潮湿条件。

注:假如与重量啮合式耦合器一起使用的设备在正常使用中承受液体溢出,保护装置应当由该设备提供。

是否合格,通过本章所规定的潮湿处理后,立即进行第 15 章的试验检查。

在经受潮湿处理时重量啮合式连接器和器具输入插座不啮合,可拆线的重量啮合式连接器不装上软线。

潮湿试验在潮湿箱中进行,潮湿箱中空气相对湿度保持在 91%~95%之间。在所有可以放置试样的位置上,空气温度保持在 40 ℃±2 ℃范围内。

在放入潮湿箱之前,使试样温度达到 40 ℃±2 ℃。

样品在潮湿箱内的时间:

——168 h(7 天),对于作为独立的配件提供、而不是内装在其他设备中的有接地触点的连接器和带有接地触点的器具输入插座;

——48 h(2 天),对于其他情况。

注 1:多数情况下,在潮湿试验前,试样在规定温度下保持至少 4 h,就可达到该温度。

注 2:在潮湿箱内有 Na_2SO_4 或 KNO_3 饱和水溶液的容器,该容器要使溶液与空气有充分的接触面积,用这样的方法能够获得 91%~95%之间的相对湿度。

注 3:为了使潮湿箱达到规定的条件,必须确保恒定的空气循环,通常使用隔热潮湿箱。

经受潮湿处理后,试样不得出现本标准意义上的损坏。

14.2 声明带有防溢水保护的重量啮合式连接器,其结构必须保证在按制造商的安装说明书安装进有代表性的电源基座时,连接器不会受到水的影响。

是否合格,通过下述试验检查:

将电源基座放在水平表面上,用 30 mL 导电率至少为 1 000 μS 的水,通过一长 20 mm、内径 8 mm 的垂直管子倾倒至器具连接器上。管口高于连接器上表面 200 mm,盐溶液应在 2 s 内稳定地倾注。

对于多个触头孔相隔间距大于 30 mm 的连接器,在清洁的电源基座试样的多个孔或一组孔上重复本试验。

然后,按 15.3 规定对有代表性的电源基座和连接器安装进行电气强度试验,对加强绝缘,电压减为 2 500 V。

注:可以通过将纯净氯化钠溶解到去离子水中,得到浓度为 350 mg/L 溶液的方法来获得 1 000 μS 的导电率。

15 绝缘电阻和电气强度

GB 17465.1 的本章作下述修改后适用：

15.3 代替：

在 15.2 试验后，绝缘要立即经受 1 min 频率为 50 Hz 或 60 Hz 基本为正弦波的电压。试验电压值和施加的部位，见表 101 所示。

绝缘材料的易触及部分，要用金属箔覆盖。

注意避免对基本绝缘施加过压力。特别是金属箔与接地部件之间的距离不能小于加强绝缘规定的爬电距离。

试验初始，施加的电压不超过规定电压值的一半，然后迅速升高到满值。

试验期间不应发生闪络或者击穿。

表 101 试验电压

试验电压施加部位	试验电压/V	
	Ⅱ类器具和Ⅱ类结构	其他设备
1. 在带电部件和与带电部件隔离的易触及部件之间 ——基本绝缘 ——加强绝缘	 — 3 750	 1 250 3 750
2. 对于双重绝缘的部件，仅用基本绝缘与带电部件隔离的金属部件和： ——带电部件之间 ——易触及部件之间	 1 250 2 500	 1 250 2 500
3. 如果带电部件和带有绝缘衬层的金属外壳或金属盖之间穿过衬层测得的距离，少于第 26 章中规定的相应间隙，则带绝缘衬层的金属外壳或金属盖和与衬层内表面接触的金属箔之间	2 500	1 250

注 1：用于此试验高压变压器在其输出电压调到相应试验电压之后，当输出端短路时，输出电流至少为 200 mA。电路的过载释放器对小于 100 mA 的输出电流不应动作。

注 2：应注意试验电压有效值(r. m. s.)的测量值必须在±3%的范围内。

注 3：不造成电压降低的辉光放电可以忽略不计。

16 插入和拔出连接器所需的力

GB 17465.1 的本章由下述内容代替：

16.1 重量啮合式器具耦合器的结构应使得连接器在器具或装置重量的作用下完全啮合，而在电源基座重量的作用下能够分离。重量的最低限值应在制造商的安装说明书中说明。

是否合格，通过第 16.2 和第 16.3 的试验检查。试验在连接器和器具输入插座上进行，并在第 21 章的试验后重复进行。应该为本试验提供有代表性的器具和电源基座，要使其重量都达到制造商所规定的最轻重量。

16.2 完全啮合所需的最轻重量可通过安装重量啮合式连接器和器具输入插座，使它们自由地并沿着垂直轴线啮合确定其值大小。相当于所规定器具的最轻重量减去器具输入插座的重量的力垂直向下作用于器具输入插座。器具输入插座应按制造商的安装说明完全进入连接器。

注：进行该试验的装置将取决于所考虑的重量啮合式器具耦合器的结构。达到规定的最轻重量的有代表性的器具可以用来施加此力。

16.3 电源基座正确分离所需的最轻重量可通过将重量啮合式器具连接器放置在水平表面上，并把一个相当于制造商规定的最轻重量与连接器相连，使其沿着垂直轴线啮合确定其值大小。重量啮合式连接器应该能在表面上自由移动。

然后重量啮合式器具输入插座被完全与连接器啮合和拔出。

连接器不应保留在器具输入插座内。

注：具有制造商规定的最轻重量的有代表性的电源基座可以用来提供本试验要求的重量。

最高工作温度高于环境温度的重量啮合式连接器应进行两次试验，一次在环境温度下进行，另一次在把器具输入插座的温度升高至最高工作温度后进行。

17 触头的工作

GB 17465.1 的本章作下述修改后适用：

删除该章中第三段对第 18 章的参照。

18 用于热条件和酷热条件下的器具耦合器的耐热性能

GB 17465.1 的本章不适用。

19 分断容量

GB 17465.1 的本章由下述内容代替：

重量啮合式器具耦合器应具有足够的分断容量。

对于明确打算不会在带电情况下断开啮合的重量啮合式连接器和器具输入插座，不进行本试验。

是否合格，对于额定电流超过 0.2 A 的耦合器，通过下述试验来检查：

连接器应安装在适当装置上。

器具输入插座的定位，应使其通过啮合方向的平面垂直位置上。

器具输入插座的两个带电触点在内部互相连接，并将外部的电气负载与电源串联。该外部负载的试验电压为 275 V、试验电流为额定电流的 1.25 倍，对于额定电流大于或等于 10 A 的重量啮合式连接器，功率因数应为 $0.95^{+0.05}_{0}$，对于其他重量啮合式连接器，功率因数为 0.6±0.05。外部负载的放置的位置，应不影响到试验外壳的环境温度。在 GB 17465.1 的图 15 中给出了一个适当的电路的例子。

以每分钟 15～20 个行程的速度，使重量啮合式连接器和器具输入插座啮合、断开各 50 次（共 100 个行程）。行程的长度应能充分确保连接器与输入插座啮合面分离至少 30 mm。

电流不通过接地电路（如有）。

如采用空心电感，则并联一个电阻，使电阻的分流约为电感电流的 1%。如果能保证电流是基本正弦波的，也可采用铁心电感。

试验期间，在不同极性的带电部件之间，或在这些部件和接地线路（如有）的部件之间，不得出现闪络现象或持续的飞弧现象。

在试验之后，试验不应有影响进一步使用的损坏，器具输入插座的触点的进入区域不应有任何严重的损坏。在有怀疑的情况下，把一个新的器具输入插座装在试验装置上进行重复试验。假如试样通过了第二次试验而没有出现进一步的明显损坏，则认为耦合器符合要求。

注：一次行程是指插入或者拔出连接器一次。

20 正常操作

GB 17465.1 的本章由下述内容代替：

器具耦合器应能承受在正常使用中产生的机械应力、电应力和热应力，而不会出现过度的磨损或者其他有害影响。

是否合格，按第19章中所述的试验装置对连接器进行试验来检查。

本试验中所进行的啮合和断开的次数应当按照制造商所声明的次数进行。如重量啮合式耦合器系统打算用于许多不同的并具有不同额定电流的器具类型上时，应分别对单独试样针对每一种器具类型进行规定的相应次数的开合周期试验，试验电流根据制造商声明的额定电流来确定。

连接和其他试验条件应按第19章的规定，但是电流应为额定电流的1.1倍，电压应为最大额定电压。在通电情况下进行一半次数行程，在不通电情况下进行另一半次数行程。对于明确打算不会在通电情况下断开啮合的重量啮合式连接器和器具输入插座，则所有试验行程应在不通电的情况下进行。

对允许有一定范围啮合角度的重量啮合式耦合器，重量啮合式器具输入插座和重量啮合式连接器在插入和拔出的过程中的相对角度位置应当在一定弧度的范围内变化，这一弧度范围应当为45°和设计可使用的弧度两者之中的较小者。应采用下述装置来进行试验：该装置可以在拔出后和在重新插入前均匀地改变重量啮合式器具输入插座和重量啮合式连接器的相对插入角度，相对插入角度应在经过20到30次之间可使用的弧度和45°中的适用者之间改变。在弧度的每一端，旋转的方向应相反。在每250次插入后，重量啮合式器具输入插座和重量啮合式连接器在啮合时应在各个方向上相等的一定角度相对旋转，旋转范围应当为设计可使用的弧度和45°中的适用者。在下一次断开时恢复到初始位置。对于明确打算不会在通电情况下断开啮合的重量啮合式耦合器，只在制造商声明的啮合旋转试验周期次数的一半时施加试验电流。

试验后，试样应承受15.3中所规定的电气强度试验。

该样品不得出现下述现象：

——影响进一步使用的磨损；

——外壳或挡板的恶化；

——重量啮合式耦合器触点的进入孔出现可能影响正常工作的损坏；

——电气连接或者机械连接的松动；

——密封胶的渗漏。

注：在本章的电气强度试验之前，不用重复潮湿处理。

21 温升

GB 17465.1的本章由下述内容代替：

触点和其他载流部件的设计应能防止由于通过电流而引起温升过高。

是否合格，对额定电流超过0.2 A的连接器通过下述试验来检查：

连接器应安装制造商规定的软线。

连接器应装配制造商规定的能保证正确啮合的相应的器具输入插座。

相当于1.25倍额定电流的交流电应通过载流触点1 h。

对于带接地触点的连接器，则电流要通过一个载流触点和接地触点1 h。

温度的测定可以利用熔化粒子、变色指示器、或者热电偶的方法，测温装置的选择和放置的原则应使它们对测定温度的影响可以忽略。

接线端子、端头和触点的温升不得超过制造商声明的数值，还应考虑连接器和器具输入插座以及规定软线的结构和材料，相应器具标准的要求也要考虑。

在试验后，在5.5中所规定的三个样品中的第二套应经受第16章所规定的试验。

注：在试验期间，连接器不要暴露于外部热源。

22 软线及其连接

GB 17465.1的本章作下述修改后适用：

22.1 增加：

对于电流额定值在表4中没有规定的不可拆线的重量啮合式连接器的软线横截面积，不应小于比其高一等级的电流额定值所规定软线横截面积。软线规格应按GB 4706.1—2005中25.7规定适用于器具。

注：GB 4706.1—2005中25.8规定横截面积的要求不适用。

22.2 代替：

其软线固定装置和拉力释放装置全部由打算与其集成或内装在一起的器具或设备的电源基座提供的重量啮合式连接器，不进行本条的试验。其他部分或者全部提供软线固定装置的重量啮合式连接器，在按制造商的说明书进行安装后，应当根据打算与其内装或者集成的器具或设备的相应国家标准进行试验。

22.3 GB 17465.1的本条不适用。

22.4 GB 17465.1的本条不适用。

23 机械强度

GB 17465.1的本章作下述修改后适用：

23.1 代替：

重量啮合式器具耦合器应具有足够的机械强度。

是否合格，通过对按制造商说明书安装的重量啮合式连接器和器具输入插座进行23.5的试验来检查。

23.2 GB 17465.1的本条不适用。

23.3 GB 17465.1的本条不适用。

23.4 GB 17465.1的本条不适用。

23.5 GB 17465.1的本条作下述修改后适用：

第一段代替如下：

对根据制造商的说明书与器具集成或者内装在一起，有外露表面的重量啮合式器具输入插座和重量啮合式连接器，应按GB 17465.1的图21所示的弹簧冲击试验装置对其外露表面进行试验。

23.6 GB 17465.1的本条不适用。

23.8 GB 17465.1的本条不适用。

24 耐热和抗老化性能

GB 17465.1的本章作下述修改后适用：

24.1.2 代替：

未被集成或内装入器具或设备里的重量啮合式器具输入插座和重量啮合式连接器的绝缘部件，若其劣化可导致器具输入插座或连接器不符合本标准，应具有充分耐热性。

本要求不适用于固定软线的部件、软线护套、与软线模压在一起的连接器部件和陶瓷部件。

是否合格，通过按GB/T 5169.21对有关的部件进行球压试验来检查。

试验温度应为(40±2)℃加上第21章试验期间确定的最大温升，或者(125±2)℃，如果此值是较高的话。

24.1.3 GB 17465.1的本条不适用。

25 螺钉、载流部件及其连接

GB 17465.1的本章作下述修改后适用：

25.3 代替：

电气连接的设计应使接触压力不通过(除陶瓷或者具有不低于陶瓷特性以外的材料)绝缘材料来

传递。

如果金属零件有足够的弹性能补偿绝缘材料任何可能的收缩或变形，则本要求不适用于重量啮合式连接器和器具输入插座。

注：材料的适宜性应结合尺寸的稳定性来考虑。

是否合格，通过观察来检查。

注：本要求并不排除应用于电流最大为 0.2 A，用扁平金属箔线进行的电气连接，其连接的接触压力通过绝缘材料获得，而该材料的特性可以在正常使用的任何情况下，特别是考虑到绝缘部件的收缩、弯曲、老化、和冷变形的情况，仍然确保可靠和永久性的接触。

25.8 GB 17465.1 的本条不适用。

26 爬电距离、电气间隙和穿通绝缘的距离

GB 17465.1 的本章由下述内容代替：

器具输入插座和连接器的结构应使电气间隙、爬电距离和固体绝缘足够承受器具可能经受的电气应力。

是否合格，通过 26.1～26.3 的要求和试验来检查。

注 1：本要求和试验以 GB/T 16935.1 为基础，从该标准可得到更多信息。

注 2：对电气间隙、爬电距离和固体绝缘的评定必须分别进行。

26.1 电气间隙不应小于表 103 中的规定值，并考虑表 102 过压类别对应的额定脉冲电压的影响。

器具输入插座和连接器属于Ⅱ类过压类别。

注 3：GB/T 16935.1 给出了关于过压类别的信息。

表 102 额定脉冲电压

额定电压 V	额定脉冲电压 V 过压类别		
	Ⅰ	Ⅱ	Ⅲ
≤50	330	500	800
>50 和≤100	500	800	1 500
>100 和≤150	800	1 500	2 500
>150 和≤300	1 500	2 500	4 000

小于表 103 所规定值的电气间隙不允许用作基本绝缘。

表 103 最小电气间隙

额定脉冲电压 V	最小电气间隙[a] mm
330	0.5[b]
500	0.5[b]
800	0.5[b]
1 500	0.5
2 500	1.5
4 000	3.0

a 该规定距离仅适用于空气中的电气间隙。

b 出于实际情况，如批量产品的容许偏差，没有采用 GB/T 16935.1 规定的更小的电气间隙。

是否合格，通过观察和测量来检查。

在装配时可拧紧到不同位置的部件，如六角螺母之类和可活动部件要被置于最不利的位置上。

当测量时，施加一个力于裸露导线和可触及表面以尽量减少电气间隙。该力如下：

——对裸露导线，为 2 N。

——对可触及表面，为 30 N。

该力通过 GB/T 16842 的 B 型试验探针施加。狭孔假定为被金属平板盖住。

注 4：测量电气间隙的方法按 GB/T 16935.1 规定和图 101 进行。

26.1.1 基本绝缘的电气间隙应足够承受正常使用期间出现的过压，考虑额定脉冲电压。表 103 的数值适用。

注：过压可能来源于外部电源或开关动作。

是否合格，通过测量来检查。

26.1.2 附加绝缘的电气间隙应不小于表 103 对基本绝缘的规定值。

是否合格，通过测量来检查。

26.1.3 加强绝缘的电气间隙应不小于表 103 对基本绝缘的规定值，但以使用下一个更高等级的额定脉冲电压值作为基准。

注：对于双重绝缘，当在基本绝缘和附加绝缘之间无中间导电部件时，电气间隙通过带电部件和可触及表面测量，且该绝缘系统认为是加强绝缘。

是否合格，通过测量来检查。

26.1.4 对于功能性绝缘，表 103 中的数值适用。

是否合格，通过测量来检查。

26.2 器具输入插座和连接器的结构应使其爬电距离不小于与其工作电压相应的值，并考虑其材料组和污染等级。

注 1：连接到中性线部件的工作电压值与连接到相线部件一样。

适用 2 级污染，除非：

——采取了预防措施保护绝缘，此时适用 1 级污染；

——绝缘经受导电性污染，此时适用 3 级污染。

注 2：GB/T 16935.1 给出了污染等级的解释。

注 3：4 级污染不适用于器具耦合器。

是否合格，通过测量来检查。

注 4：测量爬电距离的方法按 GB/T 16935.1 规定进行。

在装配时可拧紧到不同位置的部件，如六角螺母之类和可活动部件要被置于最不利的位置上。

当测量时，施加一个力于裸露导线和可触及表面以尽量减少爬电距离。该力如下：

——对裸露导线，为 2 N。

——对可触及表面，为 30 N。

该力通过 GB/T 16842 的 B 型试验试具施加。

由 GB/T 16935.1 的 2.7.1.3 给出的材料组与相比电痕化指数(CTI)值之间的关系，如下所示：

——材料组Ⅰ：600≤CTI；

——材料组Ⅱ：400≤CTI＜600；

——材料组Ⅲa：175≤CTI＜400；

——材料组Ⅲb：100≤CTI＜175。

这些 CTI 值根据 GB/T 4207 使用溶液 A 得到。如果不知道材料的 CTI 值，按附录 AA 在规定的 CTI 值进行耐电痕化指数(PTI)试验，以确定材料组。

注 5：GB/T 4207 的相比电痕化指数(CTI)试验，其设计是为了在该试验条件下比较各种绝缘材料的性能，即含水污染物液滴落在引起电解传导的水平表面上。它给出了定性的比较，但在绝缘材料有形成电痕化的倾向时，它也给出了定量的比较,即相比电痕化指数。

注 6:GB/T 16935.1 给出了爬电距离的评定程序。

26.2.1 基本绝缘的爬电距离不应少于表 104 的规定值。

表 104 基本绝缘的最小爬电距离

<table>
<tr><td rowspan="4">工作电压
V</td><td colspan="7">爬电距离
mm
污染程度</td></tr>
<tr><td rowspan="3">1</td><td colspan="3">2</td><td colspan="3">3</td></tr>
<tr><td colspan="3">材料组</td><td colspan="3">材料组</td></tr>
<tr><td>Ⅰ</td><td>Ⅱ</td><td>Ⅲa/Ⅲb</td><td>Ⅰ</td><td>Ⅱ</td><td>Ⅲa/Ⅲb</td></tr>
<tr><td>≤50</td><td>0.2</td><td>0.6</td><td>0.9</td><td>1.2</td><td>1.5</td><td>1.7</td><td>1.9[a]</td></tr>
<tr><td>>50 和≤125</td><td>0.3</td><td>0.8</td><td>1.1</td><td>1.5</td><td>1.9</td><td>2.1</td><td>2.4</td></tr>
<tr><td>>125 和≤250</td><td>0.6</td><td>1.3</td><td>1.8</td><td>2.5</td><td>3.2</td><td>3.6</td><td>4.0</td></tr>
<tr><td colspan="8">注:对于玻璃、陶瓷和其他不会发生电痕化的无机绝缘材料,爬电距离不必大于相应的电气间隙。</td></tr>
<tr><td colspan="8">a 如果工作电压不超过 50 V,允许使用材料组Ⅲb。</td></tr>
</table>

是否合格,通过测量来检查。

26.2.2 附加绝缘的爬电距离应至少为表 104 对基本绝缘的规定值。

注:对于附加绝缘,表 104 中的注不适用。

是否合格,通过测量来检查。

26.2.3 加强绝缘的爬电距离应至少为表 104 对基本绝缘的规定值的 2 倍。

注:对于加强绝缘,表 104 中的注不适用。

是否合格,通过测量来检查。

26.2.4 功能性绝缘的爬电距离不应小于表 104 的规定值。

26.3 对于附加绝缘,固体绝缘厚度至少应为 1 mm;对于加强绝缘,固体绝缘厚度至少应为 2 mm。

注 1:这并不意味着该厚度仅能通过固体绝缘的厚度。绝缘可由固体材料加上一层或多层的空气组成。

下列情况,本要求不适用:

——对附加绝缘,如果至少由 2 层组成,若每层都经受住 15.3 规定的电气强度试验。

——对加强绝缘,如果至少由 3 层组成,若其中任意两层一起均能经受住 15.3 的电气强度试验。

在这种情况下,各层应不能由云母或类似片状材料组成。

注 2:各层应尽可能粘结在一起,只要在粘结之前能够将其分开单独试验就可以了。

是否合格,通过观察和试验来检查。

27 绝缘材料的耐热、耐燃和耐电痕化

GB 17465.1 的本章作下述修改后适用:

27.1 代替:

27.1 非金属材料部件耐燃和耐火焰蔓延。

本要求不适用于装饰物,以及在内装或集成入连接器或器具输入插座的器具内部产生火焰时,不可能被点燃或不可能蔓延的其他部件。

是否合格,通过 27.1.1 和 27.1.2 的试验来检查。

试验在连接器或者器具输入插座取下的非金属部件上进行。当进行灼热丝试验时,它们按与正常使用时同样的方位放置。

这些试验不在导线绝缘层上进行。

27.1.1 非金属材料部件经受 GB/T 5169.11 的灼热丝试验，在 550 ℃的温度下进行。

在试样厚度不大于相关部件的情况下，根据 GB/T 5169.16，材料类别至少为 HB40 的部件不进行灼热丝试验。

对于不能进行灼热丝试验的部件，例如由软材料或发泡材料做成的，应符合 ISO 9772 对 FH3 类材料的规定，该试样厚度不大于相关部件。

27.1.2 连接器和器具输入插座要经受 27.1.2.1 和 27.1.2.2 的规定的试验。然而，这些试验不适用于：

——支撑熔焊连接件的部件；

——印制电路板的焊接连接件；

——装在印制电路板上小元件的连接件；

——所有这些连接件 3 mm 内的部件。

注：小元件的例子：二极管、晶体管、电阻、电感、集成电路和不直接连接到电源的电容。

27.1.2.1 支撑正常工作期间载流超过 0.2 A 的连接件的绝缘材料部件，以及与这些连接件 3 mm 距离内的绝缘材料部件，其灼热丝的可燃性试验温度(按 GB/T 5169.12)应至少为 850 ℃，该试样不厚于相关部件。

27.1.2.2 支撑载流连接件的绝缘材料部件，以及这些连接件 3 mm 距离内的绝缘材料部件，经受 GB/T 5169.11 的灼热丝试验。但是，按 GB/T 5169.13 其材料类别的灼热丝燃点为下列值的部件，不进行灼热丝试验：

——对于正常工作期间其载流超过 0.2 A 的连接件，温度为 775 ℃；

——其他连接件，温度为 675 ℃。

在试样不厚于相关部件的情况下。

当进行 GB/T 5169.11 的灼热丝试验，温度如下：

——对于正常工作期间其载流超过 0.2 A 的连接件，温度为 750 ℃；

——其他连接件，温度为 650 ℃。

注 1：元件的触点如开关触点被认为是连接件。

注 2：灼热丝的顶端应施加于连接件附近的部件上。

能经受 GB/T 5169.11 的灼热丝试验，但在试验期间产生的火焰超过 2 s 的部件，进行下列附加试验。该连接件上方 20 mm 直径，50 mm 高的垂直圆柱体范围内的部件，进行附录 BB 的针焰试验。但用符合针焰试验的隔离挡板屏蔽起来的部件不进行附录 BB 的针焰试验。

在试样不厚于相关部件的情况下，按 GB/T 5169.16 材料类别为 V-0 或 V-1 的部件不进行针焰试验。

27.2 GB 17465.1 的本条不适用。

28 防锈

GB 17465.1 的本章适用。

29 电磁兼容性(EMC)要求

GB 17465.1 的本章适用。

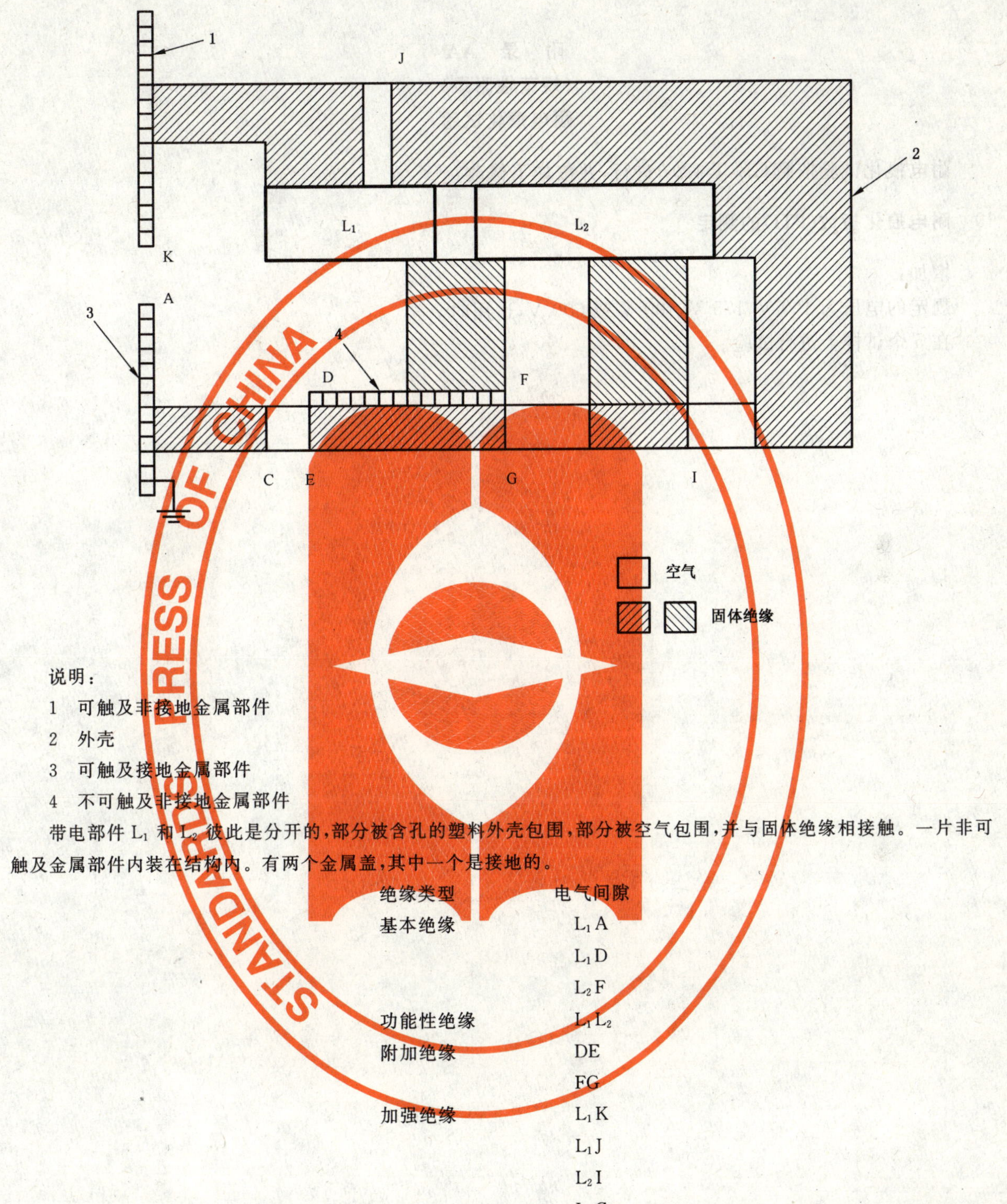

说明：

1 可触及非接地金属部件

2 外壳

3 可触及接地金属部件

4 不可触及非接地金属部件

带电部件 L_1 和 L_2 彼此是分开的，部分被含孔的塑料外壳包围，部分被空气包围，并与固体绝缘相接触。一片非可触及金属部件内装在结构内。有两个金属盖，其中一个是接地的。

绝缘类型	电气间隙
基本绝缘	L_1A
	L_1D
	L_2F
功能性绝缘	L_1L_2
附加绝缘	DE
	FG
加强绝缘	L_1K
	L_1J
	L_2I
	L_1C

注：如果 L_1D 或 L_2F 的电气间隙满足加强绝缘的电气间隙要求，则不测量附加绝缘的 DE 或 FG 的电气间隙。

图 101 电气间隙示例

附　录　AA
（规范性附录）
耐电痕化试验

耐电痕化试验按照 GB/T 4207 进行，并按如下修改：

10　耐电痕化指数（PTI）的测定

增加：

规定的电压为 100 V，175 V，400 V 或 600 V，适用时。

在 5 个试样上进行试验。

附 录 BB
（规范性附录）
针焰试验

针焰试验按 GB/T 5169.5 进行，并按如下修改：

7 严酷等级

代替：

施加试验火焰的持续时间为 30 s±1 s。

9 试验程序

9.2 修改：

第一段由下列内容代替：

试样排列使得火焰能施加在如图 1 例子所示的水平或垂直边缘。

增加：

如果可能，则施加火焰离边角至少 10 mm。

9.3 代替：

试验在一个试样上进行。如果试样经受不住该试验，则在另外二个试样上重复该试验，这二个试样都应经受住该试验。

11 试验结果的评定

修改：

燃烧持续时间（t_b）不应超过 30 s。但对印制电路板，不应超过 15 s。

ICS 11.220
B 41

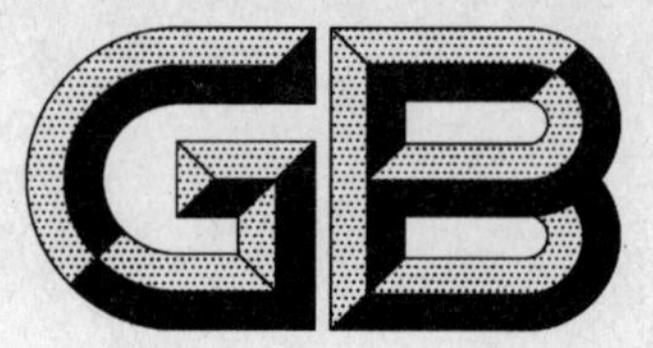

中华人民共和国国家标准

GB/T 17494—2009
代替 GB/T 17494—1998

马传染性贫血病间接 ELISA 诊断技术

Diagnostic techniques of indirect ELISA technique for equine infectious anemia disease

2009-04-23 发布　　2009-09-01 实施

中华人民共和国国家质量监督检验检疫总局
中国国家标准化管理委员会　发布

前　言

本标准参照世界动物卫生组织(OIE)最新公布的《陆生动物诊断试验和疫苗手册》2004 年版，并结合我国现有动物卫生法规及农业部对马传贫的相关政策和措施修订，其技术内容与 OIE 所推荐的基本一致。

本标准代替 GB/T 17494—1998《马传染性贫血病间接 ELISA 技术规程》。

本标准与 GB/T 17494—1998 相比主要变化如下：

——“前言”部分作适当变动；

——删除第 2 章的内容；

——第 4 章“仪器设备”和第 5 章“试剂”部分改为“材料准备”，并对内容作较大的改动；

——第 6 章“配制溶液”部分放置在附录内；

——修订原标准中的所有语句和计量单位等错误用法。

本标准的附录 A、附录 B、附录 C 和附录 D 为规范性附录。

本标准由中华人民共和国农业部提出。

本标准由全国动物防疫标准化技术委员会(SAC/TC 181)归口。

本标准由中国农业科学院哈尔滨兽医研究所负责起草。

本标准主要起草人：相文华、郭巍、赵立平、戴玉坤。

本标准所代替标准的历次版本发布情况为：

——GB/T 17494—1998。

马传染性贫血病间接 ELISA 诊断技术

1 范围

本标准规定了马传染性贫血病间接 ELISA 诊断技术的测定原理、材料准备、操作方法和结果判定等。

本标准适用于检测马血清中的马传贫病毒抗体。可用于生产和经营马匹者对未注射马传贫疫苗马匹的检疫、马传贫病马的定性,也可用于对注射马传贫疫苗马匹的免疫状态进行测定。

2 测定原理

用制备的马传贫病毒抗原,包被聚苯乙烯微量板孔,使免疫反应在固相载体上进行。当被检血清中有马传贫病毒抗体存在时,则与孔壁上的抗原形成抗原-抗体复合物,再与酶标记的抗体(抗马免疫球蛋白)反应,最后通过测定酶作用底物催化后的产物,进行马传贫病毒抗体的定性、定量测定。

3 材料准备

3.1 器材

3.1.1 96 孔平底微量反应板。

3.1.2 微量移液器。

3.1.3 酶标测定仪。

3.1.4 恒温箱。

3.1.5 保湿盒等。

3.2 试剂

3.2.1 兔抗马 IgG 辣根过氧化物酶结合物(简称酶标抗体)为冻干品,见附录 A。

3.2.2 马传贫病毒抗原包被板见附录 B。

3.2.3 马传贫病毒标准阳性血清和标准阴性血清均为冻干品。

3.2.4 磷酸盐缓冲液(0.02 mol/L,pH7.2,PBS)配制方法见第 C.1 章。

3.2.5 洗涤缓冲液(0.02 mol/L,pH7.2,PBS-0.05%吐温-20)的配制方法见第 C.2 章。

3.2.6 血清及酶标记抗体稀释液(0.02 mol/L,pH7.2,PBS-0.05%吐温-20-0.1%白明胶-10%健康牛血清)的配制方法见第 C.3 章。

3.2.7 底物缓冲液(pH5.0 磷酸盐-柠檬酸缓冲液,内含 0.04%邻苯二胺及 0.045%过氧化氢)的配制方法见第 C.4 章。

3.2.8 终止液(2 mol/L,硫酸)的配制方法见第 C.5 章。

4 操作方法

4.1 冲洗包被板:向各孔注入洗涤缓冲液,浸泡 3 min,甩干,再注入洗涤缓冲液,重复 3 次。甩干孔内残液,在滤纸上吸干。

4.2 加被检血清及对照血清:将每份被检血清样品各取 50 μL 加入到血清稀释板的各孔内,再将稀释液 0.95 mL 依次加入各孔内,作 1∶20 倍稀释。混匀后分别取 100 μL 依次加入抗原包被反应孔中,每份血清加两个孔。每块反应板设阴性血清和阳性血清对照各两孔,每孔 100 μL。盖好包被板置 37 ℃湿盒内 1 h,冲洗同 4.1。

4.3 加酶标记抗体:用酶标抗体稀释液将冻干酶标记抗体稀释至工作浓度,每孔加 100 μL,置 37 ℃湿盒内 1 h，冲洗同 4.1。

4.4 加底物缓冲液：每孔加新配制的底物溶液 100 μL，在室温下避光反应 5 min～10 min，见附录 D。

4.5 终止反应：每孔加终止液 20 μL～30 μL。

5 结果判定

5.1 目测法

阳性对照血清孔呈鲜明的桔黄色，阴性对照血清孔无色或基本无色，被检血清孔凡显色者即判为马传贫病毒抗体阳性。如遇颜色反应较弱，但与阴性对照血清孔还有差异者，用目测法难以判定时，则以比色法测定为最终结果。

5.2 比色法

用酶标测试仪，在波长 492 nm 下，测定各孔 *OD* 值，阳性对照血清两孔平均 *OD* 值大于 1.0，阴性对照血清两孔平均 *OD* 值小于等于 0.2 为正常反应。

按以下标准判定结果：被检血清的两孔平均 *OD* 值与阴性对照血清的两孔平均 *OD* 值之比，大于或等于 2，且被检血清的两孔平均 *OD* 值在 0.2 以上者，判为马传贫病毒抗体阳性，否则为阴性。

附 录 A
(规范性附录)
酶标抗体质量的说明

酶标抗体(冻干品),系兔抗马 IgG 与辣根过氧化物酶的结合物。对标准阳性血清的平切终点(PEP)应小于等于 0.25 μg/mL,平切滴度(PT)应大于等于 1∶10 240 倍。酶标记抗体用二倍平切终点的浓度,对标准阳性血清与标准阴性血清的 1∶20 倍稀释液进行测定,阳性吸收值应大于 1.0,阴性吸收值应小于等于 0.2。在 −20 ℃下可保存 2 年。

附　录　B
（规范性附录）
马传贫病毒抗原包被板质量的说明

马传贫病毒抗原包被板，系马传贫病毒抗原包被 40 孔或 96 孔聚苯乙烯板制备而成，对标准阳性血清的终点滴度大于等于 1:20 480 倍。在－20 ℃下可保存 2 年。

附　录　C
（规范性附录）
溶液的配制

C.1　磷酸盐缓冲液（0.02 mol/L，pH7.2，PBS）

C.1.1　0.2 mol/L 磷酸氢二钠溶液：磷酸氢二钠（$Na_2HPO_4 \cdot 12H_2O$）71.64 g，先加适量的无离子水溶解，至 1 000 mL。

C.1.2　0.2 mol/L 磷酸二氢钠溶液：磷酸二氢钠（$NaH_2PO_4 \cdot 2H_2O$）31.21 g，先加适量的无离子水溶解，至 1 000 mL。

C.1.3　磷酸盐缓冲液（0.02 mol/L，pH7.2，PBS）：0.2 mol/L 磷酸氢二钠溶液 360 mL，0.2 mol/L 磷酸二氢钠溶液 140 mL，氯化钠 38 g，先加适量无离子水溶解，至 5 000 mL。

C.2　洗涤缓冲液（0.02 mol/L，pH7.2，PBS-0.05%吐温-20）

0.02 mol/L pH7.2 PBS 1 000 mL，加入 0.5 mL 吐温-20，混匀。

C.3　血清及酶标记抗体稀释液（0.02 mol/L，pH7.2，PBS-0.05%吐温-20-0.1%白明胶-10%健康牛血清）

洗涤缓冲液 100 mL，加入 100 mg 白明胶加热溶解，冷却后取其 90 mL 与健康牛血清 10 mL 混匀。

C.4　底物缓冲液（pH5.0 磷酸盐-柠檬酸缓冲液，内含 0.04%邻苯二胺及 0.045%过氧化氢）

C.4.1　pH5.0 磷酸盐-柠檬酸缓冲液：柠檬酸（$C_5H_8O_7 \cdot H_2O$）21.01 g，先加适量无离子水溶解，至 1 000 mL。取其 243 mL 与 0.2 mol/L 磷酸氢二钠溶液 257 mL 混合，于 4 ℃冰箱中保存不超过一周。

C.4.2　底物缓冲液：邻苯二胺 40 mg 溶解于 100 mL pH5.0 磷酸盐-柠檬酸缓冲液后（用前从 4 ℃冰箱中取出，在室温下放置 20 min～30 min 平衡温度），再加入 150 μL 过氧化氢混匀。现用现配，剩余液废弃。

C.5　终止液（2 mol/L，硫酸）

无离子水 32 mL，逐滴加入浓硫酸 98%（体积分数）4 mL。

附　录　D
（规范性附录）
底物溶液作用时间的说明

底物溶液的作用时间与环境温度有关，如温度较高，酶催化作用就快，颜色反应则快。如温度低，酶催化作用就慢，颜色反应则慢。因此底物的作用时间多以阳性和阴性对照血清颜色变化为准。当阳性对照血清孔呈鲜明的黄色，而阴性对照血清孔无色或基本无色时即要终止反应。本标准中规定的底物作用时间 5 min～10 min，是在不同温度条件下的大致范围。

ICS 53.020.20;03.220.40
R 46

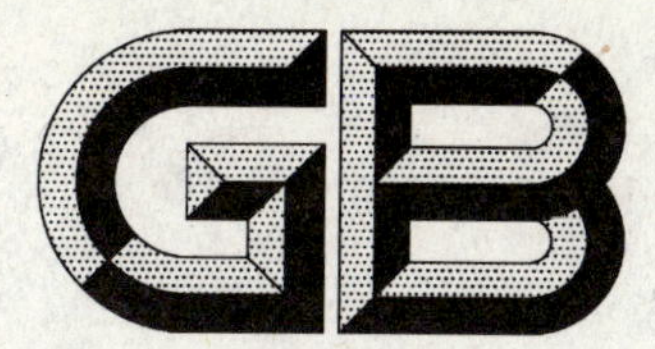

中华人民共和国国家标准

GB/T 17495—2009
代替 GB/T 17495—1998

港口门座起重机

The harbour portal crane

2009-10-30 发布　　　　2010-03-01 实施

中华人民共和国国家质量监督检验检疫总局
中国国家标准化管理委员会　发布

前言

本标准代替 GB/T 17495—1998《港口门座起重机技术条件》。

本标准与 GB/T 17495—1998 相比主要技术差异如下：

——对“电气设备一般要求和电线电缆”进行了补充和修改(见 3.13.1 和 3.13.2)。

——对“涂装和外观”进行了修改和完善(见 3.15)。

——补充和完善了港口门座起重机的试验方法(见第 4 章)。

——对“检验规则” 进行了修改和完善(见第 5 章)。

本标准附录 A 为资料性附录。

本标准由中华人民共和国交通运输部提出。

本标准由交通部水运科学研究院归口。

本标准起草单位：上海振华港口机械(集团)股份有限公司、上海港机重工有限公司、交通部水运科学研究院。

本标准主要起草人：张振雄、谢琛、张明海、胡奇、胡桂军、郑见粹、李安芳。

本标准所代替标准的历次版本发布情况为：

——GB/T 17495—1998。

港口门座起重机

1 范围

本标准规定了港口门座起重机(以下简称起重机)的技术要求、试验方法、检验规则、标志和运输。

本标准适用于港口件杂货、散货、集装箱、成套设备等装卸作业用的起重机。船厂、电站用的同类起重机亦可参照使用。

2 规范性引用文件

下列文件中的条款通过本标准的引用而成为本标准的条款。凡是注日期的引用文件,其随后所有的修改单(不包括勘误的内容)或修订版均不适用于本标准,然而,鼓励根据本标准达成协议的各方研究是否可使用这些文件的最新版本。凡是不注日期的引用文件,其最新版本适用于本标准。

GB/T 699 优质碳素结构钢

GB/T 700 碳素结构钢(GB/T 700—2006,ISO 630:1995,NEQ)

GB 755 旋转电机 定额和性能(GB 755—2008,IEC 60034-1:2004,IDT)

GB/T 985.1 气焊、焊条电弧焊、气体保护焊和高能束焊的推荐坡口(GB/T 985.1—2008,ISO 9692-1:2003,MOD)

GB/T 985.2 埋弧焊的推荐坡口(GB/T 985.2—2008,ISO 9692-2:1998,MOD)

GB/T 1031 表面粗糙度 参数及其数值(GB/T 1031—1995,neq ISO 468:1982)

GB/T 1184 形状和位置公差 未注公差值(GB/T 1184—1996,eqv ISO 2768-2:1989)

GB/T 1228 钢结构用高强度大六角头螺栓(GB/T 1228—2006,ISO 7412:1984,NEQ)

GB/T 1229 钢结构用高强度大六角螺母(GB/T 1229—2006,ISO 4775:1984,NEQ)

GB/T 1230 钢结构用高强度垫圈(GB/T 1230—2006,ISO 7416:1984,NEQ)

GB/T 1231 钢结构用高强度大六角头螺栓、大六角螺母、垫圈技术条件

GB/T 1348 球墨铸铁件(GB/T 1348—2009,ISO 1083:2004,MOD)

GB/T 1413 系列1集装箱 分类、尺寸和额定质量(GB/T 1413—2008,ISO 668:1995,IDT)

GB/T 1591 低合金高强度结构钢

GB/T 1801 产品几何技术规范(GPS) 极限与配合 公差带和配合的选择(GB/T 1801—2009,ISO 1829:1975,MOD)

GB 2893 安全色(GB 2893—2008,ISO 3864-1:2002,MOD)

GB 2894 安全标志及其使用导则

GB/T 3077 合金结构钢

GB/T 3220 集装箱吊具的尺寸和起重量系列

GB/T 3323 金属熔化焊焊接接头射线照相

GB/T 3766 液压系统通用技术条件(GB/T 3766—2001,eqv ISO 4413:1998)

GB/T 3797 电气控制设备

GB/T 3811 起重机设计规范

GB/T 4323 弹性套柱销联轴器

GB/T 5117 碳钢焊条

GB/T 5118 低合金钢焊条

GB 5226.2 机械安全 机械电气设备 第32部分:起重机械技术条件(GB 5226.2—2002,idt IEC 60204-32:1998)

GB/T 5293 埋弧焊用碳钢焊丝和焊剂

GB/T 5796(所有部分) 梯形螺纹

GB/T 5973 钢丝绳用楔形接头

GB/T 5975 钢丝绳用压板

GB/T 5976 钢丝绳夹

GB/T 6067 起重机械安全规程

GB/T 6946 钢丝绳铝合金压制接头

GB/T 7935 液压元件 通用技术条件

GB/T 8110 气体保护电弧焊用碳钢、低合金钢焊丝

GB 8918 重要用途钢丝绳(GB 8918—2006,ISO 3154:1988,MOD)

GB/T 8923 涂装前钢材表面锈蚀等级和除锈等级(GB/T 8923—1988,eqv ISO 8501-1:1988)

GB/T 9286 色漆和清漆 漆膜的划格试验(GB/T 9286—1998,eqv ISO 2409:1992)

GB/T 9439 灰铸铁件

GB/T 10051.1 起重吊钩 机械性能、起重量、应力及材料(GB/T 10051.1—1988,eqv DIN 15400)

GB/T 10051.2 起重吊钩 直柄吊钩技术条件(GB/T 10051.2—1988,eqv DIN 15401)

GB/T 10095(所有部分) 圆柱齿轮 精度制

GB/T 10096 齿条精度

GB/T 11345 钢焊缝手工超声波探伤方法和探伤结果分级

GB/T 11352 一般工程用铸造碳钢(GB/T 11352—2009,ISO 3755:1991,ISO 4999:2003,MOD)

GB/T 12470 埋弧焊用低合金钢焊丝和焊剂

GB 12602 起重机械超载保护装置

GB/T 12668.2 调速电气传动系统 第2部分:一般要求 低压交流变频电气传动系统额定值的规定(GB/T 12668.2—2002,IEC 61800-2:1998,IDT)

GB/T 13384 机电产品包装通用技术条件

GB/T 14957 熔化焊用钢丝

GB/T 17587.3 滚珠丝杠副 第3部分:验收条件和验收检验(GB/T 17587.3—1998,eqv ISO 3408-3:1992)

GB/T 20303.1 起重机 司机室 第1部分:总则(GB/T 20303.1—2006,ISO 8566-1:1992,IDT)

GB/T 20303.4 起重机 司机室 第4部分:臂架起重机(GB/T 20303.4—2006,ISO 8566-4:1992,IDT)

GB 50150 电气装置安装工程 电气设备交接试验标准

GB 50168 电气装置安装工程电缆线路施工及验收规范

GBJ 148 电气装置安装工程 电力变压器、油浸电抗器、互感器施工及验收规范

CB/T 3123 船用轧制钢材气割面质量技术要求

JB/T 5901 十字轴万向联轴器

JB/T 6406 电力液压鼓式制动器

JB/T 7019 盘式制动器 制动盘

JB/T 7020 电力液压盘式制动器

JB/T 10603　电力液压推动器

JGJ 82　钢结构高强度螺栓连接的设计、施工及验收规程

JTJ 244　港口设备安装工程质量检验标准

3　技术要求

3.1　整机要求

3.1.1　起重机的设计应符合 GB/T 3811 和本标准的规定。

3.1.2　起重机应按规定程序批准的图样和有关技术文件进行制造和安装，并符合本标准的规定。

3.1.3　起重机在进行额定载荷试验时，各机构应工作正常、无异常响声，各部件应完好无损，连接处应无松动，结构件应无裂纹、永久变形、表面油漆打皱，焊缝应无裂纹，电气元件应完好无损，整机动作应满足设计所规定的性能要求。

3.1.4　起重机在进行动载试验时，应能承受 1.1 倍额定起重量的试验载荷。对工作级别为 A7～A8 的起重机，则试验载荷按设计规定确定。试验中各机构应工作正常、无异常响声；各机构与结构强度应满足设计要求，无残余变形和损坏现象，连接处应无松动；固定结合面不应渗油，运动结合面不应滴油；电气元件应完好无损。

3.1.5　起重机在做静载试验时，应能承受 1.25 倍额定起重量的试验载荷。对工作级别为 A7～A8 的起重机，则试验载荷按设计规定确定。试验中各机构与结构应无裂纹、永久变形、油漆打皱，连接处应无松动，接合面不应渗油，起重机无异常。

3.1.6　起重机在做稳定性试验时，作业稳定性试验载荷和静稳定性试验载荷应按 GB/T 3811 规定执行。

3.1.7　新产品应完成不少于 1 000 h 的起重作业工业性试验。试验中起重机各部分不应发生较大损坏或性能异常现象。试验期间不允许起重机同一处发生故障 3 次以上(含 3 次)。

3.2　工作级别和环境条件

3.2.1　起重机工作级别与起重机机构工作级别见表 1。

表 1　起重机工作级别与起重机机构工作级别

序号	起重机类型	工作条件	整机级别	各工作机构级别			
				起升	变幅	回转	运行
1	吊钩起重机	经常中等使用	A6	M6	M4	M5	M3
2	吊钩起重机	繁忙使用	A7	M7	M5	M6	M4
3	抓斗、电磁吸盘、集装箱起重机	经常中等使用	A7	M7	M6	M6	M4
4	抓斗、电磁吸盘、集装箱起重机	繁忙使用	A8	M8	M7	M7	M4

3.2.2　**环境条件**

3.2.2.1　工作环境温度为－25 ℃～＋45 ℃。

3.2.2.2　最大相对湿度不大于 95％，可有凝露、盐雾。

3.2.2.3　工作风速不超过 20 m/s。非工作风速为 44 m/s，亦可根据用户要求确定。

3.2.2.4　起重机运行轨道的安装应符合 JTJ 244 的要求。

3.2.2.5　起重机的电源为三相交流，频率为 50 Hz，电压为 380 V，根据用户要求亦可采用其他参数三相交流电源。电动机和电器允许电压波动的上限为额定电压的＋10％，下限(尖峰电流时)为额定电压的－10％。

3.3　主要性能参数允许偏差

3.3.1　起升速度(满载稳定速度)为公称值的±5％。

3.3.2 变幅速度(满载平均速度)为公称值的±5%。

3.3.3 回转速度(满载稳定速度)为公称值的±5%。

3.3.4 运行速度(空载稳定速度)为公称值的±10%。

3.3.5 起升范围(起升高度和下降深度)为公称值的0～2%。

3.3.6 最大幅度为公称值的0～2%,最小幅度为公称值的－2%～0。

3.3.7 尾部回转半径为公称值的±2%。

3.3.8 轨距允许偏差为±5 mm。当轨距公称值大于15 m时,轨距允许偏差为±10 mm。

3.3.9 整机质量为设计公称值的±3%。

3.4 材料

3.4.1 用于制造起重机的材料,应有材料生产厂的出厂合格证书,对重要构件材料应抽样化验和试验,其化学成分、机械性能应符合相应标准的规定。

3.4.2 金属结构件的材质,对碳素结构钢应符合GB/T 700的规定,对低合金高强度结构钢应符合GB/T 1591的规定,重要结构件材料的选用应不低于表2的规定。

表2 重要结构件材料

工作环境温度		＞－20 ℃		≤－20 ℃
工作级别		A6	A7、A8	A6～A8
钢材牌号	δ≤20 mm	Q235B	Q235B	Q235D、Q345
	δ＞20 mm	Q235B	Q235C	Q235D、Q345
注:在≤－20 ℃环境中材料的冲击功 A_{kv} 不应低于27 J。				

3.4.3 卷筒材料应满足以下要求:

——焊接件应不低于GB/T 700中的Q235B;

——铸钢件应不低于GB/T 11352中的ZG230-450;

——铸铁件应不低于GB/T 9439中的HT250。

3.4.4 滑轮材料应满足以下要求:

——轧制件应不低于GB/T 700中的Q235B;当起重机工作级别为A8时,应不低于GB/T 699中的35钢;

——焊接件应不低于GB/T 700中的Q235B或GB/T 699中的35钢;

——铸钢件应不低于GB/T 11352中的ZG230-450;

——铸铁件(仅用于工作级别低于M7)应不低于GB/T 9439中的HT200。

3.4.5 吊钩材料应满足以下要求:

——锻件应不低于GB/T 10051.1中的DG20、DG20Mn;

——板件应不低于GB/T 700中的Q235B或Q235D(环境温度低于－20 ℃时)、GB/T 1591中的Q345D(环境温度低于－20 ℃时)。

3.4.6 集装箱吊具转锁材料应不低于GB/T 3077中的40Cr。

3.4.7 车轮材料应满足以下要求:

——轧制件应不低于GB/T 699中的60钢;

——锻造件应不低于GB/T 699中的45钢;

——铸钢件应不低于GB/T 11352中的ZG340-640。

3.4.8 联轴器材料应满足以下要求:

——锻造件应不低于GB/T 699中的45钢;

——铸钢件应不低于 GB/T 11352 中的 ZG310-570。

3.4.9 制动轮材料应满足以下要求：

——锻造件应不低于 GB/T 699 中的 45 钢；

——铸钢件应不低于 GB/T 11352 中的 ZG310-570；

——铸铁件应不低于 GB/T 1348 中的 QT600-3 或 GB/T 9439 中的 HT250，起升机构和钢丝绳变幅机构不采用上述两种材料。

3.4.10 齿轮轴、滑轮轴材料应不低于 GB/T 699 中 35 钢；其他轴材料应不低于 GB/T 699 中的 45 钢。

3.4.11 齿轮材料应满足以下要求：

——锻造件应不低于 GB/T 699 中 45 钢；

——铸钢件应不低于 GB/T 11352 中的 ZG310-570。

3.5 零部件

3.5.1 钢丝绳及接头

3.5.1.1 钢丝绳及接头应符合 GB/T 6067 的规定。钢丝绳型号应符合 GB 8918 规定并禁止接长使用。

3.5.1.2 钢丝绳的安全系数应符合 GB/T 3811 与 GB/T 6067 的规定。

3.5.1.3 钢丝绳用压板固定在卷筒上时，每端应不少于 3 块压板，固定在卷筒侧壁上时若用一块板固定，则压板与钢丝绳接触长度不应少于 6 倍钢丝绳直径。采用楔块固定时，钢丝绳应贴紧楔块的圆弧段并将其楔紧。

3.5.1.4 采用铝合金套压制接头时，应符合 GB/T 6946 的规定；采用钢丝绳夹接头时，应符合 GB/T 5976 的规定；采用楔形接头时，应符合 GB/T 5973 的规定；采用绳卡接头和编结接头时，应符合 GB/T 6067 的规定。

3.5.1.5 旋转接头不应有裂纹，接头装配后应转动灵活，无滞留现象。

3.5.2 吊钩

3.5.2.1 锻造吊钩应符合 GB/T 10051.1 与 GB/T 6067 的规定。

3.5.2.2 吊钩硬度应逐件检验。吊钩表面应光洁，不应有飞边、毛刺、尖角、重皮、锐角、剥裂等缺陷。吊钩存在裂纹、凹陷、孔穴等缺陷时禁止使用，并不应焊补后使用。

3.5.2.3 吊钩柄中心线与钩腔中心应重合，其偏移量应符合 GB/T 10051.2 的规定。

3.5.2.4 吊钩应设置能防止钢丝绳脱钩的装置。

3.5.2.5 板钩柄部中心线与板钩各片钢板的轧制方向应与吊钩整体受力方向一致，并标明轧制方向。

3.5.2.6 板钩各钩片与板钩悬挂夹板的钢板在轧制后应正火。

3.5.2.7 板钩与钢丝绳接触的内边应进行切削加工，加工余量不应少于 3 mm，并应切除在应力最大的截面上因气割形成的热影响区。钩腔的机械加工应满足加装钩鞍的需求。

3.5.2.8 板钩各钩片和悬挂夹板应无锈蚀和氧化皮，无表面裂纹和内部开裂。有缺陷的钩片不应使用。

3.5.2.9 板钩各钩片和悬挂夹板上不应出现任何焊接现象。

3.5.2.10 吊钩组的设计应保证起重机在装卸作业时不应发生钩挂舱口的现象。

3.5.2.11 检验吊钩的试验载荷按 GB/T 6067 的规定取值，试验时间不应少于 10 min，试验后吊钩开口处残余变形不应大于原钩口尺寸的 0.25%。

3.5.3 滑轮与卷筒

3.5.3.1 滑轮、卷筒的卷绕直径与钢丝绳直径的比值 h 为选择系数，见表 3。

表 3　选择系数 h_1、h_2 和 h_3

机构工作级别	卷筒 h_1	滑轮 h_2	平衡滑轮 h_3
M3	14.0	16.0	12.5
M4	16.0	18.0	14.0
M5	18.0	20.0	14.0
M6	20.0	22.4	16.0
M7	22.4	25.0	16.0
M8	25.0	28.0	18.0
注：采用不旋转钢丝绳时，h 值应按比机构工作级别高一级的值选取。			

3.5.3.2　钢丝绳绕进或绕出滑轮时偏斜的最大允许角度不应大于 5°。

3.5.3.3　对设有防止钢丝绳脱槽装置的滑轮，其最外缘与防脱槽装置间隙不应大于钢丝绳直径的 20%。

3.5.3.4　滑轮槽应光洁平滑，装配后不应有可损坏钢丝绳的缺陷。

3.5.3.5　滑轮槽侧斜向圆跳动（离槽顶 10 mm 处）和槽底径向圆跳动，在滑轮装配后应满足表 4 的规定。

表 4　滑轮槽侧斜向圆跳动和槽底径向圆跳动允许值　　单位为毫米

滑轮加工类别	槽侧斜向圆跳动	槽底径向圆跳动
切削加工滑轮	$(1/1\,000)D$	$(1/1\,000)D$
轧制滑轮	$(3/1\,000)D$	$(2/1\,000)D$
注：D 为滑轮槽底直径。		

3.5.3.6　滑轮槽底直径允许极限偏差见表 5。

表 5　滑轮槽底直径允许极限偏差值　　单位为毫米

滑轮槽底直径 D	允许极限偏差 ΔD
$160<D\leqslant 400$	0～+2.5
$400<D\leqslant 600$	0～+3.0
$600<D\leqslant 800$	0～+4.0
$800<D\leqslant 1\,000$	0～+5.0
$1\,000<D\leqslant 1\,200$	0～+6.0

3.5.3.7　滑轮绳槽半径 R 允许极限偏差见表 6。

表 6　滑轮绳槽半径允许极限偏差　　单位为毫米

绳槽半径 R		允许极限偏差 ΔR
	$\leqslant 5.5$	0～+1.0
	$5.5<R\leqslant 15$	0～+2.0
	$15<R\leqslant 32$	0～+4.0

3.5.3.8 滑轮外径允许极限偏差见表7。

表 7 滑轮外径允许极限偏差

单位为毫米

滑轮外径 D_1	允许极限偏差 ΔD_1
≤250	0～−1.0
250<D_1≤500	0～−1.2
500<D_1≤1 000	0～−1.6
1 000<D_1≤1 200	0～−2.0
1 200<D_1≤1 500	0～−2.5

3.5.3.9 卷筒上用压板固定钢丝绳时，压板应符合 GB/T 5975 的规定。

3.5.3.10 卷筒上的钢丝绳安全圈数不应少于3圈。

3.5.3.11 钢丝绳在卷筒上应排列整齐。钢丝绳绕进或绕出卷筒时：单层缠绕钢丝绳对绳槽的每一侧的偏斜角不应大于3.5°；光面卷筒单层或多层缠绕钢丝绳偏离卷筒轴线垂直平面的角度不应大于2°。卷筒上应设有防钢丝绳脱槽装置。

3.5.3.12 多层缠绕钢丝绳卷筒的两侧边缘高度应超过钢丝绳缠绕的最外层，超过的高度应不小于钢丝绳直径的2.5倍。

3.5.3.13 卷筒绳槽加工后，槽底壁厚尺寸偏差为公称值的±8%。同一卷筒上左右旋绳槽的底径尺寸公差带应不低于 GB/T 1801 中规定的h12，绳槽底径的径向圆跳动不应大于1/1 000D(D——绳槽底径)。

3.5.4 车轮

3.5.4.1 车轮踏面直径的尺寸公差带应不低于 GB/T 1801 中规定的h9。

3.5.4.2 车轮踏面和基准端面(端面上加工深为1.5 mm的沟槽作标志)对孔轴线的径向及端面圆跳动应不低于 GB/T 1184 中规定的9级。

3.5.4.3 车轮热处理后，其踏面和轮缘内侧面硬度应为300 HB～380 HB，淬硬层深15 mm处，硬度应不小于260 HB。

3.5.4.4 车轮上不应有裂纹，其踏面和轮缘内侧面不应有影响使用性能的缺陷，且不应焊补。

3.5.5 制动轮、制动盘

3.5.5.1 制动轮或制动盘上不应有裂纹，制动面上不应有影响使用性能的缺陷，且不应焊补。

3.5.5.2 直接安装在轴上的制动轮，其径向圆跳动不应低于 GB/T 1184 中规定的9级。

3.5.5.3 钢质制动轮或制动盘的制动面应在热处理后使用。

3.5.5.4 制动盘安装后，其制动面对轴线的端面圆跳动量不应大于0.2mm。

3.5.6 联轴器

3.5.6.1 齿式联轴器应满足以下要求：

——GⅠCL型、GⅡCL型、GⅠCLZ型、GⅡCLZ型、GCLD型、NGCL型、NGCLZ型的许用角向补偿量与许用径向补偿量应符合表8、表9规定。

——齿式联轴器许用角向补偿量见表8；

——齿式联轴器许用径向补偿量见表9；

——齿式联轴器的内、外齿的啮合应润滑良好。

表 8 齿式联轴器许用角向补偿量

单位为毫米

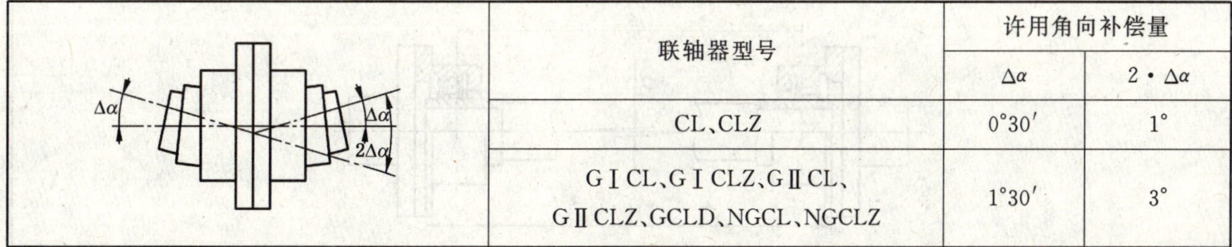

	联轴器型号	许用角向补偿量	
		Δα	2·Δα
	CL、CLZ	0°30′	1°
	GⅠCL、GⅠCLZ、GⅡCL、GⅡCLZ、GCLD、NGCL、NGCLZ	1°30′	3°

表 9　齿式联轴器许用径向补偿量　　单位为毫米

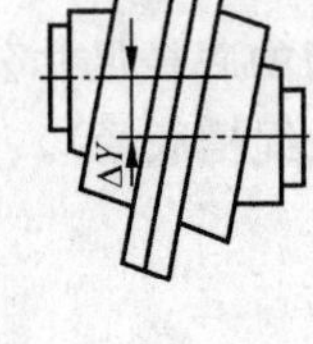

联轴器型号	CL1	CL2	CL3	CL4	CL5	CL6	CL7	CL8	CL9	CL10
许用径向补偿量 ΔY	0.40	0.65	0.80	1.00	1.25	1.35	1.60	1.80	1.90	2.10
联轴器型号	CL11	CL12	CL13	CL14	CL15	CL16	CL17	CL18	CL19	—
许用径向补偿量 ΔY	2.40	3.00	3.20	3.50	4.50	4.60	5.40	6.10	6.30	—

联轴器型号	GⅠCL1	GⅠCL2	GⅠCL3	GⅠCL4	GⅠCL5	GⅠCL6	GⅠCL7	GⅠCL8
许用径向补偿量 ΔY	1.96	2.36	2.75	3.27	3.8	4.3	4.7	5.24
联轴器型号	GⅠCL9	GⅠCL10	GⅠCL11	GⅠCL12	GⅠCL13	GⅠCL14	GⅠCL15	GⅠCL16
许用径向补偿量 ΔY	5.63	6.81	7.46	8.77	10.08	11.15	11.36	13.3
联轴器型号	GⅠCL17	GⅠCL18	GⅠCL19	GⅠCL20	GⅠCL21	GⅠCL22	GⅠCL23	GⅠCL24
许用径向补偿量 ΔY	13.87	14.53	15.71	16.49	17.02	17.28	18.06	18.6
联轴器型号	GⅠCL25	GⅠCL26	GⅠCL27	GⅠCL28	GⅠCL29	GⅠCL30	—	—
许用径向补偿量 ΔY	19.4	19.9	19.92	21.2	21.1	21.7	—	—

联轴器型号	GⅡCL1 NGCL1	GⅡCL2 NGCL2	GⅡCL3 GCLD1 NGCL3	GⅡCL4 GCLD2 NGCL4	GⅡCL5 GCLD3 NGCL5	GⅡCL6 GCLD4 NGCL6	GⅡCL7 GCLD5 NGCL7
许用径向补偿量 ΔY	1.0	1.0	1.1	1.2	1.4	1.4	1.5
联轴器型号	GⅡCL8 GCLD6 NGCL8	GⅡCL9 GCLD7 NGCL9	GⅡCL10 GCLD8 NGCL10	GⅡCL11 GCLD9 NGCL11	GⅡCL12 GCLD10 NGCL12	GⅡCL13 NGCL13	GⅡCL14 NGCL14
许用径向补偿量 ΔY	1.7	1.8	2.0	2.1	2.3	2.6	4.5
联轴器型号	GⅡCL15	GⅡCL16	GⅡCL17	GⅡCL18	GⅡCL19	GⅡCL20	GⅡCL21
许用径向补偿量 ΔY	4.8	5.3	5.4	5.8	6	6.4	6.6
联轴器型号	GⅡCL22	GⅡCL23	GⅡCL24	GⅡCL25	—	—	—
许用径向补偿量 ΔY	6.8	8.0	8.4	8.5	—	—	—

CLZ型和GⅠCLZ型、GⅡCLZ、NGCLZ型联轴器的许用径向补偿量见下图：

CLZ型按下式计算：

$\Delta Y = A \cdot \tan\Delta\alpha = A \cdot \tan 30' = 0.008\,73A$

GⅠCLZ型、GⅡCLZ、NGCLZ型按下式计算：

$\Delta Y = A \cdot \tan\Delta\alpha = A \cdot \tan 1°30' = 0.026\,2A$

式中：A——中间轴两端连接的外齿轴套齿中心间距离。

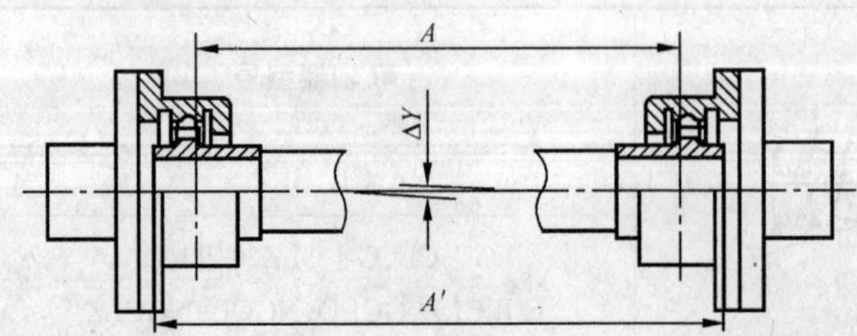

3.5.6.2 弹性套柱销联轴器应符合 GB/T 4323 的规定。

3.5.6.3 十字轴万向联轴器应符合 JB/T 5901 的规定。

3.5.7 **制动器**

3.5.7.1 制动器选择应符合 GB/T 3811 与 GB/T 6067 的相关规定。

3.5.7.2 电力液压鼓式制动器应符合 JB/T 6406 和 JB/T 10603 的规定,并满足以下要求:

——制动时,软质制动衬垫与制动轮接触面积应不小于制动衬垫总面积的 70%、硬质与半硬质制动衬垫与制动轮接触面积应不小于制动衬垫总面积的 50%;

——制动瓦块与制动衬垫应紧密贴合,粘接的制动衬垫应严格按照相关工艺要求粘贴,铆接的制动衬垫应达到铆钉头埋入制动衬垫厚度的一半以上;

——制动器弹簧经 3 次全压缩后,不应有永久变形;

——制动器装配后各铰点应转动灵活。

3.5.7.3 盘式制动器应符合 JB/T 7019 和 JB/T 7020 的规定,并应满足以下要求:

——制动时,制动衬垫与制动盘接触面积应不小于制动衬垫总面积的 75%;

——在松闸状态下,制动衬垫与制动盘的间隙应不小于 0.5 mm,液压推动器的工作行程应不大于推动器总行程的 2/3;

——制动衬垫中心线应通过制动盘中心,偏差不应大于 2 mm;

——制动衬垫外缘与制动盘外缘应留 3 mm 距离,如图 1 所示;

——液压推动器宜注入 10 号或 25 号变压器油。

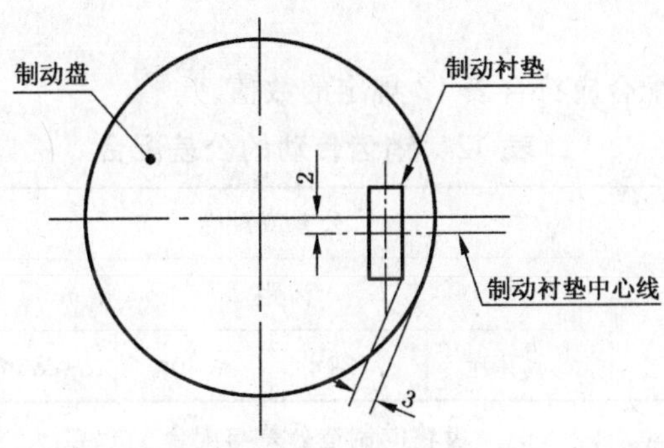

图 1 制动衬垫安装平面示意图

3.5.8 **减速器**

3.5.8.1 减速器渐开线齿轮副的精度对软齿面应不低于 GB/T 10095 中规定的 8-8-7 级,对中硬齿面应不低于 GB/T 10095 中规定的 8-7-7 级,对硬齿面应不低于 GB/T 10095 中规定的 7-7-6 级。

3.5.8.2 起升、变幅和回转机构宜采用中硬齿面或硬齿面齿轮减速器;运行机构宜采用中硬齿面或软齿面齿轮减速器。

3.5.8.3 减速器齿轮副的齿面接触斑点不应低于表 10 规定的数值。

表 10 减速器齿轮副的齿面接触斑点

名　称	齿面接触斑点/%	
	按齿高	按齿长
硬齿面	60	80
中硬齿面	50	70
软齿面	40	50

3.5.8.4 减速器齿轮副的齿面硬度不应低于表 11 规定的数值。

表 11　减速器齿轮副的齿面硬度

名　称	齿面硬度
硬齿面	54 HRC～62 HRC
中硬齿面	小齿轮 291 HB～323 HB,大齿轮 269 HB～291 HB
软齿面	小齿轮 240 HB～270 HB,大齿轮 190 HB～230 HB

3.5.8.5　减速器应进行正反方向各 2 h 的空载试验。试验时,减速器运转应平稳、无异常响声,在箱体部分面等高线上,距减速器前、后、左、右 1 m 处的噪声不应大于 85 dB(A)。

3.5.8.6　减速器应进行正反方向各 1 h 的负荷试验。负荷试验时应按额定负荷的 25%、50%、75%、100%四个阶段逐步加载,试验时减速器油池温度不应超过环境温度 35 ℃,轴承温度不应超过环境温度 40 ℃。

3.5.8.7　减速器箱体应经时效或退火处理,以消除或减小内应力。

3.5.8.8　装配好的减速器应转动灵活,各连接处与密封处无渗漏现象。

3.5.9　开式齿轮副与齿轮齿条副

3.5.9.1　齿部不应有影响使用性能的缺陷,也不应焊补。

3.5.9.2　齿轮副与齿轮齿条副的精度应不低于 GB/T 10095 与 GB/T 10096 中规定的 9-8-8 级。

3.5.9.3　齿轮副与齿轮齿条副的齿面接触斑点按齿高不应低于 30%,按齿长不应低于 40%。

3.5.9.4　齿面粗糙度不应低于 GB/T 1031 中 $Ra6.3\ \mu m$。

3.5.10　销齿

3.5.10.1　销齿传动的公差配合应符合表 12 规定的数值。

表 12　销齿传动的公差配合

<table>
<tr><th rowspan="3">项　目</th><th colspan="4">公差或配合</th><th rowspan="3">备　注</th></tr>
<tr><th colspan="4">齿距 p</th></tr>
<tr><th><10π</th><th><20π</th><th><30π</th><th><50π</th></tr>
<tr><td colspan="6">齿轮的制造公差与配合</td></tr>
<tr><td>两相邻齿同侧面间齿距 p 的偏差</td><td>±0.05</td><td>±0.10</td><td>±0.15</td><td>±0.20</td><td></td></tr>
<tr><td>齿顶圆直径 d_{a1} 的公差带</td><td colspan="5">h8</td></tr>
<tr><td>齿顶圆周对轴孔中心的圆跳动量 t</td><td colspan="2">$t \leqslant 0.10$</td><td colspan="2">$t \leqslant 0.15$</td><td></td></tr>
<tr><td>齿面与轴孔轴线平行度公差值 f</td><td colspan="2">$f \leqslant 0.05$</td><td colspan="2">$f \leqslant 0.10$</td><td></td></tr>
<tr><td colspan="6">销轮的制造公差与配合</td></tr>
<tr><td>销齿孔中心距(齿距)的偏差</td><td>±0.15</td><td>±0.25</td><td>±0.40</td><td>±0.55</td><td></td></tr>
<tr><td>销齿与夹板孔的配合</td><td colspan="4">H7/h6</td><td></td></tr>
<tr><td>节圆直径 d_2 的公差带</td><td colspan="4">h9～h10</td><td>d_2 小用 h10,d_2 大用 h9</td></tr>
<tr><td>节圆周对轴孔中心的圆跳动量 t</td><td colspan="2">$t \leqslant 0.50$</td><td colspan="2">$t \leqslant 1.50$</td><td></td></tr>
<tr><td colspan="6">注：销齿传动中心距 a 的偏差,按一般齿轮的中心距偏差 $\frac{1}{2}$IT9 确定。</td></tr>
</table>

3.5.10.2　齿面与销轮表面的粗糙度不应低于 GB/T 1031 中 $Ra6.3\ \mu m$。

3.5.10.3　齿面硬度不应低于 50 HRC,有效硬化深度应不小于 2 mm;销轮工作表面硬度不应低于

40 HRC，有效硬化深度应不小于 2 mm。

3.5.11 滑动螺旋副

3.5.11.1 滑动螺旋副应符合 GB/T 5796 的规定。

3.5.11.2 滑动螺旋副的螺杆与螺母贴合面处的粗糙度不应低于 GB/T 1031 中 *Ra*1.6 μm。

3.5.11.3 滑动螺旋副梯形螺纹的中径公差带推荐采用 7H/7e。

3.5.11.4 螺杆材料宜选用 50Mn 或 38CrMoAlA，螺母材料宜选用 ZCuAl10Fe3。

3.5.12 滚动螺旋副

3.5.12.1 滚动螺旋副应符合 GB/T 17587.3 的规定。

3.5.12.2 滚动螺旋副的精度推荐采用 4 级或 5 级。

3.5.12.3 滚动螺旋副丝杠材料宜选用 38CrMoAlA，工作表面硬度不应低于 56 HRC；滚动螺旋副螺母材料宜选用 GCr15 或 9Cr18，工作表面硬度为 60 HRC。

3.6 结构件

3.6.1 焊缝

3.6.1.1 焊缝坡口应符合 GB/T 985.1 和 GB/T 985.2 的规定。特殊需要的坡口形式和尺寸，可根据具体情况规定并在图样上注明。

3.6.1.2 所有焊缝均不应有漏焊、烧穿、裂纹、气孔、未熔合、严重咬边、夹渣、熔瘤、凹坑等影响性能和外观质量的缺陷。重要焊缝应打上焊工代号钢印。

3.6.1.3 对现场安装时施焊的重要焊缝，应在实物上用钢印或涂漆的方法作出明显的“安装重要焊缝”标记，并按相关技术要求进行检验。

3.6.1.4 重要焊缝在外观检查后应进行无损检测，焊缝质量射线探伤不低于 GB/T 3323 中Ⅱ级要求，超声波探伤不低于 GB/T 11345 中Ⅰ级质量要求。

3.6.1.5 焊接用焊条、焊丝与焊剂应符合 GB/T 5117、GB/T 5118、GB/T 5293、GB/T 8110、GB/T 12470、GB/T 14957 的规定，焊条与焊丝的选择应与主体构件材料强度以及焊缝所受载荷类型相适应。

3.6.1.6 未注焊缝高度的角焊缝，其焊缝高度宜不小于被焊接件中较薄连接件板厚的 80%。

3.6.1.7 对应保证的焊接件切割面质量，应不低于 CB/T 3123 中规定的 2 级。

3.6.2 连接结构件的高强度螺栓副

3.6.2.1 用于连接结构件的高强度大六角螺栓、大六角螺母、高强度垫圈及技术要求，应符合 GB/T 1228～1231 的规定，并按设计规定的安装规程进行安装和检验。

3.6.2.2 对高强度螺栓连接的结构件结合面应按 JGJ 82 的规定进行处理。

3.6.3 连接结构件的铰制孔用螺栓副

3.6.3.1 螺栓的机械性能等级应不低于 8.8 级，螺母的机械性能等级应不低于 8 级。

3.6.3.2 螺栓与铰制孔的配合宜采用 GB/T 1801 中 H8/h8。

3.6.4 结构件材料的表面预处理

3.6.4.1 结构件材料的表面预处理应按矫形、除锈、涂防锈层的顺序依次进行。

3.6.4.2 预处理前的钢材应去除油污和水分。

3.6.4.3 重要焊接结构件的钢板、型钢、钢管等在焊接前应进行表面预处理。

3.6.4.4 材料经预处理后，不应有牢固的轧制氧化皮和其他污物，经喷丸处理的材料表面应呈现有光泽的银白色(重要结构件达到 GB/T 8923 中的 Sa2$\frac{1}{2}$级)。

3.6.5 结构件制造的允许偏差

3.6.5.1 焊接成型后的结构件，其形状和位置偏差不应超过表 13 的规定。

表 13 结构件制造允许偏差 单位为毫米

序号	简图	检查项目		允许偏差
1		构件直线度	垂直方向	$f \leqslant \frac{1}{1\,500}L$
			水平方向	$f' \leqslant \frac{1}{1\,500}L$
2		梁上拱偏差		$\Delta F = \begin{matrix} +0.30F \\ -0.05F \end{matrix}$ F 为图样规定拱度
3		箱形梁、工字梁扭曲度		构件长 $L \leqslant 5\,000$ $c \leqslant 4$
				$5\,000 < L \leqslant 10\,000$ $c \leqslant 6$
				$10\,000 < L \leqslant 20\,000$ $c \leqslant 8$
				$20\,000 < L \leqslant 30\,000$ $c \leqslant 10$
				$30\,000 < L \leqslant 50\,000$ $c \leqslant 15$
4		箱形梁、工字梁腹板垂直度		$h \leqslant \frac{1}{300}H$, 在筋板或节点处测量
5		工字梁翼缘板翘曲度		$f' \leqslant \frac{1}{100}A$,在筋板处测量,$f' \leqslant 6$
		箱形梁上翼缘水平翘曲度		$f' \leqslant \frac{1}{300}B$,在肋板处测量
6		筋板相对错位量		$e \leqslant 0.3\delta$

表 13（续）

单位为毫米

序号	简图	检查项目	允许偏差
7	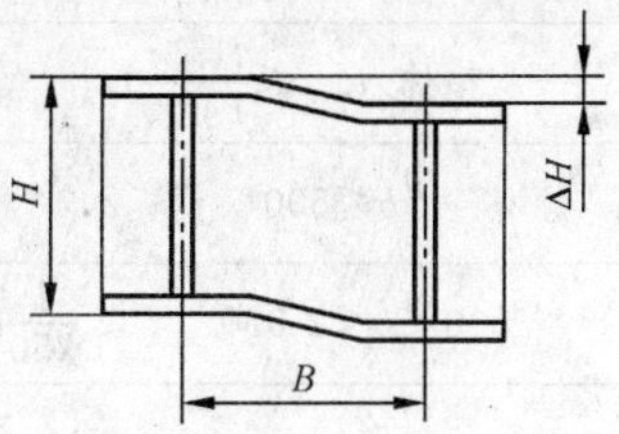	相配梁高度差	$\Delta H \leqslant \frac{1}{1\,000}B, \Delta H \leqslant 10$
8	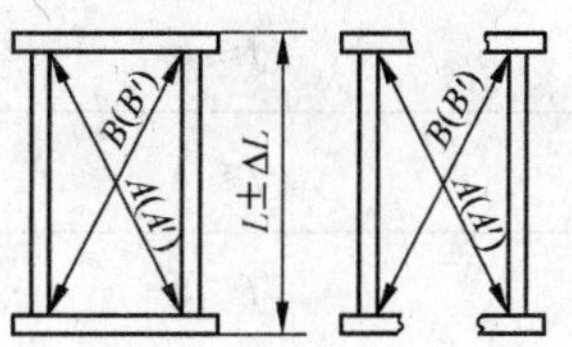	构件尺寸偏差	$L \leqslant 7\,000 \quad \Delta L \leqslant 3$
			$L > 7\,000 \quad \Delta L \leqslant 5$
		两对角线长度之差	$L \leqslant 7\,000 \quad \lvert A-B \rvert \leqslant 4$
			$L > 7\,000 \quad \lvert A-B \rvert \leqslant 7$
			关联：$\lvert A-A' \rvert \leqslant 1, \lvert B-B' \rvert \leqslant 1$
9	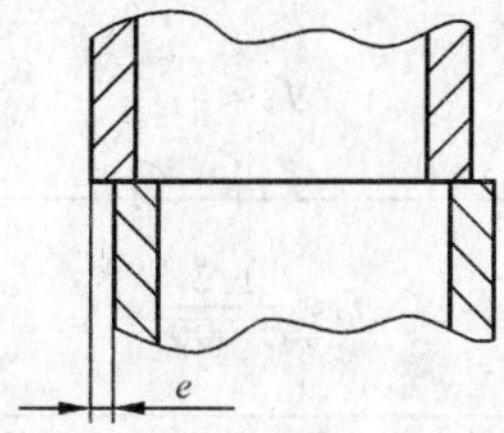	筒体对接厚度错位	$e \leqslant 0.2\delta, e \leqslant 2.5$
	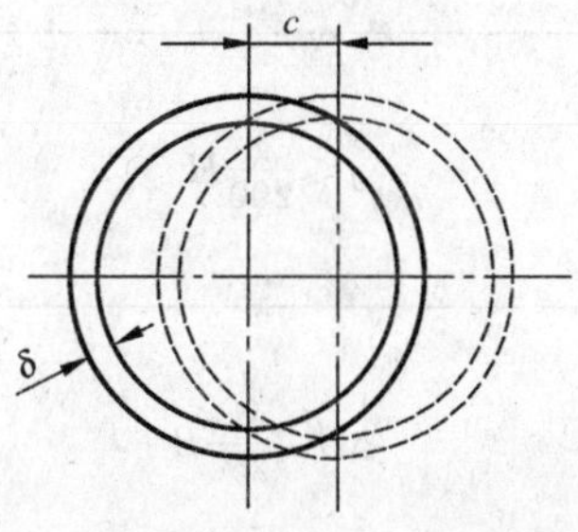	筒体对接中心偏差	$c \leqslant 0.2\delta$ δ 为圆筒壁厚
10	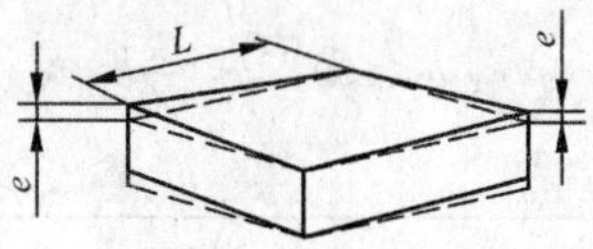	翘曲变形量	$L \leqslant 2\,000 \quad e \leqslant \frac{1}{1\,000}L+2$
			$2\,000 < L \leqslant 5\,000 \quad e \leqslant \frac{1}{1\,000}L+4$
			$5\,000 < L \leqslant 150\,000 \quad e \leqslant \frac{1}{1\,000}L+7$
11	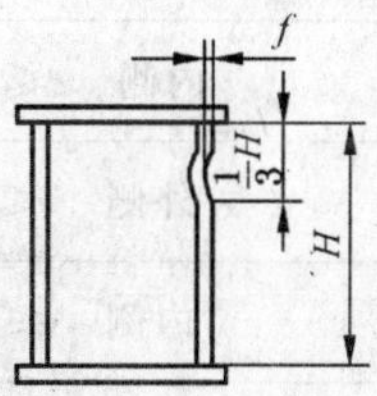	箱形梁、工字梁腹板平面度	用 1 m 直尺检查：在受压 $\frac{1}{3}H$ 区域内，且相邻筋板间凹凸不超过一处，$f \leqslant 0.6\delta$
			用 1 m 直尺检查：在其余区域内 $f \leqslant \frac{\delta}{2}+\frac{H}{500}, f \leqslant 15$

表 13（续）

单位为毫米

<table>
<tr><th>序号</th><th>简　　图</th><th>检查项目</th><th colspan="2">允许偏差</th></tr>
<tr><td rowspan="5">12</td><td rowspan="5"> 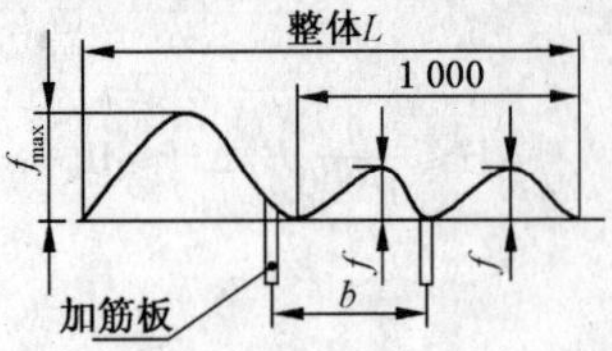</td><td rowspan="5">箱形梁、工字梁
翼缘板平面度 1 m 内
整体加筋板之间</td><td colspan="2">用 1 m 直尺检查 $f\leqslant 3$</td></tr>
<tr><td colspan="2">整体 $f_{\max}\leqslant\frac{1.5}{1\,000}L$</td></tr>
<tr><td rowspan="3">加筋板之间</td><td>$b\leqslant 500$　$f'\leqslant 2$</td></tr>
<tr><td>$500<b\leqslant 2\,000$　$f'\leqslant\frac{1}{250}b$</td></tr>
<tr><td>$b>2\,000$　$f'\leqslant 8$</td></tr>
<tr><td rowspan="4">13</td><td rowspan="4"> 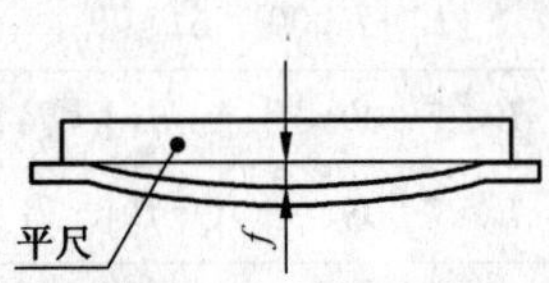</td><td>司机室围壁平面度</td><td rowspan="4">用 1 m 直尺检查</td><td>$f\leqslant 5$</td></tr>
<tr><td>机器房围壁平面度</td><td>$f\leqslant 5$</td></tr>
<tr><td>棚顶平面度</td><td>$f\leqslant 8$</td></tr>
<tr><td>平台平面度</td><td>$f\leqslant 6$</td></tr>
<tr><td rowspan="3">14</td><td rowspan="3"> 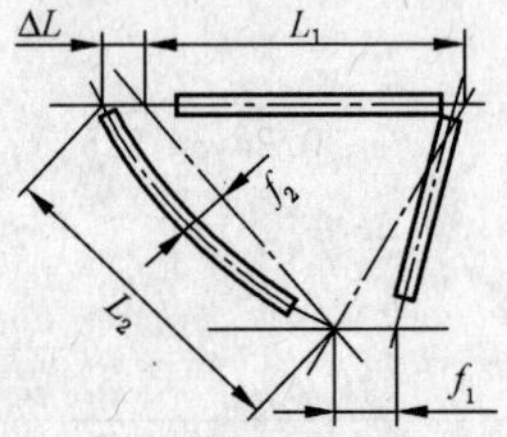</td><td>桁架腹杆轴线对理论轴线的偏差</td><td colspan="2">$f_1\leqslant 5$</td></tr>
<tr><td>腹杆的直线度</td><td colspan="2">$f_2\leqslant\frac{1.5}{1\,000}L_2$</td></tr>
<tr><td>桁架节距偏差</td><td colspan="2">$\Delta L\leqslant\frac{3}{1\,000}L_1$</td></tr>
<tr><td rowspan="2">15</td><td rowspan="2"> 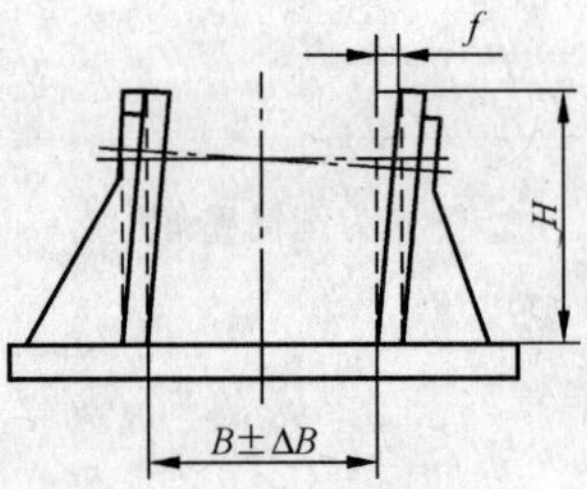</td><td>支座耳板垂直度</td><td colspan="2">$f\leqslant\frac{1}{200}H$</td></tr>
<tr><td>支座开档尺寸偏差</td><td colspan="2">$\Delta B\leqslant\frac{1}{250}B$</td></tr>
<tr><td rowspan="2">16</td><td rowspan="2"> 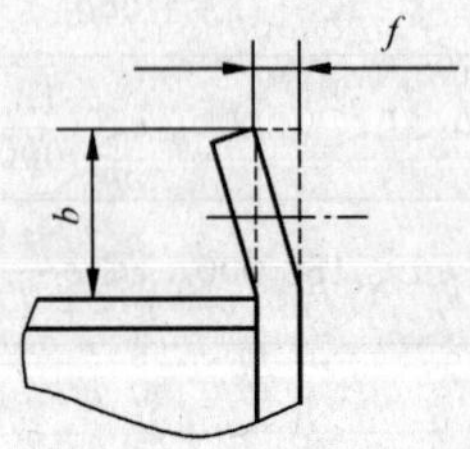</td><td rowspan="2">法兰面角变形</td><td colspan="2">$b<100$　$f<\frac{1}{50}b$</td></tr>
<tr><td colspan="2">$b\geqslant 100$　$f\leqslant 1+\frac{1}{100}b$</td></tr>
<tr><td rowspan="4">17</td><td rowspan="4"> 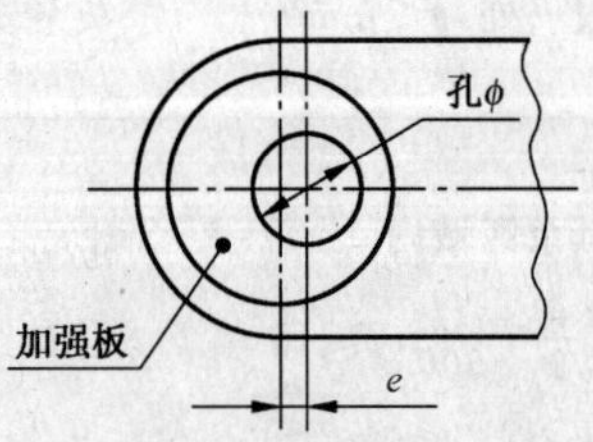</td><td rowspan="4">加强板偏心度</td><td rowspan="2">$\phi\geqslant 100$</td><td>内侧　$e\leqslant 10$</td></tr>
<tr><td>外侧　$e\leqslant 5$</td></tr>
<tr><td rowspan="2">$\phi<100$</td><td>内侧　$e\leqslant 5$</td></tr>
<tr><td>外侧　$e\leqslant 3$</td></tr>
</table>

表 13（续） 单位为毫米

序号	简　图	检查项目	允许偏差
18	δ　e	筋板(隔板)相对位置偏差	$e \leqslant \frac{1}{2}\delta$
	H　f　B　f′	筋板(隔板)对箱形梁(工字梁)腹板或翼缘板的垂直度	$f \leqslant \frac{3}{1\,000}H$ $f' \leqslant \frac{3}{1\,000}B$

3.6.5.2　对表 13 所列基本构件之外的其他由焊接成型的结构件形位公差（平面度、直线度、平行度）不应大于表 14 的规定。

表 14　结构件形位公差 单位为毫米

公称尺寸(L)	$30<L\leqslant 120$	$120<L\leqslant 400$	$400<L\leqslant 1\,000$	$1\,000<L\leqslant 2\,000$	$2\,000<L\leqslant 4\,000$	$4\,000<L\leqslant 8\,000$	$8\,000<L\leqslant 12\,000$	$12\,000<L\leqslant 16\,000$	$16\,000<L\leqslant 20\,000$	$L>20\,000$
形位公差	1	1.5	3	4.5	6	8	10	12	14	16

3.6.5.3　箱形梁、工字梁、筒体及其他各类构件焊接成型后的线性尺寸偏差不应大于设计或表 15 的规定。

表 15　焊接成型的结构件线性尺寸偏差 单位为毫米

公称尺寸	$30<L\leqslant 120$	$120<L\leqslant 315$	$315<L\leqslant 1\,000$	$1\,000<L\leqslant 2\,000$	$2\,000<L\leqslant 4\,000$	$4\,000<L\leqslant 8\,000$	$8\,000<L\leqslant 12\,000$	$12\,000<L\leqslant 16\,000$	$16\,000<L\leqslant 20\,000$	$L>20\,000$
外形	±2	±2	±3	±4	±6	±8	±10	±12	±14	±16
相关	±1	±1	±1.5	±3	±4	±5	±7	±8	±9	±10
注：相关——销孔现对位置、各杆件或各板相对位置。										

3.6.5.4　臂架、象鼻架、大拉杆、转柱、转台、制作完工后应达到：

——整体结构轴线在给定平面内（垂直面与水平面）的直线度不应大于被测长度的 1/1 500，并不应超过 20 mm；

——铰点几何轴线对其结构纵向对称平面的垂直度不应大于被测件长度的 1/1 500；

——铰点几何轴线相互间的平行度不应大于被测铰点间距的 1/1 500；

——同一铰点两轴孔的同轴度应不低于 GB/T 1184 中 10 级。

3.6.5.5　圆筒形门架的结构几何轴线对水平面的垂直度不应大于 $h/1\,500$；其上支承法兰与回转大轴承接触表面的平面度应为 GB/T 1184 中的 9 级，水平偏斜应控制在 $a\leqslant D/1\,500$，如图 2 所示。

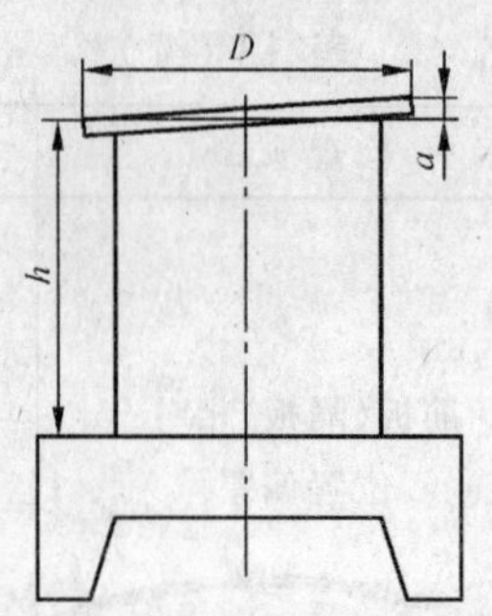

图 2 圆筒形门架垂直度与水平偏斜示意

3.6.5.6 交叉式门架与撑杆式门架的上支承环水平轮轨道中心和下支承座中心偏差应符合 $e \leqslant h/1\,500$ 且 $e \leqslant 4$ mm,下支承座圈的水平偏斜应控制在 $f \leqslant 0.3D/1\,000$,如图 3 所示。

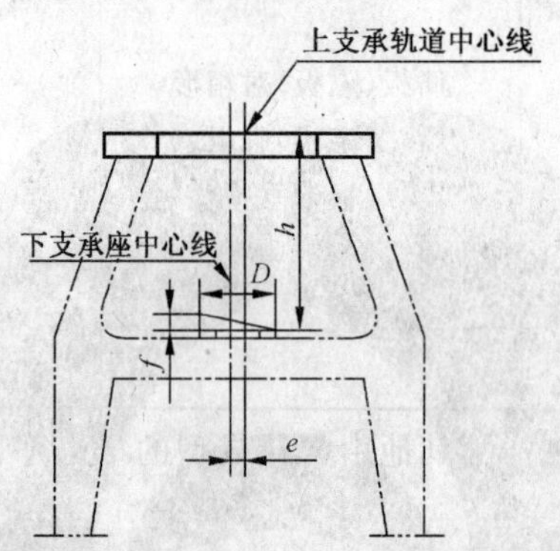

图 3 交叉式门架与撑杆式门架上、下支承中心偏差与下支承直径示意

3.6.5.7 转柱结构几何轴线对其底平面的垂直度不应大于被测结构长度的 1/1 500。

3.6.5.8 转台上平面的平面度宜控制在 4 mm 内,转台下部与回转支承接触表面的平面度不应大于滚道中心直径的 1/2 500。

3.6.5.9 门座制作完工后应达到:

——门座支腿轨距 S 的偏差 ΔS 为(−5～−10)mm;

——门座支腿底部对角线长度 L 的偏差为(−5～+5)mm;

——门座各支腿底平面的垂直高低差应不大于 3 mm,水平偏斜应不大于被测长度的 1/1 000。

3.6.6 结构件安装吊点

3.6.6.1 安装吊点的设置应保证结构件在吊装过程中无塑性变形。

3.6.6.2 与安装吊耳配用的卸扣应符合设计的规定。

3.6.7 结构件防水要求

3.6.7.1 结构件的排水措施应有效,其外表面不应有积水。

3.6.7.2 箱形(或其他结构型式)结构件内部不应有渗漏水或残留积水。

3.6.8 箱形(或圆筒形)结构件开人孔要求

3.6.8.1 人孔的几何尺寸应满足人员进出方便,宜采用镶边人孔。

3.6.8.2 人孔关闭后应密封并能防止雨水飘入和渗入。

3.6.8.3 人孔开启后,结构件内应有明显的通风效果。

3.7 液压系统及元件

3.7.1 液压系统应符合 GB/T 3766 的规定,应设置防止过载和冲击的安全装置。溢流阀的调整压力不应大于系统额定工作压力的 110%,系统的额定工作压力不应大于液压泵的额定压力。

3.7.2 液压油应符合设计所选油类的性能标准,其过滤精度应符合系统中选用的液压元件的要求,并能适应工作环境的温度。

3.7.3 液压系统的油温在起重机作业中温升不超过 40 K。液压泵进口处的油温不应超过 60 ℃。

3.7.4 液压系统传动应平稳,不应出现异常噪声;全系统应无渗油现象。

3.7.5 油管的口径应符合液压系统压力和流量的要求。钢管的弯曲半径应大于 3 倍管子外径,固定管路的零件应有弹性。油管应排列整齐,便于装拆、保养和检查。

3.7.6 液压元件应符合设计要求与 GB/T 7935 的规定,元件应按有关标准及技术文件的要求在安装前进行清洗,并要进行压力和密封试验,合格后才能使用。

3.7.7 泵与其原动机之间连接应有足够的刚性。

3.7.8 密封件或密封组件应便于更换。

3.7.9 液压缸的安装应对中。由双缸操纵同一机构,应有足够的平行度。

3.7.10 阀件的安装应避免重敲击、冲击和振动对阀中主要元件的影响。

3.7.11 支座式液压缸未采用键或销承受剪应力时,则底脚固定螺栓应能经受全部剪应力而不致引起危险。

3.7.12 对采用液压油缸变幅的起重机,静止的起重臂在任何工作位置均不应出现下滑现象。

3.8 时效处理

3.8.1 铸造件应进行时效处理,以消除铸造内应力。

3.8.2 图样有要求的金属结构件应进行时效处理,以消除焊接内应力。

3.9 机构

3.9.1 起升机构

3.9.1.1 具有机械换挡有级变速器的起升机构,应有防止在载荷升降过程中换挡的安全措施。

3.9.1.2 具有慢速性能的起升机构,其微动下降速度应符合设计的规定。

3.9.1.3 额定载荷在空中停止后,起升机构再启动时,载荷不应出现瞬时下滑现象。

3.9.1.4 有左、右旋向的卷筒安装时,应符合设计的规定。

3.9.1.5 机构安装后减速器的实际中心线与转台上机座排装基准线的允许偏差见图 4。

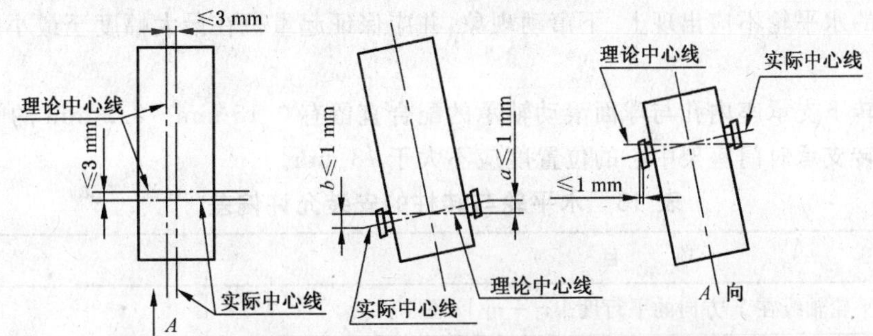

图 4 减速器实际中心线与理论中心线的允许偏差

3.9.1.6 对采用三支点形式的机构卷筒,安装后其实际中心线的位置允许偏差见图 5。

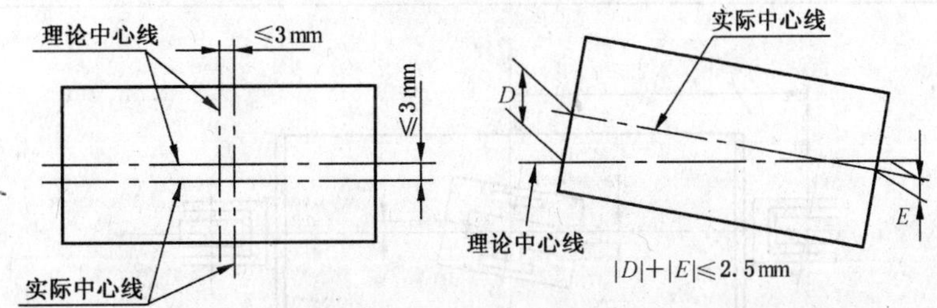

图 5 三支点形式机构卷筒实际中心线位置允许偏差

3.9.2 变幅机构

3.9.2.1 齿条变幅驱动装置的齿条与小齿轮的啮合侧隙宜为 0.3 mm~0.7 mm,通过调整上、下压轮位置保证齿条正确啮合。齿条与小齿轮啮合工作中应无小齿轮啃咬齿条现象。

3.9.2.2 螺杆变幅驱动装置的螺杆、螺母螺旋线在安装时应作配对记号，并根据定位记号铣出键槽；施拧于外壳滚动轴承定位螺母的扭矩，应符合设计要求；螺杆、螺母跑合后接触面积应不少于75%，螺杆伸缩套应保证伸缩灵活并不应有漏油现象。

3.9.2.3 绳索变幅驱动装置应符合3.9.1.4～3.9.1.6的规定。

3.9.2.4 液压变幅驱动装置的油缸对臂架中心线的位置允许偏差应不大于10 mm。

3.9.3 回转机构

3.9.3.1 滚动轴承式回转支承应达到：

——回转支承及上、下支承环安装前应清洗安装面，并防止清洗液进入滚道内部；

——回转支承与上、下支承安装面的平面间隙(螺栓未紧固前)应不大于0.2 mm～0.3 mm，允许采用浇注环氧树脂垫平；

——连接回转支承与上、下支承环的紧固螺栓应在对称方向上依次拧紧，次序见图6；

——螺栓的预紧力与施拧扭矩应符合设计的规定。

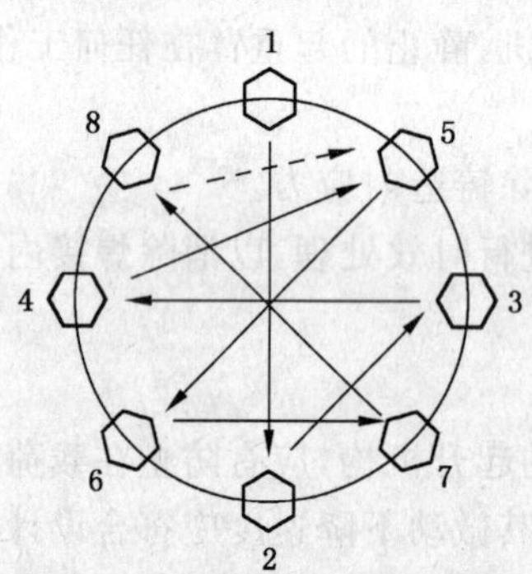

图6 螺栓依次拧紧示意

3.9.3.2 转柱回转支承应达到：

——水平轮与转柱的安装应符合表16的规定；

——安装后的水平轮不应出现上、下窜动现象，并应保证起重机在最大幅度至最小幅度回转时无敲击声；

——转柱回转下支承座内孔与球面滚动轴承的配合宜留有0.15 mm～0.2 mm的间隙；

——转柱回转支承对门座架中心的位置度应不大于$\phi 8$ mm。

表16 水平轮与转柱的安装允许偏差

单位为毫米

项　目	允许偏差
水平轮轴线在Y方向的平行度$\vert r_1-r_2\vert$(图7)	1
水平轮端面在X方向的平行度$a+b$(图7)	1
水平轮轴线与转柱轴线距离OA、OB、OC、OD、OE、OF相互之差(图8)	±3

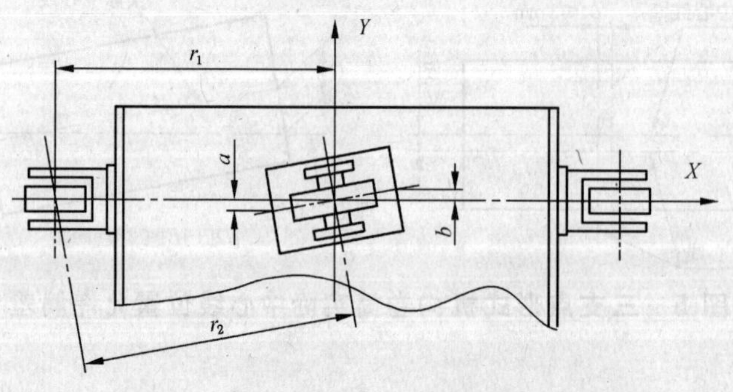

图7 水平轮在X、Y方向安装偏差示意

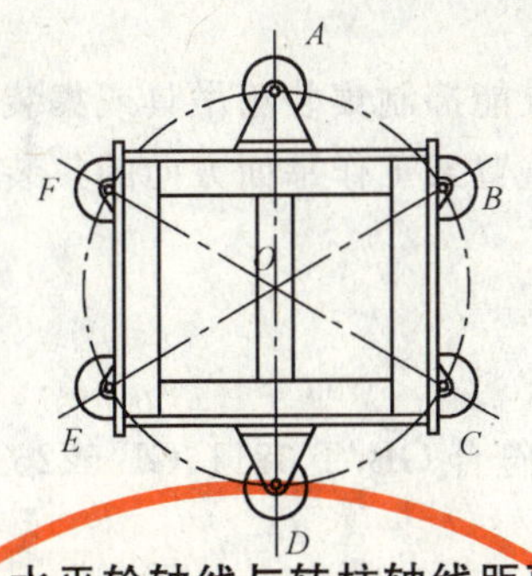

图 8 水平轮轴线与转柱轴线距离示意

3.9.3.3 回转支承运转时应平稳无异常响声,大齿圈与驱动小齿轮的啮合侧隙宜为 0.5 mm～1.6 mm。

3.9.3.4 推荐采用能控制制动时间与行程的可操纵常开式制动器,操纵制动器的脚踏力为 80 N～200 N。

3.9.4 运行机构

3.9.4.1 同一车架的两个车轮踏面中心相对车架中心线偏差不应大于 1 mm,见图 9。

图 9 车辆踏面中心相对车架中心线偏差示意

3.9.4.2 同一行走台车的车轮的同位偏差 δ(图 10 所示)不应大于表 17 的规定。

图 10 车轮的同位偏差 δ 示意

表 17 车轮的同位偏差 δ 的允许值

单位为毫米

同位差	不同车架相邻的两个车轮 δ_1	相邻车架的三个车轮 δ_2	不同车架三个以上车轮 δ_3
δ	≤2	≤3	≤5

3.9.4.3 整机安装完毕后,运行机构最上一层均衡梁在轨距方向的跨度偏差为±5 mm。

3.10 润滑系统

3.10.1 起重机上应有润滑图,各润滑点应有标志,润滑点的位置应便于安全接近,使用中应按设计要求定期润滑。

3.10.2 起重机出厂前应对润滑油路各部位逐个检查并确保其畅通。

3.11 司机室

司机室应符合 GB/T 20303.1 和 GB/T 20303.4 的规定。

3.12 集装箱吊具

3.12.1 起重机采用的集装箱吊具应能装卸 GB/T 1413 中的 A、C 型国际集装箱,应符合 GB/T 3220 的规定。

3.12.2 集装箱吊具转锁热处理加工后,应进行无损探伤检查,并不应有裂纹,更不应修补。

3.12.3 集装箱吊具转锁应按 GB/T 6067 中吊钩的检验载荷表要求的检验载荷进行拉伸试验。

3.12.4 订购合同有要求的集装箱吊具离开地面后,应能沿水平平面纵、横轴线回转±3°,沿垂直中心线回转±5°。

3.12.5 订购合同要求的起重机应装设能抑制集装箱吊具或集装箱吊具与集装箱摇摆的减摇装置。该装置对起重机臂架工作平面方向与垂直臂架工作平面方向的集装箱吊具与集装箱的摇摆都能自动进行抑制。

3.13 电气设备

3.13.1 一般要求

3.13.1.1 电气设备的设计和选择,应符合 GB/T 3811、GB 5226.2 和其他等效的相关专业技术标准的规定。

3.13.1.2 电气设备安装后的交接试验应符合 GB 50150 的规定。

3.13.1.3 电气传动控制设备应符合 GB/T 3797 与 GB/T 12668.2 和各相关专用标准的规定。

3.13.1.4 电气设备的绝缘性能应良好。用 500 V 直流兆欧表测量电动机、电阻器的绝缘电阻,冷态时不低于 1 MΩ,热态时不低于 0.5 MΩ;控制柜、操纵台等成套电气设备的绝缘电阻,一次回路不低于 1 MΩ,二次回路不低于 0.5 MΩ;单独电器元件的绝缘电阻不低于 1.5 MΩ。

3.13.1.5 起重机的总电压损失与内部电压损失应符合 GB/T 3811 的规定。

3.13.1.6 设置在司机室内的紧急断电开关和照明专用电路应符合 GB/T 6067 的规定。

3.13.1.7 电气保护装置应符合 GB/T 3811 的规定。

3.13.1.8 所有连接导线两端应用与电气原理图及配线表相一致的明显编号(标明线号、线束号、去向等)。

3.13.1.9 靠近电阻箱、发热元件、照明灯等部位的连接导线应加套石棉套管或乙烯涂层玻璃丝管。

3.13.1.10 照明电源与动力电源应分开设置,当动力电源切断时,照明电源不能失电。照明箱上各支路开关应有明显的指示标牌。

3.13.1.11 起重机宜设机内电话系统、无线对讲机及有线扩音广播器。

3.13.1.12 对采用了可编程序控制器、微型计算机的起重机,其操作动作的顺序、联锁等应能由 PLC 软件完成,紧急保护功能,行程终端保护须由硬件或安全 PLC 完成。

3.13.1.13 电气设备安置应考虑必要的防振措施,并在起重机工作时不应出现超出设计规定的振动。电气柜体应用螺栓与底座紧固,严禁将开关柜与底座直接焊接。

3.13.1.14 开关柜内应一律采用铜质母线,分相色标应符合相关的国家标准。柜前操作距离应大于 0.6 m。

3.13.1.15 电阻器应安置在通风散热良好位置,并应有防护外罩。

3.13.2 电线电缆

3.13.2.1 电缆的施工与验收应符合 GB 50168 的规定。

3.13.2.2 电线和电缆应采用铜芯多股线;电气设备的外部连线宜采用橡胶绝缘导线。

3.13.2.3 集装箱吊具供电控制电缆应选用特殊耐油橡套挠性多芯软电缆,并应设置防水型多芯插座(插头),以便快速更换吊具,余留一定数量备用芯。

3.13.2.4 电缆外护层选择应着重考虑每根电缆安装使用可能受到的机械作用。如外护层机械强度无法满足使用要求时,则电缆应安装在管子、管道或电缆槽内,并采取有效防护措施。

3.13.2.5 电线或电缆的线芯最小截面为:

——动力回路不小于 2.5 mm^2;

——控制及照明回路不小于 1.5 mm^2;

——电子设备、通讯设备、传感器件等内部导线不作规定,但装有电子设备的控制柜内,最小导线截面不小于 0.2 mm^2。

3.13.2.6 动力回路、控制和信号回路应分别布线,并避免相互间干扰,接线端子应分开连接。

3.13.2.7 各机构电动机应独立配线,不应用公共回路。

3.13.2.8 导线的连接和分支点应设接线箱或分线盒。

3.13.2.9 在有机械损伤或油污侵蚀、化学腐蚀的场合，电线或电缆应有防护措施或穿管保护。穿线钢管应加保护电缆的护口。

3.13.2.10 电缆敷设弯曲半径应达到：

——电缆穿管，每一根独立的连续的电缆管，累计的弯曲角度应小于360°。超过360°时，需要用分线盒或者三通过渡；管子弯曲半径不应小于6倍管子外径。

——固定敷设的弯曲内半径不小于6倍电缆总外径(非金属护套铠包装或编结的热塑性、弹性材料绝缘电缆当总外径 D 不大于25 mm时，最小弯曲内半径为 $4D$)。

——移动电缆弯曲半径不宜小于8倍电缆外径。

3.13.2.11 穿管系数(电缆外径截面积之和与管子或管道内截面积之比)不应大于0.4。

3.13.2.12 用作电缆机械性保护的金属罩壳，应采取有效防腐蚀措施。电缆紧固件、支承、托架和附件均应采用耐蚀材料制作或进行适当防蚀处理。

3.13.2.13 电缆紧固件或扎带应紧固，并应具有足够表面积和一定形状，以紧固电缆而不损伤护套或外护层，不应因起重机工作时的振动而产生附加应力和磨损。

3.13.2.14 所有接头应压接牢固、可靠，所有紧固件均应采用铜质或镀锌件。

3.13.2.15 电缆管、电缆管道、电缆槽的接头处应保证机械和电气上的连续性，并应可靠接地。布置上应能防止水在内部积留。

3.13.2.16 电缆卷筒的电缆进出口密封措施应有效。滑环箱防水性能应有效、可靠。

3.13.2.17 电缆卷筒放缆终点开关动作应有效、可靠，当开关动作切断运行机构电动机电源后，电缆卷筒上应至少保留两圈电缆。

3.13.2.18 电缆导向轮半径不应小于电缆允许弯曲半径。请咨询制造商。

3.13.2.19 电缆卷筒应装设有效、可靠的导缆器，导缆器安装时应与电缆卷筒位置对准，保证起重机在运行过程中不发生电缆被卡现象。

3.13.2.20 电缆卷筒的安装精度应符合表18的规定；测量方法见图11。

表18 电缆卷筒安装允许偏差

单位为毫米

检查项目	测量方法	允许偏差
电缆卷筒与轨道的平行度	用线锤和钢卷尺测量 $A \sim H$ 各点至轨道的距离 l	±2.5

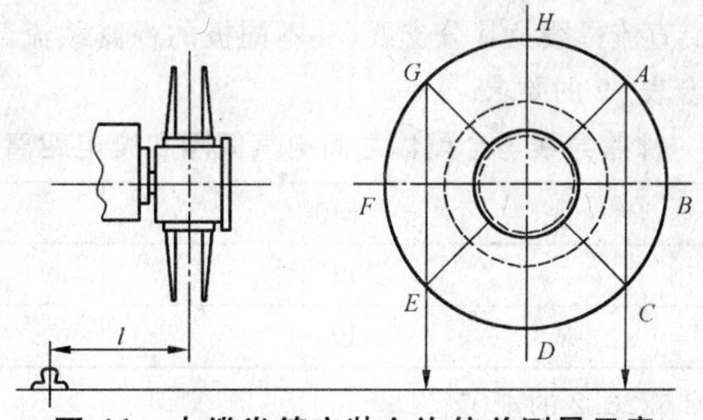

图11 电缆卷筒安装允许偏差测量示意

3.13.3 中心集电器应符合GB 5226.2的规定。

3.13.4 电动机

3.13.4.1 各机构驱动电动机应符合GB 755和各专用电动机的相关标准的技术要求。

3.13.4.2 各机构宜选用起重及冶金用系列电动机或符合起重机要求的其他类型电动机。

3.13.4.3 电动机的容量校验应符合GB/T 3811的规定，并保证在额定负载时能安全、可靠地实现启动、加速和运转。

3.13.4.4 电动机外壳防护包括防止人体触及其内部带电机体或旋转部件，防止外部固体异物或液体进入其内部。外壳防护等级为：

——起重及冶金用系列交流电动机：全封闭外扇型，防护等级 IP44；

——室内用交直流电动机：防滴式，防护等级 IP23；

——室外用交直流电动机：全封闭式，防护等级 IP54。

3.13.5 变压器

3.13.5.1 起重机的控制变压器和照明变压器宜选用动力变压器、整流变压器、控制变压器。

3.13.5.2 变压器应符合 GBJ 148 的规定与设计要求。

3.13.6 电阻器

3.13.6.1 电阻器应装于通风散热处，采用敞开自然冷却型，并应有防护外罩。

3.13.6.2 启动加速用电阻器宜按重复短期工作制选择，电阻器各级电阻的接电持续率，可按不同接入情况选用不同值。同一电阻元件在不同接电持续率时有不同允许电流值，选用元件的允许电流值应不小于电动机额定电流。

3.13.6.3 常串级电阻（包括直流电动机的电枢回路电阻）按长期工作制选择。

3.13.6.4 电阻器应符合 GB 5226.2 的规定。

3.13.7 联动控制台

3.13.7.1 控制台宜为左右两臂操作型，操作手柄布置一般为左边操作控制回转、变幅，右边操作控制起升（支持、开闭）、运行。操作挡位应手感灵敏、清楚、零位明显。操作应方便、轻松，并带有零位自锁环节。

3.13.7.2 联动控制台应符合 GB 5226.2 的规定。

3.13.8 控制柜

3.13.8.1 控制柜宜采用整体防护式结构，防护等级应不低于 IP2X。控制柜面板带门，背板带盖。凡采用上下对流冷却方式，通风散热口要加防尘措施。

3.13.8.2 安装于室外的控制柜应有防雨水措施，防护等级应不低于 IP54，宜采用防喷型结构。

3.13.8.3 控制柜内宜设照明装置和防潮空间加热器。

3.13.8.4 控制柜内应有明显的接地标志螺钉，接地螺钉应是镀锌件或铜质件。

3.13.8.5 控制柜内导线不允许中间接头，板前配线应整齐、美观，按垂直向或水平向有规律配置，不应任意歪斜交叉连接。每个接线端子每层接线不应超过两根。

3.13.8.6 500 V 及以下的交直流母线及其分支线，其不同极的裸露载流部分与未绝缘的金属体之间的电气间隙和爬电距离应符合表 19 的要求。

表 19 裸露导线与金属体之间电气间隙和爬电距离规定　　单位为毫米

类别	电气间隙	爬电距离
控制柜	≥12	≥20
照明箱	≥10	≥15

3.13.8.7 控制柜应符合 GB 5226.2 的规定。

3.13.9 照明

3.13.9.1 司机室、机器房、电气室平均照度为 50 lx。

3.13.9.2 起重机转台上或其他位置上应装有足够功率灯具，使起重机作业工作面的直接平均照度达到 50 lx。

3.13.9.3 起重机各主要通道、扶梯、平台入口处的照度应不小于 20 lx。

3.13.9.4 起重机门腿下部宜设能加强大车运行轨道平面照度的照明灯具。

3.13.9.5 起重机象鼻架或臂架顶端应安装红色航空障碍灯，当交流电源切断后应能自动切换到备用电源。

3.13.9.6 固定式照明装置的电源电压不超过 220 V。严禁用起重机体或接地线作照明回路零线。

3.13.9.7 可移式照明装置(安全局部照明灯)的电源电压应不超过 36 V。禁止用自耦变压器直接供电,应配置 220/36 V、250 VA 以上的安全灯变压器作为安全灯电源。安全灯应带保护外罩、橡套软电缆 10 m 及插头(2P+E)。

3.13.9.8 应用防振型或有防振措施照明灯具。室外和潮湿场所应用防水型照明灯具。

3.13.9.9 照明配电箱应专设,各支路应有标牌指明用途。司机室、机器房、门腿处应设照明开关。司机室、机器房应设局部照明用电源插座。

3.13.10 接地与防雷

3.13.10.1 起重机上的电气设备、正常不带电的金属外壳、电缆金属外皮、安全照明变压器等均应可靠接地。

3.13.10.2 具备整体金属结构的部分,其金属构架可用作接地干线,在钢结构非焊接处较多的场合,应设接地干线。

3.13.10.3 可开启的控制柜柜门应以软导线与接地金属构件可靠地连接。

3.13.10.4 起重机车轮与轨道应有效接地,轨道接地电阻应小于 4 Ω。整机接地电阻应小于 10 Ω。

3.13.10.5 起重机回转部分电气设备接地严禁通过回转支承和车轮台车支承来实现。

3.13.10.6 开关柜、控制台接地线最小截面为 2.5 mm^2(铜绞线)。

3.13.10.7 象鼻架顶部或臂架端部应设避雷针,针体至少应高出航空障碍灯 300 mm。起重机应考虑设有将雷电安全引至地面轨道的设施。

3.14 安全保护装置

3.14.1 起重机安全保护装置应符合设计要求与 GB/T 6067 的规定。行走台车应设置防碰撞装置。

3.14.2 起重机应装设超载保护装置,当起升载荷超过额定起重量时,超载保护装置应自动停止机构工作并发出报警声光信号,仅允许起升机构作下降运转。

3.14.3 起重机超载保护装置应符合 GB 12602 的规定。

3.14.4 所有安全联锁、限位、信号指示、报警、故障检测装置应符合设计要求与 GB/T 6067 的规定。

3.14.5 集装箱吊具各动作与升降控制应有安全联锁,集装箱离地后禁止吊具转锁转动。

3.14.6 起重机上风速报警器应在风速 20 m/s 时报警。

3.14.7 起重机的防风装置应安全可靠。

3.14.8 可编程序控制系统应有完善的故障显示功能。

3.14.9 故障诊断、数据管理系统各项功能均应符合设计要求。

3.15 涂装和外观

3.15.1 表面处理

3.15.1.1 在涂装前构件表面应进行除铁锈、焊渣、毛刺、灰尘、油脂、盐、污泥、氧化皮等预处理,以保证表面光滑平整。

3.15.1.2 除锈质量等级按 GB/T 8923 的规定:用手工方式除锈为 St3 级,用化学处理和抛(喷)丸(或其他磨料)方式除锈为 Sa2$\frac{1}{2}$级。

3.15.1.3 表面处理后 4 h 内应喷涂一道干膜厚度为 15 μm~20 μm 的底漆,作为钢材预处理后的短期保护,在正式涂层开始涂装时,需进行二次表面处理去除。

3.15.2 涂层与漆膜厚度

涂层、涂料品种、最低干膜厚及道数见表 20。

表 20　涂层、涂料品种、最低干膜厚及道数

涂　层	涂料品种	最低干膜厚/μm	道　数
底涂层	环氧富锌底漆	60	1
中间涂层	环氧后浆漆	100	1
面涂层	脂肪族聚氨酯面漆	60	2
总干膜厚度		220	—

3.15.3　涂装颜色

产品的安全标志颜色应符合 GB 2893、GB 2894 的规定。

3.15.4　漆膜附着力

涂层的漆膜附着力应不低于 GB/T 9286 中规定的 1 级。

3.15.5　外观

起重机外观质量应达到：

——零、部件表面不应有明显变形及损伤，应平整、无粘砂和余留冒口，焊缝要均匀美观；

——油漆色泽均匀，没有涂斑、漏漆和剥落；

——紧固件无松动漏装；

——管线排列整齐；

——不应有油液外露；

——标牌、性能表牌、吊装标志和功能标志应齐全，安装位置应合理，表示应清楚。

4　试验方法

4.1　试验条件

4.1.1　试验时风速不超过 8.3 m/s，环境温度为－20 ℃～＋45 ℃，结构应力测试时应在 0 ℃～＋40 ℃之间，最大相对湿度不大于 95%，可有凝露、盐雾。

4.1.2　试验场地应平整坚实，起重机工作范围内不应有妨碍起重机回转、变幅、运行动作的障碍物。

4.1.3　润滑油、液压油和冷却液应按使用要求装至工作液面，油的品质应符合设计规定的要求。

4.1.4　试验载荷应标定准确，其允许偏差为±1%。

4.1.5　有特殊要求的起重机可按订购合同条款进行试验。

4.2　整机调试和试验准备

4.2.1　试验前应进行静态检查，所有构件、机构及附属装置的安装是否准确、可靠。

4.2.2　所有金属结构件的焊接及高强度螺栓的连接应牢固。

4.2.3　各传动件、紧固件及钢丝绳端部连接应牢固可靠。

4.2.4　检查液压系统中液压元件与管路固定及与管路间连接时密封性和可靠性。

4.2.5　检测电气设备(电动机、电阻器、电器元件、电缆等)的绝缘电阻值。

4.2.6　检测柴油机的额定转速、发电机电压，检查司机室内停车装置是否正常、灵敏。

4.2.7　各机构按设计要求调试完毕后，结构和传动件均能正常工作，整机无异常现象。

4.2.8　检查和调试所有安全保护装置。通过 3 次试验，确认安全保护装置的动作灵敏性、可靠性及准确性。

4.3　空载试验

4.3.1　质量测定

测取取物装置悬空时起重机总质量，以 3 次测量的算术平均值作为测定数据。

4.3.2　几何参数测定

测量起重机有关尺寸，以 3 次测量的算术平均值作为测定数据。

——轨距、基距；
——门座(门腿)净空尺寸；
——最大尾部回转半径。

4.3.3　电动机测试

以额定速度分别进行起升、变幅、回转、整机运行动作试验各3次，测取各机构电动机最大电流值、稳态电流值、励磁电流值、功率、转数、电压值，以3次测取的算术平均值作为测定值填入记录表，参见附录A的表A.1。

4.4　技术性能参数测定

4.4.1　起升速度

起重机以最高速度起升(下降)额定载荷，测取载荷稳定运行通过10 m行程所需的时间，或测取卷筒稳定运转3圈所用时间，以3次测量的算术平均值作为起升(下降)速度。对安装用起重机还应测取微速下降速度。

4.4.2　回转速度

起重机处于最大幅度位置，额定载荷下起重机以最高回转速度回转，测取回转圈数及相应的回转时间，以3次测量的算术平均值作为回转速度。

4.4.3　变幅速度

测取额定载荷下，起重机以最高速度在最大幅度和最小幅度范围内全程变幅(起臂、落臂)的时间，以3次测量的算术平均值作为变幅速度。

4.4.4　运行速度

测取空载下整机以最高速度沿轨道稳定运行通过10 m行程所需的时间，以三次测量的算术平均值作为运行速度。

4.4.5　起升范围

测量取物装置从轨面上最高位置下降至轨面下最低位置的垂直距离。

4.4.6　幅度

测量起重机最大幅度与最小幅度。

4.4.7　水平位移

测取空载与额定载荷下取物装置从最大幅度移至最小幅度的水平位移运动轨迹。

4.4.8　带速、带宽

对于带料斗、带式输送机系统的起重机，测取带式输送机带速、带宽。

4.5　额定载荷试验

4.5.1　在作额定载荷试验前，起重机应作2/3额定载荷下试运转，消除制造过程中可能产生的残余应力及安装间隙。

4.5.2　额定载荷试验的工况见表21。

表21　额定载荷试验工况

序号	试验工况	一次循环内容	循环次数
1	额定起重量；相应的最大幅度；起重臂摆动平面垂直轨道或平行轨道	试验载荷由地面起升至最大高度(中间制动1次)—下降到地面(中间制动1次)	3
2	额定起重量；相应的最大幅度；起重臂摆动平面平行轨道	试验载荷起升至离地1 m左右—起臂到最小幅度(中间制动1次)—落臂到原位(中间制动1次)—下降到地面	3
3	额定起重量；相应的最大幅度；起重臂摆动平面垂直轨道或平行轨道	试验载荷起升至离地面1 m左右—在作业范围内向左回转180°(中间制动1次)—再向右回转180°(中间制动1次)—下降到地面	3

4.5.3 测取电动机工作时最大电流、稳态电流、励磁电流、功率、转数、电枢电压，以3次测取的算术平均值作为测定值填入记录表，参见表A.1。

4.5.4 当采用集装箱吊具时，检查吊具工作性能与减摇装置性能。

4.5.5 对带有料斗、带式输送机系统的起重机，应进行料斗物料落卸控制与带式输送机满负荷运行试验。试验过程中，物料落卸控制应有效、可靠，带式输送机不应有跑偏现象。

4.5.6 在进行表21规定的试验时，应注意设计规定的在不同幅度范围起重机所承受的额定载荷均需按表中的全部内容进行试验。

4.5.7 在完成表21规定的试验后，应进行额定载荷下起升、变幅联合动作和起升、回转联合动作试验各3次。试验过程中，起升、变幅制动与起升、回转制动各进行3次。

4.5.8 测取司机室座席处在不利工况下垂直方向和水平方向的加速度，测取值在垂直方向宜不大于 $0.2g$，在水平方向宜不大于 $0.1g$。

4.6 动载试验

4.6.1 试验中应包括试验载荷在悬挂不动的状态下作上升起动时，不应出现反向动作与下滑现象。

4.6.2 动载试验的工况见表22。

表22 动载试验的工况

序号	试验工况	一次循环内容	循环次数
1	1.1倍额定起重量；相应的最大幅度；起重臂摆动平面垂直轨道或平行轨道	试验载荷由地面起升至最大高度（中间制动1次）—在作业范围内向左回转180°（中间制动1次）—再向右回转180°（中间制动1次）—下降到地面（中间制动1次）	3
2	1.1倍额定起重量；相应的最大幅度；起重臂摆动平面平行轨道	试验载荷起升至离地面1 m左右—起臂到最小幅度（中间制动1次）—落臂到最大幅度（中间制动1次）—下降到地面	3

4.6.3 在进行表22规定的试验时，应参照4.5.6的注意事项。

4.6.4 在完成表22规定的循环内容后，应进行试验载荷下起升，变幅联合动作和起升、回转联合动作试验各两次。试验过程中，起升、变幅制动与起升、回转制动各进行两次。

4.7 静载试验

4.7.1 静载试验的工况应符合表23的规定。

表23 静载试验工况

次序	位置状态		试验载荷		被测结构
			垂直	水平	
1	最大起重量允许的最大幅度	臂架摆动平面与轨道成任意角	G_{max}及$1.25G_{max}$（带抓斗采用$1.40G_{max}$）	ϕG_{max}	主臂架、拉杆、象鼻架、平衡架
2		臂架摆动平面与轨道夹角成0°角			门座
3		臂架摆动平面在门腿对角线上			
4		臂架摆动平面与轨道夹角成90°角			
注：G_{max}为额定载荷，即起重机正常工作条件下允许吊起的最大额定起重量；ϕ为水平侧向载荷系数，$\phi=0.05\sim0.10$。					

4.7.2 静载试验时，试验载荷离地应尽量避免出现冲击现象，载荷悬空离地面100 mm～200 mm，并停留10 min。

4.7.3 试验时允许调整起重量限制器、力矩限制器、液压系统安全溢流阀压力，但试验后应调回到设计规定的数值。

4.8 结构强度和刚度试验

4.8.1 用电阻应变仪测取试验载荷下起重机结构应变值，用经纬仪测取试验载荷下起重机结构净变位。

4.8.2 应力测点应根据起重机结构受力分析，合理选定在构件的危险应力区，即：

——均匀高应力区；

——应力集中区；

——弹性屈曲区。

4.8.3 应变片、应变花的粘贴

在结构形状突变处、应力集中区，应变片、应变花应尽可能贴在高应力点。对同时承受正应力、局部压应力、剪应力的复合应力区也应在相应的危险点布置测点。

4.8.4 粘贴应变片或应变花时应避开结构节点处，距离视节点处的加强筋板尺寸大小而定。特殊情况下可在加强筋板上粘贴应变片或应变花。

4.8.5 应力测点应根据不同结构件编成序号，测点布置图填入记录表，参见表 A.2。

4.8.6 试验前连接并调试好应变检测系统，校准应变片、应变花检测仪器及测量甩导线的电阻值，消除任何不正常现象。

4.8.7 结构静应力测试工况见表 24。

表 24 结构静应力测试工况表

序号	位置状态		试验载荷		被测结构件	测试步骤
	幅度/m	起重臂摆动平面与轨道夹角	垂直	水平		
1	相应的最大幅度	90°	额定载荷	0	起重臂、象鼻梁、大拉杆、人字架、转台、门腿、圆筒、门架	起升钢丝绳松弛时检测仪器调零，试验载荷离地 100 mm～200 mm 左右稳定 1 min 读数，载荷落地检测仪器回零读数
2	相应的最大幅度	90°	1.25 倍额定载荷	0	起重臂、象鼻梁、大拉杆、人字架、转台、门腿、圆筒、门架	起升钢丝绳松弛时检测仪器调零，试验载荷离地 100 mm～200 mm 左右稳定 1 min 读数，载荷落地检测仪器回零读数
3	相应的最大幅度	45°	额定载荷	0	门腿、圆筒、门架	起升钢丝绳松弛时检测仪器调零，试验载荷离地 100 mm～200 mm 左右稳定 1 min 读数，载荷落地检测仪器回零读数
4	相应的最大幅度	0°	额定载荷	0	门腿、圆筒、门架	起升钢丝绳松弛时检测仪器调零，试验载荷离地 100 mm～200 mm 左右稳定 1 min 读数，载荷落地检测仪器回零读数
5	相应的最大幅度	0°	额定载荷	额定载荷 $\times \mathrm{tg}\alpha_{\mathrm{II}}$	起重臂、象鼻梁、大拉杆、人字架、转台、门腿、圆筒、门架	起升钢丝绳松弛时检测仪器调零，试验载荷离地 100 mm～200 mm 左右并偏摆 α_{II}（内摆、外摆、侧摆），牵引钢丝绳呈水平状态并垂直于回转中心，载荷稳定 1 min 读数，载荷落地检测仪器回零读数

4.8.8 在进行表 24 规定的试验时，应参照 4.5.6 的注意事项。

4.8.9 在表 24 序号 2 栏中的垂直试验载荷按本标准 4.7.1 执行。

4.8.10 表 24 每一序号试验应不少于 3 次，以 3 次检测的算术平均值作为测定数据。

4.8.11 每次试验卸载后，测试仪器系统应处于空载状况下读数。检查各测点应变片、应变花回零情况，如果应变片、应变花回零值偏差超过$\pm 0.03\sigma_s/E$时，则认为该测点测试无效，查明原因后重新试验。

4.8.12 每次试验测取的应变数据及计算应力数据均应填入记录表，参见表A.3和表A.4。

4.8.13 水平载荷应为使悬吊试验载荷分别在起重臂摆动平面和垂直于起重臂摆动平面偏摆，使试验载荷偏摆的牵引力应水平。α_{II}数值按GB/T 3811规定确定。

4.8.14 在进行表24序号4的试验时，应测取门腿（或门架）的张开度，门腿（或门架）的张开度应小于车轮侧隙；测取试验载荷悬挂处的结构静变位（下挠度），静变位应符合设计所允许的数据。

4.8.15 在完成表24规定的试验后，应整理检测数据，将测定的应变数据与计算应力数据整理后填入记录表，参见表A.5。

4.8.16 结构动载试验在完成表24全部序号的试验后进行。

4.8.17 动载试验的测点由静载试验中测得应变值较大点作为选择点，一般选择起重臂、象鼻梁、人字架、转台或门腿上各一点作测点。

4.8.18 结构的动载试验工况按4.5.7进行。试验应不少于3次，将测取的最大动应力、最大静应力、振动频率、衰减时间等数据填入记录表，参见表A.6和表A.7。

4.9 稳定性试验

稳定性试验包括作业稳定性试验、静稳定性试验。

4.9.1 作业稳定性试验

试验在不大于7级的风速条件下进行。起重臂处于对整机稳定性最不利位置，起升相应幅度下的试验载荷，作起升、回转联合动作和起升、变幅联合动作各2次，并分别制动（起升、回转制动，起升、变幅制动）2次，起重机轮压应大于零，车轮踏面应不离轨顶。

4.9.2 静稳定性试验

起重臂处于对整机稳定性最不利位置，起升相应幅度下的试验载荷离地面100 mm左右并稳定10 min，起重机轮压应大于零，车轮踏面应不离轨顶。用慢速起升试验载荷离地。

4.10 工业性试验

工业性试验应由制造厂和用户（典型用户）共同负责，详细记录作业条件、试验工况、每次起吊的载荷、作业时间。试验期起重机出现的任何不正常现象或事故应详细记录并提出分析和处理意见。

4.10.1 工业性试验过程应填入记录表，参见表A.8。

4.10.2 工业性试验后，应对整机有关部位拆检，详细记录拆检的情况，必要的零件要拍照。对液压系统应测定液压油污染情况。拆检项目及内容见表25。

表25 拆检项目及内容

总成	零件	拆检项目	合格要求
起升机构 变幅机构 回转机构 运行机构	齿轮	齿面接触痕迹、点蚀、剥落	磨损正常、无点蚀、剥落，齿面接触痕迹应满足设计要求
	箱体	箱体是否有损坏、裂纹	无异常现象
	车轮	裂纹、压痕、点蚀、剥落、表面粗糙度和损伤	无裂纹、点蚀、剥落、异常压痕，表面粗糙度不低于设计要求，表面无损伤
回转机构	内、外圈及滚动体	裂纹、压痕、点蚀、剥落、表面粗糙度和损伤	无裂纹、点蚀、剥落、异常压痕，表面粗糙度不低于设计要求，表面无损伤
液压阀	阀芯和阀座	表面粗糙度和表面损伤	表面粗糙度不低于设计要求，表面无损伤
油缸	活塞和缸筒	表面粗糙度和表面损伤	表面粗糙度不低于设计要求，表面无损伤
结构件	象鼻梁、起重臂、大拉杆、人字架、小拉杆、平衡梁、转台、圆筒、门架、门腿	裂纹、焊缝、结构变形	无裂纹、焊缝符合规定要求，结构无永久变形

5 检验规则

5.1 型式检验

5.1.1 有下列情况之一时,应进行型式检验:

——新产品或老产品转厂生产的试制定型鉴定;

——正式生产后,如结构、材料、工艺有较大改变,可能影响产品性能时;

——产品停产达3年以上,恢复生产时;

——出厂检验结果与上次型式检验有较大差异时;

——国家质量监督机构提出进行型式检验要求时。

5.1.2 型式检验项目按第4章规定的试验内容进行试验。

5.1.3 定型或批量生产的起重机应抽样1台进行检验。

5.2 出厂检验

5.2.1 每台起重机都应进行出厂检验,检验合格后(包括用户特殊要求检验项目)方能出厂,出厂产品应附有产品合格证明书。

5.2.2 出厂检验项目按4.2～4.7规定的试验内容进行试验。

6 标志和运输

6.1 标志

6.1.1 起重机应装设醒目的起重量标志。

6.1.2 起重机应在醒目处装设铭牌,内容包括:

——制造厂名与厂徽等;

——产品型号及名称;

——主要技术参数;

——产品编号;

——制造日期。

6.1.3 司机室内视觉明显处应装设主要技术参数表标牌。

6.1.4 各种操纵手柄、开关及信号装置近旁应装设指示功能的标牌,所示位置和控制方向应符合操作要求。

6.1.5 电气与液压元件应编上件号,并与系统图及管路安装图中所标注的一致。件号或字母应标在邻近元件位置,而不置于元件上。

6.1.6 大型裸装零部件、结构件、包装箱的重心和吊挂点应有标志,并应标明件号、质量和外形尺寸。

6.1.7 危险、易碎、防潮等包装箱、件应分别注明危险、易碎、防潮、放置方向等符号字样。

6.1.8 产品在解体拆散前应在解体零、部件的连接处打上清晰的钢印标记和编号,电线接头要进行编号。

6.1.9 特大、特重件需绘出运输加固结构图(运输图),同时应注明最大外形尺寸和重心位置。

6.2 运输

6.2.1 长大件和可自由移动的部件,应垫平绑扎牢固,防止变形、移位、碰撞。

6.2.2 产品的包装与运输应符合GB/T 13384和铁路、公路、航运的有关运输要求。

附　录　A
（资料性附录）
试验测试记录、结果表

试验用记录表参见表 A.1～表 A.8。

表 A.1　电动机电压、电流、功率、转数测试记录表

试验样机名称：________　试验样机型号：________
检测地点：________　检测日期：____年____月____日
天气情况：________　风速：________　温度：________
被测部件：________
制造厂：________　检测单位：________

机构名称	电动机型号	负荷/ t	电压/ V	起动电流/ A	稳态电流/ A	励磁电流/ A	功率/ kW	转数/ (r/min)

记录人：　　　　　　检测负责人：

表 A.2　应力测点布置图

试验样机名称：________　试验样机型号：________
检测地点：________　检测日期：____年____月____日
被测部件：________
制造厂：________　检测单位：________

表 A.3 静应变测试读数记录表

试验样机名称：__________ 试验样机型号：__________

检测地点：__________ 检测日期：______年____月____日

天气情况：________ 风速：________ 温度：________

被测部件：__________

制造厂：__________ 检测单位：__________

工况序号			起重臂位置状态				垂直载荷			水平载荷		
测点编号	零读数 ε_0			负载读数 ε_1			回零读数 ε_2			$\varepsilon_1-\varepsilon_2$		
	第一次	第二次	第三次	第一次	第二次	第三次	第一次	第二次	第三次	第一次	第二次	第三次

记录人： 检测负责人：

表 A.4 静应力计算记录表

试验样机名称：__________ 试验样机型号：__________

检测地点：__________ 检测日期：______年____月____日

被测部件：__________

制造厂：__________ 检测单位：__________

应力单位：N/mm^2

测点编号	测试工况序号											
	第一次	第二次	第三次	第一次	第二次	第三次	第一次	第二次	第三次	第一次	第二次	第三次

计算填表人： 检测负责人：

表 A.5 静应力测试结果表

试验样机名称：________ 试验样机型号：________
检测地点：________ 检测日期：____年____月____日
被测部件：________
制造厂：________ 检测单位：________

应力单位：N/mm²

测点编号	测试工况序号							
	应变 με	应力	应变 με	应力	应变 με	应力	应变 με	应力

检测负责人：

表 A.6 动应力测试记录及结果表

试验样机名称：________ 试验样机型号：________
检测地点：________ 检测日期：____年____月____日
天气情况：________ 风速：________ 温度：________
被测部件：________
制造厂：________ 检测单位：________

应力单位：N/mm²

测点编号	测 量 次 数						最大动应力算术平均值	最大静应力算术平均值	对比值
	1		2		3				
	最大动应力值	最大静应力值	最大动应力值	最大静应力值	最大动应力值	最大静应力值			

计算填表人： 检测负责人：

表 A.7 振动频率衰减时间测试记录及结果

试验样机名称：______ 试验样机型号：______
检测地点：______ 检测日期：______年______月______日
天气情况：______ 风速：______ 温度：______
被测部件：______
制造厂：______ 检测单位：______

测点编号	测量次数						振动频率算术平均值/Hz	衰减时间算术平均值/s
	1		2		3			
	振动频率	衰减时间	振动频率	衰减时间	振动频率	衰减时间		

计算填表人： 检测负责人：

表 A.8 工业性试验记录表

试验样机名称：______ 试验样机型号：______
检测地点：______ 检测日期：______年______月______日
天气情况：______ 风速：______ 温度：______
被测部件：______
制造厂：______ 司机：______

年	月	日	开机、停机时间	作业内容及作业循环次数	累计作业时间	故障部位及原因修理内容	每日试验情况记录	修理时间	
								人时数	小时数

计算填表人： 检测负责人：